"十二五"职业教育国家规划教材
经全国职业教育教材审定委员会审定

高分子材料化学基础

第三版

郭建民　主编

U0351980

化学工业出版社
·北京·

内容简介

本书以高分子化学为主线，把高分子化学、无机化学、有机化学和物理化学这四大化学中的相关知识内容进行整合。全书共十一章，包括物质的结构与性质，认识有机化合物与高分子，烃和碳链高聚物——饱和烃、不饱和烃、芳香烃和卤代烃，含氧有机物与杂链高聚物——醇、酚、醚、醛、酮、羧酸及其衍生物，含氮有机物与杂链高聚物——胺、腈、异腈、异氰酸酯，认识有机化合物的立体结构，杂环化合物与高分子材料助剂，化学反应原理——热力学的三条定律、化学平衡和化学反应速率、溶液与相平衡，表面现象及其在材料科学中的应用，高聚物的聚合反应——高聚物的命名和分类、逐步聚合反应、连锁聚合反应，高聚物的化学反应——聚合物的反应活性及其影响因素、聚合物的相似转变、功能高分子、聚合度变大、变小的化学反应。每章前有知识目标，章后有本章小结和习题。

本书可作为高职高专院校中高分子材料应用技术、高分子材料加工技术等相近专业用书，也可供其他院校有关专业及有关科技人员教学参考。

图书在版编目（CIP）数据

高分子材料化学基础/郭建民主编．—3 版．—北京：化学工业出版社．2015.1（2021.9 重印）

“十二五”职业教育国家规划教材

ISBN 978-7-122-21917-6

Ⅰ．①高… Ⅱ．①郭… Ⅲ．①高分子材料-高分子化学-高等学校-教材 Ⅳ．①TB324

中国版本图书馆 CIP 数据核字（2014）第 225569 号

责任编辑：于 卉 提 岩　　文字编辑：刘志茹

责任校对：陶燕华　　装帧设计：王晓宇

出版发行：化学工业出版社（北京市东城区青年湖南街 13 号 邮政编码 100011）

印 装：北京建宏印刷有限公司

787mm×1092mm 1/16 印张 19 字数 501 千字 2021 年 9 月北京第 3 版第 5 次印刷

购书咨询：010-64518888　　售后服务：010-64518899

网 址：http://www.cip.com.cn

凡购买本书，如有缺损质量问题，本社销售中心负责调换。

定 价：**39.00 元**

前　言

本教材自第一版出版以来，已通过九年多的教学实践，使用该教材的院校先后提出了许多宝贵的意见，随着教学改革的深入，现对教材再次进行修订。

本教材对高分子材料应用技术和高分子材料加工技术及相近专业适用，是“十二五”职业教育国家级规划教材。

本教材在这次修订过程中，根据高职高专人才培养的要求，突出以培养高素质、高技能、应用型人才为宗旨，充分考虑高职高专学生的特点，根据专业的特点和要求，把四大化学中的相关内容进行整合，着重按项目化教学的要求，使学生在学习中有身临企业生产一线的感觉，使学生有兴趣学，有积极性动手练，有创造性地干。在修订中，进一步淡化理论知识，更加强调专业知识和专业技能知识。例如，物质的结构与性质、物理化学知识等，在保证专业知识和后续课程够用的情况下，淡化抽象的理论知识，对第十章和第十一章高分子化学的内容进一步进行了优化，使教材更加贴近专业实际、更加贴近企业生产一线的要求。另外，为了便于学生掌握，在每章章前都有知识目标，章后还增加本章小结的内容。在聘请编写本教材的老师时，挑选的都是在塑料企业和化工行业生产经常锻炼的并有丰富教学经验的老师。

本书由常州轻工职业技术学院郭建民老师担任主编，并编写了绪论、第一章、第四章，常州轻工职业技术学院的徐应林老师编写了第十章、第十一章，广东轻工职业技术学院刘青山老师编写了第八章、第九章，常州轻工职业技术学院的马洪霞老师编写了第五章、第六章，常州轻工职业技术学院的胡友勤老师编写了第二章、第三章和第七章，全书由郭建民老师负责统稿。

由于笔者水平有限，修订时间仓促，书中不妥之处在所难免，恳请使用本教材的师生批评指正，不胜感激。

编　者

2015 年 5 月

第一版前言

随着高等职业教育的蓬勃发展，迫切需要与之相适应的教材和教学参考用书。本书是教育部高职高专高分子材料工程专业及相近专业的规划教材之一。是按照教育部对高职高专教育人才培养工作的指导思想，在广泛吸取化工、轻工等行业教育成功经验的基础上编写的。在编写过程中，考虑到高等职业教育的特点，注重先进性和实用性相结合，理论与实践相结合，深广度和够用相结合，弱化理论，强化技能。同时还注意到难点分散，内容由浅入深、循序渐进、前后相互衔接。

全书共十一章，以高分子化学为主线，综合了无机化学、有机化学、物理化学和高分子化学中必需的知识内容。以物质结构知识为切入点，按有机化学中碳架分类的体系，同时又将相同元素的不同官能团进行合编，突出介绍有机物的化学性质。由于本书内容多，各校教师可根据不同专业的需要，在授课时对本书的有关章节内容自行取舍。

本书由常州轻工职业技术学院郭建民老师担任主编。编写第四章、第六章、第七章，常州工程职业技术学院潘玉琴老师编写第二章、第三章第一节、第十章、第十一章，广东轻工职业技术学院刘青山老师编写第五章、第八章、第九章，平原大学陈改荣老师编写第一章，平原大学王颖老师编写第三章中的第二至第五节，全书由郭建民老师统稿。

江苏技术师范学院朱雯老师担任本书的主审工作，对本书提出了许多宝贵的意见。另外，常州轻工职业技术学院的戚亚光、黄坚老师对本书提供了许多帮助，特此一并感谢。

由于笔者业务水平和教学经验有限，编写时间仓促，本书内容多，书中不妥之处在所难免，特别是把四大化学如何综合起来，还仅是一个尝试，敬请使用本教材的教师和读者提出批评和指正，不胜感谢。

编　者

2004 年 4 月

第二版前言

本教材自第一版出版以来，已使用了五年，使用该教材的学校先后提出了许多宝贵的意见，随着教学改革的深入，现对教材进行修订。

本教材适合高分子材料应用技术和高分子材料加工技术专业及相近化工类专业的学生使用。

本教材在修订过程中，根据高职高专人才培养的要求，突出以培养高素质、高技能、应用型人才为宗旨，充分考虑高职高专学生的特点，紧密结合专业教学的要求，既注重教材的先进性和实用性相结合，又注意到理论与实践相结合，本着对高职高专学生“必需、够用”为出发点，弱化理论，强化技能。例如，对第一章物质结构基础作了较大幅度的调整和修改，对第八章物理化学基础作了删减和修改，删除了理论性强、偏深和较复杂的内容，对第十章和第十一章的内容进行了重写，使教材更加贴近专业教学的要求。

本书由常州轻工职业技术学院郭建民老师担任主编，并编写了第一章、第四章、第六章、第七章；常州工程职业技术学院潘玉琴老师和常州轻工职业技术学院的徐应林老师编写了第二章、第三章第一节、第十章、第十一章；广东轻工职业技术学院刘青山老师编写了第五章、第八章、第九章；平原大学陈改荣老师参与编写了第一章；平原大学王颖老师编写了第三章中的第二至第五节，全书由郭建民老师统稿。

由于笔者水平有限，编写时间仓促，书中不妥之处敬请使用本教材的同志提出批评指正。不胜感激。

编　者

2009 年 1 月

目　　录

绪　　论

一、本课程内容简介

《高分子材料化学基础》是“十二五”职业教育国家规划立项教材，为了适应高分子材料应用技术、高分子材料加工技术及相关化工类专业的需要，把无机化学、有机化学、物理化学和高分子化学这四大化学的相关知识内容进行了初步整合。全书以高分子化学为主线，从认识物质结构与性质开始，介绍了物质结构的基本知识；并按照有机化合物官能团的分类体系，着重介绍了各类有机化合物的组成、性质、反应规律、合成方法以及重要有机物在高分子材料中的应用等；又根据后续课程的需要，从物质的物理现象和化学现象的联系入手，研究物理化学的基本概念、化学变化的基本规律、化学反应以及与之密切相关的相变化、表面现象等的方向和限度伴随的能量关系等，即应用热力学的基本原理，研究化学反应的方向和平衡的规律，应用动力学原理研究化学反应的速率和机理；还着重介绍了高聚物的分类方法、命名、合成方法、聚合反应的机理及其影响因素、聚合物相似转变、功能高分子、聚合度变大的化学反应和高聚物的降解等内容。

二、本课程在本专业中的地位和作用

高分子材料是以高分子化合物为主要组分的材料。通常所指的塑料、橡胶和纤维都是高分子材料。这里的高分子材料着重指的是塑料材料。塑料材料品种繁多，与其他材料相比，具有质轻、电气绝缘性好、隔热性能好、力学强度范围宽、成型加工性能好、高强度、耐腐蚀等特性，因此，用途十分广泛。高分子材料在现代化建设中起着极为重要的作用。工业上，如大多数塑料除了在低频、低压条件下具有良好的电气绝缘性能外，有的在高频、高压条件下也是良好的电气绝缘材料，因此，塑料材料在电脑、家用电器以及工业上所用的各种电气设备等都有重要的用途；又如各种氟塑料、聚甲醛、聚酰胺塑料具有良好的耐磨性能；号称“塑料王”的聚四氟乙烯能耐“王水”等极强的腐蚀性介质的腐蚀，还有工程塑料、其他具有特殊性能的塑料材料在工业上都有特殊的应用。在农业上，如利用聚丙烯、聚乙烯等塑料薄膜既透光又保暖的特性，大量用于农作物的保护等。在国防工业和科学技术现代化方面，例如航天、航空工业，飞机为了减轻自重，采用聚碳酸酯；人造卫星、宇宙飞船等尖端科学技术上都少不了使用塑料材料。塑料与我们的日常生活也密切相关，如超市里货架上琳琅满目的塑料制品、居室装修用的各种装饰材料，我们平常生活、工作学习中使用的各种制品，都无一不跟塑料材料有关。

正是由于塑料有着如此重要和广泛的应用，塑料工业就成了国民经济中的一个重要行业，其增长速度与国民经济的增速高度相关。从塑料工业历年的增长情况来看，我国塑料工业的增长速度比 GDP（国民经济生产总值）增速一般要高出 3～5 个百分点。在整个国民经济中，塑料既是工业产品，又是新型材料，对于其他相关行业的发展起着十分重要的作用。

近几年，塑料制品的产值一直保持持续稳定增长的势头，每年增幅都保持在10%以上。

我国加入世界贸易组织后，塑料行业出口和创汇都在逐年增加，而进口却在减少。以人造合成革为例，过去进口量最多时每年达15万吨以上，现在只有8万吨左右。此外，由于与国外交流增多，促进了企业的技术进步和管理水平的提高，许多企业为了在激烈的市场竞争中站稳脚跟，需要引进大批的专业人才。

高分子材料应用技术、高分子材料加工技术专业，是为塑料工业培养大批的中、高级专门人才的专业。本专业开设的主要专业课程有《高分子材料基本加工工艺》、《高分子材料改性》、《高分子材料加工工艺设计》、《高分子材料加工设备》、《高分子材料成型模具》、《高分子材料成型设备》等专业课程。要学好这些专业课程，就必须首先要学好《高分子材料化学基础》课程。如高分子材料酚醛树脂，是苯酚和甲醛在不同条件下聚合而成的线型、体型两种结构的材料，由于结构不同，其性能和用途就不同；又如ABS树脂，是由丙烯腈、1,3-丁二烯和苯乙烯三种单体聚合而成的。如要熟知酚醛树脂、ABS树脂的性能、加工过程中的技术问题等，就必须掌握合成酚醛树脂的单体苯酚、甲醛，合成ABS树脂的单体丙烯腈、1,3-丁二烯和苯乙烯这些单体的性质。又如，要对高分子材料进行改性，可以采用许多方法，而选用某一种方法就得熟悉这些化合物的性质，还有高聚物在聚合过程中采用什么方法聚合，聚合物如何接枝，聚合度如何变大等，这些都是《高分子材料化学基础》中需要阐述的内容。因此《高分子材料化学基础》课程，是学好本专业课程的重要专业基础课。只有首先学好了《高分子材料化学基础》课程，才能更好地学好专业课程，为今后的就业或继续升学打下坚实的基础。因此，本课程在专业中的地位就显而易见了。

三、本课程的学习方法

本课程是一门综合性较强的课程，涉及化学学科的许多分支，各分支之间既有相互联系，又有相对的独立性，内容非常丰富。在学习中，首先要注意培养自己的辩证唯物主义的科学思想，树立正确的方法论，注重培养自己独立分析问题和解决问题的能力。在学习方法上，要十分重视各知识点的前后联系和衔接，逐步提高自己的自学能力，独立思考的能力。根据教材中每章的学习指南，认真抓好几个环节，即课前要认真预习，把预习中遇到的难以理解的问题做好标记，上课时认真听老师对这些难题的分析和解释，并且要做好课堂笔记，课后要及时复习，独立完成作业，每学完一章后要归纳总结，找出重点，持之以恒。在学习中还要善于摸索学习规律，做到举一反三，触类旁通。化学是一门实验性很强的学科，对本课程要求做的一些化学实验，都必须认真做好，在化学实验中要弄懂原理，正确操作，仔细观察现象，认真分析实验结论。把课堂上所学的理论知识与实践结合起来，这样既巩固了课堂知识，又掌握了实践技能，提高了自己解决实际问题的能力。

第一章

物质的结构与性质

知识与技能目标

1. 了解原子结构的基本概念，理解电子层、电子亚层、电子云的伸展方向和电子自旋的物理意义。
2. 掌握核外电子排布的三条规律。
3. 了解元素周期律和元素周期表，熟悉元素周期表中原子半径、电离能、电子亲和能的变化规律。
4. 掌握离子键、共价键的概念和性质，掌握分子间力、氢键的概念和性质。
5. 掌握离子晶体、分子晶体、原子晶体的特征；了解极化力、变形性、极化率和极化作用的概念，并学会用离子极化讨论对物质性质的影响。

第一节　原子结构和元素周期律

世界万物，变化无穷。它们的性质由什么决定？变化有无规律？这些问题的解决，要从研究物质的微观结构入手。我们已经学过一些有关物质结构的知识，知道原子是参加化学反应的最小微粒。也就是说，在化学反应中，原子的种类和数目并没有变化，只是原子核外的电子进行了重新排列。为了更好地学习、掌握物质的性质及变化规律，了解原子的结构，特别是核外电子的运动是具有十分重要的意义的。

一、原子的组成

原子由位于原子中心，带正电荷的原子核和核外围绕核做高速运动的带负电荷的电子组成。每个电子带 1 个单位（1.6×10^{-19}C）负电荷。原子很小，原子核更小，它的半径是原子的万分之一，它的体积只占原子体积的几千亿分之一。所以有人形象地说，原子内部是很“空旷”的。原子核虽小，但它还是由质子和中子构成的。每个质子带一个单位正电荷，中子不带电。为了以后研究方便，人们按核电荷数由小到大的顺序给元素编号，这种序号叫做元素的原子序数。所以，原子核所带的电荷数（核电荷数 Z）由质子数来决定，如表 1-1 所示。

电子的质量很小，仅为质子质量的 1/1836，原子的质量主要集中在原子核上。质子和中子的相对质量分别为 1.0072 和 1.0086，如果忽略电子的质量，将原子核内所有的质子和中子相对质量取整数值加起来所得的数值叫做质量数，用符号 A 表示。

表 1-1　质子、中子、电子的主要物理性质

原子的组成		电量（以 1.6×10^{-19}C 为标准）	质量	
			绝对质量/kg	相对质量（以碳 12 原子质量的 1/12 为标准）
原子核	质子	+1	1.6726×10^{-27}	1.0072
	中子	电中性	1.6748×10^{-27}	1.0086
电子		−1	9.1095×10^{-31}	1/1836

构成原子的微粒数之间存在如下关系：

原子序数＝核电荷数(Z)＝核内质子数＝核外电子数

质量数(A)＝质子数(Z)＋中子数(N)

要表示某种原子的组成，一般是将元素的原子序数（即质子数）写在元素符号的左下角，将质量数写在左上角，即$^{A}_{Z}X$ 的形式。例如：硫的原子序数是 16，质量数是 32，可写作 $^{32}_{16}S$。

二、原子核外电子的运动状态

在化学反应中，通常原子核并不发生变化，只是某些核外电子发生变迁。因此，只有了解原子核外电子的运动状态和排布规律，才能认识物质的微观世界及化学变化的本质。

(一) 电子云

生活中见到汽车在公路上奔驰，飞机在天空飞行，这些宏观物体在某一时刻的位置都可以测定或计算出来，并描绘出它们的运动轨迹，而质量微小的电子等微观粒子，在极小的空间做高速运动（其速度接近光速），因此，核外电子的运动规律跟上述宏观物体不同，我们无法像宏观物体那样同时测定它的运动速度和位置，也不能描绘它的运动轨迹。在描述核外电子运动时，只能指出它在原子核外空间某区域内出现机会的多少。通常用小黑点的疏密来表示电子在核外空间单位体积内出现机会的多少，如图 1-1。电子在核外空间的球形区域内经常出现，如同一团带负电荷的云雾，笼罩着原子核的周围，人们形象地把它称为电子云。如图 1-1(a) 中，小黑点的疏密表示核外电子概率密度的大小，即电子在核外空间各处出现机会的多少。电子云的另一种表示方法是电子云界面图，如图 1-1(b)，图中显示的是氢原子电子云界面的剖面图，在该面上每个点的电子云密度相等，界面以内电子出现的概率最大（90%以上），界面以外电子出现的概率最小（10%以下）。

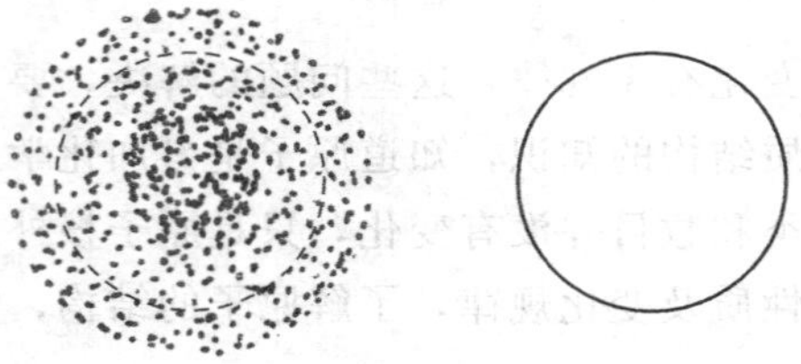

(a)　　(b)

图 1-1　氢原子的电子云示意

(二) 核外电子的运动状态

核外电子的运动情况是比较复杂的，它的运动状态需要从以下四个方面来描述。

1. 电子层

氢原子核外只有一个电子，所以，氢原子核外电子的运动情况是简单的，但随着原子核电荷数的增加，核外电子数也在增加，核外电子的运动情况也变得复杂。那么，在多电子原子中，核外电子是怎样排布的呢？在多电子原子中，电子间的能量是不同的，能量低的电子，只能在离核近的区域内运动，能量高的电子，在离核远的区域内运动，人们将这些离核距离不等的电子的运动区域叫电子层，用 n 表示。电子层是决定核外电子运动能量的主要

因素。n 只能取正整数值 1、2、3、…，n 值的大小反映了电子离核运动的远近和能量的高低，$n=1$即第一层，表示电子在离核最近的区域内运动，能量最小；$n=2$ 即第二层，表示电子在离核稍远的区域内运动，能量稍高；依次类推。电子层也可用 K、L、M、N、O、P、Q 等字母表示 $n=1$、2、3、4、5、6、7 等电子层。

2. 电子亚层和电子云的形状

科学研究表明，即使在同一电子层中，电子的能量也有微小的差异，而且电子云的形状也不同。依据其能量的差异和电子云的形状不同，把同一个电子层又分为一个或几个不同的分层，这些分层叫电子亚层，分别用 s、p、d、f 表示。不同的亚层，电子云的形状不同，s 亚层电子云的形状为球形，如图 1-2 所示，p 电子云的形状为哑铃形，如图 1-3 所示。d 电子云和 f 电子云的形状比较复杂，在此不作介绍。

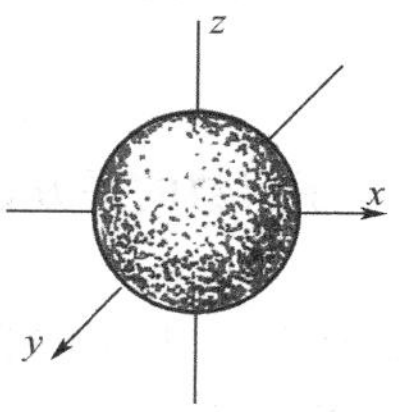

图 1-2 s 电子云

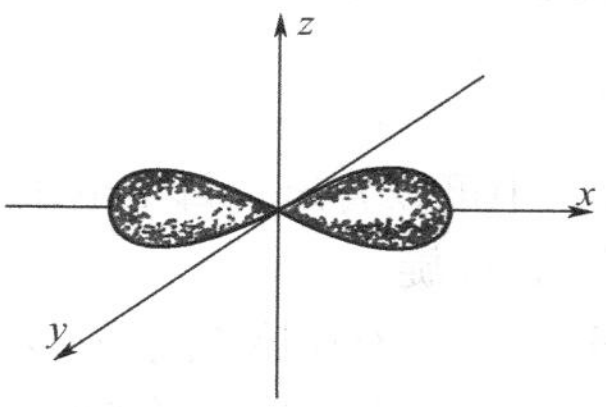

图 1-3 p 电子云

$n=1$ 即 K 层，只有一个亚层，即为 s 亚层，读作 1s 亚层；$n=2$ 即 L 层，分为两个亚层，即为 s 亚层和 p 亚层，读作 2s 亚层和 2p 亚层；$n=3$ 即 M 层，分为三个亚层，分别为 s 亚层、p 亚层和 d 亚层，读作 3s 亚层、3p 亚层和 3d 亚层；$n=4$ 即 L 层，分为四个亚层，分别为 s 亚层、p 亚层、d 亚层和 f 亚层，读作 4s 亚层、4p 亚层、4d 亚层和 4f 亚层。在第一电子层到第四电子层中，电子亚层的数目等于电子层序数。

为了表明电子在核外所处的电子层、电子亚层、能量的高低和电子云的形状，常常把电子层的序数写在亚层符号的前面。例如，处在 K 层中 s 亚层的电子记作 1s 电子；处在 L 层中各亚层的电子，分别记作 4s 电子、4p 电子、4d 电子和 4f 电子等。

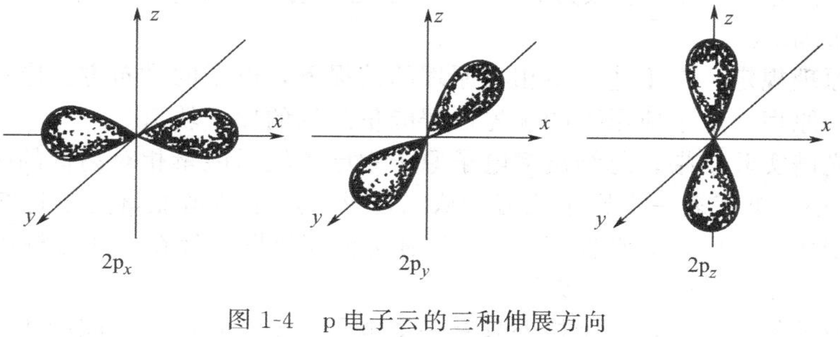

图 1-4 p 电子云的三种伸展方向

3. 电子云的伸展方向

电子云不仅有确定的形状，而且在空间有一定的伸展方向。s 电子云呈球形对称，在空间各个方向上伸展的程度是一样的，把它看作在空间只有一种伸展方向。p 电子云在空间沿着 x、y、z 轴，有三种伸展方向，如图 1-4 所示。d 电子云在空间有五种伸展方向，f 电子云在空间有七种伸展方向。同一亚层的电子云在空间虽然伸展方向不同，但能量都相同。通常把在一定的电子层中，具有一定形状和伸展方向的电子云所占有的原子空间称为原子轨道，简称“轨道”。因此，s、p、d、f 亚层就分别有 1、3、5、7 条轨道。可用方框“□”或圆圈“○”表示一条轨道。

现将各电子层可能有的最多轨道数推算如表 1-2。

表 1-2 各电子层可能有的最多轨道数

电子层(n)	电子亚层	每层中的最多轨道数
$n=1$	1s	$1=1^2$
$n=2$	2s2p	$1+3=4=2^2$
$n=3$	3s3p3d	$1+3+5=9=3^2$
$n=4$	4s4p4d4f	$1+3+5+7=16=4^2$
n		n^2

由表 1-2 中可以看出，每个电子层所含有的轨道数，等于该电子层数的平方，即 n^2 ($n\leqslant4$)。

4. 电子的自旋

原子核外的电子在围绕原子核运动的同时，本身还有自旋运动。电子的自旋只有两种方向，即顺时针方向或逆时针方向。通常用“↑”和“↓”表示不同的自旋方向。用轨道表示式表示核外电子的运动状态时，应表明其自旋方向。例如，$_2$He 的 1s 轨道里有两个电子，自旋方向要相反，可表示为[↑↓]。

综上所述，原子核外电子的运动状态要比宏观物体的运动复杂得多，要描述核外一个电子的运动状态时，必须指明它所在的电子层、电子亚层（即电子云的形状）、电子云的伸展方向和电子的自旋方向。

（三）原子核外电子的排布

1. 泡利不相容原理

1925 年，泡利根据原子的光谱现象和考虑到周期表中每一周期元素的数目，提出一个原则：一个原子中不可能存在四种运动状态完全相同的两个电子。这一原则后来就称为泡利不相容原理。按照这一原理，每个原子轨道上只能容纳自旋方向相反的两个电子，所以对于 n ($n\leqslant4$) 个电子层，其轨道总数为 n^2 个，该层能容纳的最多电子数为 $2n^2$ ($n\leqslant4$)。

2. 能量最低原理

能量最低原理规定，在不违背不相容原理的前提下，电子的排布方式应使得系统的能量最低。按照这一原理，电子应尽可能优先占据能量最低的原子轨道。

鲍林根据光谱实验结果，总结出多电子原子中原子轨道能量相对高低的一般情况。如图 1-5 所示，每个小方框代表一个原子轨道。从图可见，原子轨道能量是不连续的，像阶梯那样一级一级地变化，因此，通常称图 1-5 为鲍林近似能级图。处在虚线方框内的原子轨道划为同一能级组，图 1-5 中有 7 个能级组。

在氢原子或类氢原子中，由于核外只有一个电子，不存在电子之间的相互作用问题。电子层数不同，亚层相同时，能量不同，例如，$E_{2s}<E_{3s}$；电子层数相同，电子亚层不同时，能量也不同，例如，$E_{4s}<E_{4p}<E_{4d}<E_{4f}$。电子层数相同的同一亚层的不同轨道，它们的能量相同，这些轨道就称为等价轨道或简并轨道。在多电子原子中，由于存在着电子之间的相互作用，某些电子层数较大的亚层轨道的能量反而比电子层数较小的亚层轨道的能量要低，如 $E_{4s}<E_{3d}$，$E_{5s}<E_{4d}$ 等，这种现象称为能级交错现象。

图 1-5 中方框位置的高低反映了能级的高低，从第三电子层开始就出现了能级交错现象，由于 $E_{4s}<E_{3d}$，根据能量最低原理，核外电子充满 3p 轨道后，不是进入 3d 轨道，而

是先进入能量较低的 4s 轨道，4s 轨道充满后再进入 3d 轨道。

根据多电子原子的近似能级图和能量最低原理，可得核外电子填入各层亚层轨道的顺序为：1s→2s、2p→3s、3p→4s、3d、4p→5s、4d、5p→6s、4f、5d、6p→7s、5f、6d、$7p_1$、……。读者可按图 1-6 电子填入轨道顺序助记图帮助记忆。

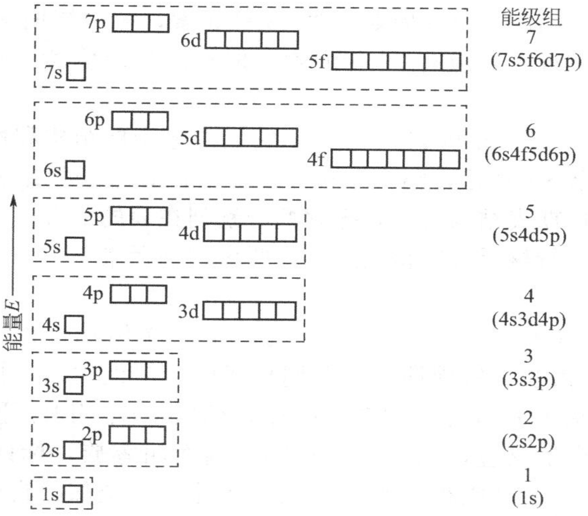

图 1-5　鲍林近似能级图

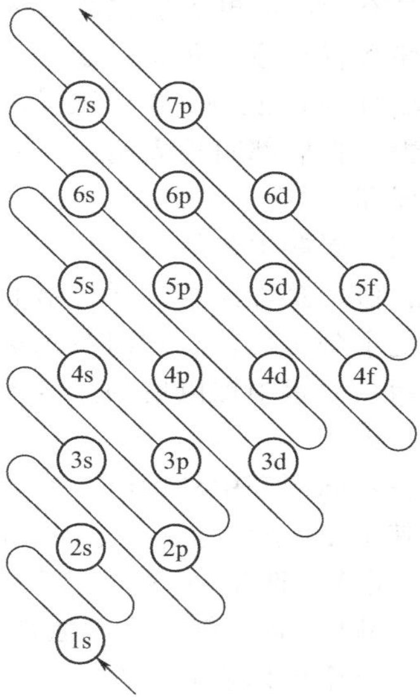

图 1-6　电子填入轨道顺序助记图

3. 洪特规则

1925 年，洪特（F. Hund）根据大量光谱实验数据，总结出一条普遍规则：在等价轨道上排布的电子将尽可能分占不同的轨道，而且自旋平行（即自旋状态相同）。例如，碳原子有 6 个电子，按泡利不相容原理和能量最低原理，其电子排布为 $1s^2 2s^2 2p^2$。按洪特规则，这 2 个 2p 电子的排布应为：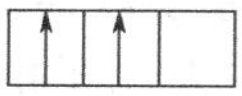，而不是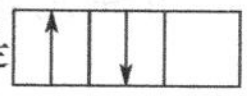，也不应是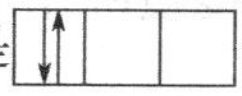。

同理，原子序数为 7 的氮元素核外电子排布为：$1s^2 2s^2 2p^3$（$2p_x^1$，$2p_y^1$，$2p_z^1$），这 3 个 p 电子的电子排布为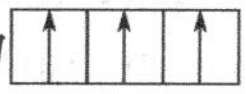。

原子序数为 8 的氧元素核外电子排布为：$1s^2 2s^2 2p^4$（$2p_x^2$，$2p_y^1$，$2p_z^1$），这 4 个 p 电子的电子排布为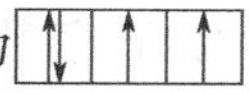。

洪特规则是一个经验规则。后来量子力学计算证明，电子按洪特规则排布，可使原子系统能量最低、最稳定。因为当某一个轨道中已有一个电子时，若另一个电子再进入该轨道与其成对，就必须克服它们之间的相互排斥作用。即需要电子成对能，从而使系统能量增加。因此，电子在等价轨道上采取自旋平行的运动状态，有利于系统的能量降低。

此外，由量子力学的计算表明，作为洪特规则的特例，在等价轨道上，当电子处于全充满（如 p^6，d^{10}，f^{14}）、半充满（如 p^3，d^5，f^7）或全空（如 p^0，d^0，f^0）状态时，能量较低，因而是较稳定的状态。

应当指出，核外电子排布的三条原则是根据大量实验事实得出的一般结论。绝大多数原子的核外电子排布符合这三条原则，但也有少数元素例外。随着人们认识的不断深化，这些理论会在实践中不断完善。

三、元素周期律

根据元素周期律，把电子层数相同的各种元素，按原子序数递增的顺序从左到右排成横行，把不同横行中外层电子数相同的元素按电子层递增的顺序由上而下排成纵列，就可以得到一个表，这个表叫元素周期表（见书后附录）。它是元素周期律的具体表现形式，反映了元素之间相互联系的规律。

1. 周期

具有相同的电子层数而又按照原子序数递增的顺序排列的一系列元素称为一个周期。周期的序数就是该周期元素原子具有的电子层数。周期表中目前有 7 个周期，第一、第二、第三周期分别有 2、8、8 种元素，叫短周期；第四、第五周期各含 18 种元素，第六周期含 32 种元素，它们都叫长周期；第七周期从理论推算也应有 32 种元素，但目前尚未填满，称不完全周期。

第六周期中，从 57 号元素 La 到 71 号元素 Lu 共 15 种元素，它们的电子层结构和性质十分相似，总称镧系元素。第七周期中，从 89 号元素 Ac 到 103 号元素 Lr，电子层结构和性质也十分相似，总称锕系元素。为了使周期表结构紧凑，把它们分别列在表的下方。

锕系元素中铀以后的元素多数是人工进行核反应制得的元素，叫做超铀元素。

2. 族

把不同周期中外围电子数相同的元素组成 18 个纵行，第 8、9、10 三个纵行合称第Ⅷ族；其余 15 个纵行，每个纵行作为一族；由长、短周期元素共同构成的族叫做主族，标以ⅠA、ⅡA、ⅢA、……、ⅦA；完全由长周期元素构成的族叫副族，标以ⅠB、ⅡB、ⅢB、……、ⅦB；稀有气体元素通常难以发生化学反应，化合价看作零，因而叫零族，标以 0。所以，整个周期表有 7 个主族、7 个副族、1 个Ⅷ族和 1 个 0 族，共 16 个族，全部副族和第Ⅷ族元素统称过渡元素。主族元素的族序数等于元素原子最外层电子数。

四、元素基本性质变化的周期性

1. 原子半径

原子核的周围是电子云，它们没有确定的边界。一般所谓原子半径是指形成共价键或金属键时原子间接触所显出的半径。如同种元素的两个原子以共价单键连接时，它们核间距离的一半称为原子的共价半径（covalent radii）。在金属晶格中相邻金属原子核间距离的一半称为原子的金属半径（metal radii）。原子的金属半径一般比其单键共价半径大 10%～15%。如以原子半径（pm）对原子序数作图，见图 1-7，可以更清楚地看出原子半径的周期变化规律。

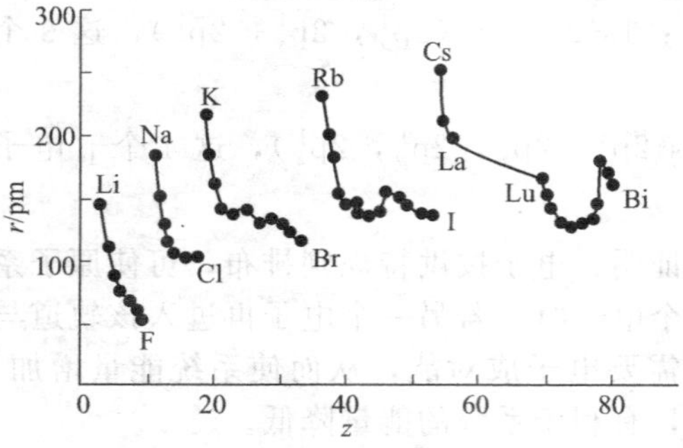

图 1-7　元素原子半径与原子序数的关系

在同一主族中由上至下，原子半径一般是增大的。因为同族元素原子由上至下电子层数增多，虽然核电荷由上至下也增大。但由于内层电子的屏蔽，有效核电荷增加使半径缩小的作用不如因电子层增加而使半径增大所起的作用大，所以总的效果是半径由上至下增大。副族元素由上至下半径增大的幅度较小，特别是五、六周期的同族元素原子半径非常接近，这是由于后面要提到的镧系收缩效应造成的结果。

每一个短周期中由左向右原子半径都是减小的（稀有气体例外），因为它们的原子半径是比共价半径大得多的 van der Waals 半径。这是因为在短周期中，从左向右电子都增加在同一外层，电子在同一层内的相互屏蔽作用是比较小的，所以随着原子序数的增大，核电荷对电子吸引力增强，导致原子收缩，半径减小。

过渡元素由左至右，电子逐一填入（$n-1$)d 层，d 电子处于次外层，对核的屏蔽作用较大，所以随着有效核电荷的增加，半径减小的幅度不如主族元素那么大。对于内过渡元素如镧系元素，电子填入再次外层，即（$n-2$)f 层，由于 f 电子对核的屏蔽作用更大，原子半径从左至右收缩的平均幅度更小。比较短周期和长周期，相邻元素原子半径减小的平均幅度大致是：

非过渡元素＞过渡元素＞内过渡元素

(10pm)　　(5pm)　　(＜1pm)

所谓“镧系收缩”效应，就是指镧系 15 个元素随着原子序数的增加，原子半径收缩总效果（从镧到镥半径总共减小 11pm)，使镧系以后的第三过渡系和第二过渡系同族元素的半径相近因而性质相似的现象（例如 Zr 与 Hf，Nb 与 Ta，Mo 与 W 原子半径相近，性质相似）。实际上镧系元素各相邻元素原子半径缩小的幅度并不大，因为每增加一个核电荷时，由于增加的电子填入再次外层，其对核的屏蔽作用较大，有效核电荷增加较小，原子半径收缩也减小，致使镧系各元素彼此的原子半径十分接近，故性质也十分接近。镧系收缩是指从镧到镥 15 个元素原子半径收缩累计的总结果，这一效应对镧系后面元素性质的影响就很大了。

2. 电离能

基态的气态原子失去最外层的第一个电子成为气态＋1 价正离子所需的能量叫第一电离能（I_1)，再相继逐个失去电子所需能量称为第二、三、…电离能（I_2、I_3…)。第一电离能数值最小，因为从正离子电离出电子远比从中性原子电离出电子困难，所以 $I_1<I_2<I_3$…。电离能单位常用电子伏特（eV 原子式离子）或千焦/摩尔（$kJ \cdot mol^{-1}$）表示。各元素的第一电离能可以用来衡量原子失去电子倾向的大小，这些数值与元素的许多化学和物理性质密切有关。图 1-8 给出第一电离能随原子序数的周期性变化。

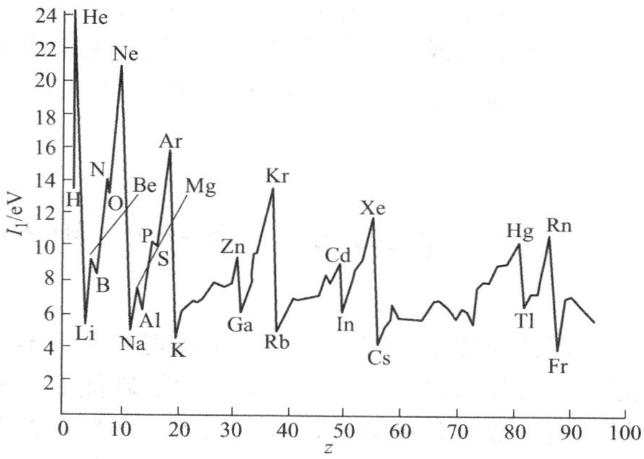

图 1-8　元素的第一电离能随原子序数的周期性变化

在同一主族元素中，由上向下随着原子半径增大电离能减少，所以元素的金属性依次增加。由图 1-8 可见：第ⅠA 族最下方的 Cs（铯）第一电离能最小，它是最活泼的金属；而稀有气体 He（氦）的第一电离能最大。副族元素电离能变化不规则，第六周期由于增加了镧系的 14 个核电荷而使第三系列过渡元素电离能比相应同一副族增大，金属性减弱。

同一周期元素由左向右电离能一般是增大的，增大的幅度随周期数的增大而减小。二、三周期元素由左向右，电离能变化有两个转折。B 和 Al 的最后一个电子是加在钻穿能力较小的 p 轨道上，轨道能量升高，所以它们电离能低于 Be 和 Mg；O 和 S 最后一个电子是加在已有一个 p 电子的 p 轨道上，由于 p 轨道成对电子间的排斥作用，使它们的电离能减少。一般来说，具有 p^3、d^5、f^7 等半充满电子构型的元素都有较大的电离能，即比其前、后元素的电离能都要大。稀有气体原子与外层电子为 ns^2 结构的碱土金属以及具有 $(n-1)d^{10}ns^2$ 构型的ⅡB 族元素，都属于轨道全充满的构型，它们都有较大的电离能。同一周期过渡元素和内过渡元素，由左向右电离能增大的幅度不大，且变化没有规律。

在此，值得谈一谈过渡元素的电离问题。第一过渡系列电子填充顺序是 4s→3d，据此，电离时似应先电离 3d 后再电离 4s，但实际情况正好相反。例如 Fe 原子的外层电子是 $4s^2 3d^6$，电离为 Fe^{2+} 时不是变为 $4s^2 3d^4$，而是变为 $3d^6 4s^0$。

3. 电子亲和能

原子的电子亲和能是指一个气态原子得到一个电子形成气态负离子所放出的能量，常以符号 E_{eal} 表示。一般元素的第一电子亲和能为负值，而第二电子亲和能为正值，这是由于负离子带负电排斥外来电子，如要结合电子必须吸收能量以克服电子的斥力。由此可见，O^{2-}、S^{2-} 等在气态时都是极不稳定的，只能存在于晶体和溶液中。现将实验测得的几个重要非金属元素电子亲和能数据列入表 1-3 中。

表 1-3　某些非金属元素第一电子亲和能

元　素	E_{eal}/kJ·mol^{-1}	元　素	E_{eal}/kJ·mol^{-1}
C	122	F	322
N	0±20	Cl	348.7
O	141	Br	324.5
S	200.4	I	295

由表 1-3 可见，氯的电子亲和能最大，氟的电子亲和能比氯的还要小。但单质进行化学反应（氟与金属或非金属反应）时，氟却是非金属单质中最活泼的。这说明化学反应趋势大小不能只考虑单个原子电离能和电子亲和能的大小，还必须考虑原子间的成键作用等其他因素。

第二节　分子结构和分子间力、氢键

我们已经知道，截至目前，所发现的元素不足 200 种，但已经发现和合成了的物质却以百万计。为什么仅一百多种元素的原子就能够形成这么多种形形色色的物质呢？既然原子可以相互结合形成各种物质，那么原子间必然存在着相互作用。这种相互作用不仅存在于直接相邻的原子之间，而且也存在于非直接相邻的原子之间。前者比较强烈，是使原子互相作用形成物质的主要因素。通常把分子（或晶体）内这种直接相邻的原子（或离子）之间强烈的相互作用称为化学键。

化学键的主要类型有离子键、共价键、金属键等。本书主要介绍离子键和共价键。

一、离子键

我们知道，金属钠与氯气反应可以生成氯化钠。

$$2Na+Cl_2 \longequal 2NaCl$$

钠原子的最外电子层有 1 个电子，容易失去这个电子，氯原子的最外层有 7 个电子，容易得到 1 个电子，从而使最外层都达到 8 个电子的稳定结构。当钠与氯气反应时，钠原子最外层电子层上的 1 个电子转移到氯原子的最外电子层上，分别形成了带正电的钠离子（Na^+）和带负电的氯离子（Cl^-）。钠正离子和氯负离子之间存在着异性电荷之间的静电吸引力。此外，在电子与电子、原子核与原子核之间还存在着同性电荷间的排斥力。当正、负离子接近到一定距离时，吸引和排斥作用达到了平衡，于是阴、阳离子之间就形成了稳定的化学键，生成氯化钠。

由于在化学反应中，一般是原子的最外层电子发生变化，所以为了简便起见，可以在元素符号周围用小黑点（或×）来表示原子的最外层电子，这种式子叫做电子式。例如：

H·	:N:	:O:	·Na	:Ca
氢原子	氮原子	氧原子	钠原子	钙原子

也可以用电子式来表示分子（或离子）的形成过程，例如，氯化钠的形成过程用电子式表示如下：

$$Na^{\times} + \cdot\ddot{\underset{\cdot\cdot}{Cl}}: \longrightarrow Na^{+}[\overset{\cdot}{\times}\ddot{\underset{\cdot\cdot}{Cl}}:]^{-}$$

像氯化钠那样，由阴、阳离子间通过静电作用所形成的化学键叫做离子键。一般活泼金属（如钾、钠、钙等）与活泼非金属（如氯、溴、氧等）化合时，都能形成离子键。例如，溴化镁、碘化钠、氯化钾等都是由离子键形成的。

由离子键形成的化合物叫做离子化合物。绝大多数的盐、碱和金属氧化物都是离子化合物。

二、共价键

1. 共价键的形成

对于非金属单质分子（如 H_2、Cl_2、O_2 等）和由非金属形成的化合物分子（如 HCl、H_2O 等）来说，非金属元素的原子容易获得外来的电子，它们在结合分子的过程中，不会有电子的得失，显然用离子键理论来说明它们分子的形成是不合适的。这一类分子可通过共价键理论来说明的。现以氢分子为例来说明共价键的形成。

氢分子是由两个氢原子结合而成的。当两个氢原子接近时，它们的电子不是从一个氢原子转移到另一个氢原子，而是在两个氢原子间共用两个电子形成共用电子对，这两个共用的电子围绕两个氢原子核运动，使每一个氢原子都具有氦原子的稳定结构。氢分子的形成可用电子式表示：

$$H\cdot + H\cdot \longrightarrow H:H$$

在化学上常用一根短线表示一对共用电子，因此，氢分子又可表示为 H—H，这种表示方式称为结构式。像氢分子那样，原子间通过共用电子对所形成的化学键叫做共价键。双原子的 Cl_2 分子的形成跟 H_2 分子相似，两个氯原子共用一对电子，这样，每一个氮原子都具有氩原子的稳定电子层结构。氯分子可以用下列式子表示：

$$\underset{\times\times}{\overset{\times\times}{{}_{\times}^{\times}Cl}}\,\overset{\cdot}{\times}\,\ddot{\underset{\cdot\cdot}{Cl}}: \qquad Cl—Cl$$

由共价键形成的化合物，称为共价化合物。化合物中的键型并不一定是单一的。例如，在 NaOH 分子中，钠离子和氢氧根之间是离子键，而氢氧根中的氢、氧原子之间是共价键。可用电子式表示为：

$$Na^{+}[\overset{\cdot}{\times}\ddot{\underset{\cdot\cdot}{O}}:H]^{-}$$

2. 共价键的特性

（1）共价键的饱和性　根据自旋方向相反的单电子可以配对成键的观点，在形成共价键时，几个未成对电子只能和相同数目的几个自旋方向相反的单电子配对成键，这就是所谓共价键的“饱和性”。例如，氢原子只有一个未成对电子 $1s^1$，它只能与另一个氢原子电子配对后形成 H_2，H_2 则不能再与第三个原子的单电子配对了；又如氮原子电子构型为 $1s^22s^22p^3$，有 3 个未成对的电子，它只能同三个氢原子的 1s 电子配对形成三个共价单键，结合为 NH_3 分子。

（2）共价键的方向性　根据原子轨道重叠体系能量降低的观点，在形成共价键时，两个原子的轨道必须最大限度地重叠。我们知道，除了 s 轨道是球形外，其他的 p、d、f 轨道在空间都有一定的伸展方向。因此，除了 s 轨道成键没有方向限制外，其他原子轨道只有沿着一定的方向进行，才会有最大的重叠，这就是所谓共价键的“方向性”。图 1-9 列出 N_2、

Cl_2、HCl、N_2 等分子的形成过程，以示共价键的方向性。

3. 共价键的类型

成键两原子轨道沿键轴（两个原子核的连线）方向，符号相同的以“头碰头”的方式发生轨道重叠，所形成的键叫 σ 键。σ 键原子轨道重叠部分对键轴呈圆柱形对称，如图 1-9 所示 H_2 分子中的 s—s 键，Cl_2 分子中的 p_x-p_x 键和 HCl 分子中的 s-p_x 键等都是 σ 键。

两原子轨道在键轴两侧符号相同的以“肩并肩”的方式侧面重叠，所形成的键叫 π 键。π 键原子轨道重叠部分对等地分布在包括键轴在内的对称平面上下两侧，呈镜面反对称。如图 1-9N_2 分子中的 p_x-p_x 和 p_y-p_y 轨道重叠形成的共价键为 π 键。

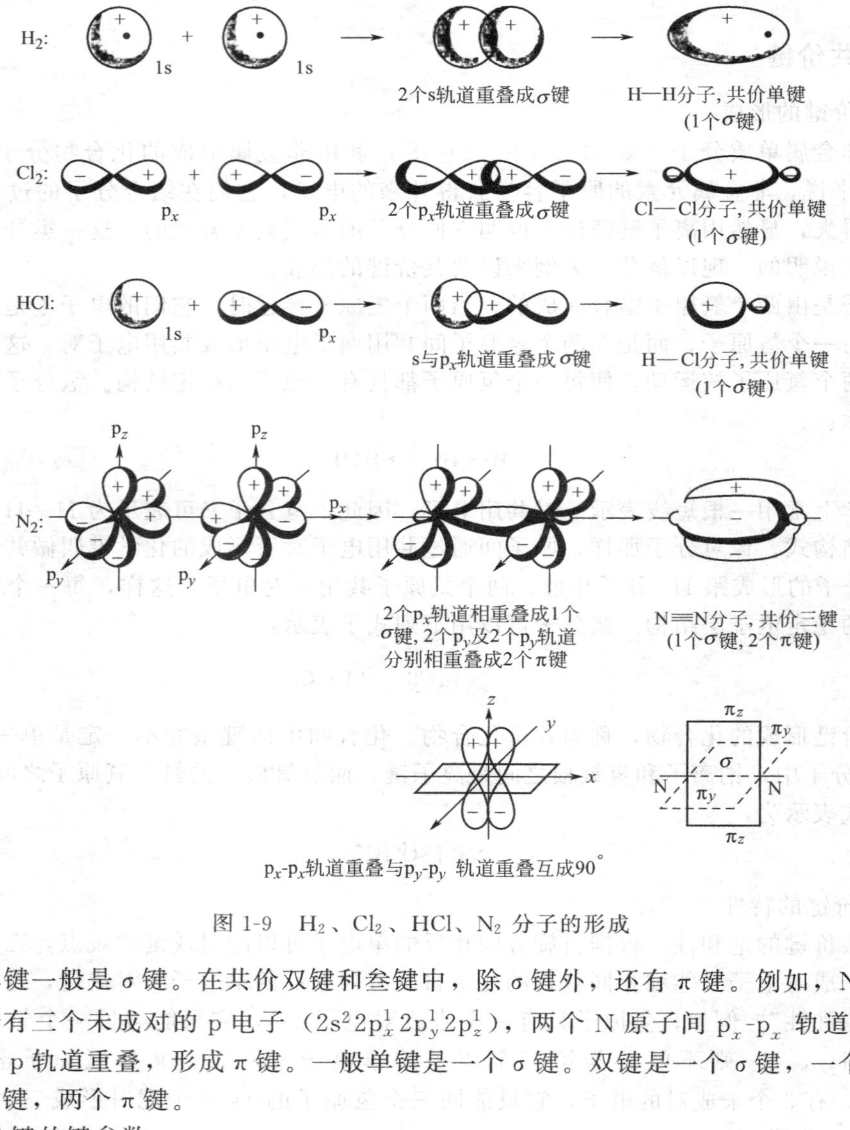

图 1-9 H_2、Cl_2、HCl、N_2 分子的形成

共价单键一般是 σ 键。在共价双键和叁键中，除 σ 键外，还有 π 键。例如，N_2 分子中，每个氮原子有三个未成对的 p 电子（$2s^2 2p_x^1 2p_y^1 2p_z^1$），两个 N 原子间 p_x-p_x 轨道形成 σ 键，其余的两个 p 轨道重叠，形成 π 键。一般单键是一个 σ 键。双键是一个 σ 键，一个 π 键；叁键是一个 σ 键，两个 π 键。

4. 共价键的键参数

(1) 键能 E 以能量标志化学键强弱的物理量称键能（bond energy）。不同类型的化学键有不同的键能，如离子键的键能是晶格能；金属键的键能为内聚能等。这里仅讨论共价键的键能。

在 298.15K 和 100kPa 下，断裂 1mol 键所需要的能量称为键能 E，单位为 $kJ \cdot mol^{-1}$。

对于双原子分子而言，在上述温度、压力下，将1mol理想气态分子离解为理想气态原子所需要的能量称离解能D，离解能就是键能。例如：

$$H_2(g) \longrightarrow 2H(g) \qquad D_{H\text{-}H}=E_{H\text{-}H}=4300\text{kJ}\cdot\text{mol}^{-1}$$

通常共价键的键能指的是平均键能，一般键能愈大，表明键愈牢固，由该键构成的分子也就愈稳定。

（2）键长l　分子中两原子核间的平均距离称为键长（bond length）。例如，氢分子中两个氢原子的核间距为76pm，所以H—H键的键长就是76pm。用量子力学近似方法可以求算键长。实际上对于复杂分子往往是通过光谱或衍射等实验方法测定键长。例如，H—F、H—Cl、H—Br、H—I键长分别为91.8pm、127.4pm、140.8pm、160.8pm，键长依次渐增，表示核间距离增大，即键的强度减弱，因而从H—F到H—I分子的热稳定性逐渐减小。另外，碳原子间形成单键、双键、叁键的键长逐渐缩短，键的强度渐增，愈加稳定。

（3）键角α　分子中键与键之间的夹角称为键角（bond angle）。双原子分子的形状是直线形，键角为180°，对于多原子分子，由于分子中的原子在空间排列方式不同，就有不同的几何构型。知道一个分子的键角和键长，即可确定分子的几何构型。键角一般通过光谱和X射线衍射等实验测定，也可以用量子力学近似计算得到。

5. 杂化轨道理论

杂化轨道的概念是从电子具有波动性、波可以叠加的观点出发的，是指在形成分子时，中心原子的能量相近、不同类型（s、p、d…）的几个原子轨道经过混杂平均化，重新分配能量和调整空间方向组成数目相同、能量相等的新的原子轨道，这种混杂平均化过程称为原子轨道的“杂化”（hybridization），所得新的原子轨道称为杂化原子轨道，或简称杂化轨道（hybrid orbital）。

杂化轨道理论的基本要点如下：

① 同一个原子中能量相近的原子轨道之间可以通过叠加混杂，形成成键能力更强的新轨道，即杂化轨道；

② 原子轨道杂化时，一般使成对电子激发到空轨道而形成单个电子，其所需的能量完全由成键时放出的能量予以补偿；

③ 一定数目的原子轨道杂化后可得数目相同、能量相等的各杂化轨道。

杂化轨道的类型如下。

（1）sp杂化轨道　由1个s轨道和1个p轨道组合可以产生2个等同的sp杂化轨道，每1个sp杂化轨道中含有1/2个s轨道和1/2个p轨道的成分。图1-10描述了这类分子的形成过程，Be原子中的1个2s电子被激发到2p轨道，能量和形状都不相同的2s和2p轨道

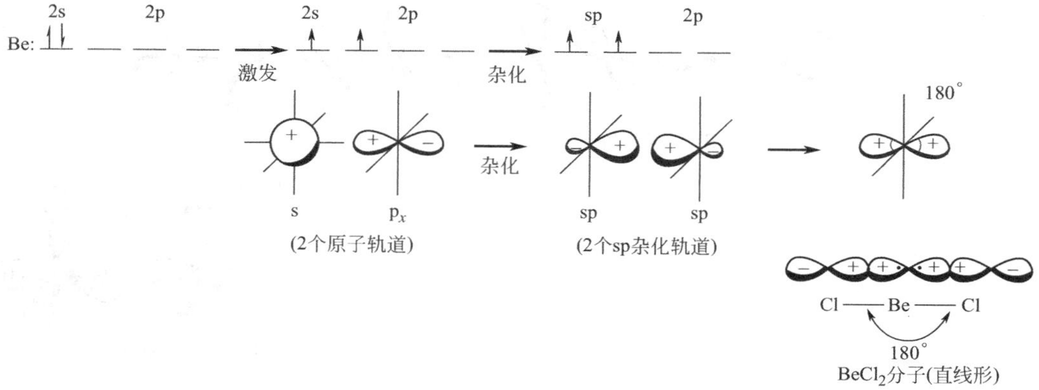

图1-10　$BeCl_2$共价分子sp杂化轨道的形成

由于杂化而形成2个完全等同的sp杂化轨道，Be原子通过这样的2个sp杂化轨道分别与氯原子的3p轨道重叠，形成2个sp-p σ键而成为$BeCl_2$分子。因为2个sp杂化轨道间的夹角是180°，所以$BeCl_2$分子具有直线形的空间结构。

（2）sp^2杂化轨道　由1个s轨道和2个p轨道组合可以产生3个等同的sp^2杂化轨道，每1个sp^2杂化轨道中含有1/3个s轨道和2/3个p轨道的成分。B原子就是通过3个sp^2杂化轨道分别与3个Cl原子的2p轨道重叠形成BCl_3分子的。如图1-11所示。

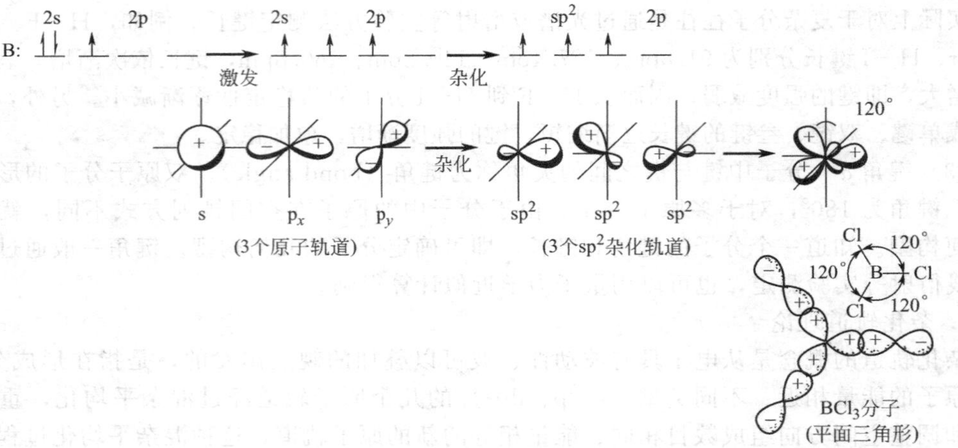

图1-11　BCl_3共价分子sp^2杂化轨道的形成

可见BCl_3分子的形成过程与$BeCl_2$分子十分相似。由于3个sp^2杂化轨道间的夹角为120°，所以BCl_3分子为平面三角形。

（3）sp^3杂化轨道　由1个s轨道和3个p轨道组合产生4个等同的sp^3杂化轨道，每1个sp^3杂化轨道含有1/4个s轨道和3/4个p轨道的成分。CH_4分子就是C原子通过4个sp^3杂化轨道与4个氢原子的1s轨道重叠成键而生成的，由于4个sp^3杂化轨道间的夹角是109.5°，所以CH_4分子的空间结构为正四面体，见图1-12。

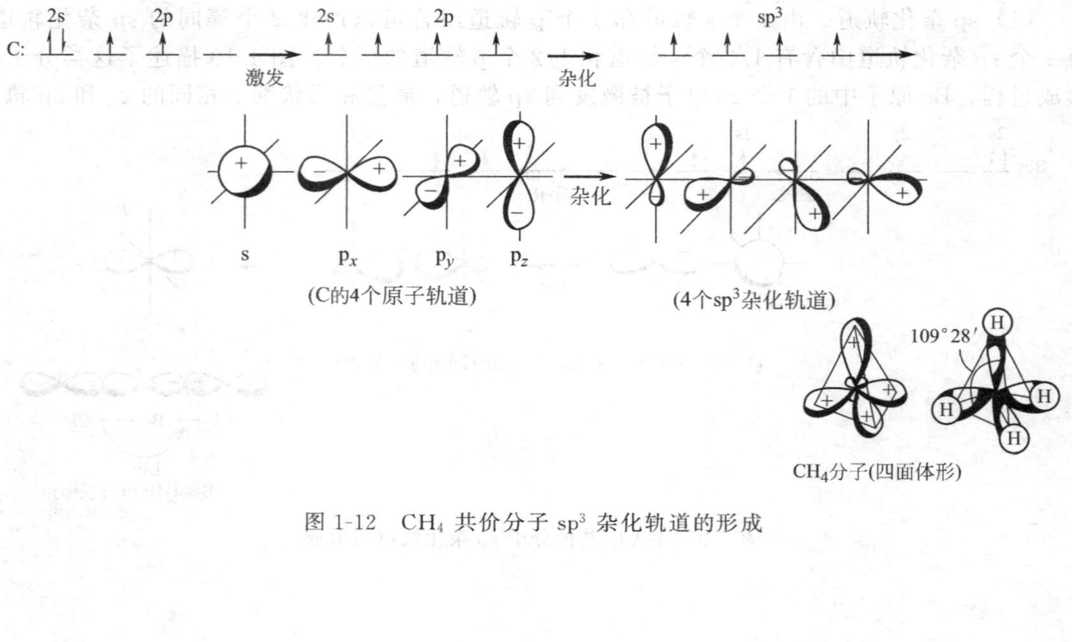

图1-12　CH_4共价分子sp^3杂化轨道的形成

氮原子与氧原子也和碳原子相似，通过 2s 轨道与 3 个 2p 轨道杂化，但由于氮原子、氧原子分别比碳原子多 1 个与 2 个电子，它们各自形成的 sp^3 杂化轨道中分别含有未成键的一对与两对孤对电子，这种含有孤对电子对的杂化轨道和成键的杂化轨道略有差异（化学上称它们为不等性杂化轨道）。CH_4、NH_3、H_2O 的空间结构比较示意于图 1-13 中。

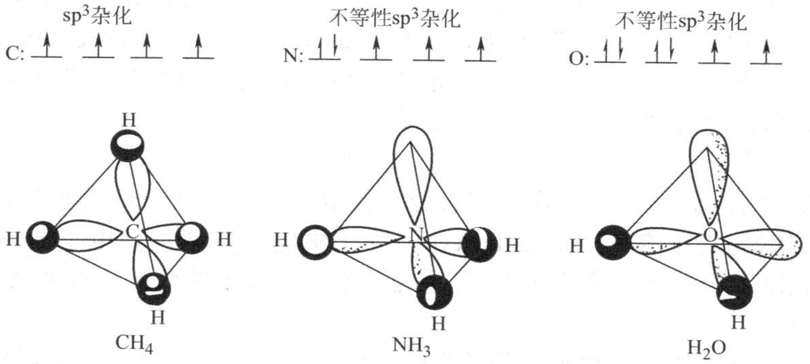

图 1-13　CH_4、NH_3、H_2O 空间结构

三、分子间作用力

1. 分子的极性和偶极矩

任何分子都是由带正电荷的核和带负电荷的电子组成的。对于每一种电荷而言，可看成与物体的质量一样，有一重心，即假定电荷集中于一点。把各种分子中正、负电荷集中的点分别称为“正电荷中心”和“负电荷中心”。分析各种分子中电荷的分布情况，发现有的分子正、负电荷中心不重合，正电荷集中的点为“+”极，负电荷集中的点为“−”极，这样分子就产生了偶极，称为极性分子（polar molecule）；有的分子正、负电荷中心重合，不产生偶极，称为非极性分子（nonpolar molecule）。

对于同核双原子分子如 H_2、Cl_2 等，由于两个元素的电负性相同，所以两个原子对共用电子对的吸引能力相同，正、负电荷中心必然重合，因此它们都是非极性分子。对于异核双原子分子如 HCl、CO 等，由于两元素电负性的差别，其中电负性大的元素的原子吸引电子的能力强，负电荷中心必靠近电负性大的一方，而正电荷中心则较靠近电负性小的一方，正、负电荷中心不重合，因此，它们都是极性分子。

对于多原子分子，分子是否有极性，主要决定于分子的组成和构型。如 H_2O 和 NH_3 分子中，O—H 和 N—H 键都是极性键，H_2O 分子是弯曲形的，NH_3 分子是三角锥形的，各个键的极性不能抵消，正、负电荷中心不重合，因而它们都是极性分子。然而在 CH_4 分子中，虽然每一个 C—H 键都是极性键，但是由于 4 个 H 原子呈四面体方向对称地分布在 C 原子周围，四个 C—H 键的极性互相抵消，整个 CH_4 分子的正、负电荷中心仍相互重合，所以 CH_4 分子是非极性分子。

分子的极性强弱，可以用偶极矩 μ（dipole moment）表示。偶极矩是表示分子电荷分布情况的一个物理量，即

$$\mu = q \times d$$

式中，q 为偶极的某一极的电荷，单位为 C（库仑）；d 称为偶极长度，单位为 m。偶极矩的单位为C·m 。偶极矩是一个矢量，按习惯规定其方向是由正到负。分子偶极矩的大小可以通过实验直接测定。分子几何构型对称（如平面三角形、正四面体）的多原子分子，其偶极矩为零。分子几何构型不对称（如 V 形、四面体形、三角锥形）的多原子分子，其偶极矩不等于零。

2. 分子的变形性和极化率

在外电场 E 的作用下，分子内部的电荷分布将发生相应的变化。如果非极性分子放在电容器的两个平行板之间，那么分子中带正电荷的核将被引向负极，而带负电荷的电子云将被引向正极，其结果是核和电子云产生相对位移，分子发生变形，称为分子的变形性（deformability）。这样非极性分子原来重合的正、负电荷偶极中心，在电场影响下互相分离产生了偶极，此过程称为分子的变形极化，所形成的偶极称为诱导偶极（induction dipole）。电场愈强，分子变形 、诱导偶极愈大。若取消外电场，诱导偶极自行消失，分子重新复原为非极性分子，所以诱导偶极与电场强度 E 成正比。

$$P_{诱导}=\alpha E$$

式中，引入比例常数 α，显然 α 可作为衡量分子在电场作用下变形性大小的量度，称为分子诱导极化率，简称为极化率（polarizability）。分子中电子数愈多，电子云愈弥散，则 α 愈大。如外电场强度一定，则 α 愈大的分子，$P_{诱导}$ 愈大，分子的变形性也愈大。

3. 分子间力

（1）取向力　指极性分子和极性分子之间的作用力。极性分子是一种偶极子，它们具有正、负两极。当两个极性分子相互靠近时，同极排斥，异极相吸，使分子按一定的取向排列，如图 1-14(a)所示，从而使化合物处于一种比较稳定的状态。这种固有偶极子之间的静电引力叫做取向力（又称定向力或偶极力）。

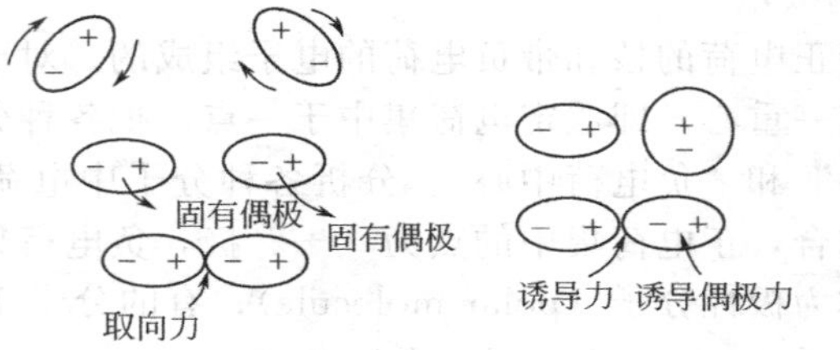

(a) 极性分子相互作用　(b) 极性分子与非极性分子相互作用

图 1-14　取向力和诱导力的产生

（2）诱导力　这是发生在极性分子和非极性分子之间以及极性分子和极性分子之间的作用力。当极性分子与非极性分子相遇时，极性分子的固有偶极所产生的电场，使非极性分子电子云变形（即电子云偏向极性分子偶极的正极），结果使非极性分子正、负电荷重心不再重合，从而形成诱导偶极子，如图 1-14(b)所示。极性分子固有偶极与非极性分子诱导偶极间的这种作用力称为诱导力。在极性分子之间，由于它们相互作用，每一个分子也会由于变形而产生诱导偶极，使极性分子极性增加，从而使分子之间的相互作用力也进一步加强。

（3）色散力　非极性分子（O_2、N_2 和稀有气体原子等）在一定条件下也可以液化或固化，说明它们的分子间也存在一定作用力。通常情况下，非极性分子的正电荷与负电荷重心是重合的，但在核外电子的不断运动以及原子核的不断振动过程中，有可能在某一瞬时产生电子与原子核的相对位移，造成正、负电荷重心分离，产生瞬时偶极。这种瞬时偶极可使和它相邻的另一非极性分子作用，于是两个偶极处在异极相邻的状态，而产生分子间吸引力，如图 1-15 所示。

综上所述，分子间的作用力可分为三种：在非极性分子之间只有色散力的作用；在极性分子和非极性分子之间有诱导力和色散力的作用；在极性分子之间，除了有取向力的作用外，还有色散力和诱导力的作用。根据量子力学计算结果，表 1-4 中列出一些分子三种作用

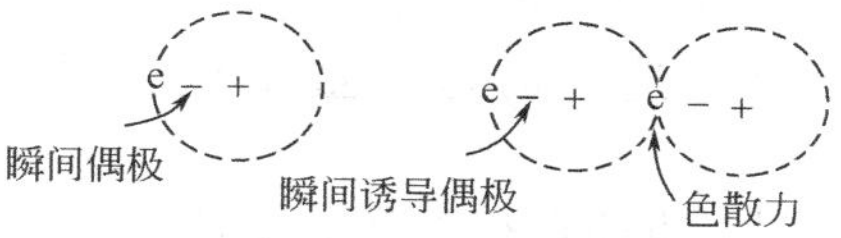

图 1-15　非极性分子相互作用时的情况

力的能量分配情况。除极少数强极性分子（如 HF、H_2O）外，大多数分子间的作用力以色散力为主，可见色散力是普遍存在于各种分子之间的。

分子间作用力比化学键弱得多。化学键键能为 100 ～600kJ・mol^{-1}，而分子间作用力一般为 2～20 kJ・mol^{-1}，比化学键键能小约一、二个量级。分子间作用力一般没有方向性和饱和性。只要分子周围空间允许，当气体分子凝聚时，它总是吸引尽量多的其他分子于其正负两极周围。

表 1-4　分子间作用力的分配

分　子	偶极矩($\mu_{实}$) /$\times10^{-30}$C・m	取向力 /kJ・mol^{-1}	诱导力 /kJ・mol^{-1}	色散力 /kJ・mol^{-1}	总作用力 /kJ・mol^{-1}
Ar	0.00	0.00	0.00	8.50	8.50
CO	0.39	0.003	0.008	8.75	8.75
HI	1.40	0.025	0.113	25.87	26.00
HBr	2.67	0.69	0.502	21.94	23.11
HCl	3.60	3.31	1.00	16.83	21.14
NH_3	4.90	13.31	1.55	14.95	29.60
H_2O	6.17	36.39	1.93	9.00	47.31

4. 分子间力对物质性质的影响

分子间力的大小与物质的物理性质，如沸点、熔点、汽化热、溶解度、黏度等密切有关。例如 F_2、Cl_2、Br_2、I_2 的熔点随相对分子质量的增大而依次升高，在常温下，F_2、Cl_2 是气体，Br_2 是液体，而 I_2 是固体。因为它们都是非极性分子，分子间色散力随相对分子质量增加，分子变形性增大而加强。

四、氢键

当氢原子与电负性很大且半径很小的原子（如 F、O、N）形成共价型氢化物时，由于原子间共用电子对的强烈偏移，氢原子几乎呈质子状态。这个氢原子还可以和另一个电负性大且含有孤对电子的原子产生静电吸引作用，这种作用力称为氢键（hydrogen bond)。

氢键的组成可用 X—H…Y 通式表示，式中 X、Y 代表电负性大、半径小的原子，最常见的有 F、O、N 原子［电负性：F(4.0)，O(3.5)，N(3.0) ］，X 和 Y 可以是同种元素，也可以是不同种元素。H…Y 间的键为氢键，H…Y 间的长度为氢键的键长，拆开 1mol H…Y 键所需的能量为氢键的键能。

氢键比化学键弱得多，但比分子间作用力稍强。其键能是指由 X—H…Y—R 分解成 X—H 和 Y—R 所需的能量，在 10 ～40kJ・mol^{-1}范围内。氢键具有方向性和饱和性。氢键中 X、H、Y 三原子一般是在一条直线上，由于 H 原子体积很小，为了减少 X 原子和 Y 原子之间的斥力，它们尽量远离，键角接近于 180°，这就是氢键的方向性。又由于氢原子的体积很小，它与较大的 X、Y 原子接触后，另一个较大的 Y 原子就难以再向它靠近，所以氢键中氢的配位数一般是 2，这就是氢键的饱和性。

例如，冰结构中每个 H 原子都参与形成氢键，使 H_2O 分子之间构成一个四面体的骨架结构，如图 1-16 所示。在冰的结构中，因 O 原子的配位数是 4，每一个 O 原子周围有 4 个 H 原子，其中 2 个 H 原子是共价结合，另外 2 个 H 原子离得稍远，是氢键结合。由此形成一个有很多“空洞”的结构，从而使冰的密度小于水。所以冰是浮在水面上的。正是由于氢键造成的这一重要自然现象，才使得冬季江湖中一切生物免遭冻死的灾难。

氢键不仅能存在于分子之间，也能存在于分子内部。例如邻硝基苯酚可以形成分子内氢键（见图 1-17），而间、对位硝基苯酚则不能形成内氢键。由于内氢键的生成，减少了分子之间的氢键作用，致使前者的熔、沸点明显低于后两者。

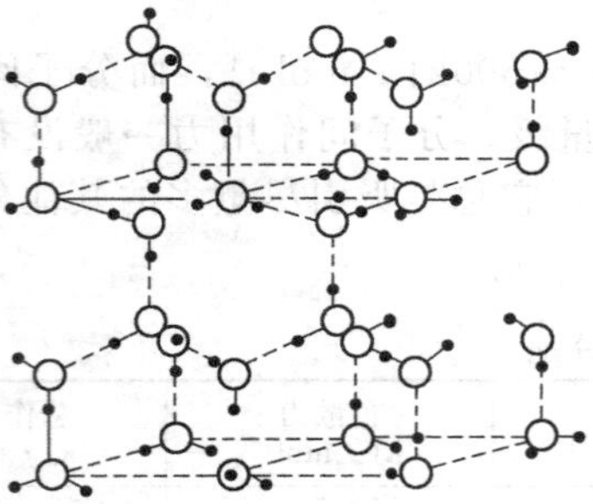

图 1-16 冰的四面体向骨架结构

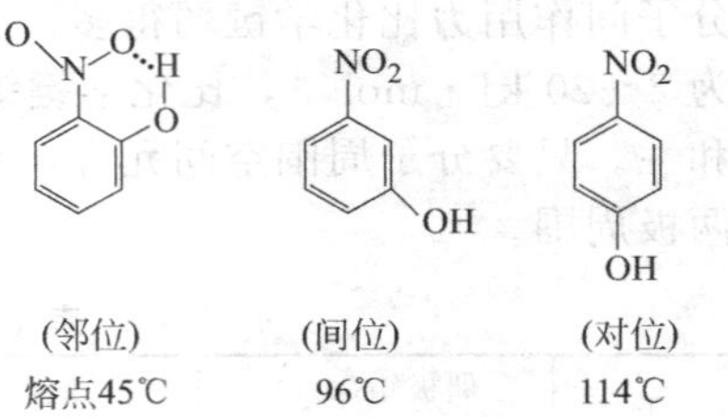

图 1-17 内氢键对各种硝基苯酚熔点的影响

总之，氢键相当普遍地存在于许多化合物与溶液之中。虽然氢键键能不大，但在许多物质，如水、醇、酚、酸、氨、胺、氨基酸、蛋白质、碳水化合物、氢氧化物、酸式盐、碱式盐（含—OH 基)、结晶水合物等的结构与性能关系的研究过程中，氢键的作用是绝不可忽视的。

第三节 晶体结构

晶体是具有规则的几何外形的固体。在晶体内部，构成晶体的微粒（如分子、原子、离子）有规律地排列在空间确定的位置上，微粒之间靠一定的作用紧密联系着，这就是晶体具有规则的几何外形的内在原因。根据组成晶体的微粒种类及微粒间的作用不同，晶体可以分为离子晶体、分子晶体、原子晶体和金属晶体四种基本类型，本节做简要介绍

一、离子晶体

离子间通过离子键结合而成的晶体叫做离子晶体。离子化合物常温下都是离子晶体。在离子晶体中，阴、阳离子按一定的规则在空间排列，每个离子总是被一定数目的带相反电荷的离子包围着。例如，氯化钠晶体，就是一种典型的离子晶体，如图 1-18 所示。

在氯化钠晶体中，每个 Na^+ 同时吸引着 6 个 Cl^-，每个 Cl^- 也同时吸引着 6 个 Na^+，在氯化钠晶体中不存在单个的分子。因此严格地来说，NaCl 这个式子应叫做氯化钠的化学式，它表示离子晶体中离子的个数比。

在离子晶体中，离子之间存在着较强的离子键。因此，离子晶体一般硬度较大，密度较大，难于压缩，难于挥发，熔点和沸点也较高。例如，NaCl 的熔点是 801℃，沸点是 1413℃。

二、分子晶体

分子间以分子之间作用力（有时还可能有氢键）结合而成的晶体叫做分子晶体。非极性分子和极性分子都可以形成分子晶体。大多数非金属单质（如 H_2、O_2、Cl_2、Br_2、I_2 等）、

非金属之间的化合物（如 CO、CO_2、NH_3、HCl、H_2O 等）、稀有气体以及大部分有机化合物（如 CH_4 等）在固态时都是分子晶体。干冰（固态 CO_2）就是一种典型的分子晶体，如图 1-19 所示。

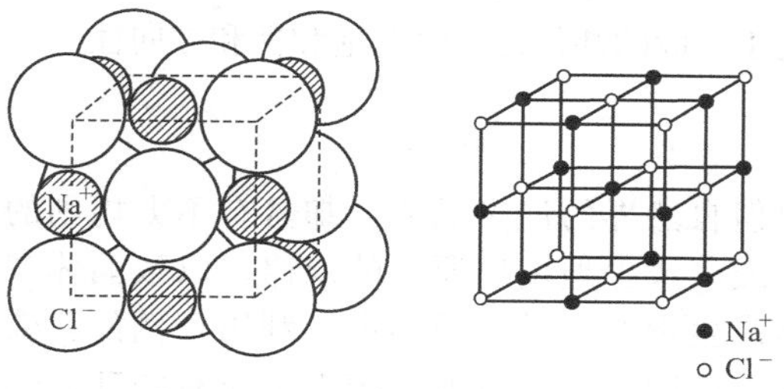

图 1-18　氯化钠的晶体结构

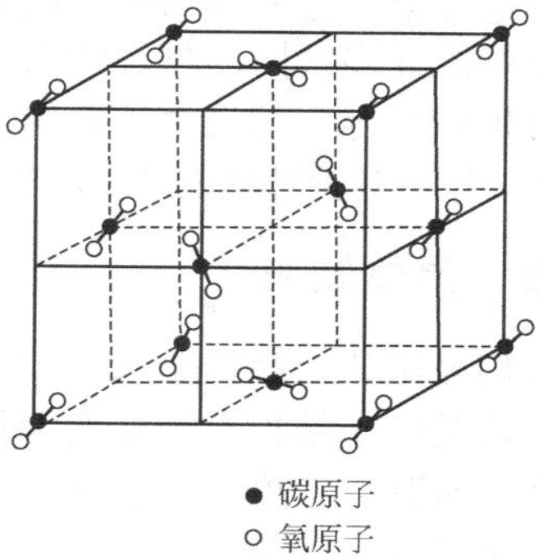

图 1-19　干冰的晶体结构

三、原子晶体

金刚石是天然物质中硬度最大的，而石墨是最软的矿物之一，它们都是由碳原子形成的单质，为什么性质相差竟这么大呢？这是因为它们的晶体结构不同。

在金刚石晶体中，每个碳原子都被相邻的四个碳原子包围着，都处于四个碳原子的中心，相邻的碳原子间都以共价键相连接，成为正四面体结构。这些正四面体结构向空间发展，构成一种坚实的、彼此相连接的空间网状晶体（见图 1-20），这种相邻原子间以共价键结合而形成空间网状结构的晶体，叫做原子晶体。金刚石是一种典型的原子晶体。单质硅、单质硼、金刚砂（SiC）和石英（SiO_2）等也属于原子晶体，原子晶体为数不多。

在原子晶体中，由于原子间的共价键强度较大，要破坏这种共价键需消耗较多的能量，因此原子晶体硬度很大，熔点和沸点很高，溶解度很小。例如金刚石硬度为 10，熔点为 3570℃。

石墨的性质也取决于石墨晶体的结构。在石墨晶体中，每个碳原子都和相邻的 3 个碳原子以共价键相结合，并排列成六角平面的网状结构，这些网状结构又连成互相平行的平面，构成片层结构。片层与片层之间不是以共价键相结合，而是以范德华力相结合。由于范德华力较弱，石墨片层之间就容易滑动，所以石墨质软，石墨的熔点也很高（3527℃），这是由于同一层上的碳原子间是以共价键相结合的缘故。图 1-21 是石墨晶体结构示意。

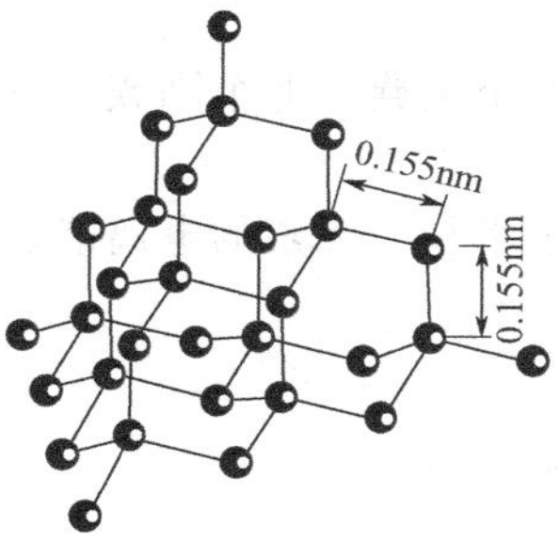

图 1-20　金刚石的晶体结构

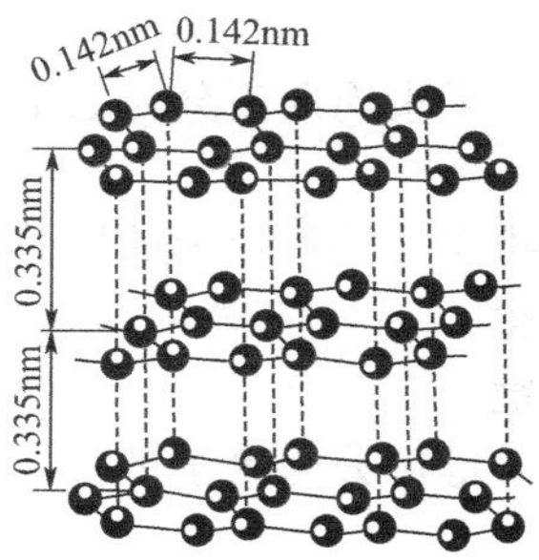

图 1-21　石墨的晶体结构

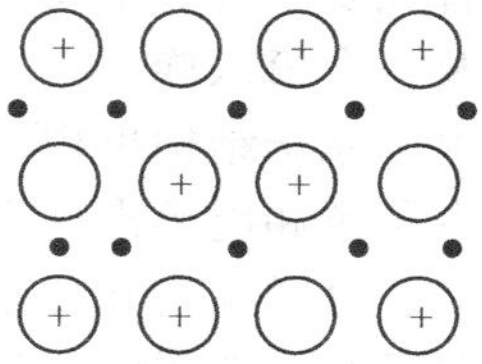
图 1-22　金属结构示意

四、金属晶体

在金属晶体中晶格结点上的原子和离子共用晶体内的自由电子，但它又和一般的共价键不同，它们共用的电子不属于某个或某几个原子和离子，而是属于整个晶体，它们没有一定的狭小运动范围，因此，把这些电子称为自由电子，形象地讲，可以把金属键说成是“金属原子和离子浸泡在电子海洋中”。这种由自由电子把原子和离子联系在一起而形成的键叫金属键，这种金属键又称为改性的共价键，如图 1-22 所示。

金属的许多共同的物理性质，如金属的颜色、光泽、金属的导电性、导热性和金属具有良好的延展性等，都是由于金属具有类似的内部结构而引起的。

由改性的共价键理论可知，金属键毕竟不同于一般的共价键，没有饱和性和方向性。

五、晶体缺陷

人们最早认为晶体是天然的规则多面体。但自然界的许多晶体，却具有不太规则的几何外形。这是由于结构微粒在实际排列时，总是或多或少地偏离原有的规律，以致晶体产生缺陷，这将对其电、磁、声、光、热等物理性质产生影响。晶体缺陷可以利用，例如：磷或硼等作为杂质加入硅晶体、杂质原子就会进入晶体的间隙位置或取代结点上原有的硅，形成掺杂半导体，使半导体的导电性能大大提高。

本章小结

本章介绍了以下三大方面。

一、原子结构和元素周期律

1. 微观粒子原子尽管很小，但仍然可以再分。原子可以分为原子核和核外电子，原子核又可再分为质子和中子。

2. 原子核外电子的运动状态

(1) 电子云　微观粒子与宏观物体的运动规律不同，电子带负电荷，核外电子绕原子核外空间区域内做高速度的运动，如像带负电荷的云雾笼罩在原子核的周围。人们形象地把它称为电子云。

(2) 核外电子的运动状态　要描述原子核外一个电子在原子核外的运动行为，必须指明它所在的电子层、电子亚层（电子云的形状）、电子云的伸展方向和电子的自旋方向这四个方面。

(3) 原子核外电子的排布　必须遵循三条规律，即泡利不相容原理、能量最低原理和洪特规则。

3. 元素周期律

首先要了解元素周期表的结构。元素周期表分为七个周期，七个主族、七个副族、一个零族及一个第八族。

由于原子结构出现了周期性的排布，使得元素的性质，即原子半径、元素的电离能、元素的电子亲和能等出现周期性的变化。

二、分子结构和分子间力、氢键

分子结构介绍的是化学键。化学键可分为离子键、共价键和金属键。

1. 离子键

当正、负离子靠近到一定距离时，吸引力和排斥力达到暂时平衡状态时便形成了稳定的化学键。这种由阴、阳离子间通过静电吸引而形成的化学键叫离子键。由离子键形成的化合物叫离子化合物。绝大多数的盐、碱和金属氧化物都是离子化合物。

2. 共价键

如像氢分子那样，原子间靠共用电子对而形成的化学键叫共价键。由共价键形成的化合物叫共价化合物。

共价键的特性：共价键具有饱和性和方向性。

共价键的类型，根据原子轨道重叠的方式不同，共价键可分为：σ键和π键。两原子轨道的方向、符号相同状态下以“头碰头”方式发生重叠而形成的键叫σ键。以“肩并肩”（侧面）方式重叠而形成的键叫π键。

共价键的参数，用键能和键长可衡量共价键的强弱，键角则反映分子的空间构型。

3. 杂化轨道理论

杂化轨道常见的类型有 sp^3、sp^2、sp 三种。用不同的杂化类型，可预测分子的构型、分子的极性等。

4. 分子间作用力是一种微弱的作用力，它包括取向力、诱导力、色散力。氢键也属分子间作用力的范畴。

（1）极性分子与非极性分子，分子中正、负电荷的中心不相重合，这种分子叫极性分子。分子中正、负电荷的中心完全重合，这种分子叫非极性分子。

（2）在外电场作用下，分子中正、负电荷发生相对位移，分子发生变形，这就是分子的变形性。

（3）分子间力：取向力存在于极性分子间，诱导力存在于极性分子和非极性分子间，而非极性分子间只有色散力。大多数分子间的作用力以色散力为主。

（4）氢键，因共用电子对的强烈偏移，氢原子几乎呈质子状态，这个氢原子还可以与另一个电负性大的含有孤电子对的原子产生静电吸引作用，这种作用力叫氢键。

三、晶体结构

晶体可分为：离子晶体、分子晶体、原子晶体和金属晶体四种类型。

上述四种基本类型的晶体，排列在晶格结点上的微粒不同，作用力也不同，使得其物质的性质也不相同。

习　题　一

1. 写出原子序数为：15、26、29、35 的电子排布式。
2. 试写出适合下列条件的各元素名称
   （1）d 轨道没有填充电子的最重要的稀有气体；
   （2）p 亚层半满的最轻的原子；
   （3）3d 亚层全满而 4s 轨道半满的原子；
   （4）3d 及 4s 亚层均为半满的原子；
   （5）其正三价阳离子电子层中有五个成单的电子，质量数均为 Si 原子 2 倍的原子；
   （6）3p 亚层有两个未成对电子的两种元素的原子。
3. 定出下列各原子电子构型代表的元素名称及符号。
   （1）$[Ar]3d^6 4s^2$；　（2）$[Ar]3d^2 4s^2$；
   （3）$[Kr]4d^{10} 5s^2 5p^5$；　（4）$[Xe]4f^{14} 5d^{10} 6s^2$。
4. 下列中性原子何者有最多的未成对电子？
   （1）Na　（2）Al　（3）Si　（4）P　（5）S
5. 已知某元素基态原子的电子分布是 $1s^2 2s^2 2p^6 3s^2 3p^6 3d^{10} 4s^2 4p^1$，请回答：
   （1）元素的原子序数是多少？
   （2）该元素属第几周期？第几族？是主族元素还是过渡元素？
6. 写出 K^+、Ti^{3+}、Sc^{3+}、Br^- 半径由大到小的顺序。
7. 下列元素中何者第一电离能最大？何者第一电离能最小？

(1) B (2) Ca (3) N (4) Mg (5) Al (6) Si (7) S (8) Se

8. 根据下列分子或离子的几何构型，试用杂化轨道理论加以说明。

(1) $HgCl_2$（直线形）(2) SiF_4（正四面体）(3) BCl_3（平面三角形）

(4) NF_3（三角锥形）(5) NO_2^-（V形）

9. 下列分子或离子中何者键角最小？

(1) NH_3 (2) PH_4^+ (3) BF_3 (4) H_2O (5) $HgBr_2$

10. 指出下列各分子间存在哪几种分子间作用力（包括氢键）。

(1) H_2 分子间 (2) O_2 分子间 (3) H_2O 分子间 (4) H_2S 分子间

(5) H_2S-H_2O 分子间 (6) H_2O-O_2 分子间 (7) HCl-H_2O 分子间 (8) CH_3Cl 分子间

11. 预测下列各组物质熔、沸点的高低，并说明理由。

(1) 乙醇和二甲醚 (2) 甲醇、乙醇和丙醇 (3) 乙醇和丙三醇 (4) HCl 和 HF

12. 为什么 (1) 室温下 CH_4 为气体，CCl_4 为液体，而 CI_4 为固体？(2) H_2O 的沸点高于 H_2S，而 CH_4 的沸点却低于 SiH_4？

13. 填充下列表格。

化合物	NaCl	金刚石	干冰(CO_2)	铁
晶体类型				
组成晶体的粒子				
粒子间的作用力				
主要物理性质 熔点的高低 沸点的高低 硬度的大小 导电性是否良好				

14. 试说明石墨的结构是一种混合型的晶体结构。利用石墨作电极或作润滑剂各与它的晶体中哪一部分结构有关？金刚石为什么没有这种性能？

15. 下列物质中，何者熔点最低？为什么？

(1) NaCl (2) KBr (3) KCl (4) MgO

16. (1) 试比较下列各离子极化力的相对大小：

Fe^{2+}，Sn^{2+}，Sn^{4+}，Sr^{2+}

(2) 试比较下列各离子变形性的相对大小：

O^{2-}，F^-，S^{2-}

17. 讨论下列物质的键型有何不同。

(1) Cl_2 (2) HCl (3) AgI (4) NaF

18. 试用离子极化讨论，Cu^+ 与 Na^+ 虽然半径相近，但 CuCl 在水中溶解度比 NaCl 小得多的原因。

19. 下列各组物质中，何者熔点较高？为什么？

(1) SiC 与 I_2 (2) 干冰（CO_2）与 H_2O (3) HCl 与 KCl

(4) $MgCl_2$ 与 MgI_2 (5) KI 与 CuI_2

第二章

认识有机化合物与高分子

知识与技能目标

1. 了解有机化合物、高聚物的概念和特性。
2. 了解碳原子的四价及其结合方式。
3. 掌握有机化合物的分子结构及表示方式。
4. 掌握有机化合物的类型。
5. 掌握高聚物的定义、基本特性。
6. 了解高聚物的聚合度、分子量和几何形状的种类。

第一节　认识有机化合物

一、有机化合物

化学上通常把化合物分为无机化合物和有机化合物两大类：水（H_2O）、食盐（NaCl）、硫酸（H_2SO_4）等，叫做无机化合物；而甲烷（CH_4）、乙烯（C_2H_4）、葡萄糖($C_6H_{12}O_6$)等，叫做有机化合物。从所列举的化合物的组成看，像甲烷等这类化合物都含有碳元素，因此将有机化合物定义为：含碳元素的化合物叫做有机化合物。但一些简单的含碳元素的化合物，如一氧化碳（CO）、二氧化碳（CO_2）、电石（CaC_2）、碳酸盐（$CaCO_3$）等，与无机化合物关系密切，仍属于无机化合物。

组成有机化合物的元素，除碳元素外，绝大多数还含有氢元素。从结构上看，可以将由碳和氢两种元素组成的化合物看作是有机化合物的母体，其他有机化合物可以看作是这种母体中的氢原子被其他原子或基团取代而生成的化合物，因此，有机化合物也可以定义为：碳氢化合物及其衍生物叫做有机化合物。但这种定义同样也有一些化合物不能包括在内，例如碳酸氢钠($NaHCO_3$)、氰化氢（HCN）等仍属于无机化合物。而不含有氢元素的某些化合物，如四氯化碳（CCl_4）、二氯卡宾（也叫二氯碳烯 CCl_2）等，则属于有机化合物。

除碳和氢元素外，有机化合物中还常含有氧、氮、卤素、硫、磷以及其他元素。

有机化合物和无机化合物并没有截然不同的界线，但由于有机化合物主要以共价键相结合，而无机化合物大部分以离子键相结合，两者结构上的差异，使得它们的性质有明显区别。

二、有机化合物的性质特点

有机化合物具有如下主要特性。

1. 热稳定性差，容易燃烧

由于有机化合物含有碳元素，所以绝大多数有机化合物容易燃烧。例如，甲烷、酒精和石油等。

2. 熔点与沸点一般比无机化合物低

很多典型的无机物是离子化合物，正、负离子之间通过较强的静电引力相互约束在一起，故无机化合物的熔点和沸点通常较高，如氯化钠的熔点为 801℃，沸点为 1413℃。

由于有机化合物一般是分子晶体，多以共价键相结合，结构单元是分子，它们之间是靠弱的分子间作用力相互结合的，而克服这种作用力不需要很高的能量，因此有机化合物的熔点一般低于 400℃。

3. 较难溶于水，而较易溶于有机溶剂

由于有机化合物以共价键相连，多为极性较弱，或者是非极性物质，因此不易溶于极性较强的水，而较易溶于非极性或极性弱的有机溶剂。这可以用“相似相溶”原理进行解释：“相似”是指溶质与溶剂在结构上的相似，“相溶”是指溶质与溶剂结构相似彼此互溶。

例如，石蜡和汽油都只含碳、氢两种元素，都是非极性化合物；水只含有氢和氧元素，虽然也以共价键相连，但极性很强；氯化钠只含有氯和钠元素，是离子型化合物，极性很强。因此，石蜡溶于汽油而不溶于水；氯化钠溶于水而不溶于汽油。

4. 反应速率较慢，且通常伴有副反应发生

① 无机化合物之间的反应，由于通常是离子之间的反应，故反应非常迅速。例如，硝酸银与氯化钠作用，反应立即发生，生成氯化银沉淀。

② 有机化合物之间的反应，主要为分子中的某个共价键断裂与新键的形成才能完成，所以反应很慢。又由于键的断裂可以发生在不同的位置上，故除生成所需产物外，同时还有其他副产物生成。对于有机反应，不仅反应速率较慢、产率较低、产物较复杂，而且通常还需要加热和使用催化剂才能使反应顺利进行。

5. 种类繁多

有机化合物所含元素种类虽不多，但有机化合物的数目却十分巨大，到目前为止，有机化合物的数量已达 1000 万种以上，而无机化合物只有 5 万种左右。

上述有机化合物的特点，只是一般情况，不能绝对化，例外的也不少。例如，四氯化碳不但不燃烧，反而能够灭火，可用作灭火剂；酒精在水中可无限混溶等。

三、有机化合物的结构特点

有机物与无机物在性质上的差异，主要是源于它们的分子结构不同。

1. 碳原子为四价

碳元素位于元素周期表的第二周期第四主族，核外电子排布为 $1s^2 2s^2 2p^2$。最外层为四个电子，可以与其他原子形成 4 个化学键。

2. 碳原子与其他原子以共价键相结合

碳元素在周期表中的特殊位置，决定了它的原子既不容易得到电子，也不容易失去电子，因此不易形成离子键。因而碳原子与其他原子结合时，一般是通过共用电子对方式形成共价键。最简单的有机化合物是甲烷（CH_4），甲烷分子是由一个碳原子和四个氢原子以共价键的方式结合而成的。这种结合使碳原子达到最外层 8 电子的稳定结构，氢原子也达到 2 个电子的稳定结构。

3. 碳原子与碳原子以共价键结合

碳原子彼此之间也可以结合，而且彼此间的结合方式很多。碳原子之间的结合方式有：

碳原子之间可以共价键相互连接成链状；也可以连成环状；还可以共用一对、两对或三对电子，分别形成单键、双键和叁键。

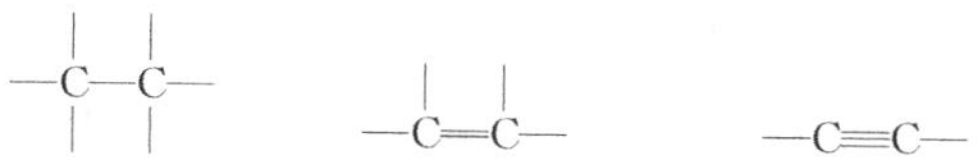

单键　双键　叁键

四、有机化合物结构的表示方法

1. 分子模型

为了更好地理解有机分子的空间结构，常用分子模型来表示分子结构。常用的分子模型有比例模型和球棍模型两种，如图 2-1 所示，两者的表示方法及特点如表 2-1 所示。

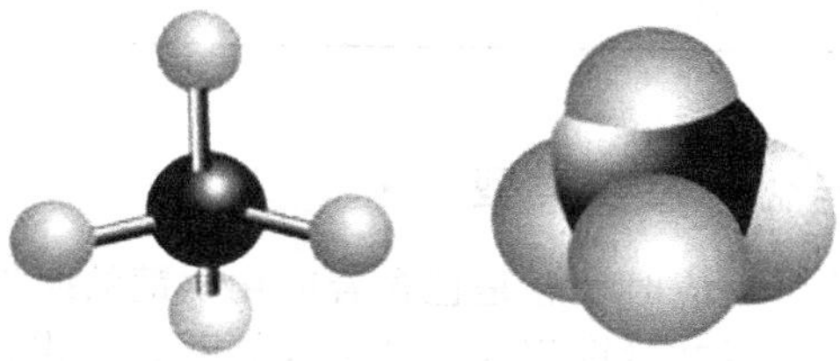

球棍模型　比例模型

图 2-1　分子模型

表 2-1　分子模型比较

分子模型	比例模型	球棍模型
表示方法	根据分子中原子的大小和键长长短按照一定比例放大制成	用不同颜色的小球表示不同的原子，用短棍表示各原子间的化学键
优点	可以较精确地表示原子的相对大小与距离	分子中各原子的空间排列情况一目了然
缺点	价键分布不如球形模型明显	不能准确地表示原子相对大小和距离

2. 构造式

组成分子的原子不是杂乱无章地堆积，而是按一定的排列顺序相互结合。分子中各原子的排列顺序和连接方式叫做分子的构造，表示分子构造的式子叫构造式。分子的性质不仅取决于组成分子的元素的性质和数量，且与结构有密切关系。例如，乙醇和甲醚组成相同，分子式都是 C_2H_6O，但由于在这两种分子中原子相互结合的顺序和方式不同，它们具有不同的性质。

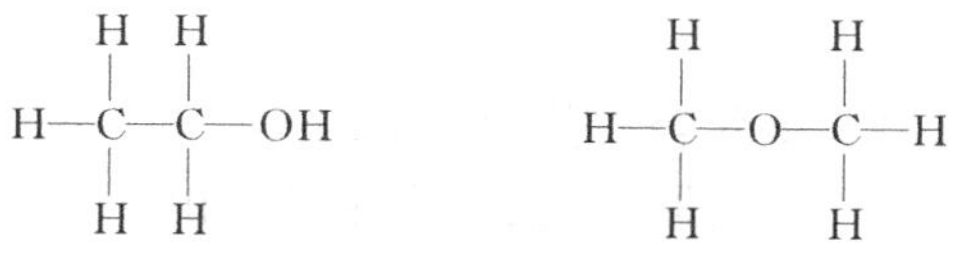

乙醇　甲醚

具有不同结构的化合物，其性质不同。结构是本质，性质是现象。结构决定性质，根据分子的结构可以预测分子的性质。性质反映结构，根据分子的性质可以确定分子的结构。

在有机化学中，分子构造式可以用多种方法表示，通常使用的结构式有短线式和缩简式两种，见表 2-2。

表 2-2　有机化合物分子的表示法

化 合 物	短 线 式	缩 简 式	分 子 式
乙烷	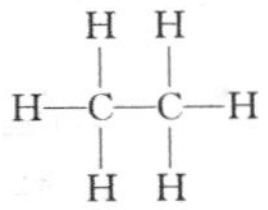 $\begin{array}{c} H\ H \\ \vert\ \ \vert \\ H-C-C-H \\ \vert\ \ \vert \\ H\ H \end{array}$	CH_3-CH_3	C_2H_6
乙醇	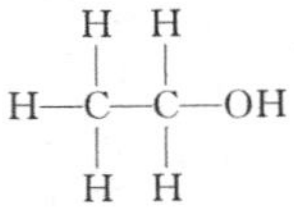 $\begin{array}{c} H\ H \\ \vert\ \ \vert \\ H-C-C-OH \\ \vert\ \ \vert \\ H\ H \end{array}$	CH_3CH_2-OH	C_2H_6O
甲醚	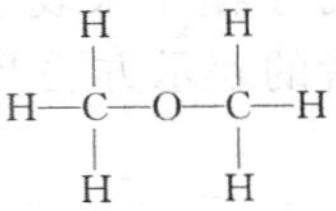 $\begin{array}{c} H\ \ \ \ H \\ \vert\ \ \ \ \vert \\ H-C-O-C-H \\ \vert\ \ \ \ \vert \\ H\ \ \ \ H \end{array}$	CH_3-O-CH_3	C_2H_6O

五、共价键的断裂与化学反应类型

有机化合物分子发生化学反应时，总是包含着旧化学键的断裂和新化学键的生成。有机化合物分子中的原子绝大多数以共价键相连。共价键的断裂方式有两种：一种方式是两个原子的共用电子对均匀分裂为每个原子各占一个电子，共价键的这种断裂方式叫做均裂；另一种方式是两个原子之间的共用电子对为其中一个原子所占有，共价键的这种断裂方式叫做异裂。如下所示：

$$A \vdots B \xrightarrow{\text{均裂}} A\cdot + B\cdot$$

$$A:B \xrightarrow{\text{异裂}} \begin{cases} A\bar{:} + B^+ \\ A^+ + B\bar{:} \end{cases}$$

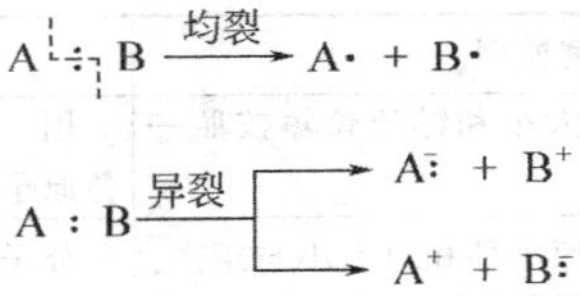

由上式可以看出，共价键均裂产生具有未成对电子的原子或基团，这种原子或基团叫做自由基，按均裂进行的反应叫做自由基反应；共价键异裂产生正、负离子，按异裂进行的反应叫做离子型反应。

六、有机化合物的分类

有机化合物的数目非常庞大，平均每年有数以万计的新化合物被发现或合成出来。为了研究方便，对有机化合物进行科学的分类是必要的。一般有两种分类方法，一种是按碳架分类，一种是按官能团分类。

1. 按碳架分类

根据碳架的不同，通常将有机化合物分为以下四类。

（1）开链化合物　分子中的碳原子连接成链状。由于脂肪类化合物具有这种链状碳架，因此开链化合物也叫脂肪族化合物。其中碳原子之间可以通过单键、双键或叁键相连。例如

$$\begin{array}{c} H\ H \\ \vert\ \ \vert \\ H-C-C-H \\ \vert\ \ \vert \\ H\ H \end{array} \qquad \begin{array}{c} H\ \ H \\ \vert\ \ \ \vert \\ H-C=C-H \end{array} \qquad H-C\equiv C-H \qquad \begin{array}{c} H\ H \\ \vert\ \ \vert \\ H-C-C-OH \\ \vert\ \ \vert \\ H\ H \end{array}$$

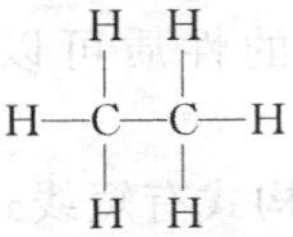

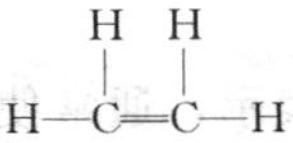

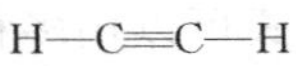

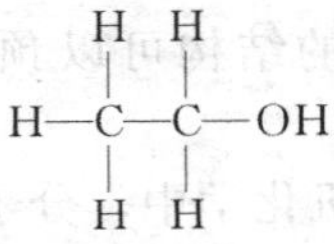

$$\qquad\ \ \text{乙烷} \qquad\qquad\qquad\quad \text{乙烯} \qquad\qquad\quad\ \ \text{乙炔} \qquad\qquad\quad\ \ \text{乙醇}$$

（2）脂环族化合物 分子中的碳原子连接成环状，其性质与脂肪族化合物相似，叫做脂环族化合物。成环的相邻两个碳原子之间可以通过单键、双键或叁键相连。例如：

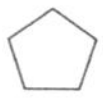
环戊烷

环己烯

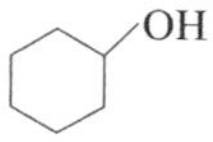

环己醇

（3）芳香族化合物 分子中至少含有一个苯环结构，它们的性质不同于脂肪族和脂环族化合物，而具有特殊的性质——“芳香性”，这类化合物叫做芳香族化合物。例如：

苯

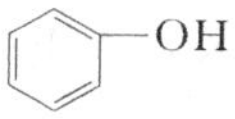

苯酚

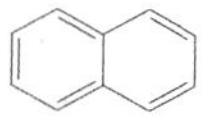
萘

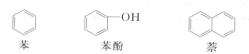

（4）杂环化合物 分子中含有由碳原子和至少一个其他原子（叫杂原子，如氧、硫、氮原子等）连接成环的一类化合物，叫做杂环化合物。例如：

噻吩

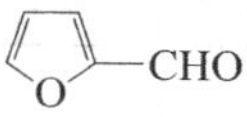

糠醛

吡啶

2. 按官能团分类

官能团是分子中比较活泼而易发生反应的原子或基团，它决定化合物的主要性质。含有相同官能团的化合物具有相似的性质，因此按官能团将有机化合物分类，有利于学习和研究。一些重要的常见官能团如表 2-3 所示。

表 2-3 一些重要的常见官能团

化合物的类别	化合物举例	官能团构造	官能团名称
烯烃	$CH_2=CH_2$	$>C=C<$	碳碳双键
炔烃	$CH\equiv CH$	$-C\equiv C-$	碳碳叁键
卤代烃	C_2H_5-Cl	$-Cl$	氯基(氯原子)
醇和酚	C_2H_5OH,C_6H_5OH	$-OH$	羟基
醚	$C_2H_5-O-C_2H_5$	$-O-$	醚基
醛	$CH_3-C(=O)-H$	$-C(=O)-H$	醛基
酮	$CH_3-C(=O)-CH_3$	$-C(=O)-$	羰基
羧酸	$CH_3-C(=O)-OH$	$-C(=O)-OH$	羧基
腈	CH_3-CN	$-CN$	氰基
胺	CH_3-NH_2	$-NH_2$	氨基
硝基化合物	$C_6H_5-NO_2$	$-NO_2$	硝基
硫醇	C_2H_5-SH	$-SH$	巯基
磺酸	$C_6H_5-SO_3H$	$-SO_3H$	磺(酸)基

上述两种分类方法均已被采用。

第二节 认识高分子

一、高分子的由来

“高分子”实际是高分子化合物的简称，这个响亮的名字来源于高分子是由成千上万个原子通过共价键连接而成且分子量（指相对分子质量）高于1万的长链大分子。由众多高分子链所组成的化合物称为高分子化合物，简称高聚物或聚合物。高分子化合物、高分子（大分子）、聚合物、高聚物等，这些词汇的含义并无本质区别，多数情况下是可以相互混用的。一些常用高聚物的相对分子质量如表2-4所示。

目前，已经知道无论天然高分子还是合成高分子，组成其大分子的原子数目虽然成千上万，但是所涉及的元素种类却相当有限，通常以C、H、O、N四种非金属元素最为普遍，S、Cl、P、Si、F等元素也存在于一些高分子化合物中。

表2-4 一些常用高聚物的相对分子质量

塑料		橡胶		纤维	
低压聚乙烯	6万～30万	天然橡胶	20万～40万	尼龙	1.2万～1.8万
聚氯乙烯	5万～15万	丁苯橡胶	15万～20万	涤纶	1.8万～2.3万
聚苯乙烯	10万～30万	顺丁橡胶	25万～30万	维尼纶	6万～7.5万
聚碳酸酯	2万～8万	氯丁橡胶	10万～12万	腈纶	5万～8万

二、高分子化合物的特点

高分子化合物的基本特性如下。

① 相对分子质量很大，一般在一万以上甚至更高。

② 合成高聚物的化学组成比较简单，分子结构有规律性。

合成高分子化合物大分子结构的规律性，首先体现在它们都是由某些符合特定条件的低分子有机化合物通过聚合反应并按照一定规律连接而成。通常将这些能够进行聚合反应并生成大分子的低分子有机化合物叫做“单体”。不同种类的单体通过聚合反应生成聚合物的时候可能存在两种不同的情况：一种是单体的化学组成并不改变而只是化学结构发生变化——这是合成加成聚合物的一般情况；另一种是单体的化学组成和结构都发生一定变化——这是合成缩合聚合物的一般情况。

③ 合成聚合物的分子形态是多种多样的。

绝大多数合成聚合物的大分子均为长链线型，所以常常将聚合物的分子称为“分子链”或“大分子链”。将具有最大尺寸、贯穿整个大分子的分子链称为主链；将连接在大分子主链上除氢原子以外的原子或原子团称做侧基；有时将连接在主链上足够长的侧基（往往也是由某种单体聚合而成）称做侧链；将大分子主链上带有数量和长度不等的侧链的聚合物称为支链聚合物。

一些聚合物的“分子”具有空间三维网状结构，这类聚合物通常称为“体型聚合物”。目前完全平面网状结构的聚合物尚未合成出来。近年来，已有大分子主链呈星形、梯形、环形等特殊类型的新型聚合物的研究报道。

④ 一般高分子化合物实际上是由相对分子质量大小不等的同系物组成的混合物，其相

对分子质量只具有统计平均的意义。

高分子化合物的相对分子质量只是这些同系物相对分子质量的统计平均值，其表示方法主要有四种，分别是数均相对分子质量、重均相对分子质量、Z 均相对分子质量、黏均相对分子质量，常用的是前两种。

⑤ 由于高分子化合物相对分子质量很大，因而具有与低分子同系物完全不同的物理性能。例如高分子化合物具有高软化点、高强度、高弹性，其溶液和熔体的高黏度等性质，这将是高分子物理课程所要讲述的内容。

三、高聚物的相对分子质量

1. 聚合物分子结构式

合成有机高分子化合物的单体绝大多数是低分子有机化合物，所以聚合物分子结构式的书写规范与有机化合物基本相同。不过由于聚合物的相对分子质量很大；可能也没必要将整个大分子的结构式全部写出。这样就无需按照特定的规范写出这种“基本单元”的结构式，同时注明一个大分子含有这种“基本单元”的数目可以表示该聚合物的大分子了。

高聚物的分子式可用以下通式表示：

$$\text{A—M—M}\cdots\cdots\text{—M—B} \tag{2-1}$$

式中，M 为结构单元；A、B 为大分子链的端基。由于大分子链很长，M 的数目很大，比较起来，端基在大分子链中的比例可以忽略不计。此时，高聚物分子的通式可写成：

$$\text{+M+}_n \tag{2-2}$$

构成大分子链的基本结构单元+M+称为结构单元或重复单元。由于重复单元是组成大分子链的基本单位，像是长链中的一环，所以又称为链节。大分子链上结构单元的数目 n 就称为聚合度（通常以 DP 表示）。最后写出聚合物的“端基”或者加“～”或“—”线表示端基不确定。

2. 高聚物的相对分子质量

从式(2-1) 可知，聚合物的相对分子质量 M 等于聚合度 DP 和结构单元相对分子质量 M_0 的乘积：

$$M=DP\cdot M_0 \tag{2-3}$$

依照相对分子质量的大小，可以把所有的化合物分为两类：一类是低相对分子质量的化合物；另一类是高相对分子质量的化合物。水（H_2O）、食盐（NaCl）、硫酸（H_2SO_4）、甲烷（CH_4）、乙烯（C_2H_4）、葡萄糖（$C_6H_{12}O_6$）等无机和有机化合物的相对分子质量，一般只有几十或几百，它们属于低分子化合物。一般来讲，相对分子质量低于 500 的化合物统称为低分子化合物，而相对分子质量大于 10000 者统称为高分子化合物。天然或合成高分子化合物，其相对分子质量通常为 10^4～10^6，比普通的低分子化合物的相对分子质量大 100～10000 倍（见表 2-4）。

相对分子质量大是高聚物最基本的特征，聚合物的许多优良性能都与相对分子质量大有关。尤其是聚合物的抗张强度、冲击强度、断裂伸长和可逆弹性与平均相对分子质量（或聚合度）之间存在着密切的关系。当聚合度低于某个最低临界聚合度（DP_c）时，聚合物完全没有强度，超过 DP_c，机械强度随聚合度急剧上升，达到某个数值 K 之后，强度上升又变得缓慢（见图 2-2）。几乎所有的聚合物都具有这种形状的曲线，所不同的仅仅是具体数值有所差别而已。

每种聚合物都有一个临界聚合度 DP_c，大于该临界聚合度，聚合物才有强度，也就是

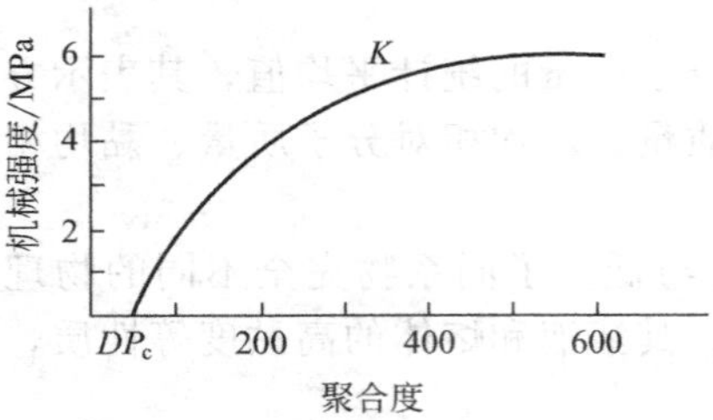

图 2-2　聚合物的机械强度和聚合度的关系

说，DP_c 是高聚物呈现其特性的最低聚合度，其数值随聚合物的组成、结构和性质的不同而不同。例如，聚酰胺的 DP_c 为 40，纤维素为 60，许多乙烯类聚合物为 100。对于曲线上出现强度上升变慢的 K 值，各种聚合物也各不相同，如聚酰胺的聚合度是 150，纤维素是 250，许多乙烯类聚合物是 400。对于所有的聚合物来说，聚合度低于 30 就不具有强度，高于 600 就趋近其极限强度。考虑到材料的机械强度和加工的方便，大多数常用聚合物的聚合度在 200～2000 之间，相应的相对分子质量是 2 万～20 万。

另外，对于某种结构的低分子化合物，其相对分子质量总是一定的。例如，水分子的相对分子质量是18，甲烷的相对分子质量是16，乙烷的相对分子质量是30。然而，高分子化合物在形成过程中，由于反应条件不同、反应概率不同，所形成的高分子化合物的相对分子质量并不是完全相同的。即使是一种“纯粹”的高分子化合物，它也是由化学组成相同而相对分子质量大小不同的分子所组成的同系物。例如，平均相对分子质量为 2 万的聚对苯二甲酸乙二酯（涤纶的原料），它就是由分子量大于 2 万、等于 2 万和小于 2 万的许许多多大小不一的分子所组成的，尽管相对分子质量不同，但由于其化学组成相同且具有相同的性质，它仍然是同一种高分子化合物。所以，“纯粹”高分子化合物的概念完全不同于“纯粹”低分子化合物的概念。高分子化合物实际上是化学组成相同而相对分子质量大小不同的同系物的混合物。高分子化合物的这种相对分子质量的多样性称为高分子化合物的“多分散性”。

四、高分子链结构

由于高分子形成反应的复杂性，单个高分子链的几何形状可以分为线型、支链型和交联型三类。

1. 线型高分子

线型高分子为线状长链高分子，大多呈卷曲状（也有比较舒展的）。例如低压聚乙烯、聚苯乙烯、尼龙、涤纶、未经硫化的天然橡胶和硅橡胶等。

2. 支链型高分子

支链型高分子的主链上带有支链或短支链。例如高压聚乙烯、聚醋酸乙烯酯和接枝型的 ABS 树脂等。

线型或支链型高分子以比较小的分子间作用力聚集在一起，可以通过加热或溶剂溶解的办法来克服这种作用，使高分子之间松散开来，从而出现熔融或溶解现象。所以这两种高聚物大多属于热塑性的，即加热可以塑化，冷却又能凝固，并能反复进行。支链型高聚物因高分子间排列疏松，分子间作用力更弱，它的柔软性、溶解度较线型高聚物大，而密度、熔点和强度则低于线型高聚物。

3. 交联型高分子（体型高分子）

交联型高分子是线型或支链型高分子以化学键交联形成的网状或体型结构的高分子。例如硫化后的橡胶，固化了的酚醛树脂、环氧树脂和不饱和聚酯树脂等。交联程度小的，有较好的弹性，受热可软化，但不能熔融，加适当溶剂可溶胀，但不能溶解；交联程度大的，不能软化，也难溶胀，但有较高的刚性、尺寸稳定性、耐热性和抗溶剂性能。

有不少聚合物，如酚醛、脲醛、醇酸等树脂，在树脂合成阶段，需控制原料配比和反应程度，停留在线型或少量支链的低分子阶段。在成型加工阶段，经加热再使其中潜在的活性官能团继续反应成交联结构。聚合物因而固化，继续加热时，不再塑化，这就是热固性的高聚物。

五、高分子科学

1. 高分子科学范畴

顾名思义，高分子科学是以高分子为研究对象的科学。从 20 世纪 20 年代提出高分子概念以来，高分子科学的建立和发展已经经历了近 80 年。目前普遍认为，高分子科学包括如下学科领域和研究范畴：研究各种聚合反应基本原理以及聚合物合成与使用过程中所涉及的化学反应过程的高分子化学；研究包括聚合物化学组成与结构、微观和聚集态结构与性能的相关性以及各种聚合物的特殊物理性能的表征与测定的高分子物理；研究各种类型聚合物及制品的合成、加工成型中的工艺条件、影响因素和设备等。按照聚合物种类的不同，又包括塑料、橡胶、化纤、涂料、胶黏剂等的合成、加工及使用工艺与工程学。

2. 高分子科学简史

20 世纪 20～40 年代是高分子科学建立和发展的时期；30～50 年代是高分子材料工业蓬勃发展的时期；60 年代以来则是高分子材料大规模工业化、特种化、高性能化和功能化的时期。

20 世纪 20 年代是高分子科学诞生的年代。1920 年，德国人 H. Staudinger 首次提出以共价键连接为核心的高分子概念，并获得 1953 年度诺贝尔化学奖，他无疑被公认为高分子科学的始祖。

1925 年，聚醋酸乙烯酯实现工业化。

1928 年，聚甲基丙烯酸甲酯（有机玻璃，PMMA）和聚乙烯醇问世。

1931 年，聚氯乙烯（PVC）、氯丁橡胶问世。

1934 年，聚苯乙烯（PP）问世。

1935 年，美国人 W. H. Carothers 成功地合成了尼龙-66 并于 1938 年实现工业化。稍后他的学生美国人 P. J Flory 提出了聚合反应的等活性理论并提出聚酯动力学和连锁聚合反应机理。从而获得 1974 年度诺贝尔化学奖。

1940 年，丁苯橡胶、丁基橡胶问世。

1941 年，聚对苯二甲酸乙二醇酯（涤纶）问世。

1943 年，聚四氟乙烯（PTFE）问世。

1948 年，维尼纶问世。

1950 年，聚丙烯腈（腈纶，PAN）问世。

1955 年，顺丁橡胶问世。

1953 年，德国人 K. Ziegler 和意大利人 G. Natta 各自独立地采用络合催化剂成功地合成出高密度聚乙烯（HDPE），即低压聚乙烯以及聚丙烯，并于 1955 年实现工业化。今天这两种聚合物已经成为产量最大、用途最广的合成高分子材料，1 963 年两人获得诺贝尔化学奖。

2000 年，日本人白川英树、美国人艾伦•黑格和艾伦•马克迪尔米德等有关导电高分子材料——掺杂聚乙炔的研究和应用成果突破了“合成聚合物都是绝缘体”的传统观念，开创了高分子功能化研究和应用的新领域。为此他们获得了自 20 世纪初诺贝尔奖设立以来高分子科学领域的第五个诺贝尔化学奖。

高分子科学史上获得诺贝尔奖的科学家还有两位，他们分别是：美国 Rockefeller 大学著名生物化学家 R. B. Merriffield，他将功能化的聚苯乙烯用于多肽和蛋白质的合成，大大提高了涉及生命物质合成的效率，开创了功能高分子材料与生命物质合成领域的新纪元，于 1984 年获诺贝尔化学奖；1975 年法国科学家 P•G•德•热纳提出的标度理论可以处理整个浓度区间的高分子溶液，使这方面的研究有了新的理论指引，1991 年荣获诺贝尔物理学奖。

我国的高分子科学和工业在1950年以前是一片空白，从20世纪50年代开始，国内一批中小型塑料、合成橡胶、化学纤维和涂料工厂相继投入生产。20世纪60～80年代是我国高分子材料工业飞速发展的时期，一大批万吨乃至10万吨以上级别的大型PE、PP、PVC、PS、ABS、SBS以及其他类别的高分子材料生产和加工的大型企业在全国各地相继建成投产。其中，上海金山、南京扬子、江苏仪征、山东齐鲁、北京燕山、湖南岳阳以及天津、兰州、吉林等地已经成为我国重要的大型高分子材料生产基地。

本章小结

① 有机化合物是指碳氢化合物以及由碳氢化合物衍生而得到的化合物。其种类繁多，易燃烧，溶于有机溶剂和熔点、沸点低；有机反应大多反应速率低，副反应多。

② 有机化合物中碳为四价，碳原子之间的共价键有两种，σ键与π键。共价键的断裂有均裂和异裂两种方式：均裂后形成带有单电子的原子或基团，称为自由基（或游离基）。异裂时，原来一对成键电子为某一原子或基因所占有而形成离子。

③ 有机化合物的分类，按碳骨架的不同，分为开链化合物、脂环化合物、芳香化合物和杂环化合物。按官能团的不同，分为烷烃、烯烃、炔烃、卤代烃、醇类、酚类、醚类、醛类、酮类、羧酸等。

④ 高分子化合物是指由成千上万个原子通过共价键连接而成且分子量（指相对分子量）高于1万的长链大分子。高分子化合物、高分子（大分子）、聚合物、高聚物等，这些词汇多数情况下是可以相互混用的。

⑤ 高聚物是由相对分子质量大小不等的同系物组成的混合物，分子量具有多分散性。

⑥ 高分子链的几何形状可以分为线型、支链型和交联型三类。线型或支链型高分子，加热可以塑化，冷却又能凝固，并能反复进行，此类高聚物大多属于热塑性。交联型高分子是线型或支链型高分子以化学键交联形成的网状或体型结构的高分子，交联程度大的，不能软化，也难溶胀，此类高聚物属于热固性。

习 题 二

一、解释下列名词

1. 有机化合物	2. 分子构造式
3. 自由基	4. 官能团
5. 高聚物	6. 体型高分子
7. 单体	8. 聚合度
9. 主链	10. 重复单元

二、指出下列化合物中的官能团

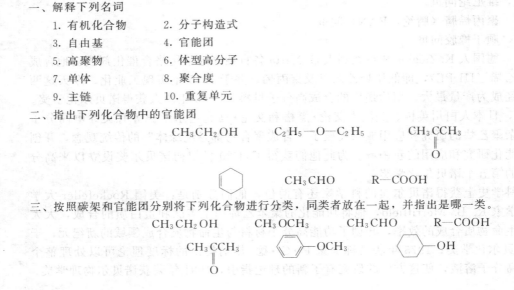

CH_3CH_2OH　　$C_2H_5—O—C_2H_5$　　$CH_3\underset{\overset{\|}{O}}{C}CH_3$

　　CH_3CHO　　R—COOH

三、按照碳架和官能团分别将下列化合物进行分类，同类者放在一起，并指出是哪一类。

CH_3CH_2OH　　CH_3OCH_3　　CH_3CHO　　R—COOH

$CH_3\underset{\overset{\|}{O}}{C}CH_3$　　　　

$CH_2{=}CH{-}CH_2{-}OH$　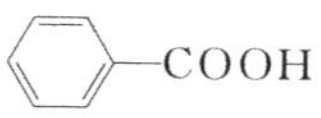　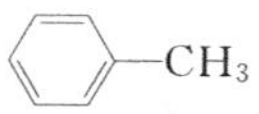

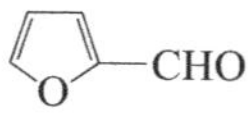　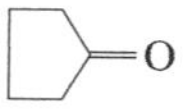　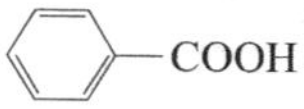

四、有机化合物怎样分类？

五、高聚物的基本特性有哪些？

六、说明单体、重复单元、结构单元三者间的区别是什么？

七、举例说明和区别线型和体型结构，热塑性和热固性聚合物。

八、高分子科学史上获得诺贝尔化学奖的科学家是哪五位，并阐述获奖缘由？

第三章

烃和碳链高聚物

知识与技能目标

1. 了解烷烃的结构，烷烃同分异构现象，掌握烷烃的命名、物理性质和主要化学性质。
2. 掌握烯烃、炔烃和共轭二烯烃的结构特征及其主要化学性质和命名方法。
3. 学会烯烃的顺反异构体的命名并掌握次序规则要点。
4. 理解共轭结构与共轭效应。
5. 理解环烷烃的稳定性与结构的关系。
6. 掌握苯分子的结构、单环芳烃、稠环芳烃的命名、化学性质、苯环亲电取代定位规律及其应用。
7. 掌握卤代烃的分类、命名、化学性质及不同结构对卤原子活性的影响。
8. 了解亲核取代反应的历程。
9. 了解常见的碳链高聚物的单体。

第一节　饱　和　烃

烃又称碳氢化合物，是指分子中含有 C、H 两种元素的有机化合物。根据碳骨架，烃可分为开链烃和环状烃，开链烃又叫脂肪烃。按分子中碳-碳之间结合方式，烃又可分为饱和烃与不饱和烃两类。饱和的开链烃叫烷烃，饱和的环状烃叫环烷烃。本节所讨论的饱和烃包含烷烃与环烷烃。

一、烷烃的通式和同分异构

1. 通式与同系列

烷烃分子中，氢原子的数目达到最大值。最简单的几个烷烃的构造式如下，分别叫做甲烷、乙烷、丙烷、丁烷……。

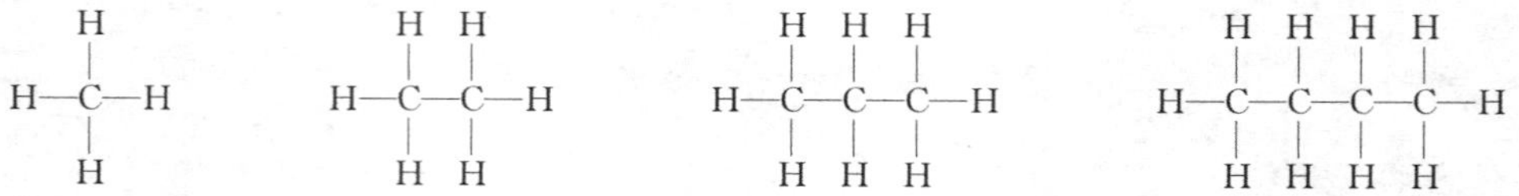

甲烷　　乙烷　　丙烷　　丁烷

从上述构造式可以看出：除碳链两端有两个氢原子外，每个碳原子都还有两个氢原子，因此它们的组成都可用通式 C_nH_{2n+2} 来表示，该式叫做烷烃的通式。相邻两个烷烃组成上相差一个 CH_2，不相邻的两个烷烃，组成上相差 CH_2 的整数倍，这种具有同一通式、组成上相差 CH_2 及其整数倍的一系列化合物，叫做同系列，同系列中的各化合物互为同系物，CH_2 叫做同系列的系差。例如，上述甲烷、乙烷、丙烷和丁烷属于同一系列，它们互为同系物。同系物具有相似的化学性质，因此掌握同系列中几个典型的化合物的性质，可以推测其他同系物的化学性质，从而为学习和研究提供了方便。

环烷烃的种类较多，没有固定通式，但有一些基本规律，如每多一个环，则氢原子的个数要比相应的烷烃少 2 个。

2. 同分异构

分子式相同的不同化合物叫做同分异构体，这种现象叫做同分异构现象。分子中原子之间相互连接的顺序叫做分子构造，即分子结构。由于分子式相同但分子中原子之间相互连接的顺序不同而产生的异构体，叫做构造异构体。例如正丁烷和异丁烷是构造异构体；正戊烷、异戊烷和新戊烷是构造异构体。分子中原子之间相互连接顺序的表达式，叫做构造式。烷烃的构造异构是由于碳骨架不同造成的，这种异构也叫做碳架异构。随着烷烃分子中碳原子数的增加，构造异构体的数目显著增多，如表 3-1 所示，这是造成有机化合物数量繁多的重要原因之一。

表 3-1 烷烃构造异构体的数目

烷烃的碳原子数	构造异构体数	烷烃的碳原子数	构造异构体数
1～3	1	8	18
4	2	9	35
5	3	10	75
6	5	15	4347
7	9	20	366319

环烷烃的同分异构比烷烃更为复杂，除了分子中 C 原子的排列方式不同（即碳架不同）以外，还有碳环的异构，情况更为复杂。例如：

例如：

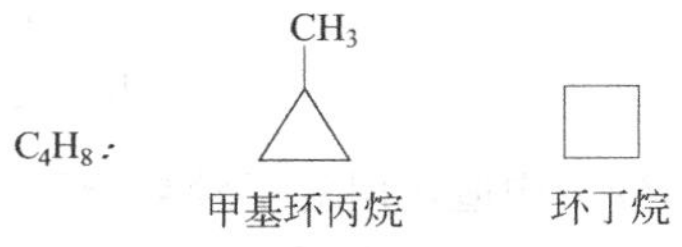

二、碳原子与氢原子的类型

1. 伯、仲、叔、季碳原子

在烷烃分子中，由于分子构造不同，分子内各碳原子不尽相同，与之相连的氢原子也就不完全相同。不同的碳原子和氢原子其性质也不尽相同，为了方便，分别给予不同的名称是必要的。烷烃分子中的碳原子，按照它们所连接的碳原子数目的不同，可分为四类：只与一个碳原子相连的碳原子，叫做伯碳原子，或一级碳原子；与两个碳原子连接的碳原子，叫做仲碳原子，或二级碳原子；与三个碳原子相连的，叫叔碳原子，或三级碳原子；与四个碳原子相连的，叫季碳原子，或四级碳原子。与伯、仲、叔碳原子相连的氢原子，分别叫做伯、仲、叔氢原子。

2. 烷基

从烷烃分子中去掉一个氢原子后剩下的基团叫做烷基，通常用 R—表示（R—H 通常代表烷烃）。烷基的通式是 C_nH_{2n+1}。例如，甲烷去掉一个氢原子后叫做甲基；乙烷去掉一个氢原子后叫做乙基；但从丙烷开始，由于分子中的氢原子的位置不完全相同，当去掉的氢原子不同时，将得到不同的烷基。烷基既不是自由基也不是离子，它不能独立存在。

三、命名

1. 烷烃的命名

（1）普通命名法　普通命名法也叫做习惯命名法，它是按照烷烃分子中碳原子数目的多少命名的。碳原子数在十以下的（包括十），分别用甲、乙、丙、丁、戊、己、庚、辛、壬、癸天干名称命名。碳原子数在十以上的则用十一、十二、十三等数字命名。例如，C_7H_{16} 叫做庚烷，$C_{16}H_{34}$ 叫做十六烷。习惯上，把直链烷烃叫做“正”某烷。

从端位数第二个碳原子上连有一个甲基“支链”的，叫做“异”某烷；从端位数第二碳原子上连有两个甲基“支链”的，叫做“新”某烷。例如：

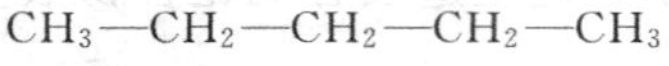
正戊烷

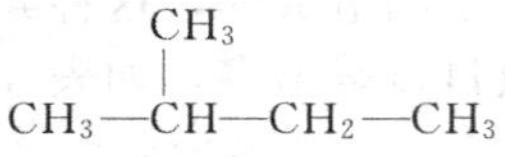
异戊烷

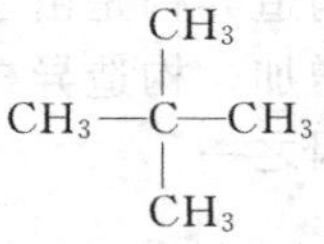
新戊烷

这种命名法虽然简单，但除直链烷烃外它只适用于少数几个简单的烷烃。

（2）衍生命名法　衍生命名法是以甲烷为母体，把其他烷烃看作是甲烷的氢原子被烷基取代后的化合物。命名时，通常选择连接烷基最多的碳原子作为母体“甲烷”碳原子，剩下的烷基作为取代基由小到大排在“甲烷”之前叫做某甲烷。几种常见烷基的优先顺序是：甲基＜乙基＜正丙基＜正丁基＜异丁基＜异丙基＜仲丁基＜叔丁基（符号“＜”表示优先于）。例如：

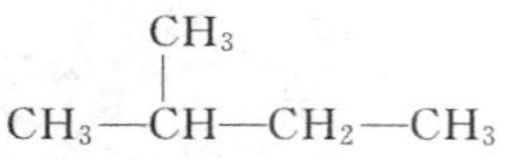
二甲基乙基甲烷

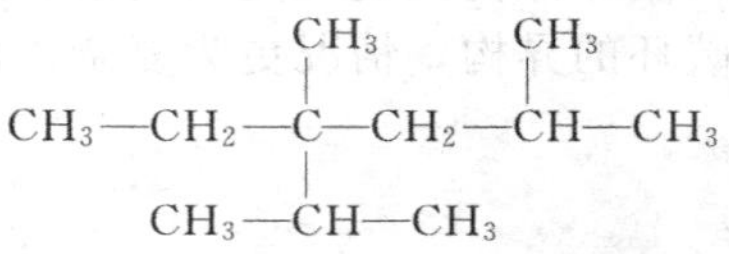
甲基乙基异丙基异丁基甲烷

这种命名法能够清楚地表示出分子构造，但对于较复杂和碳原子数较多的烷烃，难以采用。

（3）系统命名法　系统命名法是一种普遍适用的命名方法。它是采用国际纯粹与应用化学联合会（International Union of Pure and Applied Chemistry，IUPAC）命名原则，结合我国文字特点制定的，故不同于 IUPAC 命名原则。系统命名法的基本要点如下。

① 从烷烃的构造式中选择最长的碳链作为主链，支链看作取代基。若分子中有两条以上等长的最长链时，则选择具有最多取代基的一条为主链。根据主链所含的碳原子数叫做“某烷”。例如：

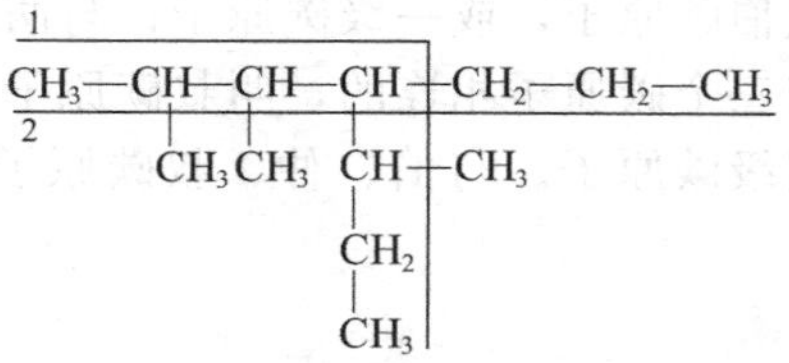

② 将主链上的碳原子从靠近支链的一端依次用阿拉伯数字 1，2，3……编号，取代基的位次用主链上碳原子的数字表示。

③ 取代基的名称写在主链名称之前，取代基的位次写在取代基名称之前，两者之间用半字线“-”相连。例如

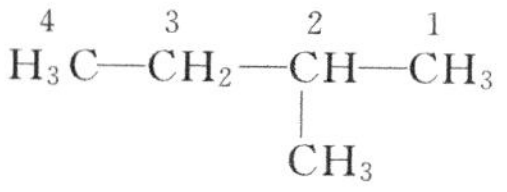

2-甲基丁烷

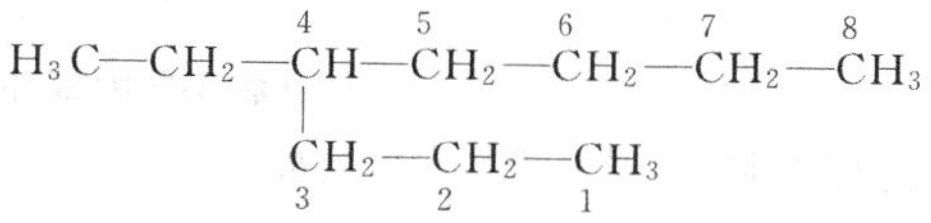

4-乙基辛烷

④ 含有几个不同的取代基时，取代基排列的先后顺序，按照立体化学中的次序规则所列出的顺序排列。例如

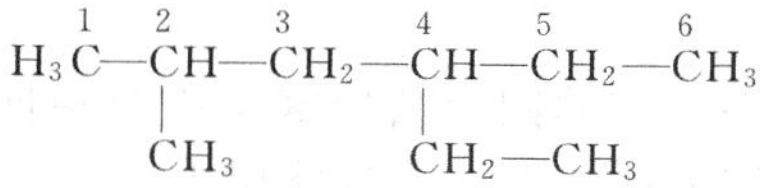

2-甲基-4-乙基己烷

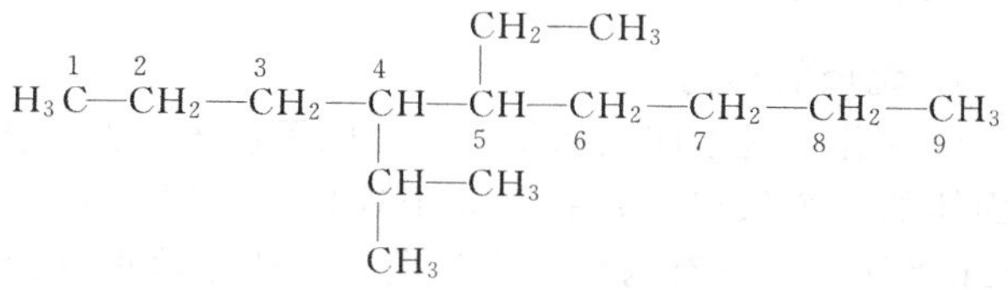

5-乙基-4-异丙基壬烷

⑤ 含有几个相同的取代基时，用相同合并原则，在取代基的前面用汉字数字二、三、四……表示取代基的数目，并逐个标明其所在的位次。例如：

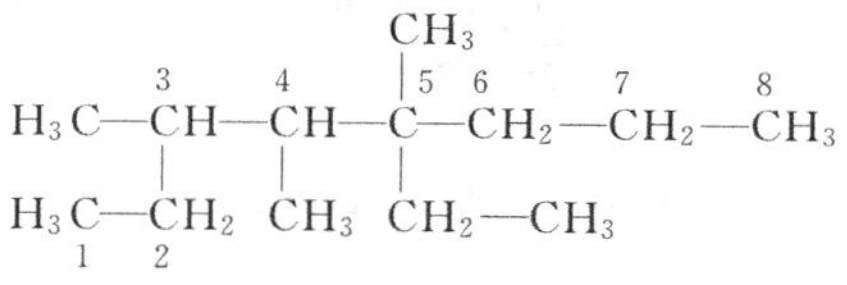

3,4,5-三甲基-5-乙基辛烷

在系统命名法中，有机化合物名称的书写有一定的格式，必须共同遵守，初学者一定要特别注意。例如：

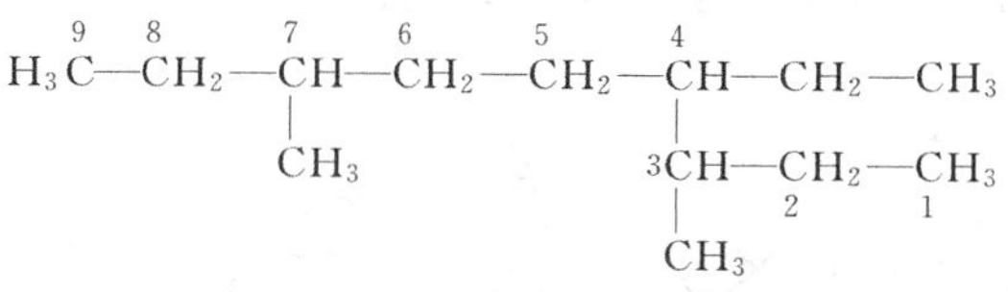

3,7-二甲基-4-乙基壬烷

上述命名中，3,7 和 4 表示取代基的位次，位次之间用逗号隔开，二表示取代基的个数，位次与取代基之间用半字线相连。

2. 环烷烃的命名

环烷的命名与烷烃相似，只是在名称之前加一个“环”字，叫做环某烷。环上有取代基时，则将母体编号，并尽可能使取代基的位次最小，当环上有两个或两个以上的取代基时，应使取代基的位次之和最小。例如：

环丁烷

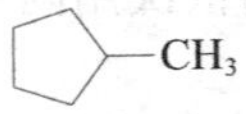

甲基环戊烷

1,3-二甲基环戊烷

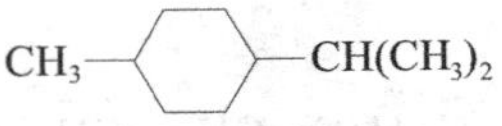

1-甲基-4-异丙基环己烷

环烷烃也存在顺反异构现象。例如：

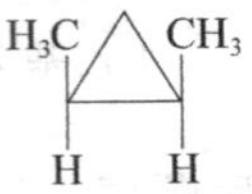

顺-1,2-二甲基环丙烷

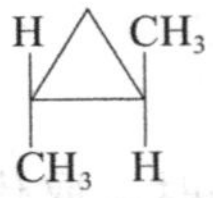

反-1,2-二甲基环丙烷

四、结构

1. 烷烃的结构

甲烷分子是正四面体结构，C 原子位于正四面体的中心，它的四个共价键从中心指向正四面体的四个顶点，并和氢原子连接。在甲烷分子中，碳原子的基态，最外层电子构型为 $2s^2 2p_x{}^1 2p_y{}^1$，只有两个未成对电子。杂化轨道理论认为，C 原子在成键时，2s 轨道中的 1 个电子激发到 $2p_z$ 轨道中，形成四个未成对电子。由于 s 轨道和 p 轨道的形状和能量不同，将形成四个不同的价键，这与事实不符，故 1 个 s 轨道和 3 个 p 轨道要重新组合成能量相同的新轨道，这种新轨道叫杂化轨道。如图 3-1(a)所示。

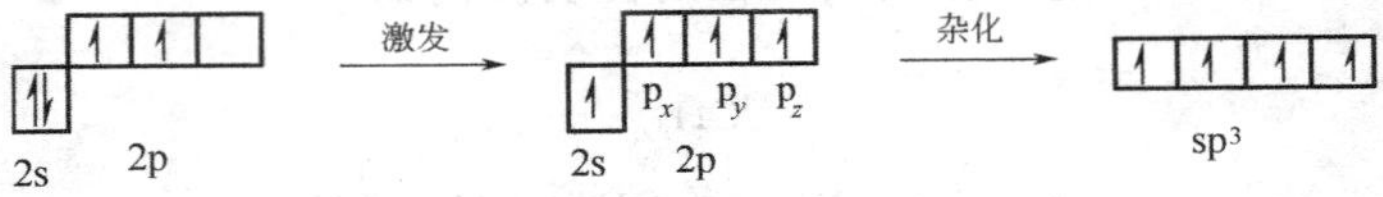

图 3-1(a) 碳原子轨道的 sp^3 杂化

四个等同的 sp^3 杂化轨道对称地分布在碳原子的周围，指向四面体的四个顶点，键角为 109.5°。如图 3-1(b)所示。这样轨道的电子之间排斥力最小，体系最稳定，碳原子的 sp^3 杂化轨道与氢原子的 1s 轨道在轨道对称轴的方向重叠，碳原子和氢原子各提供一个电子，两个自旋方向相反的电子配对形成共价键，这种共价键叫做 σ 键。由于 σ 键轨道是由两个原子轨道在对称轴的方向重叠形成的，重叠程度大，键比较牢靠，因此 σ 键可以相对旋转而不易被破坏。

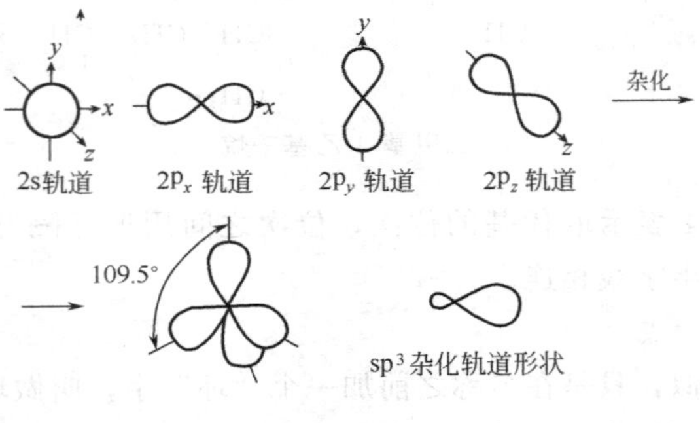

图 3-1(b) 碳原子轨道的 sp^3 杂化

其他烷烃分子中的碳原子也是 sp^3 杂化，由于分子的结构与甲烷相似，碳原子间形成 C—C σ 键，碳原子与氢原子间形成 C—H σ 键。烷烃分子中两个键之间的夹角也是 109.5°，故这些烷烃并不是直线排列，而是一种锯齿形结构，如图 3-2 所示。但有时为了书写方便，常写成直链式。

(a)　(b)

图 3-2　烷烃的结构

2. 环烷烃的结构

环烷烃与烷烃一样，分子中的环碳原子也是 sp^3 杂化轨道重叠而形成 σ 键，由此可推知环中 C — C 键角应接近或等于 109.5°。但实际上环丙烷的 C—C 键角为 105.5°，这是因为环中的三个碳原子位于同一平面，在形成（C—C）σ 键时，两个 sp^3 杂化轨道不能在轴线上实现最大重叠，而是在核连线外侧重叠形成弯曲键，见图 3-3。这种键轨道重叠的程度小，因而没有正常的 σ 键稳定。同时，由于形成弯曲键而存在角张力，使环丙烷分子内能较高，在化学反应中易断裂开环。

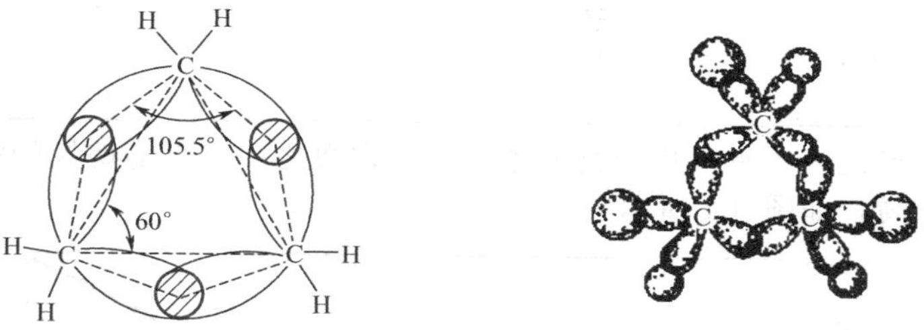

图 3-3　环丙烷碳碳之间成键示意

环丁烷的结构与环丙烷相似，分子中 sp^3 杂化轨道也不是直接的重叠，四个碳原子虽不在一个平面上，但（C — C）σ 键也是弯曲键，只是弯曲程度小于环丙烷。分子中 C — C 键角为 111.5°，略大于正常的键角，存在较小的角张力，因而比环丙烷稍稳定。

环戊烷、环己烷分子中的碳原子不在同一平面上，使碳碳键的键角能接近或保持 109.5°，几乎不存在角张力，所以都比较稳定。

五、物理性质

物理性质通常是指物质的状态、气味、相对密度、熔点、沸点、折射率、溶解度和波谱性质等。这些性质对于正确、安全、合理地使用有机化合物有着重要的指导意义。

1. 烷烃的物理性质

表 3-2 中列出了一些直链烷烃的物理常数。从中可以清楚地看出直链烷烃的物理性质随相对分子质量的增加而呈现出一定的递变规律。

（1）物态　碳原子数少的烷烃（通常称为低级烷烃）是气体，随着碳原子数的增加，烷烃的相对分子质量增加，同时分子间的作用力也加大，烷烃逐渐变成液体。随着碳原子数的进一步增加，相对分子质量和分子间作用力进一步加大，则由液体变成固体。碳原子数较高的烷烃（高级烷烃）是固体。对于直链烷烃，甲烷～丁烷是气体，戊烷～十六烷是液体，十七烷以上为固体。

表 3-2 一些直链烷烃的物理常数

烷 烃	物 态	沸点/℃	熔点/℃	相对密度 d_4^{20}	折射率 n_D^{20}
甲烷	气体	−161.7	−182.5	—	—
乙烷		−88.6	−183.3	—	—
丙烷		−42.1	−187.7	—	—
丁烷		−0.5	−138.3	—	—
戊烷	液体	36.1	−129.8	0.5005	1.3575
己烷		68.7	−95.3	0.5787	1.3751
庚烷		98.4	−90.6	0.5572	1.3878
辛烷		125.7	−56.8	0.6603	1.3974
壬烷		150.8	−53.5	0.6837	1.4054
癸烷		174.0	−29.7	0.7026	1.4102
十一烷		195.8	−25.6	0.7177	1.4172
十二烷		216.3	−9.6	0.7299	1.4216
十三烷		235.4	−5.5	0.7402	1.4256
十四烷		253.7	5.9	0.7487	1.4290
十五烷		270.6	10	0.7564	1.4315
十六烷		(287)	(18)	—	1.4345
十七烷	固体	(302)	(22)	—	—
二十烷		343	36.8	0.7886	—
三十烷		449.7	65.8	0.8097	—

（2）沸点　沸点是液体有机化合物的重要物理常数之一。直链烷烃的沸点随碳原子数的增加而有规律的升高，如图 3-4 所示。

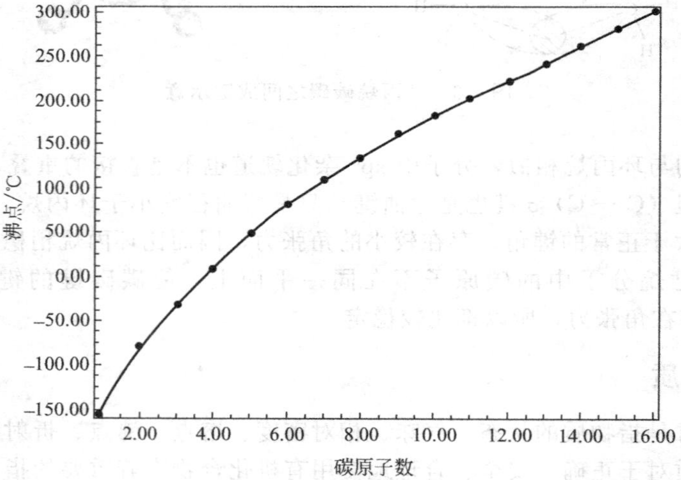

图 3-4　直链烷烃的沸点

在碳原子数相同的烷烃异构体中，直链烷烃的沸点较高，支链烷烃的沸点较低，支链越多，沸点越低，这是一般规律。例如：

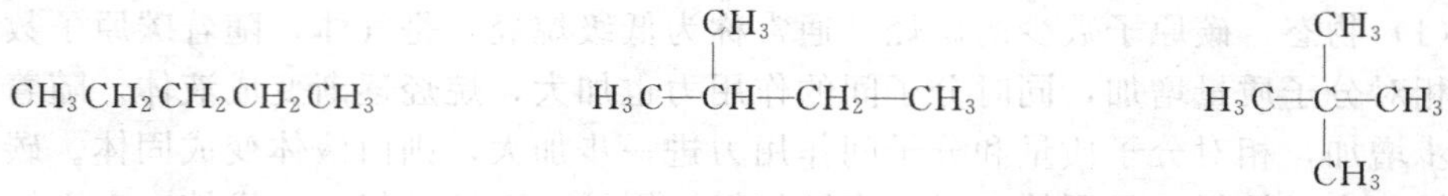

	正戊烷	异戊烷	新戊烷
沸点/℃	36	28	9.5

（3）熔点　直链烷烃的熔点，其变化规律与沸点相似，也是随着相对分子质量的增加而逐渐升高的。其中含偶数碳原子的升高比含奇数碳的要多一些。如图 3-5 所示。

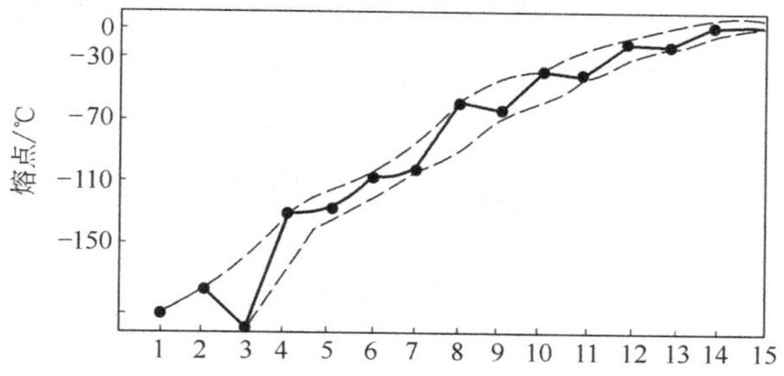

图 3-5　直链烷烃的熔点

（4）相对密度　直链烷烃的相对密度也是随着相对分子质量的增加而逐渐加大的，但都小于 1，即烷烃比水轻。碳原子数相同的烷烃，支链多的比支链少的密度小。

（5）溶解度　由于烷烃几乎没有极性，故烷烃几乎不溶于极性很强的水，而溶于非极性或极性很小的四氯化碳、苯等某些有机溶剂，符合“相似相溶”规律。

（6）折射率　折射率又叫折光率，是有机化合物的重要常数之一，是液体有机化合物的纯度标志，也可作为定性鉴定的手段之一。对于烷烃而言，不同的烷烃折射率不同，直链烷烃的折射率随着碳原子数的增加而逐渐缓慢加大，如表 3-2 所示。

2. 环烷烃的物理性质

在常温下，环丙烷、环丁烷为气体，环戊烷以上为液体，高级环烷烃为固体。环烷烃的沸点和熔点都比相应的烷烃高。相对密度也比相应烷烃高，但仍小于 1。环烷烃易溶于有机溶剂，不溶于水。一些环烷烃的物理常数见表 3-3。

表 3-3　环烷烃的物理常数

名称	熔点/℃	沸点/℃	相对密度 d_4^{20}
环丙烷	−127.6	−32.9	0.720（−79℃）
环丁烷	−80	12.0	0.703（0℃）
环戊烷	−93	−49.3	0.745
环已烷	6.5	80.8	0.779

六、化学性质

烷烃分子中的碳原子和氢原子是通过 C—C σ 键和 C—H σ 键结合而成的，由于 σ 键比较牢固，分子中又没有官能团，这种结构特征决定了烷烃的化学性质不活泼，如在常温下，它与强酸、强碱和强氧化剂等大多数试剂不发生反应。尤其是直链的烷烃具有很强的稳定性。但这种化学稳定性是有条件的，在适当条件下，如在高温或催化剂作用下，烷烃也能发生如下化学反应。

1. 卤代反应

（1）卤代反应　烷烃中的氢原子被卤原子（氯原子、溴原子）取代的反应，叫做卤代反应。例如，甲烷在常温下与氯并不发生反应，但在强光照射或高温下，则发生剧烈的甚至爆炸式反应。

$$CH_4+2Cl_2 \xrightarrow{\text{强烈阳光}} C+4HCl$$

生成的游离碳即炭黑，但这种方法不能用来制造炭黑，工业上生产炭黑是利用天然气（主要成分为甲烷）或其他烃类经高温裂化而成（生成炭黑和氢气）。

若在漫射光或热（400～500℃）的作用下，甲烷中的氢原子可逐渐被氯原子取代，得到一氯甲烷、二氯甲烷、三氯甲烷（氯仿）和四氯化碳四种产物的混合物。

$$CH_4 + Cl_2 \xrightarrow[\text{或 400～450℃}]{\text{日光}} \underset{\text{一氯甲烷}}{CH_3Cl} + HCl$$

$$CH_3Cl + Cl_2 \xrightarrow[\text{或 400～450℃}]{\text{日光}} \underset{\text{二氯甲烷}}{CH_2Cl_2} + HCl$$

$$CH_2Cl_2 + Cl_2 \xrightarrow[\text{或 400～450℃}]{\text{日光}} \underset{\text{三氯甲烷}}{CHCl_3} + HCl$$

$$CHCl_3 + Cl_2 \xrightarrow[\text{或 400～450℃}]{\text{日光}} \underset{\text{四氯甲烷}}{CCl_4} + HCl$$

调节甲烷和氯气的摩尔比，可使其中的一种产物为主，这是工业上生产这些氯化物的一种方法。

一般地说，某一烷烃与卤素进行卤代反应时，其反应速率次序是：$F_2 > Cl_2 > Br_2 > I_2$。但由于氟与烷烃的反应过于激烈，难以控制，而碘代反应又难于进行。实际上，卤代反应通常是指氯代和溴代反应而言。

(2) 卤代反应的自由基取代反应机理　反应物变为产物所经历的途径，叫做反应机理或反应历程，主要有三个阶段。甲烷与氯反应，在光或热的作用下，首先氯分子离解成氯原子（也叫自由基）：

$$Cl_2 \longrightarrow 2Cl\cdot \qquad (a)$$

然后氯原子夺取甲烷分子中一个氢原子，生成氯化氢和自由基 $\cdot CH_3$（甲基自由基）：

$$2Cl\cdot + CH_4 \longrightarrow HCl + \cdot CH_3 \qquad (b)$$

生成的$\cdot CH_3$ 自由基与氯分子反应，从氯分子中夺取一个氯原子，生成氯甲烷（CH_3Cl）和氯原子（$Cl\cdot$）：

$$\cdot CH_3 + Cl_2 \longrightarrow CH_3Cl + Cl\cdot \qquad (c)$$

重复上述反应（b）和（c），则甲烷与氯反应全部生成氯甲烷。

若氯原子夺取氯甲烷分子中的氢原子，则生成氯化氢和氯甲基自由基：

$$CH_3Cl + Cl\cdot \longrightarrow \cdot CH_2Cl + HCl \qquad (d)$$

氯甲基自由基再与氯反应，生成二氯甲烷和氯原子：

$$\cdot CH_2Cl + Cl_2 \longrightarrow CH_2Cl_2 + Cl\cdot \qquad (e)$$

反应依次进行，可得三氯甲烷和四氯化碳。

若两个自由基相遇，如氯原子与氯原子相遇，或氯原子与甲基自由基相遇，或甲基自由基与甲基自由基相遇等，则两个自由基结合，使反应体系中的自由基消失，反应将终止：

$$Cl\cdot + Cl\cdot \longrightarrow Cl_2 \qquad (f)$$

$$\cdot CH_3 + \cdot CH_3 \longrightarrow CH_3{-}CH_3 \qquad (g)$$

$$\cdot CH_3 + Cl\cdot \longrightarrow CH_3Cl \qquad (h)$$

总之，甲烷的氯化反应是自由基链反应，分三个阶段进行：首先是自由基的产生，叫做链引发——反应式（a）；其次是自由基与反应物作用生成产物，叫做链增长——反应式(b)～(c)以及(d)～(e)等；最后是两种自由基结合使反应终止，叫做链终止——反应式(f)～(h)。自由基链反应通常都包括这三个阶段。

(3) 其他烷烃的氯化　在光或热的作用下，其他烷烃与甲烷相似，与氯也能发生氯化反应，但产物更复杂。例如：

$$2CH_3CH_2CH_3 + 2Cl_2 \xrightarrow[25℃]{日光} \underset{正丙基氯(45\%)}{CH_3CH_2CH_2Cl} + \underset{异丙基氯(55\%)}{CH_3\overset{\displaystyle Cl}{\overset{|}{C}}HCH_3} + 2HCl$$

$$2CH_3\overset{\displaystyle CH_3}{\overset{|}{C}}HCH_3 + 2Cl_2 \xrightarrow[25℃]{日光} \underset{异丁基氯(64\%)}{CH_3{-}\overset{\displaystyle CH_3}{\overset{|}{C}}H{-}CH_2Cl} + \underset{叔丁基氯(36\%)}{(CH_3)_3CCl} + 2HCl$$

由以上可以看出，不同的氢原子被氯取代的难易程度不同，其活性次序一般是：

叔氢＞仲氢＞伯氢

造成这种次序的原因与自由基稳定性有关。自由基的稳定性次序为：

$$(CH_3)_3C\cdot > (CH_3)_2CH\cdot > CH_3CH_2\cdot > CH_3\cdot$$

即叔烷基自由基＞仲烷基自由基＞伯烷基自由基＞甲基自由基。这与卤化反应中叔、仲、伯氢被取代的活性次序一样。

烷烃的氯化反应可用来制备卤代烷，在工业上有重要的价值。例如，生产洗涤剂十二烷基苯磺酸钠的原料之一——氯代十二烷，就是利用主要含十二个碳原子的直链烷烃经氯化而得：

$$C_{12}H_{26} + Cl_2 \xrightarrow{120℃} C_{12}H_{25}Cl + HCl$$

又如，工业上利用固体石蜡（C_{10}～C_{30}，平均链长 C_{25}）在熔融状态下通入氯气生产氯化石蜡：

$$C_{25}H_{52} + 7Cl_2 \xrightarrow{95℃} C_{25}H_{45}Cl_7 + 7HCl$$

氯化石蜡是含氯量不等的混合物，可用作聚氯乙烯的助增塑剂、润滑油的增稠剂、石油制品的抗凝剂和塑料、化学纤维的阻燃剂。

2. 氧化反应

（1）完全氧化反应　烷烃在空气中容易燃烧，当空气（氧气）充足时，生成二氧化碳和水，并放出大量的热能。例如：

$$CH_4 + 2O_2 \xrightarrow{燃烧} CO_2 + 2H_2O + 891kJ\cdot mol^{-1}$$

由于大量热放出，使汽油、煤油和柴油可作为动力燃料。

但燃烧不完全时则生成游离碳，常见的动力车尾所冒的黑烟，就是油类燃烧不完全所产生的游离碳。

（2）控制氧化　在适当条件下，烷烃可被氧化成醇、醛、酮和酸等有机含氧化合物，这类氧化反应在化学工业上具有重要意义。例如，工业上在二氧化锰等催化下，高级烷烃用空气或氧气氧化生成脂肪酸：

$$R{-}CH_2{-}CH_2{-}R' \xrightarrow[107\sim110℃]{MnO_2} RCOOH + R'COOH + \cdots$$

所得产物是碳原子数不等的羧酸混合物，其中 C_{12}～C_{18} 的脂肪酸可代替动植物油脂制造肥皂，故称皂用酸。

在有机化学中，通常把有机化合物分子中引入氧或脱去氢的反应，叫做氧化反应；反之，脱去氧或引入氢的反应叫做还原反应。

（3）环烷烃的催化氧化　室温下环烷烃与氧化剂不起反应，若在加热下用强氧化剂氧化或在催化剂作用下用空气氧化，环烷烃也可以发生氧化反应。

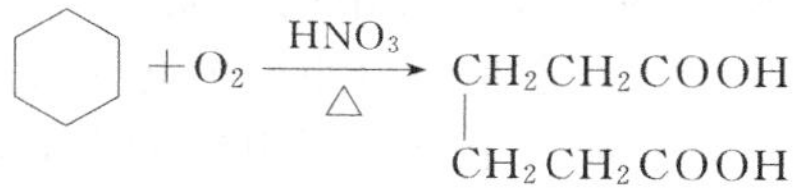

己二酸

己二酸是合成尼龙-66的重要原料。

3. 裂化反应

烷烃在高温下发生分解反应叫做裂化反应。反应时发生C—C键和C—H键断裂以及一些其他反应，生成低级烷烃、烯烃和氢等复杂的混合物。例如：

$$CH_3CH_2CH_2CH_3 \xrightarrow{500℃} \begin{cases} C_3H_6 + CH_4 \\ C_2H_6 + C_2H_4 \\ C_4H_8 + H_2 \end{cases}$$

对于直链烷烃，碳链越长越容易裂化。

裂化反应在工业上具有非常重要的意义。由于反应温度和所需要的目的产物不同，工业上通常把低于700℃，以主要获得油品为目的所进行的反应，叫裂化反应。把加热或加压加热完成的裂化反应，叫热裂化；而在催化剂存在下，经加热完成的裂化反应，叫催化裂化。其主要目的都是为了提高油品（如汽油、柴油等）的产量和质量。

工业上在高于750℃，以获得乙烯等重要化工原料为主要目的所进行的反应叫裂解反应。目前，世界上许多国家采用不同的石油原料进行裂解以制备乙烯和丙烯等化工原料，并常常以乙烯的产量来衡量一个国家的石油化学工业水平。

4. 环烷烃的加成反应

环烷烃的加成反应主要是5个碳以下的环烷烃才发生。

（1）催化加氢　在催化剂作用下，环丙烷、环丁烷与氢进行加成反应，得到烷烃。

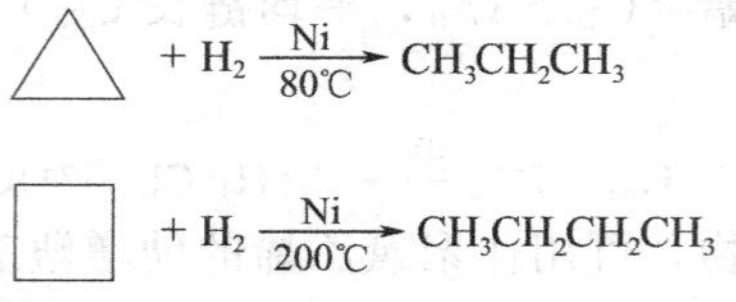

但环戊烷、环己烷催化加氢很困难。

（2）加卤素和卤化氢　环丙烷及其衍生物不仅容易加氢，也容易与卤素、卤化氢等加成。例如：

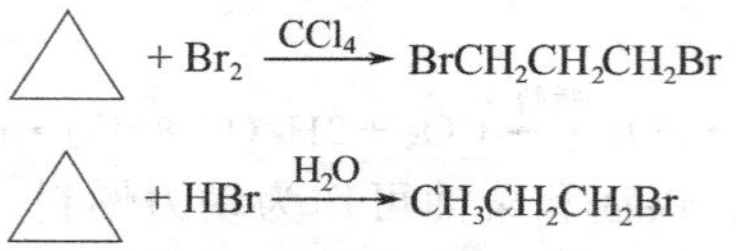

环丙烷的烷基衍生物与卤化氢加成时，环的断裂发生在连接氢原子最少的两个成环碳原子之间，而且符合不对称加成规则。氢加到含氢较多的成环碳原子上，而卤素加到含氢较少的成环碳原子上。例如：

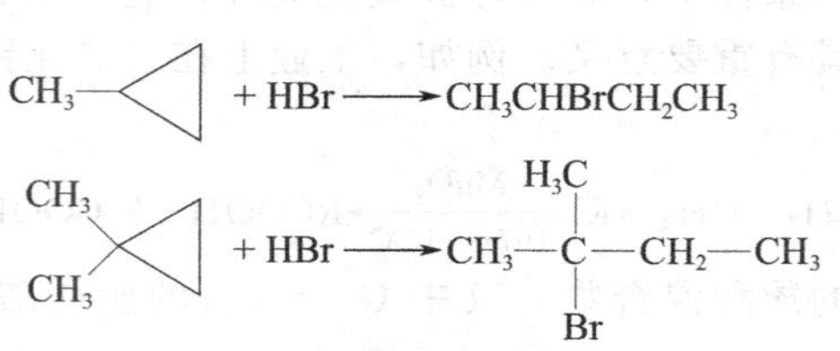

环丁烷以上的环烷烃在室温下不与卤素、卤化氢加成。

七、应用

1. 重要的烷烃

烷烃的主要来源为天然气和石油，天然气中的主要成分是甲烷，同时还含有乙烷、丙烷、丁烷等，它们不仅是重要的能源，也是十分重要的化工原料。

（1）甲烷　甲烷是由一个碳原子和四个氢原子组成的最简单的有机化合物。它是一种无色、无味、无臭的气体，易溶于乙醇、乙醚等有机溶剂中。与空气混合体积达到一定的比例

（5%～70%）时，遇火就会爆炸。它主要存在于天然气、石油气、沼气、煤矿的坑气中。

煤矿的坑气中混有甲烷，当它含量达到5%时，就会发生爆炸起火，俗称瓦斯爆炸。

（2）石油　石油是烷烃的混合物，除天然气外，经分馏可以得到 $C_4 \sim C_5$ 的粗汽油、$C_{10} \sim C_{18}$ 的煤油、$C_{16} \sim C_{20}$ 的润滑油、$C_{20} \sim C_{24}$ 的石蜡及残余物沥青。石油的热裂解是将大烃分子变为较小分子的一种方法。石油目前作为化工原料的主要来源，除了裂解得到较小的烃类分子外，还可经催化重整得到各种芳香烃化合物。

2. 重要的环烷烃

石油是环烷烃的重要来源，石油中所含的环烷烃主要是五元、六元环烷烃的衍生物。其中环戊烷、环己烷不仅是汽油及润滑油的重要成分，还是制造许多塑料及纤维的原料。环己烷还是制造苯的原料。

第二节　不饱和烃

烃分子中含有碳碳双键和碳碳叁键的烃称为不饱和烃，它包括烯烃、炔烃、二烯烃以及环烯烃、环炔烃和芳香烃。芳香烃具有特殊的结构和性质，将在后面专门讨论。烯烃和环炔烃较少见。本节主要讨论烯烃、二烯烃和炔烃。

一、烯烃

分子中含有碳-碳双键（C═C）的烃叫做烯烃，含有一个碳-碳双键（C═C）的烃叫做单烯烃，它的通式为 C_nH_{2n}；含有两个碳-碳双键（C═C）的烃叫做二烯烃，它的通式为 C_nH_{2n-2}。由此可见，每多一个双键，氢原子个数减少两个氢原子，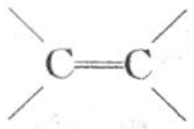 双键是烯烃的官能团。

1. 烯烃的结构

乙烯中最简单的是烯烃 C_2H_4，结构式如图 3-6 所示。

从键能看，C—C 单键的键能为 345.6kJ·mol⁻¹，而 C ═C 双键为 610kJ·mol⁻¹，小于两个碳碳单键之和。此外，键长也不同，C—C 单键的键长为 0.154nm，而 C ═C 双键的键长为 0.134nm。经现代物理方法测定证实，乙烯分子中所有原子均在一个平面上，各个价键彼此之间的角度均约为 120°。

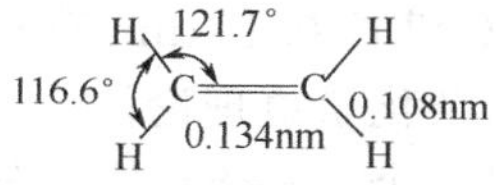

图 3-6　乙烯的分子结构

（1）碳原子的 sp^2 杂化　杂化理论认为碳原子在形成双键时，由一个 2s 轨道和两个 2p 轨道进行杂化，组成三个能量完全等同的 sp^2 杂化轨道。形成的 3 个 sp^2 杂化轨道以平面三角形对称分布在碳原子周围，彼此之间夹角为 120°。如图 3-7 所示。

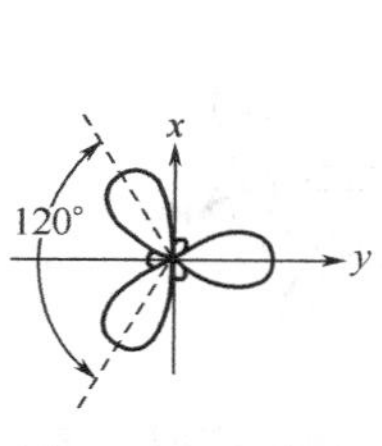

图 3-7　sp^2 杂化

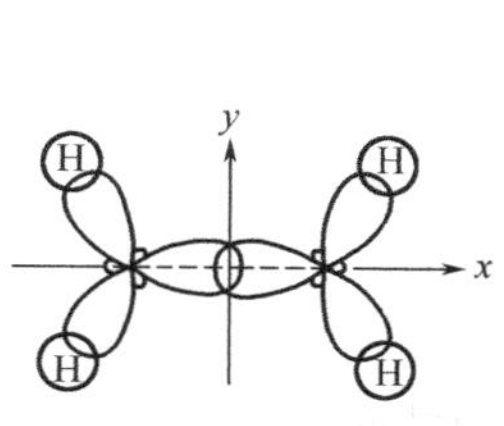

图 3-8　乙烯分子的五个 σ 键

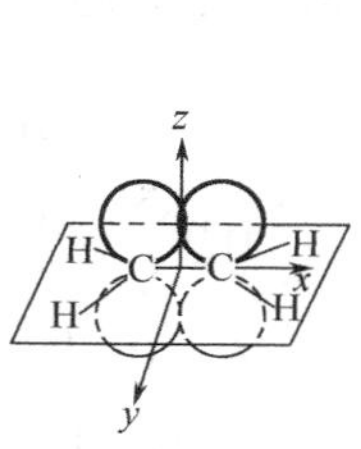

图 3-9　乙烯分子中的 π 键

（2）π 键　在乙烯分子中，两个碳原子各以一个 sp^2 杂化轨道沿键轴方向相互重叠，形成(C — C)σ 键，而每个碳原子的另外两个 sp^2 杂化轨道分别与两个氢原子的 s 轨道重叠形成四个(C—H)σ 键，这五个 σ 键的对称轴都处于同一平面上，如图 3-8 所示。在剩下的两个未杂化的 $2p_z$ 轨道都垂直于 σ 键所在的平面，并且相互平行，因此，两个 $2p_z$ 轨道只能侧面互相重叠才能达到最大程度的重叠，形成的新轨道称为 π 轨道，处于 π 轨道的电子称 π 电子，这种共价键称 π 键，如图 3-9 所示。

所以，乙烯分子的双键实际上是由一个 σ 键和一个 π 键组成。从成键情况看，形成 σ 键的两个原子可以围绕着键轴自由旋转，既不改变电子云的对称性，又不影响成键的强度和角度。π 键的电子云不像 σ 键那样集中在两个原子核的连线上而呈轴对称，它是分散在分子平面的上下两方而呈平面对称，所以 π 键不如 σ 键牢固，容易断裂。

与 σ 键相比，π 键的电子云距原子核较远，故原子核对它的束缚力较小，所以 π 电子具有较大的流动性，易受外界影响而极化，因而使烯烃具有较大的化学活泼性。

2. 二烯烃的结构

(1) 二烯烃的分类　二烯烃的性质和分子中两个双键的相对位置有密切的关系。根据两个双键的相对位置，可以把二烯烃分为三类。

① 累积二烯烃　两个双键连接在同一个碳原子上的二烯烃。例如：

$CH_2{=}C{=}CH_2$　　丙二烯

累积二烯烃很不稳定，非常活泼，较少见。

② 共轭二烯烃　两个双键被一个单键隔开的二烯烃。例如：

$CH_2{=}CH{-}CH{=}CH_2$　　1,3-丁二烯

共轭二烯烃结构特殊，具有不同于其他二烯烃的特殊性质。

③ 孤立二烯烃　两个双键被两个或两个以上单键隔开的二烯烃。例如：

$CH_3{-}CH{=}CH{-}CH_2{-}CH{=}CH_2$　　1,4-己二烯

三种二烯烃中孤立二烯烃的性质和烯烃相似。

(2) 共轭二烯烃的结构和共轭效应　1,3-丁二烯（$CH_2{=}CH{-}CH{=}CH_2$）是最简单的共轭二烯烃。以 1,3-丁二烯为例讨论共轭二烯烃的结构。

1,3-丁二烯中 4 个碳原子和 6 个氢原子共平面，C═C 双键的键长是 0.137nm，比乙烯分子中 C═C 双键的键长 0.134nm 稍长；它的 C—C 单键的键长是 0.146 nm，比烷烃中的 C—C 键长 0.154nm 略短，这说明 1,3-丁二烯的键长有平均化的趋势，如图 3-10 所示。

杂化轨道理论认为，在 1,3-丁二烯分子中，四个碳原子都是 sp^2 杂化状态，每个碳原子各以三个 sp^2 杂化轨道分别与相邻碳原子的 sp^2 杂化轨道及氢原子的 s 轨道重叠，形成三个(C—C)σ 键和 6 个(C—H)σ 键。这 9 个 σ 键处于同一平面上，相互间的夹角为 120°，每个碳原子上还剩下 1 个未杂化的 p 轨道，其对称轴相互平行，而且都垂直于 σ 键所在平面，从侧面“肩并肩”重叠。这四个 p 轨道不仅 C_1 与 C_2 及 C_3 与 C_4 侧面重叠，而且 C_2 与 C_3 之间电子云密度有所增大，从而形成 1 个包括 4 个碳原子在内的大 π 键，这个大 π 键是一个整体，叫做共轭 π 键，具有较强的稳定性。如图 3-11 所示。

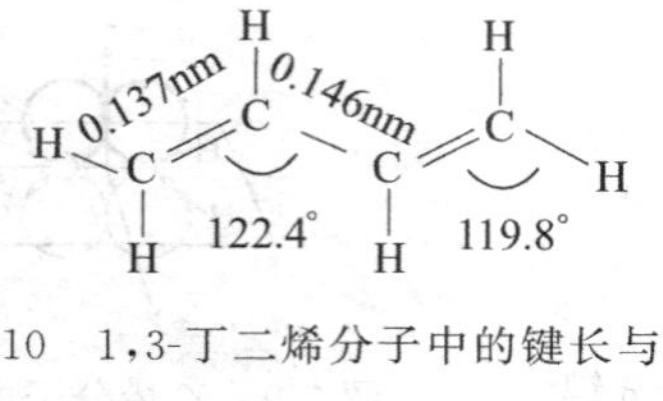

图 3-10　1,3-丁二烯分子中的键长与键角

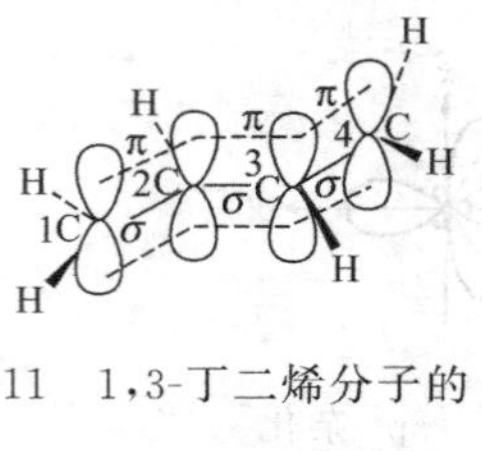

图 3-11　1,3-丁二烯分子的 π 键

具有共轭 π 键的体系叫做共轭体系。在共轭体系中，形成共轭 π 键的所有原子为一个整体，它们之间相互影响形成共轭效应。共轭体系的结构特征如下。

① 键长的平均化　1,3-丁二烯分子中，电子云的分布不像1-丁烯那样只局限（或称定域）在两个碳原子之间，而是扩展（或称离域）到4个碳原子周围，分布在整个分子轨道中，形成包括4个碳原子在内的一个整体，形成共轭π键。这种现象称为电子离域现象。离域键的形成，使单双键键长产生平均化趋势。

② 体系能量最低　形成共轭体系后分子势能降低，氢化热降低，性质比较稳定。

③ 共轭效应不随碳链增长而减弱　共轭体系中由于电子离域现象，电子可以在整个共轭体系中流动。如在共轭链一端连有斥电子或吸电子基团时，共轭链上每个原子的电子云密度都有不同程度的改变，因而呈现出疏密交替现象。

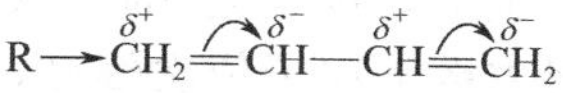

当共轭体系接近于一个极性试剂或离子时，也能产生类似现象，如：

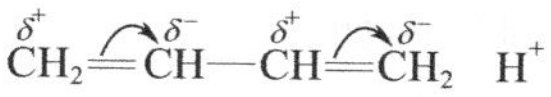

共轭体系分为π-π共轭、p-π共轭和σ-π共轭三种类型。π-π共轭体系的p电子数等于原子数的共轭π键；p-π共轭体系是π键与相邻原子的p轨道重叠而成；σ-π共轭体系，又称超共轭，是指有C—H键σ轨道参与的共轭。

3. 烯烃的同分异构现象

(1) 构造异构　烯烃的同分异构现象比烷烃复杂，除了碳链异构外，还有双键位置不同而产生的同分异构体，这种异构现象称官能团位置异构。例如

丁烯：　$CH_2{=}CHCH_2CH_3$　　$CH_3CH{=}CHCH_3$　　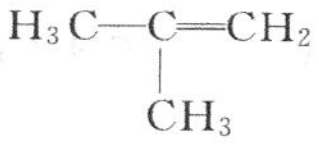

1-丁烯(Ⅰ)　　2-丁烯(Ⅱ)　　异丁烯(Ⅲ)

(Ⅰ)与(Ⅱ)属于位置异构，(Ⅰ)、(Ⅱ)与(Ⅲ)属于碳链异构。炔烃由于碳链结构和叁键位置不同，也具有碳链和位置异构现象。例如

戊炔：　$CH{\equiv}C{-}CH_2CH_2CH_3$　　$CH_3CH_2C{\equiv}C{-}CH_3$　　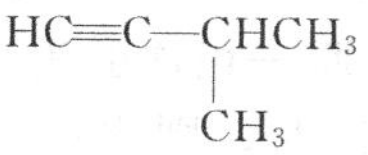

(2) 顺反异构　有些烯烃不仅存在碳链异构和位置异构，还存在另一种异构现象，叫顺反异构，如2-丁烯：

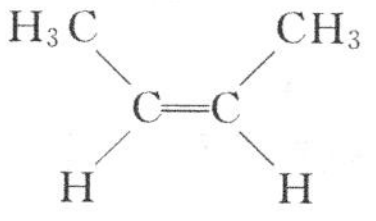

顺-2-丁烯

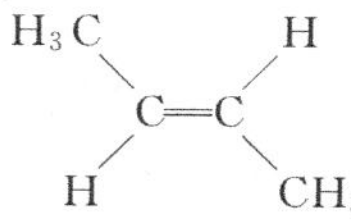

反-2-丁烯

这种异构产生的原因是由于组成双键的两个碳原子不能相对自由旋转，使得这两个碳原子连接的原子或基团在空间排列的方式不同，从而形成不同的异构体——顺反异构体，这种现象叫顺反异构现象。

产生顺反异构现象必须在结构上具备两个条件：首先分子中必须有限制旋转的因素，如C═C双键；其次，以双键相连的每个碳原子必须和两个不同的原子或基团相连。当两个相同的基团在异侧时称为反式，两个相同的基团在同侧时为顺式结构。

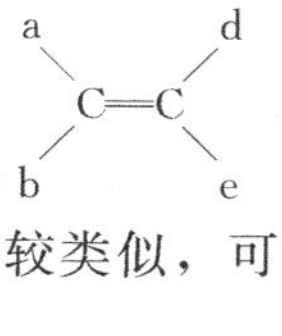　　$a\neq b, d\neq e$

二烯烃的同分异构和单烯烃比较类似，可以按照单烯烃的方式进行推导。

4. 烯烃的命名

(1) 单烯烃的命名　简单的烯烃可以像烷烃那样命名。例如：

$$CH_2=CH_2 \qquad CH_3-CH=CH_2 \qquad H_3C-\underset{\underset{CH_3}{|}}{C}=CH_2$$ 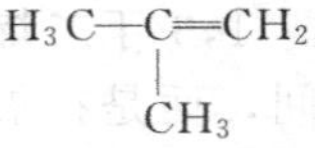

$$\qquad\qquad 乙烯 \qquad\qquad\qquad 丙烯 \qquad\qquad\qquad 异丁烯$$

也可以把简单的烯烃看作是乙烯的衍生物来命名。例如：

$$CH_3-CH=CH_2 \qquad CH_3-CH=CH-CH_3 \qquad H_3C-\underset{\underset{CH_3}{|}}{C}=CH_2$$ 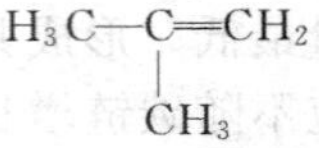

$$\quad 甲基乙烯 \qquad\qquad 对称二甲基乙烯 \qquad\qquad 不对称二甲基乙烯$$

复杂的烯烃通常用系统命名法来命名，其要点如下。

① 选择含有双键的最长碳链为主链，按主链碳原子数称为某烯，其支链看作取代基。

② 从靠近双键的一端开始，将主链碳原子依次编号，并使双键的碳原子编号最小。

③ 双键的位次必须标出，并以双键两个碳原子中位次较小的数字标出，写在烯烃名称前面。取代基的表示方法与烷基相同。例如：

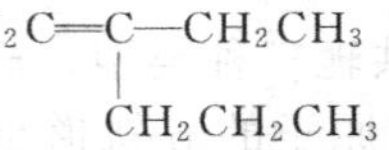

$$H_2C=\underset{\underset{CH_2CH_2CH_3}{|}}{C}-CH_2CH_3 \qquad 2\text{-}乙基\text{-}1\text{-}戊烯$$

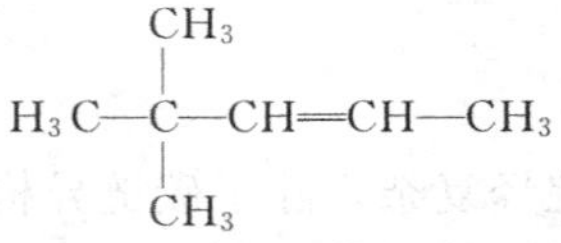

$$H_3C-\underset{\underset{CH_3}{|}}{\overset{\overset{CH_3}{|}}{C}}-CH=CH-CH_3 \qquad 4,4\text{-}二甲基\text{-}2\text{-}戊烯$$

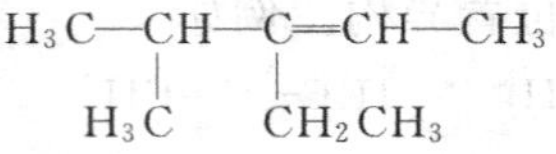

$$H_3C-\underset{\underset{H_3C}{|}}{CH}-\underset{\underset{CH_2CH_3}{|}}{C}=CH-CH_3 \qquad 4\text{-}甲基\text{-}3\text{-}乙基\text{-}2\text{-}戊烯$$

④ 次序规则要点

a. 若双键碳原子上连接的取代基为原子时，则按原子序数大小排列，大的排在前面，小的排在后面，未共用电子对排在最后。例如：

I＞Br＞Cl＞S＞F＞O＞N＞C＞H＞未共用电子对

b. 若与双键碳原子相连的为原子团时，则首先比较第一个原子的原子序数；若第一个原子的原子序数相同时，则比较第二个原子的原子序数，并依次类推。例如：

$$-\underset{\underset{CH_3}{|}}{\overset{\overset{CH_3}{|}}{C}}-CH_3 > -\underset{\underset{CH_3}{|}}{\overset{\overset{H}{|}}{C}}-CH_3 > -\underset{\underset{H}{|}}{\overset{\overset{H}{|}}{C}}-CH_3 > -\underset{\underset{H}{|}}{\overset{\overset{H}{|}}{C}}-H$$

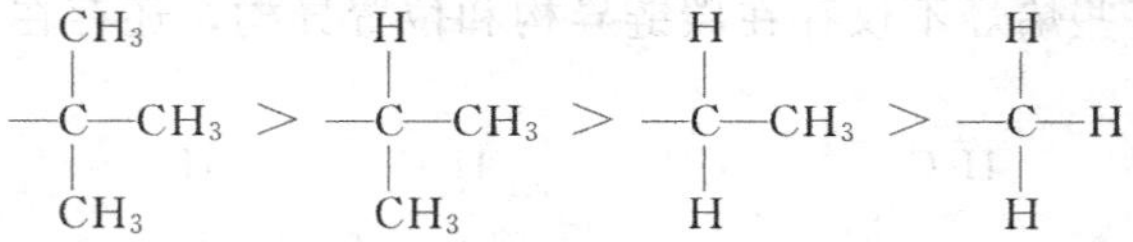

c. 如果基团中有双键或叁键，每个双键或叁键都看作是连着两个或三个相同的原子，然后再按原子序数的大小进行比较。

$$-\overset{\overset{O}{\|}}{C}-H = -\underset{\underset{O}{|}}{\overset{\overset{O}{|}}{C}}-H \qquad -C\equiv N = -\underset{\underset{N}{|}}{\overset{\overset{N}{|}}{C}}-N$$

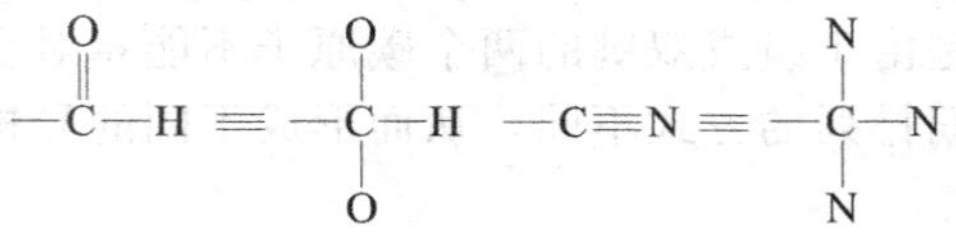

⑤ 顺反异构体的命名

a. 顺反命名法　相同的基团在双键的同侧，这种结构叫做顺式结构。命名时，烯烃名称前加"顺"字；相同的基团在双键的异侧，这种结构叫做反式结构。命名时，烯烃名称前加"反"字。例如：

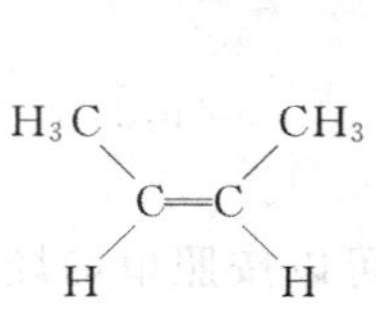

$$\underset{\underset{H}{|}}{\overset{\overset{H_3C}{\diagdown}}{C}}=\underset{\underset{H}{|}}{\overset{\overset{CH_3}{\diagup}}{C}} \qquad 顺\text{-}2\text{-}丁烯$$

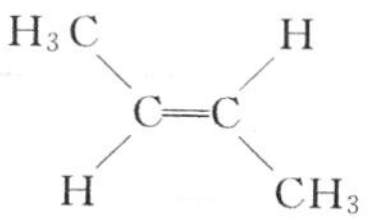

反-2-丁烯

b. Z，E 标记法　对于三取代、四取代的乙烯，又都是不同的取代基时，则很难用顺、反来命名，在系统命名法中采用 Z，E 标记法。

用“次序规则”分别比较双键两端各自连接的两个基团，若 a＞b，d＞e，则 a 与 d 处于双键同侧的称为 Z-构型，a 与 d 处于双键两侧的称为 E-构型。例如：

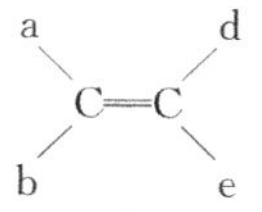

Z-构型

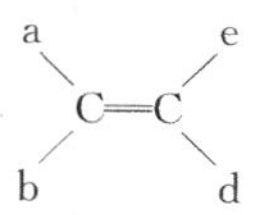

E-构型

应当指出，Z，E 标记法与顺反命名法没有必然的因果关系。

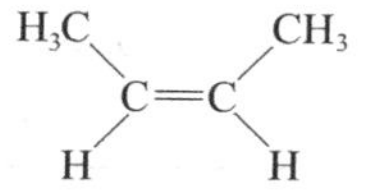

Z-2-丁烯

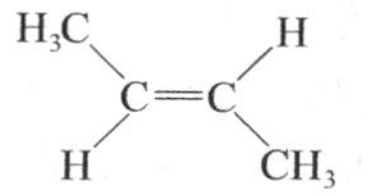

E-2-丁烯

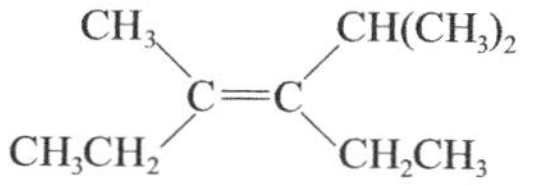

E-2,4-二甲基-3-乙基-3-丁烯

（2）二烯烃的命名　二烯烃的系统命名法与烯烃相似。不同之处在于：

① 选取含有两个双键的最长碳链作为主链，称“某二烯”。

② 由距双键最近的一端依次编号，并用阿拉伯数字分别标明两个双键的位置。例如：

$CH_2{=}CH{-}CH{=}CH_2$　　1,3-丁二烯

$CH_2{=}C(CH_3){-}CH{=}CH_2$　　2-甲基-1,3-丁二烯

二烯烃和烯烃一样具有碳链异构、位置异构（两个双键的相对位置不同）和顺反异构。

5. 烯烃的物理性质

烯烃的物理性质和烷烃相似，在室温时含有 $C_2 \sim C_4$ 的烯烃为气体，$C_5 \sim C_{18}$ 为液体，C_{19} 以上为固体。它们的熔点、沸点和相对密度都随相对分子质量的增加而升高。

烯烃比水轻，相对密度较相应的烷烃略高，烯烃极难溶于水而易溶于非极性或弱极性的有机溶剂。在顺反异构体中，反式异构体的对称性较高，分子没有极性，而顺式异构体有微弱的极性，所以顺式的沸点一般比反式的高；而对熔点来说则相反，对称性分子在晶格中排列较紧，所以反式异构体的熔点比顺式高。一些烯烃的物理常数见表 3-4。

表 3-4　烯烃的物理常数

名　称	熔点/℃	沸点/℃	d_4^{20}	n_D^{20}
乙烯	−169.15	−103.71	0.384 (−10℃)	1.363 (−100℃)
丙烯	−184.9	−47.4	0.5193	1.3567 (−40℃)

续表

名　称	熔点/℃	沸点/℃	d_4^{20}	n_D^{20}
1-丁烯	−183.35	−6.3	0.5951	1.3962
Z-2-丁烯	−138.91	3.7	0.6213	1.3931 (−25℃)
E-2-丁烯	−105.55	0.88	0.6042	1.3848 (−25℃)
异丁烯	−140.35	−6.9	0.5942	1.3926
1-戊烯	−138	29.968	0.6405	1.3715
Z-2-戊烯	−151.39	36.9	0.6556	1.3830
E-2-戊烯	−136	36.353	0.6482	1.3793
Z-2-己烯	−141.35	68.84	0.6869	1.3977
E-2-己烯	−133	67.9	0.6780	1.3936

6. 烯烃的化学性质

烯烃的化学性质较为活泼，其官能团为碳碳双键，其中π键易断裂，表现出很大的活泼性。通常把与双键碳原子（或其他官能团）直接相连的碳原子叫做α-碳原子，与α-碳原子相连的氢原子叫α-氢原子。所以烯烃的主要反应在碳碳双键以及受双键影响的α-C—H键上，主要有加成反应、氧化反应、聚合反应以及α-氢的取代反应。反应位置如图3-12所示。

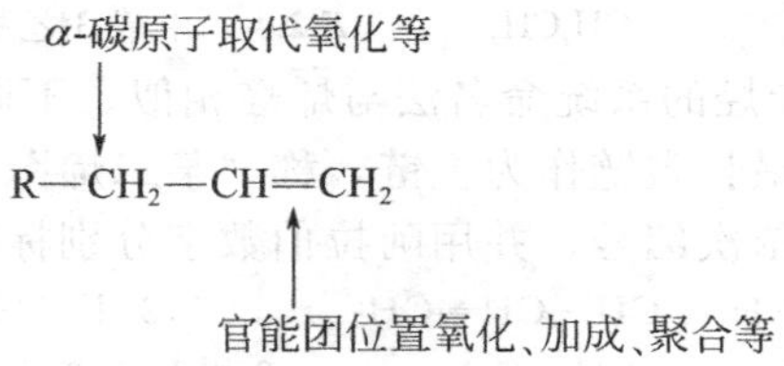

图 3-12　烯烃反应的主要部位

（1）加成反应　烯烃与某些试剂作用时，碳碳双键中的π键断裂，试剂的两个原子或基团分别加到两个不饱和碳原子上生成饱和化合物的反应叫做加成反应。

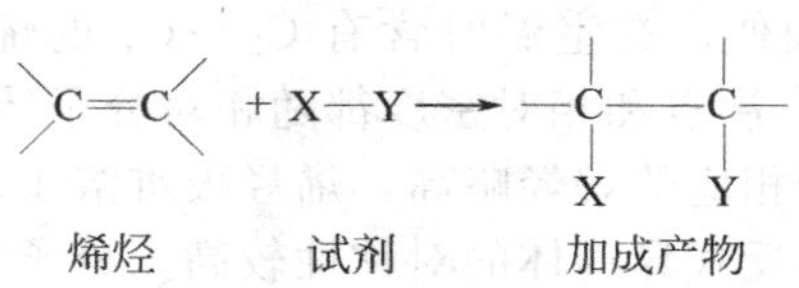

① 催化加氢　烯烃与氢在催化剂作用下，进行加成反应。常用的催化剂有铂、钯、镍等。催化剂的作用，主要是降低反应的活化能，使反应在室温时能很快地进行。

$$CH_2{=}CH_2 + H_2 \xrightarrow{\text{催化剂}} CH_3{-}CH_3{-}Q$$

烯烃的加氢反应是放热反应，体系的能量降低，因此生成的烷烃比原来的烯烃稳定。

不同烯烃，其氢化反应的反应热也不相同，此值称为氢化热，即1mol不饱和化合物氢化时所放出的热量。如加氢反应所得产物相同时，则氢化热越小，原来的烯烃就越稳定。例如，1-丁烯和2-丁烯的两种顺反异构体的氢化热为：

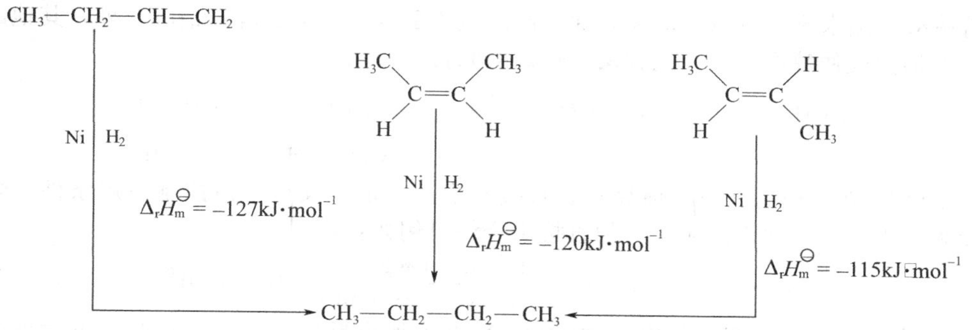

可见，利用氢化热的测定，可以确定不同烯烃的相对稳定性。

② 加卤素　烯烃可以与卤素发生加成反应，但卤素与不饱和烃加成速率不同，卤素的活性 $F_2 > Cl_2 > Br_2 > I_2$，其中常用的是 Cl_2、Br_2；F_2 活性太大，反应剧烈，难以控制；I_2 活性太小，难于加成。烯烃和卤素反应后生成相邻的两个碳原子上各带一个卤素的二卤代烷。炔烃与卤素加成，先生成一分子加成产物，一般还可以继续加成，得到两分子加成产物。例如：

$$CH_2{=}CH_2 + Br_2 \xrightarrow{CCl_4} H_2\underset{\displaystyle Br}{\underset{|}{C}}—\underset{\displaystyle Br}{\underset{|}{C}}H_2$$

在上述反应中溴的红棕色逐渐褪去，因此常用此法来鉴定分子中是否有 C═C 双键存在。

③ 加卤化氢　烯烃、炔烃可以和卤化氢发生加成反应。卤化氢的活泼性的次序为：HI＞HBr＞HCl。例如：

$$CH_2{=}CH_2 + HX \longrightarrow CH_3CH_2X$$

乙烯是对称分子，不论卤原子和氢原子加到哪一个碳原子上，都得出同样的一卤代烷。但丙烯和卤化氢反应时，情形就不同了。例如：

$$CH_2{=}CH—CH_3 \xrightarrow{HX} \begin{cases} \xrightarrow{①} CH_3CHXCH_3 & \text{2- 卤代烃} \\ \xrightarrow{②} CH_3CH_2CH_2X & \text{1- 卤代烃} \end{cases}$$

究竟是①还是②呢？实验证明主要产物是①。经过许多科学实验，总结归纳出一条经验规则：凡是不对称烯烃和卤化氢等极性试剂加成时，氢原子总是加到含氢较多的双键碳原子上，而卤原子则加到含氢较少的或不含氢的双键碳原子上。此规则叫马尔柯夫尼柯夫规则，又叫不对称加成规则。例如：

$$CH_3CH_2CH{=}CH_2 + HBr \longrightarrow CH_3CH_2—\underset{\displaystyle Br}{\underset{|}{C}}H—CH_3 \qquad 80\%$$

$$(CH_3)_2C{=}CH_2 + HBr \longrightarrow (CH_3)_2\underset{\displaystyle Br}{\underset{|}{C}}—CH_3 \qquad 100\%$$

当有过氧化物（如 H_2O_2、R—O—O—R 等）存在，氢溴酸与丙烯或其他不对称烯烃加成反应时，反应方向是违反马尔柯夫尼柯夫规则的。例如：

$$CH_2{=}CH—CH_3 + HBr \xrightarrow{\text{过氧化物}} BrCH_2CH_2CH_3$$

过氧化物的存在对氯化氢、碘化氢的加成反应方向没有影响。

④ 加硫酸　烯烃与冷的浓硫酸加成生成硫酸氢酯，反应遵循马氏规则：

$$RCH{=}CH_2 + H—OSO_2OH \longrightarrow R\underset{\displaystyle OSO_2OH}{\underset{|}{C}}HCH_3$$

生成的硫酸氢酯能溶于硫酸，所以可以利用浓硫酸除去烷烃中的烯烃杂质。

将硫酸氢酯水解，可以生成醇，除了硫酸氢乙酯水解生成乙醇（伯醇）外，其他的烯烃加成产物都生成仲醇或叔醇。此方法叫烯烃的间接水合法。

$$CH_3CH{=}CH_2 + HOSO_2OH \xrightarrow[1.01MPa]{50℃} \underset{\displaystyle |\atop OSO_2OH}{CH_3CHCH_3} \xrightarrow[\triangle]{H_2O} \underset{\displaystyle |\atop OH}{CH_3CHCH_3}$$

⑤ 加水　在一般情况下，烯烃不易直接和水进行加成反应，但控制一定条件，烯烃可以直接和水生成醇。此方法叫烯烃的直接水合法。例如：

$$CH_2{=}CH_2 + H_2O \xrightarrow[280\sim300℃,\ 7.07\sim8.08MPa]{H_3PO_4+\text{硅藻土}} CH_3CH_2OH$$

⑥ 加次卤酸　烯烃可以与次卤酸 HO—X 发生加成反应，生成卤代醇。不对称烯烃遵循马氏规则。例如：

$$CH_2{=}CH_2 + HO{-}X \longrightarrow HOCH_2{-}CH_2X$$

$$CH_3CH{=}CH_2 + HO{-}X \longrightarrow CH_3{-}\underset{\displaystyle |\atop OH}{CH}{-}\underset{\displaystyle |\atop X}{CH_2}$$

（2）烯烃的亲电加成反应历程

① 烯烃与卤素的加成反应历程　实验证明，卤素与烯烃进行加成是分步进行的，以乙烯与溴的加成为例。

第一步，溴分子接近烯烃分子时，由于受 π 键电子云的影响，溴分子极化成一端带正电荷、一端带负电荷的极性分子。同时，烯烃在极性环境中使 π 键电子云发生极化。当乙烯与溴分子彼此靠近时，溴分子带部分正电荷的一端接受烯烃一对 π 电子成键，生成碳正离子和溴负离子。这一步需要断裂 π 键和 Br—Br 共价键，需较高的活化能，所以反应速率慢，因此，这是决定整个反应的反应速率的一步。

$$\overset{\delta^+}{C}H_2{=}\overset{\delta^-}{C}H_2 + \overset{\delta^+}{Br}{-}\overset{\delta^-}{Br} \longrightarrow \overset{+}{C}H_2{-}\underset{\displaystyle |\atop Br}{CH_2}$$

第二步，生成的碳正离子很不稳定，立即与体系中的溴负离子结合，生成加成产物。这步反应速率快。

$$\underset{\displaystyle |\atop Br}{CH_2}{-}\overset{+}{C}H_2 + Br^- \longrightarrow \underset{\displaystyle |\atop Br}{CH_2}{-}\underset{\displaystyle |\atop Br}{CH_2}$$

② 烯烃与卤化氢的加成反应历程　反应也分两步进行。首先卤化氢中氢离子进攻 π 键形成碳正离子中间体，然后再与卤离子结合成卤代烷。其中第一步反应速率慢，是整个反应的关键步骤。例如：

$$CH_3{-}CH{=}CH_2 + H^+ \xrightarrow{\text{快}} CH_3{-}\underset{2°}{\overset{+}{C}H}{-}CH_3 \xrightarrow{X^-} CH_3{-}\underset{\displaystyle |\atop X}{CH}{-}CH_3 \quad \text{主要产物}$$

$$CH_3{-}CH{=}CH_2 + H^+ \xrightarrow{\text{慢}} CH_3{-}CH_2{-}\underset{1°}{\overset{+}{C}H_2} \xrightarrow{X^-} CH_3{-}CH_2{-}CH_2X \quad \text{次要产物}$$

反应方向就决定于这两个竞争反应的相对速率，即决定于形成碳正离子的相对速率，形成的碳正离子越稳定，则形成的速率越快，反应越容易进行。

碳正离子的稳定性决定于所带正电荷的分散程度，正电荷越分散，体系越稳定。所以总的稳定性顺序为：叔碳正离子＞仲碳正离子＞伯碳正离子＞CH_3^+。

马氏规则可以用诱导效应（见本书第四章第三节羧酸及其衍生物）来解释。例如，丙烯分子中甲基由于电负性小，为供电子基。当其与 C═C 双键相连时，使得 C═C 双键上的 π 电子云发生偏移，使 C-1 上的电子云密度增大而带部分负电荷，C-2 上的电子云密度减小而带部分正电荷。当遇到亲电试剂 H^+ 时，H^+ 加成到双键带部分负电荷的碳原子上，形成较稳定碳正离子中间体，然后带负电荷的 X^- 与碳正离子结合，生成加成产物。

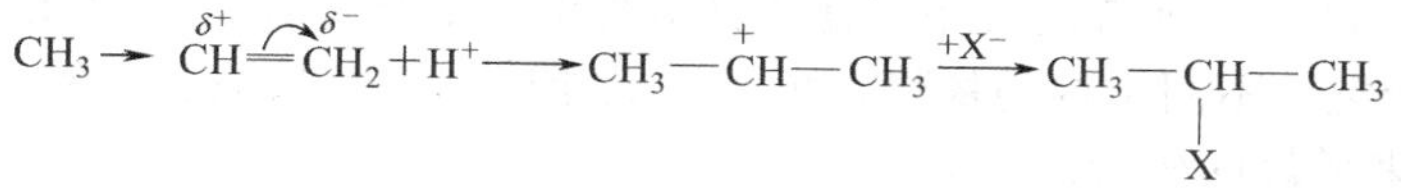

（3）共轭二烯烃的亲电加成反应　共轭二烯烃与卤素、卤化氢等也能发生亲电加成反应，但由于结构的特性，可生成两种不同的加成产物。例如 1,3-丁二烯与溴的加成反应：

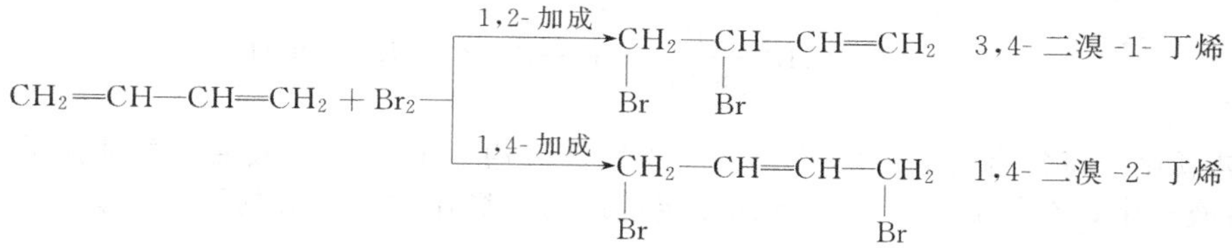

这两种不同的加成产物，是由于加成方式不同而造成的。一是溴加到一个双键即 C-1 和 C-2 上，称为 1,2-加成；另一种是溴加到共轭体系的两端，即 C-1 和 C-4 上，分子中原来的两个双键断裂，并在 C-2 和 C-3 之间形成一个新的双键，称为 1,4-加成。

产生两种加成方式的原因是共轭体系中，电子离域而引起的。当 1,3-丁二烯受极化了的溴分子影响时，这种影响通过共轭链一直传递到分子的另一端，使共轭链上电子云密度呈疏密交替现象，反应过程中是 Br^+ 首先与 C-1 结合，生成烯丙基碳正离子中间体：

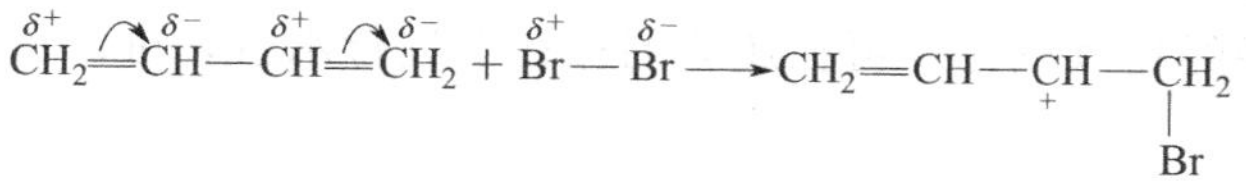

其中带正电荷的 C-2 为 sp^2 杂化，它的空 p 轨道与构成 π 键的 p 轨道侧面重叠，形成包括三个碳原子 2 个 p 电子的缺电子 p-π 共轭体系：

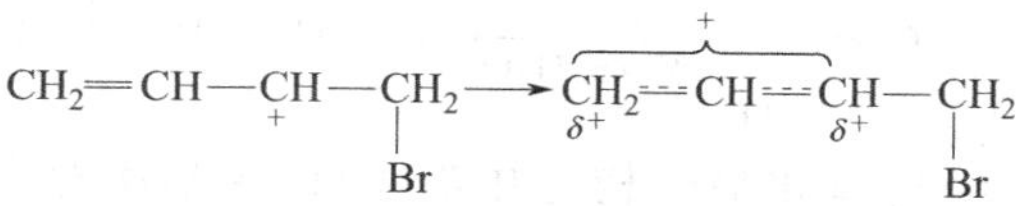

因此，Br^- 既能与 C-2 结合，也能与 C-4 结合，生成 1,2-加成产物与 1,4-加成产物。

（4）聚合反应　在一定条件下，烯烃可以彼此相互加成，生成高分子化合物。这种由多个相同分子相互结合为高分子化合物的反应称为聚合反应。参加聚合反应的单分子叫单体，聚合后的产物称聚合物。例如，乙烯在高温和高压下聚合成聚乙烯。

$$nCH_2{=}CH_2 \xrightarrow[1.0\times10^5\sim1.5\times10^5\,kPa,O_2]{200\sim300℃} {\left[CH_2-CH_2\right]}_n$$

上述反应中，乙烯是单体，$-CH_2-CH_2-$ 叫链节，n 代表聚合度，用于计算聚合物的相对分子质量大小，一般为几百甚至更大。

共轭二烯烃比较容易发生聚合，聚合成高聚物。如丁钠橡胶。

$$CH_2{=}CH-CH{=}CH_2 \xrightarrow[60℃]{Na} {\left[CH_2-CH{=}CH-CH_2\right]}_n$$

（5）氧化反应　烯烃容易给出电子，自身被氧化，随着反应条件和试剂的不同，可以生成各种不同的氧化产物。这些氧化反应在有机合成上，特别在鉴别烯烃的分子构造上很有价值。

① 高锰酸钾氧化　稀的、冷的高锰酸钾碱性或中性水溶液可使烯烃氧化、π 键断裂，生成邻二醇，高锰酸钾紫色消失，并有二氧化锰褐色沉淀生成，可用于鉴别碳碳双键的存在。

$$3R—CH═CH_2+2KMnO_4+4H_2O \longrightarrow 3R—\underset{OH}{\underset{|}{C}H}—\underset{OH}{\underset{|}{C}H_2}+2MnO_2\downarrow+2KOH$$

如果用过量的高锰酸钾溶液或用高锰酸钾酸性溶液氧化烯烃，则氧化更快，此时不仅π键断裂，σ键也断裂，不同结构的烯烃，可以生成相应的酮、羧酸、二氧化碳和水。根据氧化产物可推测原来烯烃的构造。例如：

$$R—CH═CH_2 \xrightarrow[KMnO_4]{H^+} R—COOH+CO_2+H_2O$$

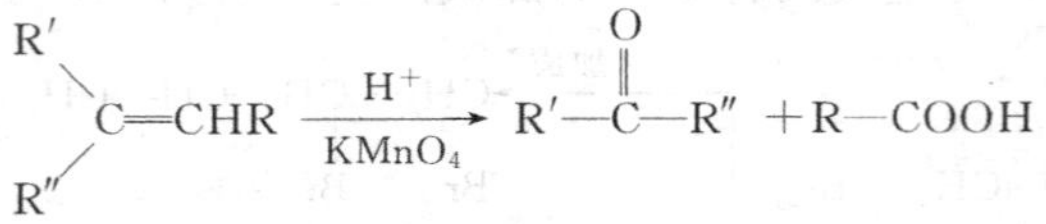

② 臭氧化　将含有臭氧（6%～8%）的氧气流通入液体烯烃或烯烃的非水溶液（如四氯化碳溶液）中，在低温时，臭氧迅速而定量地与烯烃作用，生成黏稠状的臭氧化物，此反应称为臭氧化反应。

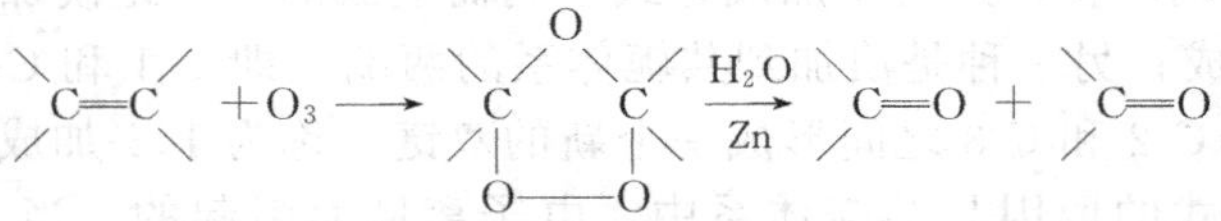

臭氧化物在游离状态下很不稳定，容易爆炸，所以不必从反应溶液中分离出来，可以直接加水进行水解，生成醛或酮。此外，还有过氧化氢生成，为了防止生成的醛被过氧化氢继续氧化成羧酸，需在还原剂（如锌粉）存在下水解，可以防止过氧化物的生成。

不同构造的烯烃经臭氧氧化，再在还原剂存在下进行水解，可以得到不同的醛或酮。

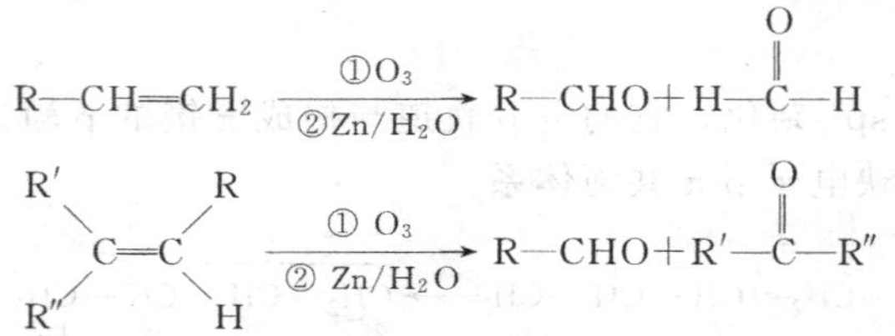

由此可见，烯烃分子经臭氧化后，构造中有 CH_2═基团存在时，则氧化为甲醛，有 R—CH═基团存在时则得到醛，有 $\underset{R}{\overset{R'}{>}}C═$ 基团存在时则可得到酮。这样通过反应后生成的产物，可推断出双键的位置和烯烃的构造。

(6) α-H 原子的反应　α-氢原子受双键的直接影响，比较活泼，易进行取代反应和氧化反应。这里只介绍取代反应。烯烃在常温下与氯气主要发生加成反应，但是在高温下，主要发生α-氢原子取代。例如：

$$CH_2═CH—CH_3+Cl_2 \xrightarrow{500℃} CH_2═CH—\underset{Cl}{\underset{|}{CH_2}}+HCl$$

$$CH_3—CH_2—CH═CH_2+Cl_2 \xrightarrow{高温} CH_3—\underset{Cl}{\underset{|}{CH}}—CH═CH_2+HCl$$

由于反应在高温条件下，有利于氯自由基的生成，所以烯烃的α-氢原子的卤代反应也是自由基型的氯代反应。由于α-氢原子活泼，所以首先被取代。

二、炔烃

分子中含有的碳碳叁键（—C≡C—）的不饱和烃叫做炔烃。炔烃的分子通式为

C_nH_{2n-2}（$n\geqslant 2$）。最简单的炔烃为乙炔。

1. 炔烃的结构

炔烃中最简单的化合物是乙炔，分子式为 C_2H_2。分子中两个碳原子间以叁键相连，碳碳叁键是炔烃结构的特征。用现代物理方法测定乙炔分子是一个线型分子，四个原子排布在一条直线上，分子中的键长及键角如下：

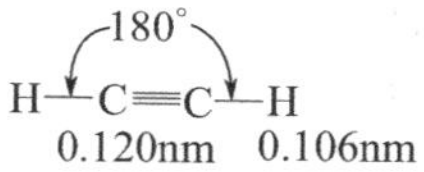

根据杂化轨道理论，2s 轨道和一个 p 轨道重新组合形成两个能量均等的新轨道，称作 sp 杂化轨道。这两个 sp 杂化轨道的对称轴在同一直线上，也就是两个 sp 杂化轨道的夹角为 180°，所以 sp 杂化又称直线形杂化，如图 3-13 所示。

图 3-13　两个 sp 杂化轨道分布

图 3-14　乙炔分子中 σ 键示意

在乙炔分子中两个碳原子各以一个 sp 杂化轨道相互重叠，形成一个(C—C)σ 键，每个碳原子又各以一个 sp 杂化轨道分别与氢原子的 s 轨道重叠形成两个(C—H)σ 键，如图 3-14 所示。

两个碳原子还剩下两个未杂化的 p 轨道，其对称轴除互相垂直外，还与 sp 杂化轨道的对称轴互相垂直。因此，四个 p 轨道，其对称轴两两平行，形成相互垂直的 π 键，如图 3-15 (a)和(b)所示。

实际上两个 π 键电子云围绕连核的直线，形成一个中空的圆柱状 π 电子云，如图 3-15 (c) 所示。

可见乙炔的碳碳叁键是由一个较强的 σ 键及两个较弱的 π 键组成的，电子云密度较大，碳原子间距离更近，键长更短（0.120nm），键能为 836.8kJ · mol^{-1}，比碳碳双键（610kJ · mol^{-1}）及碳碳单键（345.6kJ · mol^{-1}）的键能大。这就意味着炔烃中的 π 键比烯烃的 π 键难断裂。

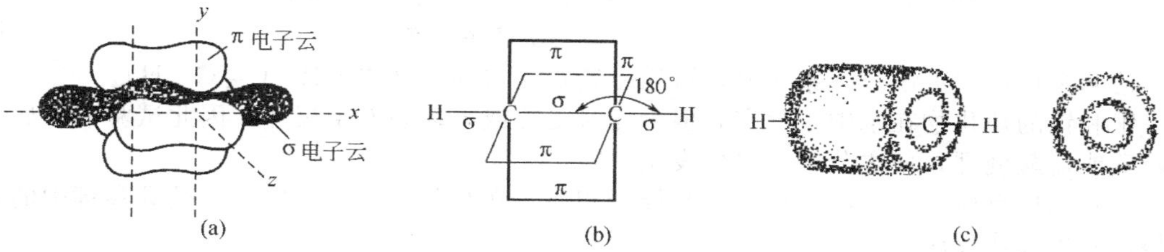

图 3-15　乙炔的电子云图形

2. 炔烃的命名

炔烃也常用衍生物命名法命名，把它们看作是乙炔的衍生物来命名。例如：

$CH_3—C≡C—CH_3$	二甲基乙炔
$CH_3CH—C≡CH$（CH 上连 H_3C）	异丙基乙炔
$CH_2═CH—C≡CH$	乙烯基乙炔

炔烃的系统命名法与烯烃相似，只要将“烯”字改成“炔”字即可。例如：

$CH_3—C≡C—CH_3$	2-丁炔

$$\underset{\displaystyle H_3C}{\overset{}{CH_3\underset{|}{C}H{-}C{\equiv}CH}}$$　3-甲基-1-丁炔

若分子中同时含有双键和叁键时，应选择包含双键和叁键在内最长的碳链作为主链，碳链进行编号，在满足使不饱和键的位次之和最小的前提下，优先考虑双键，使其位次尽可能小，而主链碳原子数目通常在烯前面标明称“某”烯炔。例如：

$CH_3{-}CH{=}CH{-}C{\equiv}CH$　3-戊烯-1-炔

$CH_2{=}CH{-}CH_2{-}C{\equiv}CH$　1-戊烯-4-炔

3. 炔烃的物理性质

炔烃的物理性质和烯烃相似，在室温下 $C_2 \sim C_4$ 的炔烃为气体，$C_5 \sim C_{15}$ 的炔烃是液体，C_{16} 以上的炔烃是固体。由于炔烃分子较短，且细长，在液态和固态中，分子之间彼此靠得很近，分子间力较强，所以沸点、熔点和相对密度都比相应的烷烃、烯烃要高一些。炔烃是非极性分子，所以难溶于水，易溶于有机溶剂。

4. 炔烃的化学性质

炔烃分子中的碳碳叁键（$-C{\equiv}C-$）是炔烃的官能团。由于乙炔分子中碳原子为 sp 杂化，电负性大，因而碳碳叁键上相连的 H（炔氢），具有微弱的酸性；官能团叁键具有两个不稳定的 π 键，因而炔烃的化学性质比烯烃活泼，容易发生加成反应、氧化反应、聚合反应。反应位置见图 3-16。

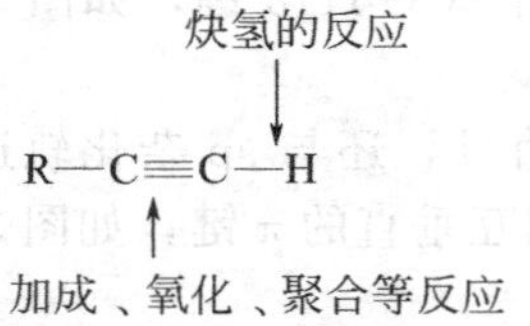

图 3-16　炔烃的反应位置

（1）炔氢的反应　炔烃分子中和叁键碳原子相连的氢原子称为炔氢，也叫活泼氢，具有弱酸性。所以和叁键碳原子相连的氢原子可以被某些金属离子取代，生成金属炔化物。例如，炔烃和金属钠在液氨中可以生成炔钠。

$$R{-}C{\equiv}CH + NaNH_2 \xrightarrow{\text{液氨}} R{-}C{\equiv}C{-}Na + NH_3$$

炔钠和卤代烃反应可合成高级炔烃，这个反应称为炔化物的烃化反应。

$$R{-}C{\equiv}CNa + Br{-}R' \longrightarrow R{-}C{\equiv}C{-}R' + NaBr$$

此外，端基炔可被某些重金属离子取代，生成不溶性的炔化物。例如：

$$HC{\equiv}CH + 2[Ag(NH_3)_2NO_3] \longrightarrow \underset{\text{乙炔银（灰白色）}}{Ag{-}C{\equiv}C{-}Ag\downarrow} + 2NH_4NO_3 + 2NH_3$$

$$HC{\equiv}CH + 2[Cu(NH_3)_2Cl] \longrightarrow \underset{\text{乙炔铜（棕红色）}}{Cu{-}C{\equiv}C{-}Cu\downarrow} + 2NH_4Cl + 2NH_3$$

这两个反应很灵敏，现象明显，可用于鉴别乙炔和端基炔（$R{-}C{\equiv}C{-}H$）。

银和铜的炔化物在水中很稳定，但干燥时受热或震动易发生爆炸，因此试验完毕后，需用硝酸或盐酸处理，使之分解，以免发生危险。

（2）加成反应　炔烃的加成反应与烯烃相似，在与某些试剂反应时，碳碳叁键中的 π 键断裂，发生加成反应。

① 催化加氢　炔烃与氢在催化剂作用下，进行加成反应得到烷烃。常用的催化剂有铂、钯、镍等。

$$CH{\equiv}CH + H_2 \xrightarrow{\text{催化剂}} CH_2{=}CH_2 \xrightarrow[H_2]{\text{催化剂}} CH_3{-}CH_3$$

炔烃在金属的催化下，与氢气加成很难停留在烯烃阶段。如果希望得到烯烃，就应该使用活性较低的催化剂。常用林德拉（Lindlar）催化剂，这是一种以金属钯沉淀于碳酸钙上，然后用醋酸铅处理而得的加氢催化剂。

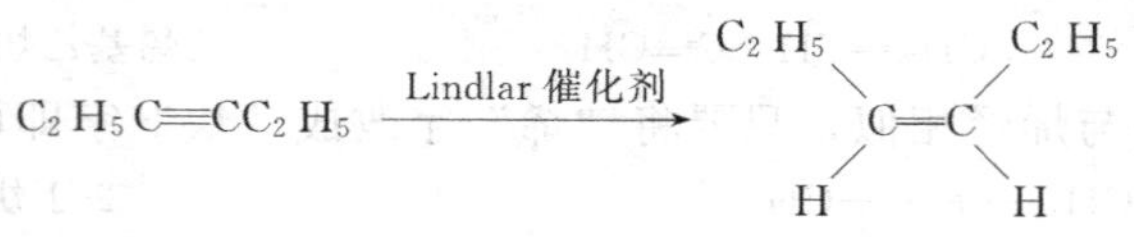

工业上往往利用乙炔比乙烯容易发生加氢反应，控制反应中氢气的用量，使石油裂解气中微量的乙炔转变为乙烯，不但可除去有害的乙炔，同时还可提高裂解气中乙烯的含量。

② 加卤素　炔烃与卤素加成反应先生成卤代烯，再进一步加成生成卤代烷。

$$CH\equiv CH \xrightarrow{Cl_2} ClHC=CHCl \xrightarrow{Cl_2} HCCl_2-CHCl_2$$

炔烃和烯烃相比，烯烃更容易进行加成反应。因此，当分子中既有双键又有叁键时，卤素先加成在双键上。

$$H_2C=CH-CH_2-C\equiv CH + Br_2 \xrightarrow{低温} BrH_2C-CHBr-CH_2-C\equiv CH$$

③ 加卤化氢　炔烃可以和卤化氢发生加成反应。由于炔烃同烯烃比较，反应活性低于烯烃，所以炔烃一般需用催化剂。不对称炔烃和卤化氢加成也遵循马尔柯夫尼柯夫规则。例如：

$$CH\equiv CH + HX \xrightarrow{HgX_2} CH_2=CHX \xrightarrow[HX]{HgX_2} CH_3CHX_2$$

$$CH_3-C\equiv CH + HBr \longrightarrow CH_3-\underset{\mid \atop Br}{C}=CH_2 \xrightarrow{HBr} CH_3-CBr_2-CH_3$$

④ 加水　炔烃在硫酸汞存在下与水加成，遵循马氏规则生成烯醇。烯醇不稳定，立即发生重排而转变为醛或酮。例如：

$$CH\equiv CH + H_2O \xrightarrow[HgSO_4]{H_2SO_4} \left[CH_2=\underset{\mid \atop OH}{CH} \right] \longrightarrow CH_3CHO$$

$$CH_3-C\equiv CH + H_2O \xrightarrow[HgSO_4]{H_2SO_4} \left[CH_3-\underset{\mid \atop OH}{C}=CH_2 \right] \longrightarrow CH_3\underset{\| \atop O}{C}CH_3$$

(3) 氧化反应　炔烃可被高锰酸钾溶液氧化，叁键断裂，生成羧酸或二氧化碳。一般 R—C≡部分氧化成羧酸，HC≡部分氧化成二氧化碳。例如：

$$3R-C\equiv CH + 8KMnO_4 + 4H_2O \longrightarrow 3R-COOH + 3CO_2 + 8MnO_2\downarrow + 8KOH$$

因此，可根据氧化产物的不同，来判断炔烃的构造和叁键的位置，也可根据反应中高锰酸钾颜色消退来鉴别叁键等不饱和键。

(4) 聚合反应　乙炔的聚合与烯烃不同，在不同催化剂的作用下，发生不同的聚合反应。在齐格勒-纳塔催化剂的作用下，乙炔还可聚合成聚乙炔。

$$n\,HC\equiv CH \xrightarrow{Ziegler\text{-}Natta} \left[CH=CH \right]_n$$

三、重要的不饱和烃及高聚物

1. 乙烯及聚乙烯

乙烯是无色略有甜味的可燃气体，稍溶于水，易溶于汽油、四氯化碳等某些有机溶剂。乙烯可以催熟水果。目前乙烯主要由石油裂化来制取。乙烯是最基本的化工原料之一，也是目前国际上生产量最大的化工产品，主要制备聚乙烯。在高压下得到低密度聚乙烯，用于生产薄膜；低压下得到高密度聚乙烯，用吹塑和铸塑的方法生产各种日用品。此外乙烯还用作合成氯乙烯、苯乙烯、环氧乙烷、乙醇、乙醛、乙酸乙烯酯等重要的有机化工原料。目前乙烯系列产品，在国际市场上占全部石油化工产品产值的一半左右，因此往往以乙烯生产水平衡量石油化工的发展水平。近年来，我国已陆续建成了上海、大庆、齐鲁、扬子等多个 30 万吨乙烯工程，标志着我国石油化学工业已发展到一个新的水平。

聚乙烯的分子式为$\text{⁅}CH_2-CH_2\text{⁆}_n$。纯净的聚乙烯是乳白色蜡状固体粉末，无味、无臭、无毒。聚乙烯分子量要达到一万以上，根据聚合条件的不同分子量可以从一万至几百万的超高分子量聚乙烯不等。聚乙烯树脂分子间作用力小，分子链柔顺性好，基本结构简单，规整，具有相当程度的结晶能力。

2. 聚丙烯

丙烯在烷基铝和四氯化钛催化剂存在下，50℃左右，约10个大气压下，以汽油为溶剂进行聚合得聚丙烯。

$$nCH_2{=}\underset{\displaystyle CH_3}{\underset{|}{CH}} \xrightarrow[1.01\sim1.52MPa,50\sim60℃]{TiCl_4\text{-}Al(C_2H_5)_2Cl} \text{⁅}CH_2-\underset{\displaystyle CH_3}{\underset{|}{CH}}\text{⁆}_n$$

聚丙烯为白色、无味、无臭、无毒固体，是一种新型塑料，具有良好的力学性能、电性能、耐热性能、耐化学腐蚀等特点，广泛用于国防工业、农业、日用化学品工业等方面。

3. 1,3-丁二烯

1,3-丁二烯是无色微带香味的气体，沸点-4.4℃，密度$0.6211g\cdot cm^{-3}$，微溶于水，易溶于有机溶剂中，它是合成橡胶的重要原料。工业上主要从石油裂解气的C_4馏分中萃取分离而得到。此外还可从C_4馏分中丁烯、丁烷脱氢制备。

1,3-丁二烯在金属钠催化下，聚合成聚丁二烯。这种聚合物具有橡胶的性能，它是早期发明的一种合成橡胶。又称丁钠橡胶。

$$CH_2{=}CH-CH{=}CH_2 \xrightarrow[60℃]{Na} \text{⁅}CH_2-CH{=}CH-CH_2\text{⁆}_n$$

这种橡胶的性能并不理想，随着催化剂和聚合反应研究的发展，工业上使用齐格勒-纳塔催化剂，可以使1,3-丁二烯聚合得到顺式产物，称为顺-1,4-聚丁二烯，简称顺丁橡胶。

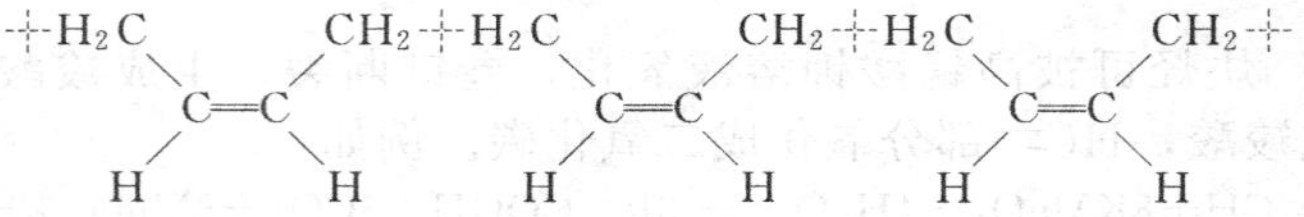

顺丁橡胶具有良好的性能，弹性高，耐磨性和耐寒性好，但加工性能差，主要用于制轮胎。

4. 异戊二烯及合成天然橡胶

异戊二烯是无色稍有刺激性液体，沸点34.08℃，密度$0.6806g\cdot cm^{-3}$，难溶于水，易溶于有机溶剂，主要用于制造合成天然橡胶及其他聚合物。

以异戊二烯为原料，利用齐格勒-纳塔催化剂，可以聚合得到顺-1,4-聚异戊二烯，和天然橡胶性质相似。因此，以异戊二烯为原料合成的橡胶也叫合成天然橡胶。

顺-1,4-聚异戊二烯(合成天然橡胶)

5. 聚乙炔

1971年，日本科学家发现聚乙炔具有高度的导电性。聚乙炔是结晶性高聚物半导体。若在其中掺杂I_2、Br_2或BF_3、AsF_6等Lewis酸，其电导率可达到金属铜的水平，被称为合成金属。聚乙炔的结构如下：

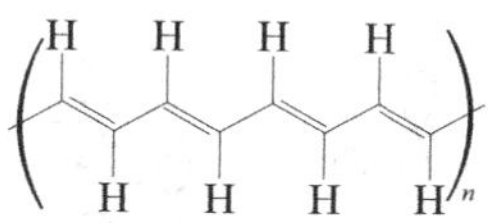

第三节　芳香烃

芳香烃是芳香族化合物的一类，是具有特定环状结构和特殊化学性质的化合物。

一、单环芳烃

1. 苯的结构

（1）凯库勒结构式　苯是单环芳烃中最简单最重要的化合物，分子式是 C_6H_6，但对 6 个碳原子间的连接方式及键的性质的认识经过了长时间的研究。

1865 年，凯库勒提出苯环的环状结构，即六个碳原子在同一个平面上彼此成环，每一个碳原子上结合着一个氢，苯的凯库勒结构式如下所示：

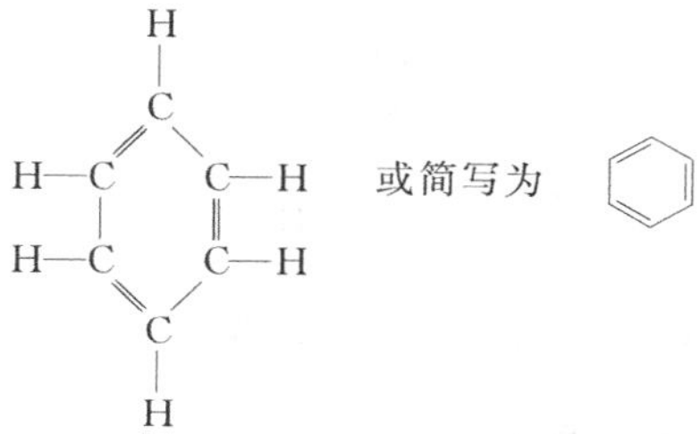

凯库勒结构式很好地说明了苯分子的组成和原子间的结合次序，但并没有完全正确地反映苯分子的结构，也不能解释苯环的所有性质。按凯库勒结构式，苯分子中有三个双键，因此苯分子应当是一个不等边的六边形，邻位二元取代物应有两种，应当容易发生加成反应。事实上，苯环是一个平面正六边形结构，邻位二元取代物只有一种，而易取代反应。

（2）苯分子结构的近代观点　利用近代价键理论（原子的杂化理论），可以很好地解释苯的分子结构。苯分子的六个碳原子均为 sp^2 杂化，且每个碳原子均以三个 sp^2 杂化轨道分别与相邻碳原子的 sp^2 杂化轨道和氢原子的 s 轨道重叠，形成 6 个(C—C)σ 键和 6 个(C—H)σ 键。这些键都在同一平面上，键角均为 120°。每个碳原子未参与杂化的 p 轨道，都垂直于这个平面，它们分别与相邻的 p 轨道侧面重叠，形成一个由 6 个 p 轨道组成的闭合大 π 键。大 π 键的电子云对称地分布在碳环平面的上下两侧。这种具有闭合大 π 键的结构体系，称为闭合共轭体系。该体系的特点是 π 电子高度离域分布在平面的上下两侧，碳碳键长完全相等（0.139 nm），而且体系能量显著降低，因此说苯分子是一个 π 电子云高度对称、特别稳定的平面正六边形结构，如图 3-17 所示。苯的这种结构已被现代物理方法证实。目前苯的结构还没有更好的表达式，一般沿用  或  表示。

2. 单环芳烃的同分异构和命名

单环芳烃可看作是苯的同系物，其通式 C_nH_{2n-6}，$n \geq 6$。苯环上的氢原子被烃基取代，可生成一元、二元、多元取代苯。

一元取代苯只有一种，没有异构体。命名以苯环为母体，烷基作为取代基，称为“某烷基

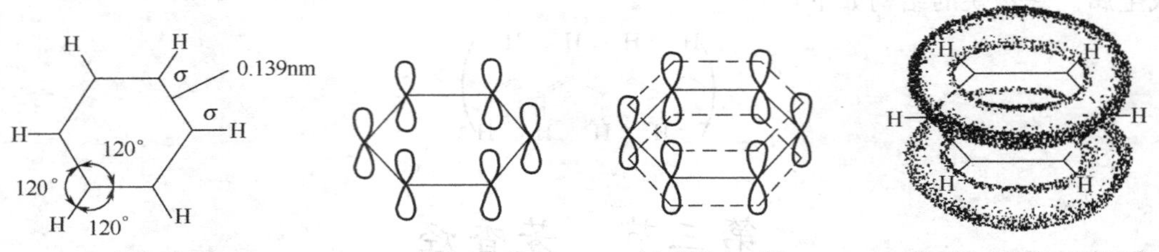

(a) 苯的σ键　(b) 苯的p轨道　(c) 苯的大π键　(d) 苯分子π电子云分布示意

图 3-17　苯的分子结构

苯”，“基”字一般可以省略。烯基苯或炔基苯则相反，把不饱和烃作母体，苯环作取代基。

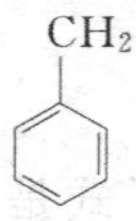

乙苯

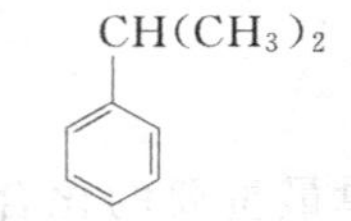

异丙苯

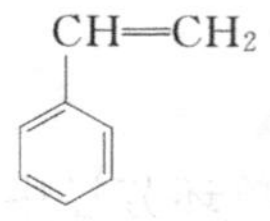

苯乙烯

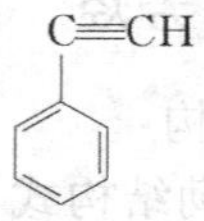

苯乙炔

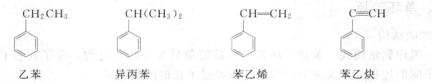

二元取代苯有三种异构体。这是由于取代基在苯环上的相对位置不同而产生的。两个取代基的相对位置可用数字表示，也可用邻（*o*）、间（*m*）、对（*p*）等词头表示。例如：

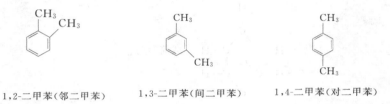

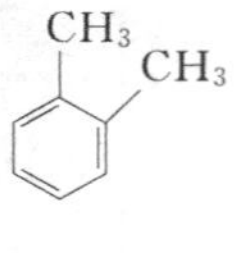

1,2-二甲苯(邻二甲苯)

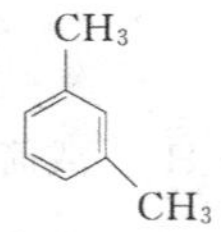

1,3-二甲苯(间二甲苯)

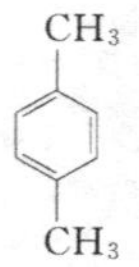

1,4-二甲苯(对二甲苯)

三元取代苯也有三种异构体。取代基的相对位置常用数字编号区别。取代基相同时，则常用连、偏、均词头来表示。例如：

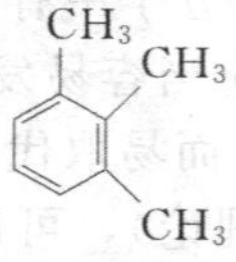

1,2,3-三甲苯(连三甲苯)

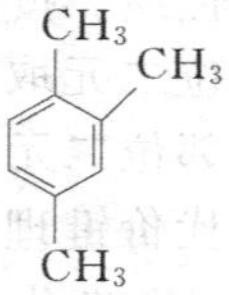

1,2,4-三甲苯(偏三甲苯)

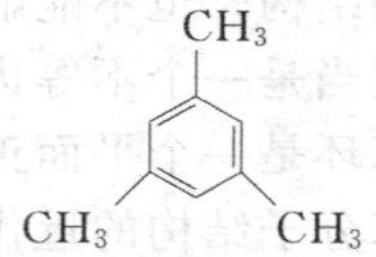

1,3,5-三甲苯(均三甲苯)

较复杂单环芳烃的命名，则可以把侧链作为母体，苯环当作取代基。

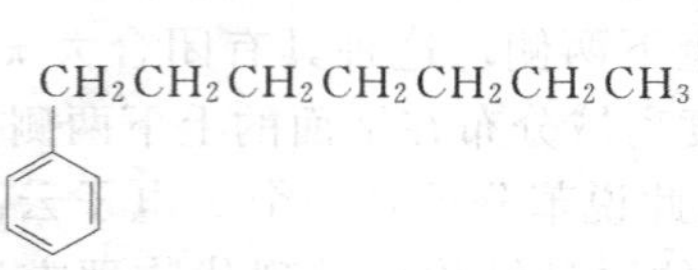

1-苯基庚烷

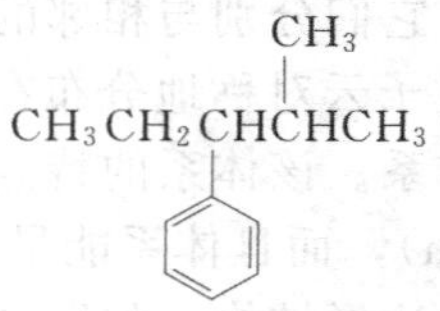

2-甲基-3-苯基戊烷

芳烃分子中去掉一个氢原子剩下的基团称芳基，常用 Ar—表示，苯基也常用 Ph—表示。

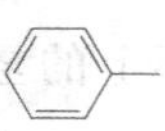

苯基

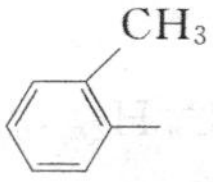

邻甲苯基

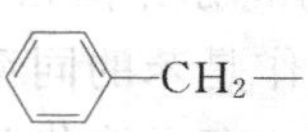

苯甲基（苄基）

3. 单环芳烃的物理性质

单环芳烃一般为无色有特殊气味的液体，相对密度为 0.86～0.93，比水轻，易溶于石油、醚等有机溶剂。它们有特殊气味和一定的毒性，长期吸入它们的蒸气会损坏造血器官和神经系统，因此使用时要切实采取防护措施。

单环芳烃的沸点随着分子量的增加而升高，对位异构体的熔点一般都比邻位和间位异构体高，一些单环芳烃的物理常数见表 3-5。

表 3-5　单环芳烃的物理常数

名　称	熔点/℃	沸点/℃	相对密度(20℃)	折射率 n_D^{20}
苯	5.5	80.1	0.8765	1.5001
甲苯	−9.5	110.6	0.8669	1.4961
邻二甲苯	−25.2	144.4	0.8820	1.5055
间二甲苯	−47.9	139.1	0.8642	1.4972
对二甲苯	13.3	138.4	0.8611	1.4958
连三甲苯	−25.4	176	0.8944	1.5139
偏三甲苯	−43.8	169	0.8758	1.5048
均三甲苯	−44.7	165	0.8652	1.4994
乙苯	−95	136.2	0.8670	1.4959
正丙苯	−99.5	159.2	0.8620	1.4920
异丙苯	−96	152.4	0.8618	1.4915
苯乙烯	−30.6	145.2	0.9060	1.5468

4. 单环芳烃的化学性质

单环芳烃的化学反应主要发生在苯环上，苯环很稳定，不易发生氧化和加成反应，而易发生取代反应，这是芳香族化合物共有的特性，称为芳香性。

(1) 取代反应　在一定条件下，苯环上的氢原子可被卤原子、硝基、磺酸基、烃基等取代，生成相应的取代产物。

① 卤化反应　一般情况下苯和氯或溴不发生反应，但在铁粉或三卤化铁催化下受热，即可发生取代反应，生成相应的卤代苯。如：

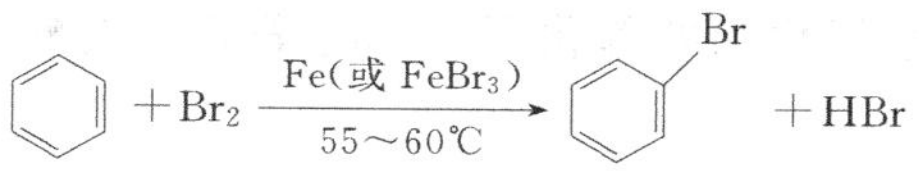

在高温条件下，卤苯可继续与卤素作用，生成主要是邻位和对位的二元卤代苯。

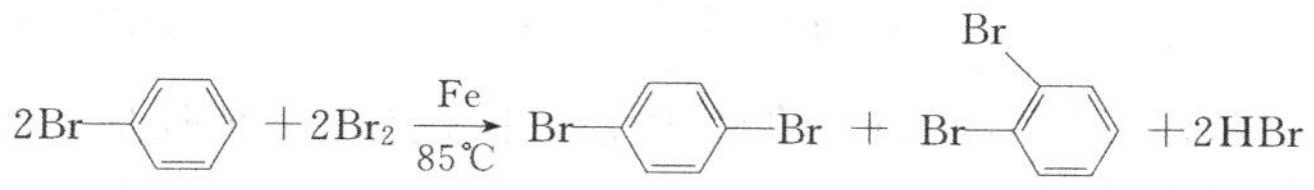

② 硝化反应　以浓硝酸和浓硫酸（混酸）与苯共热，苯环上的氢原子能被硝基（—NO_2）取代，生成硝基苯。

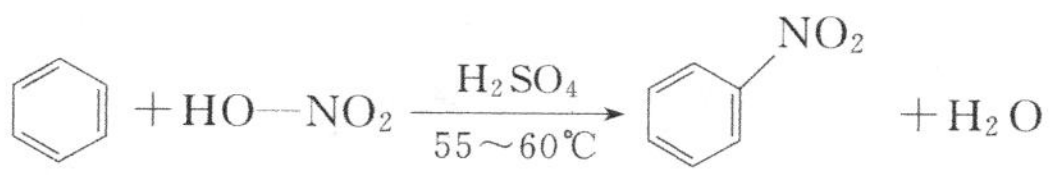

硝基苯为淡黄色油状物，有苦杏仁味，其蒸气有毒。

在上述反应中，如果增加硝酸的浓度，并提高反应温度，则生成间二硝基苯。

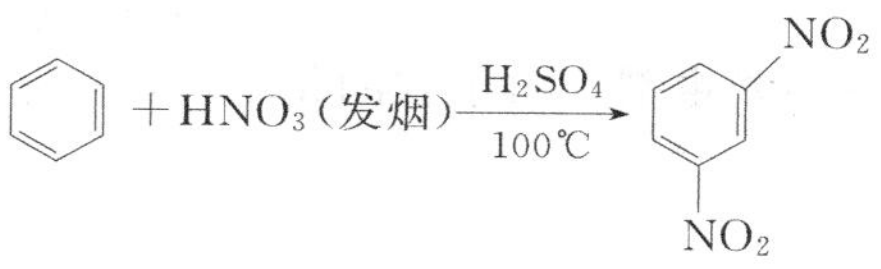

如以甲苯进行硝化，则不需浓硫酸催化，且在 30℃就可反应。

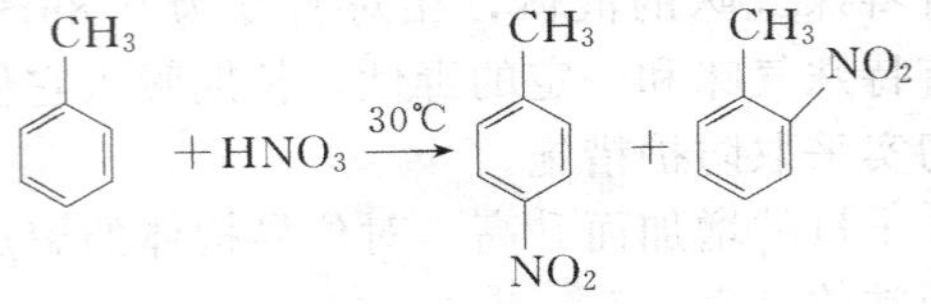

③ 磺化反应　苯和浓硫酸共热，或使用发烟硫酸，苯环上氢原子可被磺酸基（—SO_3H）取代，生成苯磺酸。

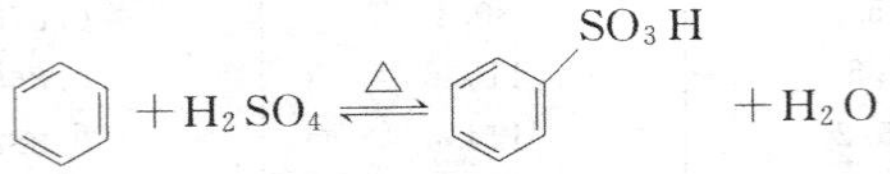

磺化反应是可逆反应，苯磺酸遇水共热可脱去磺酸基。磺酸是一种与硫酸一样的强酸，所以苯磺酸具有强酸性，易溶于水，吸水性强，一般制成钠盐使用。

④ 傅-克（Friedel-Crafts）反应　傅-克反应分为两类。

a. 烷基化反应。在无水氯化铝催化下，苯与卤代烷反应生成烷基苯。

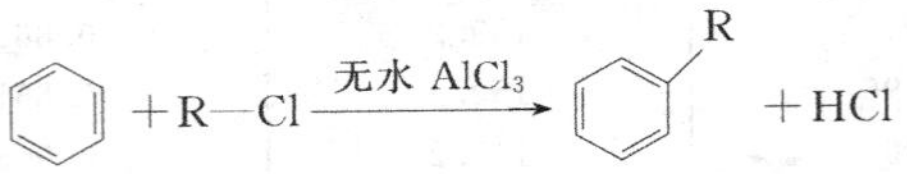

这个反应称为傅-克烷基化反应，是苯环上引入烷基的方法之一，反应是可逆的。如果烃基是 3 个碳原子以上的烷基，在反应中易发生烷基的异构化。例如：

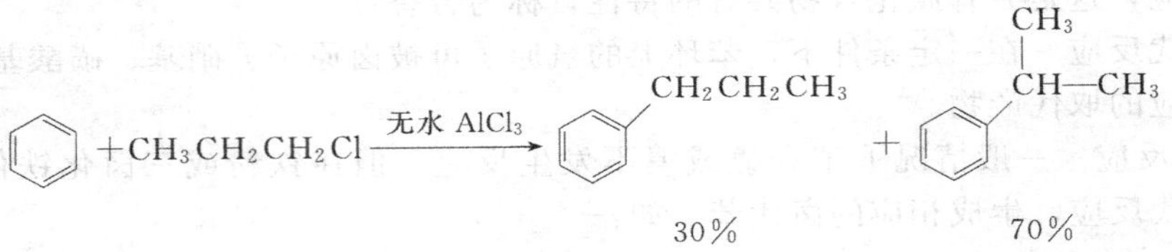

b. 酰基化反应。在无水氯化铝的催化下，苯与酰氯、酸酐发生反应，生成芳酮，这个反应称傅-克酰基化反应。

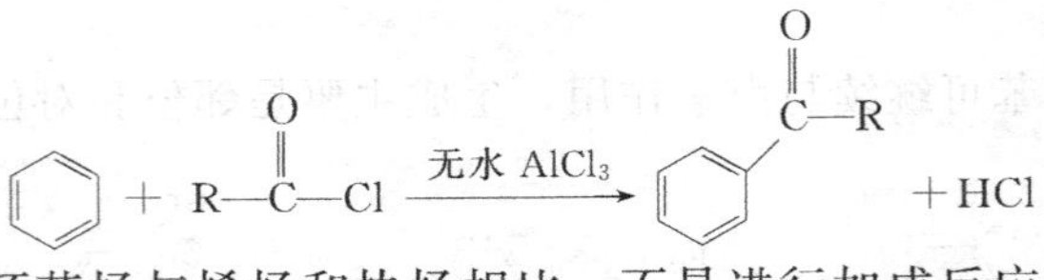

（2）加成反应　单环芳烃与烯烃和炔烃相比，不易进行加成反应，但一定条件下，仍可与氢气、氯气等发生加成反应。

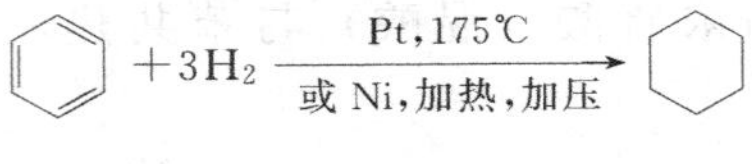

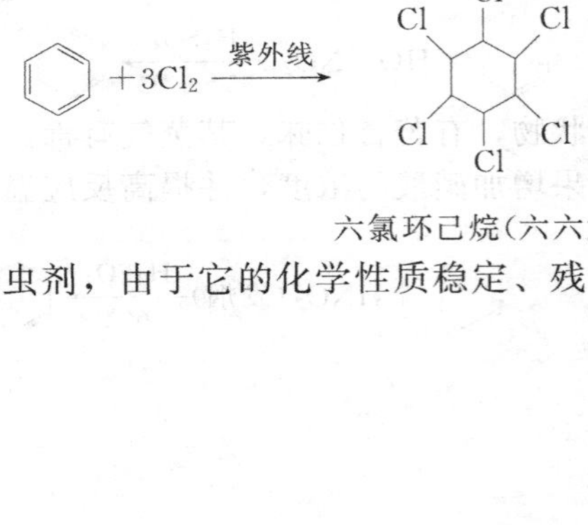

六氯环己烷(六六六)

六六六曾是大量使用的一种杀虫剂，由于它的化学性质稳定、残留毒性大以及对环境污染，现已禁止使用。

（3）侧链的反应

① 氧化反应　常见的氧化剂，如高锰酸钾、重铬酸钾、重铬酸钾加硫酸、稀硝酸等都不能使苯环氧化。烷基苯在这些氧化剂存在下，只有支链发生氧化。例如：

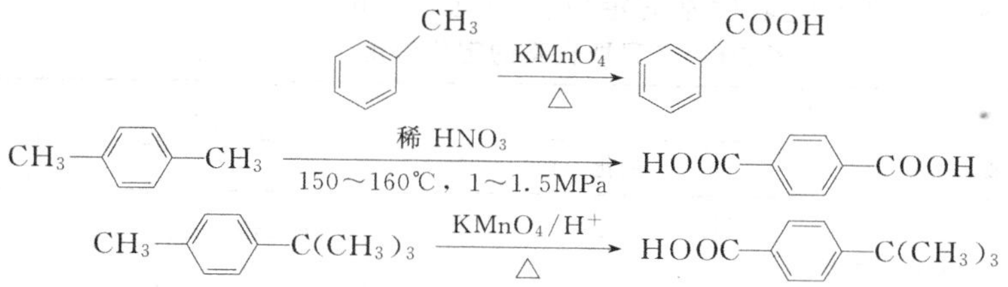

② 卤化反应　在高温或光照射下烷基苯与氯气发生卤化反应，卤化反应发生在侧链烷基 α-碳原子上。

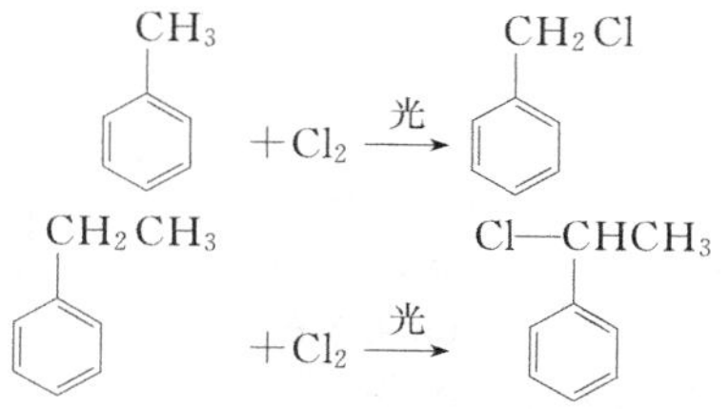

(4) 苯环上亲电取代反应的反应历程　在亲电取代反应中，首先是亲电试剂 E^+ 进攻苯环，并很快和苯环的 π 电子形成 π 络合物。

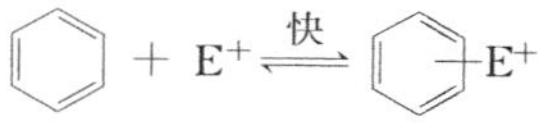

π 络合物

π 络合物仍然还保持着苯环的结构。然后 π 络合物中亲电试剂 E^+ 进一步与苯环的一个碳原子直接连接，这样形成的产物叫做 σ 络合物。

π络合物　　　σ络合物

σ 络合物的形成是缺电子的亲电试剂 E^+ 从苯环上获得两个电子而与苯环的一个碳原子结合成 σ 键的结果。这个碳原子的 sp^2 杂化轨道也随着变成 sp^3 杂化轨道。σ 络合物生成这一步的反应速率比较慢，是决定整个反应速率的一步。

最后，σ 络合物随即迅速失去一个质子，重新恢复为稳定的苯环结构。

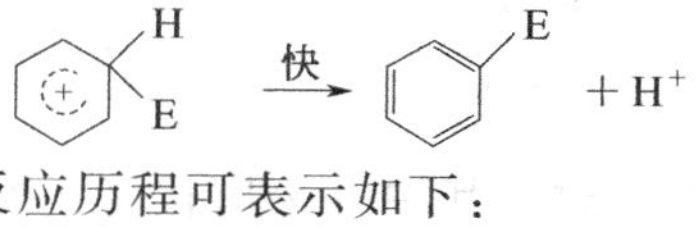

综上所述，芳烃亲电取代反应历程可表示如下：

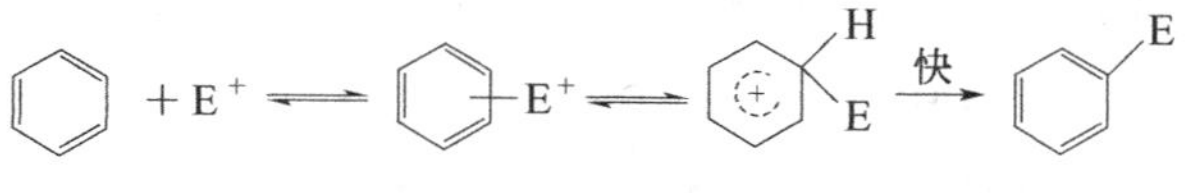

5. 苯环上取代反应的定位规律

(1) 定位规律　一元取代苯在进行亲电取代反应时，第二个取代基进入苯环的位置主要取决于苯环上原有取代基的性质，而与新引入基团的性质无关。通常把苯环上原有的取代基称为定位基，定位基分两类。

① 第一类定位基——邻、对位定位基，主要使新引入的取代基进入它的邻位和对位

（邻位体＋对位体＞60%），同时使苯环活化（卤素例外）。

② 第二类定位基——间位定位基，主要使新引入的取代基进入它的间位（间位体＞40%），同时使苯环钝化。常见的取代基的定位作用见表 3-6。

表 3-6　常见取代基的定位作用

邻对位定位基			间位定位基	
	活化苯环	钝化苯环		
强的致活作用	$-O^{\ominus}$（氧负离子） $-N(CH_3)_2$（二甲氨基） $-NH(CH_3)$（甲氨基） $-NH_2$（氨基） $-OH$（羟基）	$-CH_2Cl$（氯甲基） $-F$（氟原子） $-Cl$（氯原子） $-Br$（溴原子） $-I$（碘原子）	$-\overset{\oplus}{N}H_3$（铵基） $-\overset{\oplus}{N}(CH_3)_3$（三甲铵基） $-N(=O)\rightarrow O$（硝基） $-C\equiv N$（氰基） $-S(=O)(\rightarrow O)-OH$（磺基） $-C(=O)-H$（醛基） $-C(=O)-CH_3$（乙酰基） $-C(=O)-OH$（羧基） $-C(=O)-OCH_3$（甲氧羰基） $-C(=O)-NH_2$（氨基甲酰基）	均为强的致钝作用
中等致活作用	$-OCH_3$（甲氧基） $-HN-C(=O)-CH_3$（乙酰氨基）			
弱的致活作用	$-CH_3$（甲基） $-C_2H_5$（乙基） $-CH(CH_3)_2$（异丙基） $-C(CH_3)_3$（叔丁基） $-O-C(=O)-CH_3$（乙酰氧基）			

（2）二元取代苯的定位规律　在苯环上已有两个取代基时，可以综合分析两个取代基的定位效应来推测取代反应中第三个取代基进入的位置。

① 两个取代基的定位效应一致，则第三个取代基进入的位置由原取代基共同确定，例如：

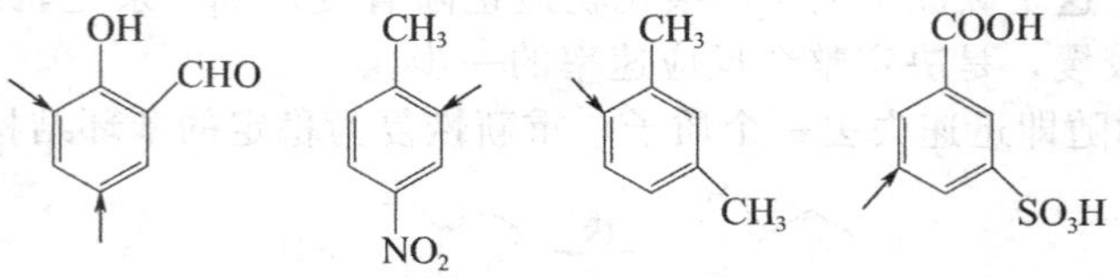

② 两个取代基的定位效应不一致，其中一个取代基是邻、对位定位基，另一个是间位定位基时，则第三个取代基进入的位置主要由邻、对位取代基决定，例如：

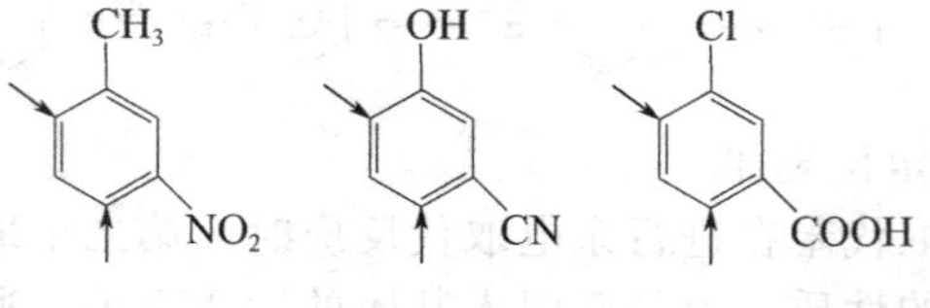

③ 两个取代基的定位效应不一致，而它们属于同一类定位基时，则第三个取代基进入的位置主要由定位效应强的取代基决定，例如：

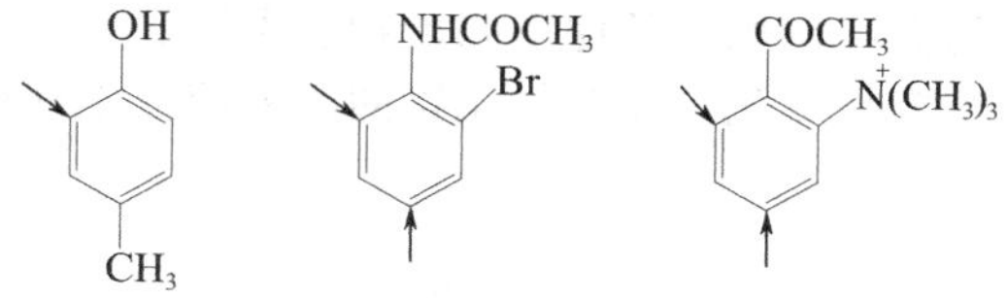

二、稠环和多环芳烃

1. 萘

萘是最简单、最主要的稠环芳烃。萘的结构与苯环相似，每个碳原子都是以 sp^2 杂化轨道形成(C—C)σ键和(C—H)σ键，每个碳原子还剩下一个未杂化的 p 轨道，且 p 轨道相互重叠，形成 π-π 共轭体系。但与苯不同的是，稠环芳烃中各 p 轨道重叠不完全相同，也就是电子云密度没有完全平均化，所以碳碳键长不完全相等。在萘中以 α-位（1,4,5,8 位）为电子云密度最高，β-位次之，所以萘的一元取代物有 α-及 β-两种异构体。

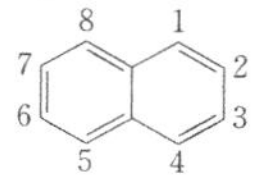

萘

萘是白色晶体，熔点 80.5℃，沸点 218℃，有特殊的气味，易升华。它不溶于水，易溶于热的乙醇及乙醚。常用作防蛀剂。

萘的化学性质与苯相似，比苯容易发生亲电取代反应。

（1）取代反应

① 卤化反应　例如萘和溴在四氯化碳溶液中反应，主要生成 α-溴萘，反应不需加催化剂就可以进行。

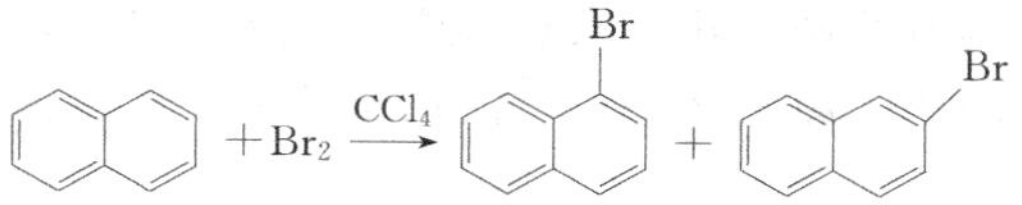

② 硝化反应　室温下萘与硝酸在硫酸催化下反应，主要生成 α-硝基萘。

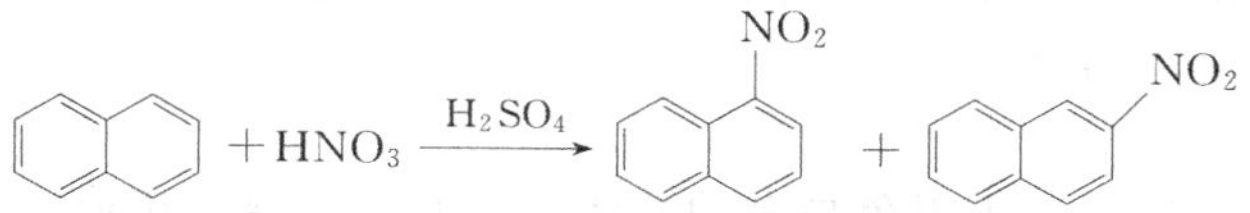

③ 磺化反应　萘的磺化反应所得产物与温度有关，在较低温度下主要产物是 α-萘磺酸；在较高温度时，主要产物是 β-萘磺酸。而且 α-萘磺酸也能迅速转变为较为稳定的 β-萘磺酸。

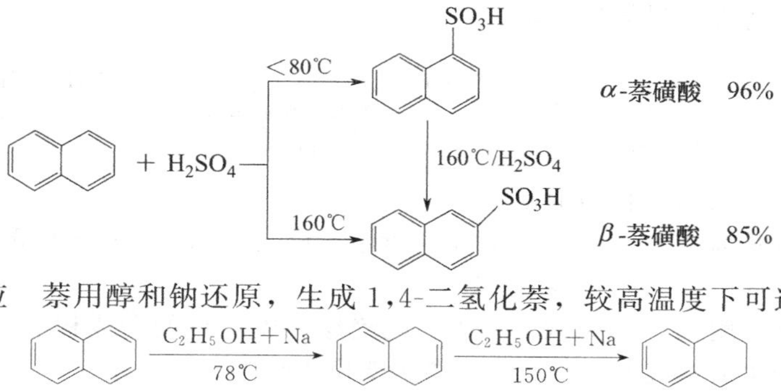

（2）还原反应　萘用醇和钠还原，生成 1,4-二氢化萘，较高温度下可还原成四氢化萘。

萘也可以用催化加氢的方法还原，条件不同产物也不同。

(3) 氧化反应　萘比苯容易氧化，在三氧化铬的醋酸溶液中即被氧化成醌。

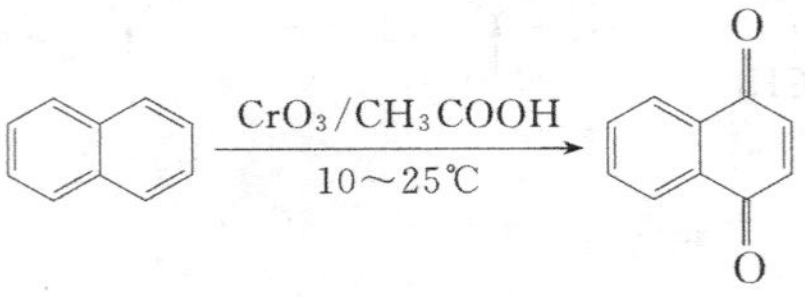

1,4-萘醌

如用 V_2O_5 作催化剂，萘蒸气易被空气中的氧所氧化，生成邻苯二甲酸酐。

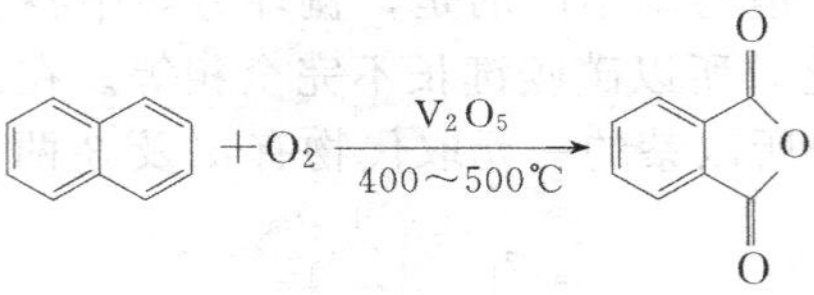

2. 多环芳烃

多环芳烃中较重要的是联苯。联苯为无色晶体，熔点 70℃，沸点 254℃，不溶于水而溶于有机溶剂。联苯的化学性质与苯相似，在两个苯环上均可发生磺化、硝化等反应。联苯最重要的衍生物是 4,4′-二氨基联苯，也称联苯胺。它是无色晶体，熔点 127℃，是许多合成染料的中间体。

三、重要的芳烃及高聚物

1. 苯

苯为无色易燃液体，具有特殊气味，沸点 80℃，熔点 5.5℃，不溶于水，可溶于四氯化碳、乙醚等。苯是最基本的化工原料之一，广泛用于塑料、合成橡胶、合成纤维、染料、医药等。

2. 甲苯

甲苯为无色易燃液体，气味与苯相似，沸点 111℃，熔点 −9.5℃，与苯的溶解性相似。甲苯也是最基本的化工原料之一。

3. 二甲苯

二甲苯有三个异构体，均为无色易燃的液体，它们三个沸点相近，分离较难，一般二甲苯是三者的混合物。邻二甲苯用于生产邻苯二甲酸酐，对二甲苯用于生产聚对苯二甲酸乙二醇酯——涤纶。二甲苯也是最基本的化工原料。

4. 苯乙烯及聚苯乙烯

工业上常用下述方法制备苯乙烯：

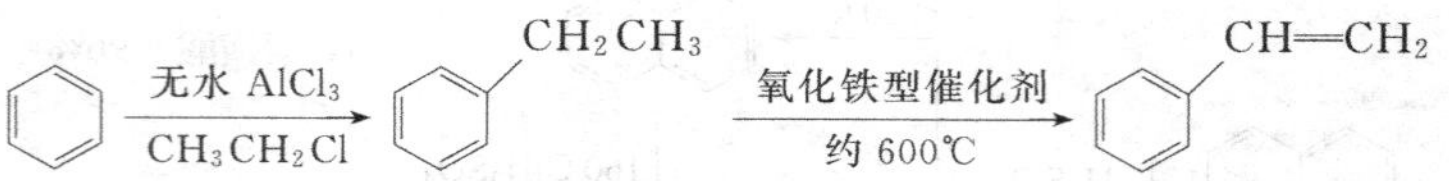

聚苯乙烯构造式为 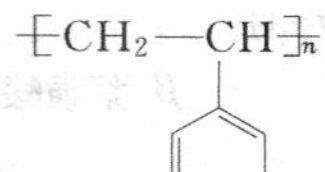 ，聚合度在 5000 以上，平均分子量 20 万～30 万，聚苯乙烯是无色透明、耐油、耐酸碱、耐水、电绝缘性能优良的合成树脂，能模压成各种物件，同时还可用来生成合成橡胶、涂料、离子交换树脂等。

第四节　卤代烃

烃分子中的氢原子被卤素取代后所生成的化合物称为卤代烃，卤原子是它的官能团。可分为卤代烷烃（R—X）、卤代烯烃、卤代芳烃（Ar—X）。

一、卤代烃的分类

根据卤代烃分子的结构、组成等特点，可按如下方式分类。

1．根据卤烷分子中所含卤素原子的数目不同

卤代烷可分为一卤代烷及多卤代烷。一卤代烷还可根据卤素原子连接的碳原子不同分为一级卤代烃（伯卤代烃）、二级卤代烃（仲卤代烃）和三级卤代烃（叔卤代烃）。

伯卤代烃

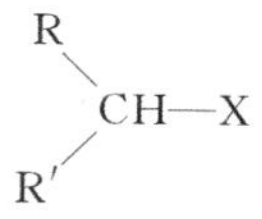

仲卤代烃

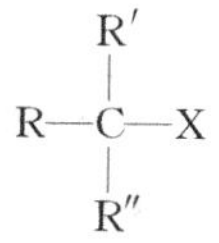

叔卤代烃

2．根据所含卤素不同

卤代烃可分为以下几类。

氟代烃：CH_3CH_2F　　氯代烃：CH_3CH_2Cl

溴代烃：CH_3CH_2Br　　碘代烃：CH_3CH_2I

3．根据烃基的结构不同

卤代烃可分为：卤代烷烃（R—X）、卤代烯烃和卤代芳烃（Ar—X）。

4．根据卤素取代基中卤原子的多少

卤代烃可分为：分子中含有一个卤原子的一元卤代烃 CH_3CH_2X；分子中含有二个卤原子的二元卤代烃 CH_3CHX_2；分子中含有三个或三个以上卤原子的多元卤代烃 CH_3CX_3。

二、卤代烃的同分异构

卤代烃的同分异构现象比较复杂，仅以卤代烷烃为例，讨论卤代烃的同分异构。卤代烷的同分异构产生的原因是由于碳链的构造不同和卤素位置的不同，故其异构体的数目比相应的烷烃要多。

例如：

$CH_3—CH_2—CH_2—CH_2—Cl$　　1-氯丁烷

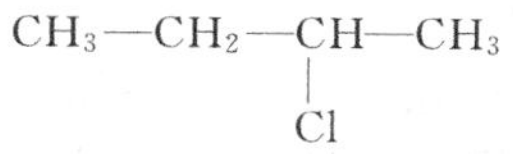

2-氯丁烷

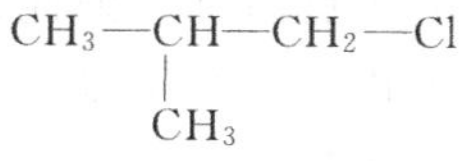

2-甲基-1-氯丙烷

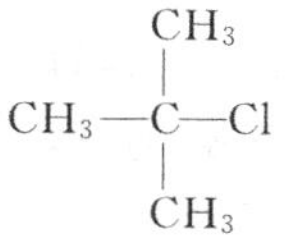

2-甲基-2-氯丙烷

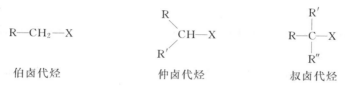

三、命名

结构比较简单的卤代烃可以与卤原子相连的烃基名称来命名，称为“某烃基卤”。某些多卤代烷常用俗名。例如：

CH_3Br 溴甲烷　　　$CH_2=CH-Cl$ 氯乙烯

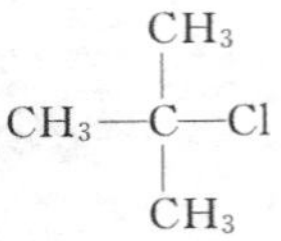
氯代叔丁烷

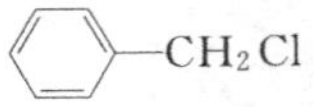
氯化苄

构造复杂的卤代烃需用系统命名法命名。命名所遵循的原则与烃类命名基本相同，将卤原子作为取代基，链中编位要遵循最低系列，根据次序规则，卤原子优于烃基，所以烃基应以较小的编位，且要把较优基团排在后面。分子中如含有碳碳双键或碳碳叁键则使其位号最小。例如：

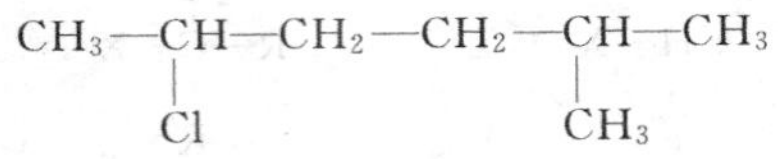
2-甲基-5-氯己烷

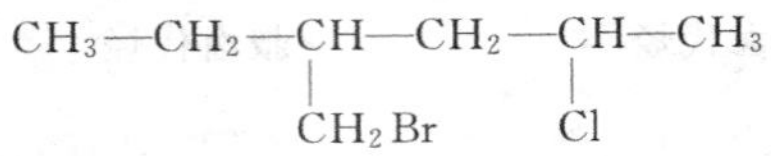
2-乙基-4-氯-1-溴戊烷

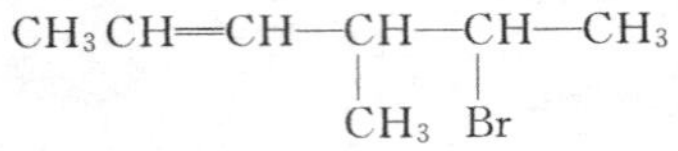
4-甲基-5-溴-2-己烯

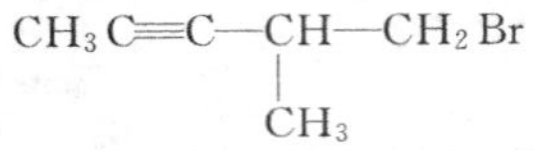
4-甲基-5-溴-2-戊炔

卤代芳烃及卤代脂环烃的命名，是以芳烃及脂环烃为母体，把卤原子作为取代基，再按卤原子的相对位置来命名。

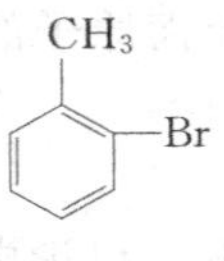
邻溴甲苯

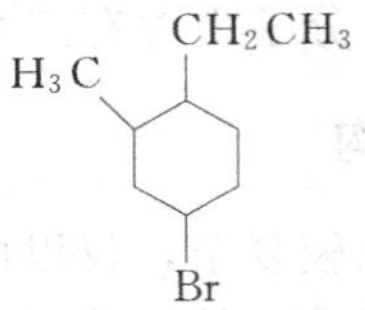
2-甲基-1-乙基-4-溴环己烷

四、卤代烃的物理性质

常温下，除少数低相对分子质量的卤烷和卤烯如氯甲烷、溴甲烷、氯乙烷、氯乙烯等为气体外，一般卤代烷大多为液体，C_{15}以上是固体。

卤代烃有一定极性，但由于它们不能和水形成氢键，所以不溶于水，而能溶于烃、醇、醚类等许多有机溶剂中。有些卤代烃本身就是常用的优良溶剂，因此常用氯仿、四氯化碳从水层中提取有机物。纯净的卤代烷多是无色的，一卤代烷具有不愉快气味，其蒸气有毒。尤其是含氯和含碘的化合物可通过皮肤吸收，使用时要注意。

在分子中引入卤素后，其沸点比同碳数的相应烷烃高；在相同烃基的卤代烃中，一般碘代烃的沸点最高，氟代烃的沸点最低。在同分异构体中，支链越多，沸点越低。一卤代烷的相对密度大于同碳原子数的烷烃。随着碳原子数的增加，这种差异逐渐减小。一氟代烷和一氯代烷比水轻，溴代烷和碘代烷比水重，分子中卤原子数增多则相对密度增大。一些卤代烃的物理常数见表 3-7。

表 3-7　卤代烃的物理常数

名　称	熔点/℃	沸点/℃	相对密度(20℃)
氯甲烷	−97	−24	0.920
溴甲烷	−93	4	1.732
碘甲烷	−66	42	2.279
二氯甲烷	−96	40	1.326
三氯甲烷	−64	62	1.489
四氯化碳	−23	77	1.594
氯乙烷	−139	12	0.898
溴乙烷	−119	38	1.461
碘乙烷	−111	72	1.936
1-氯丙烷	−123	47	0.890
2-氯丙烷	−177	36	0.860
氯乙烯	−154	−14	0.911
氯苯	−45	132	1.107
溴苯	−31	155	1.499
碘苯	−29	189	1.824
邻二氯苯	−17	180	1.305
对二氯苯	53	174	1.247

五、卤代烃的化学性质

卤代烃的化学反应主要发生在官能团卤原子，以及受卤原子影响而比较活泼的 β-氢原子。其反应的主要部位如图 3-18 所示。

卤代烷中卤素的电负性强，致使 C — X 键共用电子对向卤原子偏移，而使碳原子带上部分正电荷，所以它是一个极性共价键。

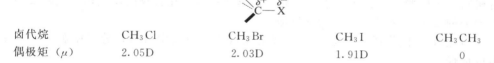

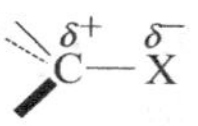

卤代烷	CH_3Cl	CH_3Br	CH_3I	CH_3CH_3
偶极矩（μ）	2.05D	2.03D	1.91D	0

由此可知，卤素电负性越大，C — X 键的极性也越大，因此键的极性应是：C — Cl＞C — Br＞C — I。当卤代烷进行化学反应时，因受试剂等电场的影响，使 C — X 键电子云发生偏移，即发生暂时极化，称极化性。极化性的大小以极化度表示。对 C — X 键来说，极化性随原子半径的增大而增大，其极化性的次序是：C — I＞C — Br＞C — Cl。这种极化性在决定分子的化学反应活性方面起着决定性的作用。当烃基相同时，RX 的反应活性次序是：R — I＞R — Br＞R — Cl。

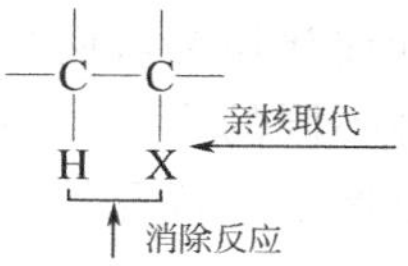

图 3-18　卤代烃反应的主要部位

1. 取代反应

卤代烷中的卤原子可被其他原子或原子团所取代。在反应时，带有部分正电荷的 α-碳原子，容易受到亲核试剂（：Nu）的进攻，从而发生卤代烷的亲核取代反应，用 S_N 表示，反应的一般式为：

$$:\bar{N}u + R-\overset{|}{\underset{|}{C}}{}^{\delta+}-X^{\delta-} \longrightarrow R-\overset{|}{\underset{|}{C}}-Nu + X^-$$

亲核试剂　　　　离去基团

（1）卤代烷的水解　卤代烷与水作用，卤代烷分子中的卤原子被水分子中的羟基取代，结果生成醇类。

$$R-X+H-OH \rightleftharpoons R-OH+H-X$$

卤代烷的水解是可逆反应，需在碱水溶液中共热，才能有利于醇的生成。

$$R-X + NaOH \xrightarrow[\triangle]{H_2O} R-OH + NaX$$

(2) 卤素原子被烷氧基取代　卤代烷与醇钠作用，卤原子被烷氧基（—OR）取代，生成醚。

$$R-X + R'ONa \longrightarrow R-O-R' + NaX$$

该反应也称卤代烷的醇解反应，是制备混醚的重要方法，称威廉逊（Williamson）合成法。

(3) 卤素原子被氨基取代　卤代烷与氨作用，卤原子被氨基（$-NH_2$）取代，生成胺。

$$R-X + NH_3 \longrightarrow R-NH_2 + HX$$

(4) 卤素原子被氰基取代　卤代烷与氰化钠或氰化钾在醇溶液中回流，卤原子可被氰基取代，生成腈。

$$R-X + KCN \xrightarrow[\triangle]{C_2H_5OH} R-CN + KX$$

腈类化合物的官能团是氰基（—CN），水解可生成比卤代烷多一个碳原子的羧酸。这是有机合成中增长碳链的方法之一。

(5) 与硝酸银反应　卤代烷与硝酸银的醇溶液作用，生成硝酸基酯和卤化银沉淀。

$$R-X + AgONO_2 \xrightarrow{\text{醇溶液}} R-O-NO_2 + AgX\downarrow$$

此反应有明显的 AgX 沉淀生成。当烷基构造相同而卤原子不同时，其活性顺序为：RI＞RBr＞RCl。当卤原子相同而烷基构造不同时，其活性顺序为：叔卤代烷＞仲卤代烷＞伯卤代烷，这是鉴定和区别不同结构卤代烷的方法。

2. 消除反应

从有机物分子中脱去卤化氢或水等小分子，形成不饱和化合物的反应称为消除反应。由于反应中消去的是 H，又可称为 β-消除反应。

(1) 脱卤化氢　卤代烃的消除反应通常是在碱的醇溶液中进行，分子中脱去一分子卤化氢而生成烯烃。

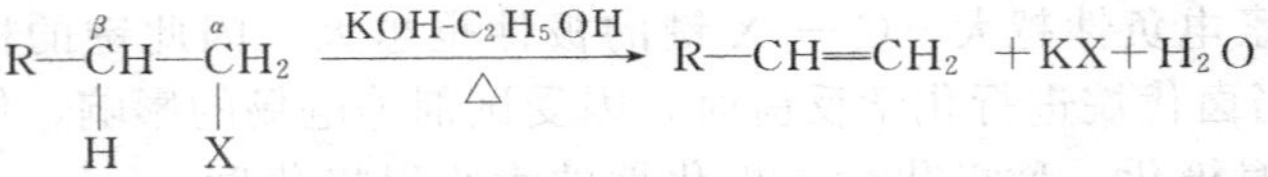

仲卤代烷和叔卤代烷消除卤化氢的反应可以在碳链的两个不同方向上进行，从而可能得到两种不同的产物。不对称卤代烃的消除存在反应方向问题，查依采夫（Saytzeff）规则认为，氢原子从含氢较少的碳原子上脱去。

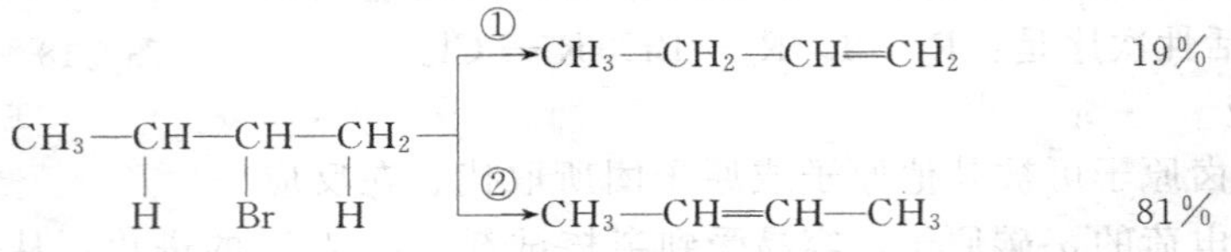

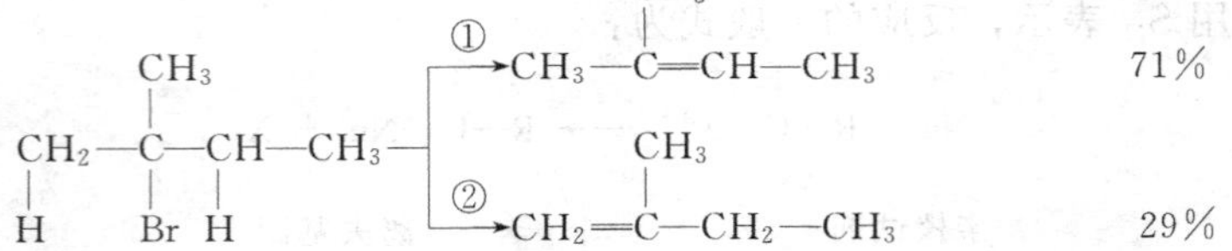

卤代烷脱去 HX 的难易程度：叔卤代烷＞仲卤代烷＞伯卤代烷。

(2) 卤烷与金属镁的反应　在室温下，卤烷在无水乙醚中与金属镁作用，生成有机镁化合物——烷基卤化镁，通称格利雅（Grignard）试剂，简称格氏试剂。

$$RX + Mg \xrightarrow{\text{无水乙醚}} R—Mg—X$$

格氏试剂中 C—Mg 键是一个很强的极性键，成键电子云偏向碳原子一边，所以格氏试剂是一个很好的亲核试剂，可以和很多含有活泼氢的化合物作用，生成相应的烃。例如：

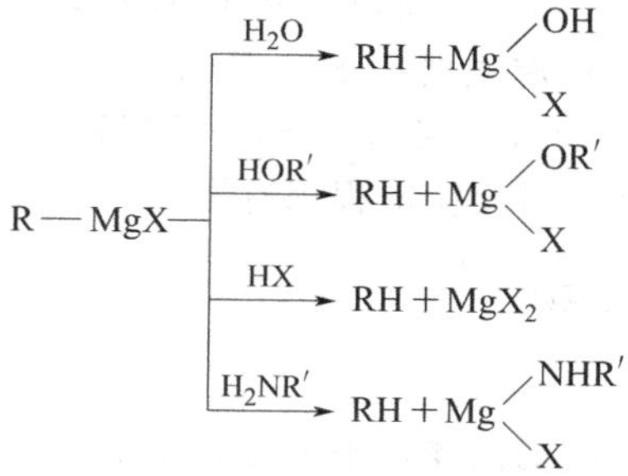

由此可知，制备格氏试剂，要在绝对无水和醇的条件下进行，且操作过程中还要隔绝空气。

3. 亲核取代反应历程

卤烷取代反应一般是由亲核试剂的进攻引起的，卤烷的亲核取代反应一般可以分为下列两种方式。

(1) 单分子历程（S_N1） 实验证明，叔丁基溴在碱性溶液中的水解是按单分子历程进行的，反应分两步进行。

第一步：叔丁基溴分子中 C—Br 键先断裂生成碳正离子，由于 C—Br 键断裂需要较高的活化能，所以反应速率慢，是关键步骤。

$$(CH_3)_3C—Br \xrightarrow{\text{慢}} (CH_3)_3\overset{+}{C} + Br^-$$

第二步：生成的碳正离子与亲核试剂 OH^- 结合生成水解产物，此是放热反应，速率快。

$$(CH_3)_3\overset{+}{C} + HO^- \xrightarrow{\text{快}} (CH_3)_3C—OH$$

所以从动力学角度来看，整个反应速率仅与卤烷的浓度有关，与亲核试剂浓度无关，所以叫单分子亲核取代反应，简写为 S_N1。

(2) 双分子历程（S_N2） 实验证明，溴甲烷在碱性溶液中的水解反应是按双分子历程进行的，反应可表示如下：

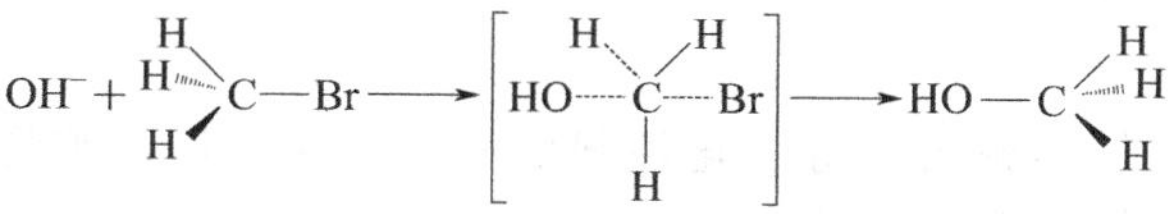

反应物　　过渡态　　产物

在反应过程中，由于卤原子带负电荷，因此 OH^- 从离去基团溴原子的背面沿着 C—Br 键的轴线进攻中心碳原子（α-碳原子）。在逐渐接近的过程中，HO—C 间的键部分地形成，C—Br 键逐渐伸长和变弱，但并没有完全断开。此时，甲基上的三个氢原子也往溴原子一方逐渐偏转，偏转到三个氢原子和中心碳原子在同一平面上。此时，中心碳原子由 sp^3 杂化转变为 sp^2 杂化，形成中间过渡态。最后，C—O 成键，C—Br 键断裂，以 Br^- 离去。此时 α-碳原子又恢复为 sp^3 杂化，即恢复了正四面体构型。只是过渡态转变为产物时，三个氢原子从原来指向左边而翻转为指向右边，犹如一把雨伞被风吹翻一样，这个过程称瓦尔登（Walden）转化。

应该指出的是：亲核取代反应的两种历程在反应中是同时存在相互竞争的，只是在某一特定条件下哪个占优势的问题。影响反应历程的因素很多，在卤烷分子中，反应中心是α-碳原子。所以α-碳原子上电子云密度的高低和空间位阻的大小，对反应历程产生较大影响。如果α-碳原子上烃基越少，位阻越小，电子云密度越低，则有利于：OH^-进攻，也就有利于反应按S_N2反应历程进行；反之α-碳原子上烃基越多，位阻越大，电子云密度越高，则有利于卤素夺取电子而以X^-形式离解，所以有利于S_N1反应历程进行。在伯、仲、叔三类卤代烷的亲核取代反应中，叔卤代烷主要按S_N1历程进行；伯卤代烷和卤甲烷主要按S_N2历程进行；仲卤代烷既可按S_N1历程，又可按S_N2历程进行。此外，卤原子的性质、进攻试剂的亲核能力以及溶剂的极性等对反应历程都有影响。

六、重要的卤代烃及高聚物

1. 三氯甲烷

俗名氯仿，为无色有香甜气味的液体，不易燃，不溶于水，是常用的有机溶剂，有麻醉性，但因对肝脏有毒及其他副作用，现已很少作为麻醉剂使用。氯仿在光和空气中能逐渐被氧化生成剧毒的碳酸二酰氯，又名光气。

$$CHCl_3 + \frac{1}{2}O_2 \xrightarrow{光} Cl-\overset{\overset{\large O}{\|}}{C}-Cl + HCl$$

因此，氯仿要保存在棕色瓶中，通常在氯仿中加入少量乙醇，以除去可能产生的光气，生成无毒的碳酰二乙酯。

$$Cl-\overset{\overset{\large O}{\|}}{C}-Cl + 2C_2H_5OH \longrightarrow C_2H_5-O-\overset{\overset{\large O}{\|}}{C}-O-C_2H_5 + 2HCl$$

2. 氯乙烯及聚氯乙烯

氯乙烯常温下是气体，过去主要用乙炔和氯化氢通过气相反应合成氯乙烯：

$$CH\equiv CH + HCl \xrightarrow[90℃]{HgCl_2,活性炭} CH_2=CHCl$$

随着石油化工的发展，利用石油冶炼产生的乙烯与氯加成后再脱去氯化氢来制得。

$$CH_2=CH_2 + Cl_2 \longrightarrow \underset{\underset{\large Cl}{|}}{CH_2}-\underset{\underset{\large Cl}{|}}{CH_2} \xrightarrow{NaOH} CH_2=CHCl$$

氯乙烯主要用于合成聚氯乙烯的单体，是我国目前产量最多的一种塑料，其构造式为$\left[CH_2-\underset{\underset{\large Cl}{|}}{CH}\right]_n$，平均聚合度$n=800\sim1400$。聚氯乙烯难燃，耐焰，自熄性能好，在酸、碱、盐类溶液中稳定，但不耐硫酸等氧化性强的介质。在石油、矿物油等非极性溶剂中稳定，所以是管材、板材等的重要原料。

3. 四氟乙烯及聚四氟乙烯

四氟乙烯为无色气体，不溶于水，能溶于有机溶剂。四氟乙烯在过氧化物的引发下，加压可聚合成聚四氟乙烯：

$$nCF_2=CF_2 \xrightarrow{加压} \left[CF_2-CF_2\right]_n$$

聚四氟乙烯的构造式$\left[CF_2-CF_2\right]_n$，相对分子质量可高达200万，具有很好的耐热耐寒性，可在$-269\sim250℃$范围内使用，400℃以下不分解。它的化学性质非常稳定，与强碱、强酸均不发生反应，也不溶于王水，抗腐蚀性非常突出，故有“塑料王”之称，工业上叫特氟隆，它是化工设备理想的耐腐蚀材料。

4. 偏氯乙烯及聚偏氯乙烯

偏氯乙烯可由氯乙烯氯化生成三氯乙烷后，再用碱脱氯化氢制得。

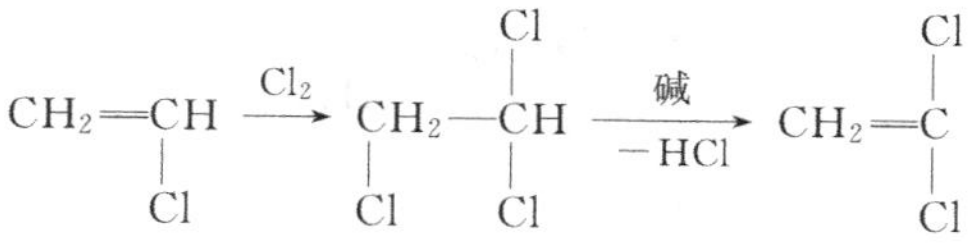

聚偏氯乙烯分子的构造式$\left[CH_2-CCl_2 \right]_n$，平均聚合度 $n=100\sim1000$，有较高的结晶度和极高的结晶速率，与增塑剂相容性差。因此成型加工困难，在工业上无实用价值。工业上常将偏氯乙烯与其他单体进行共聚，使成型加工得以实现。

本章小结

1. 烷烃、烷烃同系物、烷烃同系列、系差、烷基、同分异构、构造异构；伯、仲、叔、季碳原子和伯、仲、叔氢原子。

2. 烷烃的普通命名法与系统命名法。系统命名是重点掌握的命名法，以最长碳链作为主链，支链看做取代基。根据主链所含的碳原子数称为“某烷”；编号从距支链最近的一端开始，将主链碳原子依次用阿拉伯数字编号，并按照“次序规则”排列取代基的先后次序，小的取代基优先列出。

3. 烷烃的碳原子是 sp^3 杂化，烷烃中的共价键是 σ 共价键，因而烷烃化学性质较稳定。

4. 烯烃的命名，选择含有 C═C 键在内的最长碳链作为主链，支链作为取代基，根据主链的含碳原子数命名为“某烯”，从最靠近 C═C 键的一端开始依次用阿拉伯数字 1,2,3,4 等编号；把取代基的位次、数目、名称等写在烯烃名称之前。

5. 烯烃分子中双键的碳原子为 sp^2 杂化，双键中一个为 σ 共价键，一个为 π 键，由于 π 键不稳定因而双键可以打开，发生有加成反应、氧化反应、聚合反应。

6. 炔烃分子中，碳碳叁键的碳原子为 sp 杂化，叁键中一个为 σ 共价键，两个为 π 共价键。因而炔烃的化学性质比烯烃活泼，容易发生加成反应、氧化反应、聚合反应。

7. 共轭二烯烃具有共轭体系，可发生 1,2-加成和 1,4-加成；共轭二烯烃可以聚合反应生产高聚物，如丁二烯可聚合得到顺丁橡胶，异戊二烯可以聚合得到合成天然橡胶。

8. 单环芳烃中苯环具有闭合的大 π 键，所以结构较为稳定，在苯环上不易氧化与加成反应，易发生取代反应。在取代反应时苯环上已有的取代基根据取代基的定位效应，对第二个引入的取代基有指示作用。

9. 卤代烃分子中，卤原子是取代基、烃为母体，按烃的系统命名原则命名。

10. 卤代烃易受亲核试剂进攻，可与 H_2O、RONa、NaCN、NH_3、$AgNO_3$ 等发生亲核取代反应；卤代烃在强碱的催化下发生消去反应，遵循查依采夫规则。

11. 由苯乙烯为单体可聚合聚苯乙烯，以氯乙烯为单体可聚合聚氯乙烯，以四氟乙烯为单体可聚合聚四氟乙烯。

习 题 三

1. 命名下列化合物，有顺反异构的分别用顺/反和 Z/E 标记法命名。

(1) 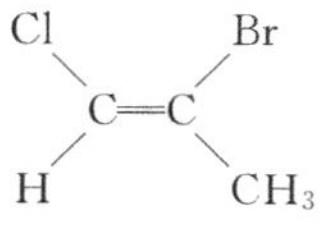

(2) 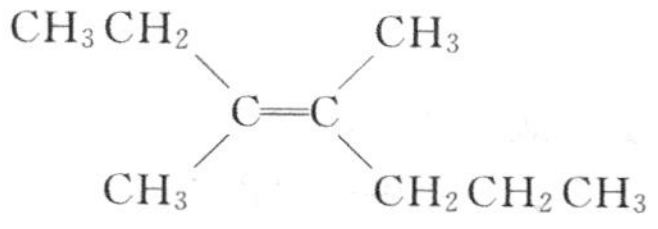

(3) 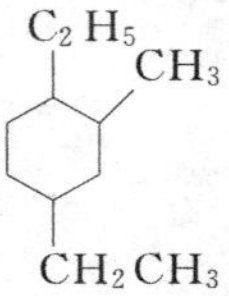

(4) 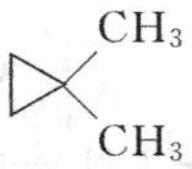

(5) 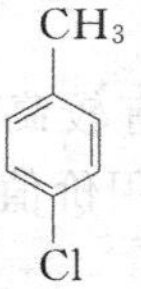

(6) 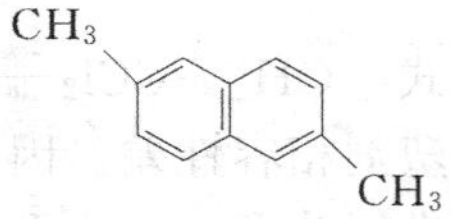

(7) 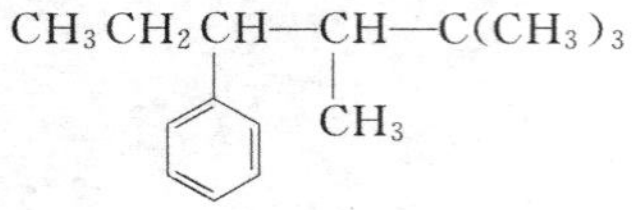

(8) 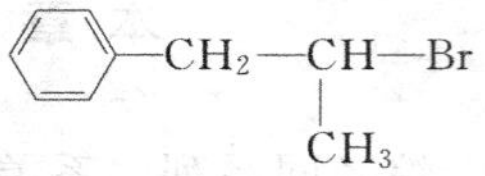

(9) $CH_3(CH_2)_3CH(C_2H_5)CH(CH_3)_2$

(10) $CF_2Cl—CF_2Cl$

(11) $CH_3—C(Cl)[CH(CH_3)CH_3]—CH(CH_2CH_3)—CH_3$

(12) $CH_3—CH(CH_3)—CH_2—C \equiv C—CH_3$

2. 完成下列反应。

(1) $CH_3—CH_2—C(CH_3)=CH_2 \xrightarrow{H_2SO_4} ? \xrightarrow{H_3^+O} ?$

(2) $CH_3—CH(CH_3)—CH=CH_2 \xrightarrow{KMnO_4\text{-}H_2SO_4} ?$

(3) $CH_3—CH_2—C(CH_3)=CH_2 \xrightarrow{HBr} ?$

(4) $CH_2=CH—CH=CH—CH_3 \xrightarrow[CCl_4]{Br_2} ?$

(5) 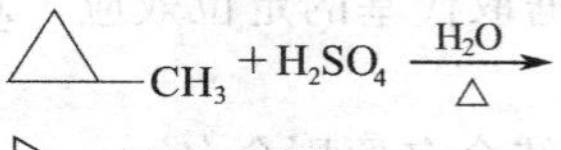

(6) 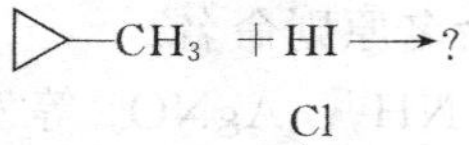

(7) 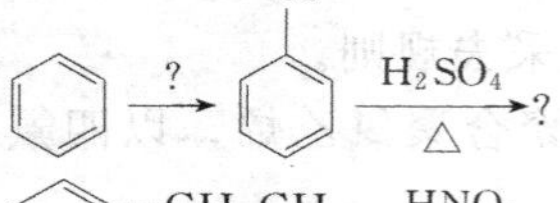

(8) 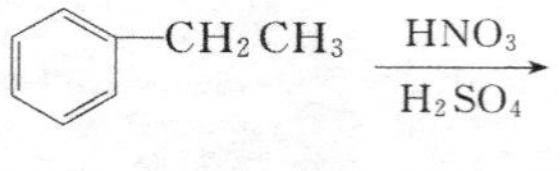

(9) 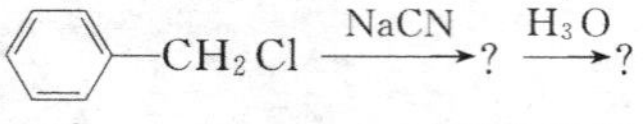

(10) 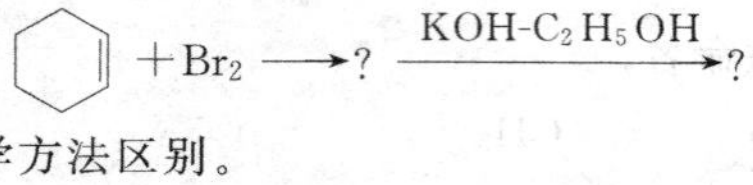

3. 用化学方法区别。

(1) 丁烷、1-丁烯、1-丁炔、环丁烷

(2) 1-氯丁烷、2-氯丁烷、2-甲基-2-氯丙烷

4. 完成下列转化。

（1）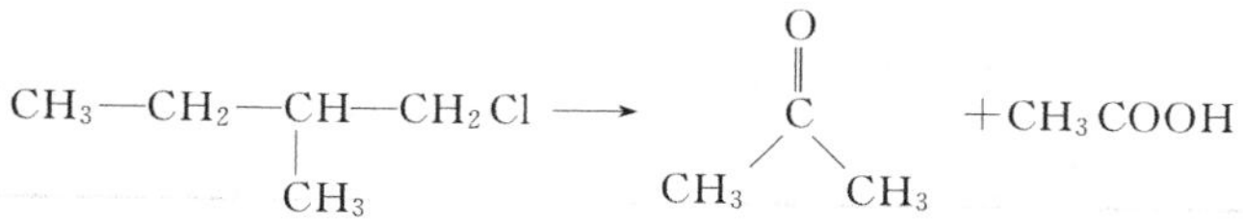

（2）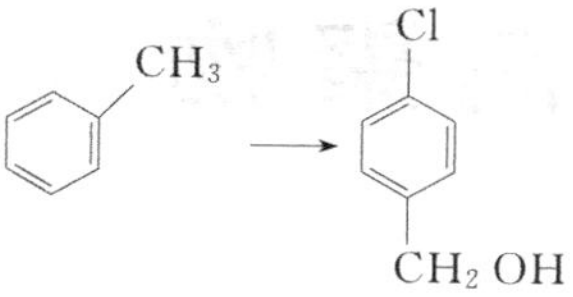

（3）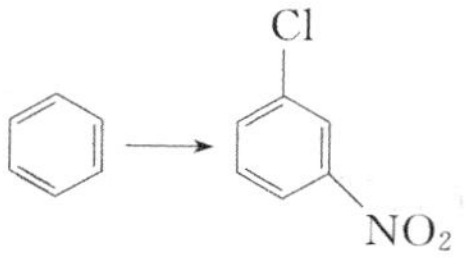

（4）1-丁烯⟶2-丁醇

（5）以 2-溴丙烷为原料合成丙醇。

（6）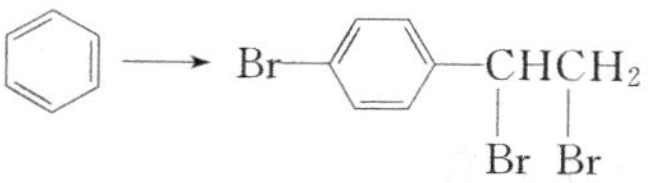

5. C_4H_9Br(A)与 KOH 的醇溶液共热生成烯烃 C_4H_8(B)，它与溴反应得到 C_4H_8Br(C)，用 KNH_2 使(C)转变为气体 C_4H_6(D)，将(D)通过 Cu_2Cl_2 氨溶液时生成沉淀。给出化合物(A)～(D)结构式。

6. 某不饱和烃 A，分子式为 C_9H_8，和氧化亚铜氨溶液反应生成棕红色沉淀，A 部分氢化后得 C_9H_{12}（B）。B 用酸性高锰酸钾溶液氧化得到酸性氧化物 $C_8H_6O_4$（C）。写出化合物 A、B、C 可能的构造式及各步反应的方程式。

7. 某化合物 A 分子式为 $C_{10}H_{18}$，经催化加氢得到化合物 B，B 的分子式为 $C_{10}H_{22}$，化合物 A 和高锰酸钾酸性溶液作用，得到下列三种化合物：$CH_3—\overset{\overset{O}{\|}}{C}—CH_3$ 、$CH_3—\overset{\overset{O}{\|}}{C}—CH_2CH_2COOH$ 和 CH_3COOH。写出化合物 A 的构造式。

第四章

含氧有机物与杂链高聚物

知识与技能目标

1. 了解醇、酚、醚、醛、酮、羧酸及其衍生物的分类和同分异构现象。
2. 掌握醇、酚、醚、醛、酮、羧酸及其衍生物的命名。
3. 掌握醇、酚、醚、醛、酮、羧酸及其衍生物的化学性质。
4. 了解含氧（硫）杂链高聚物的合成、性质和用途。
5. 掌握本章各类化合物的定性鉴定方法。
6. 理解诱导效应的概念，学会分析诱导效应对化合物性质的影响。

含氧有机化合物是指醇、酚、醚、醛、酮、羧酸及其衍生物。它们都是烃的含氧衍生物（酰卤、酰胺除外），官能团中都含有氧原子。

第一节　醇、酚、醚

醇、酚、醚可以看作是水分子中的氢原子被烃基取代后的生成物。

H—O—H	R—O—H	A—O—H	R—O—R（Ar—O—R 或 Ar—O—Ar）
水	醇	酚	醚

水分子中的一个氢原子被烃基（R—）取代后的生成物叫醇，水分子中的一个氢原子被苯基（Ar—）取代后的生成物叫酚，水分子中的两个氢原子都被烃基（脂肪烃基或苯基）取代后的生成物叫醚。

硫和氧在周期表中属于同一主族元素，即ⅥA 族。有机含硫化合物分别叫硫醇和硫醚。

一、醇

1. 醇的分类

根据烃基的结构不同，醇可分为饱和醇、不饱和醇和芳醇。例如：

饱和醇：

CH_3CH_2OH
乙醇

$CH_3CH(CH_3)CH_2OH$
异丁醇

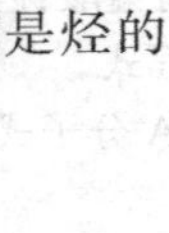
环己醇

不饱和醇：

$CH_2{=}CHCH_2OH$
2-丙烯醇（烯丙醇）

芳醇：

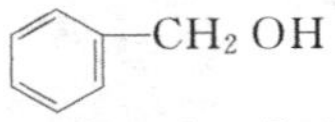
苯甲醇（苄醇）

根据羟基所连的碳原子的类型不同，醇可分为伯醇（一级醇）、仲醇（二级醇）及叔醇（三级醇）。

伯醇：

$CH_3CH_2CH_2CH_2OH$

正丁醇

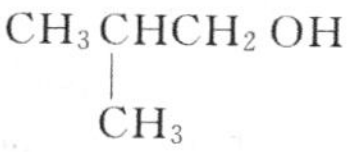

异丁醇

仲醇：

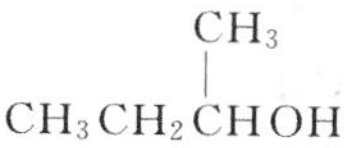

仲丁醇

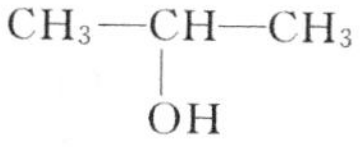

异丙醇

叔醇：

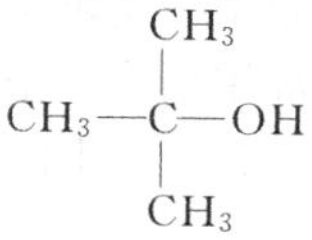

叔丁醇

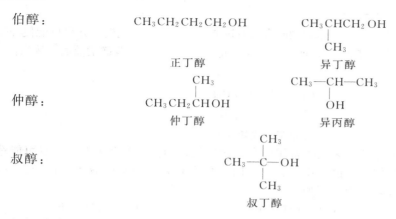

根据醇分子中所含的羟基数目不同，又可分为一元醇、二元醇、三元醇等。含有两个或两个以上羟基的醇，称为多元醇。例如：

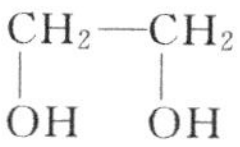

乙二醇

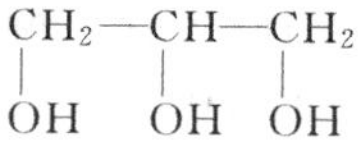

丙三醇

2. 醇的同分异构和命名

（1）醇的同分异构　饱和一元醇的构造异构包括碳链异构和羟基的位置异构。例如丁醇的同分异构：

(a) $CH_3CH_2CH_2CH_2OH$

1-丁醇

(b) 

2-甲基-1-丙醇

(c) 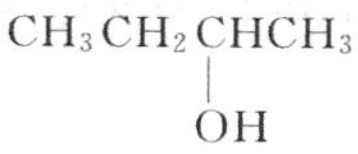

2-丁醇

(d) 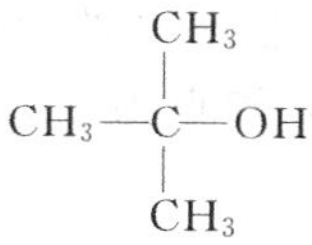

2-甲基-2-丙醇

(a)、(b) 为碳链异构，(c)、(d) 为羟基的位置异构。

（2）醇的命名　低级的一元醇可以用习惯命名法命名。直链的一元醇叫“正”某醇，有支链的一元醇，根据烃基的结构不同，可冠以“异、仲、叔”某醇。例如：

$CH_3CH_2CH_2CH_2CH_2OH$

正戊醇

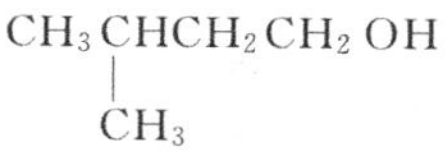

异戊醇

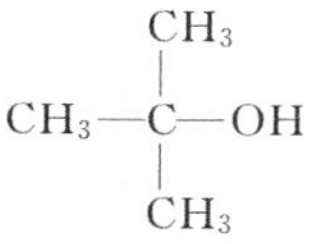

叔丁醇

结构比较复杂的醇采用系统命名法命名，命名原则如下：

① 选择含有羟基的最长碳链作为主链，根据主链碳原子的数目称为“某醇”。

② 把支链看作取代基，从离羟基最近的一端开始编号，使羟基所连的碳原子的位次最小。

③ 把支链的位次、名称和羟基的位次写在某醇的前面。例如：

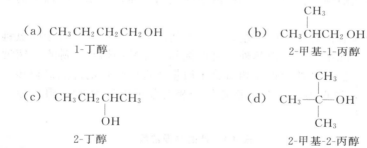

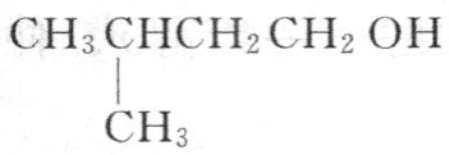

3-甲基-1-丁醇

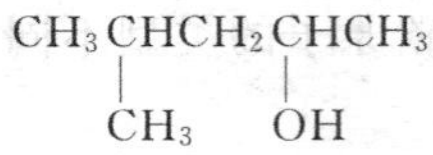

4-甲基-2-戊醇

不饱和醇命名时，应选择含有羟基并同时含有双键或叁键的碳链为主链，并尽可能使羟基的位次最小，叫“某烯醇”或“某炔醇”，把羟基、双键或叁键的位次写在某醇的前面。例如：

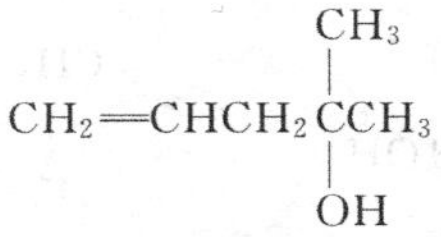

2-甲基-4-戊烯-2-醇

含有两个或两个以上羟基的多元醇常用俗名，比较复杂的多元醇命名时，应尽可能选择包含多个羟基在内的碳链作为主链，用二、三、四…数字来表示羟基的数目，1、2、3…表示羟基的位次，并写在醇名前面。例如：

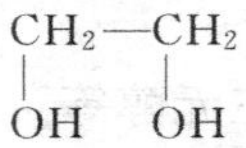

1,2-乙二醇（乙二醇）

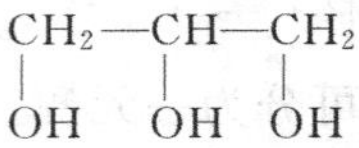

1,2,3-丙三醇（丙三醇）

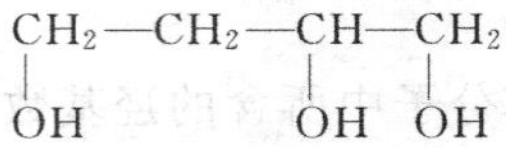

1,2,4-丁三醇

芳醇命名时可把芳环作为取代基。例如：

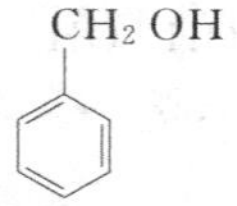

苯甲醇（苄醇）

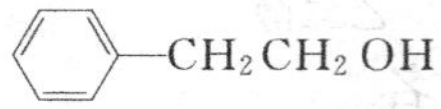

2-苯乙醇

3. 醇的物理性质

在直链饱和一元醇中，低级醇是具有酒味的流动液体，十二个碳以上的醇为无臭无味的蜡状固体。

由于醇分子中含有极性较强的羟基，醇分子间能形成氢键，醇分子间氢键的存在会直接影响醇的熔、沸点。除甲、乙、丙醇外，直链饱和一元醇的熔点、沸点、密度会随相对分子质量的增加而增高。低级醇的沸点比相对分子质量相近的烷烃的沸点高得多。例如：甲醇的相对分子质量为32，沸点为64.7℃，而乙烷的相对分子质量为30，沸点为−88.6℃。一部分醇的物理常数见表4-1。

表4-1　醇的物理常数

名　称	熔　点/℃	沸　点/℃	相对密度(20℃)	水中的溶解度/(g/100gH_2O)
甲醇	−97	64.7	0.792	∞
乙醇	−114	78.3	0.789	∞
正丙醇	−126	97.2	0.804	∞
异丙醇	−88	82.3	0.786	∞
正丁醇	−90	117.7	0.810	7.9
异丁醇	−108	108.0	0.802	10.0
仲丁醇	−114	99.5	0.808	12.5
叔丁醇	25	82.5	0.789	∞
正戊醇	−78.5	138.0	0.817	2.4
正己醇	−52	156.0	0.819	0.6
烯丙醇	−129	97	0.855	∞
环己醇	24	161.5	0.962	3.6
苯甲醇	−15	205	1.046	4
乙二醇	−16	197	1.113	∞
丙三醇	18	290	1.216	∞
季戊四醇	260	276(4000Pa)	1.050(15℃)	

醇的沸点之所以这样高，是由于醇和水一样，分子间通过氢键而发生缔合作用。当醇受

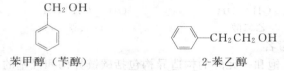

热汽化时，除了克服分子间力要消耗能量以外，破坏氢键也需要消耗能量，因此，醇的沸点比烷烃的沸点要高得多。

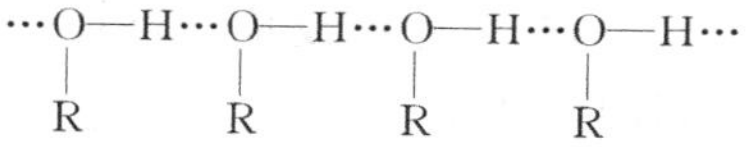

随着碳原子数的增加，醇与烷烃的沸点差在逐渐减小。例如，正十三醇和正十三烷的沸点差仅相差25℃。因为随着碳原子数的增加，一方面，长碳链起屏蔽作用，阻碍氢键的形成；另一方面，羟基在分子中所占的比例降低，分子间以烷基的相互作用力为主，因此，高级醇的沸点与相应的烷烃的沸点差要小得多。对于碳原子数相同的醇，支链越多，沸点越低。

醇在水中溶解度与烷烃不同，三个碳以下的醇能与水以任意比例混溶。如甲醇、乙醇、丙醇能与水任意混溶，而烷烃则不溶于水。这是由于醇分子与水分子之间也能形成氢键的缘故。

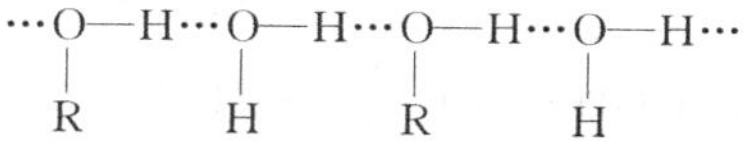

在多元醇分子中，羟基越多，沸点越高，溶解度也越大。例如：乙二醇的沸点为197℃，丙三醇的沸点为290℃，都能与水混溶。

4. 醇的化学性质

醇的化学性质主要反映在官能团羟基上，同时也受到烃基的影响。根据键的断裂方式，可分为氢氧键断裂和碳氢键断裂两种，这是醇化学性质重点发生的两个部位。另外，羟基所连的碳原子上的氢也具有一定的活性。

（1）与活泼金属的反应　醇与水的性质相似，能与钾、钠、镁等活泼金属发生作用生成氢气，但反应比水缓慢得多。

$$2H—OH + 2Na \longrightarrow 2NaOH + H_2\uparrow$$

$$2R—OH + 2Na \longrightarrow 2R—ONa + H_2\uparrow$$

醇与活泼金属的反应，随着烃基的增大而反应活性降低。低级醇较容易发生反应，高级醇则较难反应。

醇的反应活性：甲醇＞伯醇＞仲醇＞叔醇。

醇钠是白色固体，易溶于水，遇水立即分解生成醇和氢氧化钠。

$$R—ONa + H_2O \rightleftharpoons ROH + NaOH$$

工业上为了避免使用价格昂贵的金属钠，一般采用醇与氢氧化钠反应。加入苯、醇与水形成恒沸混合液进行蒸馏，除去水分，破坏平衡，使平衡向生成醇钠的方向进行。

醇钠的化学性质相当活泼，在有机合成上可用作引入烷氧基的试剂。乙醇钠C_2H_5ONa、异丙醇铝$[(CH_3)_2CHO]_3Al$和叔丁醇铝$[(CH_3)_3CO]_3Al$等都是很好的还原剂和催化剂，在有机合成上都有重要的用途。

（2）与氢卤酸的反应　醇与氢卤酸作用生成卤代烷和水，这是制备卤代烷的重要方法之一。

$$R—OH + H—X \rightleftharpoons RX + H_2O$$

这个反应是卤代烷水解的可逆反应，为了提高卤代烷的产率，常在反应中加入过量的某一种反应物或加入去水剂。

醇与氢卤酸反应的速率，与醇的结构和氢卤酸的不同类型直接相关。

醇的反应活性从大到小的顺序是：

烯丙醇＞叔醇＞仲醇＞伯醇

氢卤酸的反应活性从大到小的顺序是：

HI＞HBr＞HCl

浓盐酸与无水氯化锌配成的溶液称为卢卡斯试剂。卢卡斯试剂与醇作用时，叔醇反应最快，立即出现浑浊现象；仲醇较慢，放置片刻后才出现浑浊；伯醇在常温下不反应（烯丙醇型伯醇除外，可以迅速发生反应），加热后才起反应。利用卢卡斯试剂与醇类反应出现浑浊现象的快慢，可以区别伯、仲、叔醇。例如：

$$CH_3-\underset{\underset{CH_3}{|}}{\overset{\overset{CH_3}{|}}{C}}-OH + HCl \xrightarrow[20℃]{ZnCl_2} CH_3-\underset{\underset{CH_3}{|}}{\overset{\overset{CH_3}{|}}{C}}-Cl + H_2O$$

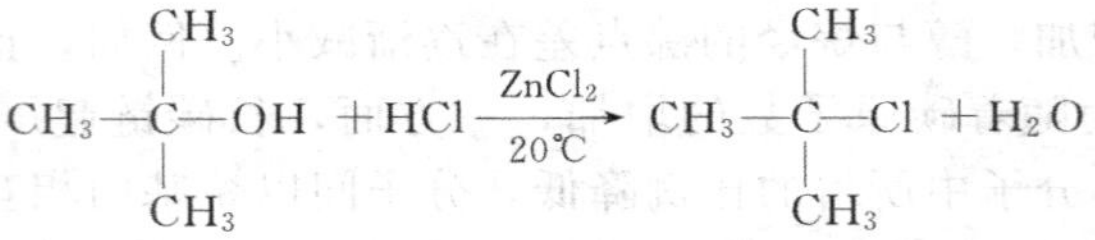

1min 内出现浑浊，分层

$$CH_3CH_2\underset{\underset{OH}{|}}{C}HCH_3 + HCl \xrightarrow[20℃]{ZnCl_2} CH_3CH_2\underset{\underset{Cl}{|}}{C}HCH_3 + H_2O$$

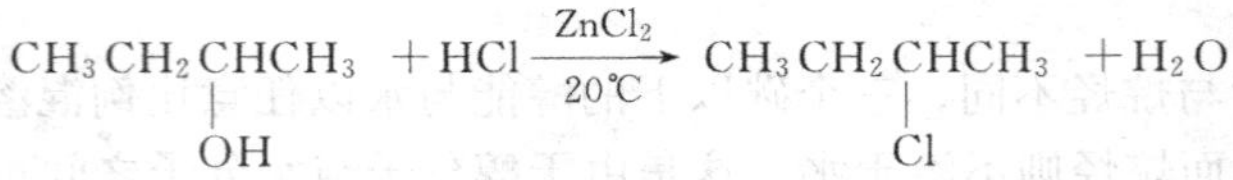

10min 内出现浑浊，分层

$$CH_3CH_2CH_2CH_2OH + HCl \xrightarrow[20℃]{ZnCl_2} CH_3CH_2CH_2CH_2Cl + H_2O$$

不加热不反应，加热后才起反应

这个反应不适用于 6 个碳原子以上的醇的鉴别，因为 6 个碳以上的醇不溶于卢卡斯试剂，很难辨别反应是否发生。

（3）与无机酸的反应　醇与无机含氧酸如硫酸、硝酸、磷酸等都能发生反应，生成无机酸酯。例如：

$$CH_3-OH + HOSO_2OH \rightleftharpoons CH_3-OSO_2OH + H_2O$$
硫酸氢甲酯（酸性酯）

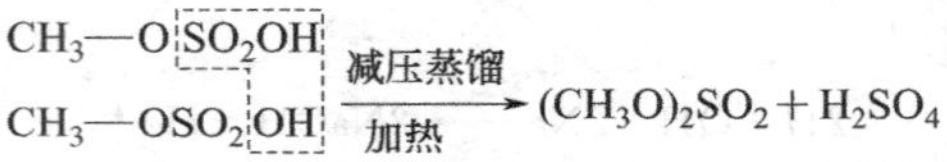

$$\begin{matrix} CH_3-O\,\boxed{SO_2OH} \\ CH_3-OSO_2\,\boxed{OH} \end{matrix} \xrightarrow[\text{加热}]{\text{减压蒸馏}} (CH_3O)_2SO_2 + H_2SO_4$$
硫酸二甲酯(中性酯)

用乙醇与硫酸作用可制得相应的乙酯。

硫酸二甲酯和硫酸二乙酯都是重要的烷基化剂，有剧毒，对呼吸器官和皮肤有强烈的刺激性，使用时要注意安全。

丙三醇与硝酸作用可制得丙三醇三硝酸酯。

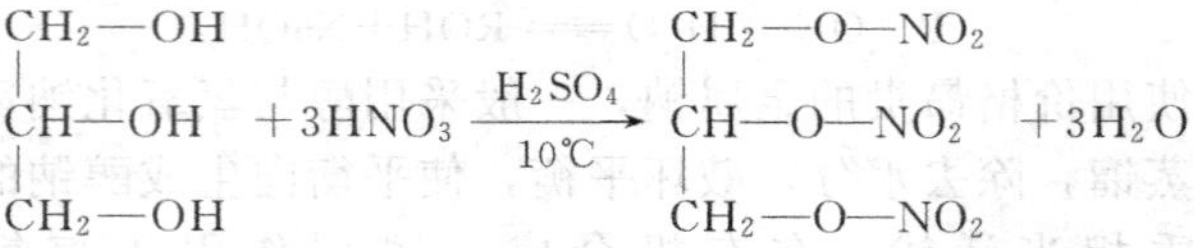

$$\begin{matrix} CH_2-OH \\ | \\ CH-OH \\ | \\ CH_2-OH \end{matrix} + 3HNO_3 \xrightarrow[10℃]{H_2SO_4} \begin{matrix} CH_2-O-NO_2 \\ | \\ CH-O-NO_2 \\ | \\ CH_2-O-NO_2 \end{matrix} + 3H_2O$$
丙三醇三硝酸酯（甘油三硝酸酯）

丙三醇三硝酸酯俗名硝化甘油，是一种烈性炸药，也是一种心血管扩张药，可以治疗心绞痛并降低血压。

（4）脱水反应　由于反应条件不同，醇的脱水反应可有两种形式：一种是在较高温度下，主要发生分子内脱水反应，生成烯烃；另一种是在较低温度下，主要发生分子间脱水反应，生成醚。

① 分子内脱水　较高温度，乙醇在浓硫酸存在下，发生 β-消除，生成烯烃。如：

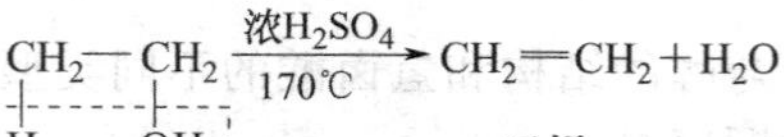

$$\underset{\boxed{H}\quad\boxed{OH}}{CH_2-CH_2} \xrightarrow[170℃]{\text{浓}H_2SO_4} CH_2=CH_2 + H_2O$$
乙烯

当仲醇、叔醇发生消除反应时，服从查依采夫规则，即脱去羟基和含氢较少的 β-碳原子上的氢原子。

反应活性顺序：叔醇＞仲醇＞伯醇。

② 分子间脱水　当乙醇在浓硫酸存在下，温度140℃时，发生分子间脱水反应而生成乙醚。

$$CH_3CH_2\boxed{-OH+H}O-CH_2CH_3 \xrightarrow[140℃]{浓H_2SO_4} \underset{乙醚}{CH_3CH_2-O-CH_2CH_3} + H_2O$$

由上可知，虽然原料相同，但由于反应条件不同，产物就可能不同。因此反应条件对化学反应有很大的影响。

(5) 氧化和脱氢　醇分子中α-碳原子上的氢原子由于受到羟基的影响，变得比较活泼而容易被氧化。不同结构的醇，氧化得到的产物也不同。实验室中常用的氧化剂是高锰酸钾或重铬酸钾的硫酸溶液、氧化铬和冰醋酸溶液等。

伯醇氧化首先得到醛，继续氧化而变成羧酸。例如：

$$CH_3CH_2CH_2OH \xrightarrow{[O]} \underset{丙醛}{CH_3CH_2CHO} \xrightarrow{[O]} \underset{丙酸}{CH_3CH_2COOH}$$

仲醇氧化生成酮。例如：

$$CH_3\underset{\underset{OH}{|}}{C}HCH_3 \xrightarrow{[O]} \underset{丙酮}{CH_3\underset{\underset{O}{\|}}{C}CH_3}$$

叔醇分子中α-碳原子上没有氢原子，所以在相同条件下不能被氧化。但在强烈的氧化条件下，发生碳碳键断裂，生成碳原子数较少的氧化产物。

在实验室里，用高锰酸钾或重铬酸钾的硫酸溶液氧化醇时，根据反应时的颜色变化和产物来区别伯、仲、叔三类醇。

伯醇和仲醇的蒸气在通过催化剂铜或银、镍时，发生脱氢反应，伯醇脱氢生成醛，仲醇脱氢生成酮。例如：

$$CH_3CH_2OH \underset{250\sim350℃}{\overset{Cu}{\rightleftharpoons}} \underset{乙醛}{CH_3CHO} + H_2\uparrow$$

$$CH_3\underset{\underset{OH}{|}}{C}HCH_3 \underset{500℃}{\overset{Cu}{\rightleftharpoons}} \underset{丙酮}{CH_3\underset{\underset{O}{\|}}{C}CH_3} + H_2$$

脱氢反应是可逆的吸热反应，若将醇与适量的空气或氧混合，再通过催化剂进行氧化脱氢，则氢被氧化生成水，使反应可以进行到底，反应变为放热反应，且产率较高。

叔醇分子中α-碳原子上没有氢原子，因此不能脱氢，只能脱水而生成烯烃。

5. 重要的醇及高聚物

(1) 甲醇　甲醇最初是从木材中干馏而得，所以又叫木精。近代工业上用合成气($CO+2H_2$)、天然气（CH_4）为原料，在高温、高压和催化剂存在下合成。

$$CO+2H_2 \xrightarrow[20MPa，300℃]{CuO、ZnO、Cr_2O_3} CH_3OH$$

纯净的甲醇为无色透明液体，有类似于酒精的气味，易燃，爆炸极限6.0%～35.5%（体积分数）。甲醇毒性很强，少量饮用（10mL）或长期与它的蒸气接触会使眼睛失明，严重时致死。

甲醇不仅是优良的溶剂，而且是重要的化工原料，如用于合成有机玻璃、合成纤维（涤纶）的原料。

(2) 乙醇　乙醇俗称酒精，是无色透明的易燃液体，能与水及大多数有机溶剂混溶。

工业上用乙烯为原料直接或间接水合生产乙醇。另外，古代劳动人民创造的发酵法生产乙醇现在仍然应用。

乙醇是重要的有机溶剂，也是重要的化工原料，医药上用作消毒剂和防腐剂，还是重要的燃料。

(3) 乙二醇　乙二醇俗称甘醇，它是最简单也是最重要的二元醇，工业上采有环氧乙烷水合法生产。

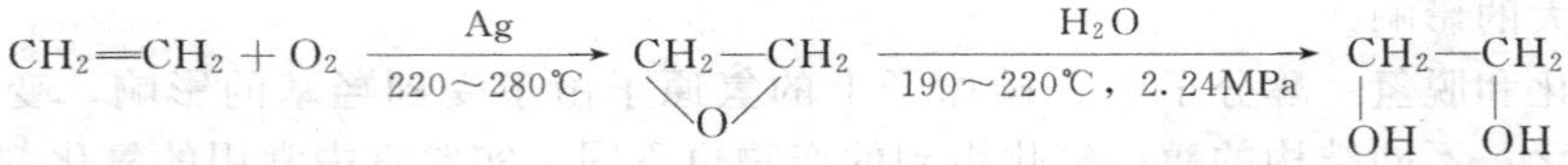

乙二醇是无色黏稠而又带有甜味的液体，能与水混溶，有毒性。它既是飞机、汽车水箱里使用的抗冻剂，又是重要的化工原料和常用的高沸点溶剂。

(4) 丙三醇　丙三醇俗名甘油，为无色而有甜味的黏稠液体。因分子中含有的三个羟基都可形成氢键，所以沸点很高（290℃）。丙三醇与水可混溶，也能溶于乙醇，但不溶于乙醚、氯仿等有机溶剂。丙三醇吸湿性很强，能吸收空气中的水分。它可用来制造炸药、合成树脂、化妆品、药物及用作烟草和纺织品的润湿剂，用途很广。

(5) 季戊四醇　季戊四醇[$C(CH_2OH)_4$]是含有四个羟甲基的多元醇（合成方法见本章第二节醛、酮中的羟醛缩合反应）。

季戊四醇为白色结晶粉末，溶于水，微溶于乙醇，可用来制造飞机用的高级涂料、聚季戊四醇树脂、表面活性剂、增塑剂等。

(6) 苯甲醇　苯甲醇俗称苄醇，工业上可从苯氯甲烷水解来制备。

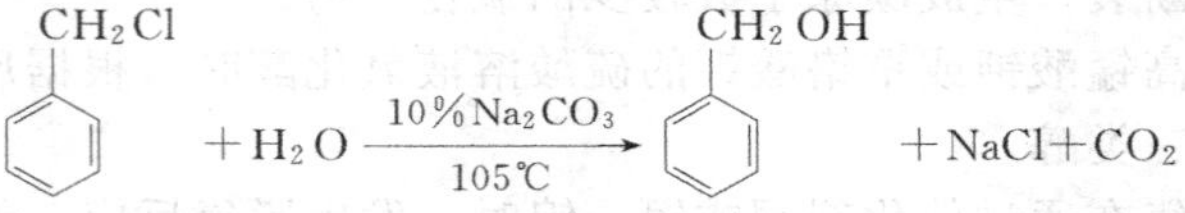

苯甲醇

苯甲醇存在于茉莉等香精油中，为无色液体，有芳香气味，微溶于水，易溶于有机溶剂。它可用作香料的溶剂和定香剂，也用来制备药物。苯甲醇有微弱的麻醉作用，在医药上常用作青霉素的注射液，以减轻注射时的疼痛。

二、酚

羟基与芳环直接连接的化合物叫做酚，其通式为 Ar—OH。酚按其分子中羟基的数目，可分为一元酚、二元酚和三元酚，其中二元以上的酚叫多元酚。

1. 酚的命名

酚类的命名一般以苯酚为母体，把苯环上的其他基团作为取代基。例如：

一元酚：

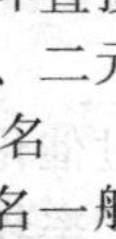

苯酚

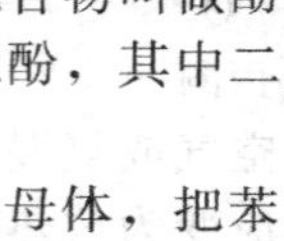

邻甲苯酚

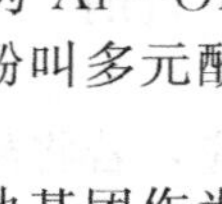

邻氯苯酚

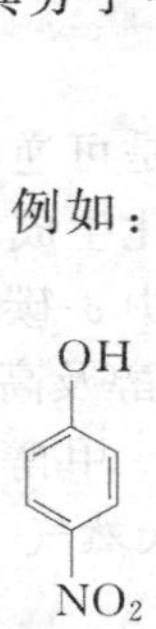

对硝基苯酚

多元酚

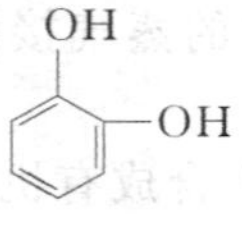

邻苯二酚

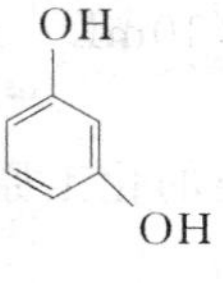

间苯二酚

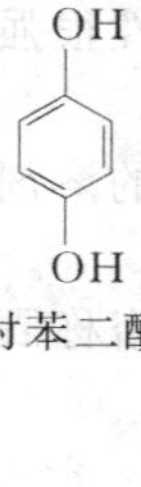

对苯二酚

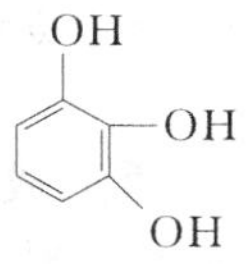

连苯三酚

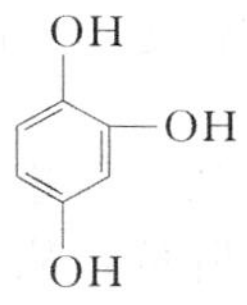

偏苯三酚

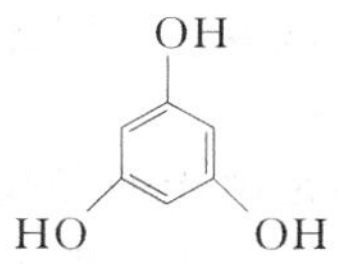

均苯三酚

2. 酚的物理性质

除少数烷基酚为高沸点液体外，大多数酚为无色结晶固体。由于酚的性质比较活泼，因此酚类易被空气氧化而呈粉红色或红色。

由于酚分子中含有羟基，因此，酚与醇相似，也可发生酚分子间或酚与水分子间的氢键缔合现象。苯酚的沸点、熔点和水中的溶解度都比相对分子质量相近的环已醇高。一部分常见酚的物理常数见表 4-2。

表 4-2　酚的物理常数

名　　称	熔　点/℃	沸　点/℃	溶解度/(g/100gH$_2$O)	pK_a
苯酚	40.8	181.8	8	9.98
邻甲苯酚	30.5	191	2.5	10.28
间甲苯酚	11.9	202.2	2.6	10.08
对甲苯酚	34.5	201.8	2.3	10.24
邻硝基苯酚	44.5	214.5	0.2	7.23
间硝基苯酚	96	194	2.2	8.40
对硝基苯酚	114	295	1.5	7.15
2,4-二硝基苯酚	113	分解	0.6	4.09
2,4,6-三硝基苯酚	122	分解(300℃爆炸)	1.4	0.25
α-萘酚	94	279	难	9.31
β-萘酚	123	286	0.1	9.55
邻苯二酚	105	245	45.1	9.48
间苯二酚	110	281	111	9.44
对苯二酚	170	286	8	9.96
1,2,3-苯三酚	133	309	62	7.0

3. 酚的化学性质

由于酚羟基与苯环直接相连，羟基受苯环的影响，在性质上与醇羟基有一定的差别。酚的苯环由于受羟基的影响也比芳烃更容易发生取代反应。

(1) 酚羟基的反应

① 酸性　苯酚的酸性（pK_a=10）比醇（乙醇 pK_a=17，环已醇 pK_a=18）强，但比碳酸（pK_a=6.38）弱。苯酚能与氢氧化钠溶液作用，生成可溶于水的酚钠。

但不能与碳酸氢钠作用生成盐。通入 CO_2 于酚钠水溶液中，酚就可游离出来。

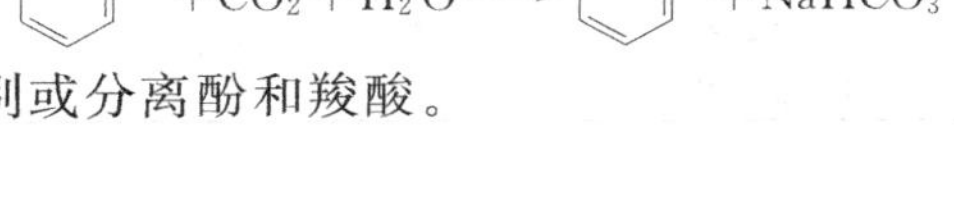

利用这一性质，可区别或分离酚和羧酸。

苯酚不能使石蕊变色，因此苯酚的酸性是很弱的。酸性顺序为：羧酸＞碳酸＞苯酚，故苯酚又叫石炭酸。

苯酚的弱酸性是由于酚羟基中氧原子的 p 轨道与苯环的 π 轨道形成了 p-π 共轭体系，p 电子发生离域而使氧原子上的电子云密度降低，从而有利于氢原子离解成质子而呈酸性。离解后生成的苯氧负离子，由于氧原子上的负电荷可以更好地离域，因而比苯酚更为稳定。

② 酚醚的生成　酚与醇相似，也能生成醚。但酚羟基的 C—O 键比较牢固，一般不能通过酚分子间脱水的方法来制备醚。酚醚一般通过威廉姆森（Williamson）合成法来制备，即通常用酚盐和烷基化试剂（卤代烃或硫酸二甲酯）作用。例如：

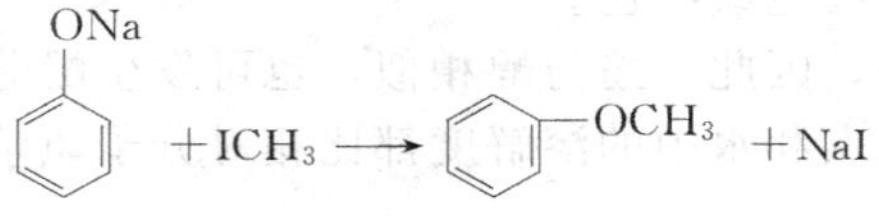

苯甲醚

二芳基醚可由酚钠与芳卤代烃在铜催化下加热而制得。例如：

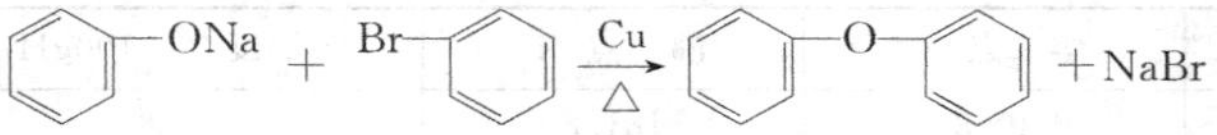

二苯醚

酚醚的化学性质比较稳定，但与氢碘酸作用时可分解为原来的酚。

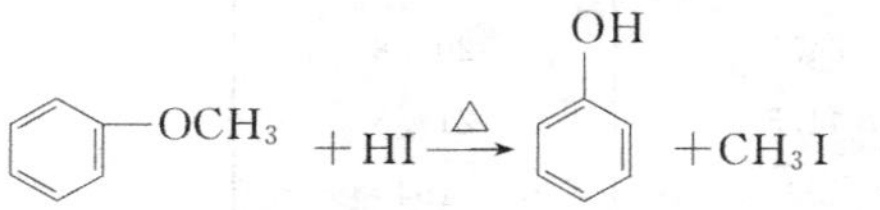

在有机合成上，常用酚醚来“保护酚羟基”，以免在反应中酚羟基被氧化，待反应结束后，再将酚醚分解为原来的酚。

③ 酯的生成　酚可生成酯，但酚直接生成酯比醇困难，因醇的酯化是个放热反应，而酚的酯化是个吸热反应，对平衡反应不利。因此，一般采用酚或酚钠与酰氯或酸酐反应才能制得酯。例如：

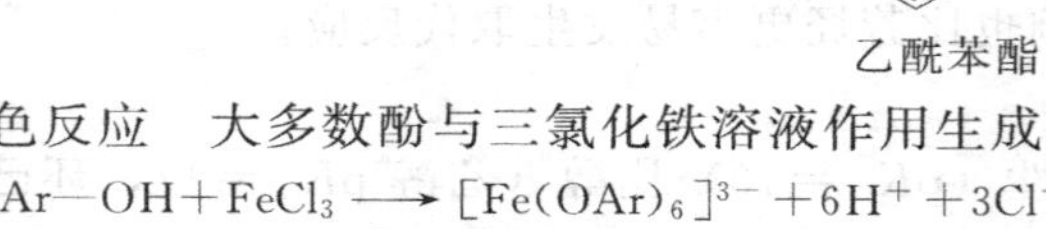

乙酰苯酯

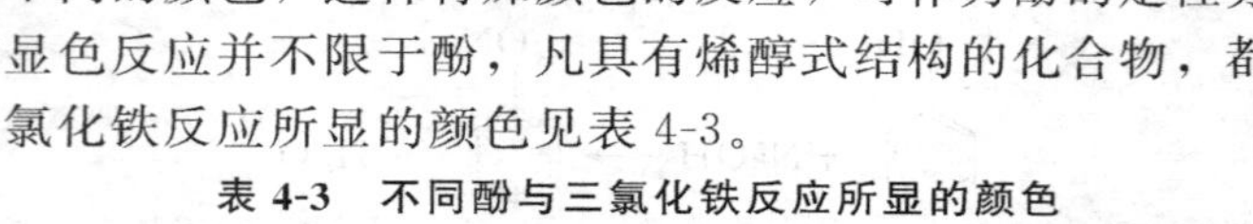

乙酰苯酯

④ 与三氯化铁的显色反应　大多数酚与三氯化铁溶液作用生成有颜色的配合离子。

$$6Ar—OH + FeCl_3 \longrightarrow [Fe(OAr)_6]^{3-} + 6H^+ + 3Cl^-$$

不同的酚显示不同的颜色，这种特殊颜色的反应，可作为酚的定性分析。

与三氯化铁的显色反应并不限于酚，凡具有烯醇式结构的化合物，都可发生这种显色反应。一部分酚与三氯化铁反应所显的颜色见表 4-3。

表 4-3　不同酚与三氯化铁反应所显的颜色

化合物	所显颜色	化合物	所显颜色
苯酚	蓝紫色	1,2,4-苯三酚	蓝绿色
邻苯二酚	深绿色	1,2,3-苯三酚	淡棕红色
对甲苯酚	蓝色	α-萘酚	紫色结晶
间苯二酚	深紫色	β-萘酚	绿色
对苯二酚	暗绿色结晶		

(2) 苯环上的反应 羟基是较强的邻、对位定位基，可使苯环活化。酚的苯环上发生亲电取代反应比苯容易得多。

① 卤化 苯酚与溴水在室温下作用，立即生成2,4,6-三溴苯酚白色沉淀。

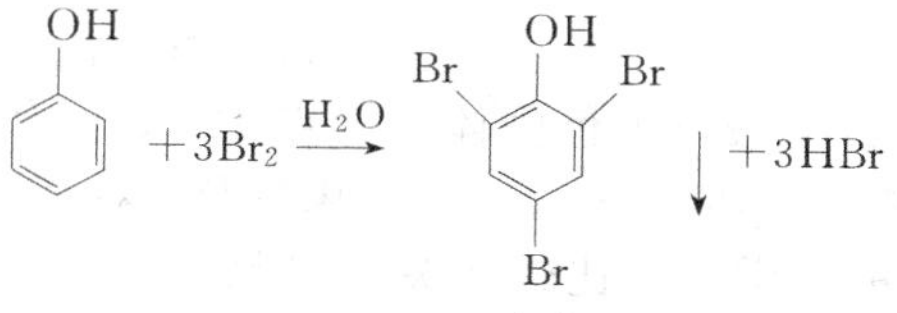

三溴苯酚的溶解度很小，极稀的（$10\mu g \cdot mL^{-1}$）苯酚溶液中也有三溴苯酚析出，反应非常灵敏，故此反应可用于苯酚的定性和定量分析。

卤化反应在不同的溶剂和温度条件下，控制卤素的用量，可得到一卤代酚或二卤代酚。

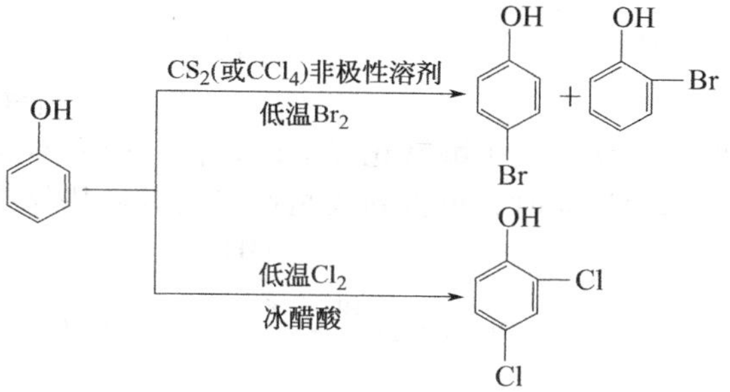

② 硝化 苯酚在室温下即可被稀硝酸硝化，生成邻、对位硝基苯酚的混合物。由于苯酚的性质比较活泼，因此，苯酚易被硝酸氧化而有较多的副产物，故硝化产物的产率较低。

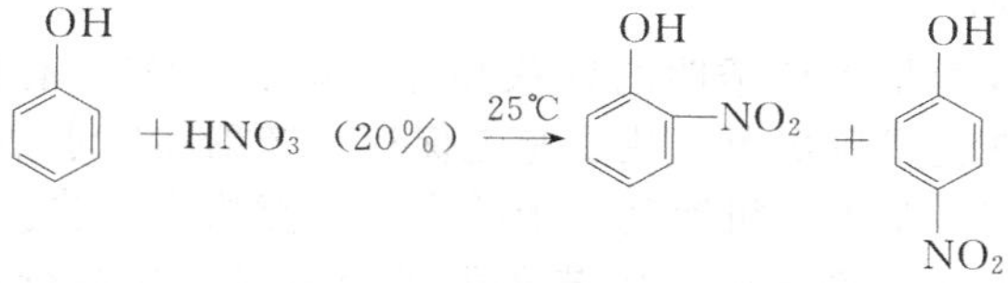

邻硝基苯酚由于羟基与硝基相距较近，可形成分子内氢键而构成六元环状的螯合物。而对硝基苯酚因羟基与硝基相距较远，不能形成螯合环，只能形成分子间氢键而缔合，相对分子质量较高，不能随水蒸气而挥发。因此，利用这一性质，可用水蒸气蒸馏法把邻硝基苯酚和对硝基苯酚分开。

③ 磺化 苯酚与浓硫酸作用时，温度不同可得到不同的羟基苯磺酸，继续磺化，则可得到苯酚二磺酸。

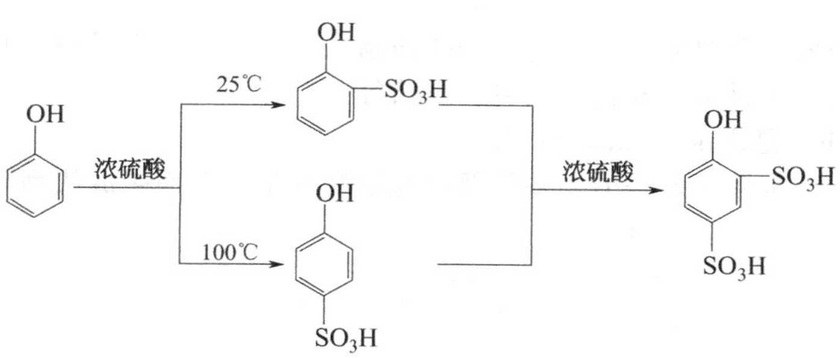

苯酚分子中引入两个磺酸基后，使苯环钝化，不易被氧化，再用浓硝酸硝化时，磺酸基被硝基取代而生成2,4,6-三硝基苯酚，这是工业上合成2,4,6-三硝基苯酚的方法。

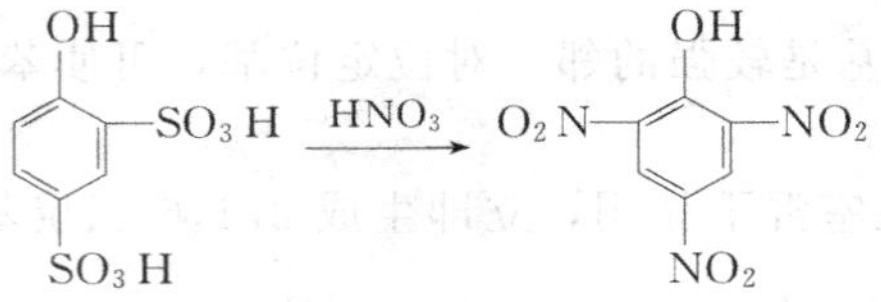

2,4,6-三硝基苯酚

2,4,6-三硝基苯酚俗名苦味酸，黄色固体，熔点 122℃，有苦味，可溶于乙醇、乙醚和热水中，它的水溶液呈强酸性（$pK_a=0.25$）。苦味酸及其盐极易爆炸，可用作炸药。

④ 傅-克反应　由于酚的化学性质比较活泼，因此，酚比芳烃容易发生烷基化反应，常用浓硫酸作催化剂，烯烃或醇为烷基化试剂，例如：

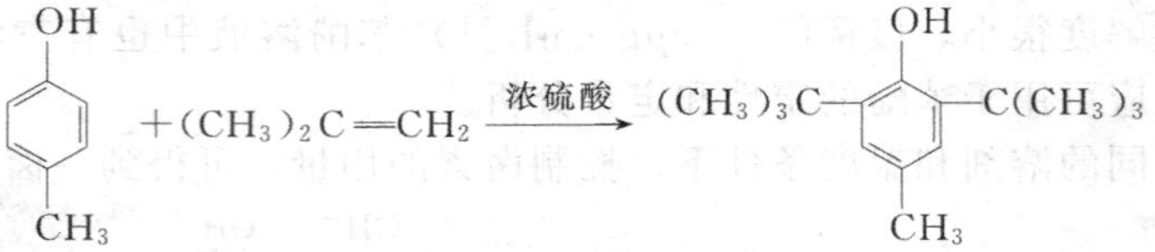

4-甲基-2,6-二叔丁基苯酚

（俗称二六四抗氧剂）

酚类用无水三氯化铝作催化剂发生酰基化反应时，往往产率不高。但若和乙酸反应，用三氟化硼作催化剂发生酰基化反应时，可得到较高产率的对羟基苯乙酮。

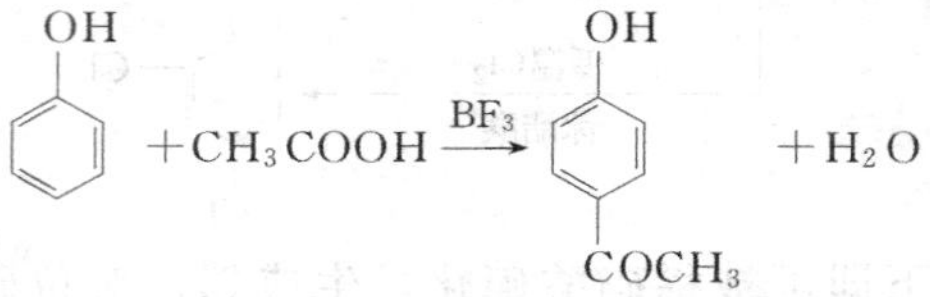

对羟基苯乙酮

4. 重要的酚及高聚物

（1）苯酚　纯净的苯酚是无色透明的针状晶体，熔点 43℃，有特殊的气味。暴露在空气中，易被氧化而变为红色或深褐色，故要避光保存。苯酚在冷水中微溶，65℃以上可与水混溶，易溶于乙醇、乙醚、苯等有机溶剂。苯酚有毒，能灼伤皮肤。

工业上主要用异丙苯法生产苯酚。用苯和丙烯为原料，先进行烷基化反应而得到异丙苯，将异丙苯氧化为氢过氧化异丙苯，再进行酸化得到苯酚和丙酮。

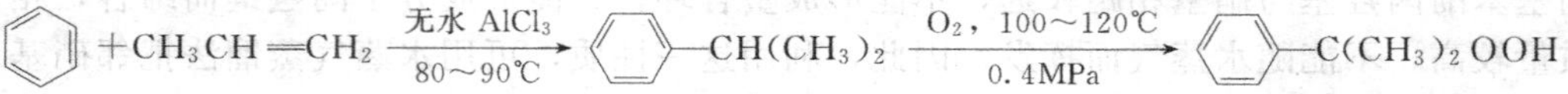

氢过氧化异丙苯

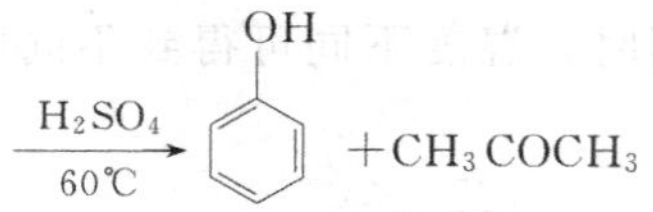

苯酚是有机合成的重要原料，医药上用作防腐剂和消毒剂，大量用于制造合成树脂、环氧树脂以及其他高分子材料、药物、染料、炸药等。

酚醛树脂（PF）是由酚类和醛类缩聚得到的聚合物。

在酸性条件下，苯酚主要是酚羟基的邻位与甲醛发生聚合而生成线型高聚物。例如：

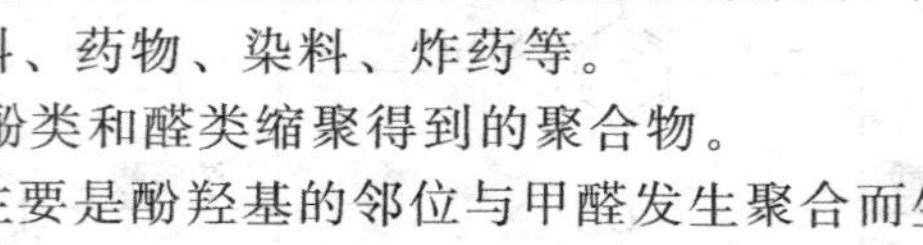

酚醛树脂（PF）

线型缩合物受热易熔化，叫做热塑性酚醛树脂，主要用作油漆、涂料等。另外，在碱性条件下，苯酚与过量甲醛（碱催化反应）缩合可得到体型（网状结构）高聚物。例如：

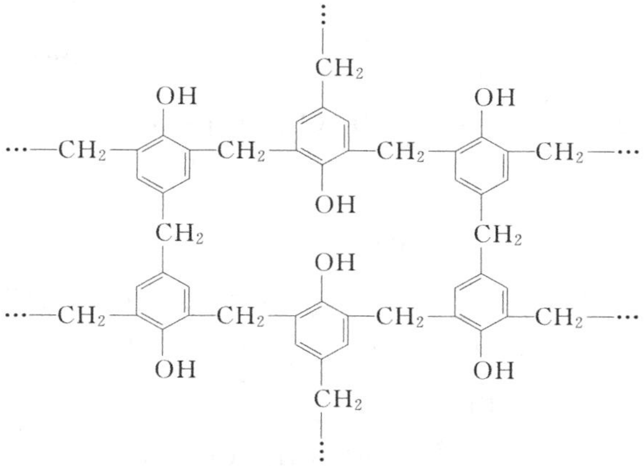

酚醛树脂（网状结构）

体型结构的高聚物，叫做热固性酚醛树脂。这种树脂制品的刚度和表面硬度高，使用温度范围宽，不燃，具有良好的电性能和化学稳定性。主要用作电器方面的绝缘件，也可用于制造日用品和机械零件等。用玻璃纤维增强的塑料还可用于宇宙航行、航空等领域。

（2）对苯二酚　对苯二酚可用苯酚或苯胺氧化为对苯醌后，再经还原而制得：

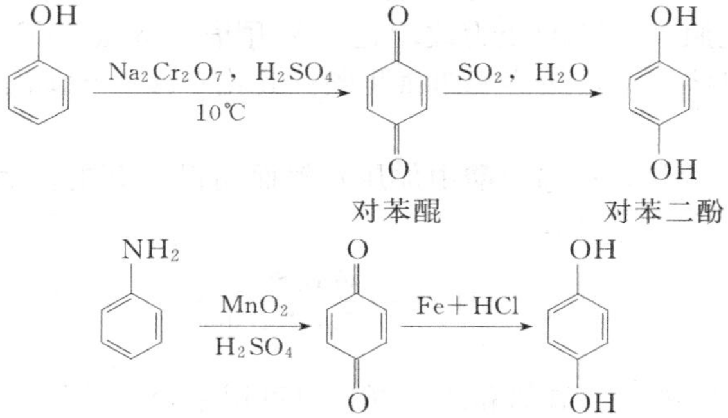

对苯二酚是无色或浅灰色针状晶体，熔点170℃，溶于水、乙醇、乙醚。对苯二酚有毒，可渗入皮肤而引起中毒，其蒸气可导致眼病。

对苯二酚极易氧化为醌，它是一个强还原剂，可广泛用作显影剂、抗氧剂、阻聚剂和橡胶防老剂。

（3）双酚A　2,2′-二对羟基苯基丙烷俗称双酚A，白色针状晶体，熔点154℃，受热至180℃分解，不溶于水，而溶于丙酮。工业上用苯酚和丙酮在酸催化下制得。

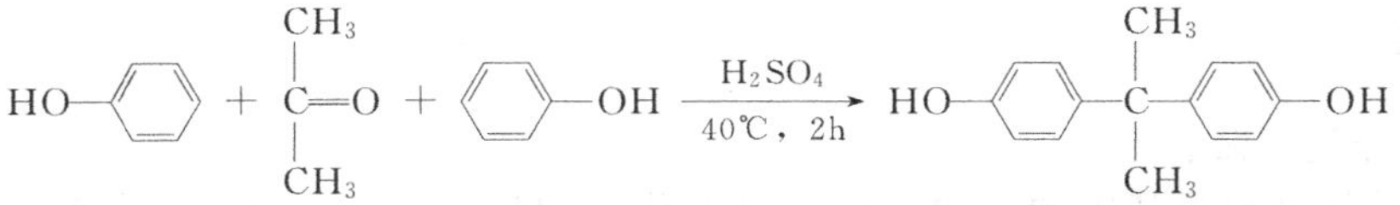

2,2′-二对羟基苯基丙烷（双酚A）

双酚A与环氧氯丙烷（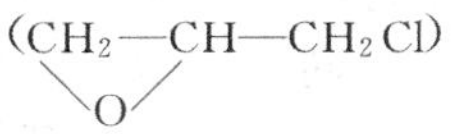）在碱性条件下，进行一系列的缩合反应，生成末端具有环氧基团的线型高分子化合物——环氧树脂。

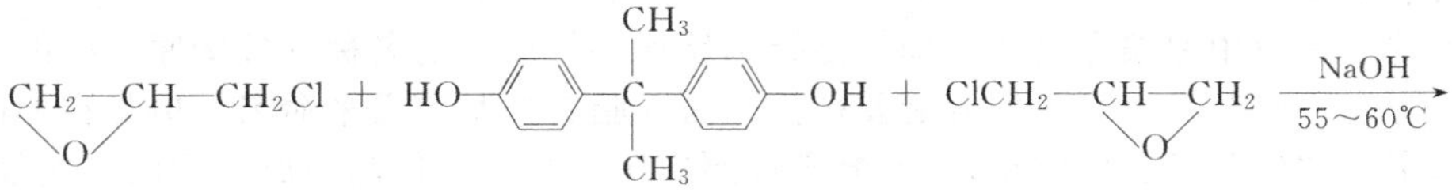

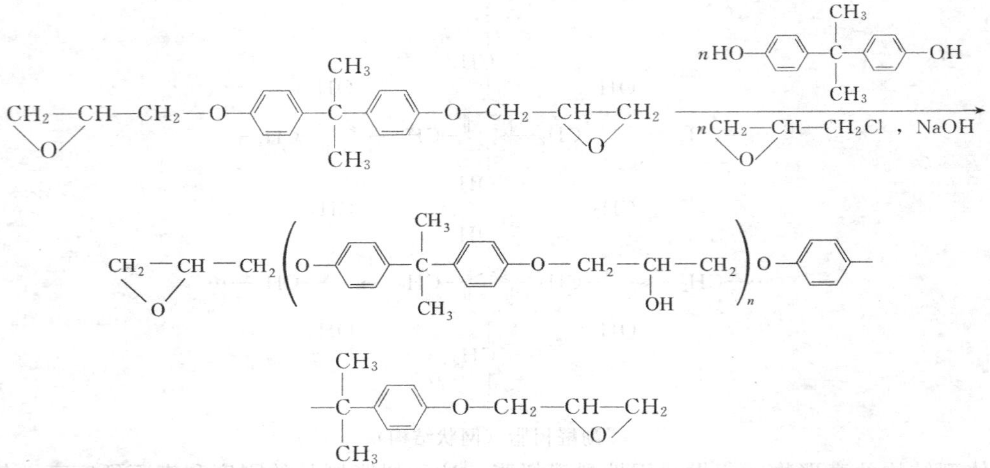

（4）二六四　4-甲基-2,6-二叔丁基苯酚，俗称二六四，是白色或微黄色晶体，熔点71℃，沸点205℃（分解），不溶于水，溶于乙醇、苯等有机溶剂。用作塑料、橡胶中的抗氧剂，动植物油、食品等的抗氧稳定剂。

（5）萘酚　萘酚有α-萘酚和β-萘酚两种异构体，少量存在于煤焦油中。α-萘酚为无色针状晶体，在空气中和光照下，渐渐变为玫瑰色，易升华，熔点96℃，难溶于水，易溶于乙醇、乙醚、氯仿等有机溶剂中，微溶于四氯化碳。其化学性质与苯酚相似，有弱酸性，可溶于碱。

工业上以α-萘胺为原料，在稀硫酸中加压水解而制得α-萘酚。例如：

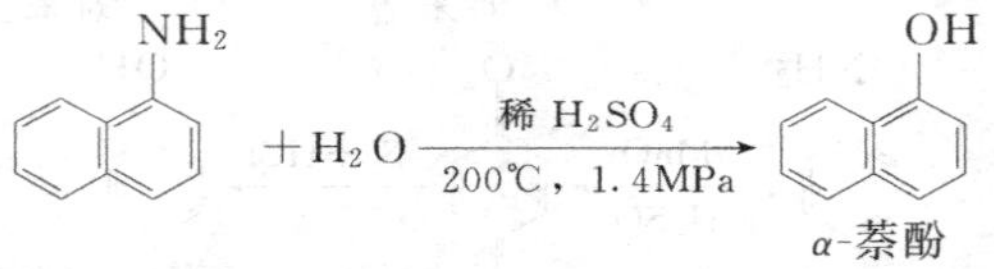

α-萘酚可用作塑料、橡胶中的抗氧剂和防老剂，也可用来合成香料、农药、染料等。

β-萘酚为无色或稍带黄色的片状晶体，在空气中和光照下颜色也容易变深，熔点122℃，溶解性能与α-萘酚相似，也易升华。

工业上β-萘酚可用萘磺酸碱熔法制得。例如：

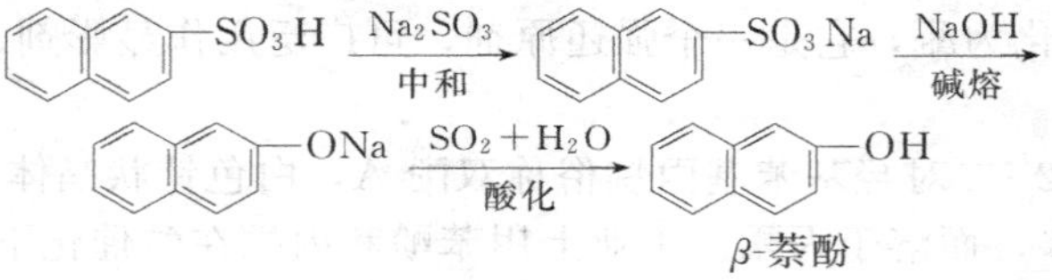

三、醚

1. 醚的分类和命名

醚可以看作是醇羟基中的氢原子被烃基取代后的生成物，烃基可以是烷基、烯基或芳基。其通式为R—O—R′（Ar），醚分子中的官能团（—O—）叫做醚键。醚键两端连接的烃基相同（即R=R′）叫单醚，连接的两个烃基不同（即R≠R′）叫混醚。醚键两端连接的都是饱和烃基叫饱和醚，两个烃基中有一个是不饱和烃基或芳基的则叫不饱和醚或芳醚。如果烃基与氧原子连接成环状的叫环醚，多氧的大环醚叫冠醚。

简单的醚一般用习惯命名法，即把醚键两端连接的烃基的名称（按碳原子少的在前，多的在后）写在“醚”字前面。但芳醚要把芳基写在脂肪烃基前面来命名。单醚在相同烃基名称前加二字（“二”字也可省略），混醚则按照次序规则中较优基团放在后面。例如：

$CH_3CH_2OCH_2CH_3$
(二)乙醚

$CH_3OCH_2CH{=}CH_2$
甲基烯丙基醚

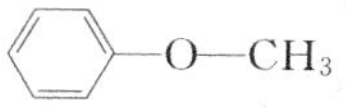
苯甲醚

二苯醚

结构比较复杂的醚，则用系统命名法命名：取最长的碳链为主链，烷氧基（RO—）为取代基，称为某烷氧基某烷。例如：

$CH_3CHCH_2CH_2CH_2CH_3$（2位连 OCH_3）
2-甲氧基己烷

$CH_2CH_2CH_2$（两端各连 OCH_3）
1,3-二甲氧基丙烷

环醚多用俗名，一般称为环氧某烃。例如：

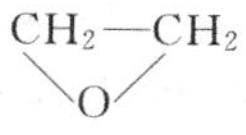
环氧乙烷

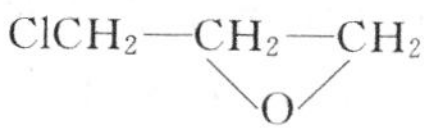
3-氯-1,2-环氧丙烷

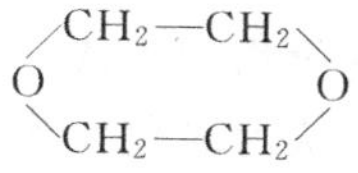
1,4-二氧六环（二噁烷）

2. 醚的物理性质

常温下除甲醚、乙醚是气体外，其他大多数醚都为无色、有特殊气味、易燃的液体，相对密度小于 1。由于醚分子中没有羟基，分子间不能通过氢键缔合，因此低级醚与相同碳原子数的醇相比，其沸点要低得多。醚为弱极性分子，微溶于水，这是因为醚分子与水分子之间能形成氢键缔合的缘故。大多数醚易溶于有机溶剂，醚本身就是一种优良的溶剂。一部分醚的物理性质见表 4-4。

表 4-4　醚的物理常数

名　　称	熔点/℃	沸点/℃	相对密度(20℃)	n_D^{20}
甲醚	−140	−24.9	0.661	
甲乙醚		7.9	0.691	
乙醚	−116	34.5	0.741	1.3526
乙丙醚	−79	63.6	0.7386	
丙醚	−122	90.5	0.736	1.3809
异丙醚	−86	68	0.735	1.3679
丁醚	−98	142	0.7689	1.3992
苯甲醚	−37	154	0.994	1.5179
二苯醚	27	258	1.0728	1.5787
环氧乙烷	−111.3	10.7	0.88824	1.3597
1,4-二氧六环	11	101	1.036	1.4224

3. 醚的化学性质

除了某些环醚外，醚对大多数试剂如碱、稀酸、氧化剂、还原剂都十分稳定。醚也是许多反应的溶剂，它在常温下不与金属钠反应，因而可用金属钠干燥醚。但醚的稳定性是相对的，在一定条件下也能发生某些化学反应。

(1) 锌盐的生成　在醚键的氧原子上，有孤电子对，常温下醚能接受强酸（如浓硫酸、浓 HX）的质子而生成锌盐。例如：

$$CH_3CH_2{-}O{-}CH_2CH_3 + H_2SO_4 \xrightarrow{\text{低温}} \left[CH_3CH_2{-}\underset{H}{\overset{\cdot\cdot}{\underset{\cdot\cdot}{O}}}{-}CH_2CH_3\right]^+ HSO_4^-$$

锌盐是强酸弱碱盐，不稳定，遇水立即分解为原来的醚，醚从酸液中分离出来而分层。利用醚生成锌盐而溶于浓酸的特性，可区别烷烃或卤代烃，也可将醚从烷烃或卤代烃等混合物中分离出来。

(2) 醚键的断裂　锌盐的生成使得醚分子中的 C—O 键的极性增强，因此，当醚遇到浓的氢卤酸（通常用 HI 或 HBr）共热时，醚键发生断裂。例如：

$$R—O—R'+HX \xrightarrow{\triangle} R—X+R'—OH \xrightarrow{HX} R'—OH+H_2O$$

$$Ar—O—R+HX \xrightarrow{\triangle} Ar—OH+R—X$$

$$Ar—O—Ar \xrightarrow{\triangle} \text{不反应}$$

烷基醚与氢碘酸反应时，首先生成碘代烷和醇，醇可以进一步和过量的氢碘酸反应生成碘代烷。混醚与氢碘酸反应时，一般是碳原子数较少的烷基生成碘代烷，碳原子数较多的烷基生成醇。例如：

$$CH_3—O—CH_2CH_3+HX \xrightarrow{\triangle} CH_3X+CH_3CH_2OH$$

（3）过氧化物的生成　醚对氧化剂比较稳定，但长期放置在空气中，可被空气氧化为过氧化物。一般认为氧化发生在 α-碳氢键上，先生成氢过氧化物，然后再转变为复杂的过氧化物。

$$CH_3CH_2—O—CH_2CH_3 \longrightarrow CH_3\overset{\alpha}{C}H(O—O—H)—O—CH_2CH_3$$

过氧化物不稳定，受热极易爆炸。因此，在蒸馏乙醚时，残留液中的过氧化物浓度逐渐增加，切记不可蒸干，以免发生危险。

为了防止危险的发生，在蒸馏乙醚前，可用碘化钾-淀粉试纸检验，如有过氧化物存在，碘化钾被氧化析出游离的 I_2，I_2 遇淀粉变蓝色。贮存时，为了防止过氧化物的生成，可在醚中加入少许金属钠或铁屑。

4. 硫醚、亚砜和环丁砜

（1）硫醚　醚分子中的氧原子被硫原子所取代的化合物，叫做硫醚。其通式为：R—S—R'、Ar—S—R 或 Ar—S—Ar。两个烃基相同的为单硫醚，不同的为混硫醚。硫醚的命名方法与醚相似，只需在“醚”字之前加一“硫”字。例如：

$CH_3—S—CH_3$　　甲硫醚

$CH_3—S—CH_2CH_3$　　甲乙硫醚

硫醚的制法与醚相似。单硫醚用卤代烷与硫化钾或硫化钠反应来制得，混硫醚可用威廉森合成法制得。例如：

$$2CH_3I+K_2S \longrightarrow CH_3—S—CH_3+2KI$$

（甲硫醚）

$$CH_3CH_2SNa + BrCH_2CH_3 \longrightarrow CH_3CH_2SCH_2CH_3 + NaBr$$

（乙硫醇钠）　　（乙硫醚）

低级硫醚为无色、有臭味的液体，沸点比相应的醚高，如甲醚的沸点−23.6℃，甲硫醚的沸点 37.5℃。硫醚与水不能形成氢键，因而不溶于水。硫醚的化学性质比较稳定，但硫原子易形成高价化合物。在温和条件下，硫醚可氧化为亚砜，常用的氧化剂为：30%的过氧化氢、四氧化二氮、高碘酸钠和三氧化铬等。例如：

$$CH_2=CH_2+\frac{1}{2}O_2 \xrightarrow[220\sim280℃]{Ag} \underset{\diagdown O \diagup}{CH_2—CH_2}$$

$$CH_3—S—CH_3 \xrightarrow{30\%H_2O_2} CH_3—\overset{O}{\overset{\|}{S}}—CH_3$$

（二甲亚砜）

在较高温度下，用高锰酸钾或发烟硝酸可将硫醚氧化成砜。

二甲砜

（2）亚砜和环丁砜　二甲亚砜为无色透明的强极性液体，熔点 18.5℃，沸点 189℃，130℃以上分解，能与水混溶，也能溶于有机溶剂，吸湿性强。它是石油和高分子材料工业中常用的优良溶剂，也是有机合成中的一种重要试剂。它能吸收 H_2S 和 SO_2 等有害气体，也可用作丙烯腈聚合与拉丝的溶剂等。

环丁砜（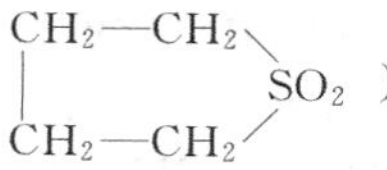）为无色液体，熔点 27.6℃，沸点 285℃，相对密度 1.2606。环丁砜既溶于水，也溶于有机溶剂，是一种优良的溶剂。它可用作液-汽萃取的选择性溶剂、萃取芳烃的溶剂，以及在合成氨工业中用于吸收原料气中的 CO_2、H_2S、有机硫化物（如 RSH）等气体的净化剂。

5. 重要的醚及高聚物

（1）乙醚　乙醚是无色液体，有特殊气味，沸点 34.5℃，比水轻，常温下很易挥发，易燃，不能接近明火，使用时要注意安全。乙醚的蒸气比空气重 2.5 倍，实验时，应将反应中逸出的乙醚蒸气引入水沟排出户外。

乙醚微溶于水，在无机盐水溶液中的溶解度很小，能与有机溶剂混溶。乙醚是优良的有机溶剂，能溶解油脂、树脂、硝化纤维素等。纯乙醚在医药上可用作麻醉剂。

（2）环氧乙烷　环氧乙烷是最简单的环醚。它在常温下是无色、有毒的气体，熔点 −110℃，沸点 10.7℃，易燃、易液化，能与水混溶，可溶于乙醇、乙醚等有机溶剂。

环氧乙烷能与空气形成爆炸性混合物，爆炸极限为 3.6%～78%（体积分数），使用时一定要注意安全，环氧乙烷一般贮存在钢瓶中。

在工业上，环氧乙烷是用乙烯为原料，经催化氧化而制得。例如：

环氧乙烷的化学性质很活泼，在酸、碱催化下，能与许多试剂作用而开环，生成多种有机化合物。

在酸催化下，环氧乙烷能与水、醇 、氢卤酸等作用，生成各种相应的化合物。

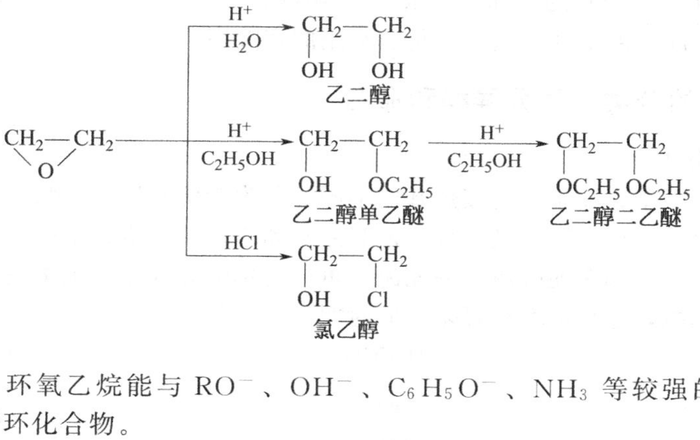

在碱催化下，环氧乙烷能与 RO^-、OH^-、$C_6H_5O^-$、NH_3 等较强的亲核试剂作用，生成相应的各种开环化合物。

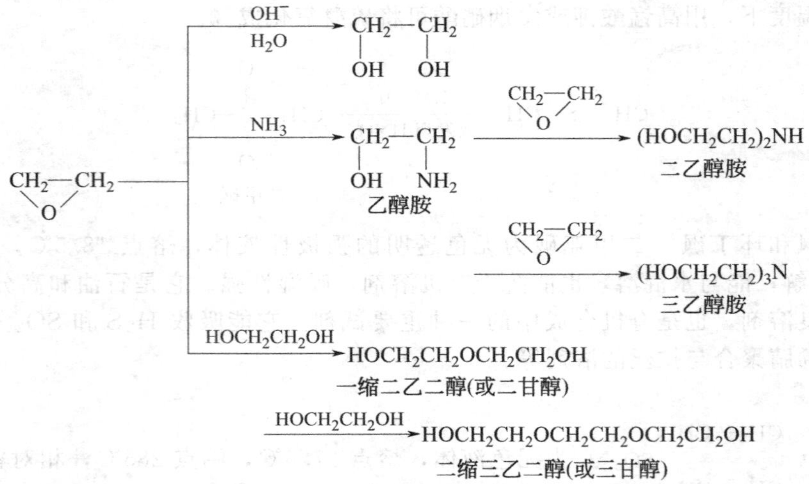

环氧乙烷还可以缩合成聚乙二醇［$HOCH_2CH_2O(CH_2CH_2O)_nCH_2CH_2OH$］。聚乙二醇、三乙醇胺等都是非离子型表面活性剂，可用作洗涤剂、乳化剂、润滑剂等。乙醇胺、二乙醇胺还可用来吸收 CO_2、H_2S 气体，用作气体净化剂。

另外，环氧乙烷还能和格氏试剂反应，生成伯醇。

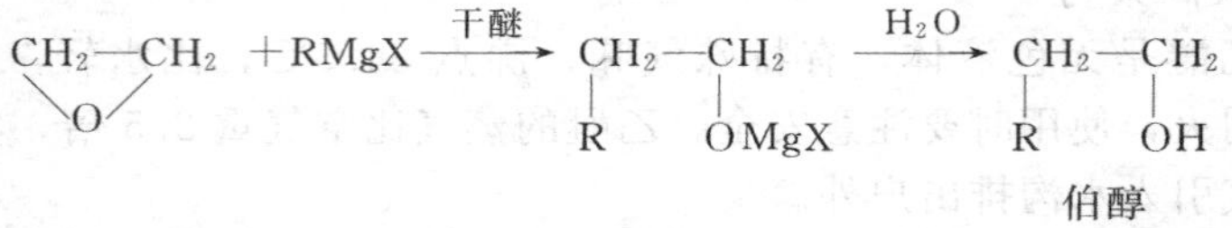

用这种方法制得的醇是比原料要增加两个碳原子的伯醇。

第二节　醛和酮

醛、酮分子中都含有羰基（ >C=O ），统称为羰基化合物。羰基是羰基化合物的官能团。羰基碳原子上连有一个氢原子的化合物（ R—C(=O)—H ）叫醛，（ —C(=O)—H ）叫醛基。羰基碳原子上同时连有两个烃基的（ R—C(=O)—R ）就叫酮，酮结构式中的（ —C(=O)— ）叫酮基，酮基位于结构式的中间。醛基和酮基分别是醛和酮的官能团。

一、醛、酮的分类、同分异构和命名

1. 醛、酮的分类

醛、酮是根据羰基碳原子上连接烃基的不同，分为脂肪族醛酮、脂环族醛酮和芳香族醛酮；按烃基是否含有不饱和键，又可分为饱和醛酮和不饱和醛酮；根据分子中含有羰基的数目，还可分为一元醛酮和多元醛酮。一元酮又可分为单酮和混酮，当羰基碳原子上连接的两个烃基相同时叫单酮，连接的两个烃基不同时叫混酮。例如：

CH_3CHO	$CH_3C(=O)CH_3$	$CH_2{=}CHCHO$
乙醛	丙酮	丙烯醛

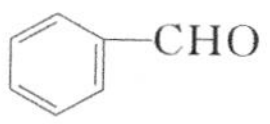

苯甲醛

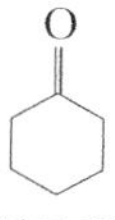

环己酮

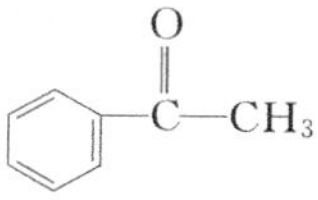

苯乙酮

$CH_3-\overset{O}{\overset{\|}{C}}-CH_2CH_3$

丁酮

$H-\overset{O}{\overset{\|}{C}}-CH_2-CH_2-\overset{O}{\overset{\|}{C}}-H$

丁二醛

$CH_3-\overset{O}{\overset{\|}{C}}-\overset{O}{\overset{\|}{C}}-CH_3$

丁二酮

2. 醛、酮的同分异构

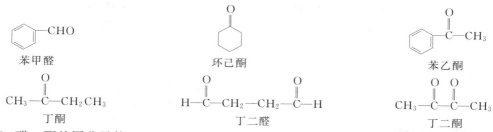

醛只有碳链异构，而酮除了有碳链异构外，当酮基的位置不同时还会产生位置异构。例如戊醛有四种同分异构体，它们都为碳链异构。

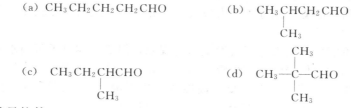

(a) $CH_3CH_2CH_2CH_2CHO$　　(b) $CH_3\underset{CH_3}{\underset{|}{C}}HCH_2CHO$

(c) $CH_3CH_2\underset{CH_3}{\underset{|}{C}}HCHO$　　(d) $CH_3-\overset{CH_3}{\overset{|}{\underset{CH_3}{\underset{|}{C}}}}-CHO$

戊酮有三种异构体

(a) $CH_3CH_2CH_2-\overset{O}{\overset{\|}{C}}-CH_3$　(b) $CH_3\underset{CH_3}{\underset{|}{C}}H-\overset{O}{\overset{\|}{C}}-CH_3$　(c) $CH_3CH_2-\overset{O}{\overset{\|}{C}}-CH_2CH_3$

(a) 与 (b) 互为碳链异构，(a) 与 (c)、(b) 与 (c) 互为羰基位置异构。当分子式相同时，醛和酮互为官能团异构。例如：C_4H_8O

$CH_3CH_2CH_2CHO$　　$CH_3CH_2COCH_3$

丁醛　　丁酮

3. 醛、酮的命名

醛、酮的命名，简单的用习惯命名法，结构较复杂的用系统命名法。醛的习惯命名法与醇相似，根据碳原子的数目叫某醛。酮则根据羰基碳原子上连接的两个烃基的名称来命名。例如：

$CH_3CH_2CH_2CH_2CHO$　　$CH_3\underset{CH_3}{\underset{|}{C}}HCH_2CHO$

正戊醛　　异戊醛

$CH_2=CHCHO$　　$CH_3COCH=CH_2$

丙烯醛　　甲基乙烯基（甲）酮

$CH_3-\overset{O}{\overset{\|}{C}}-CH_2CH_3$

甲基乙基(甲)酮（简称甲乙酮）

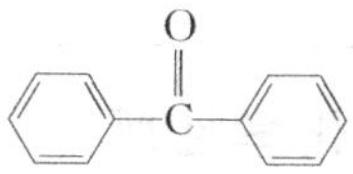

二苯甲酮

醛、酮的系统命名法与醇相似，选择含有羰基的最长碳链为主链叫某醛或某酮，从离羰基最近的一端开始编号，醛基始终位于构造式的端位，故命名时不要标明它的位次。酮的羰基要标明它的位次，并写在某酮的前面。例如：

$CH_3CH_2CH_2CHO$　　$CH_3\underset{CH_3}{\underset{|}{C}}HCH_2CHO$　　$CH_3-\overset{CH_3}{\overset{|}{\underset{CH_3}{\underset{|}{C}}}}-CHO$

丁醛　　3-甲基丁醛　　2,2-二甲基丙醛

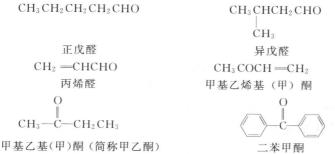

$CH_3CH_2COCH_2CH_2CH_3$

3-己酮

$CH_3COCH_2COCH_2CH_3$

2,4-己二酮

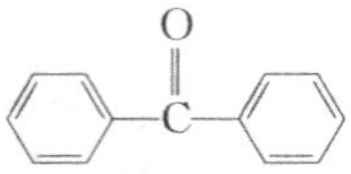

二苯甲酮

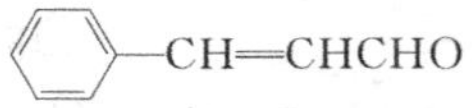

3-苯基丙烯醛（肉桂醛）

（或β-苯基丙烯醛）

二、醛、酮的物理性质

常温下只有甲醛为气体。其他低级的醛、酮都是无色液体。高级的醛、酮和芳酮多为固体。低级醛具有强烈的刺激性气味，中级醛具有花果香味，常用于香料工业。

羰基是极性基团，故醛、酮分子间力较大，因此，醛、酮的沸点较相对分子质量相近的烷烃高，但比相应的醇低。

醛、酮分子间不能形成氢键，不会发生缔合现象，但醛、酮分子可与水分子间形成氢键而发生缔合现象，因此，低级醛、酮可溶于水。例如，乙醛和丙酮可与水混溶。随着醛、酮相对分子质量的增加，水溶性逐渐降低。高级醛、酮不溶于水，但可溶于有机溶剂，如丙酮、丁酮本身就是优良的溶剂。一部分常见醛、酮的物理常数见表 4-5。

表 4-5　常见醛、酮的物理常数

名　称	熔点/℃	沸点/℃	相对密度(20℃)	水中的溶解度/($g/100gH_2O$)
甲醛	−92	−21	0.815	极易溶
乙醛	−123	21	0.781	极易溶
丙醛	−80	48.8	0.807	20
丁醛	−97	74.7	0.817	7
戊醛	−91	103		微溶
乙二醛	15	50.4	1.14	溶
丙烯醛	−87.5	53	0.841	微溶
苯甲醛	−26	179	1.046	0.33
邻羟基苯甲醛	2	197		1.7
丙酮	−95	56	0.792	∞
丁酮	−86	79.6	0.805	35.3
2-戊酮	−77.8	102	0.812	微溶
3-戊酮	−42	102	0.814	4.7
环己酮	−16.4	156	0.942	2
丁二酮	−2.4	88	0.980	25
2,4-戊二酮	−23	138	0.792	溶
苯乙酮	19.7	202	1.026	不溶
二苯甲酮	48	306	1.098	不溶

三、醛、酮的化学性质

醛、酮的化学性质主要反映在三个部位。首先是官能团羰基（>C═O）决定的。醛、酮分子中的羰基是由碳与氧以双键结合的，它与烯烃中的碳碳双键类似，由一个σ键和一个π键组成。羰基中的碳以 sp^2 杂化轨道，与氧原子形成一个平面三角形结构，羰基碳原子上还有一个没有参加杂化的 p 轨道，与氧原子上的另一个 2p 轨道相互平行，侧面重叠，形成π键。见图 4-1。

由于氧原子的电负性较大，吸引电子的能力较强，使得流动性较大的π电子强烈地偏向氧原子一边，氧原子明显地带有部分负电荷，羰基碳原子带有部分正电荷，所以羰基是强极

图 4-1　羰基电子或电子云分布示意

性基团。

由于带有部分正电荷的碳原子没有带有部分负电荷的氧原子稳定，化学性质比较活泼，亲核试剂（如 CN^-、HSO_3^- 等）首先进攻带有部分正电荷的碳原子，这种由亲核试剂进攻而发生的加成反应叫亲核加成反应。其次是由于受羰基的影响，使 α-H 也具有较强的活性，所以也能发生许多化学反应。第三是醛基氢比较活泼，C—H 键容易发生断裂，易被氧化。所以，醛的化学性质比酮活泼。

1. 羰基的亲核加成反应

（1）与氢氰酸加成　醛、脂肪族甲基酮以及 8 个碳原子以下的环酮，在稀碱条件下，都可以和氢氰酸发生亲核加成反应，生成 α-羟基腈（或叫 α-氰醇）。

$$R-\overset{H(CH_3)}{\overset{|}{C}}=O + HCN \xrightarrow{\text{稀 NaOH}} R-\underset{\underset{CN}{|}}{\overset{H(CH_3)}{\overset{|}{C}}}-OH$$

α-羟基腈（α-氰醇）

加成产物 α-羟基腈，比原料醛或酮增加了 1 个碳原子，所以此反应在有机合成上常用作增长碳链的一种方法。α-羟基腈是有机合成上很有用的中间体。在一定条件下，α-羟基腈可转化为 α-羟基酸或 α,β-不饱和酸。例如：

$$CH_3-\overset{O}{\overset{\|}{C}}-CH_3 + NaCN \xrightarrow{H_2SO_4} CH_3-\underset{\underset{OH}{|}}{\overset{CH_3}{\overset{|}{C}}}-CN$$

丙酮氰醇

$$CH_3-\underset{\underset{OH}{|}}{\overset{CH_3}{\overset{|}{C}}}-CN \xrightarrow{\text{稀 HCl}} CH_3-\underset{\underset{OH}{|}}{\overset{CH_3}{\overset{|}{C}}}-COOH$$

α-羟基酸

$$CH_3CH_2-\underset{\underset{OH}{|}}{CH}-CN \xrightarrow[\triangle，\text{水解}]{\text{浓硫酸}} CH_3CH=CHCOOH$$

α,β-不饱和酸

丙酮氰醇在浓硫酸条件下与甲醇共热，生成 α-甲基丙烯酸甲酯。α-甲基丙烯酸甲酯是制备有机玻璃的原料。

（2）与亚硫酸氢钠加成　醛、脂肪族甲基酮以及 8 个碳原子以下的环酮，也可与饱和亚硫酸氢钠水溶液（40%）发生加成反应，析出白色晶体羟基磺酸盐。非甲基酮包括芳香族甲基酮难以发生此类反应。

$$R-\overset{H(CH_3)}{\overset{|}{C}}=O + NaHSO_3 \rightleftharpoons R-\underset{\underset{SO_3H}{|}}{\overset{H(CH_3)}{\overset{|}{C}}}-ONa \rightleftharpoons R-\underset{\underset{SO_3Na}{|}}{\overset{H(CH_3)}{\overset{|}{C}}}-OH$$

α-羟基磺酸钠

醛、酮的反应活性顺序为

$$HCHO > CH_3CHO > CH_3COCH_3 > CH_3COCH_2CH_3 > CH_3CH_2COCH_2CH_3$$

羰基与饱和的亚硫酸氢钠加成，由于有晶体析出，可用来检验一般的醛、甲基酮。这个反应是可逆的，如果在加成产物的水溶液中加入稀酸或稀碱，使亚硫酸氢钠不断分解，加成产物再转变为原来的醛、甲基酮。利用这一性质，实验室常用来分离或提纯某些醛、甲基酮。

$$R-\underset{\underset{SO_3Na}{|}}{\overset{\overset{H(CH_3)}{|}}{C}}-OH \begin{cases} \xrightarrow{\text{稀HCl}} R-\overset{\overset{H(CH_3)}{|}}{C}=O + SO_2\uparrow + NaCl + H_2O \\ \xrightarrow{\text{稀Na}_2\text{CO}_3} R-\overset{\overset{H(CH_3)}{|}}{C}=O + CO_2\uparrow + Na_2SO_3 + H_2O \end{cases}$$

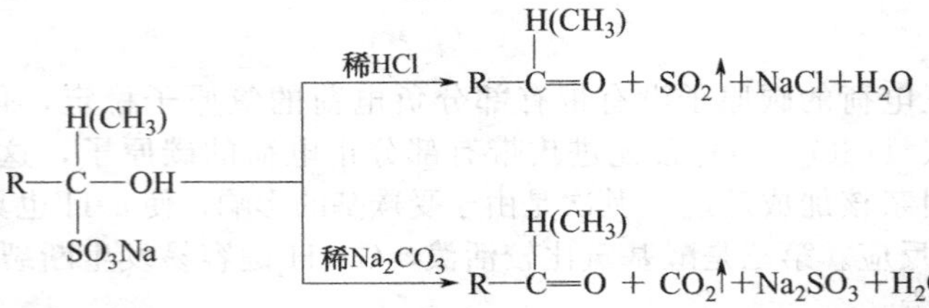

（3）与醇加成　由于醇是弱亲核试剂，需用酸作催化剂，先生成加成产物半缩醛。半缩醛不稳定，不能分离出来，继续与一分子醇作用，生成缩醛。

$$R-\overset{\overset{H}{|}}{C}=O + R'-OH \rightleftharpoons R-\underset{\underset{OH}{|}}{\overset{\overset{H}{|}}{C}}-OR'$$

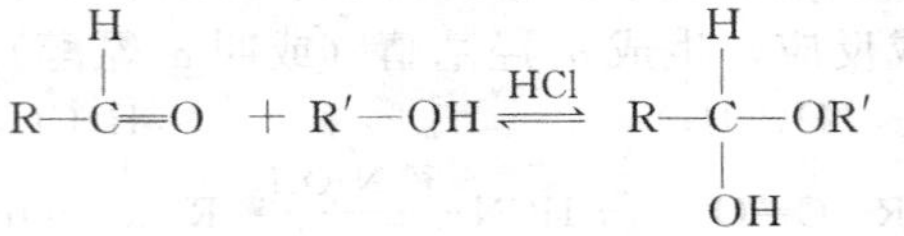

半缩醛（不稳定）

$$R-\underset{\underset{OH}{|}}{\overset{\overset{H}{|}}{C}}-OR' \xrightarrow{R'OH, HCl(g)} R-\underset{\underset{OR'}{|}}{\overset{\overset{OR'}{|}}{C}}-H + H_2O$$

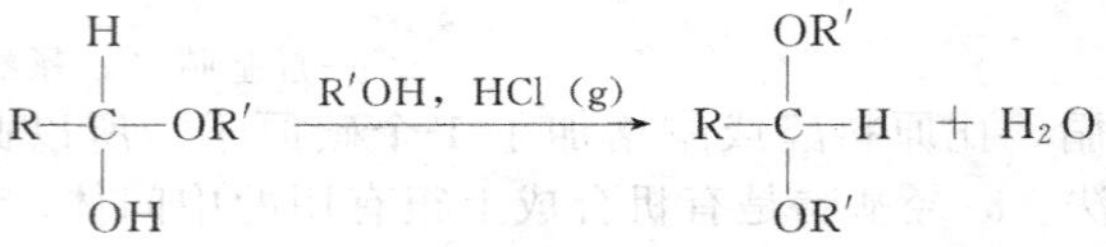

缩醛（稳定）

缩醛可以看作是同碳二元醇的双醚，与醚具有相似的性质，对碱、氧化剂和还原剂都比较稳定。但在酸的存在下，缩醛又可以水解转变成原来的醛和醇。

在有机合成上常利用缩醛的生成来"保护醛基"，以防止醛的氧化和在碱性条件下被缩合，当其他基团转变完成后，再使缩醛水解而转变成原来的醛基。

与醛相比，在一定条件下，酮也能与醇作用生成半缩酮或缩酮，但反应比较困难些。

（4）与格氏试剂加成　格氏试剂（RMgX）是强极性的亲核试剂，能与所有的醛、酮发生加成反应，加成产物经水解可得到各种不同类型的醇，这是合成各种不同醇的一种重要方法。

格氏试剂与甲醛作用，可制得伯醇。例如：

$$HCHO + \text{\Large\phi}-MgBr \xrightarrow{\text{无水乙醚}} \text{\Large\phi}-CH_2OMgBr$$

$$\xrightarrow{H^+, H_2O} \text{\Large\phi}-CH_2OH$$

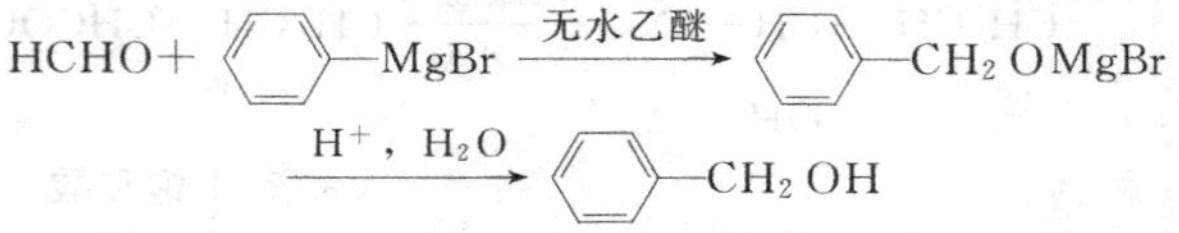

苯甲醇（伯醇）

其他醛与格氏试剂加成生成仲醇。例如：

$$CH_3CHO + CH_3CH_2MgBr \xrightarrow{\text{无水乙醚}} CH_3\underset{\underset{OMgBr}{|}}{CH}CH_2CH_3$$

$$\xrightarrow{H^+, H_2O} CH_3\underset{\underset{OH}{|}}{CH}CH_2CH_3$$

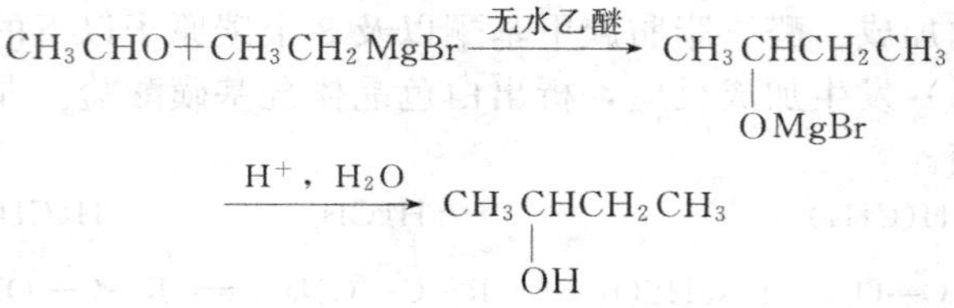

2-丁醇（仲醇）

酮与格氏试剂加成生成叔醇。例如：

$$CH_3COCH_3 + CH_3CH_2CH_2CH_2MgBr \xrightarrow{\text{无水乙醚}} CH_3CH_2CH_2CH_2\underset{\underset{CH_3}{|}}{\overset{\overset{CH_3}{|}}{C}}OMgBr$$

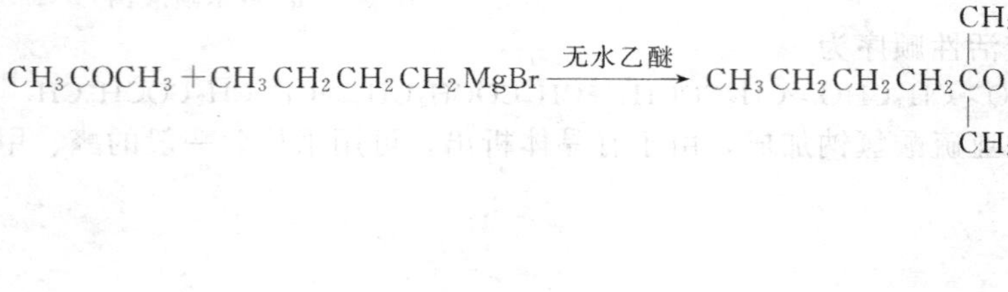

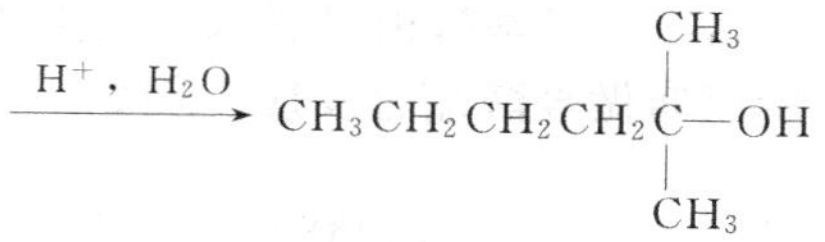

$$\xrightarrow{\text{H}^+，\text{H}_2\text{O}} \text{CH}_3\text{CH}_2\text{CH}_2\text{CH}_2 \overset{\overset{\text{CH}_3}{|}}{\underset{\underset{\text{CH}_3}{|}}{\text{C}}}\text{—OH}$$

2-甲基-2-己醇（叔醇）

由此可见，只要选择适当的原料，除甲醇外，其他醇都可以通过格氏试剂来制得。

2. 与氨的衍生物的缩合反应

氨的衍生物是指氨分子中的一个氢原子被其他基团取代后的生成物，例如：羟胺（$H_2N—OH$）、肼（$H_2N—NH_2$）、苯肼（$H_2N—NH—\bigcirc$）、2，4-二硝基苯肼（$H_2N—NH—\bigcirc—NO_2$，NO_2）等。它们与羰基化合物先发生加成反应，然后在加成产物分子内

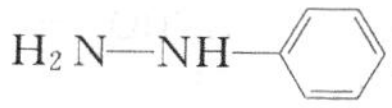

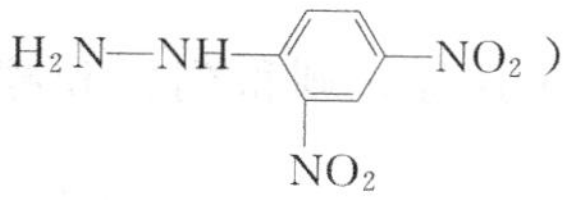

继续脱水得到含有碳氮双键（$C=N$ 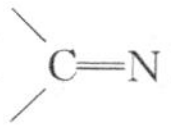）结构特征的化合物。氨的衍生物可用通式 $H_2N—Y$ 表示，—Y 分别代表—OH、—NH_2、—NH—$\bigcirc$、—NH—$\bigcirc$—NO_2 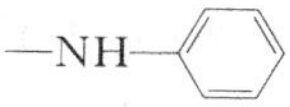 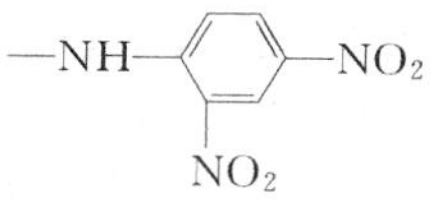 等，这些氨的衍生物又叫羰基试剂，它们与羰基化合物发生反应的通式为：

$$\underset{\delta^+}{C}{=}\underset{\delta^-}{O} + H{-}\overset{\overset{H}{|}}{N}{-}Y \xrightarrow{\text{加成}} \underset{\underset{OH\quad H}{}}{C}{-}N{-}Y \xrightarrow{-H_2O} C{=}N{-}Y$$

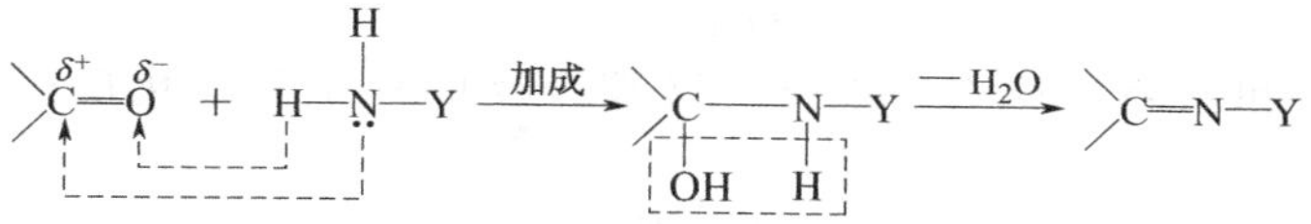

这些羰基试剂与羰基化合物反应分别生成肟、腙、苯腙、2,4-二硝基苯腙。这些产物一般都是固体，有固定的熔点，容易分离和提纯，在稀酸条件下，又水解生成原来的醛、酮，这类反应常被用来分离、提纯和鉴别醛、酮。特别是 2,4-二硝基苯肼与羰基化合物作用时，生成黄色结晶，反应非常灵敏，便于观察，故实验室常用它来定性鉴别羰基化合物。

氨的衍生物与羰基化合物作用的缩合产物分别为：

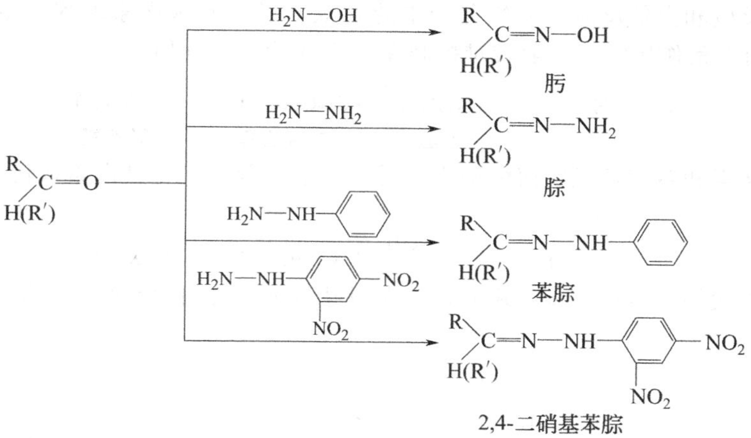

3. 与 α-氢原子的反应

在醛、酮分子中，由于受羰基的影响，使得 α-碳上的 α-氢变得比较活泼，容易发生羟醛缩合反应以及卤代反应。

（1）羟醛缩合反应　在醛、酮分子中，由于受羰基的影响，使得 α-碳上的 α-氢变得比较活泼，容易发生羟醛缩合反应以及卤代反应。

在稀碱存在下，一分子醛的 α-氢原子加到另一分子醛的羰基氧原子上，其余部分则加

到羰基的碳原子上，生成β-羟基醛。β-羟基醛极易脱水，又生成α,β-不饱和醛。这个反应第一步是加成，第二步是脱水，所以叫做羟醛缩合反应。例如：

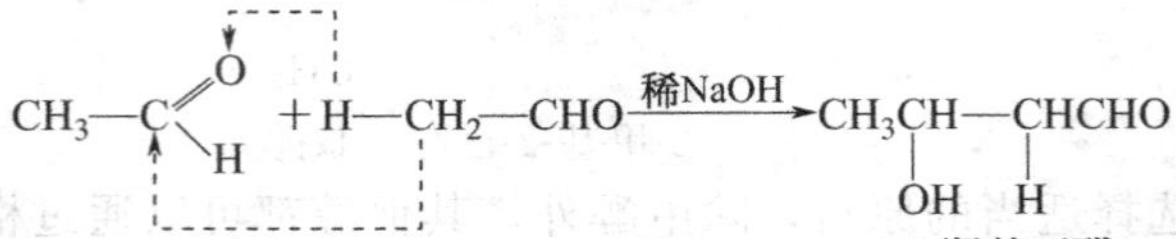

β-羟基丁醛

β-羟基丁醛的α-氢同时受两个官能团的影响，遇热立即脱水，生成α,β-不饱和醛。

$$\underset{\substack{| \quad\ \ |\\ OH \ \ H}}{CH_3CH{-}CHCHO} \xrightarrow[\triangle]{-H_2O} CH_3{-}CH{=}CH{-}CHO + H_2O$$

2-丁烯醛

这是制备α,β-不饱和醛的一种方法。如将α,β-不饱和醛进一步还原，则得到饱和醇。通过羟醛缩合，可合成比原料醛多一倍碳原子的醛和醇。

两种含有α-氢原子的不同醛，也能进行羟醛缩合反应，这种缩合称为交叉缩合反应。这种缩合可得到四种产物的混合物，在有机合成上无实际意义。

不含α-氢原子的醛[如 HCHO、$(CH_3)_3CCHO$]与含有α-氢原子的醛也能发生缩合反应，通过处理，可得到一种主要产物，产率较高。例如：

$$HCHO + CH_3CHO \xrightarrow{稀\ NaOH} \underset{\substack{|\\ OH}}{CH_2}{-}CH_2{-}CHO \xrightarrow[\triangle]{-H_2O} CH_2{=}CHCHO$$

工业上用甲醛和乙醛为原料，进行交叉缩合反应和交叉歧化反应来制备季戊四醇。例如：

$$3HCHO + CH_3CHO \xrightarrow[55℃]{Ca(OH)_2} (CH_2OH)_3{-}C{-}CHO$$

$$(CH_2OH)_3{-}C{-}CHO + HCHO \xrightarrow[55℃]{Ca(OH)_2} (CH_2OH)_4C + (HCOO)_2Ca$$

季戊四醇

具有α-氢原子的酮也可发生羟酮缩合反应，但反应比醛困难，且产率较低。

(2) 卤代反应和卤仿反应　醛酮分子中的α-氢原子容易被卤素取代，生成α-卤代醛和α-卤代酮。醛与卤素作用时，一般较难控制在α-卤代阶段。例如：

$$CH_3CHO \xrightarrow{Cl_2} \underset{一氯乙醛}{ClCH_2CHO} \xrightarrow{Cl_2} \underset{二氯乙醛}{Cl_2CHCHO} \xrightarrow{Cl_2} \underset{三氯乙醛}{Cl_3CCHO}$$

甲基酮与卤素和碱溶液或次卤酸钠作用时，三个α-氢原子都被卤素取代。例如：

$$CH_3{-}\overset{\overset{O}{\|}}{C}{-}CH_3 + X_2 \xrightarrow{NaOH} CX_3{-}\overset{\overset{O}{\|}}{C}{-}CH_3 + NaX + H_2O$$

生成的三卤代物与碱进一步作用时，三卤甲基与羰基之间的键断裂，得到羧酸盐和三卤甲烷（卤仿）。

$$CX_3{-}\overset{\overset{O}{\|}}{C}{-}CH_3 + NaOH \longrightarrow CH_3{-}\overset{\overset{O}{\|}}{C}{-}ONa + \underset{卤仿}{CHX_3}$$

由于生成的是卤仿，因此，这类反应叫卤仿反应。卤仿试剂用的是卤素和氢氧化钠，因卤素和氢氧化钠反应可得到次卤酸钠，故卤仿试剂也可用次卤酸钠。卤仿反应生成的氯仿、溴仿都是无色透明的液体，只有碘仿是浅黄色有特殊气味的晶体。因此，实验室常用（次碘酸钠）碘仿反应来检验乙醛、甲基酮、乙醇和$\left[\begin{matrix} CH_3{-}CH(R){-} \\ | \\ OH \end{matrix}\right]$结构的仲醇。例如：

$$CH_3-\overset{\overset{O}{\|}}{C}-CH_3 + 3NaOI \longrightarrow CH_3-\overset{\overset{O}{\|}}{C}-ONa + CHI_3\downarrow + 2NaOH$$

$$CH_3CH_2OH \xrightarrow{NaOI} CH_3-CHO \xrightarrow{3NaOI} HCOONa + CHI_3\downarrow + 2NaOH$$

4. 氧化反应

醛的化学性质活泼，易被氧化，弱氧化剂也能将醛氧化成羧酸，而酮在同样条件下则不被氧化，因此常用氧化反应来区别醛、酮。常用的弱氧化剂有托伦（Tollens）试剂和斐林（Fehling）试剂。

（1）与托伦试剂的反应　将氨水加到硝酸银溶液中，开始生成氧化银沉淀，继续滴加氨水，使沉淀刚好溶解而成无色透明的溶液即为托伦试剂。醛与托伦试剂共热时，醛被氧化为具有相同碳原子数的羧酸，Ag^+ 被还原为银，沉淀在洁净的试管壁上，生成光亮的银镜，因此，这个反应叫做银镜反应。

$$RCHO + 2Ag(NH_3)_2OH \xrightarrow{\triangle} RCOONH_4 + 2Ag\downarrow + 3NH_3 + H_2O$$

（2）与斐林试剂的反应　另一种弱氧化剂斐林试剂，它是由硫酸铜溶液与酒石酸钾钠的碱溶液等体积混合而成的蓝色溶液。其中酒石酸钾钠的作用是与 Cu^{2+} 形成配合物，防止在碱性溶液中生成氢氧化铜沉淀，起氧化作用的是二价铜离子。当斐林试剂与醛作用时，醛分子就被氧化成具有相同碳原子数的羧酸，二价铜离子被还原成砖红色的氧化亚铜（Cu_2O）沉淀。例如：

$$RCHO + 2Cu(OH)_2 + NaOH \xrightarrow{\triangle} RCOONa + Cu_2O\downarrow + 3H_2O$$

因甲醛的还原能力较强，当甲醛与斐林试剂较长时间作用时，能把二价铜离子还原为紫红色的金属铜，沉积在洁净的试管壁上，形成铜镜，故此反应又叫做铜镜反应。此法也是区别甲醛与其他醛的一种方法。

芳香醛和所有的酮都不与斐林试剂反应。因此，利用斐林试剂既可以鉴别脂肪醛和酮，又可以区别脂肪醛和芳香醛。

托伦试剂和斐林试剂这两种弱氧化剂，都不能氧化醛分子中的碳碳双键和碳碳叁键，所以是醛基良好的选择性氧化剂。当选用上述其中一种弱氧化剂氧化 α,β-不饱和醛时，仅是醛基被氧化为羧基，而 α,β-不饱和醛分子中的碳碳双键没有被氧化。例如：

$$CH_3CH=CHCHO \xrightarrow{\text{托伦试剂或斐林试剂}} CH_3CH=CHCOOH$$

5. 还原反应

（1）还原成醇　醛、酮在金属（Pt、Pd、Ni 等）催化剂存在下，很容易被还原为伯醇和仲醇。例如：

$$R-CHO + H_2 \xrightarrow{Ni} \underset{\text{伯醇}}{R-CH_2OH}$$

$$R-\overset{\overset{O}{\|}}{C}-R' + H_2 \xrightarrow{Ni} \underset{\text{仲醇}}{R-\overset{\overset{OH}{|}}{CH}-R'}$$

催化加氢还原法的选择性不好，如果醛、酮分子中含有碳碳双键、碳碳叁键、$-NO_2$、$-CN$等不饱和键时，采用此法也都将同时被还原。例如：

$$CH_3CH=CHCHO + 2H_2 \xrightarrow{Ni} CH_3CH_2CH_2CH_2OH$$

如果遇到醛、酮分子中有不饱和键时，可用选择性很好的硼氢化钠（$NaBH_4$）或氢化铝锂（$LiAlH_4$）等金属氢化物作还原剂。它们只能还原羰基，而不能还原不饱和键。例如：

$$CH_3CH=CHCHO \xrightarrow[\text{②}H_2O]{\text{①}LiAlH_4} CH_3CH=CHCH_2OH$$

（2）还原成烃　在酸性条件下，用锌汞齐（Zn-Hg/HCl）作还原剂，可将醛、酮分子中的羰基还原为亚甲基。这种方法叫做克莱门森（Clemmensen）还原法。

$$>C{=}O \xrightarrow[HCl,\ \triangle]{Zn\text{-}Hg} >CH_2$$

克莱门森还原法对酮，尤其是芳香酮的还原有很重要的意义。例如

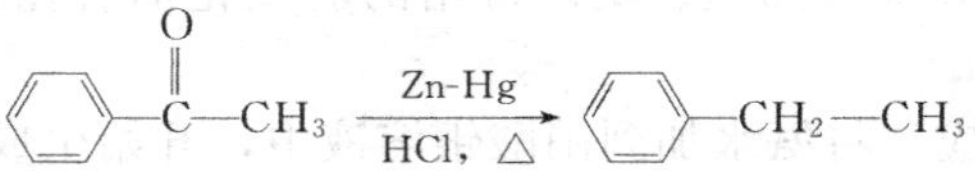

6. 歧化反应

不含 α-氢原子的醛［如 HCHO、$(CH_3)_3CCHO$、C_6H_5CHO 等］，在浓碱作用下，能发生自身氧化还原反应，即一分子醛氧化成酸，另一分子醛还原成醇。这种反应叫做歧化反应，也叫做康尼查罗（Cannizzaro）反应。例如：

$$2HCHO + NaOH（浓）\longrightarrow \underset{甲酸钠}{HCOONa} + \underset{甲醇}{CH_3OH}$$

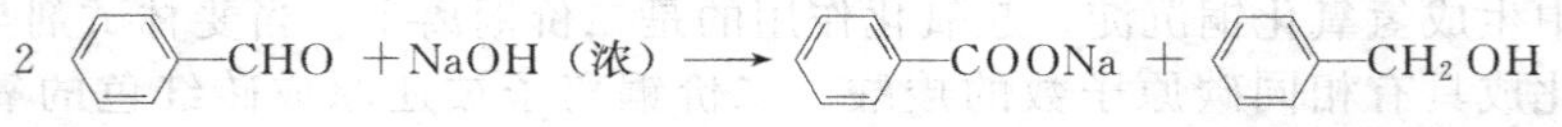

苯甲酸钠　　苯甲醇

7. 重要的醛和酮及其高聚物

（1）甲醛　甲醛又叫蚁醛，沸点 −21℃，无色，有刺激性气味的气体。易溶于水，一般以水溶液保存，它的 37%～40% 的水溶液叫“福尔马林”（formalin），医药上用作消毒剂和用来保存动物标本。

由于甲醛分子结构的特点，化学性质比其他醛活泼，容易被氧化，也容易发生聚合，其水溶液长期放置，能自动聚合成三分子聚合体，即三聚甲醛。

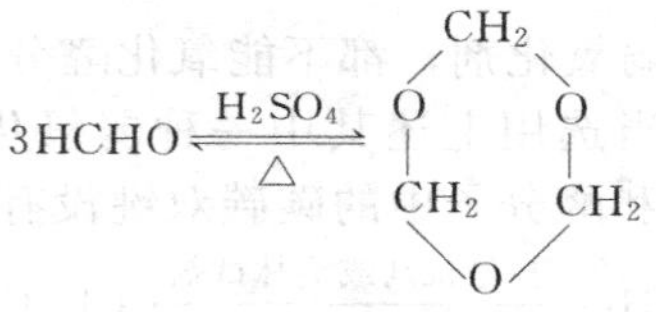

三聚甲醛

三聚甲醛是白色固体，在中性或碱性溶液中，性质比较稳定，但在酸性条件下，遇热容易解聚再生成甲醛。浓缩甲醛的水溶液，多分子甲醛将聚合成链状的多聚甲醛，多聚甲醛也能解聚。

甲醛与氨作用，可得到环六亚甲基四胺，商品名称叫乌洛托品［$(CH_2)_6N_4$］。环六亚甲基四胺的熔点 263℃，易溶于水，有甜味。装入防毒面具可解光气之毒，医药上用作利尿、治疗风湿病药物，也可制成烈性炸药三亚甲基三硝胺（俗名黑索金），工业上用作橡胶硫化促进剂、酚醛树脂固化剂、纺织品防腐剂等。

甲醛是一种很重要的化工原料，大量用于合成酚醛、脲醛、聚甲醛和三聚氰胺等各类树脂以及各种黏合剂。

（2）乙醛　乙醛是通过乙炔水合法合成制备。乙醛是无色具有辛辣刺激性气味的液体，沸点 21℃，熔点 −123℃，易燃，易挥发，能溶于水，与乙醇、乙醚、氯仿等有机溶剂混溶。

乙醛具有醛的典型性质，容易氧化和聚合。在酸性条件下，室温时就能聚合成三聚乙醛。例如：

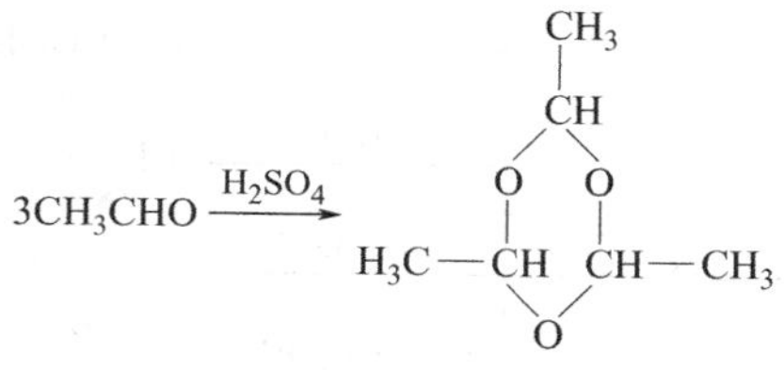

三聚乙醛

在 0℃或 0℃以下，则聚合成四聚乙醛：

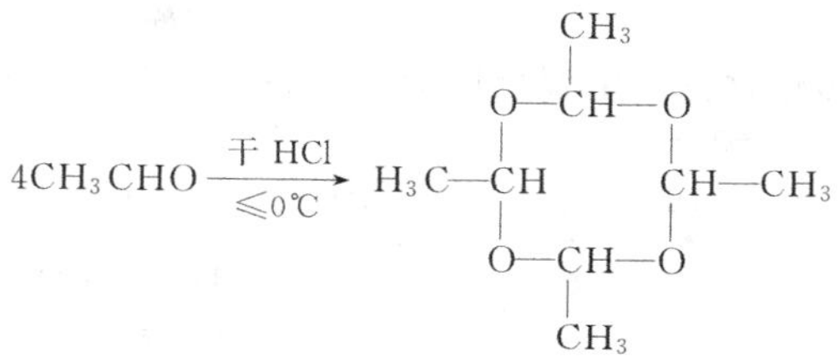

四聚乙醛

三聚乙醛是无色有香味的液体，沸点 128℃，与醚、缩醛的性质相似。化学性质比较稳定，不易氧化，是贮存乙醛的一种好方法，加热则解聚生成乙醛。

四聚乙醛是白色固体，熔点 246℃，但在 112～115℃可以升华，同时发生部分分解。四聚乙醛在酸中加热解聚为乙醛，它的化学性质也比较稳定。三聚乙醛和四聚乙醛都不具有醛的性质。

乙醛是有机合成上的重要原料，也是重要的化工原料，主要用来合成醋酸、乙醇、醋酐、醋酸乙酯、正丁醇、季戊四醇、合成树脂等。

(3) 苯甲醛　苯甲醛俗名苦杏仁油，是无色或淡黄色液体，沸点 179℃，微溶于水，易溶于乙醇、乙醚和苯等有机溶剂。

苯甲醛是最简单的芳香醛，具有醛的一般化学性质。工业上用甲苯侧链卤代后再水解制备苯甲醛。例如：

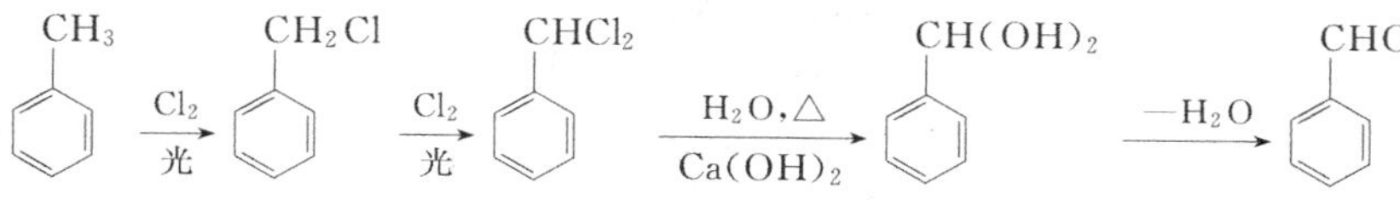

苯甲醛是重要的有机化工原料，用来合成染料及其中间体、苯甲酸、苯甲酸苄酯和合成香料等，也可作为溶剂。

(4) 丙酮　丙酮是无色、易燃、易挥发且具有愉快香味的液体，沸点 56℃，能与水、甲醇、乙醚、氯仿等有机溶剂混溶。

丙酮是优良的有机溶剂，能溶解油脂、蜡、树脂、橡胶和赛璐珞等，也是合成人造纤维、卤仿、环氧树脂、涂料、甲基丙烯酸甲酯等的重要原料。

(5) 乙烯酮　乙烯酮（$CH_2{=}C{=}O$）是最简单最重要的不饱和酮。工业上用乙酸或丙酮热解制得。

$$CH_3COCH_3 \xrightarrow{700\sim750℃} CH_2{=}C{=}O + CH_4$$

乙烯酮是无色、有刺激性气味的气体，毒性很大，沸点－56℃，能溶于乙醇、乙醚和丙酮中。化学性质极为活泼，不易贮存，在低温时，与空气接触而生成爆炸性的过氧化物。与含有活泼氢的化合物作用时，可在分子中引入乙酰基（CH_3CO—），因此，它是一种很好的乙酰化试剂。例如：

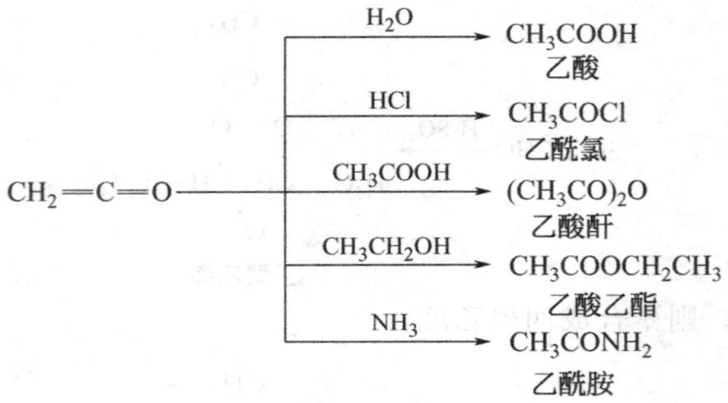

乙烯酮容易聚合，在 0℃时就发生聚合反应。如将乙烯酮通入用干冰冷却的丙酮中，就立即聚合成二聚体，叫二乙烯酮。

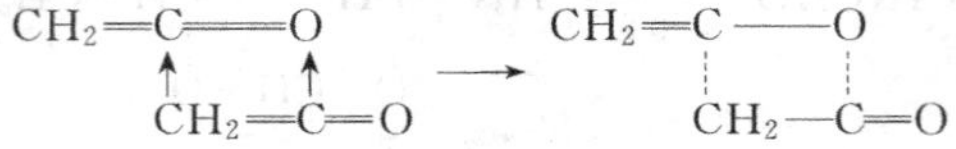

二乙烯酮

二乙烯酮是具有刺激性气味的液体，沸点 127℃，加强热到 500～600℃时，就解聚为原来的乙烯酮。它是很重要的有机化工原料。

（6）环己酮　环己酮是一种重要的脂环族酮。它是无色油状液体，有丙酮的气味，沸点 156℃，相对密度 0.9420，微溶于水，易溶于乙醇、乙醚等有机溶剂。工业上从苯酚催化加氢，先得到环己醇，再经氧化得到环己酮。例如：

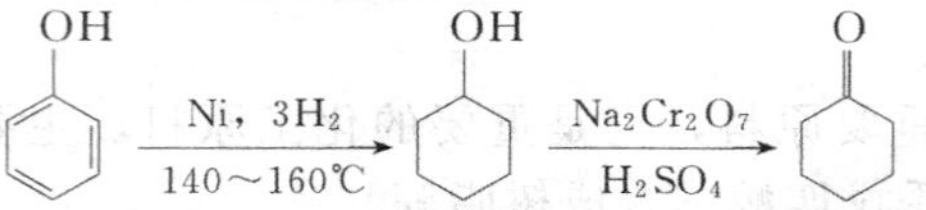

环己醇　环己酮

也可通过环己烷氧化所得环己酮与环己醇的混合物为原料，用氧化锌等为催化剂，在常压和 400℃左右的温度下催化脱氢而制备环己酮。

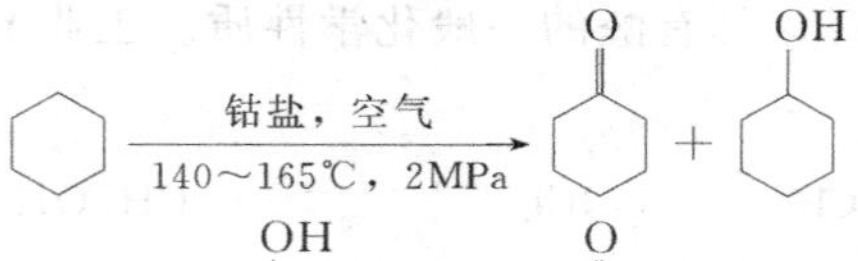

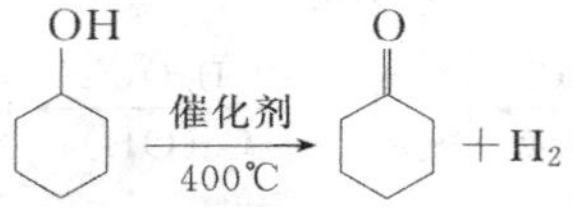

环己酮具有典型的酮的化学性质。它既是优良的溶剂，又是重要的化工原料。如可通过氧化制备己二酸，己二酸是重要的二元酸，也是合成尼龙-66 的原料。

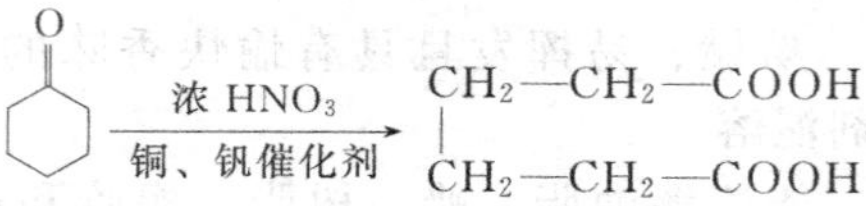

己二酸

第三节　羧酸及其衍生物

一、羧酸

烃分子中的氢原子被羧基（ $-\overset{\overset{O}{\|}}{C}-OH$ ）取代后的生成物叫羧酸。一元羧酸可用通式

RCOOH（R 也可以是 H 或 Ar）表示。羧基（$-\overset{\overset{\displaystyle O}{\|}}{C}-OH$）是羧酸的官能团。

1. 羧酸的分类和命名

（1）羧酸的分类　根据羧基所连的烃基不同（甲酸除外），可分为脂肪族羧酸、脂环族羧酸和芳香族羧酸。根据烃基的饱和程度，又可分为饱和羧酸和不饱和羧酸。根据羧酸分子中羧基的数目，还可以分为一元羧酸、二元羧酸等，二元以及二元以上的羧酸叫多元羧酸。例如：

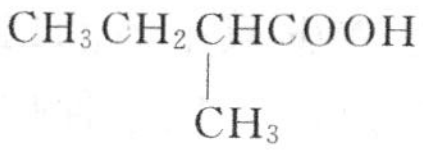

2-甲基丁酸

苯甲酸（安息香酸）

环己基甲酸

$CH_2{=}CHCOOH$

丙烯酸

乙二酸（草酸）

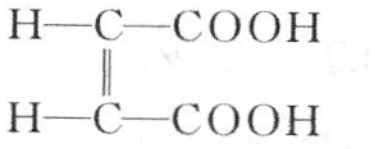

顺丁烯二酸（马来酸）

（2）羧酸的命名　许多羧酸以盐或酯的形式存在于自然界中，因此，命名通常根据羧酸的来源和性质而普遍采用其俗名。例如，甲酸最初来自于蚂蚁叫蚁酸，乙酸来自于食醋叫醋酸等。

羧酸的系统命名法与醛相似，即选择含有羧基在内的碳原子数最多的碳链为主链，叫某酸。从羧基的一端开始编号，支链作为取代基，把支链的位次和名称都写在母体名称的前面。也可根据取代基与羧基的相对位置，用希腊字母 α、β、γ……标明取代基的位置。脂肪族二元酸命名时，选择含有两个羧基在内的最长碳链为主链，叫某二酸。例如：

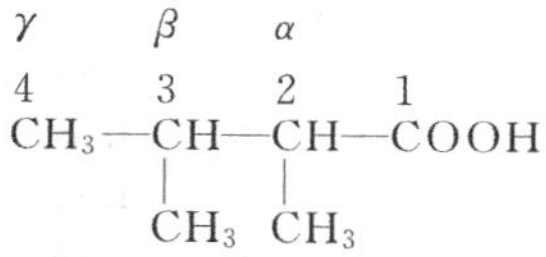

2,3-二甲基丁酸
（α,β-二甲基酪酸）

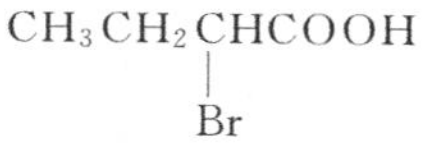

2-溴丁酸

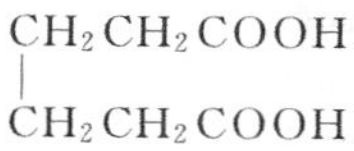

己二酸

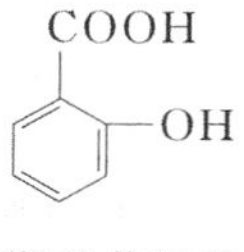

邻羟基苯甲酸
（水杨酸）

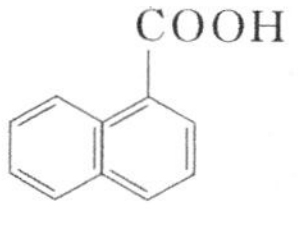

α-萘甲酸

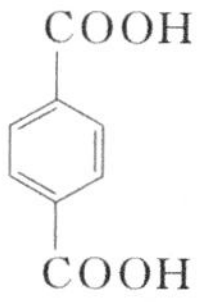

对苯二甲酸

不饱和酸命名时，要选择含有双键在内的最长碳链为主链，叫某烯酸。把双键和取代基的名称同样写在母体名称的前面。例如：

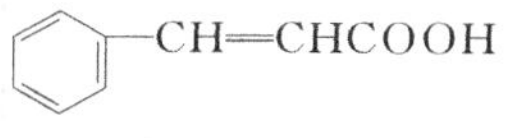

3-苯基丙烯酸
（肉桂酸）

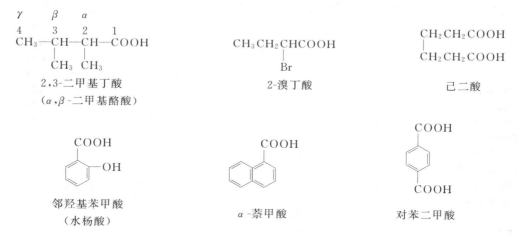

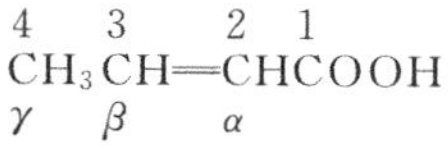

2-丁烯酸
（巴豆酸）

2. 羧酸的物理性质

低级的脂肪酸（如甲酸、乙酸和丙酸）是有刺激性气味的液体，从正丁酸至正壬酸是有腐败气味的油状液体，癸酸以上的直链羧酸为蜡状固体。脂肪族二元羧酸和芳香族羧酸为结晶固体。

羧酸的沸点比相同碳原子数的醇的沸点高。例如乙酸的沸点118℃，而乙醇的沸点78.5℃。羧酸的沸点之所以高的原因，是由于羧酸分子之间可形成双分子氢键而缔合成二聚体，无论是固态还是液态，都以二聚体的形式存在。实验证明，甲酸、乙酸在气态时，仍以双分子缔合的二聚体形式存在。例如

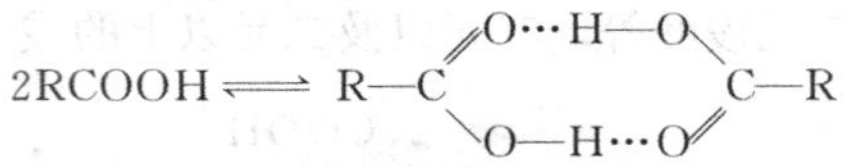

羧酸的熔点出现特殊的变化规律，饱和一元羧酸的熔点随着碳原子数的增加而呈现锯齿形升高。偶数碳原子的羧酸比相邻的两个奇数碳原子羧酸的熔点高，且这种熔点差随着碳原子数的增加而逐渐减小。

由于羧酸分子中的羧基（—COOH）是亲水基团，羧酸分子与水分子间能形成氢键，因此，低级的一元羧酸（如从甲酸至丁酸）都能与水混溶。随着碳原子数的增加，羧酸的溶解度迅速减小，这是由于憎水基团烃基在羧酸分子中所占的比例增大的缘故。高级的脂肪酸不溶于水，易溶于乙醇、乙醚和氯仿等有机溶剂中。低级的二元羧酸也可溶于水，但随着碳原子数的增加而溶解度减小。芳香酸大多数难溶于水而易溶于乙醇或乙醚等有机溶剂。芳香酸一般容易升华，有些随水蒸气而挥发，这一特性可用来分离或提纯芳香酸。

甲酸、乙酸的相对密度大于1，其他羧酸的相对密度小于1，二元羧酸和芳香族羧酸的相对密度大于1。

一部分羧酸的物理常数见表4-6。

表4-6 一些羧酸的物理常数

名称	熔点/℃	沸点/℃	相对密度(20℃)	水中的溶解度/(g/100gH_2O)	pK_a(25℃)两个数值者分别为pK_{a1}和pK_{a2}
甲酸(蚁酸)	8.4	100.5	1.220	∞	3.77
乙酸(醋酸)	16.6	118	1.049	∞	4.76
丙酸(初油酸)	−22	141	0.992	∞	4.88
正丁酸(酪酸)	−6	163	0.959	∞	4.82
异丁酸	−47	154.4	1.949		4.85
正戊酸(缬草酸)	−59	187	0.939	3.7	4.81
正己酸(羊油酸)	−9.5	205	0.929	0.4	4.85
正辛酸(羊脂酸)	16.5	237	0.919	0.25	4.85
正癸酸(羊蜡酸)	31.3	259		0.2	
十二酸(月桂酸)	43.6	225		不溶	
十四酸(肉豆蔻酸)	58	251		不溶	
十六酸(软脂酸)	62.9	259		不溶	
十八酸(硬脂酸)	69.9	287		不溶	6.37
丙烯酸(败脂酸)	13	141			4.26
3-丁烯酸	−39	163	1.013		
乙二酸(草酸)	189.5	157(升华)	1.9	9	1.46,4.40
丁二酸(琥珀酸)	188	100(升华)		6.8	4.16,5.61
己二酸(肥酸)	153	276	1.360	2	4.43,5.52
癸二酸(皮脂酸)	134	296			4.55,5.52
苯甲酸(安息香酸)	122.4	249		2.7	4.19
3-苯丙烯酸(肉桂酸)	133	300		不溶	4.43

3. 羧酸的化学性质

羧基是个强极性基团。羧基形式上是由羰基和羟基加合而成的，但化学性质并不是羰基和羟基的简单加合。如羧基中的羰基与羰基试剂不反应，更不容易氧化和还原；羧基中羟基与醇中羟基的化学性质也不同。羧酸有明显的酸性。羧基中的羰基和羟基相连，两者在分子

中相互影响，导致羧酸的化学反应主要发生在以下几个部位：一是发生在羧基中羟基氢氧键的断裂；二是发生在羧基中碳氧键的断裂；三是发生在与羧基相连的 α-碳原子上的 α-氢原子；四是发生脱羧反应。

（1）酸性　羧酸在水溶液中解离出氢离子而呈酸性，能使蓝色石蕊试纸变红。

$$RCOOH \rightleftharpoons RCOO^- + H^+$$

羧酸酸性的强弱，可用解离常数 K_a 表示。

$$K_a = \frac{[RCOO^-][H^+]}{[RCOOH]}$$

用解离常数 K_a 表示酸度很不方便，通常采用 K_a 的负对数 pK_a 表示。如：

$$pK_a = -\lg K_a$$

大多数羧酸的 pK_a 值在 $4\sim5$ 之间。如甲酸的 pK_a 为 3.77，乙酸的 pK_a 为 4.76，一些羧酸的 pK_a 见表 4-6。

羧酸与无机强酸相比是弱酸，但其酸性比碳酸（$pK_a=6.38$）和一般酚（$pK_a\approx10$）强。羧酸与碱能发生中和反应，生成盐和水。羧酸能分解碳酸盐或碳酸氢盐而放出 CO_2。例如：

$$RCOOH + NaOH \longrightarrow RCOONa + H_2O$$
$$RCOOH + NaHCO_3 \longrightarrow RCOONa + CO_2\uparrow + H_2O$$

羧酸钠盐具有一般无机盐的性质，不挥发，易溶于水，在水中能完全离解成离子。在羧酸钠盐中加入无机酸，原来的羧酸又游离出来。例如：

$$RCOONa + HCl \longrightarrow RCOOH + NaCl$$

利用这一性质，可用来分离和提纯羧酸，也可用来区别羧酸与苯酚。

（2）羧酸衍生物的生成　羧基中的羟基可分别被卤原子（—X）、酰氧基（ R—C—O— 或 Ar—C—O— ）、烷氧基（—OR）、氨基（—NH₂）取代，生成相应的酰卤、酸酐、酯和酰胺。

羧酸与三氯化磷、五氯化磷反应，生成酰卤。例如：

$$3R{-}\overset{O}{\underset{\|}{C}}{-}OH + PCl_3 \longrightarrow 3R{-}\overset{O}{\underset{\|}{C}}{-}Cl + H_3PO_3$$

酰氯　　亚磷酸

$$R{-}\overset{O}{\underset{\|}{C}}{-}OH + PCl_5 \longrightarrow R{-}\overset{O}{\underset{\|}{C}}{-}Cl + POCl_3 + HCl$$

酰氯　　三氯氧磷

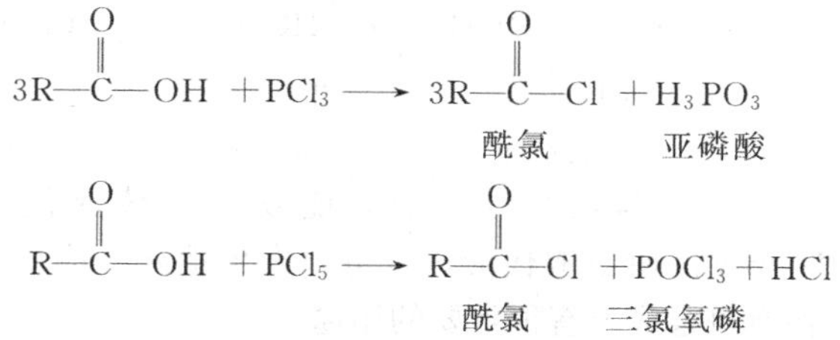

两分子羧酸在脱水剂（P_2O_5）存在下，加热脱水，生成酸酐。例如：

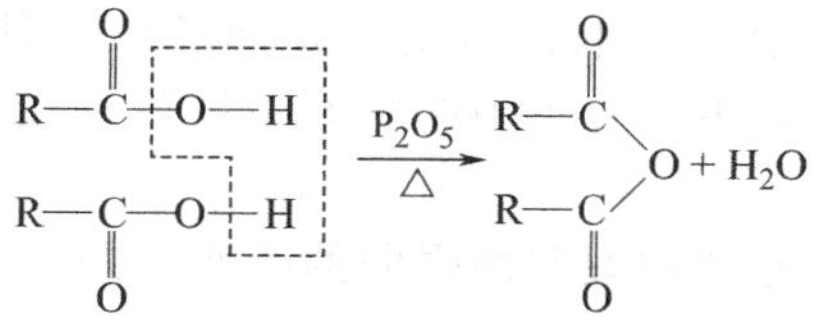

酸酐

在强酸（如浓 H_2SO_4）催化下，羧酸和醇作用生成酯的反应叫做酯化反应。这是制备酯的最重要的方法。

$$R{-}\overset{O}{\underset{\|}{C}}{-}OH + HOR' \underset{}{\overset{H^+}{\rightleftharpoons}} R{-}\overset{O}{\underset{\|}{C}}{-}OR' + H_2O$$

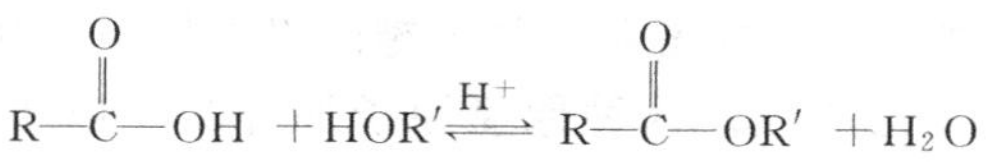

酯

酯化反应是可逆反应。为了提高酯的产率，通常采用加入过量的酸或醇，在大多数情况下，加入过量的醇，它既作试剂又作溶剂。

羧酸和氨作用，首先生成铵盐，然后在150℃以上分解得到酰胺。

$$R-\overset{O}{\overset{\|}{C}}-OH + NH_3 \rightleftharpoons R-\overset{O}{\overset{\|}{C}}-ONH_4 \xrightarrow{\triangle} \underset{\text{酰胺}}{R-\overset{O}{\overset{\|}{C}}-NH_2} + H_2O$$

这是一个可逆反应。反应过程中不断蒸发生成的水而使平衡向生成酰胺的方向移动，产率较高。

(3) 脱羧反应　羧酸的碱金属盐与碱石灰（NaOH-CaO）共热，脱去羧基而生成烃。例如，实验室常用无水醋酸钠和碱石灰共热来制取甲烷。

$$CH_3 \text{—} \boxed{COONa + NaO}\,H \xrightarrow[\triangle]{CaO} CH_4\uparrow + Na_2CO_3$$

这个反应副反应较多，实际上只适用于低级的羧酸盐。

(4) 还原反应　在一般条件下，羧酸中的羧基比较难以还原，但如果采用强还原剂，如 $LiAlH_4$ 等，能把羧酸还原为伯醇。例如：

$$(CH_3)_3CCOOH + LiAlH_4 \xrightarrow[\text{②}H_2O]{\text{①干醚}} (CH_3)_3CCH_2OH$$

用氢化铝锂还原羧酸，不仅产率高，而且羧酸分子中的碳碳不饱和键不受影响。但由于氢化铝锂价格昂贵，仅在实验室使用。例如：

$$CH_2{=}CHCH_2COOH + LiAlH_4 \xrightarrow[\text{②}H_2O]{\text{①干醚}} CH_2{=}CHCH_2CH_2OH$$

(5) α-氢原子的卤代反应　羧基和羰基类似，能使和羧基相连的 α-碳上的 α-氢活化，但羧基的致活作用比羰基小得多，因此，在反应中必须用碘、硫或红磷等作为催化剂，α-氢原子才能被卤原子取代。例如

$$CH_3COOH \xrightarrow[P]{Cl_2} \underset{\text{一氯乙酸}}{\underset{\underset{Cl}{|}}{CH_2}COOH} \xrightarrow[P]{Cl_2} \underset{\text{二氯乙酸}}{\overset{\overset{Cl}{|}}{\underset{\underset{Cl}{|}}{CH}}COOH} \xrightarrow[P]{Cl_2} \underset{\text{三氯乙酸}}{Cl-\overset{\overset{Cl}{|}}{\underset{\underset{Cl}{|}}{C}}COOH}$$

α-卤代酸分子中的卤原子与卤代烷一样，能发生亲核取代反应，卤原子能被—OH、—NH_2、—CN取代而转变成各种 α-取代酸，也可以发生消除反应而得到 α,β-不饱和酸。所以，α-氢原子的卤代反应，在有机合成上有很重要的用途。

4. 诱导效应

乙酸分子中的 α-氢原子被氯原子取代后生成 α-氯乙酸，其酸性比乙酸明显地增强，而且氯原子越多酸性越强。相反，甲酸分子中的氢原子被烷基取代后其酸性减弱了，如表4-7所示。

这种由于取代基的引入而导致羧酸酸性强弱的改变，是由于引入的某些原子或基团的吸引电子或供给电子的能力不同所引起的。由表4-7中乙酸和氯乙酸的酸性强弱可知，影响乙酸的酸性强弱就是来自氯原子，氯原子的电负性（3.0）大于氢原子（2.1），氯原子吸引电子的能力明显地大于氢原子。在氯乙酸分子中，由于氯原子吸引电子的作用，使得羧基中氢氧键的电子云沿着碳链向氯原子方向偏移，氢氧键的极性增强，从而有利于氢原子离解成为质子，导致氯乙酸的酸性比乙酸强。这种像氯原子那样吸引电子的原子或基团，叫做吸电子基。

表 4-7　某些取代羧酸的 pK_a 值

羧酸	构造式	pK_a	氯代乙酸	构造式	pK_a
甲酸	$HCOOH$	3.77	一氯乙酸	$ClCH_2COOH$	2.86
乙酸	CH_3COOH	4.74	二氯乙酸	$Cl_2CHCOOH$	1.26
丙酸	CH_3CH_2COOH	4.87	三氯乙酸	Cl_3CCOOH	0.64
丁酸	$CH_3CH_2CH_2COOH$	4.82	卤代乙酸	构造式	pK_a
氯代丁酸	构造式	pK_a	氟乙酸	FCH_2COOH	2.66
α-氯代丁酸	$CH_3CH_2CHClCOOH$	2.84	氯乙酸	$ClCH_2COOH$	2.82
β-氯代丁酸	$CH_3CHClCH_2COOH$	4.06	溴乙酸	$BrCH_2COOH$	2.86
γ-氯代丁酸	$CH_2ClCH_2CH_2COOH$	4.52	碘乙酸	ICH_2COOH	3.12

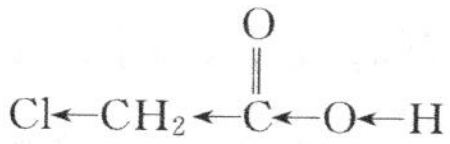

很明显，氯原子越多，这种影响越大，因而酸性越强。另外，氯原子与羧基距离的远近，也对酸性有明显的影响。由表可知，氯原子离羧基越近，吸引电子的影响越大，酸性越强，反之，酸性则越弱。从卤代乙酸中可看出，卤原子的电负性越大，酸性就越强，电负性越小，则酸性越弱。

同样地，通过比较表中甲酸（pK_a=3.77）和乙酸（pK_a=4.74）的酸性强弱可知，甲基和其他烷基都是供给电子的基团，叫做供电子基。在乙酸分子中，由于甲基的供电子作用，使电子云向羧基中氢氧键的氢原子方向偏移，氢氧键的极性减弱，氢原子难以离解成为质子，导致乙酸的酸性比甲酸弱。

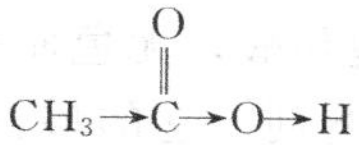

其他烷基和甲基一样，也是供电子基。因此，丙酸、丁酸等的酸性都比甲酸弱。

综上所述，由于电负性不同的原子或基团的影响，使整个分子中成键电子云密度按原子或基团电负性大小所决定的方向而偏移的效应叫做诱导效应，用符号 I 表示。吸电子基引起的诱导效应叫做吸电子诱导效应，用符号 $-I$ 表示；供电子基引起的诱导效应叫做供电子诱导效应，用符号 $+I$ 表示。

实验表明，一些吸电子基的 $-I$ 效应由强到弱的次序为：

$$NO_2>CN>COOH>F>Cl>Br>I$$

一些供电子基的 $+I$ 效应由强到弱的次序为：

$$C(CH_3)_3>CH(CH_3)_2>CH_2CH_3>CH_3>H$$

诱导效应不仅有方向性，还有加合性。诱导效应是以静电诱导的方式沿着碳碳 σ 键依次从一个原子传递到另一个原子，随着碳链的增长，效应迅速减弱而消失，一般经过三个碳原子之后，影响就可以忽略不计了。

5. 重要的羧酸及高聚物

(1) 甲酸　甲酸最初是从蚂蚁和荨麻中取得，所以俗称蚁酸。甲酸是无色有刺激性气味的液体，沸点 100.5℃，有毒。

甲酸的结构比较特殊，羧基与氢原子直接相连，分子中既有羧基又有醛基。

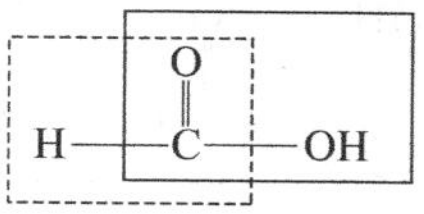

因此，甲酸既有羧酸的一般性质，又有醛的某些性质。例如，甲酸既能与斐林试剂作用生成氧化亚铜沉淀，又能与托伦试剂发生银镜反应，还能被高锰酸钾氧化而使其褪色，实验室通常利用这些性质来定性检验甲酸。

甲酸的工业制法是将一氧化碳与粉末状氢氧化钠，在一定的温度和压力下先制成甲酸钠，再经酸化得到甲酸。例如：

$$CO+NaOH\xrightarrow[0.5\sim1MPa]{210℃}HCOONa\xrightarrow{H_2SO_4}HCOOH$$

甲酸可用来制备草酸，用作橡胶的凝聚剂、缩合剂，还大量应用于印染工业，在医药上用作消毒剂和防腐剂。

(2) 乙酸　乙酸俗称醋酸，是食醋的主要成分。常温下，纯乙酸是无色透明而有刺激性气味的液体，熔点 16.6℃，沸点 118℃。低于熔点时，无水醋酸凝固成冰状固体，故称为冰醋酸。

工业上常用乙醛为原料，在催化剂存在下，用空气氧化而制得。

$$CH_3CHO+\frac{1}{2}O_2\xrightarrow[70\sim80℃,\ 0.2\sim0.3MPa]{(CH_3COO)_2Mn}CH_3COOH$$

用低级烷烃为原料，以醋酸钴为催化剂，用空气进行液相氧化是近年来制取乙酸的一种重要方法。

$$CH_3CH_2CH_2CH_3+\frac{5}{2}O_2\xrightarrow[165℃,\ 2MPa]{(CH_3COO)_2Co}2CH_3COOH+H_2O$$

乙酸是重要的化工原料，主要用于合成酸酐、醋酸乙烯酯、乙酸乙酯等，还可用来制造药物、媒染剂、橡胶凝聚剂等。

(3) 丙烯酸　丙烯酸是重要的不饱和酸，无色而有类似于醋酸刺激性气味的液体，沸点 141℃，易溶于水、乙醇和乙醚等有机溶剂。它的酸性较强，能腐蚀皮肤和强烈刺激人体呼吸器官。

丙烯酸既有羧酸的性质，又有烯烃的性质，容易发生氧化和聚合反应。因此，丙烯酸在贮存、运输时常加入阻聚剂，如对苯二酚或对苯二酚一甲醚，以防止其自身聚合。

工业上以丙烯为原料，通过催化氧化来合成丙烯酸。例如：

$$CH_2=CHCH_3+O_2\xrightarrow[350℃,\ 0.25MPa]{Cu_2O}CH_2=CHCHO+H_2O$$

$$CH_2=CHCHO+\frac{1}{2}O_2\xrightarrow[200\sim300℃]{Cu_2O}CH_2=CHCOOH$$

丙烯酸通过聚合得到聚丙烯酸。丙烯酸树脂黏合剂广泛用于纺织工业。

(4) 己二酸　己二酸俗称肥酸，是白色晶体，熔点 153℃，无臭，微有酸味，微溶于水。工业上常用两种方法来合成。

① 环己醇氧化法

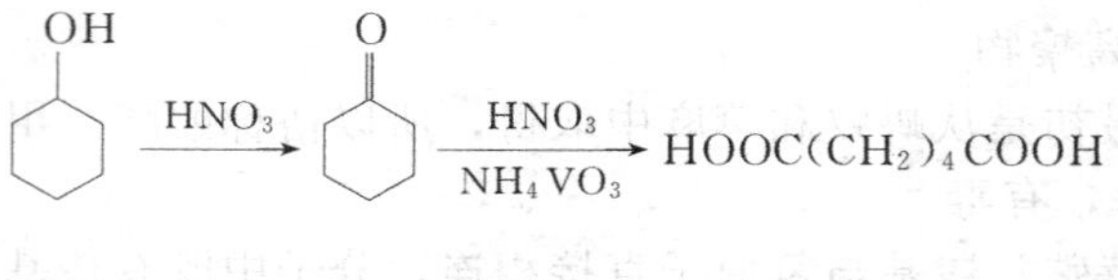

② 环己烷氧化法

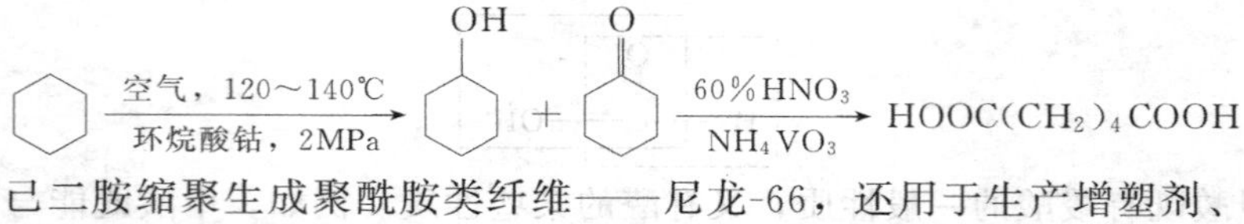

己二酸与己二胺缩聚生成聚酰胺类纤维——尼龙-66，还用于生产增塑剂、润滑剂等。

(5) 苯甲酸　苯甲酸俗称安息香酸，它是最简单的芳香酸。苯甲酸为白色晶体，略有特殊气味，熔点 122℃，至 100℃可升华，微溶于冷水，易溶于热水，能溶于乙醇、乙醚、氯仿等有机溶剂中。由于苯环的影响，苯甲酸的酸性比一般脂肪酸强。苯甲酸的工业制法是直接用甲苯氧化而制得。

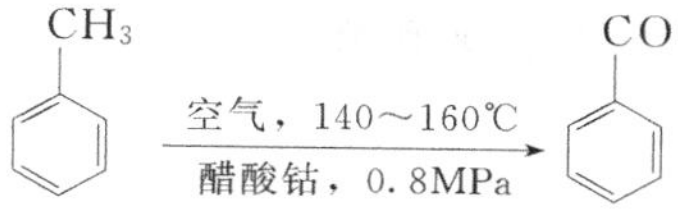

苯甲酸是重要的有机合成原料，可以制备香料，它的钠盐为重要的食品和药物的防腐剂。

（6）邻苯二甲酸　邻苯二甲酸俗称酞酸，是白色结晶固体，没有明显的熔点，加热至200～300℃即失水而生成邻苯二甲酸酐。工业上用邻二甲苯氧化而制得。

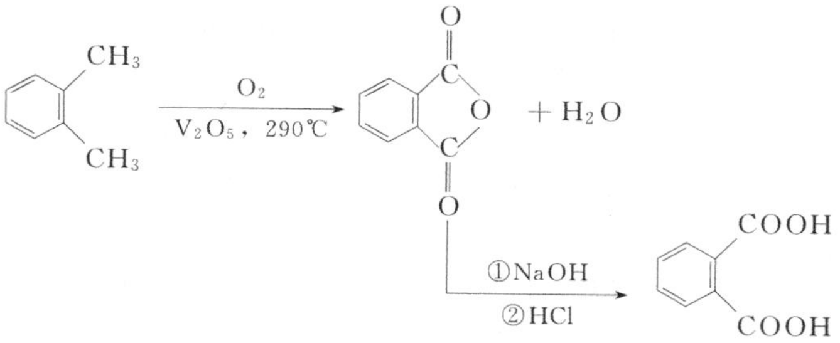

邻苯二甲酸和邻苯二甲酸酐用途很广，主要用于合成树脂、染料和增塑剂等，如邻苯二甲酸二丁酯、邻苯二甲酸二戊酯、邻苯二甲酸二辛酯等，它们在塑料工业中，都是重要的增塑剂。邻苯二甲酸与丙三醇或季戊四醇缩聚可合成醇酸树脂，广泛用于涂料工业等。

（7）对苯二甲酸　对苯二甲酸为白色结晶固体，不能生成酸酐，加热至300℃升华，微溶于热水，稍溶于热的乙醇。工业上是用对二甲苯氧化而制得。

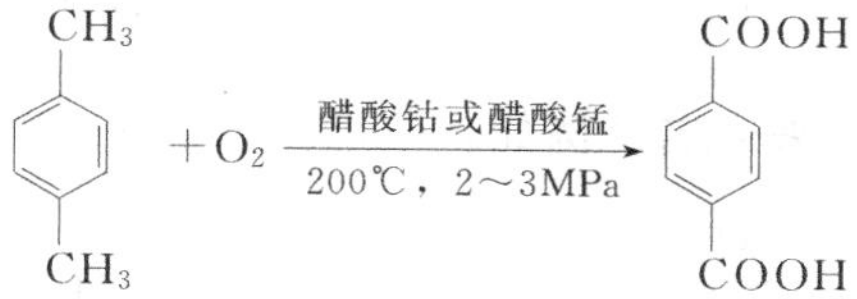

对苯二甲酸与环氧乙烷或乙二醇直接缩聚，生成对苯二甲酸乙二醇酯。先将对苯二甲酸制成对苯二甲酸二甲酯后，再与乙二醇进行酯交换，制成对苯二甲酸乙二醇酯，然后再缩聚成高聚物，高聚物再进行抽丝就可制成聚酯纤维，商品名为“涤纶”。

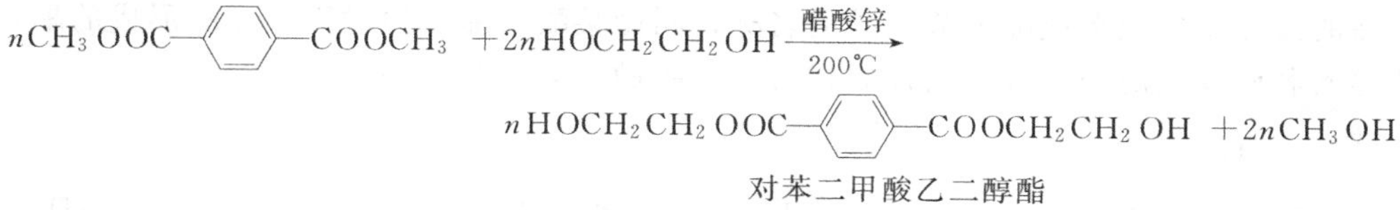

对苯二甲酸乙二醇酯

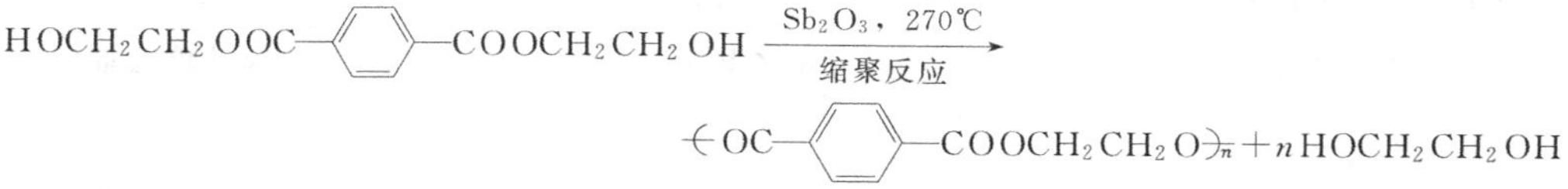

聚对苯二甲酸乙二醇酯(涤纶)

二、羧酸衍生物

羧酸衍生物一般是指羧基中的羟基被其他原子或基团取代后的生成物。例如：羧酸分子中的羟基被卤素（—X）、酰氧基（ R—C—O— ）、烷氧基（—OR）和氨基（—NH₂）取代后生成的化合物，分别称为酰卤、酸酐、酯和酰胺。

1. 羧酸衍生物的分类和命名

在羧酸衍生物中，它们都含有酰基（ R—C— 或 ⬡—C— 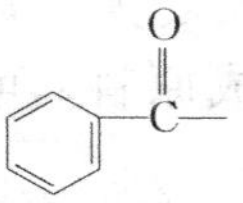）。酰基与卤原子相连的化合物叫酰卤，酰基与酰氧基相连的化合物叫酸酐，酰基与烷氧基相连的化合物叫酯，酰基与氨基相连的化合物叫酰胺。它们的通式为：

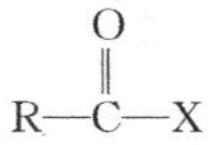

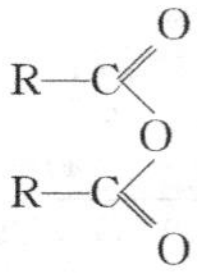

$$
\begin{array}{cc}
\underset{\text{酰卤}}{R\!-\!\overset{\displaystyle O}{\overset{\|}{C}}\!-\!X} &
\underset{\text{酸酐}}{\begin{array}{l} R\!-\!\overset{\displaystyle O}{\overset{\|}{C}}\diagdown \\ \quad\quad O \\ R\!-\!\underset{\displaystyle O}{\underset{\|}{C}}\diagup \end{array}}
\end{array}
$$

$$
\underset{\text{酯}}{R\!-\!\overset{\displaystyle O}{\overset{\|}{C}}\!-\!OR'} \qquad\qquad \underset{\text{酰胺}}{R\!-\!\overset{\displaystyle O}{\overset{\|}{C}}\!-\!NH_2}
$$

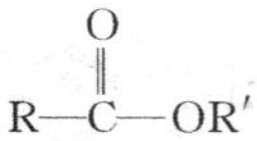

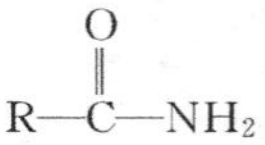

酰卤与酰胺的命名相同，都是将它们相应的羧酸名称中的"酸"字去掉后，再冠以酰卤、酰胺的名词来命名。例如：

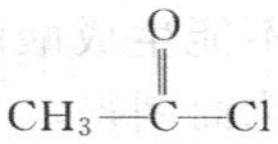

$$
\underset{\text{乙酰氯}}{CH_3\!-\!\overset{\displaystyle O}{\overset{\|}{C}}\!-\!Cl} \qquad\qquad \underset{\text{乙酰胺}}{CH_3\!-\!\overset{\displaystyle O}{\overset{\|}{C}}\!-\!NH_2}
$$

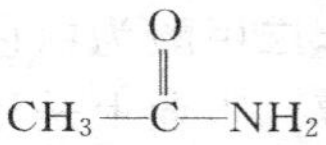

酸酐是根据原来酸的名称来命名。例如：

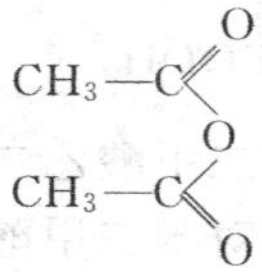

$$
\underset{\text{乙酸酐（醋酐）}}{\begin{array}{l} CH_3\!-\!\overset{\displaystyle O}{\overset{\|}{C}}\diagdown \\ \quad\quad O \\ CH_3\!-\!\underset{\displaystyle O}{\underset{\|}{C}}\diagup \end{array}} \qquad\qquad \underset{\text{乙丙酐}}{\begin{array}{l} CH_3\!-\!\overset{\displaystyle O}{\overset{\|}{C}}\diagdown \\ \quad\quad O \\ CH_3CH_2\!-\!\underset{\displaystyle O}{\underset{\|}{C}}\diagup \end{array}}
$$

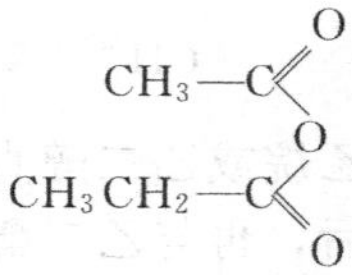

酯的命名是按照形成酯的酸和醇的名称，叫做某酸某酯。但对于多元醇形成的酯，一般要把醇的名称放在前面，酸的名称放在后面，叫做"某醇某酸酯"。例如：

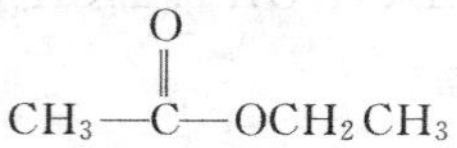

$$
\underset{\text{乙酸乙酯}}{CH_3\!-\!\overset{\displaystyle O}{\overset{\|}{C}}\!-\!OCH_2CH_3} \quad \underset{\text{乙酸乙烯酯}}{CH_3\!-\!\overset{\displaystyle O}{\overset{\|}{C}}\!-\!OCH\!=\!CH_2} \quad \underset{\text{苯甲酸乙酯}}{⬡\!-\!\overset{\displaystyle O}{\overset{\|}{C}}\!-\!OC_2H_5}
$$

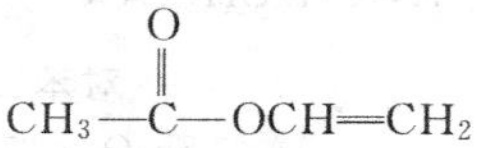

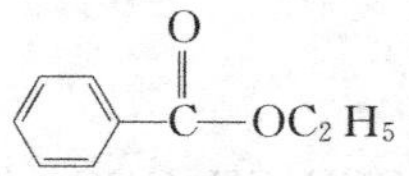

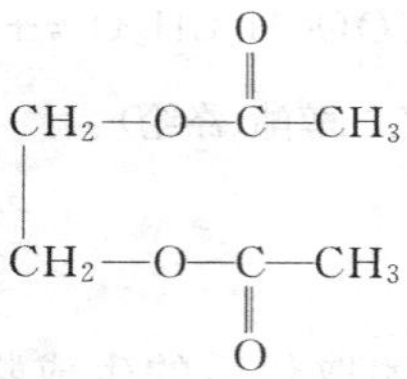

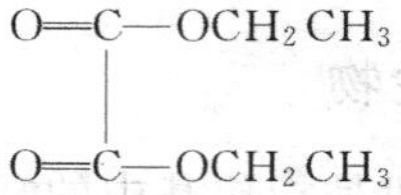

$$
\underset{\text{乙二醇二乙酸酯}}{\begin{array}{l} CH_2\!-\!O\!-\!\overset{\displaystyle O}{\overset{\|}{C}}\!-\!CH_3 \\ \\ CH_2\!-\!O\!-\!\underset{\displaystyle O}{\underset{\|}{C}}\!-\!CH_3 \end{array}} \qquad\qquad \underset{\text{乙二酸二乙酯}}{\begin{array}{l} O\!=\!C\!-\!OCH_2CH_3 \\ \\ O\!=\!C\!-\!OCH_2CH_3 \end{array}}
$$

2. 羧酸衍生物的物理性质

低级的酰氯和酸酐具有强烈的刺激性气味；大多数酯具有香味，存在于花果中，可用作香料；大部分酰胺是固体，没有气味。

酰氯、酸酐和酯，由于分子中没有与氧原子直接相连的氢原子，分子间不能形成氢键而缔合，因而，它们的沸点比相对分子质量相近的羧酸要低得多。例如丁酸的沸点 163℃，而与丁酸相对分子质量相近的乙酸乙酯的沸点为 77℃。

酰胺的情况与上述不一样，因为酰胺分子可通过氨基上的氢原子形成分子间氢键而缔合，所以沸点比相应的羧酸高。例如乙酰胺的沸点 222℃，而乙酸的沸点 118℃。

酰氯、酸酐遇水则分解。酯因与水分子间没有缔合作用，在水中溶解度比相应的羧酸小。酰胺则易溶于水。常见的羧酸衍生物的物理常数见表 4-8。

表 4-8 羧酸衍生物的物理常数

类别	名称	熔点/℃	沸点/℃	相对密度(20℃)/g·cm^{-3}
酰氯	乙酰氯	−112	51	1.104
	乙酰溴	−96	76.7	1.52
	乙酰碘		108	1.98
	丙酰氯	−94	80	1.065
	丁酰氯	−89	102	1.028
酯	甲酸甲酯	−99.8	32	0.974
	乙酸甲酯	−98	57.5	0.924
	乙酸乙酯	−84	77	0.901
	乙酸丁酯	−77	126	0.882
	乙酸戊酯	−70.8	147.6	0.879
	乙酸异戊酯	−78	142	0.876
	丙二酸二乙酯	−50	199	1.055
	甲基丙烯酸甲酯		100	0.936
酸酐	乙酸酐	−73	139.6	1.082
	丁二酸酐	119.6	261	1.104
	顺丁烯二酸酐	60	200	1.48
酰胺	甲酰胺	3	200(分解)	1.139
	乙酰胺	82	227	1.159
	丙酰胺	80	213	1.042
	丁酰胺	116	216	1.032
	戊酰胺	106	232	1.023
	己酰胺	101	255	0.999
	N-甲基甲酰胺		180	
	N,*N*-二甲基甲酰胺	−61	153	0.9484(22.4℃)
	N,*N*-二甲基乙酰胺		165	0.9366(25℃)

3. 羧酸衍生物的化学性质

酰卤、酸酐、酯和酰胺分子中都含有酰基，均与具有未共用电子对的原子或基团相连接，分子中都有 p-π 共轭效应。

由于结构上相似，就决定了它们性质上相似。但因为酰基连接的原子或基团不一样，它们的活性就有较大的差异，其活性顺序为：酰氯＞酸酐＞酯＞酰胺。

(1) 水解反应 酰卤、酸酐、酯和酰胺都可以发生水解反应，生成相应的羧酸。

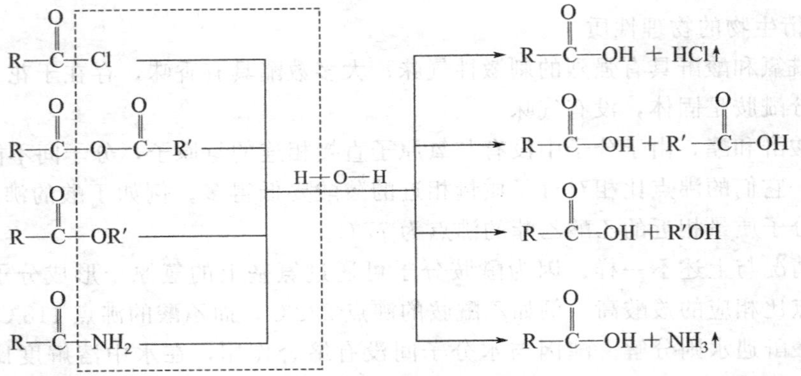

虽然它们都可以发生水解，但差异较大。酰氯在室温下就迅速发生水解，酸酐煮沸容易发生水解，因此制备和贮存这两类化合物必须隔绝水气。酯的水解是可逆的，酯和酰胺的水解都需要碱或酸的催化，还要加热。酯在碱性溶液中的水解又叫皂化反应，肥皂就是高级脂肪酸甘油酯的碱性水解产物。

（2）醇解反应　酰氯、酸酐、酯和酰胺都能与醇作用，生成酯。

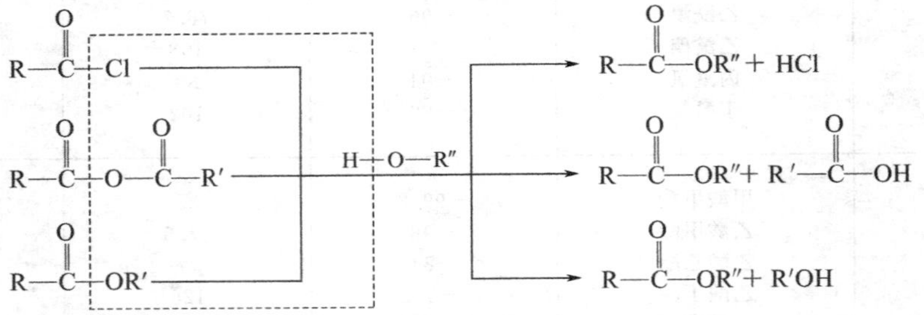

酯与醇作用需要在盐酸或醇钠的催化下，可生成另一种醇和另一种酯，这个反应叫做酯交换反应。酯交换反应是可逆反应，工业上可利用这个反应从廉价易得的低级醇制取高级醇。例如，聚酯纤维所用的单体对苯二甲酸乙二醇酯，工业上是采用将先制成的对苯二甲酸二甲酯（或二乙酯）与乙二醇进行酯交换反应来制备乙二醇酯。这样就可使用纯度较低的对苯二甲酸为原料，从而避免了复杂的分离和提纯工作。

（3）氨解反应　酰氯、酸酐和酯都可和氨作用，生成酰胺。酰胺与胺的作用是可逆反应，需要胺过量才可以得到 *N*-烷基酰胺。

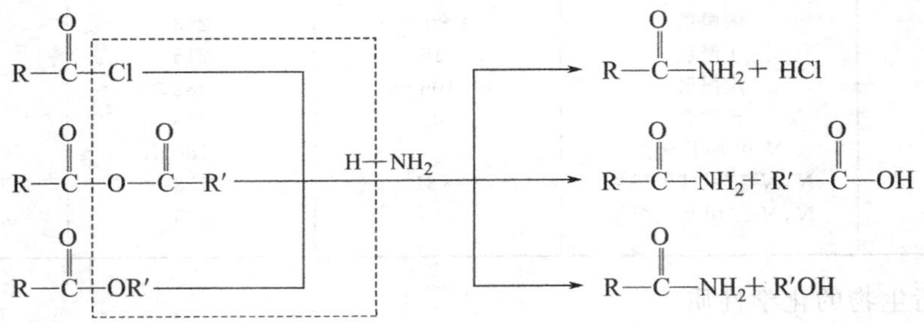

通过上述水解、醇解和氨解反应可以看出，酰卤、酸酐、酯和酰胺这四种衍生物与羧酸之间，可以采用一定的试剂实现相互转化。它们都可以发生酰基化反应，将酰基引入其他分子中去，特别是酰卤、酸酐的酰基化能力较强。因此，在有机合成和有机分析中，通常采用酰卤和酸酐作为酰基化试剂。

（4）与格氏试剂的反应　酰卤、酸酐、酯和酰胺都可与格氏试剂作用，生成叔醇，特别是酯在有机合成上应用最为普遍。例如：

$$
CH_3-\overset{\overset{\displaystyle O}{\|}}{C}-OCH_2CH_3 + \langle\!\!\langle\rangle\!\!\rangle-MgBr \xrightarrow[\text{（加成）}]{\text{干醚}} CH_3-\overset{\overset{\displaystyle OMgBr}{|}}{\underset{\underset{\displaystyle \langle\!\!\langle\rangle\!\!\rangle}{|}}{C}}-OC_2H_5 \xrightarrow{\text{（消除）}}
$$

$$
CH_3-\overset{\overset{\displaystyle O}{\|}}{C}-\langle\!\!\langle\rangle\!\!\rangle + C_2H_5OMgBr
$$

$$
CH_3-\overset{\overset{\displaystyle O}{\|}}{C}-\langle\!\!\langle\rangle\!\!\rangle + \langle\!\!\langle\rangle\!\!\rangle-MgBr \xrightarrow[\text{（加成）}]{\text{干醚}} \langle\!\!\langle\rangle\!\!\rangle-\overset{\overset{\displaystyle OMgBr}{|}}{\underset{\underset{\displaystyle CH_3}{|}}{C}}-\langle\!\!\langle\rangle\!\!\rangle \xrightarrow{\overset{\displaystyle H^+}{H_2O}} \langle\!\!\langle\rangle\!\!\rangle-\overset{\overset{\displaystyle OH}{|}}{\underset{\underset{\displaystyle CH_3}{|}}{C}}-\langle\!\!\langle\rangle\!\!\rangle + Mg(OH)Br
$$

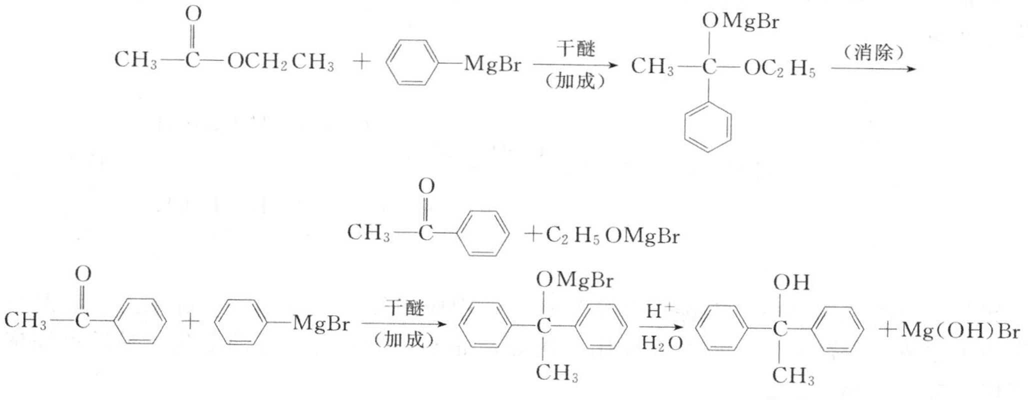

叔醇

由上述反应可知，第一步酯与格氏试剂发生加成反应生成酮，酮继续与格氏试剂加成生成叔醇。由于第二步反应速率很快，所以，酮不需要分离出来。

（5）还原反应　酰卤、酸酐、酯和酰胺都比羧酸容易还原，生成相应的醇或胺。特别是酯比较容易还原，生成相应的伯醇，因此，在有机合成上先将羧酸转变成酯，再还原制取伯醇。还原可以采用催化加氢或化学还原的方法。例如：

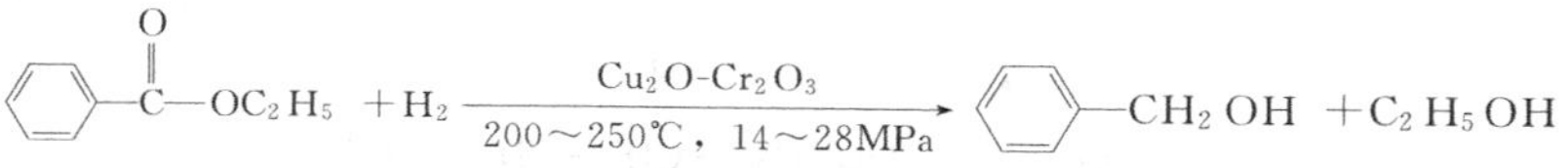

$$
\langle\!\!\langle\rangle\!\!\rangle-\overset{\overset{\displaystyle O}{\|}}{C}-OC_2H_5 + H_2 \xrightarrow[200\sim250℃，14\sim28MPa]{Cu_2O-Cr_2O_3} \langle\!\!\langle\rangle\!\!\rangle-CH_2OH + C_2H_5OH
$$

$$
R-\overset{\overset{\displaystyle O}{\|}}{C}-OR' \xrightarrow[\text{②}H_2O]{\text{①}LiAlH_4，干醚} RCH_2OH + R'OH
$$

氢化铝锂还原剂有较强的选择性，在还原不饱和酸时，对双键没有影响，但由于价格昂贵，又不易保存，工业上不能广泛应用。

（6）酰胺的特殊反应

① 脱水反应　酰胺在强的脱水剂的作用下，脱水生成腈。最强的脱水剂是五氧化二磷。

$$
R-\overset{\overset{\displaystyle O}{\|}}{C}-NH_2 \xrightarrow[\triangle]{P_2O_5} R-C\equiv N + H_2O
$$

腈

② 降级反应　酰胺与次氯酸钠或次溴酸钠的碱溶液作用时，脱去羰基而生成伯胺。在反应中，产物比原料少了一个碳原子，这个反应叫做霍夫曼（A. W. Hofmann）降级反应。例如：

$$
R-\overset{\overset{\displaystyle O}{\|}}{C}-NH_2 + NaOBr + 2NaOH \longrightarrow RNH_2 + Na_2CO_3 + NaBr + H_2O
$$

（Br_2 + NaOH）

4. 重要的羧酸衍生物及高聚物

(1) 邻苯二甲酸酐　俗称苯酐，无色鳞片状晶体，熔点131℃，沸点284℃，易升华，难溶于冷水，易溶于热水、乙醇、乙醚等有机溶剂中。

工业上用萘或邻二甲苯在催化剂存在下，经空气氧化而制得。邻苯二甲酸酐与醇作用生成酯。例如：

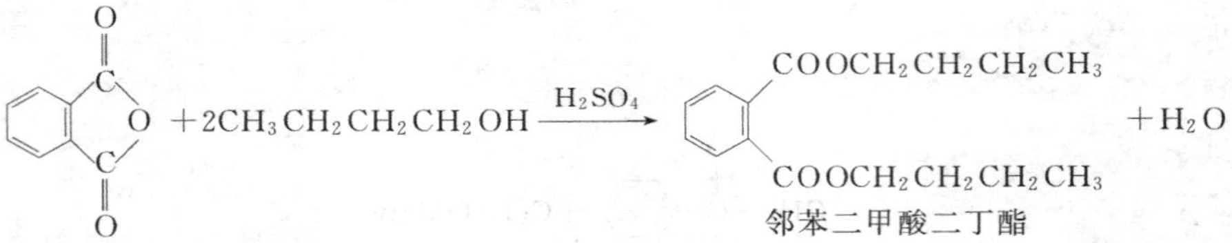
邻苯二甲酸二丁酯

邻苯二甲酸二丁酯（二辛酯）都是塑料工业中应用较广的增塑剂。邻苯二甲酸酐与多元醇作用可生成一类高聚物，即醇酸树脂。例如，邻苯二甲酸酐与甘油酯化，最后可缩聚成体型结构的醇酸树脂。

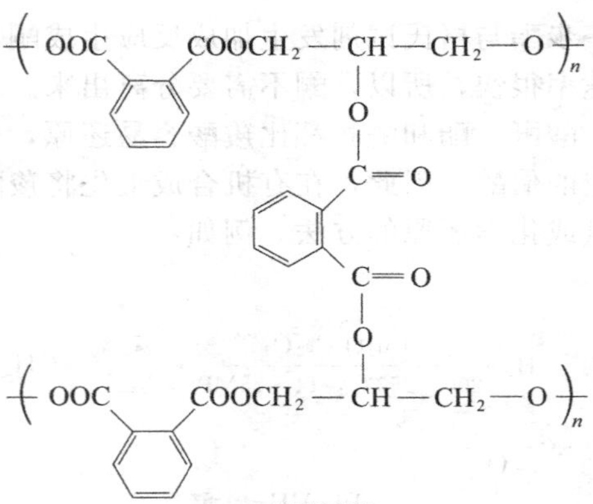
醇酸树脂

这种醇酸树脂质脆、固化慢，用途有限，需要用松香或脂肪酸来改性，这样便广泛用于涂料工业。

(2) 乙酸乙烯酯　乙酸乙烯酯为无色可燃性液体，有强烈的刺激性气味，沸点73℃，微溶于水，能溶于多种有机溶剂。

工业上用乙炔或乙烯与乙酸在催化剂存在下制得。例如：

$$CH\equiv CH + CH_3COOH \xrightarrow[210\sim250℃]{(CH_3COO)_2Zn} CH_3COOCH=CH_2$$

$$CH_2=CH_2 + CH_3COOH + \frac{1}{2}O_2 \xrightarrow[0.5\sim1MPa]{Pd,\ 150\sim200℃} CH_3COOCH=CH_2 + H_2O$$

乙酸乙烯酯在过氧化物或偶氮二异丁腈的引发下，能聚合生成高分子化合物聚乙酸乙烯酯，把它水解就得聚乙烯醇（polyvinyl alcohol，简称PVA）。

$$CH_3-\overset{\overset{\large O}{\|}}{C}-O-CH=CH_2 \longrightarrow \left[CH\underset{\underset{\large OCOCH_3}{|}}{}-CH_2\right]_n$$

聚乙酸乙烯酯

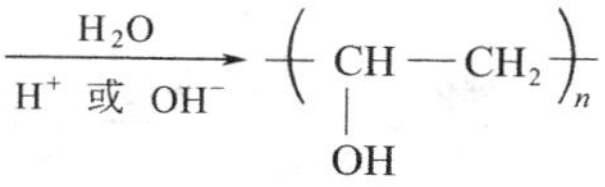

聚乙烯醇

由于乙烯醇很不稳定，不能游离存在，因此聚乙烯醇只能间接地由聚乙酸乙烯酯水解或醇解制备。聚乙烯醇是白色固体。聚乙烯醇中有多个羟基，可溶于水，不溶于有机溶剂，广泛用作涂料和黏合剂。聚乙烯醇与甲醛作用，再经一定处理后，就成为“维尼纶”纤维，这是我国大量生产的合成纤维之一。

维尼纶

(3) 甲基丙烯酸甲酯　甲基丙烯酸甲酯为无色液体，沸点 100℃。工业上以丙酮为原料，先与氢氰酸发生亲核加成生成丙酮氰醇，再和浓硫酸及甲醇共热、水解、酯化和脱水而制得。例如：

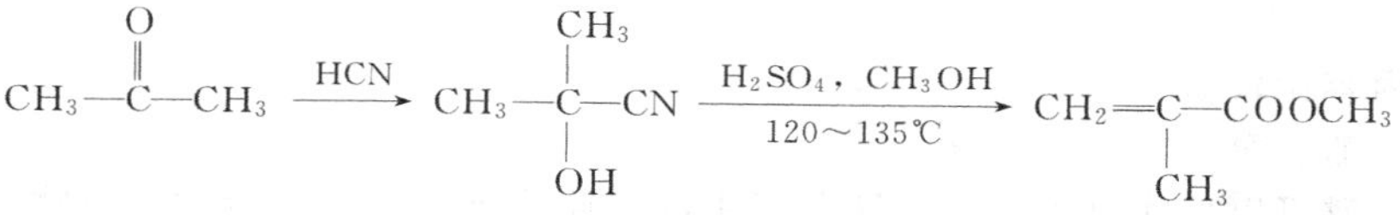

丙酮氰醇　　α-甲基丙烯酸甲酯

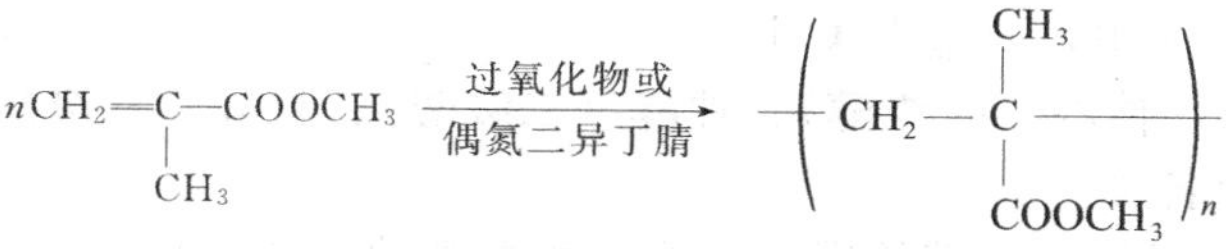

聚甲基丙烯酸甲酯

聚甲基丙烯酸甲酯俗称有机玻璃，可透过紫外线，机械强度大，可用来制造光学仪器、汽车和飞机上的挡风玻璃等。

(4) 顺丁烯二酸酐　顺丁烯二酸酐又称马来酸酐，白色粉末状结晶固体，有强烈刺激性气味，熔点 60℃，沸点 200℃，容易升华，易溶于乙醇、乙醚和丙酮中。工业上主要用苯为原料，在催化剂存在下，用空气氧化而制得。例如：

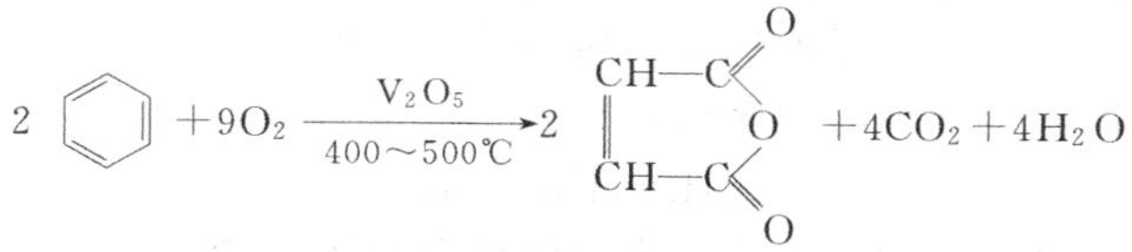

顺丁烯二酸酐主要用来合成聚酯树脂，在塑料工业、涂料工业中都有重要用途。此外，也用来合成农药等。

(5) ε-己内酰胺　ε-己内酰胺简称己内酰胺，它是白色固体，熔点 69℃，沸点 262.5℃，有薄荷味，易溶于水和许多有机溶剂中，有毒。

工业上生产己内酰胺的方法很多，这里介绍环己酮肟法，即环己酮肟再经过贝克曼（Beckmann）分子重排来制备（环己酮肟是先由苯酚氢化、氧化而得环己酮，再经羟胺化而制得）。

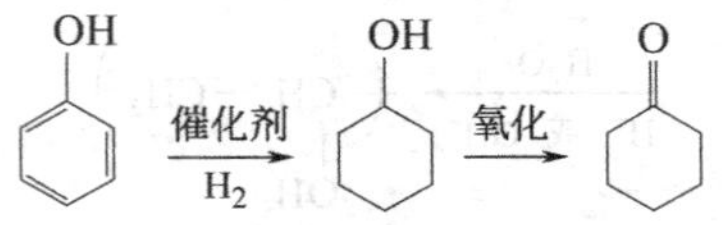

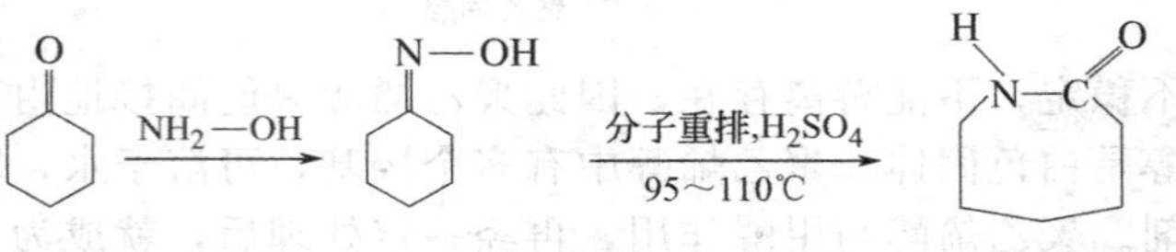

己内酰胺

己内酰胺在高温（200～300℃）及微量水或有机酸、碱的催化引发下，发生开环聚合反应，生成聚己内酰胺树脂，经抽丝等工艺就制成聚酰胺-6（商品名为尼龙-6 或锦纶-6）纤维。

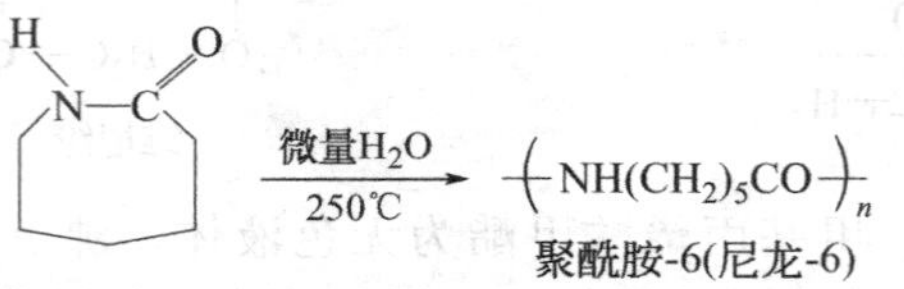

聚酰胺-6(尼龙-6)

本 章 小 结

本章介绍的内容比较多。

一、醇、酚、醚

醇、酚、醚可以看作是 H—O—H 分子中的氢原子被烃基取代后的生成物。

（一）醇

1. 醇的分类和命名中，要重点关注。

（1）醇分成三类，伯醇（一级醇）、仲醇（二级醇）、叔醇（三级醇）。

（2）醇的系统命名法。

2. 醇的同分异构现象中有醇的碳链异构和醇羟基的位置异构。

3. 醇的物理性质

由于醇分子间通过氢键而发生缔合作用，因此，相近相对分子质量的醇的沸点比烷烃要高。在多元醇分子中，羟基越多，沸点就越高，溶解度也越大。

4. 醇的化学性质

（1）因醇羟基上的氢较活泼，醇能与活泼金属（K、Na、Mg）发生作用。

（2）与氢卤酸作用生成相应的卤代烃，醇的反应活性从大到小的顺序是：

烯丙醇＞叔醇＞仲醇＞伯醇

氢卤酸的反应活性从大到小的顺序是：

HI＞HBr＞HCl

因盐酸活性差，需要一定的温度和无水氯化锌存在下才能与醇反应。可用卢卡斯试剂来检验伯、仲、叔醇。

（3）醇与无机酸作用生成无机酸酯。有些无机酸酯在工业上有着很重要的作用。

（4）醇的脱水反应可分为分子内脱水和分子间脱水。一般在浓硫酸和较高温度下发生分子内脱水生成烯烃；在较低温度下生成醚。

（5）氧化和脱氢反应，伯醇氧化先生成醛，继续氧化生成酸，仲醇氧化生成酮；伯醇脱氢生成醛，仲醇脱氢生成酮，叔醇因分子中无 α-H，在相同条件下不被氧化，也不能脱氢，但易脱水生成烯烃。

（二）酚

酚的化学性质主要发生在 O—H 键、C—O 键的断裂和苯环上的取代反应上。

（三）醚

除了环醚外，醚对大多数试剂如碱、稀酸、氧化剂、还原剂都十分稳定。醚也是许多反应的溶剂，它在常温下不与金属钠反应，因而可用金属钠干燥醚。但醚的稳定性是相对的，由于醚键（C—O—C）的存在，在一定条件下也能发生某些特有的化学反应。醚的重要化合物环氧乙烷，化学性质很活泼，能发生许多化学反应，在工业上有重要的用途。

二、醛和酮

1. 醛和酮有碳链异构、官能团的位置异构和官能团异构。

2. 醛、酮的化学性质内容比较多，主要发生六类反应：一是羰基的亲核加成反应；二是与氨的衍生物的缩合反应；三是与 α-氢原子的反应；四是氧化反应；五是还原反应；六是歧化反应。

三、羧酸及其衍生物

1. 羧酸

（1）因羧酸分子中有羧基，羧酸分子之间可形成双分子氢键而缔合成二聚体，无论是固态还是液态，都以二聚体的形式存在。使得羧酸的沸点比相同碳原子数的醇的沸点高。

（2）羧酸的化学反应主要发生在以下几个部位：一是发生在羧基中羟基氢氧键的断裂，二是发生在羧基中碳氧键的断裂，三是发生在与羧基相连的 α-碳原子上的 α-氢原子，四是发生脱羧反应。

（3）在分子中引入某些原子或基团后，使得分子中碳链上吸引电子或供给电子的能力发生变化而引起分子性质的变化的效应叫诱导效应。

2. 羧酸衍生物

羧酸衍生物的化学性质主要有：水解生成酸、醇解生成酯、氨解生成酰胺与格氏试剂反应可制备叔醇，羧酸还原可生成醇。另外，酰胺还有特殊反应，即酰胺脱水可生成腈，酰胺在一定条件下发生降级反应，可生成比原料少一个碳原子的伯胺。

习　题　四

一、用系统命名法命名下列化合物：

1. $(CH_3)_2CHOH$

2. 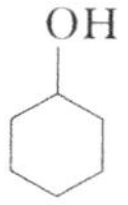

3. 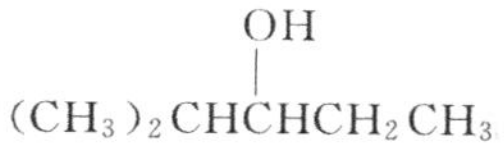

4. 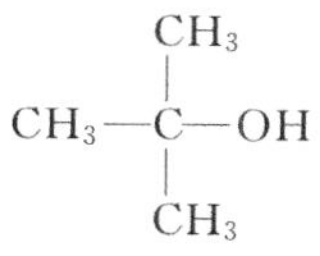

5. 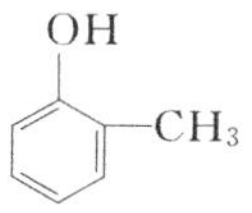

6. 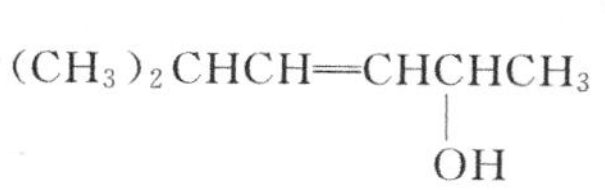

7. 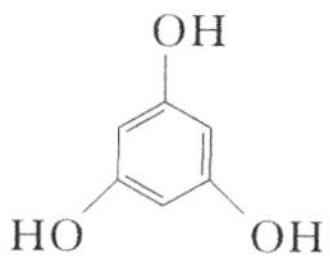

8. 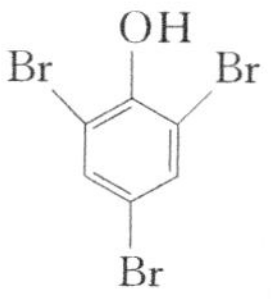

9. 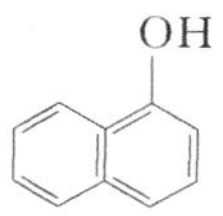

10. 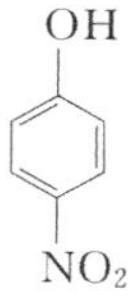

11. 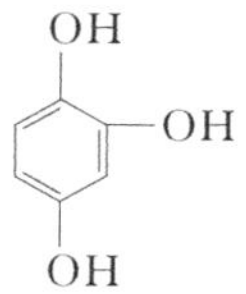

12. 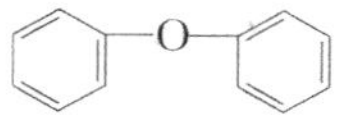

13. 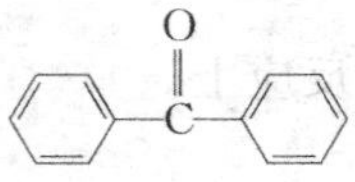 14. 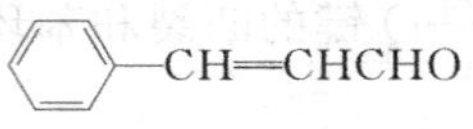 15. 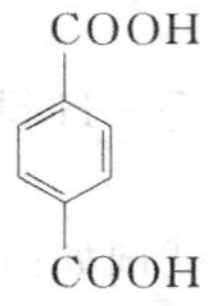

16. 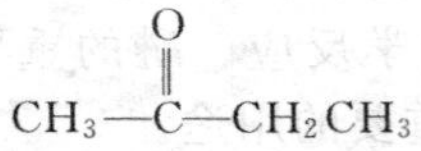 17. $CH_2=CHCHO$ 18. 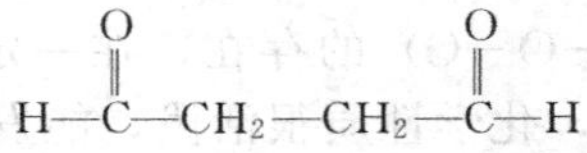

19. 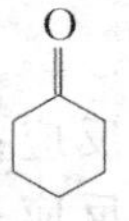 20. 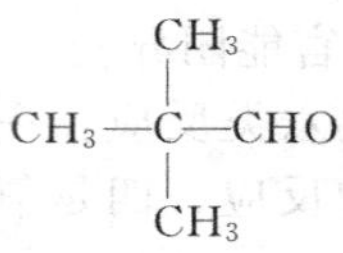 21. 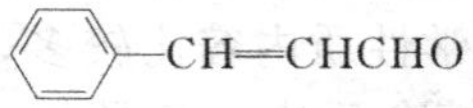

22. 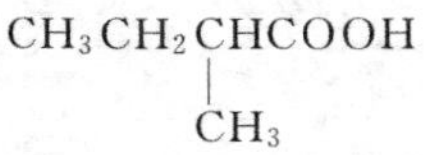 23. $CH_2=CHCOOH$ 24. 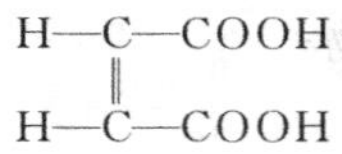

25. 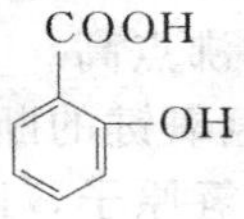 26. 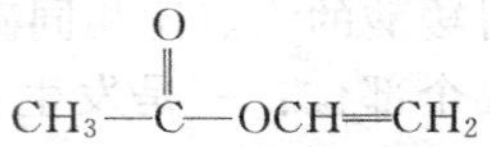 27. 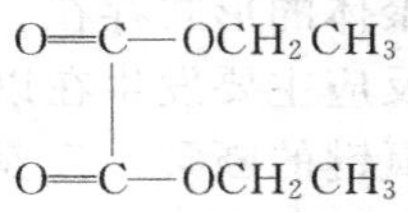

28. 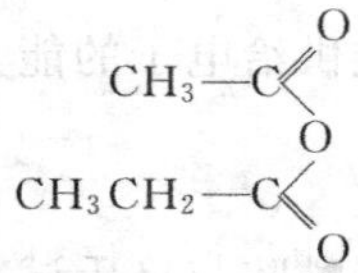 29. 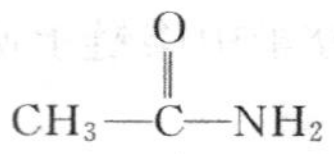 30. 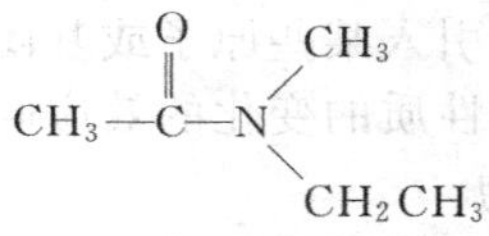

二、写出下列化合物的构造式：

1. 异戊醇 2. 2,3-二甲基-2-丁醇
3. 乙烯基正丁醚 4. 甲异丁醚
5. 二乙烯基醚 6. 季戊四醇
7. 苄醇 8. 双酚 A
9. ε-己内酰胺 10. 水杨醛
11. 肉桂酸 12. 氯仿
13. 对甲苯甲酸乙酯 14. α-甲基丙烯酸甲酯
15. *N*,*N*-二甲基乙酰胺 16. 甲基异丁基甲酮
17. 甘油 18. 草酸
19. 乙二醇二乙酸酯 20. 二苄醚
21. 4-异丙基-2,6-二溴苯酚 22. 环氧氯丙烷
23. α-羟基戊腈 24. 4,4-二甲基环己酮
25. 3-甲基-2-戊酮 26. 2-丁烯醛苯腙
27. α-甲基丙酰氯 28. 丁二酸酐
29. 对乙酰氧基苯甲酰氯 30. 丁酮肟
31. 邻硝基苯酚 32. 邻硝基苯甲醛
33. 间硝基苯乙酮 34. 邻苯二甲酸酐
35. 苦味酸 36. α-氯代丙烯酸

三、试用化学方法区别下列各组化合物：

1. 正丙醇和 2-甲基-2-戊醇 2. 苯甲醇和苯甲醚
3. 2-丁醇和丁酮 4. 丙酮和丙醛

5. 2-戊醇和 3-戊醇
6. 甲醛、乙醛和丙酮
7. 乙醇、异丙醇和叔丁醇
8. 乙酸、乙醇和乙醛
9. 苯甲醛和苯乙酮
10. 水杨酸、苯甲酸、苯甲醇
11. 乙酸、乙酰氯、乙酰胺和乙酸乙酯
12. 甲醇和乙醇
13. 苯甲醚、苯酚和 1-苯基乙醇
14. 丁醛、丁酮和 2-丁醇
15. 乙酰氯和氯乙酸
16. 2-戊酮和 3-戊酮
17. 甲酸、乙酸和丙烯酸
18. 苯甲醛、苯甲酸、苯甲醚
19. 甲酸、乙酸和丙二酸
20. 乙酸、乙二酸和己二酸

四、分离下列各组混合物：

1. 乙醚中混有少量乙醇
2. 汽油中有少量乙醚
3. 苯酚、苯甲酸和苯甲醇的混合物
4. 2-戊酮和 3-戊酮
5. 苯酚和环己醇
6. 苯甲酸、苯酚、环己酮和环己醇
7. 邻甲苯酚和苯甲醇
8. 1-戊醇、戊醛和 3-戊酮
9. 1-溴丁烷、丁醚和丁醛
10. 环戊烯和环戊酮
11. 苯酚与正丁苯
12. 苯甲酸、丁醚、环己酮和苯酚
13. 正戊醇、1-氯戊烷、正戊酸乙酯和正丁酸

五、将下列各组化合物按其酸碱性由强到弱排列顺序：

1. 乙酸、乙醇、丙二酸、丁二酸、甲酸
2. 三氯乙酸、氯乙酸、乙酸、三氟乙酸
3. 苯酚、苯甲酸、对甲基苯酚、邻硝基苯酚、对硝基苯甲酸
4. 苦味酸、邻硝基苯酚、苯酚、2,4-二硝基苯酚、邻甲基苯酚

六、根据下列要求排列顺序：

1. 乙醇、甲醇、叔丁醇、异丙醇与金属钠反应由易到难的顺序
2. 苯甲醛、丙酮、甲醛、2-戊酮、乙醛、二苯酮与 HCN 发生亲核加成反应由易到难的顺序
3. 乙酰胺、乙酰氯、乙酸酐、乙酸乙酯水解反应由易到难的顺序
4. 下列化合物沸点由低到高的顺序

(1) 正己醇、2-甲基戊醇、3-甲基戊醇、2,2-二甲基丁醇、2,3-二甲基丁醇、正庚醇
(2) 乙醇、甘油、甘醇、3-甲氧基-1,2-丙二醇、2-甲氧基-1,3-丙二醇
(3) 丁烷、氯丁烷、乙醚、丁醇、丁酸、丁酰胺

七、完成下列反应式：

1. $2CH_3\underset{}{CH}(OH)CH_2CH_3 \xrightarrow[140℃]{H_2SO_4}$

2. 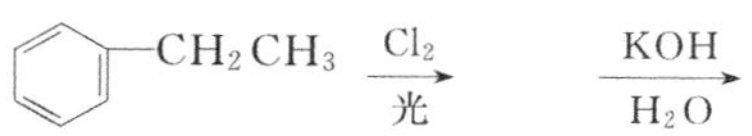

3. $CH_3CH(OH)CH_2CH_3 \xrightarrow[\triangle]{K_2Cr_2O_7/H_2SO_4}$

4. 

5. 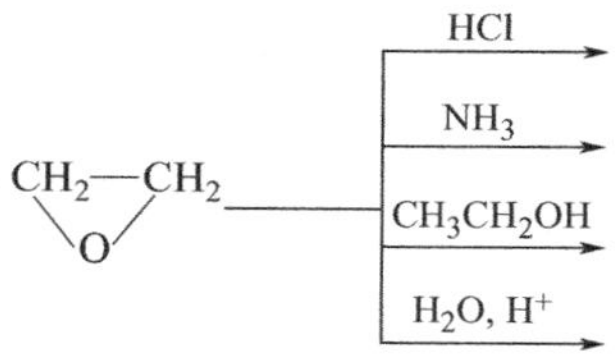

6. 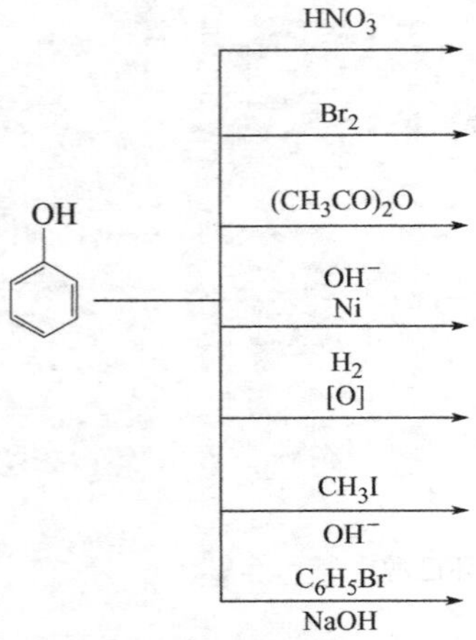

7. $CH_3CH{=}CH_2 \xrightarrow[500℃]{Cl_2} ? \xrightarrow{?} \underset{Cl}{CH_2}-\underset{OH}{CH}-\underset{Cl}{CH_2} \xrightarrow[60℃]{Ca(OH)_2} ? \xrightarrow{?} \underset{OH}{CH_2}-\underset{OH}{CH}-\underset{OH}{CH_2}$

8. $CH_2{=}CH_2 \xrightarrow{?} CH_3CHO \xrightarrow{?} ? \xrightarrow{?} CHCl_3$

9. $(CH_3)_3CCHO \xrightarrow{浓\ NaOH}$

10. $(CH_3)_3CCHO+HCHO \xrightarrow{浓\ NaOH}$

11. $CH_3CH_2CHO+CH_3CH_2MgBr \xrightarrow{干醚}$

12. $(CH_3)_2CHOH \xrightarrow[H^+]{K_2Cr_2O_7} ? \xrightarrow[HCl]{Zn\text{-}Hg}$

13. $CH_3CH_2CH_2OH \xrightarrow[H^+]{KMnO_4} ? \xrightarrow{?} ? \xrightarrow{?} CH_3CH_2NH_2$

14. $(CH_3)_2CHCOOH \xrightarrow[P]{Cl_2} ? \xrightarrow[H_2O]{KOH} \xrightarrow[C_2H_5OH]{KOH}$

15. $CH_3COOC_2H_5+CH_3CH_2MgBr \xrightarrow{干醚}$

16. $CH_3CH_2\underset{OCH_3}{CH}CH_3 \xrightarrow{过量\ HI}$

17. $CH_3CH_2\underset{OH}{CH}CH_3 \xrightarrow{NaIO}$

八、选择适当原料用下列方法合成 2-丁醇。

1. 卤烷水解法
2. 烯烃间接水合法
3. 羟基化合物还原法
4. 羟基化合物与格氏试剂加成法

九、以乙烯为原料，用两种方法合成正丁醇。

十、写出下列反应式：

1. 苯甲醛＋氢氰酸（再水解）
2. 苯乙酮＋苯肼
3. 苯甲醛＋亚硫酸氢钠
4. 苯乙酮的碘仿反应
5. 苯甲醛与甲醛在浓碱中的反应

十一、试解释下列化合物的沸点依次降低的原因：

$\underset{|}{CH_2}-\underset{|}{CH_2}$ with OH, OH: $HO-CH_2-CH_2-OH$　　$HO-CH_2-CH_2-OCH_3$　　$CH_3O-CH_2-CH_2-OCH_3$

197℃　　125℃　　84℃

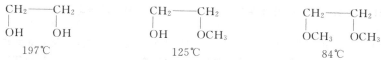

十二、下列试剂与苯酚有无反应？若有，用反应式表示：

1. 稀 HNO_3　　2. 溴水　　3. 乙酸酐
4. 乙酰氯　　5. 碳酸氢钠　　6. 硫酸

十三、写出苯甲醛与2-戊酮分别与下列试剂作用的反应式。

1. Zn-HCl　　2. C_6H_5MgBr
3. $Ag(NH_3)_2OH$　　4. $KMnO_4$
5. $C_6H_5NHNH_2$　　6. CH_3CH_2OH/H^+
7. $NaHSO_3$　　8. Br_2-NaOH
9. 浓 NaOH　　10. H_2/Ni

十四、怎样从下列化合物合成正丁酸。

1. 正丁醛　　2. 2-戊酮
3. 4-辛烯　　4. 1-溴丙烷

十五、根据下列事实，推断下列化合物属于哪一类？

1. 与苯肼和斐林试剂都反应
2. 与苯肼有反应，与斐林试剂无反应
3. 与苯肼无反应，但能发生碘仿反应

十六、合成题（无机试剂可自选）

1. 乙醇合成2-甲基-2-戊醇
2. 乙烯合成1-丁醇
3. 从丙烯合成正丙醚
4. 从乙烯合成二甘醇二甲醚
5. 乙炔合成丙烯酸甲酯
6. 丙烯合成 α-甲基丙酸
7. 甲苯合成苯乙酸
8. 乙醇合成丙二酸二乙酯
9. 烯合成2,3-二甲基-2-丁醇
10. 从苯和丙烯合成2-苯基-2-丙醇
11. 从乙烯合成2-丁酮
12. 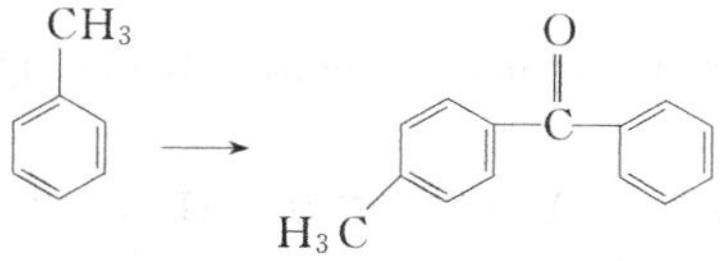
13. 从丙烯合成3-戊酮
14. $CH_3CH=CH_2 \longrightarrow CH_3CH(CH_3)-CH(OH)-CH_2CH_3$
15. 从甲烷合成二甲醚
16. 从丙烷→甘油→三硝酸甘油酯
17. 从乙醇制备丙酸乙酯
18. 从1-丁醇制备2-戊烯酸

十七、推断题

1. 分子式为 $C_5H_{12}O$ 的A，氧化后得B($C_5H_{10}O$)，B能与2,4-二硝基苯肼反应，并在与碘的碱溶液共热时生成黄色沉淀。A与浓硫酸共热得C(C_5H_{10})，C经高锰酸钾氧化得丙酮和乙酸。推断A的构造式并写出推断过程的各步反应式。
2. 某卤代烃 C_4H_9Br(A) 与KOH的乙醇溶液生成烯烃 C_4H_8(B)。氯化(B)得到3个碳原子的羧酸

(C)、CO_2 和 H_2O，(B) 与 HBr 作用生成（A）的异构体（D）。试写出（A）、(B)、(C)、(D) 的构造式。

3. 某芳香族化合物（A），分子式为 C_7H_8O，（A）与钠不发生反应，与浓的氢碘酸共热生成两个化合物（B）和（C），(B) 能溶于氢氧化钠水溶液，并与三氯化铁作用呈紫色，(C) 与硝酸银水溶液作用生成黄色碘化银。试写出（A）、(B)、(C) 的构造式及各步反应式。
4. 有一伯醇（A）的分子式为 $C_4H_{10}O$，与 $SOCl_2$ 作用可生成（B），（B）的分子式为 C_4H_9Cl。（A）与（B）进行消除反应时都得到相同的（C），（C）与 HCl 反应，可得到（D），而（D）与（B）互为异构体。将（C）进行氧化则得到 $C_3H_8O_2$（E）、CO_2 与水，写出（A）→(E) 的构造式和各步反应。
5. 有机化合物 A，分子式为 C_5H_8O，能还原托伦试剂，并能发生碘仿反应。A 与两分子羟胺作用生成双肟，A 经彻底还原得正戊烷，推测 A 的构造式。
6. 分子式为 $C_9H_8O_3$ 的一种化合物，能溶于 NaOH 和 Na_2CO_3 溶液，与三氯化铁作用成红色，能使溴的四氯化碳溶液褪色，用高锰酸钾氧化得到对羟基苯甲酸，试推测其结构。
7. 有芳香化合物分子式为 $C_8H_8O_2$，该化合物能溶于 NaOH 溶液，对三氯化铁溶液显色，能与 2,4-二硝基苯肼生成腙并起碘仿反应，生成对羟基苯甲酸。试推测其结构并写出反应式。
8. 化合物 $C_{10}H_{12}O_2$(A) 不溶于 NaOH 溶液，能与羟胺、氨基脲反应，但不与托伦试剂反应，（A）经 $NaBH_4$ 还原得 $C_{10}H_{14}O_2$(B)，(A) 与（B）都能给出碘仿反应。(A) 与氢碘酸作用生成 $C_9H_{10}O_2$(C)，(C) 能溶于 NaOH 溶液，但不溶于 Na_2CO_3 溶液，（C）经 Zn-Hg 加 HCl 还原生成 $C_9H_{12}O$(D)，（A）经高锰酸钾氧化生成对甲氧基苯甲酸，试推测（A）、(B)、(C)、(D) 的构造并写出各步反应式。
9. 某甲分子式为 $C_5H_{12}O$，氧化后得乙 $C_5H_{10}O$，乙能和苯肼反应，并在与碘的碱溶液共热时有黄色碘仿生成，甲和浓硫酸共热得丙 C_5H_{10}，丙经氧化后得到丙酮和乙酸。试推测甲、乙、丙的结构式，并用反应式表示推断过程。
10. 有一未知的酯，分子式为 $C_5H_{10}O_2$，酸性水解生成酸（A）和醇（B)，用 PBr_3 处理（B）生成溴代烷（C)，当（C）用 KCN 处理，则生成（D)，酸性条件下水解（D)，生成酸（A)，原来酯的构造式和名称是什么？写出（A)、(B)、(C)、(D) 的构造式及发生的所有的反应方程式。
11. 化合物（甲）的分子式为 $C_4H_6O_2$，它不溶于 NaOH 溶液，与 Na_2CO_3 没有作用，可使 Br_2 褪色。它类似乙酸乙酯的香味，（甲）与 NaOH 溶液共热后变成 CH_3COONa 和 CH_3CHO。另一化合物（乙）的分子式与（甲）相同。它和（甲）一样，不溶于 NaOH，和 Na_2CO_3 没有作用，可使 Br_2 褪色，香味和（甲）类似。但（乙）和 NaOH 共热后，生成甲醇和一个羧酸钠盐。这钠盐用 H_2SO_4 中和，蒸出的有机物可使 Br_2 水褪色。问（甲）和（乙）各为何物？
12. A、B、C 三种化合物分子式都是 $C_3H_6O_2$，A 与碳酸钠作用放出二氧化碳气体。B 和 C 不能与碳酸钠作用，但在氢氧化钠的水溶液中加热可水解，B 水解后的蒸馏产物有碘仿反应；而 C 不能发生碘仿反应，试推测 A、B、C 的构造式。
13. 有一直链化合物 A，能与羟胺发生反应，也能与 I_2 的 NaOH 溶液生成碘仿，0.29g 的 A 需用 0.14g 的 KOH 与之中和，试写出 A 的构造式。
14. 化合物 A、B、C 分子式都是 C_4H_9ON，水解后都生成酸和氨(或胺)。A 得到的酸为 $C_4H_8O_2$，B 得到的酸为 $C_3H_6O_2$，C 得到的酸为 $C_2H_4O_2$，试写出 A、B、C 可能的结构式。
15. 某化合物 A($C_6H_{14}O$) 溶于 H_2SO_4，与金属钠作用产生氢气。当将硫酸溶液加热时产生另一新化合物 B(C_6H_{12})，可使溴的四氯化碳溶液褪色；经高锰酸钾的酸性溶液氧化得到一个化合物 C，将 C 与异丙基溴化镁作用，再水解又得到化合物 A。写出 A、B、C 的构造式。
16. 化合物 A 分子式为 $C_8H_{14}O$，A 能使溴水很快褪色，并可与苯肼反应。A 经氧化得一分子丙酮和 B，B 具有酸性。B 与 Cl_2 的 NaOH 溶液作用生成一分子 $CHCl_3$ 和丁二酸（HOOC—CH_2—CH_2—COOH)。试写出 A 的构造式。

第五章

含氮(硅)有机物与杂链高聚物

知识与技能目标

1. 掌握胺的分类、命名、物理性质和化学性质。
2. 了解一些重要的胺的结构和物理化学性质。
3. 掌握腈和异氰酸酯的结构、命名和化学性质。
4. 掌握重氮化合物和偶氮化合物的命名、制备方法和化学性质。
5. 了解聚酰胺、聚丙烯酰胺、聚酰亚胺、聚氨酯和脲醛树脂等高分子化合物。
6. 了解硅烷、硅醇、有机硅氧烷的结构和性质。
7. 了解硅树脂、硅橡胶、硅油等含硅高分子化合物。

第一节　胺

氨分子中的一个或几个氢原子被烃基取代的化合物称为胺。

一、胺的分类和命名

1. 胺的分类

(1) 根据被取代氢原子的个数分类　根据被取代氢原子的个数，可把胺分为伯胺、仲胺和叔胺。伯胺、仲胺和叔胺也可分别称为一级胺（1°胺）、二级胺（2°胺）和三级胺（3°胺）。

NH_3	RNH_2	R_2NH	R_3N
氨	伯胺（1°胺）	仲胺（2°胺）	叔胺（3°胺）

应该注意，这里所说的伯、仲和叔的含义和以前所学的醇、卤代烃等的伯、仲、叔的含义是不同的，它是由氨中所取代的氢原子的个数决定的，而不是由氨基($-NH_2$)所连接的碳原子的类型来确定的，与氨基所连碳原子是伯、仲还是叔碳原子毫不相关。例如：

$(CH_3)_2CH-NH_2$	$(CH_3)_2CH-OH$
异丙胺（伯胺）	异丙醇（仲醇）
氨中一个 H 被取代	—OH 与仲碳原子相连

(2) 根据取代烃基类型分类　根据取代烃基类型的不同，胺可以分为脂肪胺和芳香胺两类。取代烃基中至少有一个是芳基的胺称为芳香胺，其余的胺称为脂肪胺。

$C_2H_5NH_2$	$H_2NCH_2CH_2NH_2$	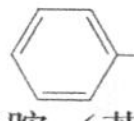—NH_2
乙胺（脂肪胺）	乙二胺（脂肪胺）	苯胺（芳香胺）

(3) 根据分子中氨基的个数分类　根据分子中氨基的个数，又可把胺分为一元胺和多元胺。若分子中只含有一个氨基，则是一元胺；而分子中含有多个氨基则为多元胺。上述各例中，除乙二胺为二元胺（多元胺）之外，其余都是一元胺。

另外，铵盐 $(NH_4)^+X^-$ 分子中的四个氢原子被四个烃基取代后的化合物，称为季铵盐，例如，$[N(CH_3)_4]^+I^-$ 就是一种季铵盐。

2. 胺的命名

(1) 衍生物命名法　构造简单的胺一般用衍生物命名法命名。此时，把氨看作母体，烃基作为取代基。在对胺进行命名时，通常省去取代基的“基”字。例如：

CH_3NH_2　甲胺

$CH_3CH_2NH_2$　乙胺

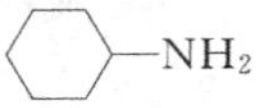

环己胺

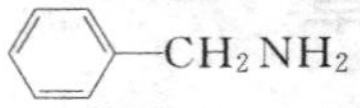

苄胺

取代基相同时，可在取代基的前面用数字表示取代基的数目。例如：

$(CH_3)_2NH$　二甲胺

$(C_2H_5)_3N$　三乙胺

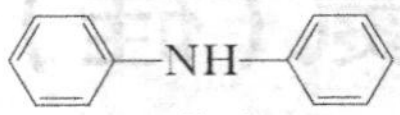

二苯胺

对于芳胺，如果苯环上有其他取代基，还应该表示出取代基相对于氨基的位置。例如：

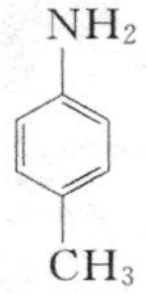

对甲苯胺

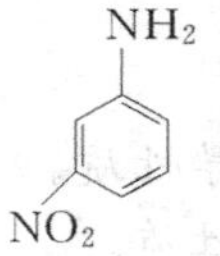

间硝基苯胺

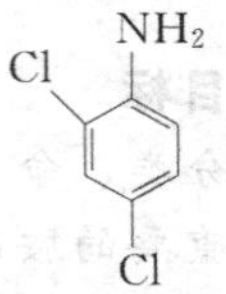

2,4-二氯苯胺

按照多官能团化合物的命名原则，若氨基的优先次序低于其他基团时，氨基就应该作为取代基命名。例如：

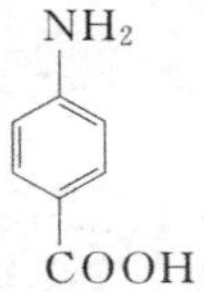

对氨基苯甲酸

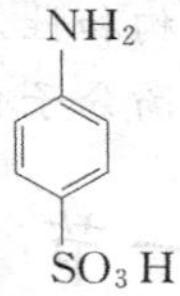

对氨基苯磺酸

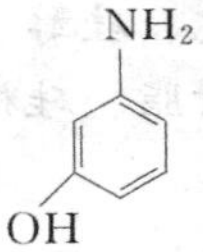

间氨基苯酚

在命名芳胺时，如果氨基的氮原子上同时连有芳基和脂肪烃基，就应在其名称前冠以“*N*”，以表示脂肪烃基是直接连在氨基氮原子上。例如：

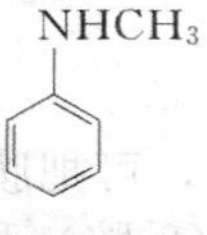

N-甲基苯胺

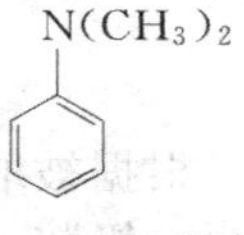

N,*N*-二甲基苯胺

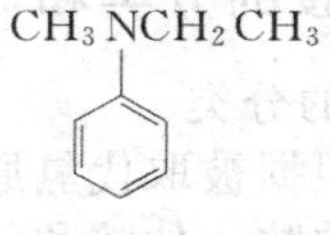

N-甲基-*N*-乙基苯胺

此外，若是氨基未直接与苯环相连的芳胺，一般以脂肪胺为母体来命名。例如：

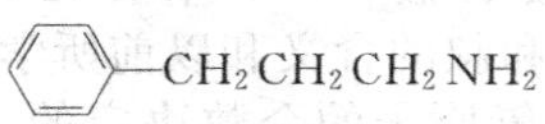

3-苯丙胺

(2) 系统命名法　对于构造比较复杂的胺，常采用系统命名法。命名时，应该以烃为母体，以氨基或烷氨基作为取代基。例如：

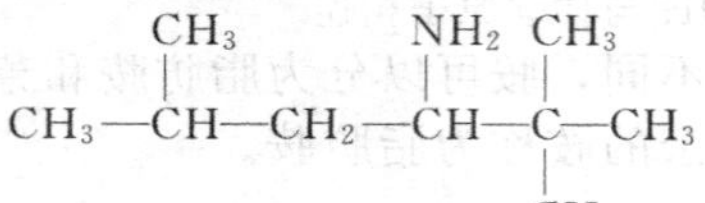

2,2,5-三甲基-3-氨基己烷

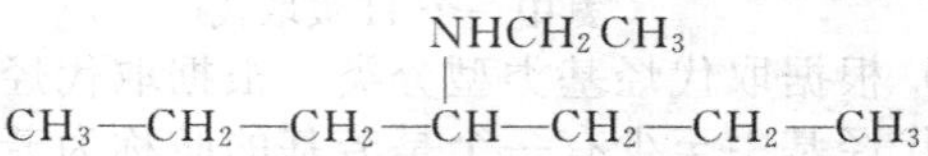

4-乙氨基庚烷

有时，系统命名法也可把胺作为母体，用阿拉伯数字标明氨基的位置。这样，上面的两个化合物也可命名为：

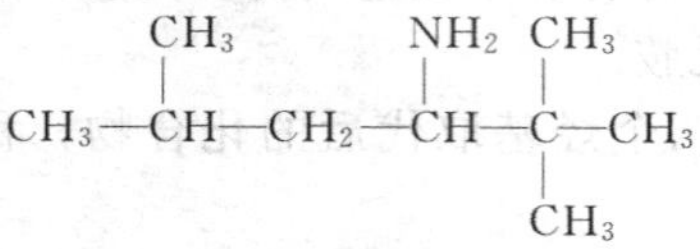

2，2，5-三甲基-3-己胺

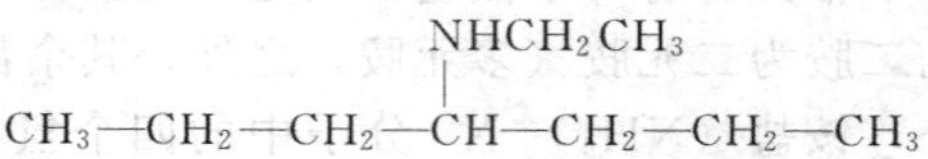

N-乙基-4-庚胺

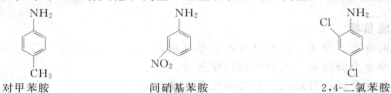

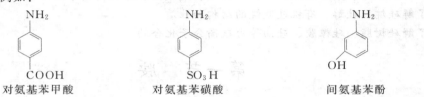

(3) 季铵盐或季铵碱的命名 季铵盐或季铵碱的命名是在负离子与铵的中间写出四个烃基的名称，若其中的烃基不止一个，则应按照基团的优先次序中较优次序者后列出的原则排列。例如：

$[(CH_3)_4N]^+I^-$ 碘化四甲铵

$[(CH_3)_2N(CH_2CH_3)_2]H^+SO_4^-$ 硫酸二甲基二乙基铵

$[(CH_3)_3NCH(CH_3)CH_2CH_3]^+OH^-$ 氢氧化三甲基仲丁基铵

二、胺的物理性质

在常温下，低级脂肪胺如甲胺、二甲胺、三甲胺和乙胺是气体，其他低级胺是易挥发的液体，而高级胺则为固体。低级胺的气味与氨相似，有的还有鱼腥味，如三甲胺等。一般而言，胺类化合物的鱼腥味随着分子量的增大、挥发性的减小而逐渐减小。以固体形式存在的高级脂肪胺没有气味。某些二元胺有恶臭，如丁二胺称为腐胺，戊二胺称为尸胺。芳香胺一般有毒，有的芳香胺如联苯胺等甚至有强烈的致癌作用。

像氨一样，伯胺和仲胺都可以通过在分子间形成的氢键而相互缔合起来，例如：

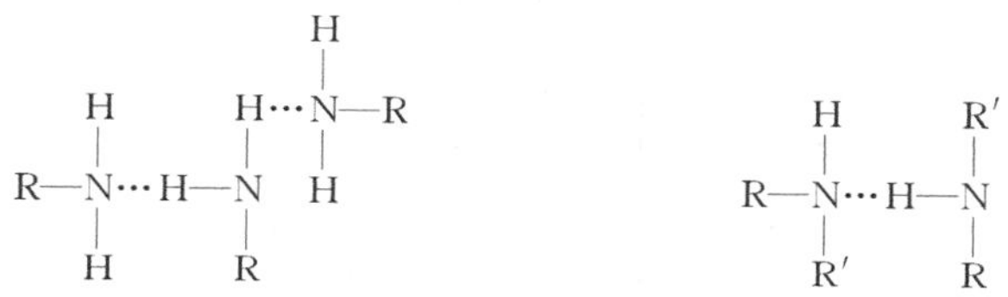

由于这种氢键的存在，伯胺和仲胺的沸点与相对分子质量相近的醚相比，前者更高。但是，因为其中氮的电负性比氧小，所以氮氢原子之间的氢键作用比氧氢之间的氢键弱，又使得其沸点比分子量相近的醇和酸低（见表 5-1）。

表 5-1 胺的沸点与分子量相近的其他化合物之间的比较

结构式	$CH_3(CH_2)_4CH_3$	$CH_3(CH_2)_4NH_2$	$CH_3(CH_2)_3CH_2OH$	$CH_3(CH_2)_2COOH$
名称	正己烷	正戊胺	正戊醇	正丁酸
所属种类	烷	胺	醇	酸
相对分子质量	86	87	88	88
沸点/℃	68.7	104.4	138.0	163.0

由于叔胺的氮原子上没有氢原子，所以相互之间不可能形成氢键，其沸点仅与分子量相近的烷烃接近。在分子量相同的脂肪胺中，伯胺沸点最高，仲胺次之，叔胺最低（见表 5-2）。

表 5-2 相对分子质量相近的伯胺、仲胺和叔胺的沸点比较

结构式	$CH_3CH_2CH_2NH_2$	$CH_3NHCH_2CH_3$	$(CH_3)_3N$
名称	丙胺	甲乙胺	三甲胺
所属种类	伯胺	仲胺	叔胺
相对分子质量	59	59	59
沸点/℃	47.8	36.0	3

伯胺、仲胺和叔胺都能够与水分子形成氢键，所以都能溶解于水中。但是，它们在水中的溶解度随着相对分子质量的增加而迅速降低。一些常见胺的物理常数见表 5-3。

表 5-3　一些常见胺的物理常数

名　称	结　构　式	熔点/℃	沸点/℃	相对密度(20℃)	溶解度/$(g\cdot 100gH_2O)^{-1}$
甲胺	CH_3NH_2	−92	−7.5	0.6628	易溶
二甲胺	$(CH_3)_2NH$	−96	7.5	0.6804	易溶
三甲胺	$(CH_3)_3N$	−117	3	0.6356	91
乙胺	$CH_3CH_2NH_2$	−80	17	0.6829	∞
二乙胺	$(CH_3CH_2)_2NH$	−39	55	0.7056	易溶
三乙胺	$(CH_3CH_2)_3N$	−115	89	0.7275	14
正丙胺	$CH_3CH_2CH_2NH_2$	−83	49	0.7173	∞
异丙胺	$(CH_3)_2CH_2NH_2$	−101	34		∞
乙二胺	$H_2NCH_2CH_2NH_2$	8	117	0.8995	溶
己二胺	$H_2N(CH_2)_6NH_2$	42	204		易溶
苯胺	$C_6H_5NH_2$	−6	184	1.02173	3.7
N-甲基苯胺	$C_6H_5NHCH_3$	−57	196	0.98912	难溶
N,*N*-二甲基苯胺	$(CH_3)_2NC_6H_5$	3	194	0.9557	1.4
二苯胺	$(C_6H_5)_2NH$	53	302	1.160	不溶
三苯胺	$(C_6H_5)_3N$	127	365	0.774	不溶
α-萘胺	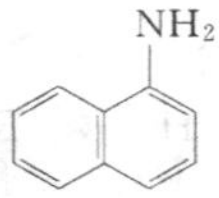	50	301	1.1229	难溶
β-萘胺	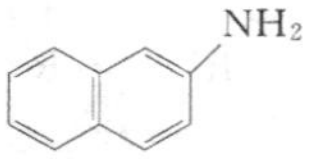	110	306	1.0614	不溶

三、胺的化学性质

1．碱性

胺与氨相似，其分子中的氮原子上含有未共用电子对，可与质子相结合，形成带正电荷的铵离子，所以具有碱性。

胺在水溶液中，存在下列平衡：

$$R\ddot{N}H_2 + H_2O \rightleftharpoons RNH_3^+ + OH^-$$

胺类碱性的强弱与其结构有关，其一般规律如下。

(1) 对于脂肪胺　由于其取代基为供电子性的烷基，能够增大氮原子上的电子云密度，从而增强对质子的吸引能力，所以能够增大碱性，其碱性大于氨。若仅考虑供电子性的影响，脂肪胺中氮原子上所连烷基越多，其碱性越强。所以通常是：

叔胺＞仲胺＞伯胺＞氨

但在水溶液中，胺的碱性还要受到溶解度的影响，所以其碱性会有所不同。

(2) 对于芳香胺　由于其中氮原子上的未共用电子对与苯环的π电子组成共轭体系，发生了电子的离域，使氮原子上的电子云密度部分地偏向苯环，相应地削弱了它与质子的结合能力，因而使芳胺的碱性弱于脂肪胺，而且也弱于氨。具有下列碱性强弱顺序：

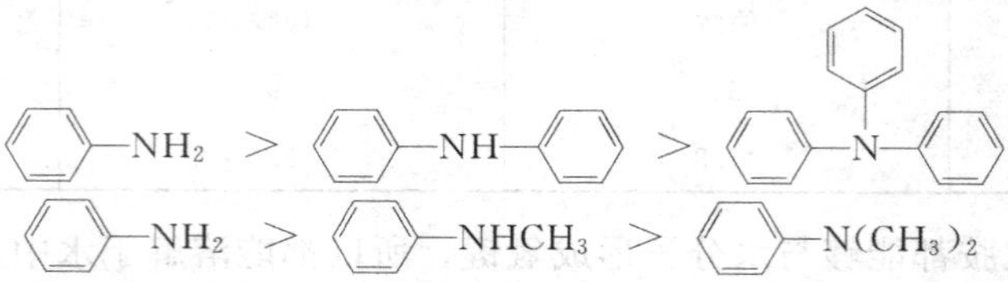

(3) 对于取代芳胺　由于苯环上的取代基，尤其是处于邻、对位时，能够对苯环上的电

子云密度造成影响，所以能够影响芳胺的碱性大小。例如：

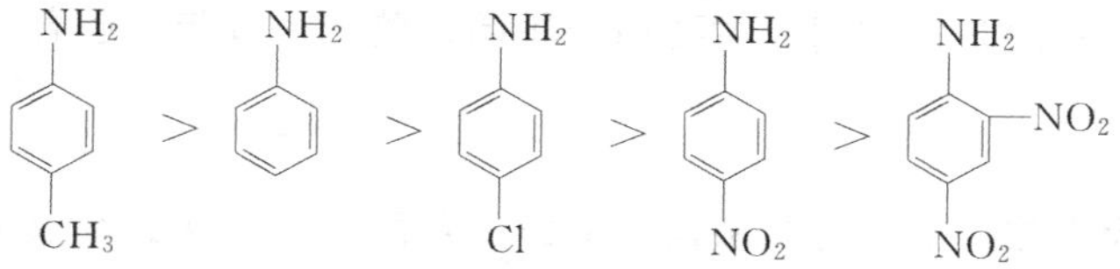

由于胺具有弱碱性，所以能够和强酸发生反应，生成相应的胺盐。胺盐易溶于水而不溶于乙醚、烃等非极性有机溶剂。

$$CH_3NH_2 + HCl \longrightarrow [CH_3NH_3]^+Cl^- \quad (\text{或 } CH_3NH_2 \cdot HCl)$$

甲胺盐酸盐

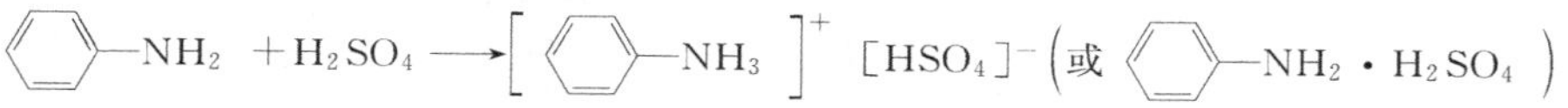

苯胺硫酸盐

胺盐是强酸弱碱盐，遇强碱时，又能够将其还原为原来的胺。例如：

利用这一性质，可以把胺从其他非碱性物质中分离出来，也可以对胺进行定性的鉴别。

2. 烷基化反应

胺可以和卤代烃、醇、酚等烷基化试剂发生作用，使氨基上的氢原子被烃基取代，这一反应称为胺的烷基化反应。脂肪族或芳香族伯胺与卤代烷烃作用，则可生成仲胺、叔胺和季铵盐。

$$RNH_2 + R'X \longrightarrow RNHR' + HX$$
$$R_2NH + R'X \longrightarrow R_2NR' + HX$$
$$R_3N + R'X \longrightarrow [R_3NR']^+X^-$$

伯胺与卤代烷反应，能够生成仲胺、叔胺和季铵盐的混合物。例如

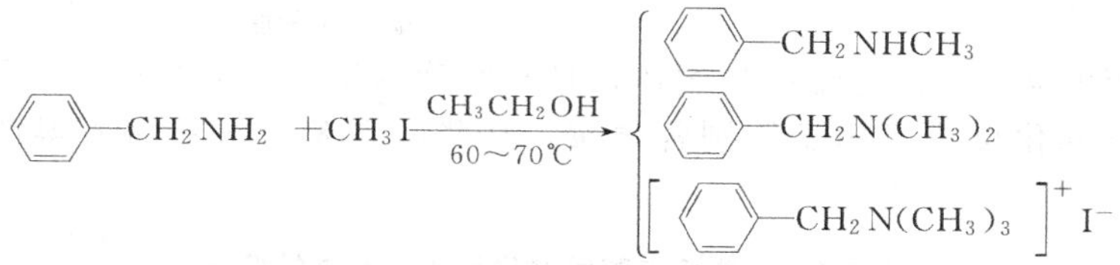

若控制反应物的配比和反应条件，可得到以某种胺为主的产物。

芳胺烷基化的活性比脂肪胺更低，必须在硫酸等催化剂存在的情况下才能与醇等反应。例如：

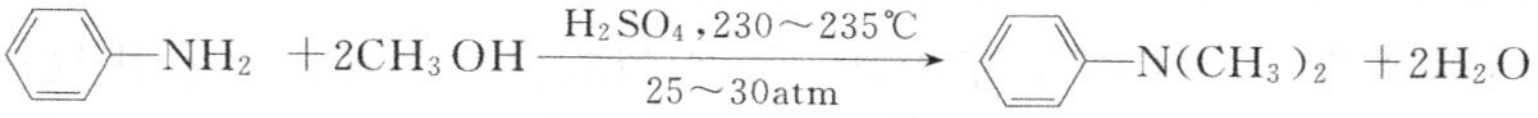

若所用烷基化试剂为卤代烃，反应过程中会产生卤化氢。为防止卤化氢与胺反应生成盐，使反应变得困难，一般的做法是在烷基化的过程中加入一定量的碱。例如：

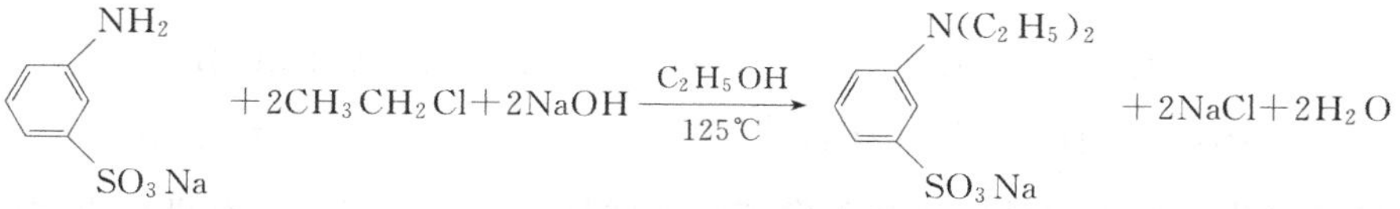

在高温下，β-萘胺和苯胺可以在催化剂存在的情况下发生缩合反应，从而制得 N-苯基-β-萘胺。

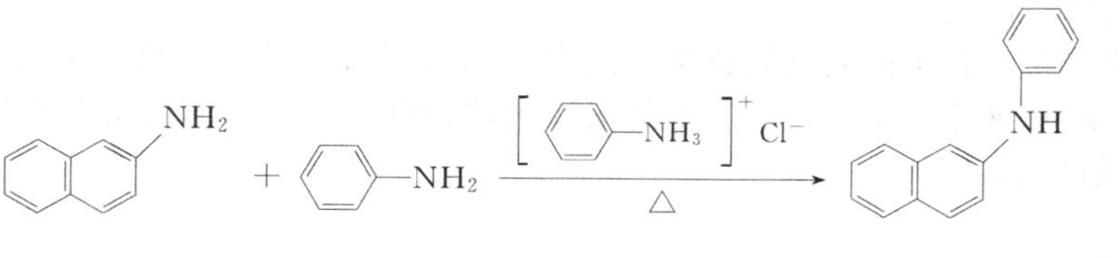

N-苯基-*β*-萘胺是高分子材料工业中的一种通用型防老剂，一般称为防老剂D，对高分子材料的热氧老化具有良好的防护作用，主要用于轮胎、胶管、胶带、胶鞋、电线电缆绝缘层等橡胶制品的加工。

3. 酰基化反应

伯胺和仲胺作为亲核试剂，可与酰卤、酸酐、羧酸等酰基化试剂反应，使氨基上的氢原子被酰基取代，生成*N*-取代酰胺或*N*,*N*-二取代酰胺。这类反应称为胺的酰基化反应。

$$RNH_2 + R'-\overset{\overset{\large O}{\|}}{C}-Y \longrightarrow \underset{N\text{-取代酰胺}}{R'-\overset{\overset{\large O}{\|}}{C}-NHR} + HY$$

$$R_2NH + R'-\overset{\overset{\large O}{\|}}{C}-Y \longrightarrow \underset{N,N\text{-二取代酰胺}}{R'-\overset{\overset{\large O}{\|}}{C}-NR_2} + HY$$

$$Y = -Cl, -Br, -O-\overset{\overset{\large O}{\|}}{C}-R'', -OR''$$

由于叔胺的氮原子上没有氢原子，所以不能发生酰基化反应。

在酰基化反应中，伯胺的活性大于仲胺，而脂肪胺的活性又大于芳胺；对于酰基化试剂，则具有如下的活性次序：酰氯＞酸酐＞羧酸。例如：

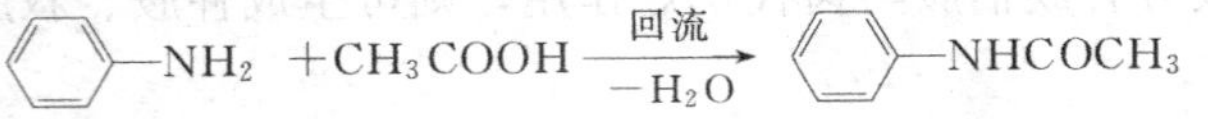
（反应过程中需不断除去生成的水）

乙酰苯胺

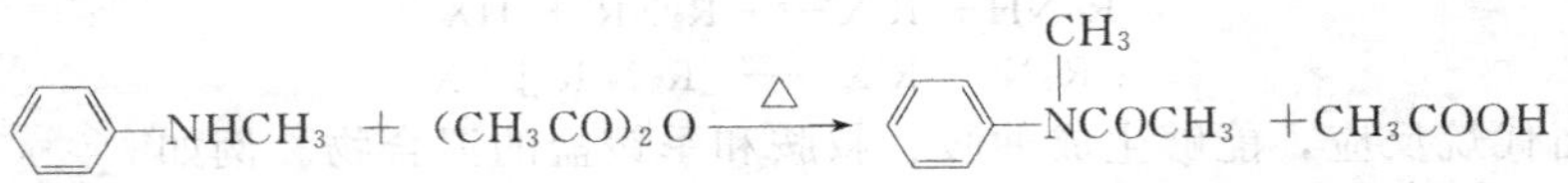

N-甲基乙酰苯胺

胺的酰基衍生物一般都是结晶性固体，具有明确的熔点，经熔点测定可推断出原来的胺，所以胺的酰基化反应可用于鉴别各种胺。某些胺在苯甲酰化后所得产物的熔点见表5-4。

表 5-4　一些胺在苯甲酰化后所得产物的熔点

酰化前的胺	甲胺	二甲胺	乙胺	苯胺	苄胺	对甲苯胺	*α*-萘胺
苯甲酰化产物的熔点/℃	80	41	71	160	105	158	160

胺经酰化后得到的*N*-取代酰胺呈中性，不能与酸作用生成盐。利用这一性质，可以把叔胺从伯、仲、叔胺的混合物中分离出来，而伯胺和仲胺的酰化产物水解后还能得到原来的胺。例如：

$$CH_3CONHC_2H_5 + H_2O \xrightarrow{H^+\text{或}OH^-} C_2H_5NH_2 + CH_3COOH$$

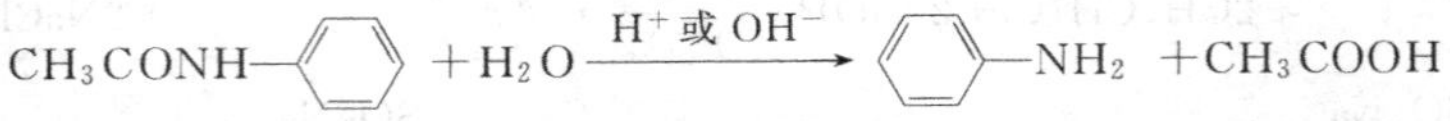

芳胺易于氧化，但它的酰化物却不像芳胺那样易于氧化。因此，有机合成方面经常用酰化反应把氨基保护起来，以免芳胺在进行某些反应（如硝化反应）时被破坏。待反应完成后，再把酰胺水解，变成原来的胺。

伯胺和仲胺在氢氧化钠或氢氧化钾溶液中可以与磺酰化试剂（可以引入磺酰基 $ArSO_2^-$ 的试剂，如苯磺酰氯等）作用，氨基上的氢原子被磺酰基取代，生成相应的芳磺酰胺。

4. 亚硝酸的反应

各类胺与亚硝酸反应可生成不同的产物。由于亚硝酸不稳定，一般用亚硝酸钠与盐酸（或硫酸）的混合物来代替亚硝酸。

脂肪族伯胺与亚硝酸反应，生成不稳定的重氮盐。

$$RNH_2 + NaNO_2 + 2HCl \longrightarrow [R-N\equiv N]^+Cl^- + NaCl + 2H_2O$$

即使在低温下，重氮盐也易于分解，放出氮气，生成组成非常复杂的混合物，在合成上没有意义。但重氮盐的放氮反应是定量的，可用于某些脂肪族伯胺的定量分析。

$$RNH_2 \xrightarrow{H^+,\ NaNO_2} R-[N\equiv N]^+ \longrightarrow R^+ + N_2\uparrow$$

芳香族伯胺与亚硝酸在低温（<5℃）下反应，生成的重氮盐较为稳定，通过它可以合成多种有机化合物。反应生成的重氮盐若遇热也会放出氮气。

仲胺与亚硝酸反应生成黄色油状或固体的*N*-亚硝基化合物（也可称为亚硝胺），是一种很强的致癌物质。

$$R_2NH \xrightarrow{H^+,\ NaNO_2} R_2N-N=O$$

反应生成的*N*-亚硝基化合物与稀酸共热，可分解生成仲胺。

$$R_2N-N=O + HCl + H_2O \xrightarrow{\triangle} [R_2NH_2]^+Cl^- + HNO_2$$

$$[R_2NH_2]^+Cl^- \xrightarrow{OH^-} R_2NH$$

芳香族仲胺与亚硝酸反应生成的*N*-亚硝胺在酸性条件下容易重排，生成对亚硝基化合物。

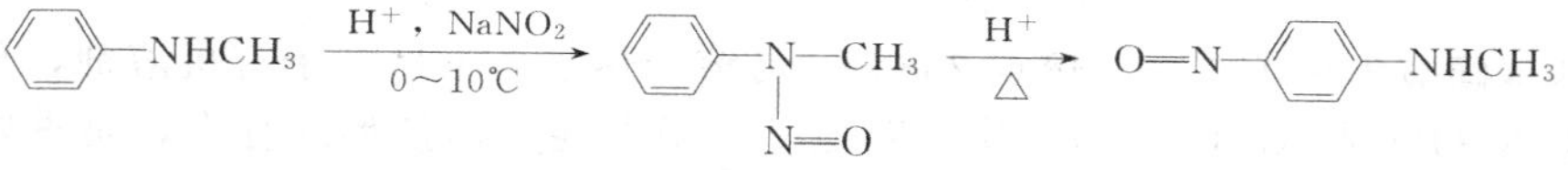

脂肪族叔胺在强酸性条件下（pH<3）不与亚硝酸发生反应；芳香族叔胺与亚硝酸作用可发生芳环上的亲电取代反应，从而将其亚硝基化，生成对亚硝基化合物。例如：

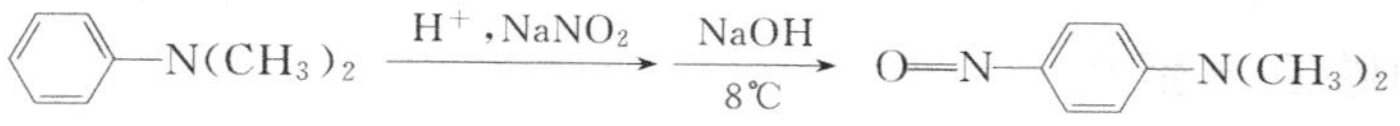

对亚硝基-*N*,*N*-二甲基苯胺

5. 芳环上的亲电取代反应

由于氨基是强的邻、对位定位基，能够活化芳环，所以芳胺易于发生亲电取代反应。

（1）卤代　芳胺与卤素（Cl_2 或 Br_2）很容易发生亲电取代反应。例如，在苯胺水溶液中滴加溴水，立即生成2,4,6-三溴苯胺白色沉淀。

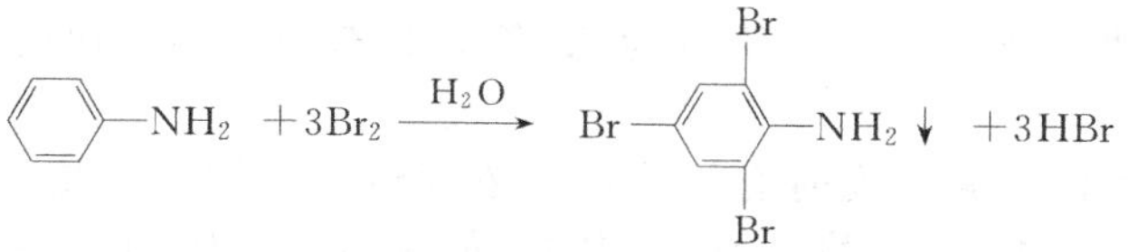

（白色）

此反应定量进行，可用于芳胺的鉴定和定量分析。若只要一卤代芳胺，则需要先将氨基酰化，以降低其活性，之后再卤化，最后水解。例如：

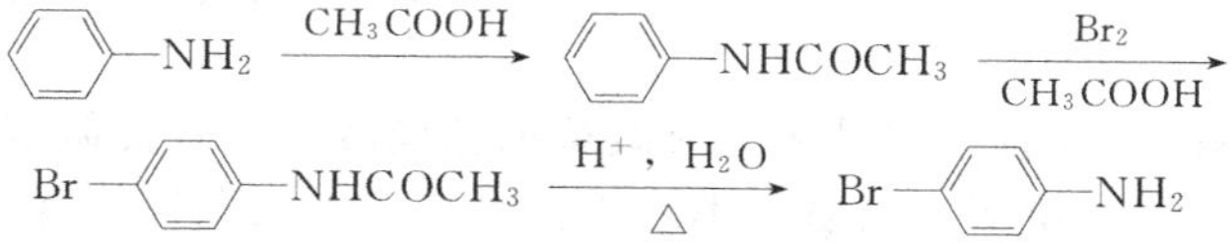

（2）硝化　芳胺硝化时，很容易被硝酸氧化，如用芳胺直接硝化，则产物复杂，常伴随有氧化产物，最终得到焦油状物。为此，通常将氨基酰化，硝化后，再进行水解，得到硝基化的苯胺衍生物。例如：

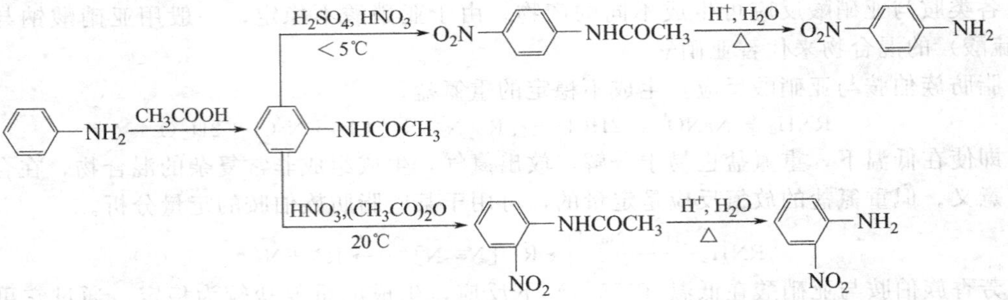

一般情况下，硝化后得对硝基产物。但如果先生成铵盐，则主要得间硝基产物：

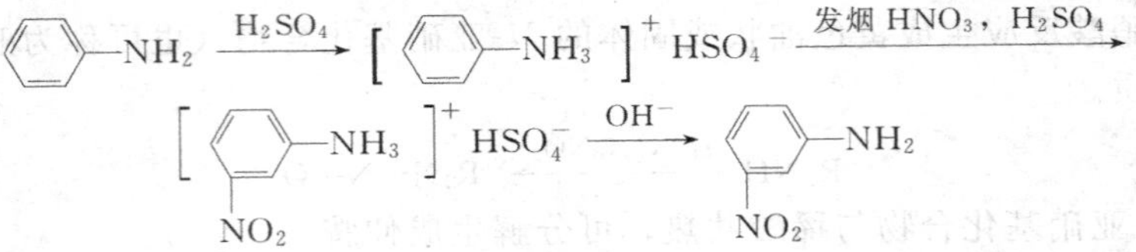

（3）磺化　芳胺与浓硫酸作用，先生成硫酸盐，加热脱水生成磺基苯胺，再重排成对氨基苯磺酸。

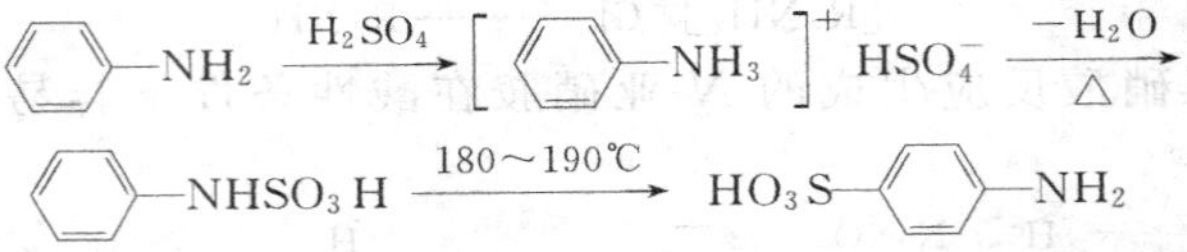

对氨基苯磺酸为白色结晶，熔点 288℃，易溶于热水，不易溶于有机溶剂，分子呈弱酸性，可溶于 NaOH 或 Na_2CO_3 溶液中。对氨基苯磺酸能以内盐形式存在，是重要的染料中间体和常用的农药。

一般情况下，磺基进入氨基的对位。若对位已有取代基，则进入氨基的邻位。

四、重要的胺及高聚物

1. 甲胺、二甲胺、三甲胺

甲胺是最简单的脂肪胺。它是无色气体，有氨味，具有一定的毒性，空气中允许的浓度为 $10\mu g \cdot g^{-1}$。甲胺的熔点为－92℃，沸点为－7.5℃，可溶于水、乙醚和乙醇。它可燃，蒸气能与空气形成爆炸性混合物，爆炸极限为 4.95%～20.75%。

二甲胺是无色可燃性气体，有毒，空气中的允许浓度为 $10mg \cdot m^{-3}$，爆炸极限为 2.80%～14.40%。熔点为－96℃，沸点为 7.5℃，具有令人不愉快的氨味。二甲胺可溶于水、乙醚和乙醇。

三甲胺是无色气体，高浓度时有氨味，低浓度时有鱼腥味。熔点为－117℃，沸点为 3℃，可溶于水、乙醚和乙醇。空气中的允许浓度为 $10\mu g \cdot g^{-1}$，爆炸极限为 2.00%～11.60%。

甲胺主要用于制造农药、医药等；二甲胺主要用于制造染料中间体、农药、橡胶硫化促进剂等；三甲胺是强碱性阴离子交换树脂的胺化剂，也用于制造表面活性剂等。

2. 乙二胺

乙二胺是最简单的二元胺。它是无色或微黄色黏稠液体，有类似氨的气味。乙二胺的熔点为 8℃，沸点为 117℃。微溶于乙醚，不溶于苯。空气中的允许浓度为 $10\mu g \cdot g^{-1}$。爆炸极限为 5.8%～11.1%。

乙二胺与氯乙酸在碱性溶液中反应生成乙二胺四乙酸盐，再经过酸化后得乙二胺四乙酸，简称 EDTA。EDTA 是一种金属螯合剂，广泛用于络合和分离金属离子。另外，EDTA

的二钠盐是重金属中毒的解毒剂。

乙二胺可用作环氧树脂等的固化剂，还可用于有机合成和制造农药、活性染料、水质稳定剂和橡胶硫化促进剂。

3. 己二胺

己二胺的全称为1,6-己二胺，是最重要的二元胺之一。它是无色片状晶体，有刺激性的吡啶气味。熔点为40℃，沸点为196℃。微溶于水，易溶于乙醇、乙醚和苯。它易吸收空气中的二氧化碳和水分。爆炸极限为0.70%～6.30%。

己二胺是聚酰胺-66、聚酰胺-610和聚酰胺-612等一些聚酰胺的重要单体。己二胺能与己二酸发生缩聚反应生成聚酰胺。等摩尔比的己二胺和己二酸首先生成己二酸己二胺盐，即尼龙-66盐，然后在氮气保护下，于200～250℃进行缩聚，生成聚己二酸己二胺，即尼龙-66。

$$HOOC(CH_2)_4COOH + H_2N(CH_2)_6NH_2 \longrightarrow {}^-OOC(CH_2)_4COO^- \; H_3N^+(CH_2)_6^+NH_3$$

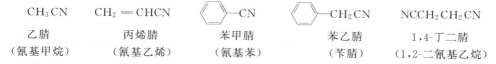

$${}^-OOC(CH_2)_4COO^- \; H_3N^+(CH_2)_6{}^+NH_3 \rightleftharpoons HO{+}\overset{O}{\overset{\|}{C}}-(CH_2)_4-\overset{O}{\overset{\|}{C}}-HN(CH_2)_6NH{+}_nH$$

尼龙-66是应用较广的一种聚酰胺纤维，具有耐磨、耐碱、耐有机溶剂等特点，用它制成的降落伞、渔网、轮胎帘子线、衣袜等具有弹性足、拉力强、比天然纤维耐用等优点。尼龙-66也是一种重要的工程塑料用树脂，可用于制造多种塑料制品。

第二节　腈、异腈与异氰酸酯

一、腈

1. 腈的分类和命名

腈可以看作是氢氰酸（H—C≡N）分子中的氢原子被烃基取代后的生成物，其通式为RCN或ArCN。腈分子中的—C≡N称为氰基。

（1）腈的分类　腈可以根据与氰基相连的烃基来分类。

脂肪腈：RCN，如CH_3CN。

芳香腈：ArCN，如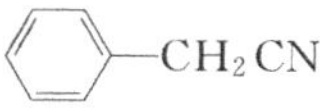。

腈也可以根据其中所含氰基的个数来分类，将其分为一元腈和二元腈等。

一元腈：如$CH_2=CHCN$。

二元腈：如$NCCH_2CH_2CH_2CH_2CN$。

（2）腈的命名　通常是根据其分子中所含碳原子数（必须包括氰基本身的碳原子）而将其称为某腈或某二腈；另外，也可以把氰基作为取代基，将腈称为氰基某烃。例如：

CH_3CN	$CH_2=CHCN$	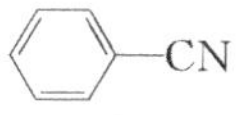	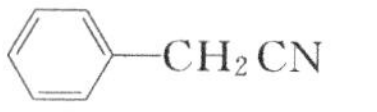	$NCCH_2CH_2CN$
乙腈	丙烯腈	苯甲腈	苯乙腈	1,4-丁二腈
（氰基甲烷）	（氰基乙烯）	（氰基苯）	（苄腈）	（1,2-二氰基乙烷）

2. 腈的物理性质

低级腈为无色液体，高级腈为固体。乙腈能与水完全混溶，但随着分子量的增加，腈在水中的溶解度迅速下降，丁腈以上就难溶于水了。腈的沸点比分子量相近的烃、醛、酮、醚和胺高得多，但比羧酸的沸点低，而与醇相近，见表5-5。

表 5-5　腈与一些化合物的沸点比较

化合物	乙腈	二甲胺	乙醛	甲酸	乙醇
相对分子质量	41	45	44	46	46
沸点/℃	82	7.5	21	101	78.4

3. 腈的化学性质

腈分子中含有碳氮叁键，可以发生各种加成反应，如水解、醇解、还原等。

（1）腈的水解　在酸或碱的催化作用下，腈能够水解，先生成酰胺，最后的产物是羧酸。

$$R-C\equiv N \xrightarrow[\triangle, H_2O]{H^+ \text{或} OH^-} \left[R-\overset{OH}{\underset{}{\underset{}{C}}}\overset{H}{\underset{}{=}}N \right] \longrightarrow R-\overset{O}{\overset{\|}{C}}-NH_2 \xrightarrow[\triangle, H_2O]{H^+ \text{或} OH^-} R-\overset{O}{\overset{\|}{C}}-OH$$

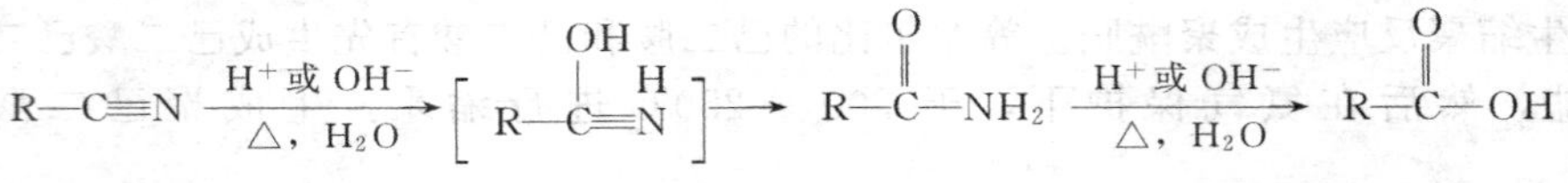

但在水溶液中，胺的碱性还要受到溶解度的影响，所以其碱性会有所不同。

（2）腈的醇解　腈的醇溶液和浓硫酸或盐酸一起加热，则可发生醇解而生成酯。

$$R-C\equiv N + R'OH + H_2O \xrightarrow[\text{或 HCl}]{\text{浓 } H_2SO_4} R-\overset{O}{\overset{\|}{C}}-OR' + NH_3$$

（3）腈的还原　腈催化加氢或还原可生成伯胺，这是制备伯胺的方法之一。

$$R-C\equiv N + 2H_2 \xrightarrow{\text{Raney Ni}} R-CH_2NH_2$$

二、异氰酸酯

异氰酸酯的通式为 R—N=C=O（RNCO）或 Ar—N=C=O（ArNCO）。异氰酸酯的命名与羧酸的命名相似，即根据其中的烃基名称而将其称为异氰酸某酯。例如：

$$CH_3CH_2-N=C=O$$

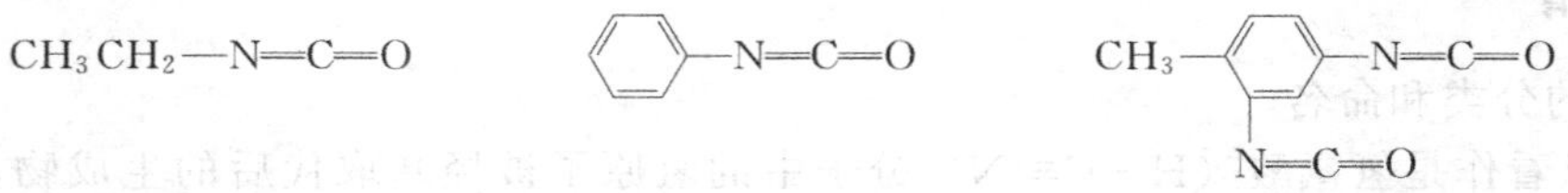

异氰酸乙酯　　　　异氰酸苯酯　　　　2,4-二异氰酸甲苯酯

异氰酸酯是一种难闻的催泪性液体。分子中有一个碳原子和两个双键存在，因此化学性质很活泼，可与含活泼氢的水、醇、胺等发生加成反应：

$$R-N=C=O + HO-H \longrightarrow \left[-N=C-OH \atop OH \right] \longrightarrow R-NH-\overset{}{\underset{OH}{C=O}} \xrightarrow{\triangle} R-NH_2 + CO_2$$

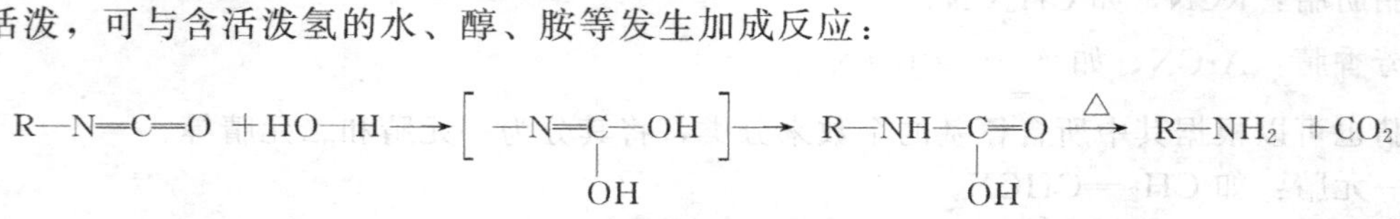

氨基甲酸

$$R-N=C=O + R'O-H \longrightarrow \left[-N=C-OH \atop OR' \right] \longrightarrow R-NH-\overset{}{\underset{OR'}{C=O}}$$

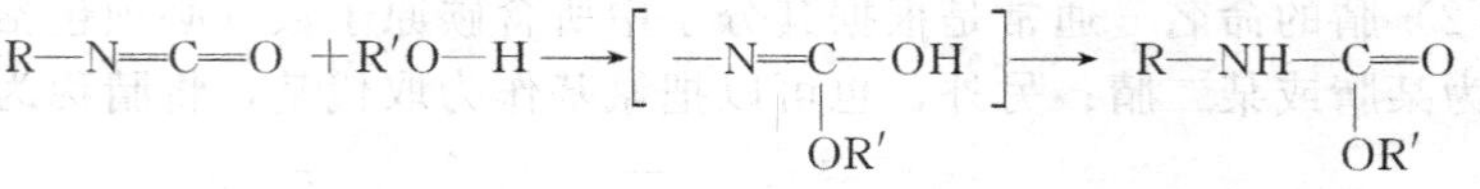

氨基甲酸酯

$$R-N=C=O + R'NH-H \longrightarrow \left[-N=C-OH \atop NHR' \right] \longrightarrow R-NH-\overset{}{\underset{OR'}{C=O}}$$

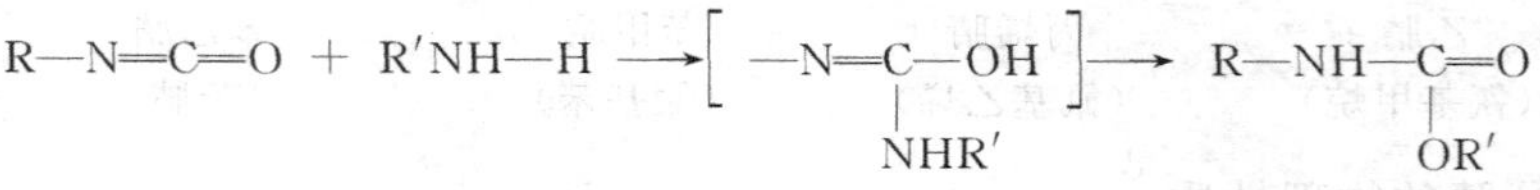

二取代脲

利用上述反应，比如由异氰酸苯酯生成的 N-苯基氨基甲酸酯和二取代脲均为结晶性固体，具有确定的熔点，可用于对醇、酸和胺进行鉴定。若用二异氰酸酯和二元醇作用，可得到聚氨基甲酸酯（即聚氨酯）类树脂，其典型结构为：

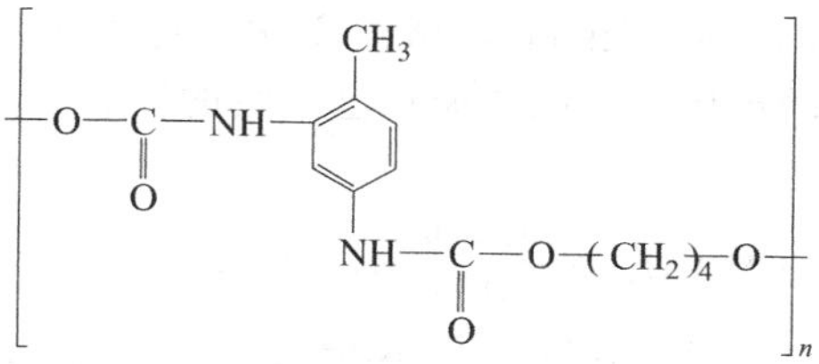

这类树脂可以用作合成橡胶、工程塑料和涂料等。例如，要生产泡沫塑料，则在二元醇中加入少量水，在聚合时便能够发生下列反应：

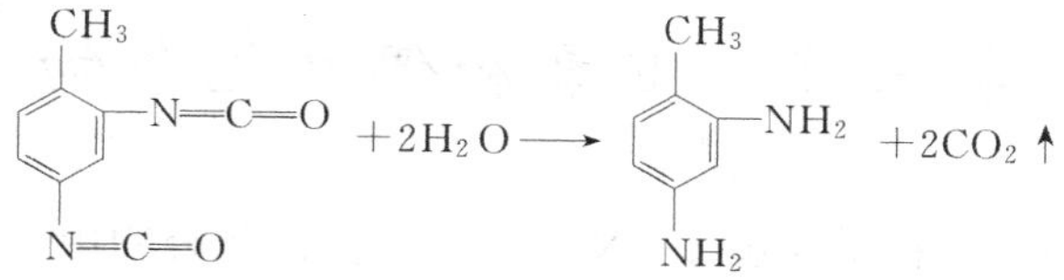

当产品固化时，CO_2 形成的小气泡留在高聚物中，即可得到海绵状的泡沫材料。

三、重要的腈及高聚物

1. 丙烯腈

丙烯腈为无色易挥发液体，具有桃仁气味，沸点 77.3℃，20℃时在水中的溶解度为 10.8%（质量分数）。丙烯腈易溶于一般的极性有机溶剂，可与丙酮、苯、乙醚和甲醇等无限混溶。它既是合成纤维和合成橡胶的单体，又是重要的有机合成原料。

丙烯腈在自由基型聚合反应的引发剂（如过氧化苯甲酰）存在下，可聚合生成聚丙烯腈。

$$CH_2{=}CH{-}CN \xrightarrow[\triangle]{\text{引发剂}} \left[CH_2{-}\underset{\displaystyle CN}{\underset{|}{CH}}\right]_n$$

丙烯腈还能与其他化合物共聚。例如，丙烯腈与1,3-丁二烯共聚可生成丁腈橡胶。

$$CH_2{=}CH{-}CN + CH_2{=}CH{-}CH{=}CH_2 \longrightarrow \left[\left(CH_2{-}\underset{\displaystyle CN}{\underset{|}{CH}}\right)_x\left(CH_2{-}CH{=}CH{-}CH_2\right)_y\right]_n$$

2. 聚丙烯腈

聚丙烯腈是一种重要的高分子合成材料，多采用溶液聚合和乳液聚合生产。另外，工业上也多用丙烯腈与其他单体共聚以进行改性。例如，丙烯腈与丙烯酸甲酯和衣康酸（亚甲基丁二酸）共聚，以改进其柔软性和染色性。由聚丙烯腈或丙烯腈占 85%以上的共聚物制得的纤维称为聚丙烯腈纤维，中国商品名称为腈纶。腈纶质地柔软，类似羊毛，所以也有“人造羊毛”之称。它具有强度高、保暖性好、耐光、耐酸、耐溶剂等优点。腈纶广泛用于混纺和纯纺，作各种衣料、人造毛、毛毯、拉毛织物等，还可进一步制成碳纤维和石墨纤维，应用于尖端科学领域。

3. 丁腈橡胶

丁腈橡胶的英文缩写为 NBR，是一种浅黄色略带香味的弹性体，是目前用量最大的一种特种合成橡胶。它极性很强，具有良好的耐油和耐非极性溶剂的性能，而且还随着共聚物中丙烯腈含量的增加而提高。丁腈橡胶具有较好的耐热性，在热油中能耐 150℃的温度。而且，丁腈橡胶还具有耐磨性能、耐老化性能和气密性。丁腈橡胶可用于制造对耐油性要求比较高的一些橡胶制品，如输油胶管、化工容器衬里和垫圈等。另外，许多特种丁腈橡胶依其特性不同，还具有其专门的用途。但是，丁腈橡胶的耐臭氧性能、电绝缘性能、耐寒性能都比较差。

4. 己二腈

己二腈是无色油状液体，沸点 295℃，微溶于水，可溶于乙醇、苯、氯仿等有机溶剂中。己二腈是合成尼龙-66 的单体——己二酸和己二胺的原料。因为己二腈水解可得到己二酸，而如果加氢则可得到己二胺。

$$NCCH_2CH_2CH_2CH_2CN \xrightarrow[H_2O]{H_2SO_4} HOOCCH_2CH_2CH_2CH_2COOH$$

$$NCCH_2CH_2CH_2CH_2CN \xrightarrow[80\sim90^\circ C,20atm]{H_2,Ni,\text{乙醇},30\%\ KOH} H_2NCH_2CH_2CH_2CH_2CH_2CH_2NH_2$$

第三节　重氮和偶氮化合物

重氮和偶氮化合物都含有偶氮基（—N═N—）。偶氮化合物中—N═N—的两端都和碳原子相连，例如：

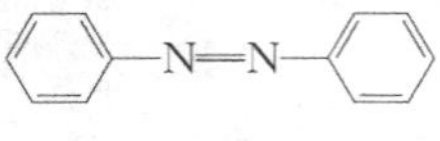

偶氮苯

偶氮二异丁腈

当苯环上有其他基团时，命名应该以偶氮苯为母体，苯环上其他基团的位置按编号依次列出。

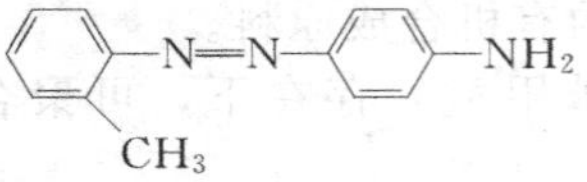

2-甲基　-4′-氨基偶氮苯

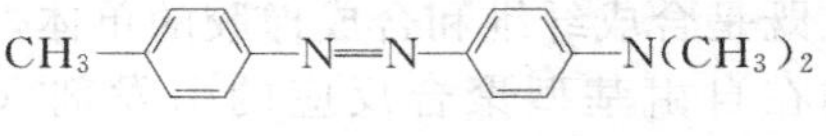

4-甲基-4′-(*N*,*N*-二甲氨基)偶氮苯

如果偶氮基只有一端与碳原子相连，另一端与其他原子相连，这样的化合物叫重氮化合物。例如：

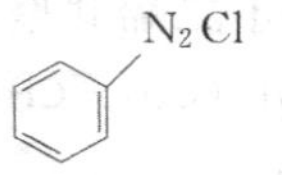

氯化重氮苯

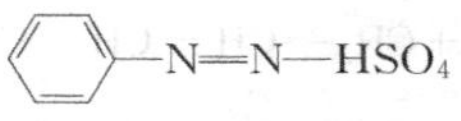

重氮苯硫酸盐

脂肪族重氮盐不稳定，易于分解放出氮气。芳香族重氮盐则较为稳定。

一、重氮化合物

1. 重氮化合物的制备

芳香族伯胺与亚硝酸在过量无机酸存在下生成重氮盐的反应，称为重氮化反应。

$$ArNH_2+2HCl+NaNO_2 \xrightarrow{0\sim5^\circ C} [\ Ar—N\equiv N\ ]^+Cl^-+NaCl+2H_2O$$

重氮化一般是将芳伯胺溶于过量酸（盐酸或硫酸）中，控制在低温（0～5℃）下滴加 $NaNO_2$ 溶液至反应完成。反应需控制酸度，以免重氮盐与未反应的芳伯胺生成重氮氨基化合物。反应中的亚硝酸钠不宜过量，因为过量的亚硝酸可分解重氮盐。由于重氮盐不稳定，所以反应一般在低温下进行。重氮化反应的终点常用 KI 的淀粉试纸来测定。因为过量的 HNO_2 可以把 I^- 氧化成 I_2，从而使淀粉试纸变蓝，这表示反应已到达终点。

2. 重氮化合物的性质

芳香族重氮盐是非常活泼的中间体，可以发生多种反应。这些反应可分为两大类：放出氮的反应和保留氮的反应。在放出氮的反应中，重氮盐上的—N_2X 被—H、—OH 等其他基团取代，同时放出氮气。

(1) 放出氮的反应　芳香族重氮盐的酸溶液与氯化亚铜反应，重氮基被氯或溴所取代，这个反应叫 Sandmeyer 反应：

$$Ar{-}NH_2 \xrightarrow{NaNO_2,\ HCl} Ar\overset{+}{N_2}\overset{-}{Cl} \xrightarrow[HCl]{CuCl} ArCl + N_2\uparrow$$

$$Ar{-}NH_2 \xrightarrow{NaNO_2,\ HBr} Ar\overset{+}{N_2}\overset{-}{Br} \xrightarrow[HBr]{CuBr} ArBr + N_2\uparrow$$

反应中如果用铜粉代替氯化亚铜或溴化亚铜做催化剂，反应也能进行，这时的反应叫做 Gattermann 反应：

$$Ar\overset{+}{N_2}\overset{-}{Cl} \xrightarrow{Cu,HCl} ArCl + N_2\uparrow$$

$$Ar\overset{+}{N_2}\overset{-}{Br} \xrightarrow{Cu,HBr} ArBr + N_2\uparrow$$

重氮基易于被碘原子取代，无需催化剂，只要把重氮盐和碘化钾水溶液一起共热，重氮基即可被碘原子取代，这是把碘原子引入苯环的最好方法。例如：

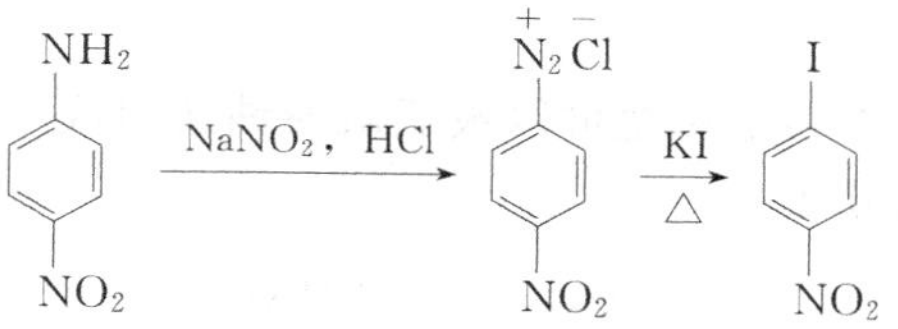

芳香族重氮盐中的重氮基在氰化亚铜的催化作用下与 KCN 作用，结果是被氰基取代，这类反应也叫 Sandmeyer 反应。如果改用铜粉作为催化剂，也属于 Gattermann 反应。这类反应是制备芳腈的好方法，应用很广：

$$Ar\overset{+}{N_2}\overset{-}{Cl} \xrightarrow[CuCN]{KCN} ArCN + N_2\uparrow$$

$$ArN_2HSO_4 \xrightarrow[CuCN]{KCN} ArCN + N_2\uparrow$$

利用这一反应，可以由甲苯合成邻甲基苯甲腈：

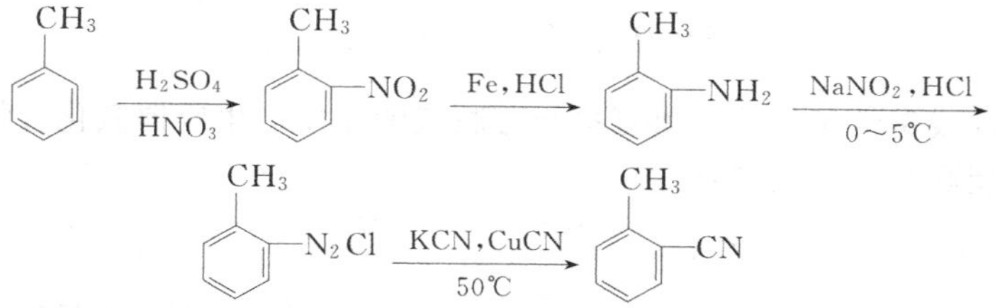

由于氰基可以水解为羧基，所以重氮基被氰基取代的这一反应也是在苯环上引入羧基的一个方法。

对重氮盐水溶液进行加热，即可使其放出氮气，并生成酚。例如：

$$ArN_2^+HSO_4^- + H_2O \xrightarrow[\triangle]{H^+} ArOH + N_2\uparrow + H_2SO_4$$

在有机合成中，通常通过重氮盐的途径使氨基转化为羟基，用于制备某些不能由芳磺酸盐碱熔法来制备的酚类。例如，由于溴原子在碱熔时会被水解掉，所以间溴苯酚就不宜用间溴苯磺酸钠碱熔法来制取。这时，可以用间溴苯胺经重氮化、水解的途径来制备。

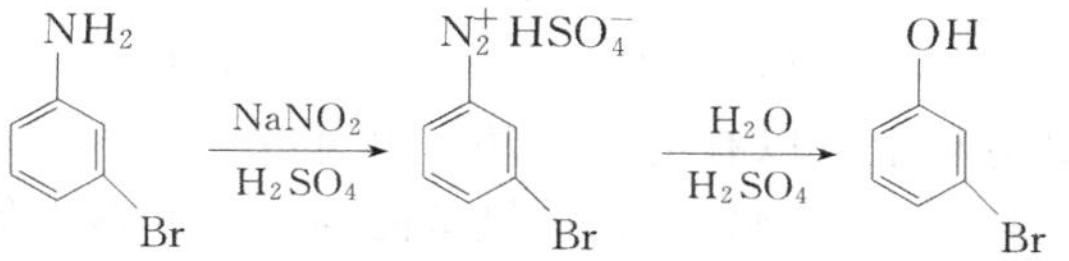

如果将重氮盐与还原剂次磷酸（H_3PO_2）发生作用，其结果是重氮基被氢原子取代。

$$ArN_2HSO_4 + H_3PO_2 + H_2O \longrightarrow ArH + N_2\uparrow + H_3PO_3 + H_2SO_4$$

重氮盐与乙醇作用，其重氮基也可被氢原子取代，但往往有副产物醚生成：

$$ArN_2Cl + C_2H_5OH \longrightarrow ArH + N_2\uparrow + CH_3CHO + HCl$$

该反应在有机合成上可作为去氨基的方法：先将胺重氮化，然后由重氮盐与次磷酸作用，从而去除氨基。例如：均三溴苯的合成，由苯直接溴代是不可能得到该化合物的。若先使苯经硝化、还原得苯胺，再经过溴代、重氮化、去氨基，即可达到目的：

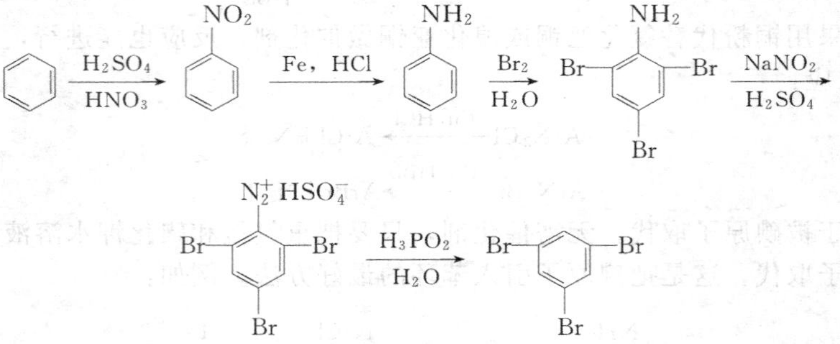

（2）保留氮的反应　芳香族重氮盐可以被亚硫酸钠还原成苯肼的盐，用碱处理后可得到苯肼，这是苯肼的一种合成方法：

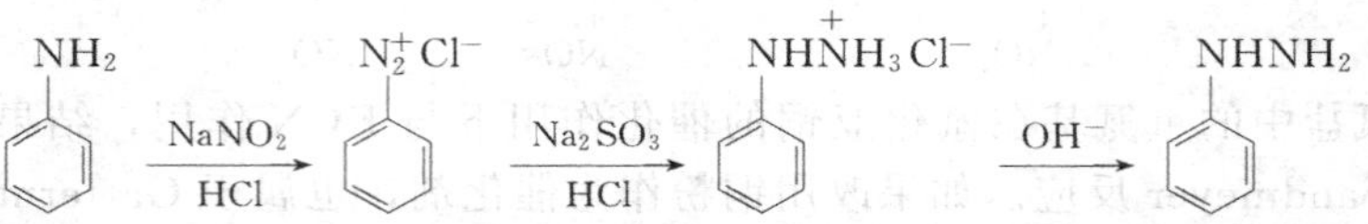

在低温条件下，芳香族重氮盐也可以用氯化亚锡和盐酸还原得到苯肼的盐酸盐，用碱处理后得到芳肼：

$$Ar\overset{+}{N_2}\overset{-}{Cl} \xrightarrow{SnCl_2,\ HCl} ArNH\overset{+}{N}H_3Cl^- \xrightarrow{OH^-} ArNHNH_2$$

如果使用较强的还原剂，则直接还原得到苯胺：

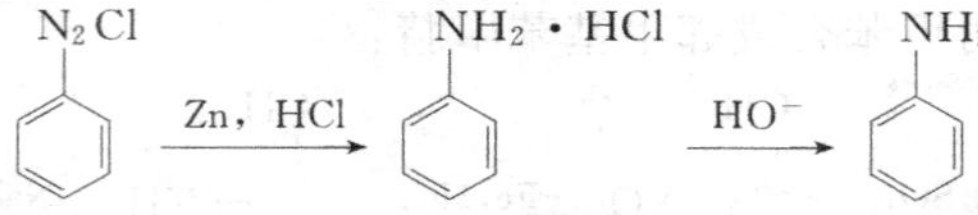

在适当的酸性或碱性条件下，重氮盐与芳胺或酚作用，生成偶氮化合物，这一反应叫偶合反应，或叫作偶联反应。例如：

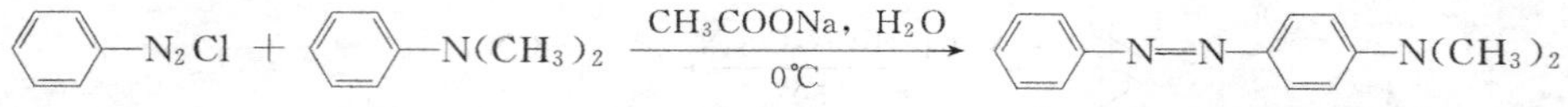

对（*N*,*N*-二甲氨基）偶氮苯

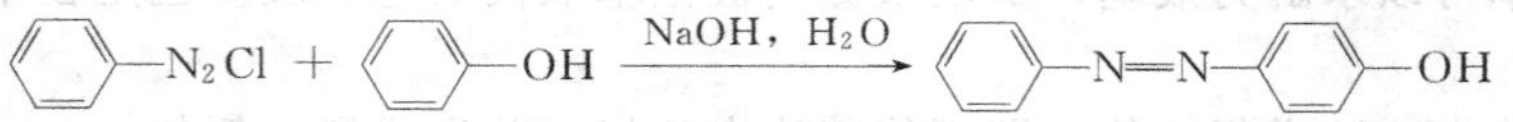

对羟基偶氮苯

在偶联反应中，参加偶联的重氮盐叫重氮组分，酚或芳胺叫偶合组分。在合成一个偶氮化合物时，应当正确地选择重氮组分和偶合组分。例如合成甲基橙的步骤如下：

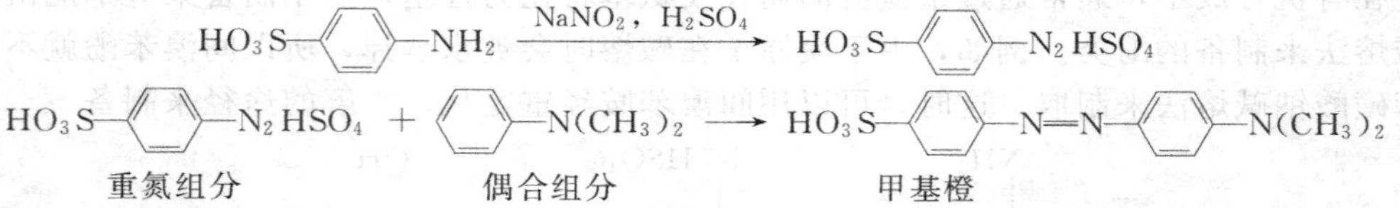

重氮组分　　偶合组分　　甲基橙

选用的重氮组分，其芳环上可以有给电子基，也可以有吸电子基；而偶合组分，通常是胺或酚，否则不易发生偶联反应。例如氯化重氮苯能与苯酚和苯胺偶合，但不能与硝基苯和甲苯偶合，甚至也不能与苯甲醚偶联。一般的规律是：偶合组分芳环上的电子云密度越高，越有利于偶联反应；如果重氮组分的芳环上有吸电子基，使电子云密度越低，越有利于该反应。

重氮盐与芳胺和酚类的偶联反应中，由于 $Ar\overset{+}{N}_2$ 体积较大，所以一般发生在酚羟基或芳氨基的对位。如果对位被其他基团占据，偶联反应也能发生在邻位。例如：

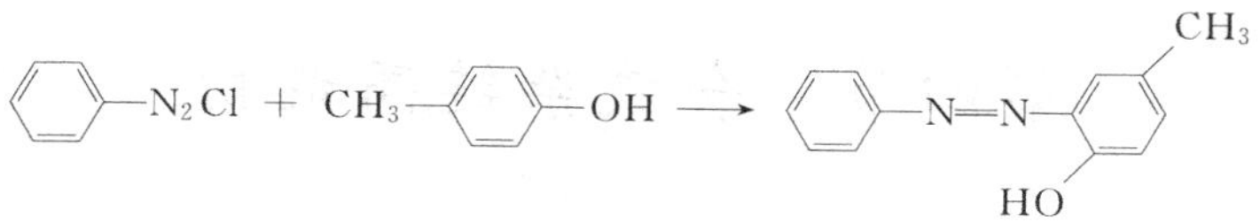

重氮盐与萘酚和萘胺及其衍生物也能发生偶联反应。对于这些偶联反应，当羟基或氨基处于1-位时，偶联一般发生在4-位。但若3、4、5-位上有磺基时，则发生在2-位。当羟基或氨基处于2-位时，偶联反应一般发生在1-位。下列物质发生反应时，偶联的位置如下：

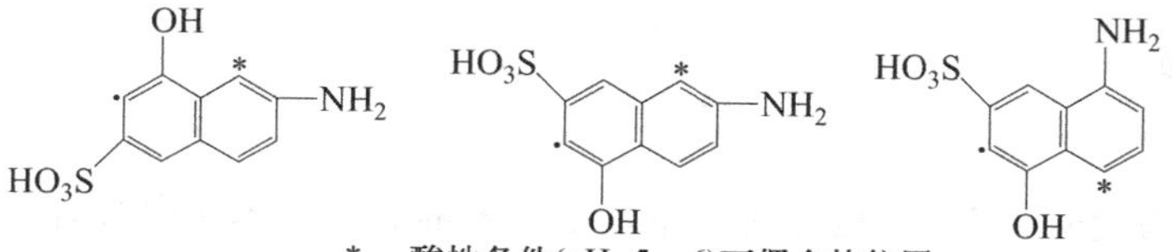

* 一酸性条件(pH=5～6)下偶合的位置

· 一碱性条件(pH=8～9)下偶合的位置

重氮盐和酚的偶联反应常在弱碱性介质中进行，这时酚变成芳氧基负离子 ArO^-，是一个比羟基更强的活化芳环亲电反应的基团，有利于偶联反应的进行。如果介质碱性太强，则对反应不利。酸性条件不利于重氮盐与酚的偶联，因为在酸性条件下，不仅苯氧负离子的浓度小，甚至还有可能产生不利于反应进行的质子化苯酚。

重氮盐与芳胺的偶联反应在弱酸或中性条件下进行，不能在强酸性条件下进行。因为在强酸性条件下，胺变成铵盐，$-\overset{+}{N}H_3$ 是强的钝化亲电取代的基团，不利于偶联反应。

二、偶氮化合物

芳香族胺、酚类与重氮盐偶联，所得产物的通式为 Ar—N═N—Ar′，这些化合物通常都带有颜色。许多偶氮化合物是优良的染料，这类染料称为偶氮染料。偶氮染料是染料中品种最多、数量最大、应用最广的一类染料。它的颜色多种多样，广泛应用于棉、毛、丝织品以及其他产品的染色过程中。在合成偶氮染料时，选择不同的重氮组分和偶合组分，合成的化合物可以具有一系列不同的颜色。例如：

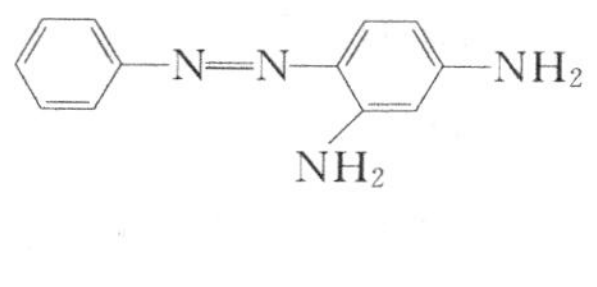

碱性菊橙

酸性大红 GR

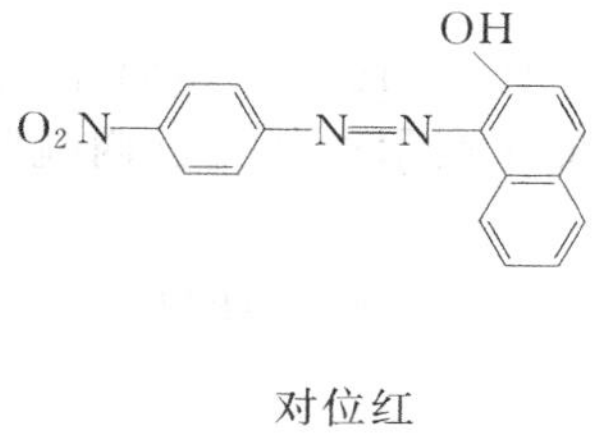

对位红

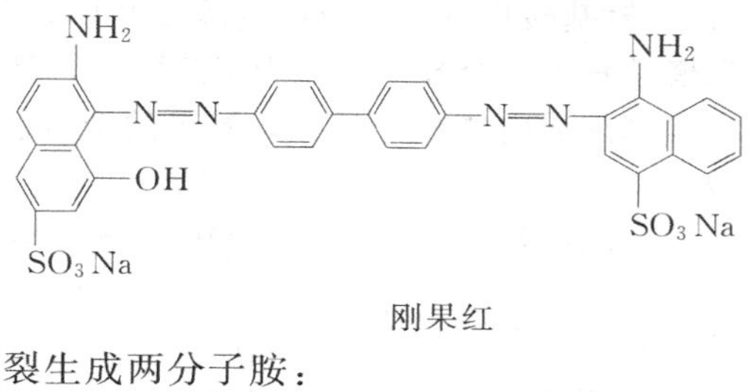

刚果红

偶氮化合物的偶氮键可被氯化亚锡还原而断裂生成两分子胺：

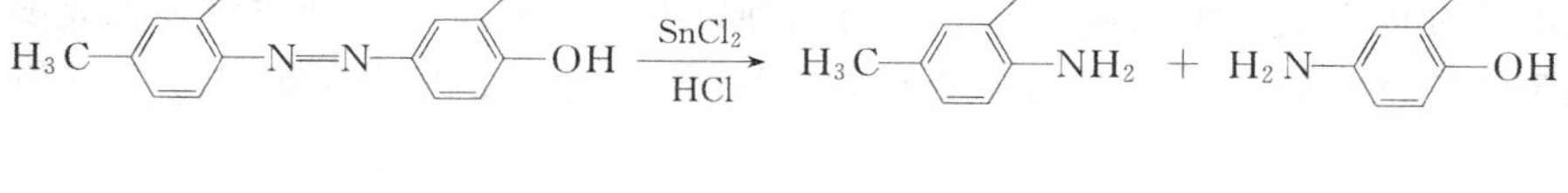

从所得到的胺的结构，能推断出原来的偶氮化合物的结构。因此，可用这种方法剖析偶氮染料的结构。

第四节　含氮杂链高聚物

如果高分子化合物的分子链中含有除C、H、O之外的其他原子，则可称其为杂链高分子化合物。含氮的杂链高分子化合物除前面已经介绍过的聚丙烯腈、丁腈橡胶以外，还有聚酰胺、聚丙烯酰胺、聚酰亚胺、聚氨酯、ABS、聚脲和脲醛树脂等较为常用。

一、聚酰胺

聚酰胺（缩写代号为PA）也称为尼龙，是分子链的重复单元中含有 $-\overset{\overset{\displaystyle O}{\|}}{C}-NH-$ 基团的酰胺型聚合物。根据主链结构的不同，可以将聚酰胺分为脂肪族聚酰胺、半芳香族聚酰胺、全芳香族聚酰胺、含杂环芳香族聚酰胺及脂环族聚酰胺等，其中常用的主要是脂肪族聚酰胺。

脂肪族聚酰胺又可分为天然的脂肪族聚酰胺和人工合成的脂肪族聚酰胺两类。天然高分子中的蛋白质可以看作是氨基酸的缩聚物，在生物科学界叫做多缩氨基酸。这类高分子物质在生命过程中起着重要的作用，并且是构成细胞及整个机体的基础。凡是角、蹄、丝、发、血液、肌肉、脏器等都主要由此组成。人工合成脂肪族聚酰胺的方法很多，但工业化的重要方法有以下几种。

1. 由二元胺与二元酸合成聚酰胺

这类聚酰胺用两位数字命名为聚酰胺-xy，分子通式为$\left[\!-NH-(CH_2)_x-NH-CO-(CH_2)_{y-2}-CO-\right]_n$，其中第一个数字$x$表示二元胺中的碳原子数，第二个数字$y$表示二元酸中的碳原子数。如聚酰胺-66、聚酰胺-610、聚酰胺-1010分别由己二胺和己二酸、己二胺和癸二酸、癸二胺和癸二酸合成。在聚合过程中，为了保证己二胺和己二酸的等摩尔比，通常采用先缩合成相应的盐，将盐提纯以后，再进行熔融缩聚。缩聚过程中，可以加入少量的单官能团的醋酸，用于控制分子量。

$$H_2N-(CH_2)_x-NH_2 + HOOC-(CH_2)_{y-2}-COOH \xrightarrow{\triangle}$$
$$[H_3\overset{+}{N}-(CH_2)_x-\overset{+}{N}H_3\ {}^{-}OOC-(CH_2)_{y-2}-COO^{-}]$$
$$n[H_3\overset{+}{N}-(CH_2)_x-\overset{+}{N}H_3\ {}^{-}OOC-(CH_2)_{y-2}-COO^{-}]+CH_3COOH \longrightarrow$$
$$CH_3CO\left[\!-NH-(CH_2)_x-NHCO-(CH_2)_{y-2}-CO-\right]_nOH+2nH_2O$$

2. 由ω-氨基酸自身缩聚或由内酰胺开环聚合合成聚酰胺

这类聚酰胺用一个数字命名为聚酰胺-x，其分子通式为$\left[\!-NH-(CH_2)_{x-1}-CO-\right]_n$，其中的$x$表示$\omega$-氨基酸或内酰胺分子中碳原子的个数。例如，聚酰胺-6表示原料为己内酰胺或ω-氨基己酸。

$$nH_2N-(CH_2)_{x-1}-COOH \longrightarrow \left[\!-NH-(CH_2)_{x-1}-CO-\right]_n+(n-1)H_2O$$

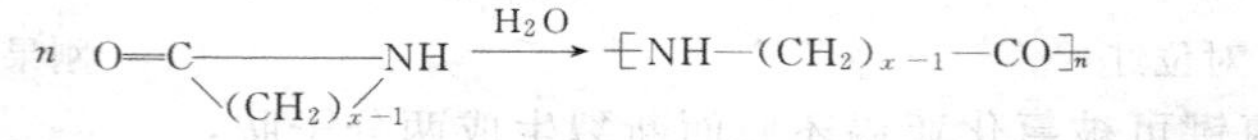

3. 由多种单体共缩聚合成聚酰胺

这是由两种以上的内酰胺或氨基酸、由两种以上的二元胺与一种或多种二元酸共缩聚制备的聚酰胺。如聚酰胺-66/6、聚酰胺-6/66/1010等，前者是由己二胺、己二酸和己内酰胺

(或 ω-氨基己酸)聚合而成的共聚物，后者是由己内酰胺(或 ω-氨基己酸)与己二胺、己二酸以及癸二胺、癸二酸的三元共聚物。

聚酰胺树脂是历史上最早用于工程塑料的品种，目前的产量居于各种工程塑料之首。聚酰胺树脂的主要特性是力学性能优异，如拉伸强度高、韧性好，能承受反复的冲击振动；适用温度范围较宽(－40～100℃)；耐磨性优良，摩擦系数低，具有优异的自润滑性能；电绝缘性好，耐电弧；易于着色且无毒；耐溶剂性能好，耐化学腐蚀；易于加工成型等。但其缺点是，由于能与水分子之间形成氢键而吸水性较大。由于其吸水性，使得其弹性模量降低、尺寸稳定性差等。聚酰胺用于轴承、齿轮、拉链和滑轮等有滑动部分的机械零件。

聚酰胺纤维也是聚酰胺的一个重要应用。聚酰胺纤维又称为锦纶或尼龙纤维，是一种重要的合成纤维。其产量原来居于各类合成纤维之首，现产量仅次于聚酯纤维而居第二位。但由于许多高性能品种的发展，其重要性并未减弱。脂肪族聚酰胺纤维主要用于民用织物及部分工业用途，最主要的品种是聚酰胺-6 和聚酰胺-66 纤维。此外，聚酰胺-9 和聚酰胺-11 也有一定的产量。脂环族聚酰胺纤维是美国杜邦公司为了调整脂肪族聚酰胺纤维链段的柔性和氢键作用而开拓出来的系列产品，其代表品种是聚十二烷基对二环已基甲烷二胺纤维，即所谓的“仿丝纤维”，商品名为奎阿纳。芳香族聚酰胺纤维包括大分子链中含有芳香环的脂肪族聚酰胺(脂芳族)和全部为芳香环的全芳族聚酰胺。由于在分子链中引入了刚性的芳香环，所得纤维的耐热性和模量都有所提高。一般而言，这类聚酰胺分子由于较难熔融，故多用溶液缩聚的方法合成，纺丝成型也多采用湿法、干法，尤其是发展较晚的干(喷)湿(纺)法。脂芳族聚酰胺纤维的主要代表是尼龙 6T(即聚己二酰间苯二甲胺)。全芳族聚酰胺纤维在国内统称为芳纶，代表性品种有耐高温性优良的诺曼克斯、具有高强度高模量和液晶性的凯芙拉等。芳香族聚酰胺纤维是高性能纤维，主要用于工业上以及航空航天等高技术领域。

二、聚丙烯酰胺

聚丙烯酰胺是由丙烯酰胺聚合得到的高分子化合物，其结构式为：

$$\left[CH_2-\underset{\displaystyle CONH_2}{\underset{|}{CH}} \right]_n$$

在减压下将丙烯酰胺加热至 90℃，最初为透明的熔融体，数分钟后，产生浑浊，1h 后，体系变成只能在水中溶胀而不能溶解的聚合物。在 80℃的甲醇中聚合时，得到水溶性聚合物。丙烯酰胺与甲醇的溶液经光照后可聚合，得到白色的固体聚合物。这种白色的聚合物可溶于水，加热至 188℃也不软化。结晶状的丙烯酰胺在 78℃下经 γ 射线照射，然后在 35℃下放置 24h，得到重均相对分子质量约为 60 万的聚合物。聚丙烯酰胺为白色粉末，性脆，干燥状态下非常硬。未交联的聚丙烯酰胺可溶于水，不溶于乙醇、乙醚、酯和碳氢化合物等溶剂，在 *N*,*N*-二甲基甲酰胺和四氢呋喃中也不溶，加热到 100℃也很稳定。但在 150℃下含氮量减少，生成物仅微溶。在 200℃下加热 48h 后变为褐色。可溶性的聚丙烯酰胺具有与明胶和白蛋白等天然胶体相似的亲水性，可作为粘接剂和阿拉伯胶的代用品。聚丙烯酰胺与甲醛缩合，可用于制动带的胶黏剂。此外，还可用作工程浆料、絮凝剂、泥浆稳定剂、矿石浮选剂、水泥和土壤改良剂、增韧剂、脱色剂、减阻剂、固定酶和电泳用凝胶等。

对聚丙烯酰胺进行交联可得到高吸水树脂，所使用的交联剂有磷酸、马来酸酐、邻苯二甲酸酐等。当以酸酐为交联剂时，交联反应就是酸酐的氨解反应。交联反应还可以由物理方法引发，如用^{60}Co 的 γ 射线照射 50％的丙烯酰胺水溶液，可使之聚合、交联。交联后的聚丙烯酰胺，其吸水量可达 $400g\cdot g^{-1}$。若进行加碱水解，使部分酰氨基($-CONH_2$)转变成羧酸钠基($-COONa$)，吸水量可达到 $1000g\cdot g^{-1}$。如果将丙烯胺与丙烯酸钠的水溶液进行辐射共聚和交联，可直接得到吸水率高达 2000g·g^{-1}的高吸水性树脂。

三、聚酰亚胺

聚酰亚胺是分子链由酰亚胺重复单元构成的一类聚合物：

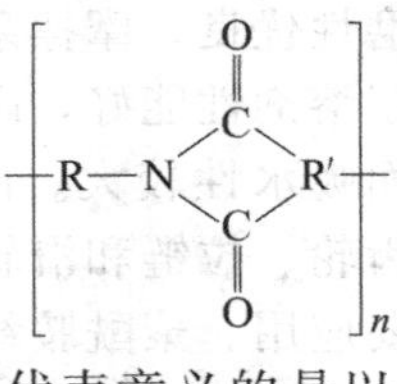

其中的 R 和 R′主要是芳基。最有代表意义的是以均苯四甲酸二酐与各种芳香二胺的反应产物，分子中含有如下的链节单元：

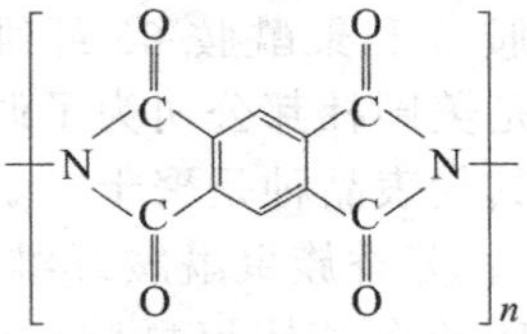

此时二胺分子的刚性就成了成品溶解或熔融性能的调节因素，刚性越强，越难以溶解或熔融加工。所以已报道的聚酰亚胺产品都应看作是广义的聚酰亚胺产品，而实际上或多或少是在二胺的结构上或酸的组分上或整个聚酰亚胺分子上进行了改性的产品。其中包括了聚马来酰亚胺、聚酰胺-酰亚胺、聚醚酰亚胺等以增进其加工性能。在合成工艺上，一般是在惰性气体保护下，在二甲基甲酰胺溶液中进行的。聚酰亚胺是一类耐辐射、耐高温性能以及电性能优良、机械强度高的高性能材料，可用于模塑材料、涂料、封装材料、薄膜、泡沫塑料以及纤维等方面。

聚酰亚胺薄膜是由聚酰亚胺树脂经蘸涂法或流延法制备而成的薄膜，其特点是使用温度较高，长期使用温度高达 250℃，短期使用温度甚至能够达到 450℃。聚酰亚胺薄膜主要应用于要求耐高温的电机绝缘膜等高技术领域中。

聚酰亚胺纤维是将适于纺丝的聚酰亚胺溶于强极性的有机溶剂中，如溶于 *N*,*N*-二甲基甲酰胺中，以干法纺丝成纤，然后高温拉伸，同时完成闭环反应所得的纤维。纤维外观金黄，耐辐射，一般的使用温度范围是－150～340℃，分解温度一般都高达 700℃左右。聚酰亚胺纤维可用于高性能复合材料制造宇航制品及高温电绝缘材料。其代表性品种有美国商品名为 PRD-14 的聚 4,4′-二苯醚均苯四甲酰亚胺纤维等。

四、聚氨酯

聚氨酯是聚氨基甲酸酯的简称，是由多元有机异氰酸酯（如二异氰酸酯 OCN—R—NCO）与多元醇化合物（如二元醇 HO—R′—OH）发生聚合反应而成，重复单元中含有氨基甲酸酯链段（$-NH-\overset{\overset{O}{\|}}{C}-O-$）。在材料领域中，通过对反应物和反应方式的调节，聚氨酯已成为一个在硬度方面由柔软的弹性体到刚性的塑料、各种软硬程度都有的材料。在应用方面，聚氨酯包括了泡沫塑料、涂料、黏合剂、合成纤维、弹性体以及迅速发展的反应注塑(RIM）型聚氨酯材料与互穿聚合物网络（IPN）材料。

聚氨酯泡沫塑料是聚氨酯树脂制成的产品中的一个主要品种。1947 年，德国首先研制成功硬质聚氨酯泡沫塑料，作为航空工业用轻质、高强夹芯材料。随后又相继研制成软质和半硬质聚氨酯泡沫塑料。聚氨酯泡沫塑料的最大特点是制品的适应性强，可通过改变原料组成、配方等制得不同特性的泡沫塑料制品。

聚氨酯泡沫塑料的分类方法有多种，按泡沫塑料的性能及应用范围，一般可分为如下四种。

（1）软质泡沫塑料　其制品柔软、回弹性好、压缩永久变形小，主要用作衬垫材料，广泛用于车辆、飞机坐垫、沙发、床垫、服装衬里、织物层合制品、包装胶垫等。

（2）硬质泡沫塑料　其制品质轻、比强度高、热导率低、隔音性良好，广泛用作保温隔热材料、夹芯层合板。特别是阻燃型及现场喷涂发泡工艺的应用，更扩大了硬质泡沫塑料在建筑、冷库、冷藏车辆及船舶等中作为保温隔热层的应用。硬质泡沫中加入玻璃纤维或空芯微球等增强物制成的增强泡沫塑料，是一种理想的“合成木材”，可进行二次加工或模塑成型，可制作家具或其他制品。

（3）半硬质泡沫塑料　其制品性能介于软质和硬质之间，但是它的抗冲击性和缓冲性好，特别适合于作工业防震、缓冲和包装材料，如汽车保险杠、仪表盘的衬芯。

（4）特殊泡沫塑料　其产品性能满足各种特殊使用要求，品种有超低密度泡沫塑料、超柔软泡沫塑料、亲水或亲油软质泡沫塑料、低发烟性阻燃泡沫塑料、高尺寸稳定性泡沫塑料、高回弹泡沫塑料、微孔泡沫塑料。

聚氨酯纤维在国内称为氨纶，而国外的商品名为斯潘德克斯，是以二苯甲烷二异氰酸酯（MDI）或甲苯二异氰酸酯（TDI）和聚醚二元醇（PTMG）或聚酯二元醇（PEG）为起始原料，以合成出的大分子上含有 $-NH-\overset{\overset{O}{\|}}{C}-O-$ 基团的聚氨酯嵌段共聚物为纺丝原料而得的纤维。聚氨酯纤维是一种以高弹性而著称的合成纤维。在它的分子链中含有聚醚或聚酯组分的柔性链段，也含有氨基甲酸酯组分的硬段，其中聚氨酯链节的质量分数应大于85%。由于其中含有柔性链段，所以赋予聚合物以伸缩性，而其中的刚性链段又赋予聚合物以强度。聚氨酯的纺丝方法主要有两种，即以 N,N-二甲基甲酰胺为溶剂的溶液纺丝法和熔融纺丝法。其中，溶液纺丝法为主，包括干法纺丝和湿法纺丝。聚氨酯纤维的弹性极高，可在拉伸5倍的情况下多次伸缩仍保持原状不断裂。而与橡胶丝（细橡皮筋）相比，其强度为后者的4倍，而且伸长越大，差别越大。所以，聚氨酯纤维和橡胶是完全不同的。聚氨酯纤维耐磨，耐化学性优良，肥皂、汗及多种溶剂对其无影响。一般而言，聚酯型聚氨酯纤维的耐碱性以及聚醚型聚氨酯纤维的耐氯性稍差。由于聚氨酯纤维突出的弹性恢复特性，使人在穿着其织物时，不同的伸长变形有相似的束缚力，所以无压迫感，非常适宜作紧身衣，并深受妇女的喜爱。其他的主要用途有作内衣、游泳服、护腿、胸衣、绷带以及为增加合成纤维弹性而使用的混纺材料。聚氨酯纤维目前全部以长丝的方式使用，丝型有包芯纱、包覆的皮芯或棉丝三种。

聚氨酯涂料是由异氰酸酯和含羟基的聚合物作用而固化成膜的涂料，现在普遍使用的有五种类型：聚氨酯改性油、湿固化型、封闭型、催化固化型和多羟组分固化型。其中后两种类型的涂料需要先和固化剂混合，然后才能涂装使用。常用的固化剂是胺类（如乙二胺、己二胺等）、金属盐类和环烷酸盐类。聚氨酯涂料具有优良的防腐蚀性，很高的耐磨性、弹性、附着力、耐久性和绝缘性，广泛用于石油、化工设备、海洋船舶、机电设备等作为防腐涂料。有些品种具有一定的毒性，使用时应注意劳动保护。

聚氨酯胶黏剂是以多异氰酸酯和聚氨基甲酸酯为主体材料的胶黏剂。由于其分子链中含有异氰酸酯基和氨基甲酸酯基，因而具有高度的极性和活泼性，对多种材料具有极高的黏附性能。聚氨酯胶黏剂的胶接工艺性能好，可以加热固化，也可室温固化；可以配成溶液，也可以制成胶膜；改变原料配比，就可以得到从柔性到刚性的一系列胶黏剂；而且耐低温性能超过其他胶黏剂品种。但其缺点是价格较高，耐热性也较差。聚氨酯胶黏剂主要应用于航空航天、建筑、机械等的金属、塑料、玻璃、陶瓷结构连接，以及聚合物薄膜的复印材料、鞋底和鞋面的粘接等。

聚氨酯的其他一些应用也很重要，由于篇幅所限，这里不再多做介绍，有兴趣者可参阅有关专业资料。

五、脲醛树脂

脲醛树脂（英文缩写为UF）是由脲（尿素）与甲醛缩聚而制得的一种树脂，分子结构中含有 $-NH-\overset{\overset{\large O}{\|}}{C}-NH-$ 基团，是氨基树脂中最重要的一个品种，可用于制造压塑粉、层压塑料、泡沫塑料和胶黏剂等。脲醛树脂于1896年研制成功，并于1926年首先在英国实现工业化生产。

脲醛树脂在适当条件下，可固化而转变成体型结构的高聚物。少量酸的存在，可对固化过程起到明显的催化作用，而且酸的种类和用量不同，对固化速度的影响也不同。为此，可根据树脂的用途和要求，以及固化的快慢来选择催化剂的种类和用量。例如，用于制造泡沫塑料或常温固化的胶黏剂时，要求快速固化或不需加热，就可以选用磷酸或氯化锌作为催化剂。压塑粉要求在较低的干燥温度下没有催化作用或催化作用不明显，而在成型温度下则需要快速催化固化，就应该使用草酸。脲醛树脂的固化是由于发生了缩聚反应，有水和甲醛等小分子化合物析出，同时发生交联作用而完成。脲醛树脂的特点是：坚硬、耐刮伤、无色、半透明，可制成色彩鲜艳的各种塑料制品。加之，脲醛树脂无毒、无臭，所以适于制造日常器皿、快餐食具等。另外，脲醛树脂也广泛用于航空、电器、建筑等部门，作装饰材料、隔热隔声材料等。

脲醛树脂胶黏剂是以脲醛树脂为主要成分的胶黏剂。在其配方中，除了脲醛树脂外，还需加入固化剂、缓冲剂及填料等。常用的固化剂是氯化铵，缓冲剂一般采用氨水和六亚甲基四胺。在脲醛树脂胶黏剂中加入填料，如木粉、谷粉及豆粉，可减少固化时的收缩。它的固化可在室温下进行，也可在加热（100℃）情况下完成。脲醛树脂胶黏剂的特点是成本低、毒性小、不污染制品、耐光照性强；但其缺点是耐水性及粘接强度比酚醛树脂胶黏剂差。脲醛树脂胶黏剂广泛用于制造胶合板、层压板、装饰板、木结构家具等。

第五节　含硅化合物和元素有机高聚物

硅是地球上含量非常丰富的元素，在地球表层中的含量达到了23%。硅的无机物很早就得到了利用，做成陶瓷、玻璃等制品。硅的有机物是近50年才被合成出来的，但发展很快，现在已知其结构者达六七万种以上。硅的有机化合物在许多方面具有一些特殊性质，在电子工业、光学工业、医药工业等多方面都有重要的用途。这里就重要者进行简单的介绍。

一、硅及重要的硅化合物

硅的原子序数是14，有K、L、M三个电子层。硅的电子排布情况是 $(1s)^2$ $(2s)^2$ $(2p)^6$ $(3s)^2$ $(3p)^2$，最外层有四个电子。硅和碳是同族元素，性质比较相近，但也有许多不同的地方。硅和碳原子的外层电子都是 sp^3 杂化，所以性质有类似的地方。但是，硅原子比碳原子大，电负性比碳原子小。由于硅原子的外层有3d空轨道，所以价键可以扩张，易于发生化学反应，除了可形成四价的化合物之外，还可以形成五价和六价的硅化合物。

1. 硅烷

硅烷即硅的氢化物，其组成可用通式 Si_nH_{2n+2} 表示。与烷烃相比较，硅烷的数目是有限的，它包括 $n=1\sim6$ 的硅烷，硅不能生成与烯烃和炔烃类似的不饱和化合物。

硅烷的制备分两步进行：第一步用 SiO_2 与过量金属镁加热，被还原出来的硅再与镁化合而得到硅化镁 Mg_2Si：

$$4Mg+SiO_2 = Mg_2Si+2MgO$$

第二步是 Mg_2Si 与稀盐酸作用得到多种硅烷的混合物，其中主要是与甲烷相当的硅甲烷 SiH_4：

$$Mg_2Si+4HCl = 2MgCl_2+SiH_4\uparrow$$

SiH_4 是无色气体，在常温时稳定，但遇到空气可发生爆炸性自燃，生成二氧化硅和水：

$$SiH_4+2O_2 = SiO_2+2H_2O$$

硅烷在纯水和微酸性溶液中不水解，但当水中有微量碱时，能够起到对下列水解反应的催化作用，从而迅速发生水解：

$$SiH_4+(n+2)H_2O \xrightarrow{OH^-} SiO_2\cdot nH_2O+4H_2$$

(1) 四烷基硅烷　四烷基硅烷是指硅甲烷中四个氢原子都被烷基取代后所得到的产物。对于简单的对称四烷基硅烷，可用下述方法制备：

$$4RLi+SiH_4 \longrightarrow R_4Si+4LiH$$

$$4RLi+SiX_4 \longrightarrow R_4Si+4LiX$$

$$SiCl_4+4RX+8Na \longrightarrow R_4Si+4NaCl+4NaX$$

$$3SiCl_4+12RCl+8Al \longrightarrow 3R_4Si+8AlCl_3$$

对于四烷基硅烷来说，只要其中的烷基无取代基或无重键，都相当稳定，只有在较为强烈的条件下才会分解。例如，四甲基硅烷在 700℃以下比较稳定，四苯基硅烷 430℃时还能在空气中蒸馏而不分解，并且可以用浓硫酸洗涤以除去其中的杂质。但是，它们也可以发生一些反应：

三氯化铝存在下的反应：

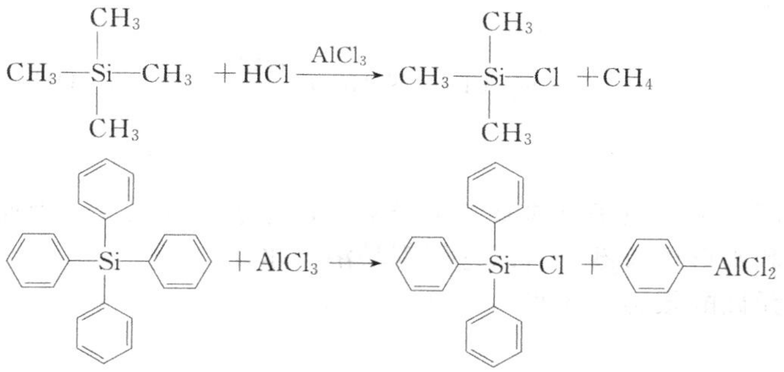

四甲基硅烷或四苯基硅烷与液溴能发生取代反应。如：

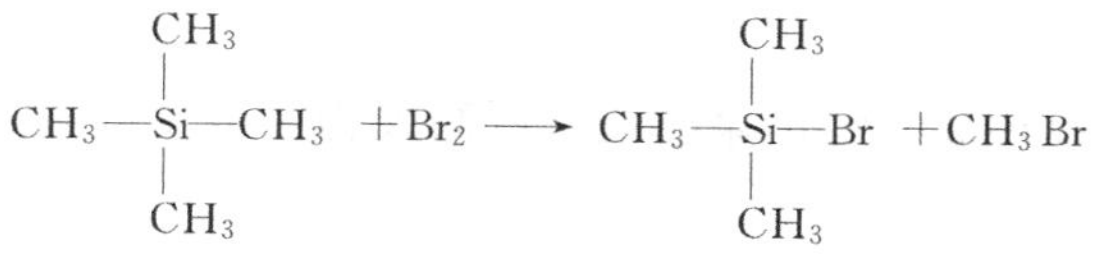

四烷基硅烷中的烷基可以发生烃的加成、取代等反应，从而使相对于硅而言的 α-位或 β-位上连有各种官能团：

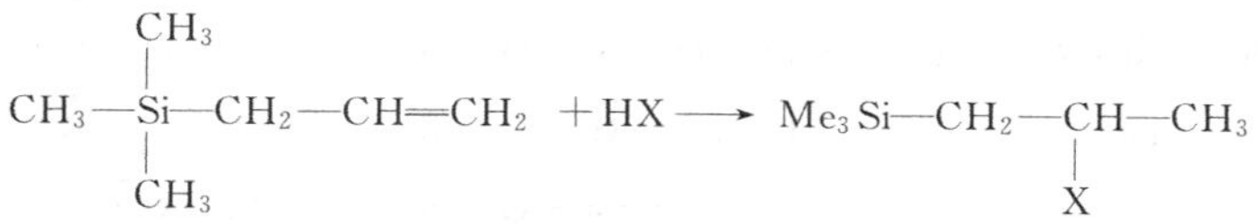

四烷基硅烷还可以燃烧，燃烧产物中包括二氧化硅。

(2) 氢有机硅烷　氢有机硅烷可简称为氢硅烷，是硅甲烷中的氢原子没有被全部取代时所得的产物。

硅烷中含有 Si—H 键时，这个氢具有较高的活性：

$$—Si—H + OH^- \longrightarrow —Si—OH + H^-$$
$$H^- \xrightarrow{H_2O} H_2 + OH^-$$

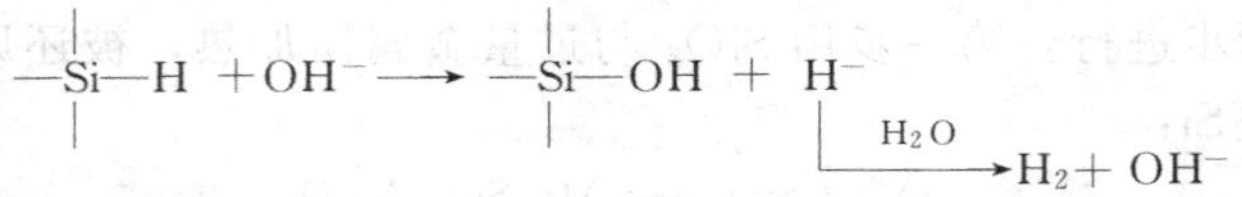

硅氢键也可以发生缩合作用：

$$—Si—H + HO—C— \longrightarrow —Si—O—C— + H_2$$

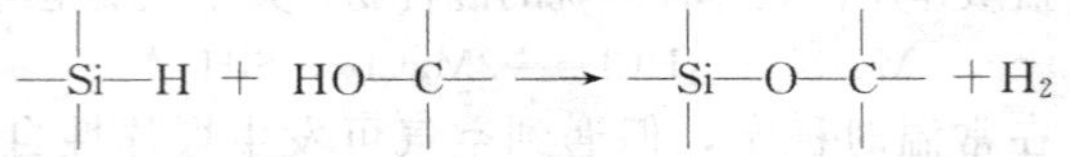

2. 硅的含氧化合物

硅在自然界中多以氧化物和硅酸盐的形式存在，各种硅的化合物发生转变时，也多转变为含有 Si—O 键的化合物。硅氧键和碳氧键不同，例如，二氧化碳由于其键能低，易于发生加成反应，而二氧化硅则由于键能高而不易发生加成反应。硅的含氧化合物包括无机物和有机物两类。其中，含氧的无机硅化合物主要有二氧化硅、硅酸和偏硅酸等；而含氧的有机硅化合物主要有硅醇、有机硅氧烷、有机硅烷基酯、有机硅醚和硅氧杂环烷。这里仅就硅醇和有机硅氧烷进行简要介绍。

（1）硅醇　硅醇包括一元硅醇、二元硅醇和三元硅醇三类，其通式分别为 R_3SiOH、$R_2Si(OH)_2$ 和 $RSi(OH)_3$。硅醇一般由卤代烷基硅烷水解而制得：

$$R_3SiX + H_2O \longrightarrow R_3SiOH$$
$$R_2SiX_2 + 2H_2O \longrightarrow R_2Si(OH)_2$$
$$RSiX_3 + 3H_2O \longrightarrow RSi(OH)_3$$

例如：

$$CH_3—\underset{\underset{CH_3}{|}}{\overset{\overset{CH_3}{|}}{Si}}—Cl + H_2O \xrightarrow{CaCO_3} CH_3—\underset{\underset{CH_3}{|}}{\overset{\overset{CH_3}{|}}{Si}}—OH$$

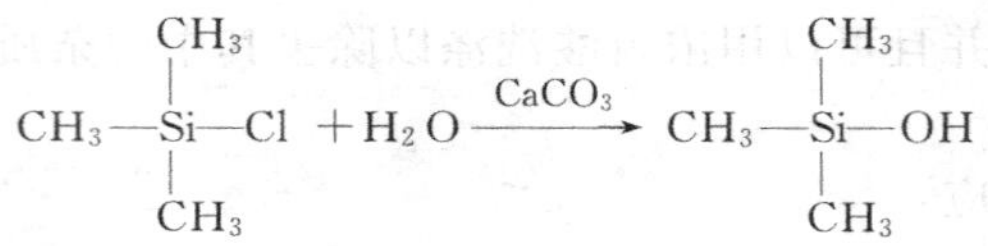

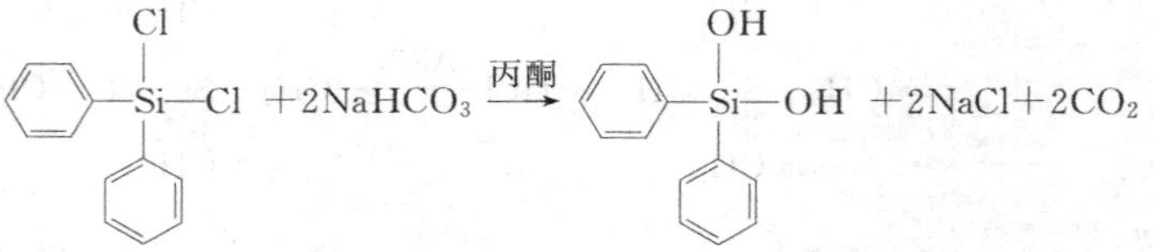

当硅醇的同一个碳原子上连有两个羟基时，分子极性很大，因而分子间很容易以氢键缔合起来，也能和水形成氢键，所以它们都易溶于水。

二元或三元硅醇很容易脱水而聚合，例如：

$$n\,HO—\underset{\underset{R'}{|}}{\overset{\overset{R}{|}}{Si}}—OH \xrightarrow[\triangle]{浓硫酸} HO\left[\underset{\underset{R'}{|}}{\overset{\overset{R}{|}}{Si}}—O\right]_n H + (n-1)\,H_2O$$

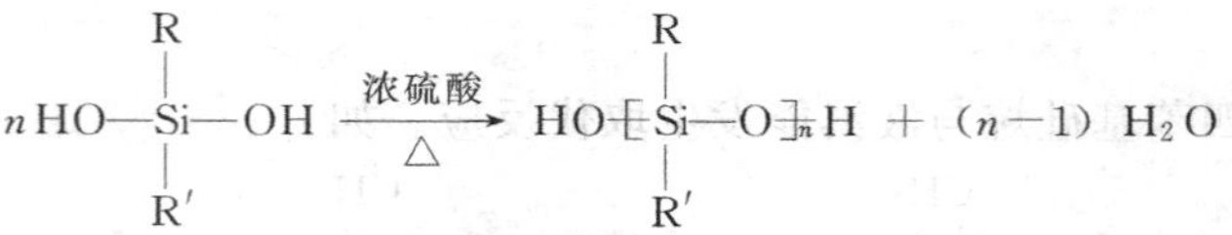

若是三元硅醇，可以形成支链高聚物或交联高聚物：

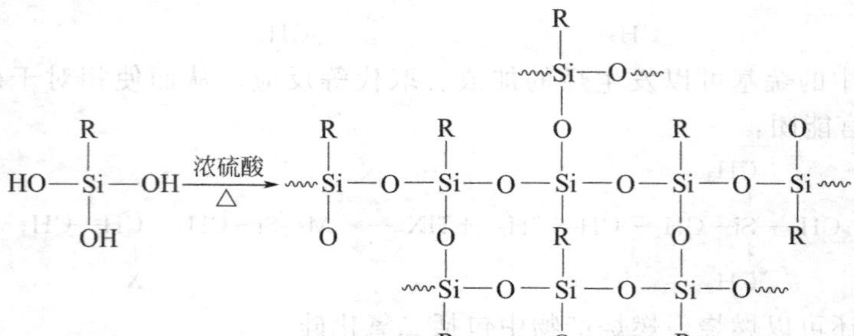

(2)有机硅氧烷 有机硅氧烷主要是一些聚合物，主要在有机硅高分子化合物中进行介绍，这里仅谈一谈它们的分类。

有机硅氧烷主要可按照其中官能团的数目，将其分为以下几类。

① 单官能团化合物 含 $R_3Si—O—$，不能形成聚合物，只能有 R_3SiOR'、$R_3SiOSiR_3$ 等化合物。

② 双官能团化合物 含有 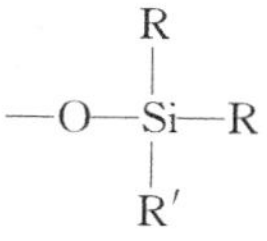 基团，可形成 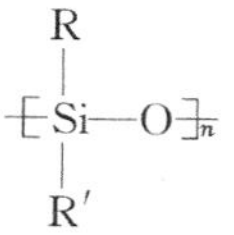 线型聚合物。

③ 三官能团化合物 含有 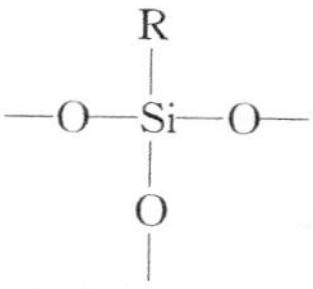 基团，能形成带有交叉键的二维或三维高分子化合物 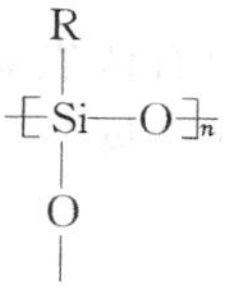 。

④ 四官能团化合物 含有 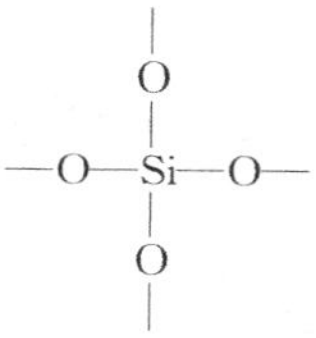 基团，能形成带有交叉键的四个方向能发展的带多个交叉键的二维或三维高分子化合物 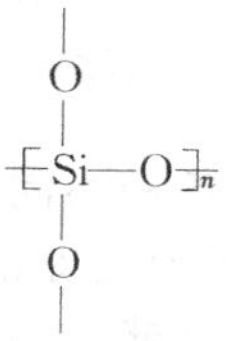 。

⑤ 环状的多硅氧烷 例如：

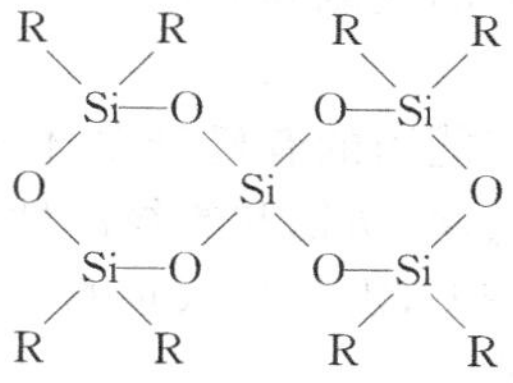

二、有机硅高聚物

有机硅化合物是元素有机高聚物中非常重要的一类物质。所谓元素有机高聚物，是指主链中不含有碳原子，只有支链中才含有碳原子的一些高分子量的元素有机化合物。有机硅化合物中有许多是含有硅和氧的高分子化合物，它们有很大的工业用途。谈到硅氧化合物，首先想到的是含硅的醇和酮。硅醇是实际存在的，但硅酮并不存在。所谓硅酮，实际不是 $RSiO_2$，而是 $(RSiO_2)_n$ 聚合物，也就是硅氧烷：

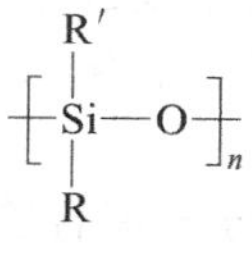

从硅醇或氯代有机硅烷可制得硅氧烷的多聚体：

$$\text{有机氯代硅烷} \xrightarrow{\text{水解}} \text{硅醇} \xrightarrow[H_2SO_4]{\text{热处理}} \text{硅氧烷}$$

硅氧烷有多种不同的分子结构，如用直接法合成的氯代烷基硅烷，可能有下列组成，各自可通过水解和热处理得到各种硅氧烷的多聚体：

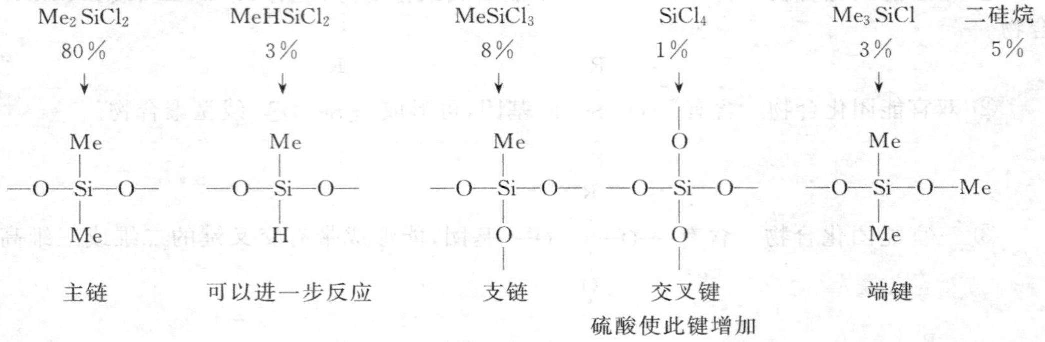

所谓交叉键是指以硅为中心、其四个键向四个方向都可以发展的键，其中有依靠氧向外连接的（两个硅之间以氧相连），也可以有些氧被碳所代替（两个硅之间是一个或两个碳相连）。因此，整个聚合物的结构如图 5-1。

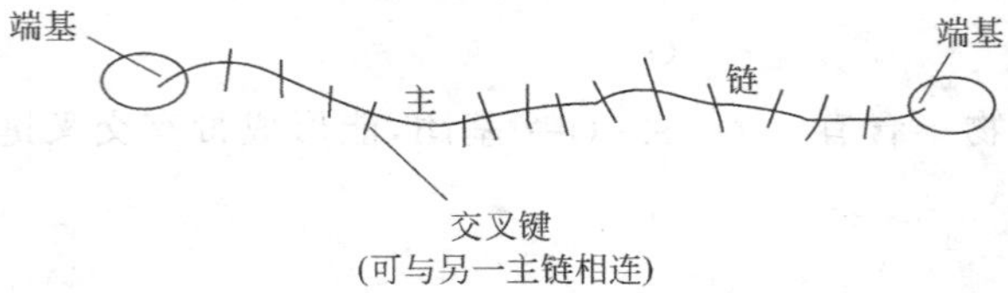

图 5-1 有机硅氧烷的分子结构示意

可以通过控制反应条件，从而制备成各种不同的商品产物。如果有交叉键，分子成二维或三维结构，产品可以是固体。注意：硅氧多聚链即使呈线型，由于 Si—O—Si 的键角不是 180°，所以整个分子链是卷曲的，具有高弹性。这就使得有机硅的聚合物可以作为橡胶材料。

下面介绍几种常见的有机硅商品的性能和应用。

1．硅树脂

硅树脂是指由含有两个或三个官能团的有机硅单体化合物经过水解、缩聚而成的树脂状物质。由于它具有耐高温、耐潮湿、防水、防锈和绝缘的性质，可用于涂料、黏合剂、浸渍剂和防水处理剂。但硅树脂的耐溶剂性能较差，需要加入填料后才能改变这一点。硅树脂中用得较多的是甲基硅树脂或甲基苯基硅树脂。

2．硅塑料

硅塑料是以硅树脂为基本成分的一类塑料，由硅树脂与云母粉、石棉、玻璃纤维等填料经压塑而成。它具有较高的耐热性、优良的电绝缘性，还有抗水防潮能力，且不易燃烧，因而广泛应用于电气工业，也可制成机械零件。另外，也可用硅树脂制成硅泡沫塑料。

3．硅橡胶

硅橡胶也是一类硅氧的高聚物，其中硅原子两旁的烷基主要是甲基，部分可以是乙基、乙烯基或苯基，还可以是其他基团，这主要用于改进生胶的性能。一般对硅橡胶的要求是在－60～250℃的温度之间都具有良好的弹性，对热氧化和臭氧的稳定性高，电绝缘性优良。

4．硅溶胶

硅溶胶又叫做硅酸溶胶，是硅酸的多分子聚合物的胶体溶液，呈乳白色，浓度高时也会呈凝胶状。它是由硅酸钠溶液与弱酸作用或通过磺化酶交换钠离子而成。硅溶胶可用于羊毛纺织中经纱上浆的工序,以减少断纱率。

5. 硅油

硅油是有机硅聚合物中的一类,由它所含有的一个或两个官能团(如羟基、卤素等)的水解和缩合而得到,是一种线型结构的聚合物,呈油状。硅油的分子量比硅树脂和硅塑料小。它无色、无味、无毒,不易挥发,具有很高的耐热性、耐水性和电绝缘性,且表面张力较小。硅油可用作高级润滑油、防震油、绝缘油、消泡油、脱模油、擦光油以及真空扩散泵用油等。甲基硅油最为常用,乙基硅油、甲基苯基硅油和含氰硅油等的用量也较大。

本章小结

氨分子中的一个或几个氢原子被烃基取代的化合物称为胺。根据被取代氢原子的个数,可把胺分为伯胺、仲胺和叔胺。伯胺、仲胺和叔胺都能够与水分子形成氢键,所以都能溶解于水中。胺与氨相似,其分子中的氮原子上含有未共用电子对,可与质子相结合,形成带正电荷的铵离子,所以具有碱性。胺可以和卤代烃、醇、酚等烷基化试剂发生作用,使氨基上的氢原子被烃基取代,这一反应称为胺的烷基化反应;伯胺和仲胺作为亲核试剂,可与酰卤、酸酐、羧酸等酰基化试剂反应,使氨基上的氢原子被酰基取代,生成 *N*-取代酰胺或 *N*,*N*-二取代酰胺,这类反应称为胺的酰基化反应。各类胺与亚硝酸反应可生成不同的产物。由于氨基是强的邻、对位定位基,能够活化芳环,所以芳胺易于发生亲电取代反应。重要的胺有甲胺、二甲胺、三甲胺、乙二胺、己二胺等,其中己二胺是聚酰胺-66、聚酰胺-610 和聚酰胺-612 等一些聚酰胺的重要单体。

腈可以看作是氢氰酸(H—C≡N)分子中的氢原子被烃基取代后的生成物,其通式为 RCN 或 ArCN。腈分子中的—C≡N 称为氰基。腈分子中含有碳氮叁键,可以发生各种加成反应,如水解、醇解、还原等。异氰酸酯的通式为 R—N═C═O(RNCO)或 Ar—N═C═O(ArNCO)。异氰酸酯是一种难闻的催泪性液体。分子中有一个碳原子和两个双键存在,因此化学性质很活泼,可与含活泼氢的水、醇、胺等发生加成反应。丙烯腈可发生聚合反应生成聚丙烯腈,用于合成丁腈橡胶,或制造聚丙烯腈纤维,即腈纶。

重氮和偶氮化合物都含有偶氮基(—N═N—)。如果偶氮基的两端都和碳原子相连,叫偶氮化合物;如果偶氮基只有一端与碳原子相连,另一端与其他原子相连,叫重氮化合物。芳香族重氮盐是非常活泼的中间体,可以发生多种反应,这些反应可分为两大类:放出氮的反应和保留氮的反应。在放出氮的反应中,重氮盐上的—N_2X 被—H、—OH 等其他基团取代,同时放出氮气。在保留氮的反应中,芳香族重氮盐可以被亚硫酸钠还原成苯肼的盐,用碱处理后可得到苯肼。在适当的酸性或碱性条件下,重氮盐与芳胺或酚作用,生成偶氮化合物,这一反应叫偶合反应,或叫做偶联反应,所得产物的通式为 Ar—N═N—Ar′,这些化合物通常都带有颜色。许多偶氮化合物是优良的染料,这类染料称为偶氮染料。

聚酰胺(缩写代号为 PA)也称为尼龙,是分子链的重复单元中含有 $—\overset{\overset{\displaystyle O}{\|}}{C}—NH—$ 基团的酰胺型聚合物。聚丙烯酰胺是由丙烯酰胺聚合得到的高分子化合物,其结构式为:

$$\left[\!\!-CH_2—\underset{\underset{\displaystyle CONH_2}{|}}{CH}-\!\!\right]_n$$

聚酰亚胺是分子链由酰亚胺重复单元构成的一类聚合物:

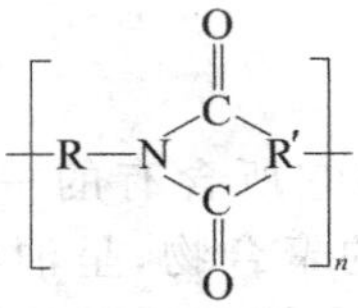

聚氨酯是聚氨基甲酸酯的简称，是由多元有机异氰酸酯（如二异氰酸酯 OCN—R—NCO）与多元醇化合物（如二元醇 HO—R′—OH）发生聚合反应而成的，重复单元中含有氨基甲酸酯链段（—NH—C(=O)—O—）。

脲醛树脂（英文缩写为 UF）是由脲（尿素）与甲醛缩聚而制得的一种树脂，分子结构中含有 —NH—C(=O)—NH— 基团，是氨基树脂中最重要的一个品种，可用于制造压塑粉、层压塑料、泡沫塑料和胶黏剂等。

硅烷即硅的氢化物，其组成可用通式 Si_nH_{2n+2} 表示。硅烷在纯水和微酸性溶液中不水解，但当水中有微量碱时，能够迅速发生水解。硅醇包括一元硅醇、二元硅醇和三元硅醇三类，其通式分别为 R_3SiOH、$R_2Si(OH)_2$ 和 $RSi(OH)_3$。二元或三元硅醇很容易脱水而聚合，若是三元硅醇，可以形成支链高聚物或交联高聚物。有机硅氧烷主要可按照其中官能团的数目进行分类。其中，单官能团化合物不能聚合；而双官能团化合物、三官能团化合物、四官能团化合物可分别生成线型、二维甚至三维高聚物。常用的有机硅聚合物有硅树脂、硅塑料、硅橡胶、硅溶胶、硅油等。

习 题 五

1. 命名下列化合物：

(1) 

(2) 

(3) $CH_3CH_2CH_2CH_2NH_2$

(4) 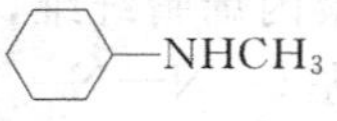

(5) 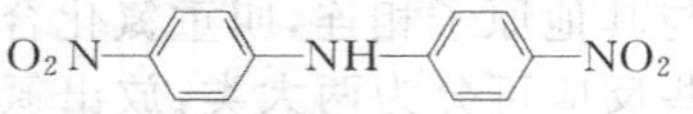

(6) 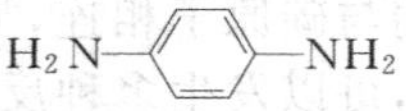

(7) 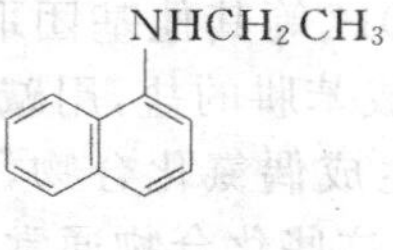

(8) $CH_3CH_2CH(NH_2)CH_2CH_2CH_2CH_2CH(CH_2CH_3)CH_2CH_3$

(9) 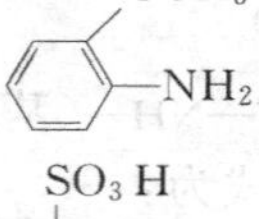

(10) 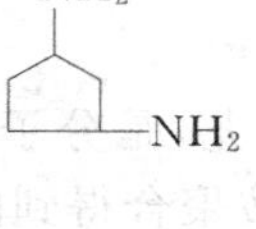

(11) 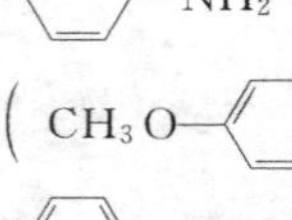

(12) 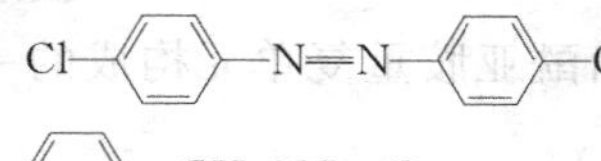

(13) 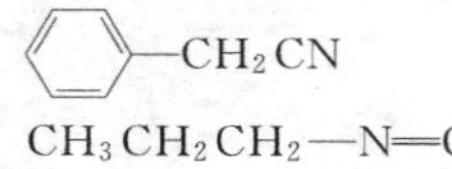

(14) 

(15)

(16)

(17) $CH_3CH_2CH_2$—N═C═O

(18) $NCCH_2CH_2CN$

(19) 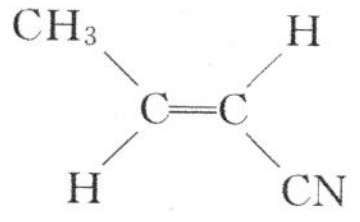

(20) 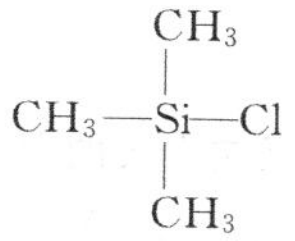

2. 写出下列化合物的结构式：

(1) 甲基苄基胺　(2) *N*-甲基-*N*-乙基苯胺

(3) 氯化四丙基铵　(4) 丙酰苯胺

(5) 3,3-二甲基戊腈　(6) 溴化三甲基苯甲基铵

(7) 4,4′-偶氮苯甲酸　(8) 2-硝基-4-氰基苯基重氮盐酸盐

(9) 对二氰基苯　(10) 异氰酸异丙酯

3. 用化学方法区别下列各组化合物：

(1) 乙醇、乙醛、乙酸和乙胺

(2) 环己烷、苯和苯胺

(3) *N*-甲基苯胺、对甲基苯胺和 *N*,*N*-二甲基苯胺

4. 用化学方法分离下列各组化合物：

(1) 苯胺和甲苯

(2) 苯酚、苯胺和苯甲酸

(3) 苯甲胺、苯甲醇和对甲苯酚

(4) 1-己醇、2-己酮、三乙胺和正己胺

5. 比较下列各组化合物的碱性大小并说明原因：

(1) 苯胺、间甲氧基苯胺和间甲基苯胺

(2) 苯胺、乙酰苯胺、邻苯二甲酰亚胺和 *N*-甲基苯胺

(3) 苯胺、氨、环己胺和三苯胺

(4) 甲胺、三甲胺、苯胺、三苯胺和对甲基苯胺

(5) 2，4-二硝基苯胺为什么不溶于稀酸？

6. 完成下列反应：

(1) 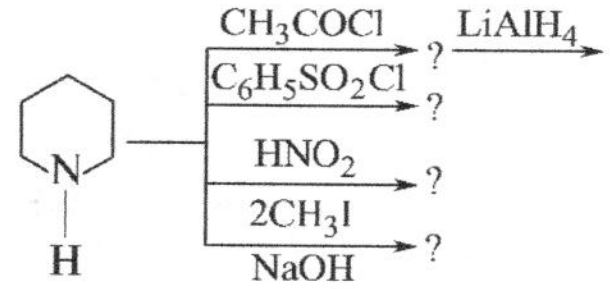

(2) 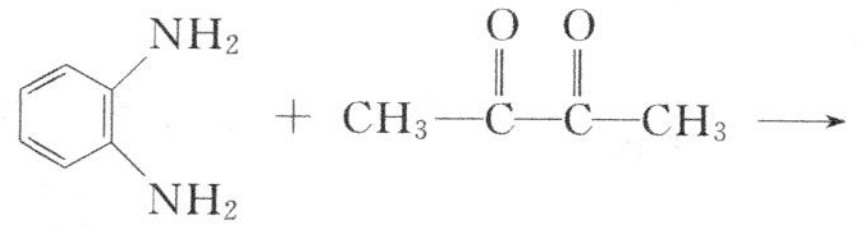

(3) $(CH_3)_3N + C_{12}H_{25}Br \longrightarrow$

(4) 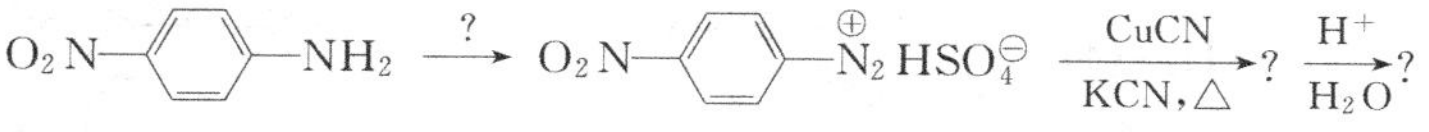

(5) 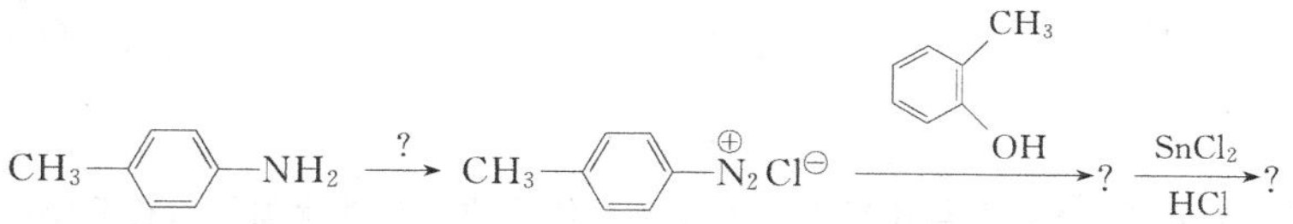

(6) 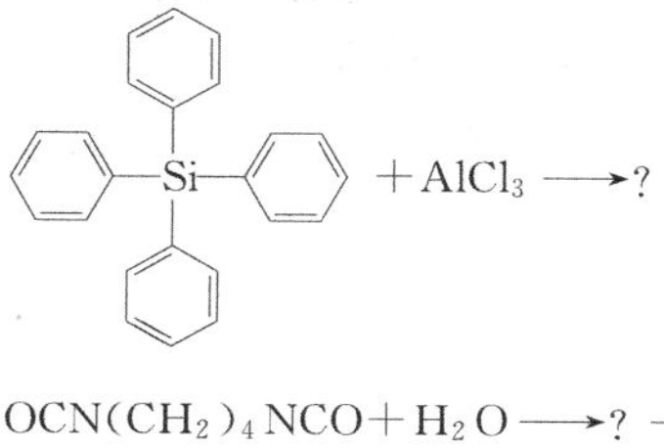

(7) $OCN(CH_2)_4NCO + H_2O \longrightarrow ? \xrightarrow{\triangle} ?$

(8) 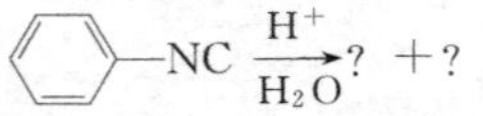

7. 写出下列化合物与 $NaNO_2$ 和 HCl 溶液反应生成的主要产物：

(1) 　(2) 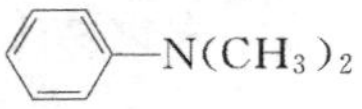

(3) 　(4) 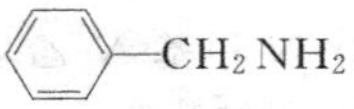

8. 完成下列转化：

(1) 甲酸⟶*N*-乙基苄胺

(2) 甲酸⟶三丙胺

(3) 1-溴戊烷⟶1-己胺

(4) 丙烯⟶甲基丁二酸

(5) $C_6H_5COCH_2C_6H_5 \longrightarrow C_6H_5CH_2NH_2$

(6) $(CH_3)_2CHCH_2Br \longrightarrow (CH_3)_2CHCH(NH_2)COOH$

9. 以苯、甲苯或萘为原料，合成下列化合物：

(1) 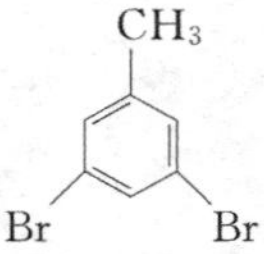　(2) 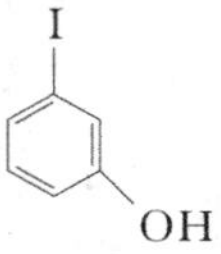

(3) 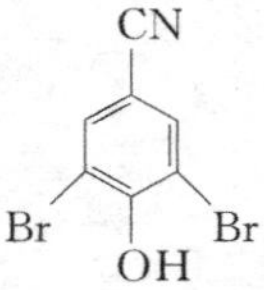　(4) 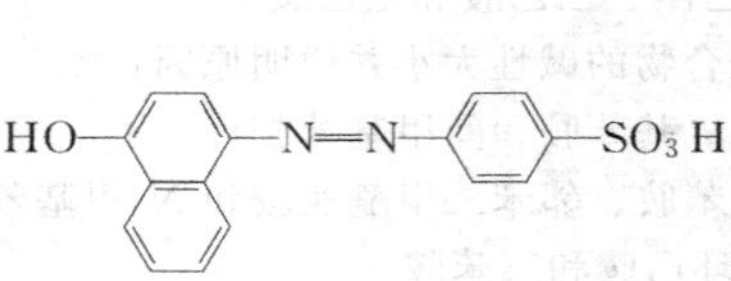

(5) 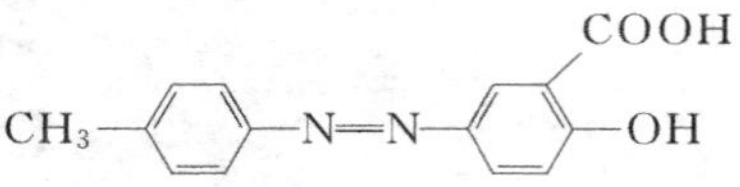　(6) 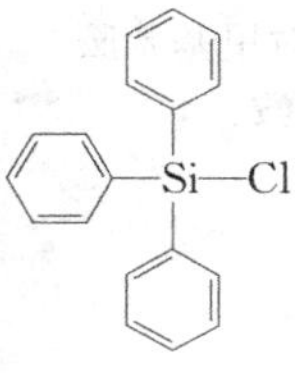

10. 指出下列偶氮化合物的重氮组分和偶合组分：

(1) 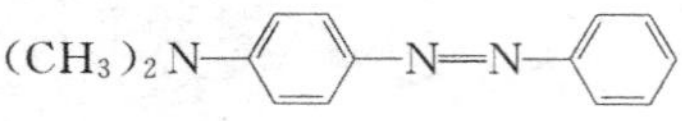　(2) 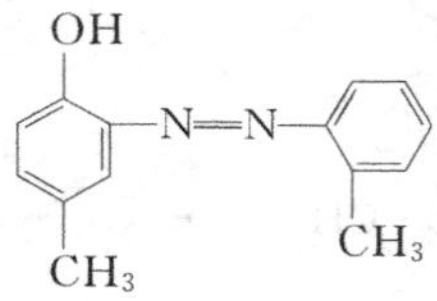

(3) 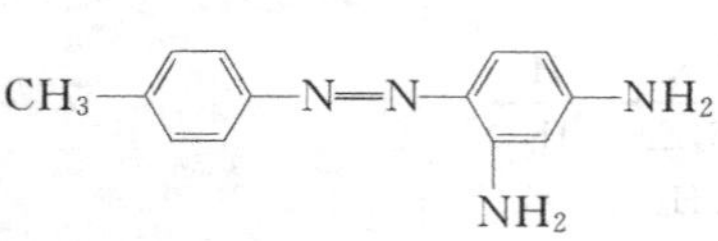　(4) 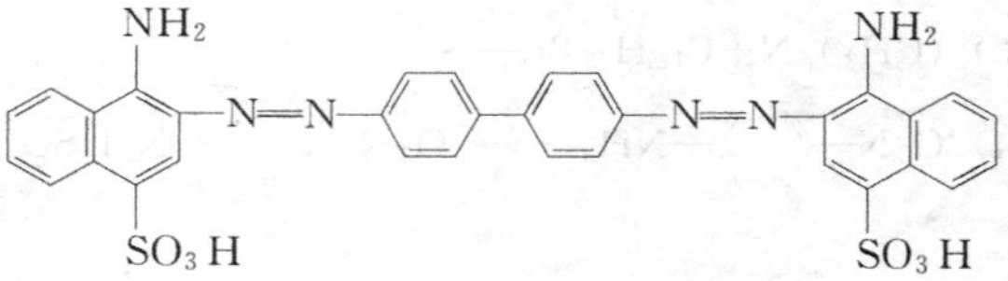

11. 如何合成聚酰胺？

12. 推断结构：

某碱性化合物 A 的分子式为 $C_5H_{11}N$，臭氧化后生成甲醛及其他物质。A 催化加氢后得到 B，其分子式为 $C_5H_{13}N$。B 也可以由己胺和溴的氢氧化钠溶液反应制得。试推测 A、B 的结构。

第六章

认识有机化合物的立体结构

知识与技能目标

1. 掌握构象和构象异构等概念。
2. 了解并学会分析乙烷、正丁烷的构象，学会用透视式、纽曼投影式表示构象。
3. 了解直链烷烃的平面锯齿形构象、晶体高分子链的平面锯齿构象和螺旋形构象。
4. 了解偏振光、旋光性和旋光性物质、旋光度和比旋光度的概念。
5. 掌握手性、手性碳原子、手性分子和对映异构的概念。
6. 掌握费歇尔投影式的书写方法。
7. 学会用 D/L 标记法标记构型的方法。

第一节　构象异构

在有机化学发展的进程中，最初认为，碳碳（C—C）单键可以不受阻碍地自由旋转。但随着实验技术和理论的不断发展，到了 1936 年，人们才真正地认识到，即便是像乙烷（$CH_3—CH_3$）这样的简单分子中的碳碳（C—C）单键，也必须吸收一定的能量才能转动。碳碳（C—C）单键的转动不是自由的，因而，产生了构象的概念。

一、乙烷的构象

在乙烷分子中，固定其中一个甲基，使另一个甲基围绕着 C—C 单键转动，在转动过程中，由于两个甲基上的氢原子的相对位置不断发生变化，可以形成许多不同的空间排列方式。这种由于绕着单键转动而引起分子中各原子或基团在空间的不同排列方式叫做构象。具有同一分子组成，形成不同构象的现象叫做构象异构。

通过能量分析得知，在乙烷的无数个构象中，有两个最典型的构象。一是保持其中一个甲基不动，另一个甲基围绕着 C—C 单键旋转，当转到 60°时，两个碳原子上的氢原子彼此相距最远，相互间的排斥力最小，内能最低，这种构象叫做交叉式构象。交叉式构象是乙烷的最稳定的构象。另一个是两个碳原子上的氢原子彼此相距最近，即都处于重叠的位置，相互间的排斥力最大，这种构象叫做重叠式构象。重叠式构象内能最高，最不稳定。交叉式构象和重叠式构象是乙烷无数个构象中最典型的两种情况。

构象通常有两种表示方法：一种是透视式，图 6-1 是用透视式表示乙烷的交叉式构象和重叠式构象。构象的另一种表示方法是纽曼（M. S. Newman）投影式。纽曼投影式中，用  代表前面碳原子及其键，用 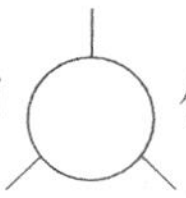 代表后面的碳原子及其键。图 6-2 是用纽曼投影式表示乙烷的交叉式构象和重叠式构象。

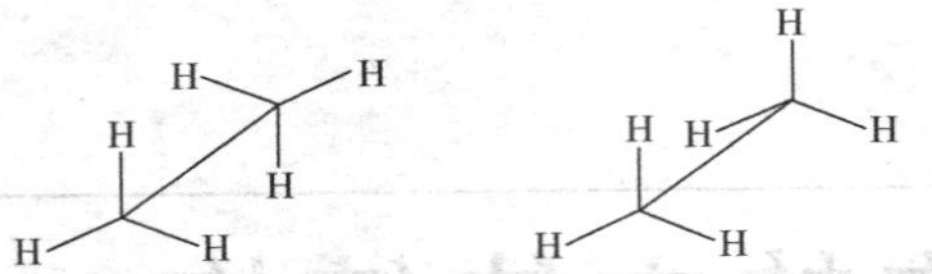

(a) 交叉式构象　　(b) 重叠式构象

图 6-1　乙烷分子的构象（透视式）

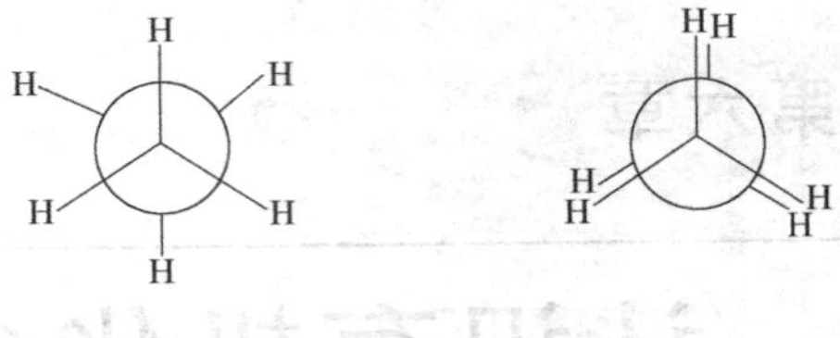

(a) 交叉式构象　　(b) 重叠式构象

图 6-2　乙烷分子的构象（纽曼投影式）

构象不同，分子的能量不同，稳定性也不同。在无数个乙烷构象中，能量最低、稳定性最好的是交叉式构象，而能量最高、稳定性最差的是重叠式构象。对于乙烷来说，交叉式构象和重叠式构象是两个极限构象。在室温条件下，乙烷分子是其各种构象的动态混合体系。体系中能量最低的交叉式构象含量最多，而能量最高的重叠式构象则含量最少。

二、正丁烷的构象

从正丁烷（$\overset{1}{C}H_3\overset{2}{C}H_2\overset{3}{C}H_2\overset{4}{C}H_3$）的构造式可知，正丁烷的构象要比乙烷复杂得多。为了分析问题的方便，可把正丁烷看作是乙烷分子中每个碳原子上的一个氢原子被一个甲基取代后的生成物。当围绕 $\overset{2}{C}—\overset{3}{C}$ 旋转时，连接在 C—2 和 C—3 上的氢原子和甲基在空间就会出现无数个排列方式，即无数个构象。图 6-3 是用纽曼投影式表示正丁烷的几种典型的极限构象。

在图 6-3 正丁烷的六种构象中，对位交叉式构象的所有原子或基团都相距最远，特别是两个体积较大的甲基相距也最远，排斥力最小，能量最低，因此，对位交叉式构象是最稳定构象。能量较低的是邻位交叉式构象，能量较高的是部分重叠式构象，能量最高的是全重叠式构象。在全重叠式构象中，所有原子和基团都处在完全重叠的位置，原子或基团间相距最近，排斥力最大，因此，全重叠式构象是最不稳定构象。常温下，这些构象可以通过碳碳单键的旋转而相互转化，达到动态平衡。在平衡体系中，大多数正丁烷分子以稳定的对位交叉式构象存在，最不稳定的全重叠式构象实际上是不存在的。

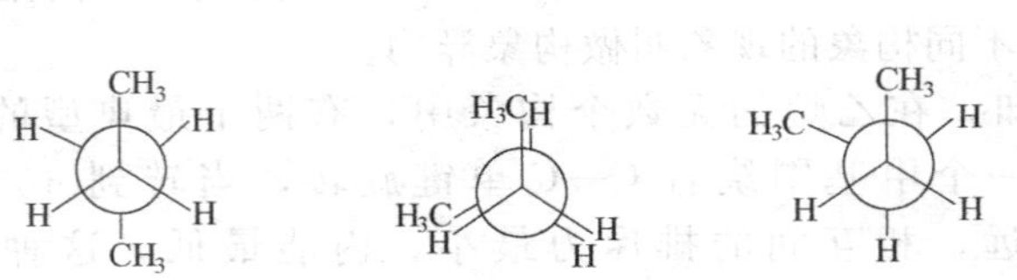

(a) 对位交叉式　　(b) 60° 部分重叠式　　(c) 邻位交叉式（120° 顺位交叉式）

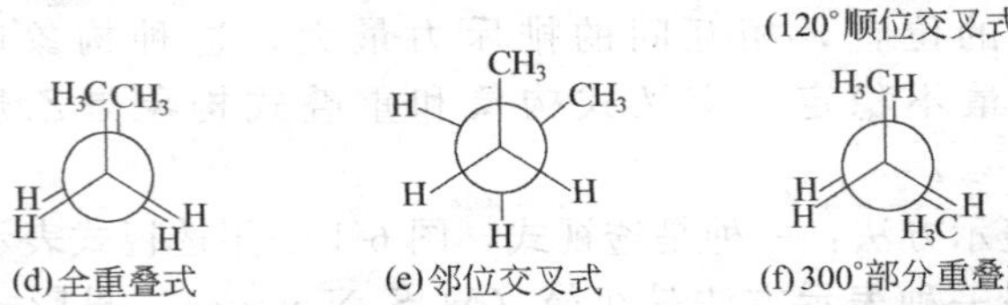

(d) 全重叠式　　(e) 邻位交叉式（240° 顺式交叉式）　　(f) 300° 部分重叠式

图 6-3　正丁烷分子的构象（纽曼投影式）

其他烷烃与正丁烷类似，主要也是以最稳定的对位交叉式构象存在。

三、直链烷烃的平面锯齿形构象

用现代实验技术研究烷烃的结构时发现，在烷烃的晶体中，直链烷烃分子中的碳原子是在同一个平面内，但它不是一个平面直线形，而是一个平面锯齿形结构。研究表明，在偶数碳原子的直链烷烃分子中，两端的碳原子位于碳链的两侧，而奇数碳原子的直链烷烃分子中，两端的碳原子则位于碳链的同侧，如图 6-4 所示。

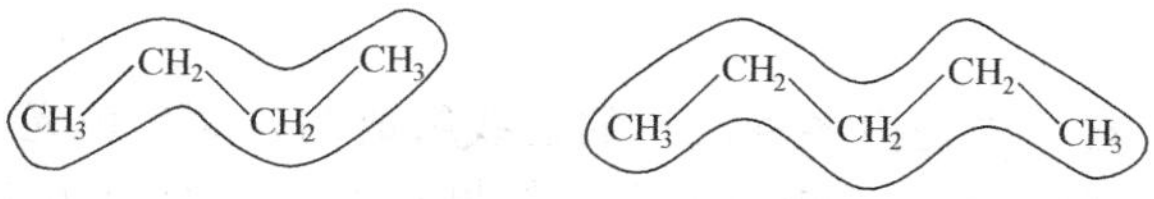

(a) 偶数碳原子　　(b) 奇数碳原子

图 6-4　正丁烷和正戊烷分子中碳原子的锯齿形排列

碳链以平面锯齿形排列，是因为在直链烷烃分子的所有构象中，这是能量最低、稳定性最好的一种构象。所有原子都处在对位交叉式的位置，整个分子都是一种对位交叉式的构象。在晶体中的情况都是这样，但在液态或溶液中的情况就不完全是这样了。

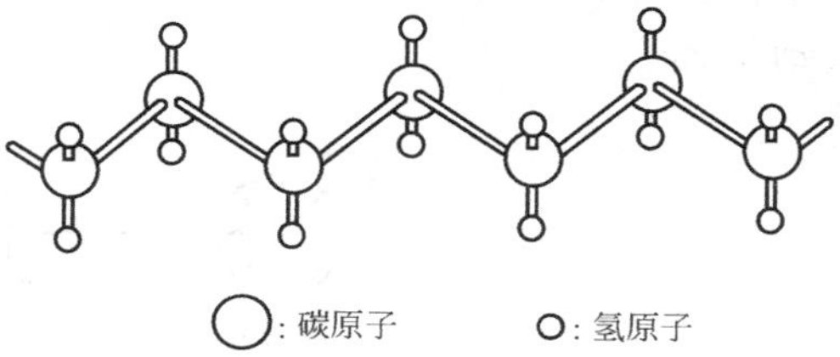

图 6-5　聚乙烯的平面锯齿形构象

四、晶体中高分子链的构象

在晶态高分子中，分子链多采用分子内能量最低（最稳定）的构象。一般都采取比较伸展的构象，它们之间相互平行排列，使能量最低，有利于紧密堆积。常见的分子构象有平面锯齿形构象和螺旋形构象。

1. 平面锯齿形构象

聚乙烯分子链在结晶中为完全伸展的平面锯齿形全反式构象，见图 6-5。此外，脂肪族聚酯、聚酰胺、聚乙烯醇等分子链在结晶中也采取平面锯齿形构象，这里不再详述。

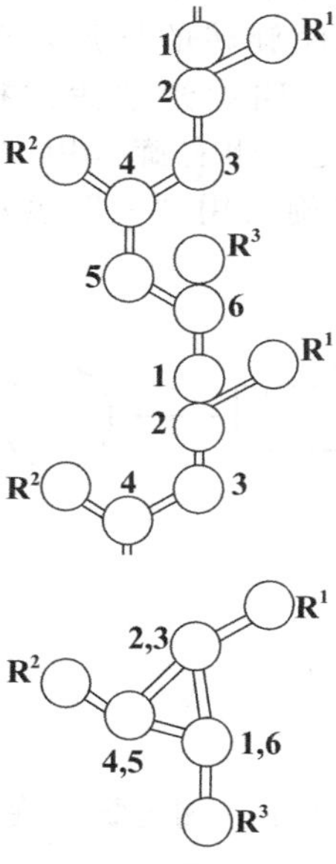

图 6-6　聚丙烯的螺旋形构象

2. 螺旋形构象

对于带有较大侧基的高分子，为了减小空间阻碍，降低能量，则要采取旁式构象而形成螺旋状。图 6-6 所示为聚丙烯分子链的螺旋形构象。

图中，R^1 为甲基，$R^1C_1\ C_2$ 为第 1 个单体链节，$R^2C_3\ C_4$ 为第 2 个单体链节，$R^3C_5C_6$ 为第 3 个单体链节，到第 4 个单体链节时，又与第 1 个单体链节完全重复。3 个单体共旋转 360°，每个甲基相互间隔 120°，按此排列，3 个体积较大的侧基即可互不干扰，如果将此分子链作俯视投影，则 C_2 和 C_3 重叠，C_4 和 C_5，C_1 和 C_6 重叠。

在螺旋形分子形成的晶体中，常以 Hm_n 来描述螺旋结构，H 表示螺旋，m 为一个周期中的重复单元数，用阿拉伯数字表示；下标 n 为一个周期中的螺旋圈数，用阿拉伯数字表示。例如：聚丙烯为 $H3_1$，含义为一个重复周期有 3 个重复单元 $\text{+}CH_2—CH(CH_3)\text{+}$，1 个螺旋；聚四氟乙烯为 $H13_6$，含义为一个重复周期有 13 个重复单元，3 个螺旋。

在晶体中，高分子链保持平面锯齿形或螺旋形构象。当温度较高时，如在熔体或溶液中，高分子链将转变为线团状构象，这里不再详述。

第二节　对映异构

一、物质的旋光性

1. 偏振光

光是一种电磁波。自然光是由各种波长的射线组成的，而单色光是指具有一定波长的光线，光波振动的方向与光的前进方向相垂直。如果在光波的行进方向作一横截面，就可发现，光波可在垂直于它前进方向的任何平面上振动。

如图 6-7 所示，如果使普通光通过一个特制的尼科尔（Nicol）棱镜（由方解石或冰洲石制成）的晶体，则透过棱镜的光波就只能在一个平面上振动，这种只在同一个平面内振动的光，叫做平面偏振光，简称偏振光或偏光。这个平面叫做偏振光的振动平面。

图 6-7　偏振光的形成

2. 旋光性

偏振光能通过两个尼科尔棱镜的前提条件是棱镜的晶轴平行。如果在两个棱镜之间放置某种物质，偏振光仍然能通过第二个棱镜，那么该物质对偏振光的偏振面就没有影响，则该物质就没有光学活性，即无旋光性，叫非旋光性物质。例如水、乙醇和丙酮等是非旋光性物质。另一种情况是偏振光通过该物质后，需要将第二个棱镜向左或向右转动一定的角度后，光线才能通过。这种能使偏振光的振动面旋转的性质，叫做旋光性。如葡萄糖、果糖等是旋光性物质。具有旋光性的化合物，叫做光学活性物质或旋光性物质。有的物质能使偏振光的振动面向右旋转一定的角度，叫右旋（用“＋”表示）；有的物质能使偏振光的振动面向左旋转一定的角度，叫左旋（用“—”表示）。图 6-8 表示了光学活性物质对偏振光的影响。

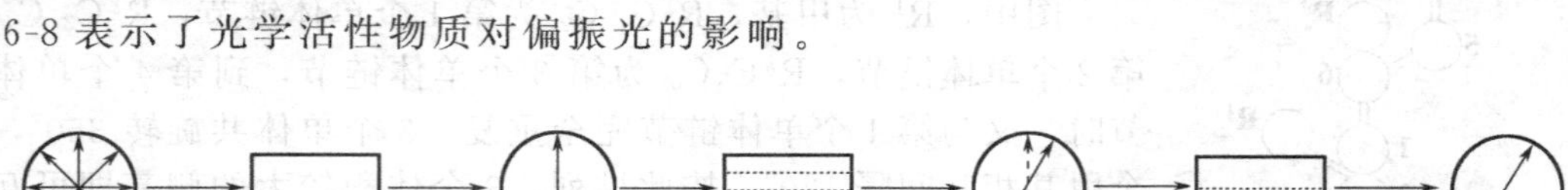

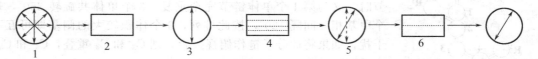

图 6-8　光学活性物质对偏振光的影响

1—普通光；2—棱镜一；3—偏振光；4—盛液管；
5—旋转后的偏振光；6—棱镜二（旋转一定角度后光线才能通过）

3. 旋光度和比旋光度

旋光性物质能使偏振光的偏振面所旋转的角度叫做旋光度，用 α 表示。测定物质旋光度的仪器，叫做旋光仪，如图 6-9 所示。

由旋光仪测得的物质旋光度的大小，与测定时溶液的浓度、盛液管的长度等因素有关。

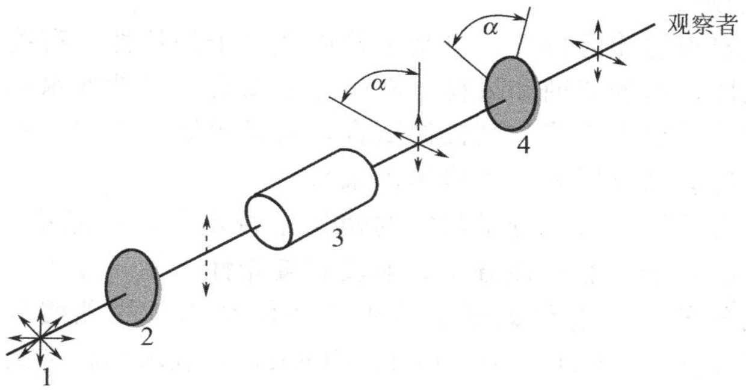

图 6-9　旋光仪示意

1—光源；2—起偏镜；3—盛液管；4—检偏镜

为了便于比较不同物质的旋光性，必须把测定时各种条件统一起来，通常规定溶液的浓度为 $1g\cdot mL^{-1}$，盛液管的长度为 1dm（即管长为 1 分米），这时所测得的旋光度叫做比旋光度，一般用$[\alpha]$表示。

实际测得的旋光度可按下式换算成比旋光度。

$$[\alpha]=\frac{\alpha}{\rho l}$$

式中　α——物质的旋光度；

ρ——被测物质溶液的质量浓度，$g\cdot mL^{-1}$；若被测物质为纯液体，则质量浓度等于液体的密度，单位为 $g\cdot cm^{-3}$；

t——盛液管的长度，dm。

因偏振光的波长和测定时的温度对比旋光度也有影响，故通常还把温度和光源波长表示出来，写成 $[\alpha]_{\lambda}^{t}$。溶剂对比旋光度也有影响，所以也要注明溶剂。例如，在 20℃时，以钠光灯为光源测得葡萄糖水溶液的比旋光度是右旋 52.5°，记为：

$$[\alpha]_{D}^{20}=52.5°(\text{水})$$

式中，“D”代表钠光波长。因钠光波长为 589nm，相当于太阳光谱中的 D 线。

比旋光度是旋光性物质的特征物理常数，它与物质的熔点、沸点或折射率一样，也是物质的一种性质。

二、对映异构

1. 手性

如果把你的左手放在一面镜子前，观察到镜子里的镜像与你的右手完全一样。所以，左手和右手具有互为实物与镜像的关系。它们不能重合，见图 6-10 和图 6-11。像左手和右手那样，具有互为实物与镜像关系，彼此不能重合的性质叫做手性。

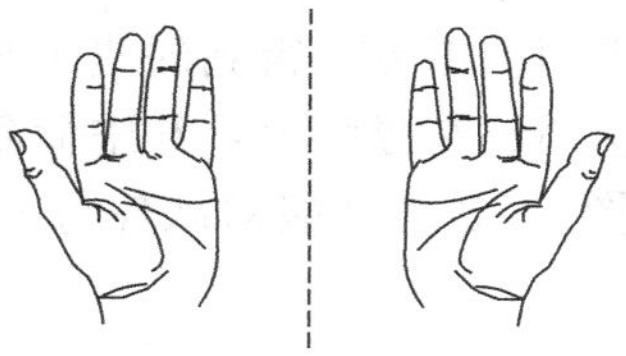

图 6-10　左手的镜像是右手

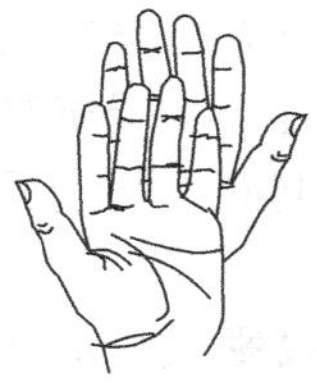

图 6-11　左手和右手不能重合

2. 手性分子和对映体

手性不仅是一些宏观物体的特性，也是某些微观分子的特性。有些分子也具有手性。为什么有的分子有旋光性，如葡萄糖和果糖，有的分子没有旋光性如水和乙醇。这与分子是否具有手性有关。任何分子如果不能与其镜像重合，就是手性分子（虽然有些手性分子因旋光度极小，其旋光性用现有的仪器还不能检测出来）。

判断分子是否具有手性，看该分子与它的镜像是否重合，不能重合的分子为手性分子，具有旋光性；能重合的分子为非手性分子，就没有旋光性。

已经知道，有机分子中的饱和碳原子是正四面体结构。如乳酸分子中的 α-碳原子上，连接四个不同的原子或基团（CH_3、H、OH、COOH），乳酸的构造式如下：

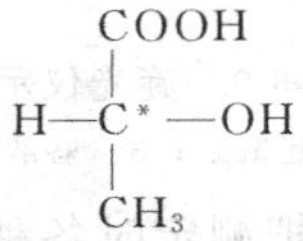

乳酸在空间有两种排列方式。这两种乳酸分子是实物和镜像的关系，如图 6-12(a)、(b) 所示；两种不同构型的乳酸彼此是不能重合的，如图 6-12(c) 所示。

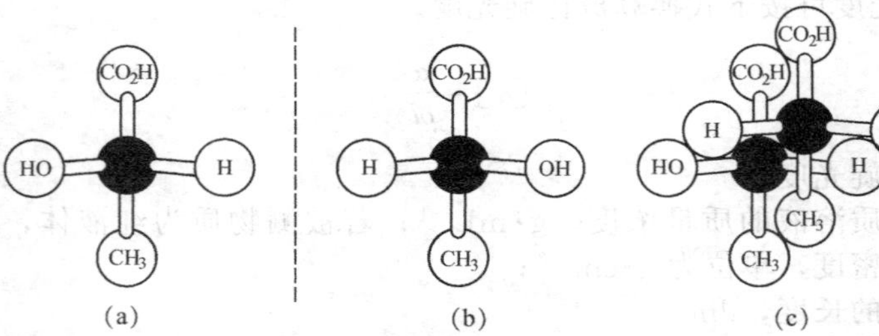

图 6-12　乳酸的分子模型

像乳酸那样，分子中的某个碳原子连接四个不同的原子或基团，这样的碳原子叫做手性碳原子，用“*”表示。凡是含有一个手性碳原子的手性分子都具有旋光性。因此，手性是物质具有旋光性的必要条件。乳酸是手性分子，它具有旋光性。

乳酸有两种立体异构体，构造相同，构型不同，互为实物和镜像关系，彼此不能重合，叫做对映异构体，简称对映体。对映体使偏振光的振动面旋转的角度相同，但方向相反，它们分别是(+)-乳酸和(−)-乳酸。

应该指出，任何含有一个手性碳原子的化合物都是手性分子，都有一对对映体。对映体的化学性质和一般的物理性质相同，旋光度大小相等，但方向相反，一个具有左旋性，一个具有右旋性。

3. 构型的表示法——费歇尔投影式

由上可知，一对对映体的构造相同，但构型不同。为了书写方便，通常采用费歇尔(Fischer) 投影式，即把分子的立体模型用平面式来表示。

按投影规定，在纸平面上，横、竖线的交点表示手性碳原子，横线上的两个原子或基团表示在纸平面的上方，竖线的两个原子或基团表示在纸平面的下方，得到的式子叫做费歇尔投影式。在投影时，将碳链竖直，通常把含有碳原子的基团放在竖线上，其中命名时位号最小的碳原子写在上面，其余原子或基团则写在两侧。如图 6-13 是乳酸对映体(a)和(b)的费歇尔投影式。

应用费歇尔投影式时应注意如下事项。

① 费歇尔投影式可以在纸平面上旋转 90°的偶数倍，这样构型保持不变，但不能旋转

90°的奇数倍，否则构型发生改变，变成了它的对映体。

② 费歇尔投影式不能离开纸平面翻转 180°，因为构型发生了改变。如图 6-13 中，投影式(a)如果离开纸平面翻转 180°，就成为投影式(b)，此时(b)不能代表原来(a)的构型，因为根据投影规定，投影式(b)中的 H 和 OH、COOH 和 CH_3 分别表示指向纸平面的上方和下方，而翻转后的构型(a)的 H 和 OH 实际上已经指向纸平面的下方，COOH 和 CH_3 也由指向纸平面的下方改为指向上方。这就违背了“横前竖后”的原则，所以构型已不是原来(a)的构型。

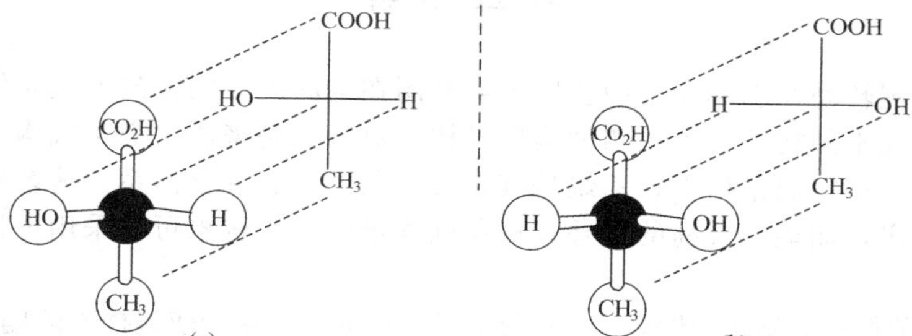

图 6-13　乳酸对映体的费歇尔投影式

4. 构型的标记（D/L 标记法）

一对对映体可以用费歇尔投影式表示，如乳酸的一对对映体，一个代表左旋体，另一个代表右旋体，但究竟哪一个代表左旋体，哪一个代表右旋体呢？从分子模型和投影式都无法确定，旋光仪虽然可以测定左旋性和右旋性，但不能确定其构型。为了研究需要，人们采用相对的方法，选择甘油醛（2,3-二羟基丙醛 $CH_2OH—CHOH—CHO$）为标准，比较确定其他旋光性物质的构型。在甘油醛分子中，含有一个手性碳原子，有以下两种构型：

D-(+)-甘油醛　　　　L-(−)-甘油醛

人为规定，在费歇尔投影式中，与手性碳原子相连的羟基在右边的为右旋甘油醛，叫做 D-型；与手性碳原子相连的羟基在左边的为左旋甘油醛，叫做 L-型。对旋光性物质命名时，既要指出它的构型，又要指出它的旋光性。这样甘油醛的一对对映体的全称应分别命名为：右旋甘油醛表示为 D-(+)-甘油醛，左旋甘油醛表示为 L-(−)-甘油醛。在名称中，D、L 分别表示化合物的构型，+、−表示化合物的旋光方向。这种标记构型的方法，叫做 D/L 标记法。

有了标准，其他手性化合物都可以与选出的标准甘油醛进行比较，来确定构型。例如，D-甘油酸是 D-甘油醛通过氧化反应而变化来的。

那么，是不是所有的 D-构型的化合物都是右旋，所有的 L-构型的化合物都是左旋呢？回答是否定的，D/L 构型与旋光性没有必然的联系。D/L 构型可以通过上述标准来确定，但化合物是否有旋光性，是左旋还是右旋，要通过旋光仪来测定。

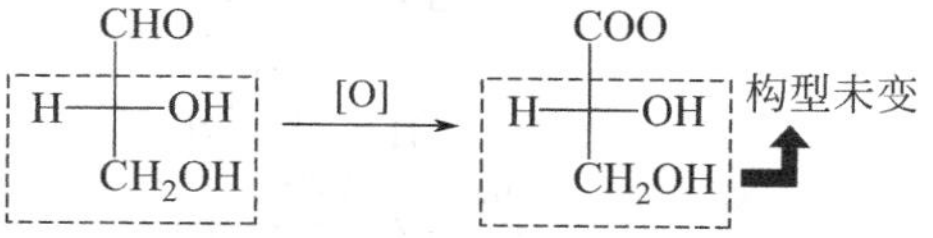

由于 D/L 构型标记法是人为规定的，并不是实际测定出来的。人们把以人为规定的构

型为标准来确定的构型，叫做相对构型。而实际测定的构型叫做绝对构型。实验证明，人为规定的右旋甘油醛的构型恰好就是它的绝对构型。因此，以甘油醛为标准所确定的各种旋光性物质的相对构型就是它们的绝对构型。

D/L 标记法有一定的局限性，例如，许多手性化合物不能通过化学反应与甘油醛发生直接或间接的关系，确定这些化合物的构型就比较困难。现在国际上广为采用的是 R/S 构型标记法，这里就不作介绍了。

本章小结

由于绕着单键转动而引起分子中各原子或基团在空间的不同排列方式叫做构象。具有同一分子组成、形成不同构象的现象叫做构象异构。对于乙烷来说，交叉式构象和重叠式构象是两个极限构象。在室温条件下，乙烷是其各种构象的动态混合体系。体系中能量最低的交叉式构象含量最多，而能量最高的重叠式构象则含量最少。构象可以采用透视式、纽曼投影式表示。

能使偏振光的振动面旋转的性质，叫做旋光性。旋光性物质能使偏振光的偏振面所旋转的角度叫做旋光度。物质是否具有旋光性与其分子是否具有手性有关。像左手和右手那样，具有互为实物与镜像的关系，彼此不能重合的性质叫做手性。判断分子是否具有手性，就是看该分子与它的镜像是否重合，不能重合的分子为手性分子，具有旋光性；能重合的分子为非手性分子，就没有旋光性。构造相同，构型不同，互为实物和镜像关系，彼此不能重合，叫做对映异构。含有手性碳原子的分子叫手性分子，可以用 D/L 进行标记，用费歇尔投影式表示。

习 题 六

一、解释下列名词：

1. 构象　　2. 构象异构　　3. 偏振光
4. 旋光度　　5. 比旋光度　　6. 手性
7. 手性碳原子　　8. 手性分子　　9. 对映异构体

二、用透视式和纽曼投影式画出下列分子的极限构象：

1. 丙烷（$CH_3-CH_2-CH_3$）
2. 1,2-二溴乙烷（CH_2Br-CH_2Br）

三、写出下列透视式和纽曼投影式所表示的分子的构造式：

1.
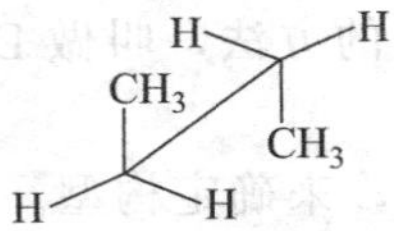

2.
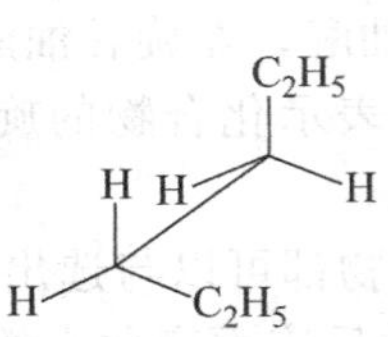

3.
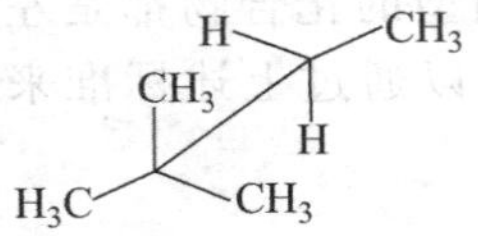

4.
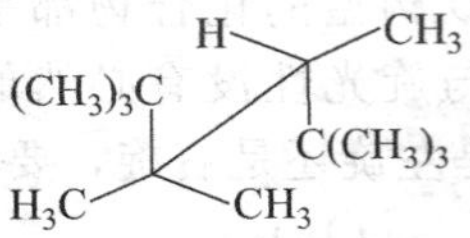

5.
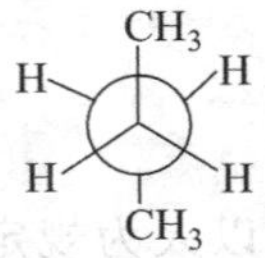

6.
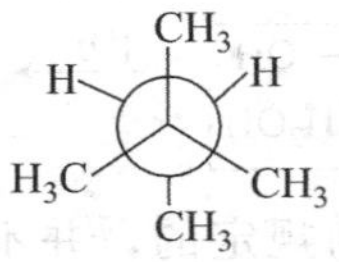

四、从正戊烷的 C_2-C_3 观察，写出其最稳定构象和最不稳定构象的纽曼投影式。

五、下列化合物分子中，有无手性碳原子？如有，则用“*”表示。

1. 2-溴丁烷
2. 2-丁醇
3. 丙三醇
4. $CH_3CH_2CHClCH_3$
5. $CH_3CH_2CH_3$
6. $CH_2BrCH_2CH_2Cl$
7. $CH_3CH(OH)CH_3$
8. $CH_3CH(OH)CHO$

六、写出下列化合物的透视式：

1. 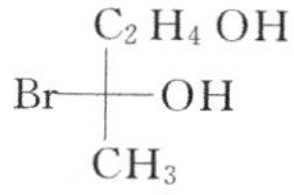

2. 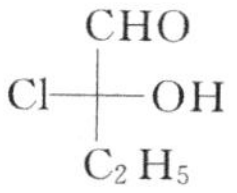

七、下面是 2-溴丁烷的一个立体异构，指出 2、3、4 和 1 是相同，还是对映体。

1. 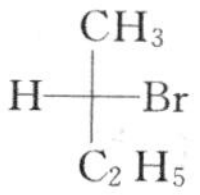

2. 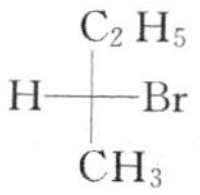

3. 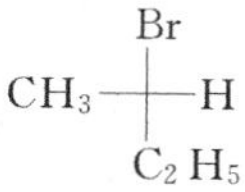

4. 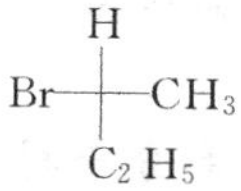

八、现把 L-(—)-甘油醛通过氧化和还原反应，请确定氧化、还原产物的 D/L 构型。

九、测定某化合物的比旋光度，若该物质浓度为 $10.0g \cdot mL^{-1}$，盛液管长度为 2dm，测得的旋光度值为 $+2.02°$，求比旋光度。

第七章

杂环化合物与高分子材料助剂

知识与技能目标

1. 掌握杂环化合物的分类，了解含有一个杂原子的杂环化合物母体的命名法。
2. 掌握呋喃及其衍生物、噻吩、吡咯、吡啶的化学性质。
3. 掌握环氧乙烷的性质和用途。
4. 了解重要的杂环化合物及其衍生物在高分子材料中的应用。

脂环族化合物、芳香族化合物，它们都是由碳原子构成的环，本章要讨论另一类环状化合物，即构成环的原子除了碳原子以外，还有其他元素的原子时，这类化合物就叫做杂环化合物。而除碳原子以外的其他元素的原子叫做杂原子，常见的杂原子有氧、硫、氮三种原子。例如：

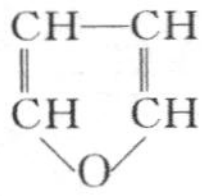
呋喃

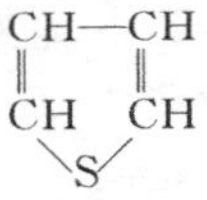
噻吩

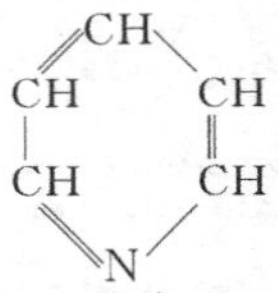
吡啶

把含有杂环，并与苯环有类似的结构，具有一定芳香性的化合物叫做杂环化合物。

前面所学的环氧乙烷、丁二酸酐、内酰胺等都属于杂环化合物，但由于这些化合物容易开环而转变成脂肪族化合物，性质与开链化合物相似，因而，不放在杂环化合物中讨论。本章所介绍的是具有较稳定环状结构、性质与苯类似，并具有一定芳香性的五元、六元杂环化合物。

杂环化合物种类繁多，广泛存在于自然界中。尤其是在生物界，杂环化合物随处可见，如植物中的叶绿素、动物体内的血红素等。杂环化合物应用范围极为广泛，涉及医药、农药、染料、高分子材料等，特别是对于生命科学有着极为重要的意义。

第一节　初识杂环化合物

一、杂环化合物的分类

杂环化合物根据杂环的数目，可以分为单杂环和稠杂环两大类。常见的单杂环是五元杂环和六元杂环，其他类杂环比较少见。稠杂环可以分为苯环和单杂环稠合或单杂环和单杂环稠合而成。环中的杂原子可以是一个、两个或是多个，杂原子可以相同，也可以不同。常见杂环化合物的分类和名称见表 7-1。

表 7-1　常见杂环化合物的分类和名称

类别		含一个杂原子	含两个杂原子
单杂环	五元杂环	 呋喃  噻吩 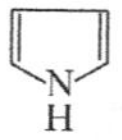 吡咯	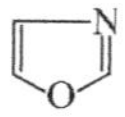 噁唑 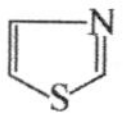 噻唑 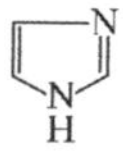 咪唑
	六元杂环	 吡啶  吡喃	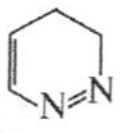 哒嗪 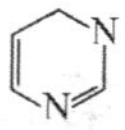 嘧啶 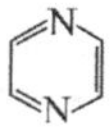 吡嗪
稠杂环		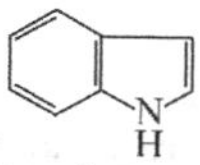 吲哚 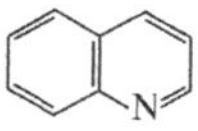 喹啉 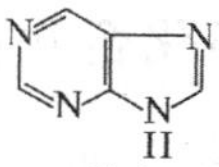 嘌呤	

二、杂环化合物的命名

杂环化合物的命名方法采用外文的名称音译法。选用同音汉字，并在左边加上一个“口”字旁来命名。常见杂环化合物的分类和名称见表 7-1。例如：

Furan
呋喃

Thiophene
噻吩

Pyrrole
吡咯

Pyridine
吡啶

杂环化合物原子的编号较为复杂，可按下列规则进行。

一般是从杂原子开始，顺着环用阿拉伯数字编号，尽量使取代基的位次最小。环上只有一个杂原子也可用希腊字母表示时，靠近杂原子的位置是 α 位，其次是 β 位，再次是 γ 位。五元环只有 α、β 位，六元环有 α、β、γ 位。例如：

杂环上有两个或两个以上相同的杂原子，应从连有取代基（或氢原子）的那个杂原子开始编号，并使另一个杂原子的位次要尽可能最小。当环上有不同的杂原子时，则按 O、S、N 的顺序编号。例如：

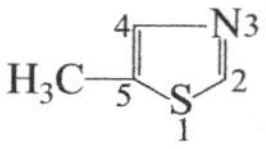

5-甲基噻唑

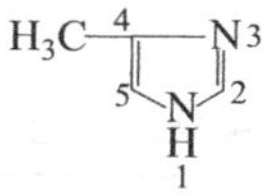

4-甲基咪唑

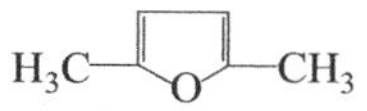

2,5-二甲基呋喃或
α,α'-二甲基呋喃

对杂环衍生物的命名，以杂环为母体。如果在杂环上有—SO_3H、—CHO、—COOH 等基团时，则把杂环作为取代基来命名。例如：

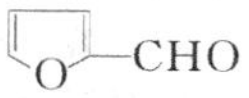

2-呋喃甲醛或
α-呋喃甲醛

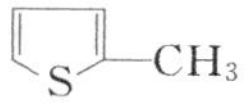

2-甲基噻吩或
α-甲基噻吩

4-吡啶甲酸或
γ-吡啶甲酸

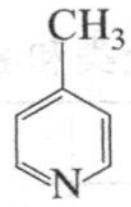

4-甲基吡啶或
γ-甲基吡啶

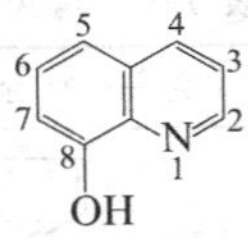

8-羟基喹啉
γ-甲基喹啉

第二节 杂环化合物的结构与物理性质

一、杂环化合物的结构

杂环化合物，如呋喃、噻吩、吡咯、吡啶。它们的碳原子与杂原子均以 sp^2 杂化，故成环的原子处在同一平面，各个碳原子的 p 轨道上有一个电子，杂原子上有一对电子，p 轨道垂直于成环的平面，互相重叠形成共轭体系，与苯环结构相相似。其 π 电子数符合休克尔规则（π 电子数 $=4n+2$），所以它们具有芳香性。结构如图 7-1 所示。

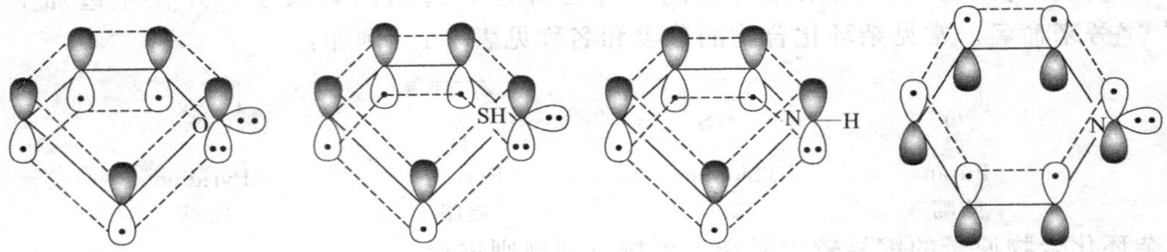

图 7-1 呋喃、噻吩、吡咯、吡啶的结构

二、杂环化合物的物理性质

大多数杂环化合物不溶于水，易溶于有机溶剂。常见的五元杂环、六元杂环、稠杂环化合物绝大多数为液体，个别的为固体。它们具有特殊的气味。常见的几种杂环化合物的物理性质见表 7-2。

表 7-2 常见的几种杂环化合物的物理性质

名 称	物理状态	熔点/℃	沸点/℃	溶 解 性
呋喃	液体	−86	32	不溶于水,易溶于乙醇、乙醚
噻吩	液体	−38	84	不溶于水,易溶于乙醇、乙醚、苯
吡咯	液体	−18.5	131	不溶于水,易溶于乙醇、乙醚
糠醛	液体	−38.7	162	溶于水,易溶于乙醇、乙醚
吡啶	液体	−42	115.6	溶于水,易溶于乙醇、乙醚
吲哚	晶体	52	253(分解)	溶于热水,易溶于乙醇、乙醚
喹啉	液体	−15	238	不溶于水,易溶于乙醇、乙醚
异喹啉	液体	26	243	不溶于水,易溶于乙醇、乙醚
嘌呤	晶体	217		
烟碱(尼古丁)	液体		247	能溶于水

第三节　杂环化合物的化学性质

杂环化合物呋喃、噻吩和吡咯、吡啶，与苯环具有相似的结构，它们都有一定的芳香性。但环中有杂原子 O、S、N，它们的电负性与碳不同，使得环上的电子云密度分布没有苯环那样均匀，因此，它们的芳香性都比苯差，比苯容易发生亲电取代反应，化学性质都比苯活泼。

一、呋喃及其衍生物

1. 呋喃

呋喃存在于松木焦油中，是无色液体，有类似氯仿的气味，难溶于水，易溶于有机溶剂。呋喃在温和的条件下，杂环碳原子上就能发生亲电取代反应，取代反应发生在 α-位。当它遇到强酸时，立即分解，发生开环聚合反应。

（1）颜色反应　呋喃的蒸气遇盐酸浸湿的松木片呈现出绿色，这叫做松木片反应，可用来定性检验呋喃的存在。

（2）亲电取代反应

溴代

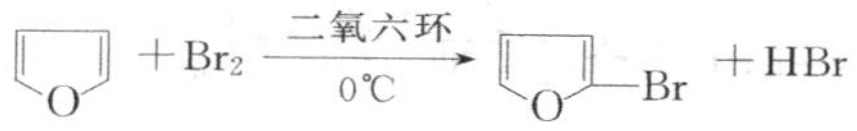

2-溴呋喃

硝化

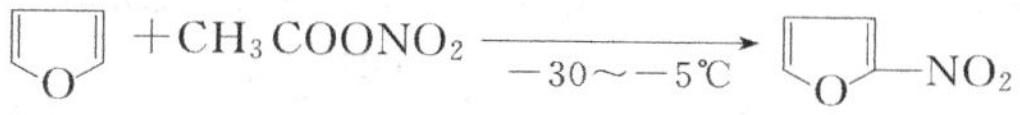

硝酸乙酰酯　　2-硝基呋喃

磺化

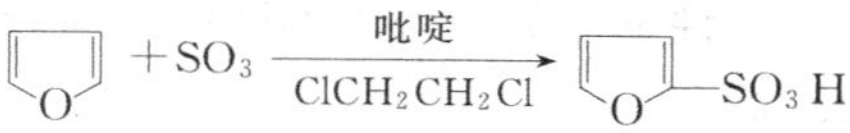

2-呋喃磺酸

（3）杂环加成反应　催化加氢

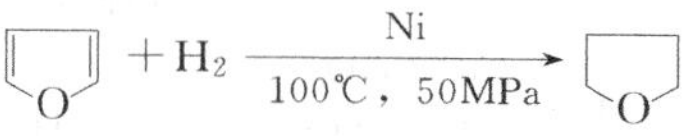

四氢呋喃

四氢呋喃在有机合成上既是重要的溶剂，沸点是 65℃，又是很好的有机合成原料。可以通过下列反应制备己二酸和己二胺，这些是制备尼龙-66 的原料。

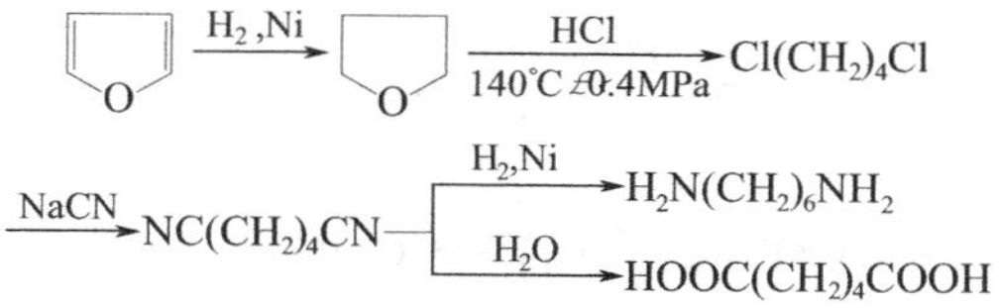

呋喃还表现出共轭二烯烃的性质，它与顺丁烯二酸酐能发生狄尔斯-阿尔德反应（1,4-加成作用）。

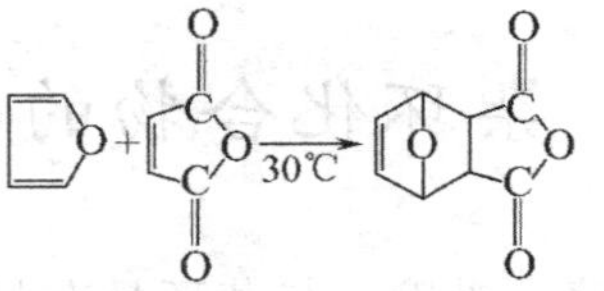

2. 呋喃衍生物——糠醛

糠醛，α-呋喃甲醛的俗称，它是呋喃的重要衍生物。它的制备方法是在稀酸存在下，由米糠、玉米芯、花生壳等农副产品水解而成。

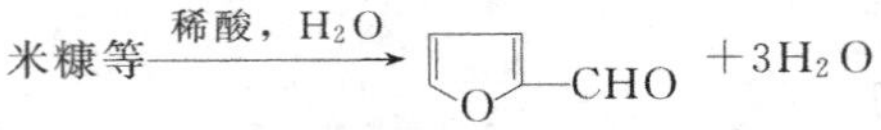

纯糠醛为无色液体，由于受空气氧化，常带有黄色或棕色，熔点 -38.7℃，沸点 162℃，可溶于水，也能溶于乙醇、乙醚等有机溶剂中。纯糠醛有毒，在空气中最高允许浓度为 $2\mu g \cdot g^{-1}$。糠醛在醋酸存在下与苯胺作用显红色，可用此法来定性检验糠醛的存在。

糠醛主要用作溶剂，还广泛用于油漆及树脂工业，可代替甲醛与苯酚缩合，制造酚醛树脂。还可以制造电绝缘材料、药物以及其他产品。

糠醛的化学性质很活泼，能发生许多化学反应，可合成各种化工产品。

（1）氧化反应　糠醛在催化剂存在下，用空气氧化，可生成顺丁烯二酸酐。

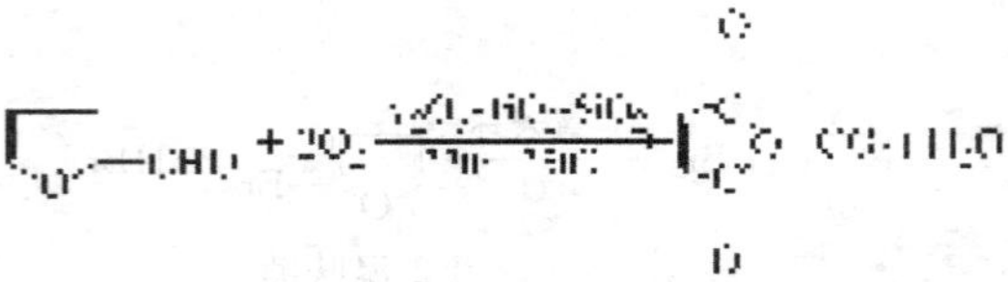

顺丁烯二酸酐

如用高锰酸钾的碱溶液或用 Cu 或 Ag 的氧化物为催化剂，用空气氧化，则生成糠酸。

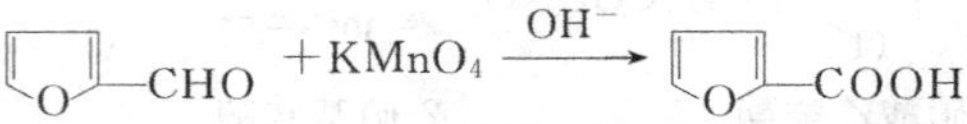

α-呋喃甲酸（糠酸）

（2）加氢反应　糠醛在不同条件下加氢，得到不同的还原产物。如糠醛经催化加氢，生成四氢糠醇，它是一种优良的溶剂。

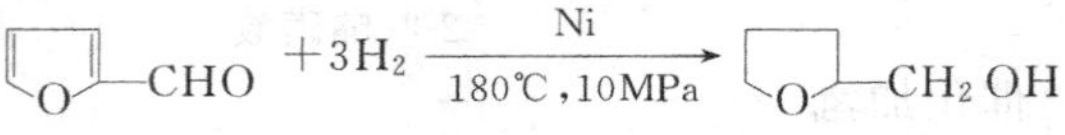

四氢糠醇

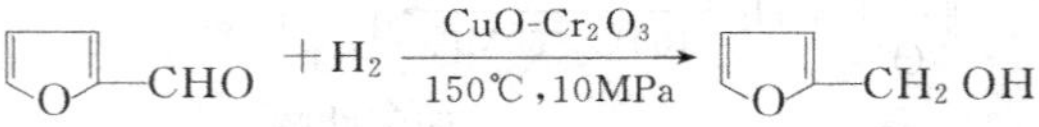

α-呋喃甲醇

（3）歧化反应　糠醛是不含 α-氢原子的醛，因此，在强碱作用下，能发生歧化反应，生成糠醇和糠酸。

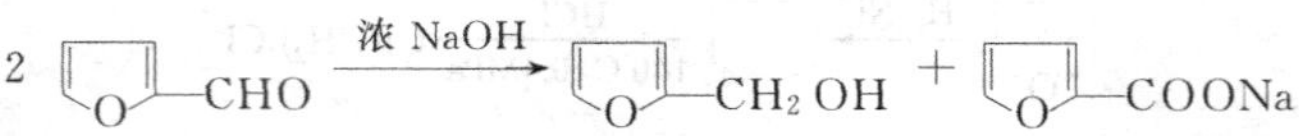

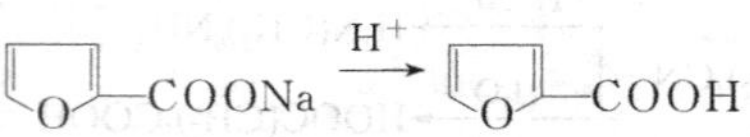

糠酸是合成增塑剂和香料的原料。它是优良的溶剂，可溶解石油中的含硫物质及环烷烃等，如从润滑油中萃取芳香烃等，以精制润滑油；在合成橡胶工业中，用来提纯 1,3-丁二烯和异戊二烯。

二、噻吩

在煤焦油的粗苯中约含0.5%的噻吩，在石油和页岩油中也含有少量的噻吩。石油中的噻吩不仅影响石油的产量，而且损害催化剂的活性，所以石油中的噻吩是一种有害物质。

噻吩是无色有特殊气味、能催泪的液体，沸点84℃。主要用于制造感光材料、光学增亮剂、染料和香料等。

噻吩是含有一个杂原子的五元杂环化合物中最稳定的一个。它的化学活性比呋喃、吡咯弱，但比苯活泼。噻吩的亲电取代反应比呋喃、吡咯要难，反应也是发生在α-位，但比苯要容易得多。

1. 颜色反应

在浓硫酸存在下，与靛红共热能显蓝色，可用于检验噻吩的存在。

2. 取代反应

(1) 溴代

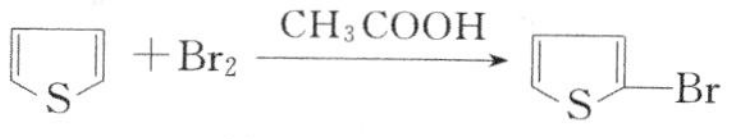

2-溴噻吩

(2) 硝化

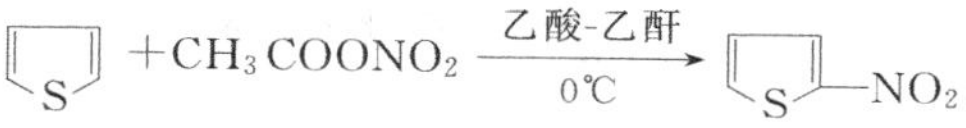

2-硝基噻吩

(3) 磺化　噻吩在室温下就能与浓硫酸发生磺化反应，生成2-噻吩磺酸。

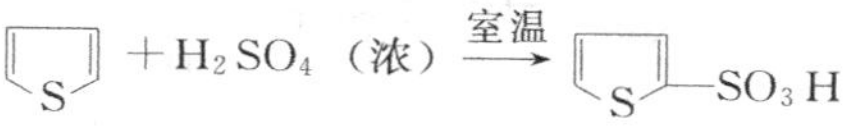

2-噻吩磺酸

噻吩在室温下能溶于浓硫酸，而苯不溶，利用这一性质，可将粗苯中的噻吩除去。生成的2-噻吩磺酸经水解又可得到噻吩。

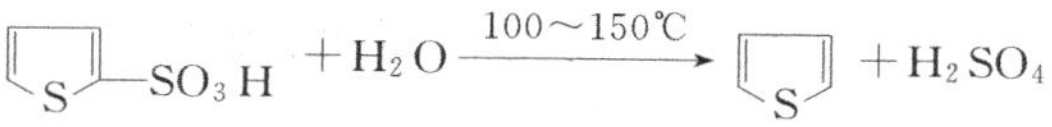

3. 加成反应

加氢和还原

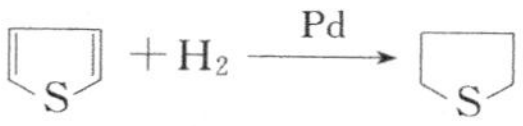

四氢噻吩

四氢噻吩具有硫醚的性质，可被氧化为亚砜和砜。

噻吩不易氧化，而四氢噻吩则易被氧化为重要的非质子极性溶剂环丁砜。

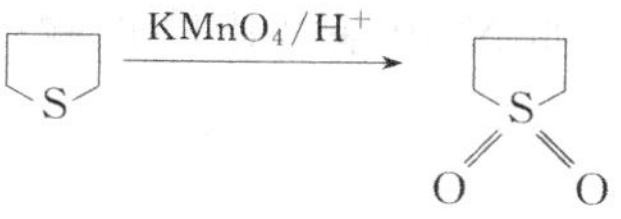

环丁砜

三、吡咯

吡咯在骨骼干馏后所得到的骨焦油中含量较多，在煤焦油中含量较少。吡咯为无色油状液体，熔点-18.5℃，沸点131℃。其衍生物广泛用于橡胶的硫化促进剂、环氧树脂的固化剂、香料、农药等。

吡咯与呋喃相似，亲电取代反应也要在比较温和的条件下进行，取代反应也发生在 α-位。在酸性条件下也极易发生开环、聚合反应。

1. 颜色反应

吡咯的蒸气遇盐酸浸湿的松木片呈现出红色，可用来定性检验吡咯的存在。

2. 取代反应

溴代

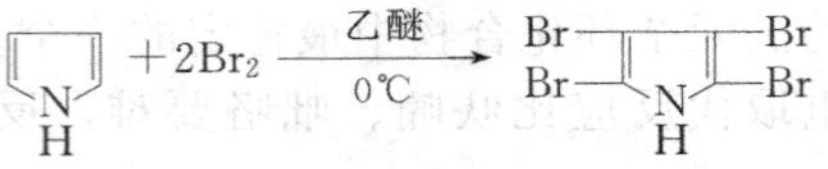

2,3,4,5-四溴吡咯

硝化

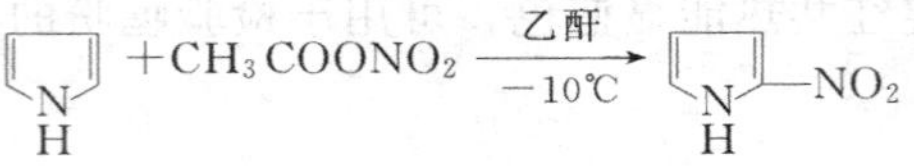

2-硝基吡咯

磺化

2-吡咯磺酸

3. 加成反应

加氢和还原

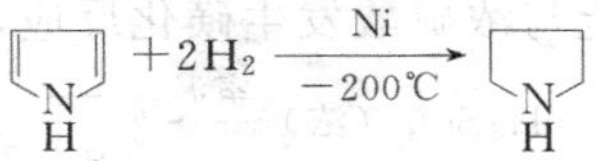

四氢吡咯

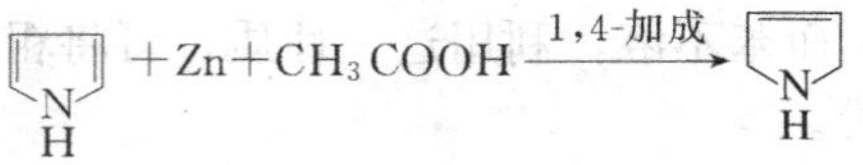

2,5-二氢吡咯

4. 弱碱性和弱酸性

吡咯可看作是仲胺，具有弱碱性，但碱性比苯胺还弱，不能与酸生成稳定的盐。吡咯又有弱酸性，与固体氢氧化钾共热或金属钾、钠反应，可生成吡咯钾、钠。吡咯钾遇到过量水，又可水解为吡咯。

吡咯钾

用吡咯钾可制得烷基衍生物。如 N-甲基-2-吡咯烷酮（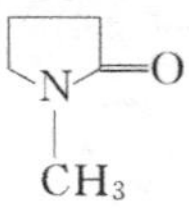，缩写 NMP）是一种优良的溶剂。如聚氯乙烯、尼龙、聚苯乙烯、聚甲基丙烯酸甲酯等在 NMP 中都有比较大的溶解度。

四、吡啶

吡啶存在于煤焦油中，它是有特殊臭味的液体，熔点 −42℃，沸点 115.6℃，相对密度 0.978。其衍生物广泛存在于自然界，如植物中的生物碱、维生素 B_6、辅助酶。吡啶是合成药物的重要原料、良好的有机溶剂和合成催化剂。

吡啶是一个重要的六元杂环化合物，它的结构与苯相似。由于环中氮原子的电负性大于碳原子，因此，吡啶环上的电子云密度的分布没有苯环那样均匀，在氮原子周围的电子云密度较高，而环上碳原子上的电子云密度就较低。吡啶发生亲电取代反应要比苯困难得多，与硝基苯类似。亲电取代反应主要发生在β-位。

1. 取代反应

溴代

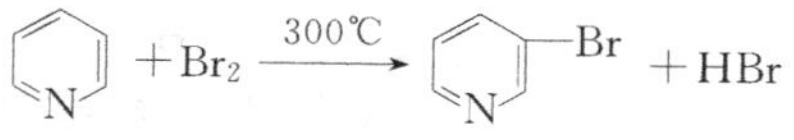

β-溴吡啶

硝化

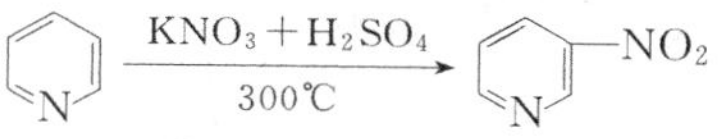

β-硝基吡啶

磺化

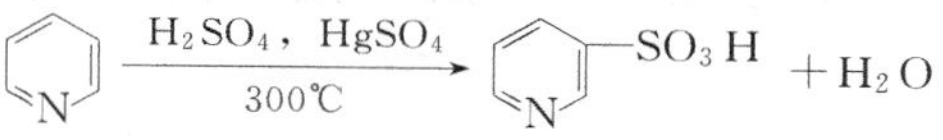

β-吡啶磺酸

2. 加成反应

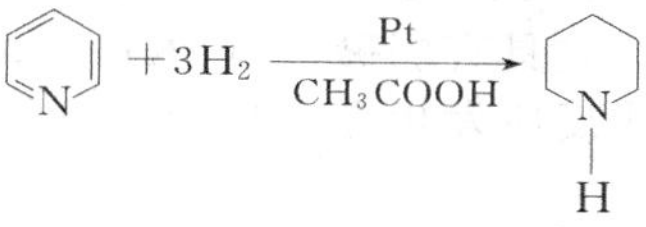

六氢吡啶

六氢吡啶（又称哌啶）为无色液体，熔点-7℃，沸点106℃。它是一种仲胺（$pK_b=2.8$），碱性比吡啶强，化学性质与脂肪族仲胺相似，是重要的溶剂及有机合成原料。可用于环氧树脂的固化剂、缩合的催化剂。

3. 氧化反应

因为吡啶环比苯环更稳定，所以它比苯环更难氧化。但如果吡啶环上有侧链，则在酸性条件下，可用高锰酸钾将侧链氧化为羧基。例如：

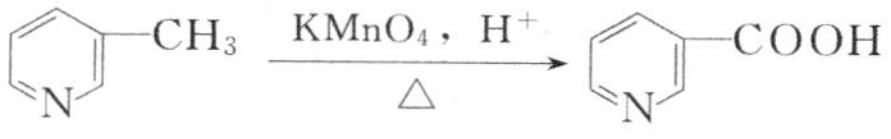

β-吡啶甲酸（烟酸）

4. 碱性

吡啶是一种弱碱，它的水溶液能使石蕊试纸变蓝，其碱性比苯胺强，但比氨和脂肪族胺弱得多。

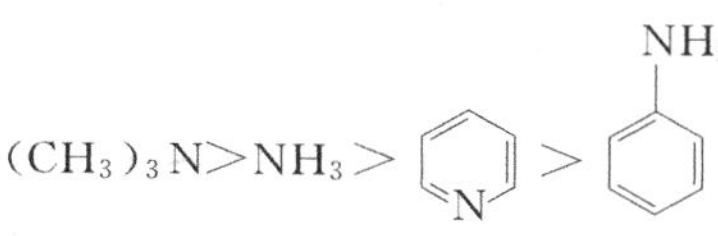

pK_b　　4.2　　4.8　　8.8　　9.4

吡啶能与强无机酸生成盐，吡啶盐碱性水解又可得到吡啶。例如：

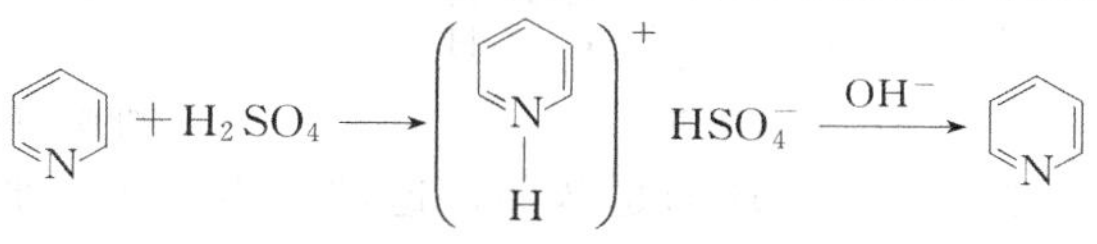

硫酸氢吡啶盐

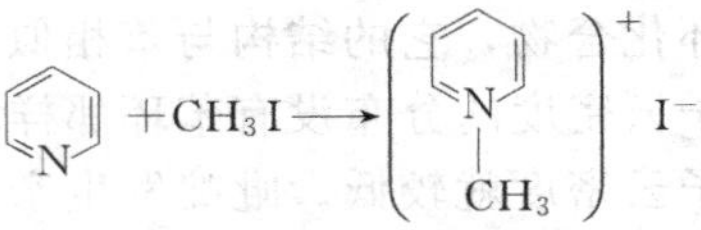

碘化 N-甲基吡啶盐

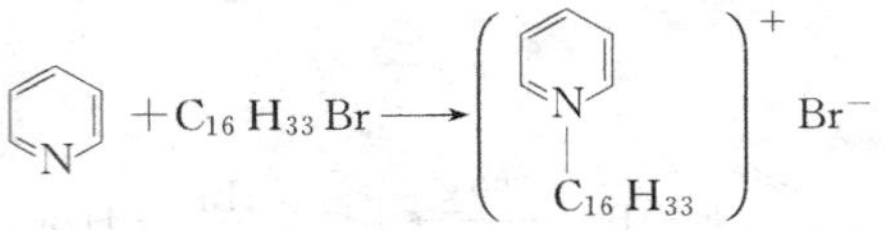

溴化 N-十三烷基吡啶盐

吡啶容易与三氧化硫作用，生成吡啶三氧化硫。

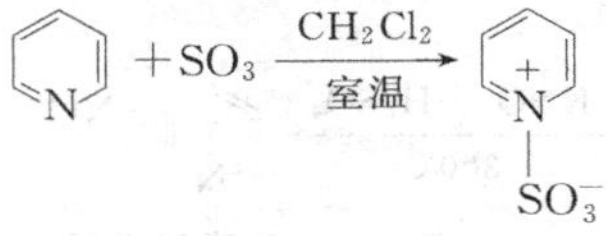

吡啶三氧化硫

吡啶三氧化硫是一种温和的磺化剂，用来磺化化学性质比较活泼的化合物，如呋喃等。

五、喹啉

喹啉存在于煤焦油和骨焦油中，可用稀硫酸提取，也可用合成的方法得到。喹啉为无色油状液体，有特殊的气味，沸点 238℃，相对密度 1.095，难溶于水，易溶于有机溶剂。

喹啉是苯环和吡啶环稠合的化合物。它具有弱碱性（$pK_b=9.1$），能与强酸生成盐。喹啉的亲电取代反应比吡啶容易进行，取代反应发生在苯环上。例如：

1. 取代反应

溴代

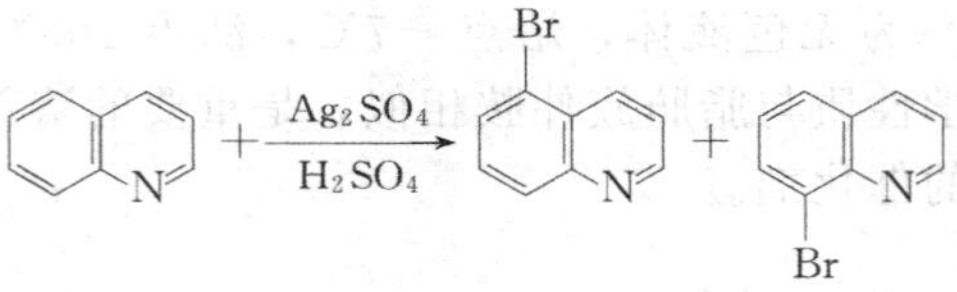

5-溴喹啉　8-溴喹啉

硝化

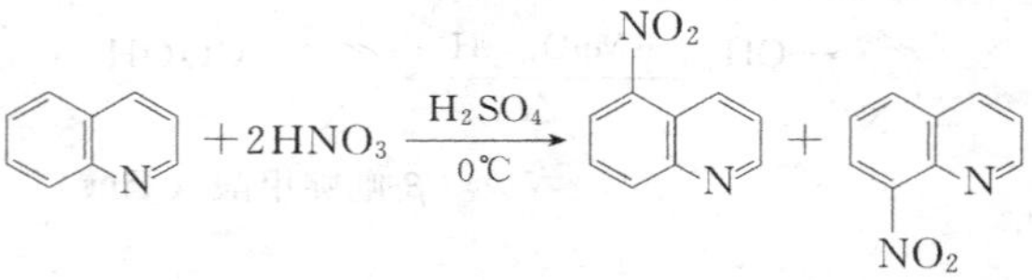

5-硝基喹啉　8-硝基喹啉

磺化

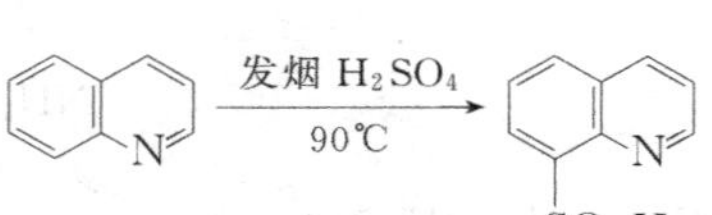

8-喹啉磺酸

2. 氧化反应

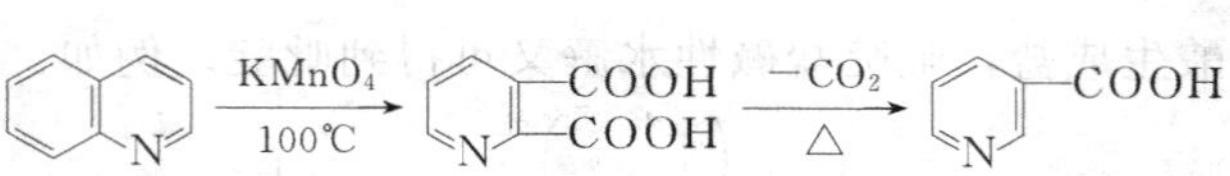

β-吡啶甲酸

从喹啉的氧化反应可知，发生开环的是苯环，这进一步说明了吡啶环比苯环稳定。

喹啉是合成药物的中间体。它的衍生物 8-羟基喹啉能与许多金属离子形成螯合物，因此，8-羟基喹啉是定量测定金属离子的重要试剂。

第四节 杂环化合物在高分子材料中的应用

杂环化合物在高分子材料领域一个重要的应用，就是制备电子工业中的有机材料，包括应用导体、超导体、半导体、晶体管等材料，如聚吡咯、聚噻吩等。

一、聚吡咯

聚吡咯英文名 polypyrrole，是一种常见的导电聚合物。可用于离子交换树脂，这种材料把电化学和离子交换结合在一起，能方便地再生和减小能耗、降低污染，可用于生物材料。此外，具有良好的生物相容性，使其在生物医学领域有着广泛的应用前景。还可以作为电磁屏蔽材料和气体分离膜材料，用于电解电容、电催化、导电聚合物复合材料等，应用范围很广。

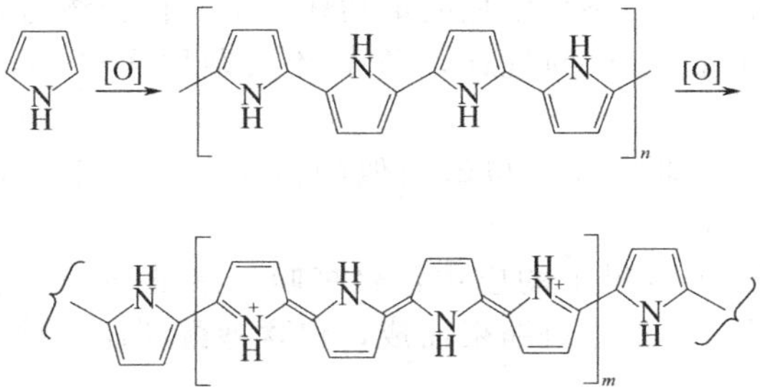

二、聚噻吩

聚噻吩英文名 polythiophene，也是一种常见的导电聚合物。聚噻吩不溶，有很高的强度。在三氟化硼乙醚配合物中电化学聚合得到的聚噻吩强度大于金属铝。聚噻吩可用于有机太阳能电池、化学传感器、电致发光器件等。

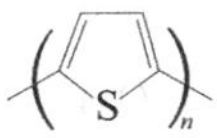

聚噻吩结构式

噻吩及其衍生物在氧化剂或电场的作用下完成聚合，首先噻吩及其衍生物单体在氧化剂或电场的作用下失去一个电子而带正电荷，即被氧化成正价基团，同时脱掉两个质子形成二聚体，二聚体又被氧化成阳离子自由基并与其他阳离子自由基结合，以此方式继续进行，使聚合物链进一步增长。

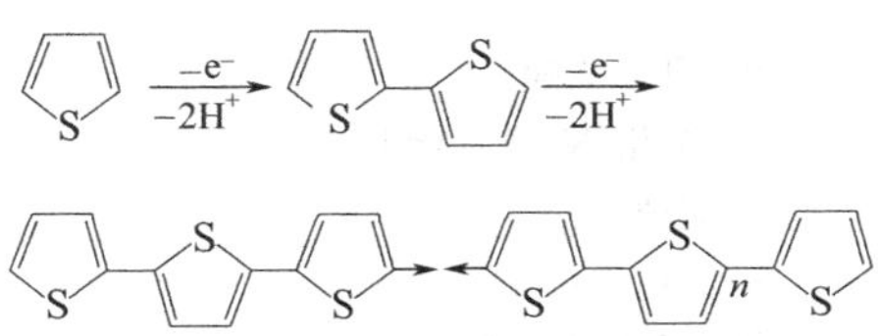

三、呋喃树脂

呋喃树脂是指分子结构中含呋喃环的一类热固性树脂。在酸碱催化剂存在下，由糠醛、糠醇或其他起始原料，经缩聚反应制得。主要产品有糠醇树脂及改性糠醇树脂（糠醇-糠醛树脂、糠醇改性脲醛树脂、糠醇-甲醛树脂等）、糠醛-丙酮树脂、糠醛-苯酚树脂等。

糠醛树脂可由糠醛与乌洛托品反应制得，改变乌洛托品用量，可以制得不同牌号的糠醛树脂。具有优良的耐化学药品性、电绝缘性、耐热性，但耐水性及粘接性能较差，用玻璃纤维增强可提高其机械强度。用于制造板管等制品、机械零件等，也用作设备衬里涂层以及用作砂的黏合剂，制造精密铸造壳体，现在大多用于制造玩具。

糠醛-丙酮树脂是由糠醛和丙酮在碱催化剂作用下，制成预缩聚物，使用时加入对甲苯磺酸等催化剂而交联固化，其耐热（可达 300℃）和耐化学腐蚀性能优异。主要用于以石英等作填料的防腐蚀胶泥和制造以玻璃纤维、石棉纤维增强的防化学腐蚀设备。

糠醛-苯酚树脂是用糠醛和苯酚为原料，在苯酚过量的条件下，用碱（除氨外）作催化剂，经缩聚而得。也是一种热塑性酚醛树脂，可作胶黏剂和流动性好的压塑粉。

本章小结

1. 杂环化合物可按环的数目、大小、杂原子种类和数目来分类。杂环化合物可分为单杂环和稠杂环，五元环和六元环是最常见的单杂环。杂环化合物的命名一般采用音译法。环上原子的编号顺序有其自己特殊的规律，单杂环从杂原子开始，并按 O—S—N 的顺序编号。

2. 呋喃、吡咯、噻吩、吡啶具有与苯相似的性质，可发生卤代、硝化等反应。呋喃、吡咯、噻吩主要在 α-位取代。

3. 杂环化合物在高分子材料中的应用：聚噻吩、聚吡咯可用于制作导电高分子材料；呋喃树脂常用糠醛或糠醇与其他原料缩聚而成，包含糠醛树脂、糠醛-丙酮树脂、糠醛-苯酚树脂。

习 题 七

一、命名或写出下列化合物的构造式：

1. 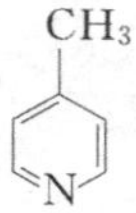

2. 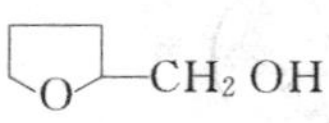

3. 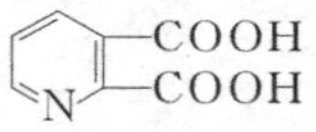

4. 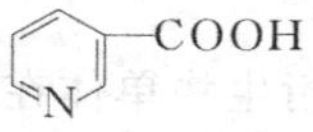

5. 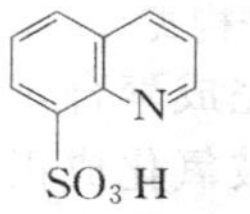

6. 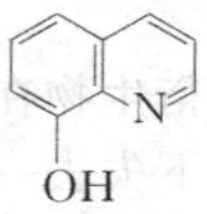

7. 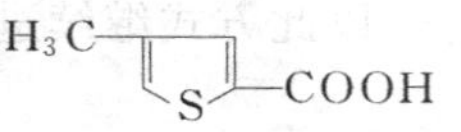

8. 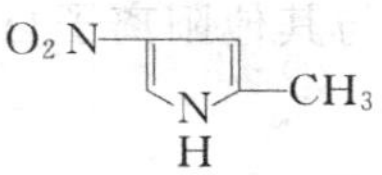

9. 糠酸　　10. 四氢呋喃

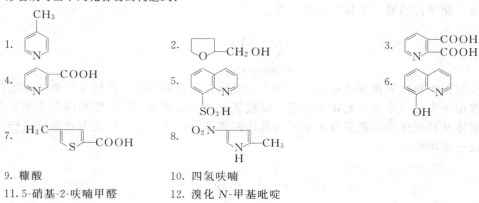

11. 5-硝基-2-呋喃甲醛　　12. 溴化 N-甲基吡啶

13. 烟酸　　14. 喹啉

15. 四氢噻吩　　16. α-噻吩磺酸

二、用适当的化学方法将下列混合物中的少量杂质除去：

1. 苯中混有少量噻吩
2. 吡啶中混有少量苯酚
3. 甲苯中混有少量吡啶

三、完成下列反应式：

1. 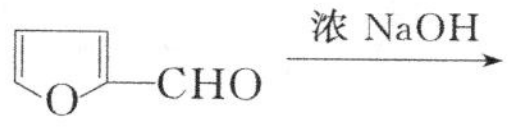

2. 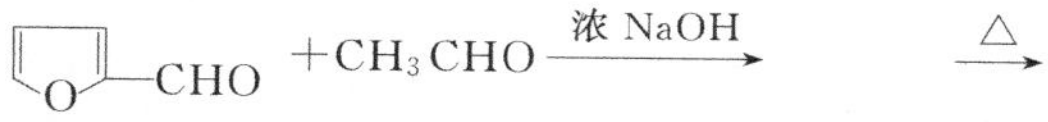

3. 

4. 

6. 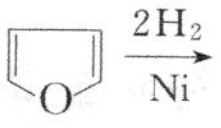

7. 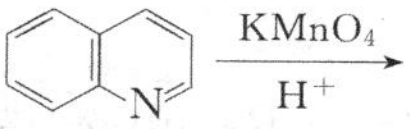

8. 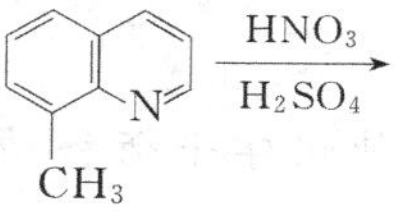

四、用化学方法区别下列各组化合物：

1. 苯、噻吩和苯胺
2. 苯甲醛和糠醛
3. 吡咯和吡啶

五、将下列各组化合物按碱性由强到弱排列顺序：

1. CH_3NH_2　　　

2. 苯胺、吡啶、二甲胺、吡咯、喹啉、哌啶

六、将下列化合物按芳香性由强到弱排列顺序：

　　　　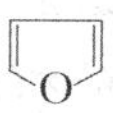

七、某化合物的分子式为 $C_5H_4O_2$，经氧化作用生成分子式为 $C_5H_4O_3$ 的羟酸。这个羟酸的钠盐与碱石灰共热，则转变为 C_4H_4O，后者不和金属钠作用，也不具有醛、酮的反应。在 C_4H_4O 分子中，氧原子属于什么官能团？并推测 $C_5H_4O_2$ 的构造式。

第八章

化学反应原理

知识与技能目标

1. 理解体系、环境、状态、相、组分、自由度、反应速率、基元反应、活化能等基本概念。
2. 掌握热力学第一、第二、第三定律，稀溶液的两个基本定律——Raoult 定律和 Henry 定律以及质量作用定律、阿伦尼乌斯公式。
3. 理解自发过程的共同特征，理解化学反应速率的影响因素和使化学平衡移动的因素。
4. 从状态函数和过程量的区别，理解热力学能、焓、熵、吉布斯自由能、热和功的概念。
5. 掌握体系热力学能、焓变、热、功的计算方法。
6. 掌握体系熵变、吉布斯自由能变的计算方法，明确熵判据式——吉布斯自由能判据式的作用和意义。
7. 掌握化学反应平衡常数、平衡组成的计算方法，利用非标准态反应自由能变的表达式判断化学反应进行的方向和限度。
8. 掌握一级反应、二级反应的速率方程及其特征，并能做有关计算。
9. 掌握水的相图和完全互溶双组分体系的 p-x 及 T-x 相图。
10. 能够应用相律分析相图，对相图中点、线、区的意义能透彻理解，并能够利用杠杆规则进行简单计算。

第一节　认识热力学的基本概念

热力学是自然科学中的一个重要分支学科，其研究对象是物质的热现象、热运动的规律、热运动和其他运动形式的相互转化关系，以及在一定条件下各种物理过程和化学过程进行的方向和所能达到的限度。

人们从长期的生产实践和科学实验中，总结出了三条基本定律：热力学第一定律、第二定律和第三定律，从而形成了热力学的基础。把这些热力学的基本原理用来研究化学现象及其相关的物理现象，就称为化学热力学。化学热力学的主要内容有：应用热力学第一定律研究各种能量的转化和守恒，利用热力学第二定律预测化学反应在一定条件下进行的方向和限度，解决化学平衡问题；热力学第三定律主要是研究低温下物质的运动状况并为各种物质的热力学函数的计算提供科学方法，进一步解决化学平衡的计算问题。

一、体系与环境

热力学中把作为研究对象的物质称为体系（也可称为系统），体系以外并与体系之间有相互关系的部分称为环境。例如一瓶热水，如果研究对象是瓶中的水，这些水就是体系，而瓶子和瓶子外的物质都是环境；如果以水和瓶子一起作为研究对象，那么瓶子和瓶子之内的水合起来是体系，瓶子之外的空气等才是环境。

按照体系和环境之间物质和能量的交换情况，可以把体系分为三种：

① 敞开体系　体系和环境之间既有物质交换，也有能量交换；

② 封闭体系　体系和环境之间只有物质交换，而无能量交换；

③ 隔离体系　体系和环境之间既无物质交换，也无能量交换。

例如，在一只玻璃杯子中盛有一些热水，把杯中的热水作为体系，那么杯子及其之外的空气等可作为环境，杯中的水在向周围的空气中蒸发，而且也在向其中散发热量，所以是敞开体系；另外，若把这些热水装在了一个保温杯中，而且杯盖已经盖好，则可近似地看作是一个隔离体系。

二、状态与状态函数

1. 性质

确定了一个体系之后，这个体系就具有了一定的宏观性质，如体积、质量、密度、压力、温度、折射率、电阻、黏度、比热容等，可将其简称为性质。对于这些性质，可以把它们分为两类。

（1）强度性质　其数值大小与体系中物质的量无关，如一般情况下的密度、比热容、黏度、温度等。

（2）广度性质　其大小与体系中物质的量成正比，如质量、电阻、体积等。

2. 状态

一个热力学体系的状态是体系的物理性质和化学性质的综合表现。规定体系状态的各种性质，叫做状态性质，也称为状态函数。显然，当体系的状态确定之后，体系的性质就有了完全确定的值；反过来，当体系的各种性质确定了之后，体系也就具有了一个确定的状态。

状态函数具有如下两个特征。

① 体系的状态确定之后，它的每一个状态函数都有确定的值。如纯水与其蒸汽平衡时，每个温度下只有一个饱和蒸气压值，绝不会出现两个。

② 体系的状态发生变化时，状态函数也发生变化，其改变值只取决于体系的起始状态（简称为始态）和最终状态（简称为终态），与体系变化的具体步骤无关。

凡是具有上述两个特征，都是体系的状态函数；反过来，凡是体系的状态函数都具有上述两个特征。

3. 过程

体系状态发生变化的经过历程称为过程。体系由始态变化到终态的方式称为途径。常见的过程有如下几种。

（1）恒温过程　过程中体系的温度（T）恒定不变，即始态的温度（T_1）等于终态的温度（T_2），$T_1=T_2$。

（2）恒压过程　过程中体系的压力（p）恒定不变，即始态的压力（p_1）等于终态的压力（p_2），$p_1=p_2$。

（3）恒容过程　过程中体系的体积（V）恒定不变，即始态的体积（V_1）等于终态的体积（V_2），用符号表示为 $V_1=V_2$。

(4) 绝热过程　过程中体系与环境之间没有热量 (Q) 的交换，$Q=0$。

(5) 循环过程　过程中体系由某一状态出发，经过一系列变化，最后又回到原来的状态，其各项性质在最后都又回到了原来的性质。

(6) 可逆过程　过程进行之后，体系恢复原状的同时，环境也能恢复原状而未留下任何永久性的变化。

4. 途径

体系由一个始态向一个终态发生变化可以有不同的途径。例如，如图 8-1 所示，一个体系中的氢气由始态 (0℃，1atm) 变到终态 (50℃，10atm)，可以先经过恒压过程，再经过恒温过程 (途径 A) 而实现；也可以先经过恒温过程，然后再经过恒压过程 (途径 B) 而达到。

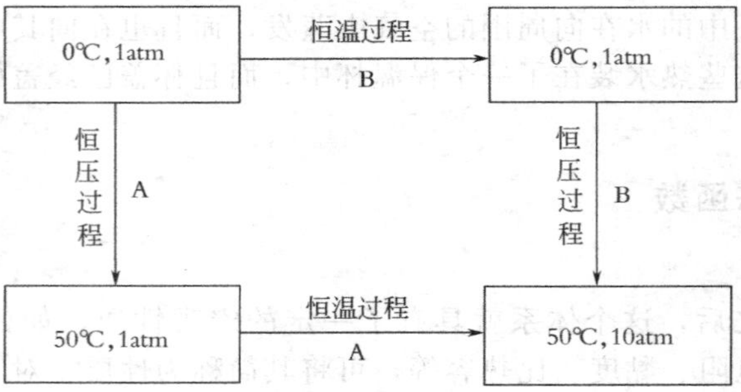

图 8-1　过程具有不同途径的示意

应当说明，这里所说的状态应当是指热力学的平衡态。所谓平衡态，是指在一定条件下体系的各种性质均不随时间的变化而变化的状态。体系的平衡态指的是它处于如下四种平衡的状态。

(1) 热平衡　体系各部分的温度相等。

(2) 力学平衡　体系各部分之间以及体系和环境之间没有不平衡的力存在，从宏观上看体系中的物质不发生任何相对移动。

(3) 相平衡　体系中物质在各相之间的分布达到平衡不变。

(4) 化学平衡　体系中各物质之间发生的化学反应达到平衡，即它们在体系各相中的组成不随时间而变化。

应当指出，体系中状态的性质之间存在着一定的联系。这样，使得体系中一个性质发生了变化，往往就会使其他一个或几个性质也跟着发生变化；另外，也使得在规定一个体系的状态时，并不需要确定所有的状态性质，而是只确定几个性质就可以了。例如，对于理想气体，如果已经知道了其体积 V、温度 T 和物质的量 n，就可以根据理想气体的状态方程 $pV=nRT$ 计算出它的压力 p。虽然不能指出最少需要确定几个性质，体系才处于一个固定的状态，但对于不发生化学变化和相变化且含有一种或多种物质的均相封闭体系来说，一般只需指定两个强度性质，其他性质也就随之而确定了。

三、热力学标准态

物质所处的状态取决于物质的热力学函数值，然而除温度 T、压力 p、体积 V 等一些常见的热力学函数外，还有一些非常重要的热力学函数 (如以后将要学到的热力学能 U、焓 H、吉布斯自由能 G 等) 的绝对值无法确定。为此，只能计算它们的相对值，而且需要确定一个公共的参考状态作为标准态。在热力学中，把压力为 $p^{\ominus}=100\text{kPa}$ 和温度为 T 的状态规定为热力学标准态，其中的 $p^{\ominus}$ 称为标准压力。在这一规定中，没有给定温度的具体值，所以每一个温度下都有一个标准态。处于标准态下的热力学函数或其变化值，都在右上角用符号“$\ominus$”标记，如 $V_{\mathrm{m}}^{\ominus}$ 和 $\Delta V_{m}^{\ominus}$ 分别是物质的标准摩尔体积和标准摩尔体积变化。标准状态下的压力已经指定，所以标准状态下的热力学函数的变化与压力无关。

纯理想气体的标准态就是该气体处于标准压力 $p^{\ominus}$ 下的状态；理想混合气体的标准态是指多种气体的分压力都为标准压力 $p^{\ominus}$ 的状态；纯真实气体的标准态是指标准压力 $p^{\ominus}$ 下表现出理想气体特性的假想状态；真实气体混合物的标准态是指每种气体的分压都为标准压力并表现出理想气体特性的假想状态；纯液体或纯固体物质的标准态是指在标准压力下纯液体或纯固体的状态；液态（或固态）均匀混合物中某物质的标准态规定为标准压力下该液态（或固态）纯物质的状态。

四、热力学能

所谓热力学能，也叫内能，是指体系内部质点所具有的各种形式的能量的总和，一般用符号 U 表示。通常，热力学能包括分子的平动能、转动能、振动能、分子之间的作用势能、电子运动的能量以及原子核内的能量等。

不难理解，处于一个确定状态的体系必有确定的能量，因此热力学能是状态函数。物质内部的质点数与体系的量成正比，所以内能应该是体系的一种广度性质。例如，在一定条件下，2mol H_2O (l) 所具有的能量是 1mol H_2O (l) 具有能量的两倍。

如果所研究的体系是一定量的纯气体，它的状态可由温度 T 和压力 p 来描写，则内能是 T，p 的函数，即

$$U=f(T,V)$$

在化学变化和物理变化过程中，由于各种形式的运动的改变，才引起体系内能的变化。假如各种形式的运动具有的能量可以一一进行测量或计算，那么体系热力学能的绝对值就可以获得。然而这一点做不到，因为人们对物质运动形式的认识是逐步深入的。随着人们对微观世界认识的不断深入，还会出现新的微观粒子和新的运动形式，所以体系中到底含有多少能量，现在不得而知。但主要关注点是在一个过程中体系能量变化了多少，即 ΔU（可称为内能变）。在统计力学中，常把 0K 时的热力学能当作零，这样一来，其他任意状态下的能量 U 实际上只是与 0K 时能量的差值。不论内能的零点如何人为地指定，对于求算体系两个状态间的 ΔU 毫无影响。

热力学能是体系状态的单值函数，只取决于体系的始态和终态。这可以利用反证法进行证明：假定某一体系处于一定状态时具有几个不同的内能值，比如有 U_1、U_2、U_3 三个数值，则将发生下面的情况：当增加能量时，体系状态可以不变，这等于能量可以自行消灭；当从体系中取出能量时，体系的状态也可以不变，这等于能量还能无中生有。这两种情况都违反了能量的转化和守恒定律。因此可以肯定内能是体系的单值函数。

五、焓及其性质

内能 U 是一个特别适合于恒容条件下应用的状态函数。但大多数情况下，物理和化学的过程并不是在恒容条件下进行的，而通常是在恒压（或近于恒压）的条件下进行。这时，p 和 T 就是自然的独立变量。在热力学中，为了利用这些变量，可定义

$$H=U+pV \tag{8-1}$$

式中，H 即称为焓。由于上式中的 U、p 和 V 均为状态函数，所以 H 也是状态函数。焓是广度性质，单位是 J 或 kJ。pV 虽然具有能量的量纲，但并无物理意义，因此焓本身没有确切的物理意义，不能将它误解为是“体系中所含的热量”。由于不能确定热力学能的绝对数

值，所以也不可能确定焓的绝对数值。

如果有一个体系从始态（1）变到了终态（2），那么就有

$$H_2-H_1=(U_2+p_2V_2)-(U_1+p_1V_1)=(U_2-U_1)+(p_2V_2-p_1V_1)$$

即

$$\Delta H=\Delta U+\Delta(pV) \tag{8-2}$$

焓的定义式只适用于压力处处相等的体系。若一个多相体系中存在着刚性壁，各相的压力就可能不相等，即体系有多个压力。此时，上式中的 p 就无确定意义，因此不能用来定义这类体系的焓。此时，应该用各相焓的总和来定义整个体系的焓。例如某体系由α和β两相组成，它们的压力分别为 $p(\alpha)$ 和 $p(\beta)$，则体系的焓

$$H=H(\alpha)+H(\beta)$$

即

$$H=[U(\alpha)+p(\alpha)V(\alpha)]+[U(\beta)+p(\beta)V(\beta)]$$

在处理较复杂的体系时，往往利用焓的这种加和性质将一个复杂问题分解成多个简单问题，从而使问题简化。

固体熔融、液体汽化、固体升华或固体由一种晶体结构变化成另一种晶体结构等变化，一般将伴随着物体的热力学能和焓的变化。例如：

$$H_2O(l)\longrightarrow H_2O(g)$$

则

$$\Delta H_{汽化}=H(H_2O,g)-H(H_2O,l)$$

在这两种相态中，水分子的内部动能和势能很不相同，液相中的分子间势能要比气相中的小得多。这种来源于分子间净吸引力的势能是当气体物质温度下降到该物质液体的沸点以下时，气体凝聚为液体的原因，故称为凝聚能。

第二节　热力学第一定律

一、热力学第一定律

1. 热力学第一定律的表述

能量可以在各种形式之间进行转换，但既不能凭空创造，也不能自行消灭。这就是能量守恒定律。对热力学体系而言，能量守恒定律就是热力学第一定律。热力学第一定律的表述方式很多，其中的一种为：“不供给能量而可连续不断产生能量的机器叫第一类永动机，经验告诉我们，第一类永动机是不可能存在的。”

热力学第一定律是人们经过长期的实践，总结了大量失败的教训和成功的经验之后才认识到的，是具有普遍意义的自然规律之一。一百多年以前，有许多人曾一度热衷于设计制造第一类永动机，结果无一例外地以失败而告终，这就有力地证明了使能量无中生有是一种梦想。至今还没有发现一件违背能量守恒原理的事实。

2. 热力学第一定律的数学表达式

一个封闭体系在任何过程中的能量变化只是内能的变化，可以用 ΔU 表示；同时，可以用 Q 表示体系从环境中吸收的热量，用 W 表示体系对环境所做的功。这样，热力学第一定律可以表示为：

$$\Delta U=Q-W \tag{8-3}$$

这就是热力学第一定律的数学表达式。从式中可以看出，两个途径函数的差值可以变为状态函数。

【例 8-1】 在 101.325kPa 下，一定量的理想气体由 10dm^3 膨胀到 20dm^3，并且吸热 1100J，求 W、ΔU 和 ΔH。

解：

$p_1=101.325kPa$ $V_1=10dm^3$ 一定量的理想气体	$\xrightarrow{\text{恒压过程}}$	$p_2=101.325kPa$ $V_2=20dm^3$ 一定量的理想气体

由于是恒压过程，$p_0=p_1=p_2$，体系对外所做的功中只有体积功，所以：

$$W=p_0(V_2-V_1)=101.325\times10^3\times(20.0\times10^{-3}-10.0\times10^{-3})=1013J$$

因为
$$Q_p=1100J$$
所以
$$\Delta U=Q-W=1100J-1013J=87J$$
$$\Delta H=\Delta U+\Delta(pV)=\Delta U+p_0(V_2-V_1)=87J+1013J=1100J$$

由此可见
$$\Delta H=Q_p$$

二、热力学第一定律的应用

1. 盖斯定律

任何一个化学反应，在整个过程是恒压或恒容时，不论是一步完成还是分几步完成，该反应的热效应总是相通的。这是盖斯（Гесс）在总结了大量实验结果的基础上，于1840年提出来的“盖斯定律”。

盖斯定律的发现奠定了整个热化学的基础，它的重要意义与作用在于能够使热化学方程式像普通代数方程式那样进行运算，从而可以根据已经准确测定了的反应热来计算难以测定或根本不能测定的反应热，或者是说根据已知的反应热计算出未知的反应热。

【例 8-2】 已知下列反应在298K时的反应热为

(1) $CH_3COOH(l)+2O_2(g)=\!=\!=2CO_2(g)+2H_2O(l)$　　$\Delta H_1=-870.3kJ$

(2) $C(s)+O_2(g)=\!=\!=CO_2(g)$　　$\Delta H_2=-393.5kJ$

(3) $H_2(g)+\frac{1}{2}O_2(g)=\!=\!=H_2O(l)$　　$\Delta H_3=-285.8kJ$

试计算反应

(4) $2C(s)+2H_2(g)+O_2(g)=\!=\!=CH_3COOH(l)$

在298K时的反应热ΔH_4。

解：

对于化学反应方程式有：(2)×2+(3)×2−(1)=(4)，

所以：$2\Delta H_2=2\times(-393.5kJ)=-787.0kJ$

$2\Delta H_3=2\times(-285.8kJ)=-571.6kJ$

$+)\ -\Delta H_1=-(-870.3kJ)=870.3kJ$

$\Delta H_4=\quad -488.3kJ$

2. 标准摩尔燃烧焓

在100kPa和指定温度下，1mol某种物质被完全燃烧或完全氧化时的恒压反应热，称为该物质的标准摩尔燃烧焓，以$\Delta_c H_m^{\ominus}$表示。燃烧焓是一种相对焓。根据燃烧焓的定义可知，因为CO_2、H_2O和SO_3等化合物已经是完全燃烧的产物，而O_2不能被氧化或燃烧，所以它们的$\Delta_c H_m^{\ominus}$为零。也就是说，在标准摩尔燃烧焓的定义中，实际上已经采用了这样的规定，即氧及完全燃烧产物的标准摩尔燃烧焓为零。

3. 标准摩尔生成焓

一种化合物的标准摩尔生成焓（又称生成热）定义为在反应进行的温度（一般指25℃）

下，由各处于标准态的单质生成处于标准态的1mol该化合物的反应焓变，并用符号$\Delta_f H_m^\ominus$表示，其中f为英语单词formation的第一个字母，代表生成；⊖为标准态记号；m为1mol记号。例如，在温度为T时，$H_2O(g)$的生成反应为

$$H_2\text{（理想气体，}p^\ominus, T\text{）}+\frac{1}{2}O_2\text{（理想气体，}p^\ominus, T\text{）}\longrightarrow H_2O\text{（理想气体，}p^\ominus, T\text{）}$$

该反应的焓变就是气态H_2O的标准摩尔生成焓。

$$\Delta_f H_m^\ominus = H^\ominus(H_2O,g)-\frac{1}{2}H^\ominus(O_2,g)-H^\ominus(H_2,g)$$

因此，一种化合物的标准摩尔生成焓可定义为

$$\Delta_f H_m^\ominus = \sum \upsilon_B H_m^\ominus \quad (8\text{-}4)$$

式中，υ_B为化学计量数，对于反应物，υ_B取负值，而对于生成物，则取正值。

规定标准状态下最稳定的单质的焓值为零，故由稳定单质生成的化合物的标准摩尔生成焓就是该化合物的相对焓值，是相对于单质的$H^\ominus$为零而言的。例如对$H_2O(g)$的生成反应

$$\Delta_f H_m^\ominus = H^\ominus(H_2O,g)-\frac{1}{2}H^\ominus(O_2,g)-H^\ominus(H_2,g)$$
$$=H^\ominus(H_2O,g)-0-0=H^\ominus(H_2O,g)$$

显然，根据这个规定，在25℃和100kPa下，最稳定的单质的标准摩尔生成焓$\Delta_f H_m^\ominus$(单质)=0。据此可以建立化合物的$\Delta_f H_m^\ominus(=H_m^\ominus)$表，以表示从稳定单质生成1mol化合物时反应焓变的相对大小，如图8-2所示。

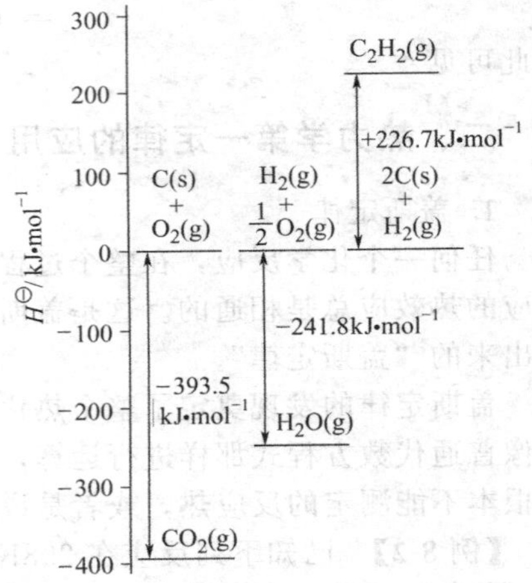

图8-2 由处于标准态的单质生成标准态的化合物

生成焓数据中的一部分由实验直接测得。例如$H_2O(l)$的生成焓就是由实验测得的标准状态下$H_2(g)$的燃烧热。但大部分的生成焓是从燃烧焓或其他反应焓变间接求得。例如，苯(l)的标准摩尔生成焓是通过C（石墨）、$H_2(g)$和苯(l)的标准摩尔燃烧焓间接算得。如［例8-3］所示。

【例8-3】 已知C（石墨）、H_2（g）、C_6H_6（l）的标准摩尔燃烧焓分别为−393.5kJ·mol^{-1}、−285.8kJ·mol^{-1}以及−3267.5kJ·mol^{-1}，计算苯（l）的生成反应

$$6C(\text{石墨})+3H_2(g)\longrightarrow C_6H_6(l)$$

的标准摩尔生成焓$\Delta_f H_m^\ominus$。

解： 已知下列反应的标准摩尔燃烧焓$\Delta_c H_m^\ominus$

(1) $C(\text{石墨})+O_2(g)\longrightarrow CO_2(g)$　　$\Delta_c H_m^\ominus=-393.5\text{kJ·mol}^{-1}$

(2) $H_2(g)+\frac{1}{2}O_2(g)\longrightarrow H_2O(g)$　　$\Delta_c H_m^\ominus=-285.8\text{kJ·mol}^{-1}$

(3) $C_6H_6(l)+\frac{15}{2}O_2(g)\longrightarrow 6CO_2(g)+6H_2O(g)$　　$\Delta_c H_m^\ominus=-3267.5\text{kJ·mol}^{-1}$

根据盖斯定律，苯(l)的标准摩尔生成焓

$$\Delta_f H_m^\ominus=[6\times\Delta_c H_m^\ominus(C)]+[3\times\Delta_c H_m^\ominus(H_2)]-[\Delta_c H_m^\ominus(C_6H_6)]$$
$$=[6\times(-393.5)]+[3\times(-285.8)]-(-3267.5)$$
$$=-49.2\text{kJ·mol}^{-1}$$

【例8-4】 根据附录一中的相关数据，计算下列恒温反应在标准状态下的焓变。

$$4NH_3(g)+5O_2(g)\longrightarrow 4NO(g)+6H_2O(g)$$

解：

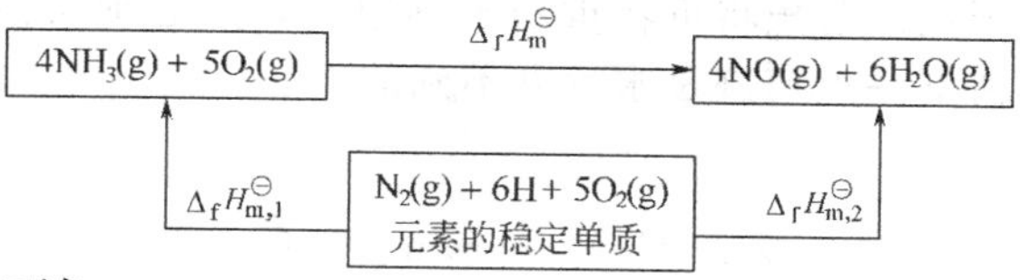

因此，由盖斯定律可知

$$\Delta_f H_{m,2}^{\ominus}=\Delta_r H_m^{\ominus}-\Delta_f H_{m,1}^{\ominus}$$

反应在标准状态下的焓变

$$\begin{aligned}\Delta_r H_m^{\ominus}&=\Delta_f H_{m,2}^{\ominus}-\Delta_f H_{m,1}^{\ominus}\\&=[4\Delta_f H_m^{\ominus}(NO)+6\Delta_f H_m^{\ominus}(H_2O)]-[4\Delta_c H_m^{\ominus}(NH_3)+5\Delta_f H_m^{\ominus}(O_2)]\end{aligned}$$

将上式推广到一般，可以得出这样的结论：对于 $0=\sum_B \upsilon_B B$ 的化学反应，反应的标准摩尔焓变等于反应物与产物的标准摩尔生成焓的代数和，即

$$\Delta_r H_m^{\ominus}(T)=\sum_B \upsilon_B \Delta_f H_m^{\ominus}(T) \tag{8-5}$$

从附录一中查得 $NH_3(g)$、$O_2(g)$、$NO(g)$ 和 $H_2O(g)$ 的标准摩尔生成焓分别为 $-46.11kJ\cdot mol^{-1}$、$0kJ\cdot mol^{-1}$、$90.25kJ\cdot mol^{-1}$ 和 $-241.82kJ\cdot mol^{-1}$，所以所求反应的标准摩尔反应焓变为

$$\begin{aligned}\Delta_r H_m^{\ominus}(298K)=&[4\times 90.25kJ\cdot mol^{-1}+6\times(-241.82kJ\cdot mol^{-1})]-\\&[4\times(-46.11kJ\cdot mol^{-1})+5\times 0kJ\cdot mol^{-1}]=-905.6kJ\cdot mol^{-1}\end{aligned}$$

因此只要知道上百种化合物的生成焓，就可以计算数以万计的反应焓变。

需要指出：将稳定单质的焓规定为零完全是任意的，也可以定其他数值。但将其作为零时，化合物的生成焓和化合物相对焓在数值上是一致的。图 8-2 和式(8-4)很清楚地说明了这个问题。

第三节　热力学第二定律

一、自发过程及其特征

人们的实践经验表明，自然界中发生的一切变化都是有方向性的。例如，热量总是从高温传到低温，而决不会自动地从低温传到高温；气体总是从高压向低压扩张，而决不会自动地从低压向高压扩散。又如，可以观察到两种气体的自动混合，却从来没有发现某种气体可以自动地从混合气体中分离出来。上述例子中的正向过程在一定条件下无需外力帮助，任其自然就能自然发生，叫自发过程。而它们的逆过程都不能自行发生，如果要它进行，则必须付出代价。例如，可以利用冷冻机把热量从低温传递到高温，利用压缩机把气体从低压送到高压，利用吸附剂分离混合气体，但这样做的结果要消耗能量，换句话说，要付出代价。

在上述例子中，可以根据经验来判断过程进行的方向和限度，如用水位差作为水流动方向的判据：只要有水位差就有水流动，当水位差为零时，水不再作单向流动，而是处于相对稳定的状态。

从前面所举的实例可以看出，一切自然过程的共同特点是：一去不复返，也就是具有不可逆性。一切自然过程一旦发生，它自己永远不会自动恢复原状。如果要使一个自然过程恢复原状，那么一定要付出代价，这个代价是永远抹不掉的。

例如，用一重物下坠推动搅拌器使已静止的液体重新旋转。这样做时，体系虽已恢复原状，但重物却下坠了若干尺。若想将重物重新举到原处，则必须又使另一重物下坠。因此，要使一体系复原而又不留下一点痕迹是永远办不到的。

再如下面的化学反应

$$Zn + Cu^{2+} \longrightarrow Zn^{2+} + Cu$$

在 25℃时是可以发生的，反应过程中有 216.73kJ 的热量放出。如果使体系恢复到原状，则需进行电解，这时消耗的电功是 212.13kJ，同时要向环境吸热 4.6kJ。结果是，体系恢复了原状，环境消耗掉 212.13kJ 电功而得到 4.6kJ 热量。如果要使环境也恢复原状，则必须把这 212.13kJ 的热量完全变为等量的功，而实际上这是不能够办到的。因此一个自然过程发生之后，要使体系和环境都恢复原状而不留下痕迹是办不到的。

上述第一例是物理过程，第二例是化学过程。实际上，一切物理和化学过程发生后，当设法使体系恢复原状，环境总是损失功而得到等量的热。人们的实践经验表明，要使这些热量完全转化为功，必然要在环境中留下痕迹。换言之，这些能自然发生的过程都是不可逆的。由此得出这样的结论：不能把环境中得到的等量的热量完全转化为功而不引起其他的变化，否则环境也复原了。这个结论实际上就是热力学第二定律的一种说法，即开尔文（Kelvin）说法。

二、热力学第二定律

关于热力学第二定律，有多种表达方式，其中常被人们引用的是下面两种说法：

1850 年，克劳修斯（Clausius）的说法是：不可能把热从低温物体传到高温物体而不引起其他变化。

1851 年，开尔文（Kelvin）的说法是：不可能从单一热源取热使之完全变为功而不产生其他影响。开尔文的说法也可表达为：第二类永动机是不可能造成的。这里所说的第二类永动机是一种能从单一热源（例如大气、海洋等）取热，并将所取得的热量全部转化为功而没有其他影响的机器。第二类永动机，不同于第一类永动机，它并不违反能量守恒定律。

上述各种说法是等效的。因为若违反克劳修斯的说法，也就必然会违反开尔文的说法。假如热能自动地从低温流向高温，那么就可以从高温吸热后再向低温放热做功，同时低温所获得的热又能自动地流向高温。于是，低温热源得到了复原。这就等于从单一的高温热源吸热而不引起其他任何变化。

注意，不能把热力学第二定律简单地说成是：功可以完全变为热，而热不能完全变为功。实际上，并不是热不能完全变为功，而是在不引起其他变化的条件下热不能完全变为功。例如，理想气体恒温膨胀是所做的功就完全是它所吸收的热量转变而来的。只不过在这一过程中，理想气体还发生了其他的变化：体积增大了。况且，单靠恒温膨胀也不能制造出热机，因为热机必须能够循环工作。

热力学第二定律是正确的，这已经因为它的种种推论都符合实际现象而得到了证实。迄今为止，还没有发现违反热力学第二定律的事实。

三、混乱度和熵

直接应用热力学第二定律的文字表达形式来判断一切实际过程的方向和限度极不方便，所以需要引出一个新的状态函数——熵，并建立一个熵变判据式，以此来判断过程的方向和限度。

1. 混乱度和熵

图 8-3 保温瓶中的有色溶液和清水

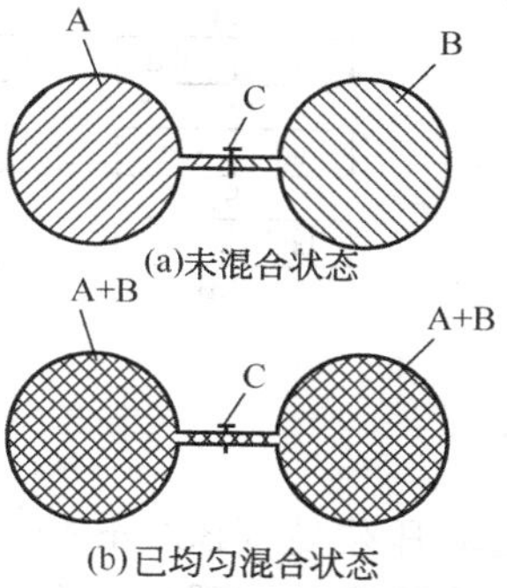

图 8-4 两种气体自发混合过程示意

熵是体系的一种性质，用 S 表示，它与热力学能一样，也是热力学中基本的状态函数之一，它的值仅与体系的状态有关。熵是体系混乱度的度量，体系的混乱度越高，则熵值越大。

经验告诉我们，在一个孤立的体系中，自发过程总是朝着混乱度增加的方向进行。例如，如图 8-3 所示，在一个保温瓶中，先加入有色的水溶液，然后再仔细地注入清水，塞紧瓶塞。因为这个体系与环境之间几乎没有能量和质量的交换，所以它近似于一个隔离体系。开始时，体系状态应如图 8-3 所示，即有色溶液整齐均匀地分布在下部，清水分布在上部。这种状态的混乱度应该是很低的。过了一段时间以后，有色溶液的分子逐渐混入清水中，而清水的分子也逐渐混入有色溶液之中，两者之间原来整齐清晰的界面逐渐模糊。显然，体系这时的混乱度增大了，体系的熵值也增加了。这个过程是自发的。这就是孤立体系中自发过程使体系熵值增加的一个例子。

再举一个例子，把 A、B 两种气体分别放在两个互相连通的球中，连接两个球的管子上有一个开关 C。刚开始的时候，开关 C 是关闭着的［见图 8-4(a)］。然后打开中间的开关，则 A 气体的分子将自发由左球进入右球，B 气体分子则自发地由右球进入左球，直至这两种气体在两球中达到均匀混合时为止［见图 8-4(b)］。显然，两种气体分别处于两个不同的球中时，即图(a)所示的状态，其混乱度低于两种气体已均匀混合的图（b）状态的混乱度。由于球壁不能传热，球的体积也不能改变，所以这也是一个隔离体系，过程自发进行的结果同样是使体系的熵值增加。

那么，混乱度的含义究竟是什么呢？在热力学上，可以用一个例子来说明混乱度。假设由 A、B、C、D 四个气态分子装在一个盒子里，将盒子的体积分成容积相等的两半。于是，分子全部集中在左半盒的微观状态只有一种，即图 8-5 中(1)；全部集中在右半盒的微观状态也只有一种，即图 8-5 中(2)；一个分子在左半盒，三个分子在右半盒的微观状态有四种，即图 8-5 中(3)～(6)；两个分子在左半盒，两个分子在右半盒的微观状态有六种，即图 8-5 中(7)～(12)；三个分子在左半盒，一个分子在右半盒的微观状态有四种，即图 8-5 中(13)～(16)。所以，在此状态下，分子分布的状态共有十六种。由于每一种分布状态出现的机会都是一样的，所以分子均匀分布，即左右半盒各两个分子的状态是最容易出现的状态；而分子集中在左半侧或右半侧的状态是最不容易出现的状态。由于一个易于出现而另一个难以出现，所以集中在一侧的状态将自发地向分布均匀的状态转化。结合前面的讨论，也就可以说是混乱度低的状态自发地向混乱度高的状态转变。

综上所述：在一定的宏观条件下，体系可能出现的分布形式的数目就是体系的混乱度。一般用 Ω 表示体系的混乱度。体系的熵和混乱度之间存在着如下的关系：

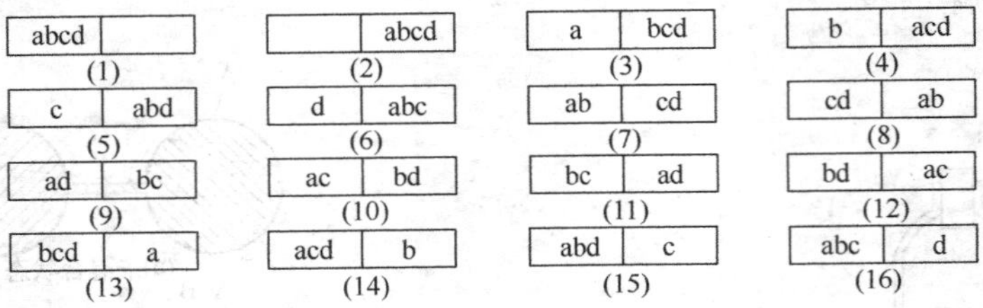

图 8-5　微观状态说明

$$S = k\ln\Omega \tag{8-6}$$

式中，k 是玻耳兹曼（Boltzmann）常数。由此式可知，体系的熵越大，其混乱度也越高。由于熵是一个宏观的物理量，而 Ω 则是一个微观的物理量，所以此式沟通了宏观与微观之间的关系，在科学上具有非常重大的意义。

2. 熵变

由上面的讨论可以知道：在隔离体系中，自发过程都是使体系的熵值增加的过程，这就是熵增加原理。因此，如果知道了体系熵值变化（简称为熵变）的情况，这将有利于对体系的变化过程是否自发的问题做出判断。

体系的熵变可以这样计算：如果一个体系由状态 A 经过一个无穷小的变化，变到状态 B，那么，过程的熵变就是：

$$dS = \frac{\delta Q_R}{T} \tag{8-7}$$

这就是熵变的定义式，式中的 δQ_R 表示由状态 A 变到状态 B 采取可逆的途径时体系吸收或放出的热量；T 表示体系的热力学温度。

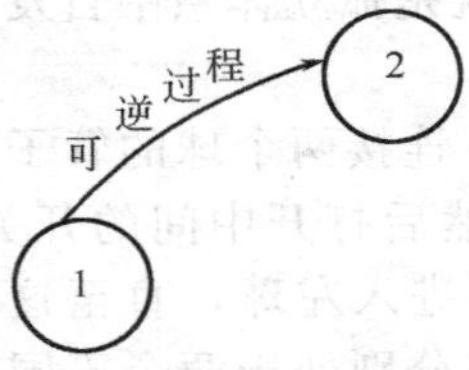

图 8-6　体系的熵变

通常，体系所发生的变化是有限量的变化，例如，由如图 8-6 所示的状态 1 变到状态 2，体系此时的熵变不再是无穷小量 dS，而是 ΔS。显然有：

$$\Delta S = \int_1^2 \frac{\delta Q_R}{T} \tag{8-8}$$

对于恒温可逆过程，温度 T 是定值，$\int_1^2 \frac{\delta Q_R}{T}$ 就是可逆过程中的热量变化。因而恒温可逆过程的熵变就是

$$\Delta S = \frac{Q_R}{T} \tag{8-9}$$

【例 8-5】 在 100℃及 1atm 下，有 1 mol 水汽化。求此过程的 ΔS、W 和 ΔU。已知在 100℃及 1atm 下，水的汽化热是 $40.6\times10^3 J\cdot mol^{-1}$。

解： 在 100℃及 1atm 下，水蒸气和液态水应该是两相同时存在，在这种情况下发生相变，相变过程就是可逆过程。又因为温度和压力都恒定不变，所以：

$\Delta S = \frac{Q_R}{T} = \frac{40.6\times10^3}{373} = 109(J\cdot mol^{-1}\cdot K^{-1})$

$W = p(V_g - V_l)$

由于 $V_g \gg V_l$，所以

$W \approx pV_g = nRT = 1\times8.314\times373 = 3.10\times10^3$ (J)

$\Delta U = Q - W = 40.6\times10^3 - 3.1\times10^3 = 37.5\times10^3$ (J)

如果体系由状态 1 变到状态 2 是经由不可逆过程而完成的，则过程中的热量变化就不能

用作 Q_R，所以不能利用式（8-9）来计算熵变。这时，必须虚拟一条可逆途径，假设体系经过这条虚拟的可逆过程由状态 1 变到状态 2（见图 8-7）。利用虚拟的可逆过程中的热量变化，可以求出体系在其中的熵变。由于熵是状态函数，所以只要始态和终态相同，熵变就相等。所以，虚拟可逆过程的熵变就是实际的由状态 1 变到状态 2 这一不可逆过程的熵变。

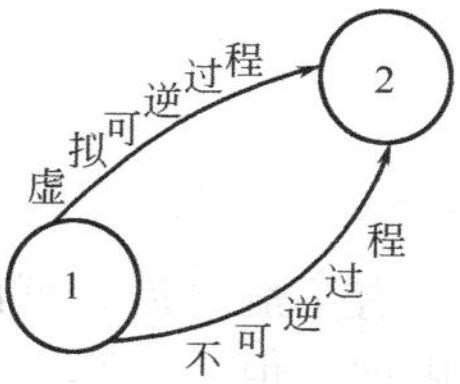

图 8-7　不可逆过程中熵变计算

【例 8-6】 在 100℃及 1atm 下，将 1mol 水注入真空容器并使其在该容器中蒸发。如果维持体系的温度不变，且容器的体积正好能够容纳在此温度下的 1mol 水蒸气，求此过程的 ΔS、ΔU、W 和 Q。

解： 水在真空容器中的蒸发是不可逆过程，但由于本题中的状态 1 和状态 2 分别与上题中的状态 1 和状态 2 相同，所以二者的熵变也就相等，即：

$$\Delta S = 109\text{J}\cdot\text{mol}^{-1}\cdot\text{K}^{-1}$$

同理，内能变化也相同，即：

$$\Delta U = 37.5 \times 10^3\text{J}$$

而 W 和 Q 则与上题不同，

$$W = p\Delta V = 0 \times \Delta V$$

$$Q = \Delta U + W = 37.5 \times 10^3 + 0 = 37.5 \times 10^3(\text{J})$$

很显然，这一不可逆过程吸收的热量 37.5×10^3J 与上题中可逆过程吸收的热量 40.6×10^3J 不相等。

通常的化学反应都不是在可逆条件下进行的，因此化学反应的热效应并不是 Q_R，所以计算化学反应的熵变必须先把反应设计成可逆过程。但是，若把所有的反应都进行这样的变换，困难较大。因此，有必要引入绝对熵的概念，以便于计算化学反应的熵变。

因为熵是状态函数，所以体系在一定的状态下，就一定有一个确定的熵值。可以测得物质的熵的绝对值。测量的依据是：热力学零度时，任何纯物质都具有完整的晶型，其中分子（或原子、离子）的排列只有一种形式，即它们都固定在晶格的节点上，所以其 Ω 值为 1，此时的绝对熵值为零，即 $S_0^{\ominus}=0$，这就是热力学第三定律的基本内容。据此，可以计算出 1mol 物质在温度为 T 时标准态下的熵值，称为该物质的标准摩尔熵，用符号 $S_m^{\ominus}$ 表示，单位是 $\text{J}\cdot\text{mol}^{-1}\cdot\text{K}^{-1}$。标准摩尔熵实际上是在标准状态下 1mol 物质由 0K 升高到温度 T 时的熵变 $\Delta S^{\ominus}$：

$$\Delta S^{\ominus} = S_m^{\ominus} - S_0^{\ominus} \tag{8-10}$$

本书附录一中列出了一些物质在 298K 的温度时标准状态下的标准摩尔熵。

有了标准摩尔熵，就可以根据下式很方便地计算出一个化学反应的熵变：

$$\Delta_r S_m^{\ominus} = \sum \upsilon_B S_m^{\ominus} \tag{8-11}$$

3. 自发过程的熵判据式

前已述及，在孤立的体系中，自发过程进行的结果必然是使体系的熵值增加。从而，当体系的熵值增加到最大值时，熵值就不再增加，自发过程将停止进行。换句话说，体系达到了过程可以进行的极限，即平衡状态。因此，熵值能否增加，或者说 ΔS 是否大于零，就可以用来作为隔离体系中过程自发性的判据：

$$\Delta S_{隔离}\begin{cases} >0 & 自发过程 \\ =0 & 平衡 \\ <0 & 逆过程自发 \end{cases} \tag{8-12}$$

利用上式判断隔离体系所进行的过程是否自发非常方便。

第四节 吉布斯函数

有了熵之后，可以利用由熵增加原理得到的熵判据式（8-12）来判断体系中过程的方向和限度。但是，真正应用熵判据式时，就会因为环境很大、涉及的物质复杂而遇到环境熵变难以计算的问题，从而难以作出过程性质的判断。若能在恒温恒压或恒温恒容的限定条件下将环境和体系的熵变统一到体系自身的性质变化之中，从而摆脱隔离体系这个条件的限制，无疑将会方便许多。为此，吉布斯（J. W. Gibbs）定义了一个热力学状态函数，后来将这一状态函数称为吉布斯（Gibbs）函数。

一、吉布斯函数及其判据式

1. 吉布斯函数

对于恒温恒压时发生的可逆过程，热力学第一定律可变为

$$\Delta U = T\Delta S - p\Delta V - \Delta W'_{\mathrm{R,T},p}$$

式中，$\Delta W'_{\mathrm{R,T},p}$ 表示一个体系在微小的状态变化过程中所做的非体积功，其中的下标 R、T、p 分别表示可逆过程、恒温和恒压。

由上式可得：

$$\Delta W'_{\mathrm{R,T},p} = -\Delta U - pdV + T\Delta S = -\Delta(U + pV - TS) \tag{8-13}$$

Gibbs 规定：

$$G = U + pV - TS \tag{8-14}$$

代入式(8-13)可得：

$$\Delta W'_{\mathrm{R},T,p} = -\Delta G$$

式中，G 称为吉布斯函数（或称为吉布斯自由能、吉氏自由能、自由能等）。从上式可知，吉布斯函数是一个导出的热力学状态函数。由于焓 H 的绝对值无法确定，吉布斯函数 G 的绝对值也无法确定。吉布斯函数是广度性质，具有能量的量纲。

值得注意的是：只要状态确定，吉布斯函数 G 就具有确定的值，如果不是在恒温恒压的条件下，G 的改变仍然存在，只不过这时的 ΔG 不再是体系所做的最大非体积功而已。

另外，由于

$$H = U + pV$$

所以也有

$$G = H - TS \tag{8-15}$$

2. 吉布斯函数判据

一个过程发生之后，始态和终态之间的 ΔG 为定值。若发生的是可逆过程，则 $-\Delta G = W'_{\mathrm{R},T,p}$；若为不可逆过程，由于不可逆过程中体系做的非体积功比可逆过程小，所以有：

$$-\Delta G > W'_{\mathrm{R},T,p}$$

如果体系经历了一个恒温恒压且不做非体积功的过程，则有：

$$\Delta G_{T,p}\begin{cases} <0 & \text{自发过程} \\ =0 & \text{平衡或可逆} \\ >0 & \text{逆过程自发} \end{cases} \tag{8-16}$$

上式就是吉布斯函数判据式。它表明，在恒温恒压条件下的封闭体系，若任其自然，则自发过程总是朝着吉布斯函数减少的方向进行，直至体系的吉布斯函数值达到最小值零时为止，即达到平衡时为止。当体系达到平衡状态以后，若有任何过程发生，都必定是可逆的。

此时的 $\Delta G_{T,P}=0$，体系的 G 值不变。

二、吉布斯函数的物理意义

针对化学反应一般是在恒温恒压下且不做非体积功的条件下进行这个特点，找到了用于判断化学反应进行的方向和限度的吉布斯函数。因此，不能离开特定条件去阐述吉布斯自由能的含义。

① 在恒温恒压的可逆过程中体系吉布斯函数值的减少等于体系所能做出的最大非体积功。例如，对于能够安排在电池内以可逆方式进行的化学反应，在恒温恒压条件下，吉布斯函数的变化值就等于体系所能做出的最大非体积功，即

$$-\Delta G=W'_{R,T,p}$$

在这里，体系所做的电功就是非体积功，而电功 $W_{电}=nEF$ 。所以该体系吉布斯函数值的减少就等于 nEF 。

② 一般在恒温恒压下进行的化学反应是以不可逆方式进行的，这时如何理解 ΔG 所代表的意义呢？根据 G 的定义：$G=H-TS$ ，对于在恒温恒压下进行的化学反应，吉布斯函数值的变化为

$$\Delta_r G=\Delta_r H-T\Delta_r S \tag{8-17}$$

上式表明，在恒温恒压下进行的化学反应的方向和限度的判据——吉布斯函数的变化值是由两项决定的，一项是焓变 $\Delta_r H$，另一项是与熵变有关的 $T\Delta_r S$。温度 T 和熵变 $\Delta_r S$ 对化学反应进行的方向和限度都发生影响，只是在不同的条件下产生影响的大小不同而已。由上式看出，过程发生后若体系的焓减少（即放热反应，$\Delta_r H<0$），则有利于吉布斯函数值的降低。若体系的熵增加（$\Delta_r S>0$），也有利于吉布斯函数值的降低。因此假若是一个焓减和熵增过程，则此过程必然自然发生；若是焓减、熵减过程，或是焓增、熵增过程，则要看这两种因素产生影响的相对大小才能确定过程是否能进行。

三、标准生成吉布斯函数

1. 化学反应中的标准 Gibbs 函数变

与定义物质的标准生成焓并用来计算化学反应的标准反应焓类似，定义物质的标准摩尔生成吉布斯函数并用来计算化学反应的标准反应吉布斯函数变。

我们规定：热力学稳定单质的标准摩尔生成吉布斯函数为零。

在一定温度下，由单独存在且处于标准压力下的热力学稳定单质生成标准态下某物质的吉布斯函数变与反应进度之比，称为该物质在该温度下的标准摩尔生成吉布斯函数，其符号是 $\Delta_f G_m^{\ominus}$。标准摩尔生成吉布斯函数的单位是 $J\cdot mol^{-1}$（焦耳每摩尔）。书后的附录一中列出了一些物质的标准摩尔生成吉布斯函数。

化学反应的标准吉布斯函数变可以用下式计算：

$$\Delta_r G_m^{\ominus}=\sum \upsilon_B G_m^{\ominus} \tag{8-18}$$

【例 8-7】 利用附录一，计算反应

$$CH_4(g)+2H_2O(g)=\!=\!=CO_2(g)+4H_2(g)$$

在 25℃时的 $\Delta_r G_m^{\ominus}$ 。

解： 从附录一中查出，各物质的标准摩尔生成吉布斯函数值分别为：CH_4 $-50.72kJ\cdot mol^{-1}$；H_2O $-228.572kJ\cdot mol^{-1}$；CO_2 $-394.359kJ\cdot mol^{-1}$；H_2 $0kJ\cdot mol^{-1}$

$\Delta_r G_m^{\ominus}=\sum \upsilon_B G_m^{\ominus}=-394.359+4\times 0+(-1)\times(-50.72)+(-2)\times(-228.572)=113.505(kJ)$

2. 判别反应进行的方向和限度

如果知道了 ΔG，就可以根据吉布斯函数判据式来判断反应进行的方向和限度。

【例 8-8】 利用附录一，计算甲烷的燃烧反应

$$CH_4(g)+2O_2(g)=\!=\!=CO_2(g)+2H_2O(g)$$

在标准状态时的 $\Delta_r G_m^{\ominus}$，判断反应的方向和限度。

解： 从附录一中查出，各物质的标准摩尔生成吉布斯函数值分别为：CH_4 $-50.72kJ\cdot mol^{-1}$；H_2O $-228.572kJ\cdot mol^{-1}$；CO_2 $-394.359kJ\cdot mol^{-1}$；O_2：$0kJ\cdot mol^{-1}$

$$\Delta_r G_m^{\ominus}=\sum \upsilon_B G_m^{\ominus}=1\times(-394.359)+2\times(-228.572)+(-1)\times(-50.72)+(-2)\times 0=-800.783(kJ)$$

由于反应的吉布斯函变小于零，所以反应正向自发进行。

3. 估算反应进行的温度

根据式(8-15)有：

$$\Delta G=\Delta H-T\Delta S \tag{8-19}$$

因此，可将其归纳为四种情况，见表 8-1。

表 8-1 恒压下温度对反应自发性的影响

ΔH	ΔS	ΔG	自发性	例子
<0	>0	<0	任何温度下均正向自发	$2H_2O_2(l)=\!=\!=2H_2O(l)+O_2(g)$
>0	<0	>0	任何温度下均反向自发	$CO(g)=\!=\!=C(s)+\frac{1}{2}O_2(g)$
>0	>0	低温时>0	低温时反向自发	$CaCO_3(s)=\!=\!=CO_2(g)+CaO(s)$
		高温时<0	高温时正向自发	
<0	<0	低温时<0	低温时正向自发	$NH_3(g)+HCl(g)=\!=\!=NH_4Cl(s)$
		高温时>0	高温时反向自发	

由表 8-1 可见，恒压下，体系温度升高时，反应自发性是否会改变完全取决于 ΔH 和 ΔS 的符号。当反应的 ΔH 和 ΔS 具有相同的符号时，焓变与熵变对反应吉布斯函数变的影响相反，温度升高时会改变反应的方向。温度低时，ΔH 和 ΔS 的符号相同，当温度升高到 $T\Delta S>\Delta H$ 时，ΔG 改变符号。

据此，可估算反应进行的温度，即求出使反应方向倒转的最低温度或控制反应方向不变的最高温度。

【例 8-9】 求反应

$$CaCO_3(s)=\!=\!=CO_2(g)+CaO(s)$$

在标准状态下自发进行的温度。

解： 由附录中可以查出：

项目	$CaCO_3(s)$	$CO_2(g)$	$CaO(s)$
$\Delta_f H_m^{\ominus}/kJ\cdot mol^{-1}$	-1206.92	-393.509	-635.09
$S_m^{\ominus}/J\cdot mol^{-1}\cdot K^{-1}$	92.9	213.74	39.75
$\Delta_f G_m^{\ominus}/kJ\cdot mol^{-1}$	-1128.79	394.359	604.3

所以 $\Delta_r H_m^{\ominus}=\sum_B \upsilon_B \Delta_f H_m^{\ominus}=-393.509-635.09+1206.92=178.321$ (kJ)

$$\Delta_r S_m^{\ominus} = \sum_B \upsilon_B S_m^{\ominus} = 213.74 + 39.75 - 92.9 = 160.59\ (\text{J} \cdot \text{K}^{-1})$$

$$\Delta_r G_m^{\ominus} = \sum_B \upsilon_B \Delta_f G_m^{\ominus} = -394.359 - 604.3 + 1128.79 = 130.131\ (\text{kJ})$$

由于 $\Delta_r G_m^{\ominus} > 0$，所以在标准状态下，该反应是非自发的。于是该反应自发进行，必须使 $\Delta G < 0$，即

$$\Delta G = \Delta H - T\Delta S < 0$$

由于温度对焓变和熵变的影响很小，所以有：

$$\Delta G \approx \Delta_r H_m^{\ominus} - T\Delta_r S_m^{\ominus} < 0$$

$$\Delta_r H_m^{\ominus} - T\Delta_r S_m^{\ominus} < T\Delta_r S_m^{\ominus}$$

$$T > \frac{\Delta_r H_m^{\ominus}}{\Delta_r S_m^{\ominus}} = \frac{178.321 \times 1000}{160.59} = 1110.41\ (\text{K})$$

所以，此反应应该在 1110.41K 以上的温度下进行。

第五节　化学平衡和化学反应速率

从化工生产来看，总希望一定数量的反应物或原料能够更多地转变成产物。但在一定的操作条件下，反应的极限产率（或称为平衡产率）是多少呢？这些极限产率怎样随反应条件的变化而变化呢？在什么条件下才能得到较大的产率呢？这些在化工生产中都很重要的问题，从热力学的角度来看都是化学平衡的问题。化学平衡状态既表明了反应变化的方向，同时又是变化的限度，所以化学平衡是研究反应可能性和限度问题的关键。

一、化学平衡

1. 分压定律

若有 $n_A$mol A 气体与 $n_B$mol B 气体组成的混合气体，在温度为 T 时体积为 V，则容器中混合气体的压力 p 很容易直接测定。从压力的概念可知：p 是 A、B 两种气体分子碰撞容器壁的总效果，故可称其为混合气体的总压力。

若把 $n_A$mol A 气体在温度 T 时单独置于体积为 V 的容器中，实验可测得其压力 p_A。

同样，$n_B$mol B 气体在 T、V 条件下单独存在时产生的压力为 p_B。混合气体中的某组分单独存在，并具有与混合气体相同的温度和体积时所产生的压力，称为该组分的分压力。所以 p_A 和 p_B 分别代表 A、B 两组分的分压力。总压力与分压力的含义表示于图 8-8 中。

图 8-8　总压力与分压力示意

1807 年，道尔顿（J. Dalton）从实验中得出：

$$p = p_A + p_B$$

也就是说：低压混合气体的总压力等于各组分的分压力的总和。这就是所谓的分压定律（或称为道尔顿定律）。实际上，可以将其推广并写成如下的形式：

$$p(T,V) = p_A(T,V) + p_B(T,V) + p_C(T,V) + \cdots \tag{8-20}$$

式中，$p(T,V)$、$p_A(T,V)$、$p_B(T,V)$ 和 $p_C(T,V)$ 分别表示混合气体以及混合气体中 A、B、C 各组分在温度为 T、体积为 V 时的压力。

对于理想气体混合物体系，在温度 T 和体积 V 一定时，气体压力仅与气体的物质的量有关，根据理想气体的状态方程可知：

$$n=\frac{pV}{RT}=n_A+n_B+n_C+\cdots$$

$$=\frac{p_AV}{RT}+\frac{p_BV}{RT}+\frac{p_CV}{RT}+\cdots$$

$$=(p_A+p_B+p_C+\cdots)\frac{V}{RT}$$

所以

$$p=p_A+p_B+p_C+\cdots$$

上述推导表明：由于混合气体的摩尔数是各组分摩尔数的总和，故在同样的温度和压力条件下，总压力必定为分压力之和。实际上，由于低压的实际气体近似于理想气体的行为，所以也能够服从分压定律。

混合气体中任一组分气体 i 的分压 p_i 与总压力的关系也可由理想气体状态方程得出：等于它的摩尔分数与总压 p 的乘积，即

$$\frac{p_i}{p}=\frac{n_iRT/V}{nRT/V}=\frac{n_i}{n}=x_i$$

所以

$$p_i=x_ip \tag{8-21}$$

2. 非标准态反应 Gibbs 函数变的表达式

设在封闭体系中进行下面的化学反应

$$a\mathrm{A}+b\mathrm{B}\longrightarrow g\mathrm{G}+h\mathrm{H}$$

当反应在指定温度和压力下达到平衡状态时，可得到如下关系式：

$$\Delta_rG_m=\Delta_rG_m^{\ominus}+RT\ln\left(\frac{a_G^g a_H^h}{a_A^a a_B^b}\right) \tag{8-22}$$

当反应在指定温度和压力下达到平衡状态时，$\Delta_rG_m^{\ominus}=0$，上式变为：

$$\Delta_rG_m^{\ominus}=-RT\ln\left(\frac{a_G^g a_H^h}{a_A^a a_B^b}\right)_{平衡} \tag{8-23}$$

因此，

$$\Delta_rG_m=-RT\ln\left(\frac{a_G^g a_H^h}{a_A^a a_B^b}\right)_{平衡}+RT\ln\left(\frac{a_G^g a_H^h}{a_A^a a_B^b}\right)_{非平衡} \tag{8-24}$$

式中，a_G^g、a_H^h、a_A^a、a_B^b分别表示产物 G、H 和反应物 A、B 在平衡时的活度。其中的 $\left(\frac{a_G^g a_H^h}{a_A^a a_B^b}\right)_{平衡}$ 是常数，令此常数为 K_a，并称之为热力学平衡常数，或称为标准平衡常数，即

$$K_a=\left(\frac{a_G^g a_H^h}{a_A^a a_B^b}\right)_{平衡} \tag{8-25}$$

同时令

$$Q_a=\left(\frac{a_G^g a_H^h}{a_A^a a_B^b}\right)_{非平衡} \tag{8-26}$$

则

$$\Delta_rG_m=-RT\ln K_a+RT\ln Q_a \tag{8-27}$$

这就是化学平衡等温方程式，也是非标准态时一个化学反应的吉布斯函变的表达式。

由化学平衡的等温方程式，可以判断一个化学反应的方向：

$$\begin{cases}若\ \Delta_r G_m<0，则反应正向自动进行\\ 若\ \Delta_r G_m>0，则反应逆向自动进行\\ 若\ \Delta_r G_m=0，则反应达到平衡\end{cases}$$

3. 化学平衡特征

许多化学反应既可以正向进行，又可以反向进行，这样的化学反应通常称为可逆反应。在一定温度下，当一个在密闭容器中进行的可逆化学反应的正反应速率 $v_{正}$ 和逆反应速率 $v_{逆}$ 相等时，反应体系所处的状态就称为化学平衡。可逆反应的平衡状态是反应进行的限度，它具有以下五个特征。

① 正反应的速率与逆反应的速率相等，即 $v_{正}=v_{逆}$。因此，总体上看反应已经不再进行。也就是说，只要反应条件不变，反应体系的状态不再随时间的变化而变化。

② 体系内各物质的浓度在外界条件不变的情况下，不随时间而变化。没有达到平衡的反应，有向着平衡状态变化的推动力。随着反应的进行逐渐趋近于平衡状态，这种推动力越来越小。当反应达到平衡时，反应的推动力等于零，即达到了反应的限度。所以反应总是向着平衡的方向进行，一直到反应达到平衡状态为止。

③ 化学平衡是一种动态平衡。当体系达到平衡时，表面上看反应似乎“停顿”了，但正反应和逆反应实际上始终都在进行着。只是由于其反应速率相等，单位时间内每一种反应物或生成物的生成量和消耗量相等，所以总的结果是每一种物质的浓度都保持不变。这说明化学平衡是一种动态平衡。

④ 化学反应的平衡可以从正反应方向达到，也可以由逆反应方向实现。在恒温条件下，可逆反应无论是从正反应开始，或者是从逆反应开始，最后都能达到平衡。例如，下列可逆反应

$$CO+H_2O(g) \underset{逆}{\overset{正}{\rightleftharpoons}} CO_2+H_2$$

在一定温度下，无论是以 CO 和 $H_2O(g)$ 进行反应，还是以 CO_2 与 H_2 进行反应，到最后都可以建立起 CO、$H_2O(g)$、CO_2 和 H_2 之间的化学平衡。

⑤ 化学平衡是有条件的。化学平衡只能在一定的外界条件下才能保持。当外界条件改变时，原来的平衡就会被破坏，然后在新的条件下建立起新的平衡。

4. 平衡常数

已经知道：各种化学反应进行的程度是有区别的。有些反应的平衡状态，显著倾向于产物一方，这说明反应有可能进行得比较完全；有些反应的平衡状态又显著地倾向于反应物一方，则说明反应进行的可能性很小，或者说只能发生很微量的反应；还有许多反应进行到一定程度就达到了化学平衡。实际上，平衡常数 K 可以表示反应进行的程度：K 值越大，反应进行的程度越大；K 值越小，反应进行得越不完全。也就是说，在一定温度下，不同的化学反应，其平衡常数不同。另外，平衡常数随温度的变化而变化，但不随浓度、压力等的改变而改变。

平衡常数有许多种表示方式，除标准平衡常数 K_a 外，还有主要几种试验平衡常数。

浓度平衡常数：是指各生成物浓度幂的乘积与反应物浓度幂的乘积的比值：

$$K_c=\left(\frac{c_G^g c_H^h}{c_A^a c_B^b}\right)_{平衡} \tag{8-28}$$

压力平衡常数：对于有气体物质参与的化学反应，用反应体系中各物质的分压力代替式(8-28)中的浓度，就得到了压力平衡常数，或称为分压平衡常数。若反应未达平衡，则称为

压力商，一般用 J_p 表示。

$$K_p=\left(\frac{p_G^g p_H^h}{p_A^a p_B^b}\right)_{平衡} \tag{8-29}$$

摩尔分数平衡常数：用反应体系中各物质的摩尔分数代替式（8-28）中的浓度，就得到了摩尔分数平衡常数，以 K_x 表示。

$$K_x=\left(\frac{x_G^g x_H^h}{x_A^a x_B^b}\right)_{平衡} \tag{8-30}$$

对于理想气体来说，其活度等于分压力，即 $a_B=p_B$，所以 $K_a=K_p$。另外，对于理想气体参与的化学反应，也存在着如下关系式：

$$K_p=K_c(RT)^{g+h-a-b}=K_x p^{g+h-a-b} \tag{8-31}$$

式中，$g+h-a-b$ 是整个反应的摩尔数的改变量，可用 Δn 表示。

二、化学平衡体系的计算

上面提到，通过对化学反应平衡体系的计算，可以解决化学反应的方向和限度问题，下面举例说明化学平衡体系的计算及其应用。

（一）标准平衡常数的计算

1. 由平衡常数预计反应实现的可能性

【例 8-10】 298.15K 时，反应

$$\frac{1}{2}N_2(g)+\frac{3}{2}H_2(g)\rightleftharpoons NH_3(g)$$

其 $\Delta_r G_m^\ominus=-16.5kJ\cdot mol^{-1}$。若体系中物质的量之比为 $N_2:H_2:NH_3=1:3:2$，总压力为 1atm 时，计算反应的 $\Delta_r G_m$，并判断反应自动正向进行的可能性。

解： $$\Delta_r G_m=\Delta_r G_m^\ominus+RT\ln\left(\frac{a_G^g a_H^h}{a_A^a a_B^b}\right)_{非平衡}$$

$$=\Delta_r G_m^\ominus+RT\ln\left(\frac{p_G^g p_H^h}{p_A^a p_B^b}\right)$$

由于 $p_i=x_i p$，所以

$$\Delta_r G_m=-16.5\times10^3+8.314\times298.15\times\ln\left(\frac{\frac{2}{1+3+2}\times1}{\left[\left(\frac{1}{1+3+2}\right)\times1\right]^{1/2}\times\left[\left(\frac{3}{1+3+2}\right)\times1\right]^{3/2}}\right)$$

$$=-14.426\times10^3(J\cdot mol^{-1})<0$$

故而，反应正向自动进行。

所以，可以通过计算反应的吉布斯函数变 $\Delta_r G_m$，然后看它是负数、正数，还是等于零来判断正向或逆向反应可否实现。

2. 由平衡常数预计反应的方向和限度

【例 8-11】 求 298.15K 时，上例中反应的 K_a，并判断反应自动进行的方向。

解： $\Delta_r G_m^\ominus=-RT\ln K_a$

所以，$K_a=\exp\left(\frac{-\Delta_r G_m^\ominus}{RT}\right)=\exp\left(\frac{16500}{8.34\times298.15}\right)=777.7$

而 $$Q_a=\left(\frac{p_G^g p_H^h}{p_A^a p_B^b}\right)_{非平衡}=\left(\frac{\frac{2}{1+3+2}\times1}{\left[\left(\frac{1}{1+3+2}\right)\times1\right]^{1/2}\left[\left(\frac{3}{1+3+2}\right)\right]^{3/2}}\right)=2.309<K_a$$

因此，反应正向自动进行。

可见，可以通过求反应的 Q_a，并用它和平衡常数进行比较，从而判断出反应进行的方向。

$$\begin{cases}若\ Q_a < K_a，则反应正向自动进行 \\ 若\ Q_a > K_a，则反应逆向自动进行 \\ 若\ Q_a = K_a，则反应达到平衡\end{cases}$$

（二）平衡体系中各物质的量及转化率的计算

化学平衡常数与化学平衡相关联，若已知反应的平衡常数，也可以求出该反应的平衡组成。在平衡组成的计算中，经常用到平衡转化率和平衡产率两个概念，它们的定义是：

$$平衡转化率=\frac{某反应物已经消耗掉的数量}{该反应物的原始数量}\times 100\% \tag{8-32}$$

$$平衡产率=\frac{转化为指定产物的某反应物的数量}{该反应物的原始数量}\times 100\% \tag{8-33}$$

由定义可知，若无副反应，转化率等于产率；若有副反应存在，则产率小于转化率。平衡时的产率和转化率与平衡常数一样，可以表示反应的限度。

【例 8-12】 甲烷的转化反应

$$CH_4(g)+H_2O(g) \rightleftharpoons CO(g)+3H_2(g)$$

在 900K 下的平衡常数 $K_a=1.247$。如用等物质的量的甲烷与水蒸气反应，求 900K、101.325kPa 时，该反应达到平衡时体系的组成、转化率和生成氢气的产率。

解：设 CH_4 和 H_2O 的原始数量均为 1mol，平衡转化率为 a。

	$CH_4(g)$	+ $H_2O(g)$	$\rightleftharpoons CO(g)$	$+3H_2(g)$
开始时	1mol	1mol	0mol	0mol
平衡时	$(1-a)$mol	$(1-a)$mol	$a$mol	$3a$mol

反应到达平衡时，体系中各物质的摩尔总数为：$(1-a)+(1-a)+a+3a=2+2a$ mol

$$K_a=K_x(p)^{\Delta n}=\left(\frac{x_G^g x_H^h}{x_A^a x_B^b}\right)_{平衡}\times 1^{3+1-1-1}=\left[\frac{\left(\frac{a}{2+2a}\right)^1\times\left(\frac{3a}{2+2a}\right)^3}{\left(\frac{1-a}{2+2a}\right)^1\times\left(\frac{1-a}{2+2a}\right)^1}\right]\times 1^2=1.247$$

解此方程式得 $a=0.548=54.8\%$

所以，反应达到平衡时，各物质的量的分数为：

$$x(CH_4)=\frac{1-a}{2+2a}=\frac{0.452}{3.096}=0.146$$

$$x(H_2O)=\frac{1-a}{2+2a}=\frac{0.452}{3.096}=0.146$$

$$x(CO)=\frac{a}{2+2a}=\frac{0.548}{3.096}=0.177$$

$$x(H_2)=\frac{3a}{2+2a}=\frac{1.644}{3.096}=0.531$$

反应达到平衡时，各物质生成氢气的产率为：

$$y(CH_4)=\frac{3a}{1}=1.644=164.4\%$$

$$y(H_2O)=\frac{3a}{1}=1.644=164.4\%$$

三、化学平衡的移动

前面提到，化学反应的平衡状态与反应的条件有关，如果反应的条件改变，使反应的平衡状态被打破，然后又重新建立起新的平衡。这种由于外界条件改变而使化学反应从一种平衡状态向另一种平衡状态转变的过程叫做化学平衡的移动。化学平衡的主要特征是 $v_{正}=v_{逆}$，$K_a=\left(\dfrac{a_G^g a_H^h}{a_A^a a_B^b}\right)_{平衡}$，所以一切能改变这一关系的外界条件，都会对平衡状态产生影响，导致平衡发生移动。

任何一个平衡移动的过程，都可用图 8-9 来表示。起初，体系处于平衡状态 1，此时 $\Delta_r G_m=0$，若突然改变某个因素 F，如温度、压力或浓度，则体系变化到一个“新状态”。这个状态代表单独改变 F 之后体系的瞬时情况。由于 F 改变极快，体系中还未来得及发生化学反应及其他物质变化，即此时体系的组成仍保持状态 1 的情况，因此“新状态”在热力学上不一定是平衡状态。设此时化学反应的摩尔吉布斯函数变为 $\Delta_r G_m$。若 $\Delta_r G_m<0$，则反应将正向进行，直到达到新的平衡状态 2，称为平衡右移；若 $\Delta_r G_m>0$，则反应将反向进行，直到达到新的平衡状态 2，称为平衡左移；若 $\Delta_r G_m=0$，表明 F 改变之后，体系仍处于平衡状态，即因素 F 对平衡没有影响，平衡不发生移动。

$$\Delta_r G_m\begin{cases}<0，平衡右移\\>0，平衡左移\\=0，不影响平衡\end{cases}$$

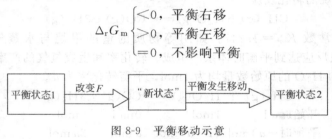

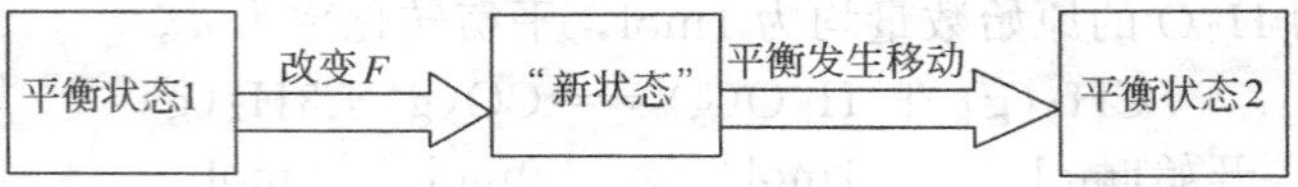

图 8-9 平衡移动示意

1. 浓度对化学平衡的影响

在一定温度下，当一个可逆反应达到平衡后，其平衡常数不变；若改变反应物或生成物的浓度，平衡就会发生移动。例如下列可逆反应：

$$aA+bB \rightleftharpoons gG+hH$$

体系达到平衡后，如果提高反应物的浓度或降低生成物的浓度，会导致平衡向右移动；反之，如果提高生成物的浓度或降低反应物的浓度，则会导致平衡向左移动。总之，提高（或降低）反应体系中某物质（反应物或生成物）的浓度，平衡就向着降低或提高该物质浓度的方向移动。

2. 压力对化学平衡的影响

由于压力对固态和液态物质的体积影响极小，所以压力的改变对液态和固态反应的平衡体系基本上没有影响。

对于有气态物质参加的可逆化学反应，在恒温条件下，改变平衡体系的总压力常常会引起化学平衡的移动。对反应方程式两边气体分子总数不等的反应，即 $\Delta n=g+h-a-b\neq 0$ 时：如果是气体分子总数增加的反应（$\Delta n>0$），提高体系的总压力，平衡会向左移动，即向气体分子减少的方向移动；如果是气体分子总数减少的反应（$\Delta n<0$），提高反应体系的总压力，平衡会向右移动，也是向气体分子减少的方向移动。总之，当 $\Delta n\neq 0$ 时，提高反应体系的总压力，平衡总是向着气体分子数目减少的方向移动；反之，降低反应体系的总压力，平衡则向着气体分子数目增多的方向移动。

当 $\Delta n=0$ 时，也就是说反应方程式中两边的气体分子总数相等的反应，虽然反应体系总压力的改变，会同等程度地改变反应物和生成物的分压力，但不会使平衡移动。

3. 温度对化学平衡的影响

当可逆反应达到平衡后，若改变温度，对正、逆反应速率都有影响，但影响的程度不同。具体来说：

① 温度升高，$v_{吸}$的增加倍数大于$v_{放}$的增加倍数，使$v_{吸}>v_{放}$，故平衡向吸热反应的方向移动。

② 降低温度，$v_{吸}$的降低倍数大于$v_{放}$的降低倍数，使$v_{吸}<v_{放}$，故平衡向放热反应的方向移动。

综合上述各种外界条件对化学平衡的影响，勒夏特列（Le Chartelier）归纳出一条关于化学平衡移动的普遍规律：当化学反应体系达到平衡后，如果改变平衡的外界条件（浓度、温度、压力）之一，平衡就向着能减弱这种改变的方向移动，这条规律叫做勒夏特列原理。

四、化学反应速率

研究化学反应速率、各种因素对反应速率的影响以及反应机理的科学叫化学动力学。化工生产中所面临的重要问题之一是反应的速率。在恒定温度下，反应速率与反应物的浓度、反应所处的温度以及催化剂等有一定的关系。因此研究反应速率及其与浓度、温度和催化剂的关系是很有意义的。

1. 化学反应速率的表示方法

对于化学反应方程式

$$aA+bB \rightleftharpoons gG+hH$$

来说，当体积 V 一定时，反应速率

$$v=\frac{1}{\nu_B}\times\frac{d(n_B/V)}{dt}=\frac{1}{\nu_B}\times\frac{dc_B}{dt} \tag{8-34}$$

式中，$\frac{dc_B}{dt}$是反应体系中某物质（反应物或生成物）的摩尔浓度随时间的变化速率；v的单位是 $mol\cdot m^{-3}\cdot s^{-1}$，即摩尔每立方米每秒。由于$\nu_B$与化学反应方程式的写法有关，所以也使 v 与方程式的写法有关的。

由式（8-34）可知，对于一个确定的化学反应，由反应物和产物中不同物质表示的反应速率是相同的。例如，对于下列反应

$$0=-N_2(g)-3H_2(g)+2NH_3$$

如果反应体系的体积恒定不变，则有

$$v=\frac{1}{-1}\times\frac{dc(N_2, g)}{dt}=\frac{1}{-3}\times\frac{dc(H_2, g)}{dt}=\frac{1}{2}\times\frac{dc(NH_3, g)}{dt}$$

2. 浓度对化学反应速率的影响

大量实验表明：在一定温度下，增加反应物的浓度可以加快反应速率。

(1) 质量作用定律　一些化学反应的速率与各反应物浓度幂的乘积成正比。浓度的幂次在数值上等于反应方程式中反应物前面的系数，这一规律叫做质量作用定律。

例如，在一定温度下，对于下列化学反应：

$$aA+bB = gG+hH$$

则有

$$v=kc_A^a c_B^b \tag{8-35}$$

式中，k 叫做速率常数。当 A、B 两种反应物的浓度都是 $1mol\cdot L^{-1}$，即

$$c_A=c_B=1mol\cdot L^{-1}$$

时，$v=k$。所以速率常数 k 就是一个反应在某一确定温度下，反应物为单位浓度时的反应速率。不同的反应，其速率常数也往往不同。显然，在两个反应的反应物浓度都为单位浓度的条件下，若其中一个反应的速率常数较大，其反应速率也较快。对于一个确定的化学反应来说，速率常数 k 的大小与温度、催化剂等因素有关，而与浓度无关。

应该说明，上述质量作用定律只对基元反应才适用，而对于非基元反应是不能适用的。

(2) 基元反应　实验表明，绝大多数化学反应并不是简单地一步反应就能完成的，往往都是分步完成的。一步完成的反应称为基元反应。例如反应

$$C_2H_4Br_2+3KI \xlongequal{} C_2H_4+2KBr+KI_3$$

就是非基元反应，它实际上是分三步进行的。即

$$C_2H_4Br_2+KI \xlongequal{} C_2H_4+KBr+I+Br$$

$$KI+Br \xlongequal{} I+KBr$$

$$KI+2I \xlongequal{} KI_3$$

这三步反应都是单独一步就完成的反应，所以它们都是基元反应。

另外，高分子的合成反应也是小分子经过许多步的基元反应之后，把它们相互之间都用化学键连接起来，最后才成为长链状的高分子的。事实上，真正的基元反应是不多的，大多数反应都是非基元反应。

(3) 反应级数（一级反应、二级反应）　在质量作用定律

$$v=kc_A^a c_B^b \cdots$$

中，幂之和称为化学反应的级数，一般用 n 表示，即

$$n=a+b+\cdots$$

① 一级反应　对于能够完全消耗反应物的下列反应

$$A \longrightarrow 产物$$

反应速率与反应物浓度 c_A 的一次方成正比，也就是说反应速率与反应物的浓度成线性关系，所以是一级反应。

$$v=-\frac{dc_A}{dt}=kc_A$$

将其积分以后可推导得

$$c_A=c_{A,0}\exp(-kt) \tag{8-36}$$

式中，$c_{A,0}$ 为反应开始时，即 $t=0$ 时反应物 A 的浓度。

反应物消耗一半所需要的时间称为半衰期，以符号 $t_{1/2}$ 表示。将 $c_A=\frac{1}{2}c_{A,0}$ 代入式（8-36）中可得：

$$t_{1/2}=\ln 2/k=0.693/k \tag{8-37}$$

所以，一级反应的半衰期与反应物的浓度无关。

② 二级反应　对于能够完全消耗反应物的下列两种基元反应

$$2A \longrightarrow 产物$$

$$A+B \longrightarrow 产物$$

其反应速率与反应物 c_A 的二次方成正比，或与两反应物浓度 c_A、c_B 的乘积成正比，所以是二级反应。

如果是只有一种反应物，则

$$v=-\frac{dc_A}{dt}=kc_A^2$$

由此可推导得

$$\frac{1}{c_{\mathrm{A}}}-\frac{1}{c_{\mathrm{A},0}}=kt \tag{8-38}$$

将 $c_{\mathrm{A}}=\frac{1}{2}c_{\mathrm{A},0}$ 代入式（8-38）可得二级反应的半衰期：

$$t_{1/2}=\frac{1}{kc_{\mathrm{A},0}} \tag{8-39}$$

如果是两种反应物之间的二级反应，因其两种反应物的化学计量数相同，所以如果反应开始时两种反应物的浓度相等，即 $c_{\mathrm{A},0}=c_{\mathrm{B},0}$，则在整个反应过程中的任一时刻都有 $c_{\mathrm{A}}=c_{\mathrm{B}}$，所以

$$v=-\frac{\mathrm{d}c_{\mathrm{A}}}{\mathrm{d}t}=kc_{\mathrm{A}}c_{\mathrm{B}}=kc_{\mathrm{A}}^2 \tag{8-40}$$

其结果仍然与一种反应物的情况相同。

3. 温度对化学反应速率的影响

温度是影响化学反应速率的重要因素之一。一般来说，温度升高往往会加快反应速率。例如氢和氧化合成水的反应，在常温下几乎觉察不到反应的进行，但在温度升高到600℃以上时，反应迅猛剧烈，甚至发生爆炸。对一般反应来说，在反应物浓度相同的情况下，温度每升高10℃，反应速率大约提高2～4倍，相应的速率常数也按同样的倍数增加。

（1）温度对化学反应速率影响的规律　1889年，阿伦尼乌斯（Arrhenius）根据实验结果，总结出了反应速率与温度之间的定量关系式：

$$k=A\exp\left(-\frac{E_{\mathrm{a}}}{RT}\right) \tag{8-41}$$

或

$$\ln k=-\frac{E_{\mathrm{a}}}{RT}+\ln A \tag{8-42}$$

式中，k 为反应的速率常数；A 为一个与具体反应有关的常数；R 为气体常数；E_{a} 为反应的活化能；T 为反应的温度。这一个公式称为阿伦尼乌斯公式。它很好地反映了反应速率常数 k 随温度变化的关系，从而也表明了反应速率与温度的关系。由于 k 值与 T 的关系是一个指数关系，所以即使是温度 T 的一个微小改变，也会使速率常数 k 发生较大的变化，说明温度对化学反应速率的影响是巨大的。

假定某一反应在温度 T_1 时的速率常数为 k_1，在温度为 T_2 时的速率常数为 k_2，则可得到：

$$\ln\frac{k_2}{k_1}=\frac{E_{\mathrm{a}}}{R}\left(\frac{1}{T_1}-\frac{1}{T_2}\right)=\frac{E_{\mathrm{a}}}{R}\left(\frac{T_2-T_1}{T_1T_2}\right) \tag{8-43}$$

从式(8-43)可以看出：当温度变化的始、终态相同时，E_{a} 越大，$\ln\frac{k_2}{k_1}$ 值也就越大。即当反应的活化能越大时，温度的变化对速率常数或反应速率的影响就越大。应用上式可以从两个温度下的 k 值求出反应的活化能，或已知该反应的活化能及某一温度下的 k 值，求算其他温度下的 k 值。

（2）碰撞理论　分子运动论认为：化学反应发生的必要条件是反应物分子（或原子、离子）之间的相互碰撞。如果反应物分子之间互不碰撞，那就谈不上发生反应。然而，也并不是反应物分子（或原子、离子）之间的每一次碰撞都会发生反应。1918年，路易斯(Lewis）在阿伦尼乌斯的研究基础上提出了“有效碰撞”的概念，认为在化学反应中，反应物分子之间不断发生碰撞，但在千万次的碰撞中，大多数分子之间并不发生化学反应，只有少数分子在碰撞时才能发生反应，这种能发生反应的碰撞叫做有效碰撞。要发生有效碰

撞，必须同时具备两个条件：其一是相互碰撞的每一个分子都达到了发生反应所必需的最低能量，即达到了活化能；其二是反应物分子一定要定向碰撞，即必须碰撞到该起反应的原子上。显然，化学反应速率的大小与单位时间内有效碰撞次数之间有着密切的联系。这就是所谓的碰撞理论。

运用碰撞理论可以对反应物浓度与反应速率之间的关系进行解释：在一定温度下，对某一化学反应来说，反应物中达到了活化能的活化分子百分数是一定的；而且单位体积内反应物的活化分子数和反应物分子总数——该反应物的浓度成正比，所以当增加反应物的浓度时，单位体积内的活化分子数也必然相应地增多，从而增加了单位时间内反应物分子间的有效碰撞次数，导致反应速度加快。

利用碰撞理论，也能够解释温度与化学反应速率之间的关系：温度越高，反应物分子所具有的能量越高，总的分子数中达到了活化能的活化分子数也就越多，使得有效碰撞次数占碰撞总次数的比例越大，单位时间内发生反应的分子数自然就多一些，这也就使反应速率更快一些。

4. 催化剂对化学反应速率的影响

如上所述，为了使反应速率加快，可以使用提高温度或反应物浓度的办法。但是，对于某些反应来说，升高温度会使一些副反应发生或加快副反应的进行，而反应物的浓度也受到其自身在溶剂中溶解度的限制。这时，还可以通过使用催化剂的方法来提高反应速率。

能够改变反应速率而其本身在反应前后的组成、数量和性质都保持不变的物质叫催化剂。其中，能加快反应速率的催化剂称为正催化剂，这是最常见的情况；能减慢反应速率的催化剂称为负催化剂，如减慢金属腐蚀的缓蚀剂，一些防止或减慢塑料、橡胶老化的稳定化助剂等。通常所说的催化剂都是指正催化剂。

催化剂具有两个基本性质：一是能显著地改变反应速率；二是具有特殊的选择性。

如图 8-10 所示，催化剂之所以能显著地改变反应速率，其原因主要在于能够改变该化学反应的活化能。正催化剂能够降低反应的活化能，使得温度不变的情况下都能够提高反应物分子中活化分子所占的比例；当然，负催化剂就是能提高反应的活化能，从而使反应物中活化分子所占的百分比例降低，因而使反应变慢。

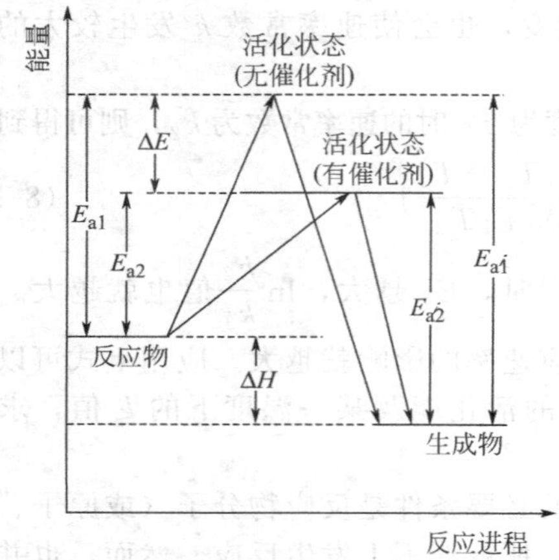

图 8-10 催化剂改变反应历程示意

催化剂的选择性也称为专属性，具体的体现是某一种催化剂只对某一类反应有催化作用，而对其他反应或另一类反应大都没有催化作用。另外，当相互作用的反应物可以平行地同时发生几个不同的反应时，则某一种催化剂只对其中某一个反应起催化作用，而对其他反应没有显著的影响。因此，只要选用不同的催化剂，利用催化剂的选择性来加速有关反应的进行，就可以得到更多所需要的产物，从而提高产率。

催化剂在现代化学、化工中占有极其重要的地位。据统计，化工生产中约有 85% 的化学反应需要使用催化剂。尤其在当前大型的化工生产、石油化学工业中，很多化学反应用于生产都是在找到了优良的催化剂后才付诸实现的。如 Ziegler 催化剂之于高密度聚乙烯 HDPE 的生产，以及 Natta 催化剂之于聚丙烯的生产等。

第六节　溶液与相平衡

一、稀溶液的两个经验定律

Raoult（拉乌尔）定律和 Henry（亨利）定律都是描述蒸气压与稀溶液组成的规律，前者适用于溶剂，后者适用于溶质。

1. Raoult 定律

在一定温度下的纯溶剂 A 中加入溶质 B，则溶剂的蒸气压下降。Raoult 做了许多实验，这些试验表明溶剂 A 在气相中的蒸气压 p_A 与稀溶液中 A 的摩尔分数 x_A 之间的关系为

$$p_A = p_A^* x_A \tag{8-44}$$

式中，p_A^* 为纯溶剂在同样温度下的饱和蒸气压。式（8-44）说明：稀溶液中溶剂的蒸气压等于同温度下纯溶剂的饱和蒸气压与溶液中溶剂的摩尔分数的乘积，这就是 Raoult（拉乌尔）定律。

Raoult 定律是溶液性质中最基本的定律，它适用的对象是溶剂的摩尔分数接近于 1 的稀溶液中的溶剂，且不论溶质挥发与否。

在个别情况下，如果纯溶剂 A 分子的性质与液体溶质 B 分子的性质非常相近，两者可以任何比例混溶，无论某种分子周围有多少同种分子或异种分子，其受力情况均与该种分子纯液态时的情况相似。那么在整个组成范围内，混合物中的 A 和 B 均遵守 Raoult 定律，这类体系称为理想液态混合物。

总的来说，Raoult 定律适用于稀溶液中的溶剂及任何理想液态混合物中的每一种组分。

2. Henry 定律

19 世纪初，人们做了大量实验测定气体在液体中的溶解度。在实验基础上，Henry（亨利）于 1803 年指出：在一定温度下，若气体在液体中的溶解度不大，则溶解度与气体的压力成正比。这就是 Henry 定律。

气体作为溶质，通常用 B 表示。溶解度是溶解达平衡时溶液的浓度，此时气体的压力是溶液上方溶质 B 的蒸气分压，因此 Henry 定律还可以表述为：在一定温度下，稀薄溶液中溶质的蒸气分压与溶液的浓度成正比，即

$$p_B = k_{x,B} x_B \tag{8-45}$$

式中，比例常数 $k_{x,B}$ 称为 Henry 常数，它与 T，p 以及 A 和 B 本身的性质有关，与压力具有相同的单位，Pa。

Henry 定律是一条经验定律，最初由气体溶解实验提出，后来人们发现它适用于所有挥发性溶质的溶液。溶液越稀，溶质越能较好地服从 Henry 定律。在严格服从 Henry 定律的溶液中，溶质分子周围几乎全是溶剂分子，因而溶质分子所受的作用是溶剂分子对它的作用力。所以可以说，若溶液中某种物质的分子完全处于溶剂分子的包围之中，则该物质就服从 Henry 定律。

除了满足“稀薄溶液”条件之外，应用 Henry 定律时还需注意以下几点。

① 溶质 B 在气相和溶液中的分子形态必须相同。例如稀的氨水与氨气达平衡时，Henry 定律中的 x_B 是指溶液中的 NH_3 分子的摩尔分数 $x(NH_3)$，以 NH_4^+ 和 $NH_3 \cdot H_2O$ 形式存在的氨不应计入 x_B 中。

② 在压力不大时，混合气体溶于同一溶剂，Henry 定律可分别适用于每一种气体。

③ 因为只有当溶液很稀时才服从 Henry 定律，而在很稀的溶液中 p_B 与其他浓度（如质量摩尔浓度 b_B，物质的量浓度 c_B 等）均成正比，因此 Henry 定律还可写成其他形式，其中常用的有以下两种：

$$p_B = k_{b,B} b_B \tag{8-46}$$

$$p_B = k_{c,B} c_B \tag{8-47}$$

其中，$k_{b,B}$ 和 $k_{c,B}$ 也称为 Henry 常数，它们的单位分别为 $Pa \cdot kg \cdot mol^{-1}$ 和 $Pa \cdot m^3 \cdot mol^{-1}$；$b_B$ 是溶质的质量摩尔浓度，为溶质 B 的摩尔数 n_B 与溶剂 A 的质量 m_A 之比；c_B 是物质的量浓度，为溶质 B 的摩尔数 n_B 与溶质和溶剂的混合物的体积 V 之比。

Henry 常数既与溶质的性质有关，也与溶剂的性质有关，而且还与温度有关。温度升高，挥发性溶质的挥发性增强，所以 Henry 常数的值增大，而同样压力下气体的溶解度则下降。

几种气体溶于同一种溶剂形成一种稀溶液时，亨利定律分别适用于其中的每一种气体。空气中的氮气和氧气同时溶于水中就是一个这样的例子。

【例 8-13】 97.11℃时，在乙醇的质量分数为 3% 的乙醇水溶液上方，蒸气的总压力为 101.325kPa。已知在此温度下纯水的蒸气压为 91.3kPa。试计算在乙醇的摩尔分数为 0.02 的水溶液上方水和乙醇的蒸气分压。

解：两溶液均按乙醇在水中的稀溶液考虑。溶剂水(A)适用 Raoult 定律，溶质乙醇(B)适用 Henry 定律。所求溶液 $x_B = 0.02$，所以 $x_A = 1 - 0.02 = 0.98$。水的蒸气分压可直接由 Raoult 定律求得。

$$p_A = p_A^* x_A = 91.3\text{kPa} \times 0.98 = 89.47\text{kPa}$$

为了求得 $x_B = 0.02$ 的乙醇水溶液上方乙醇的蒸气分压，需要先知道乙醇在水中的 Henry 常数 $k_{x,B}$，这可由 $w'_B = 3\%$ 溶液的蒸气压数据求得。

溶质和溶剂的摩尔质量分别为：$M_A = 18.0152 g \cdot mol^{-1}$，$M_B = 46.0688 g \cdot mol^{-1}$。所以

$$x'_B = \frac{w_B/M_B}{w_A/M_A + w_B/M_B} = \frac{0.03/46.0688}{0.97/18.0152 + 0.03/46.0688} = 0.01195$$

对于 $w'_B = 3\%$ 的乙醇水溶液来说，溶液上方的蒸气总压力为溶质蒸气分压与溶剂蒸气分压之和，即

$$p' = p_A^* x'_A + k_{x,B} x'_B$$

所以 $$k_{x,B} = \frac{p' - p_A^* x'_A}{x'_B} = \frac{101.325 - 91.3 \times (1 - 0.01195)}{0.01195} = 930.2(\text{kPa})$$

于是，$x_B = 0.02$ 的乙醇水溶液上方乙醇的蒸气分压 p_B 应为：

$$p_B = k_{x,B} x_B = 930.2\text{kPa} \times 0.02 = 18.60\text{kPa}$$

二、相律

1. 相

体系中，物理和化学性质完全均一的部分，称为相。在多相体系中，相与相之间存在着明显的界面，超过界面时，物理或化学性质会发生突变。体系中所包含的相的总数，称为相数，用符号 Φ 表示。

由于各种气体能够无限地混合，所以一个体系中无论有多少种气体，都只能形成一个相。由于不同种液体相互溶解的程度不同，所以一个液体的体系中可以是一相，也可以是两相或三相，但一般不会有多于三个液相同时存在的情况。在固体组成的体系中，如果这些固体达到了分子程度的均匀混合，就形成了“固溶体”，一种固溶体就是一个固相。如果体系

中不同种固体物质混合在一起后没有形成固溶体，则不论这些固体物质研磨得多么细，体系中含有多少种固体物质就有多少个相。

2. 物种数和组分数

体系中含有的化学物质数称为体系的物种数，以符号 S 表示。应该注意，不同聚集态的同一种化学物质不能算两个物种。例如，水和水蒸气不能看作是两个物种（$S \neq 2$），而是一个物种（$S=1$）。

表示体系中各组成所最少需要的独立物质数称为体系的组分数，用符号 K 表示。需要注意，组分数和物种数是两个不同的概念。一般而言，如果体系中没有发生化学反应，在平衡体系中就没有化学平衡存在，这时

$$\text{组分数 } K = \text{物种数 } S \tag{8-48}$$

如果体系中存在着化学平衡，例如由 CO_2、CO、O_2 三种物质构成的体系，由于存在着如下的化学平衡

$$2CO_2(g) \rightleftharpoons 2CO(g) + O_2(g)$$

所以虽然体系中的物种数为 3，但组分数却是 2。因为只要任意确定两种物质，则第三种物质必然存在，而且它们的组成可以由平衡常数来确定，而与开始的时候是否放入了此种物质无关。在这种情况下，存在着如下的关系式：

$$\text{组分数 } K = \text{物种数 } S - \text{独立化学平衡数 } R \tag{8-49}$$

式中，R 是体系中的“独立化学平衡数”。在这里，应该注意“独立”二字。例如，体系中如果含有 CO(g)、$H_2(g)$、C(s)、$H_2O(g)$和 $CO_2(g)$五种物质，在它们之间就有三种化学平衡：

$$CO(g) + H_2(g) \rightleftharpoons C(s) + H_2O(g)$$
$$C(s) + CO_2(g) \rightleftharpoons 2CO(g)$$
$$CO_2(g) + H_2(g) \rightleftharpoons CO(g) + H_2O(g)$$

但这三个反应并不是相互独立的，只要有任意两个化学平衡存在，第三个化学平衡也就必然存在，所以其独立化学平衡数 R 不是 3 而是 2。

如果在某些特殊情况下，还有一些特殊的限制条件，则体系的组分数又有所不同。例如在上述 CO_2 的分界反应中，如果指定 $CO_2(g)$与 CO(g)的摩尔数之比是 1∶1，或一开始只有 CO_2 存在，则平衡时的 CO 与 O_2 的比例已定为 1∶1。这时就存在着一个浓度关系的限制条件。因此，这一体系的组分数既不是 3，也不是 2，而是 1。如果把这种浓度的关系数用符号 R'来代表，则任意一个体系的组分数和物种数应有下列关系：

$$\text{组分数 } K = \text{物种数 } S - \text{独立化学平衡数 } R - \text{独立浓度关系数 } R' \tag{8-50}$$

应该注意，物质之间的浓度关系数只有在同一相中才能应用，不同相之间不存在这种限制条件。例如 $CaCO_3$ 的分解，虽然分解产物的摩尔数相同，即 $n_{CO_2} = n_{CaO}$，但由于一个是气相，一个是固相，所以不存在浓度限制条件，组分数仍然是 2。另外，一个体系的物种数是可以随着人们考虑问题的出发点不同而不同的，但在平衡体系中的组分数却是确定不变的。例如一个由 NaCl 和水构成的体系，如果只考虑相平衡，则物种数 S = 组分数 $K = 2$；如果体系中没有固体 NaCl，而是 NaCl 的水溶液，有些人认为其物种数 S 为 3，即 H_2O、Na^+、Cl^-。但是由于其中有一个独立的浓度限制条件，即 Na^+ 的 Na^+ 浓度等于的 Cl^- 浓度，所以其组分数实际上为 $K = 3 - 1 = 2$。也有些人认为应该考虑 H_2O 的电离平衡，所以体系的物种数应该是 5，但其实仍然是 $K = 5 - 1 - 2 = 2$。如果体系中仍然有 NaCl 固体存在，则物种数可认为是 6，而组分数仍然为 $K = 6 - 2 - 2 = 2$。因此，物种数虽然会随考虑问题的角度或方法不同而异，但组分数则是确定不变的。

3. 自由度

在不引起旧相消失和新相形成的前提条件下，可以在一定范围内独立变动的强度性质的个数称为体系的自由度，用符号 f 表示。例如，当水以单一液相存在时，要使该液相不消失，同时不形成冰或水蒸气，温度 T 和压力 p 都可在一定范围内独立变动，此时的 $f=2$。当液态水与其蒸气平衡共存时，若要这两个相都不消失，又不形成固相冰，体系的压力 p 必须是所处温度 T 是水的饱和蒸气压。此时，因压力 p 与温度 T 之间存在函数关系，所以二者之中仅有一个是独立变量，$f=1$。又如，当一杯不饱和盐水单相存在时，要保持没有新相形成，旧相也不消失，可在一定范围内独立变动的强度性质为温度 T、压力 p 和浓度 c，所以 $f=3$。但当固体盐与饱和盐水溶液两相共存时，由于指定温度与压力以后，饱和盐水溶液的浓度为定值，所以 f 不再是 3。因为一方面不可能配制出浓度大于饱和值的溶液，另一方面也不可能既使浓度小于饱和值而同时又不会使固相盐消失。此时只有温度和压力可以独立变动，因此，$f=2$。

4. 相律

相律就是在平衡体系中，描述体系内相数、组分数、自由度数与影响物质性质的外界因素（如温度、压力、重力场、磁场、表面能等）之间关系的规律。在不考虑重力场、电场等因素，只考虑温度和压力因素的影响时，平衡体系中相数、组分数和自由度数之间的关系可以用下列形式来表述：

$$f=K-\Phi+2 \tag{8-51}$$

式中，f 表示体系的自由度数；K 表示组分数；Φ 表示相数；2 是温度和压力两个变量。从上式可以看出，体系每增加一个组分数，体系的自由度数也就要增加一个；但如果体系每增加一个相数，自由度数则要减少一个。

如果除了温度和压力以外，还需要考虑其他外界因素，如电场、磁场等，这时的相律则应变为：

$$f=K-\Phi+n \tag{8-52}$$

式中，n 为需要考虑的外界条件总数。

【例 8-14】 在 1atm（101.325kPa）下，苯甲酸在水及苯中已达分配平衡。若苯甲酸在苯中浓度为 $0.01\text{mol}\cdot\text{m}^{-3}$，问其在水中的浓度是否为定值。

解：下面用相律分析这一问题。在上述条件下若 $f=0$，则一切强度性质（包括苯甲酸在水中的浓度）均为定值，不可改变。若 $f\neq0$，则还有独立变量，浓度还可以变。

此体系为三物种两相且压力 p 和一个浓度指定，所以 $f=2-2+1=2$。因此，苯甲酸在水中的浓度可变。

由分配定律可知，在恒温恒压下，两相的浓度比等于常数（分配系数）。因而当分配系数确定后，苯甲酸在水相中的浓度才为定值。但因分配系数决定于温度 T 和压力 p，所以在上述条件下，分配系数将随温度而改变，从而水相中苯甲酸的浓度随温度的不同而不同。

【例 8-15】 碳酸钠与水可组成下列几种化合物：$Na_2CO_3\cdot H_2O$、$Na_2CO_3\cdot 7H_2O$ 和 $Na_2CO_3\cdot 10H_2O$，试说明：

① 在 1atm（101.325kPa）下与碳酸钠的水溶液和冰共存的含水盐最多可有几种；

② 在 303.15K 时可与水蒸气平衡共存的含水盐最多可以有几种。

解：此体系由 Na_2CO_3 和 H_2O 构成，故为二组分体系。其原因是：虽然 Na_2CO_3 和 H_2O 可形成几种水合物，但每生成一种水合物，物种数增加 1 的同时也就增加了一个化学平衡，所以组分数为 2 且不随生成化合物而改变。

(1) 此问题的关键是求出在 101.325kPa 下体系的最大相数 Φ_{max}

$$f=2-\Phi+1=3-\Phi$$

因为当自由度数为 0 时体系的相数最多，即

$$0=3-\Phi_{max}$$

所以

$$\Phi_{max}=3$$

这表明，体系中最多只能有三个相，现在已经有水溶液和冰两个相，所以与溶液和冰共存的含水盐最多只能有一种。

(2) 同理，在指定温度时

$$f=K-\Phi+1$$

所以

$$\Phi_{max}=3$$

因而，与水蒸气共存的含水盐最多可有两种。

三、单组分体系

对于单组分体系，因为物种数 $K=1$，所以相律的表达式为

$$f=1-\Phi+2=3-\Phi$$

因此，单组分体系最多可以有三相共存（此时 $f=0$），最多可以有两个自由度（此时 $\Phi=1$）。

相律只告诉了一个体系中相数 Φ 和自由度数 f 的数量，并不能告诉 Φ 具体是几个什么相态，f 具体是哪几个变量。这类具体问题只有相图才能回答。相图是由实验得到的，即把大量的相平衡实验结果用一张图表示出来。除少数体系之外，大部分体系的相图不能用理论的办法进行推算。

对于单组分体系，若 $\Phi=1$，则 $f=2$，在 p（压力）-T（温度）坐标图上是一块面积；若 $\Phi=2$，则 $f=1$，在 p-T 图上是一条曲线；若 $\Phi=3$，则 $f=0$，在 p-T 图上是一个点，因此，可以用二维平面图来表示单组分体系的相态情况。

下面介绍水的相图。

图 8-11 是水的相图，由单相区、两相平衡线和三相点构成。

1. 相区

在图中，3 条实线把坐标平面分为三个部分，它们分别代表“水”、“冰”、“水蒸气”三个单相区。在“水”、“冰”、“水蒸气”三个单相区内都是单相，即 $\Phi=1$，故自由度数 $f=2$。这就表明，在这些区域内，温度和压力可以在有限范围内独立变动而不会引起相数的变化。只有同时指定温度和压力，体系的状态才能完全确定。

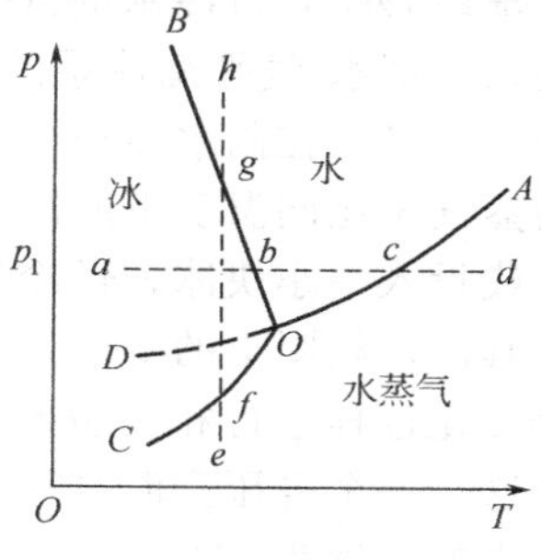

图 8-11　水的相图

2. 两相平衡线

图中三条实线 OA、OB 和 OC 代表两个相区之间的交界线。在线上是两相平衡，$\Phi=2$，$f=1$。所以指定了温度，压力就不能任意变动；反之亦然。

OA 线代表水和汽的两相平衡线，即水在不同温度下的蒸气压曲线，通过测不同温度时水的蒸气压而得到。它只能延伸到 A 点，A 点是临界点，该点为 647.2K 和 22089kPa。高于此温度，不论加多大压力，水蒸气都不会冷凝为液体水。若 $p_1=101.325$kPa，则 c 点代表水的正常沸点。

OB 线为冰和水的平衡线，在该线上液-固平衡共存，可通过测不同压力下的冰点而得。它也不能无限向上延伸，只可以延伸到 202.650kPa 和 −20℃ 左右，如果压力再高，将有不同结构的冰产生，相图变得比较复杂，这种现象称为同质多晶现象，在其他单组分相图中也常常可以观察到。由 OC 线看出，冰的熔点随压力的升高而下降，这是冰的一种不正常行为。在多数情况下，熔点将随压力的增加而略有升高。

OC 线为冰和汽的平衡线（即冰的升华曲线），代表固-汽平衡，通过测不同温度下冰的蒸气压而得到。从理论上讲，OC 线可以延伸到 0K。

3. 三相点

O 点是三条线的交点，称为三相点，在该点三相共存，即 $\Phi=3$，因此 $f=K-\Phi+2=1-3+2=0$，这就是说，在该点温度和压力都不能任意变动。该点由我国著名物理化学家黄子卿教授测得：温度为 273.16K（0.01℃），压力为 610.6Pa。国际实用温标用水的三相点为参考点，以代替水的冰点。

应该说明，三相点不是冰点。它们是两个不同的概念，所对应的温度 T 和压力 p 的值也各不相同。

① 如图 8-12 所示，三相点所涉及的是一个纯水体系，$K=1$，是纯水蒸气、液体水和固体冰三相平衡共存，$f=1-3+2=0$。所以三相点的温度 T 和压力 p 由水本身决定，不能任意改变；通常的冰点所涉及的体系是水与空气相接触并被空气所饱和的体系，严格地说是一个二组分的稀薄溶液体系，共存的三相是空气、稀薄溶液和冰。$f=2-3+2=1$，体系仍有一个自由度，所以当压力改变时冰点也随着改变。

② 三相点时，纯水体系的压力仅为 610.6Pa；而冰点时体系的压力要大得多，为 101.325kPa，而且气相主要由空气构成，其中水蒸气所占比例很小。根据以上两方面的原因，可以算得，由于空气的溶入使液相变为溶液，因而使冰点降低了 0.0024K；另外，由于压力从 610.6Pa 改变为 101.325kPa，使冰点又降低了 0.0075K。这两种效应之和为 0.0024K+0.0075K=0.0099K。所以通常所说的水的冰点（273.15K）比三相点降低了约 0.01K。

水的相图表明了其相态与温度和压力的关系。图中的每一个点，都代表纯水由指定的温度和压力所确定的一个状态。根据相图，能方便地确定在任意指定的温度、压力下纯水体系将以怎样的相态存在，可以确定它是单相的冰、水或汽，或是某两相共存，或是三相共存。

对于水的相图，需要说明：

虚线 OD 是过冷水的汽-液共存线。它是 AO 线的延长线，代表过冷水的蒸气压与温度的关系。把水-气平衡体系的温度降低，蒸气压沿 AO 向三相点移动，到了三相点，应该出现冰。但可以控制水冷至－45℃而仍无冰出现，这种现象称为过冷现象。在 OD 线上，过冷水的蒸气压比同温度下的冰的蒸气压大，所以很不稳定，称为亚稳态，只要将过冷水搅拌一下，或投入一小块冰，过冷现象立即消失，冰将大量析出，而体系转向稳定态。

其次，相图上的每一条连接着状态点的线段都代表一个变化过程。根据相图，可以对任一个变化过程进行相变分析。例如体系由 a 点（其对应的压力为 p_1）沿水平线变化至 d 点。这是一个等压升温过程。a 点是冰，当升温至 b 点时，即达熔点（若 $p_1=101.325\text{kPa}$，则 b 点的温度为 273.15K），开始出现液态水，此时为单组分两相，所以 $f=1-2+1=0$，因此体系温度保持 273.15K 不变，直至冰全部融化成水，体系变成一相，进入液相区，$f=1$，随加热水温不断升高。当升温至 c 点时（$T=373.15\text{K}$），开始出现水蒸气，此时气、液两相共存，自由度数为 0，加热过程中温度不变，直至水全部汽化成水蒸气，便进入气相区，$f=1$，温度逐渐升高，直至 d 点。

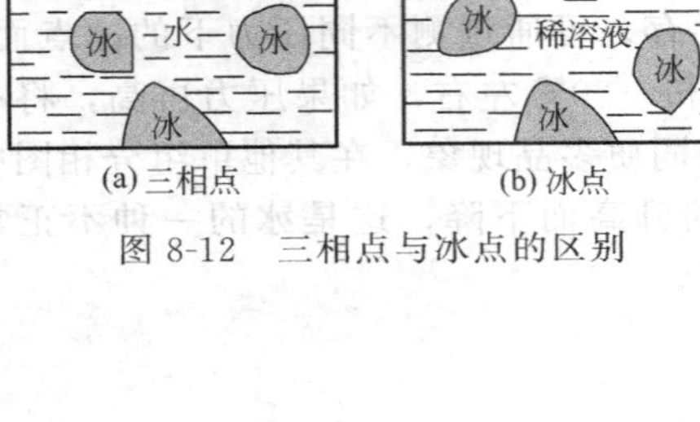

(a) 三相点　(b) 冰点

图 8-12　三相点与冰点的区别

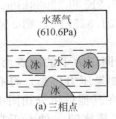

如果由 e 点沿竖直方向到 h，此过程为等温加压过程。在 e 点体系为水蒸气，逐渐压缩至 f 点时，变为饱和水蒸气，开始有冰析出，此时固、气两相共存，$f=0$。随压缩不断进行，压力不变，但是水蒸气逐渐减少，同时冰逐渐增多。直至水蒸气全部凝华为冰，进入固相区，$f=1$，随压缩冰的压力迅速升高。到 g 点时，冰开始融化。此时冰、水两相共存，$f=0$，压力不变，直至冰全部融化成水，进入液相区，$f=1$，随压缩压力逐渐升至 h 点。由此可见，有了相图，人们可以方便地分析体系的状态以及状态变化。相图在实际工作中有很大的实用价值。

图 8-11 中水的相图是单组分体系的基本相图，任何单组分体系的相图都可看作是由若干个这种基本相图组合而成的。常见体系的相图都可以由专门的手册上查到。

四、二组分双液体系

对于二组分体系，$K=2$，$f=2-\Phi+2=4-\Phi$。当 $\Phi=1$ 时，$f=3$，即体系最多可有三个自由度。当 $f=0$ 时，$\Phi=4$，最多可有四相共存。因此二组分体系的相图是三维空间的立体图形，作图和看图都有不便之处。为了用平面图表示二组分体系的状态，可以固定一个自由度，则 $f=3-\Phi$ 。这样的相图有三种：① p-x ，即保持温度 T 不变；② T-x 图，即保持压力 p 不变；③ p-T 图，即保持组成 x 不变。在这些图上最多有两个自由度，最大相数为 3。在上述三种相图中，p-T 图用得最少，T-x 图用得最多。

这里对完全互溶的理想溶液的相图进行讨论，并借此讨论相图中具有普遍意义的一些问题。

(1) 恒温下的 p-x 图（蒸气压-组成图）　这类图纵坐标是压力或蒸气压 p，横坐标是组成 x；最左端代表 $x_A=1$，$x_B=0$，即纯 A；最右端代表 $x_A=0$，$x_B=1$，即纯 B。

如图 8-13 所示，对于理想溶液，A 和 B 在全部浓度范围内都服从 Raoult 定律，所以它们各自的蒸气分压是图中的两条虚的直线：

$$p_A=p_A^0x_A$$

$$p_B=p_B^0x_B$$

溶液上方蒸气的压力级溶液的蒸气压，即：

$$\begin{aligned}p&=p_A+p_B\\&=p_A^0(1-x_B)+p_B^0x_B\\&=p_A^0+(p_B^0-p_A^0)x_B\end{aligned}$$

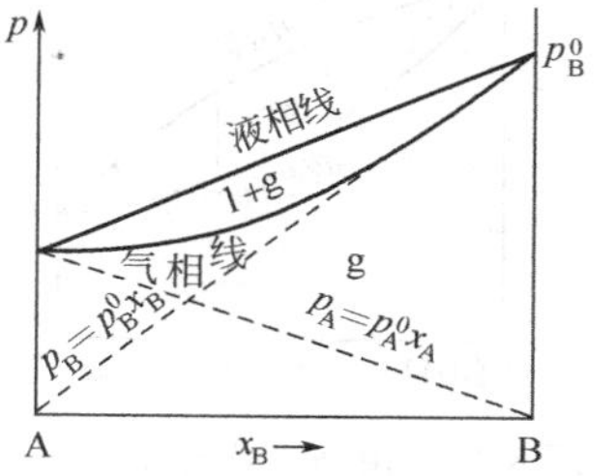

图 8-13　理想溶液的 p-x 相图

由此可见，理想溶液的蒸气压 p 与 x_B 呈直线关系，因此，将 p_A^0 和 p_B^0 两点连接起来就是上式对应的直线。此直线代表蒸气压 p 与液相组成 x_B 的关系，叫液相线。

为了能够全面了解汽-液平衡体系的情况，不仅需要知道液相组成 x_B，同时还必须知道溶液上方气相的组成。气相组成通常用 y_B表示，以便与液相组成 x_B相区别。显然

$$y_B=\frac{p_B}{p}=\frac{p_B^0x_B}{p_A^0+(p_B^0-p_A^0)x_B} \tag{8-53}$$

因此只要知道一定温度下纯组分的 p_A^0和 p_B^0，就能用上式从溶液的组成求出与它平衡共存的气相的组成。

若 B 为易挥发组分，$p_B^0>p_A^0$，则 $y_B>x_B$。

即理想溶液中易挥发组分在气相中的含量大于它在液相中的含量。这是不难理解的，因为易挥发组分更容易配到气相中去。共存的气、液两相对应于同一个压力，据式，代表气相组成的点（p，y_B）总在代表液相组成的点（p，x_B）之右。在整个浓度区间内，代表气相组成的点构成的线称为气相线，于是气相线是位于液相线下边的一条曲线。

当体系压力很高时，必为液相，所以液相线以上为液相区，此时 $f=2-1+1=2$，即溶液的压力和浓度可同时独立改变；压力很低时，必为气相，所以气相线之下是气相区，$f=$

2；液相线与气相线之间为气、液共存区，此时 $f=2-2+1=1$。若指定压力，则在通过该压力的水平线上 x_B 和 y_B 有确定值。若指定溶液组成 x_B，则与之对应的 p 和 y_B 也必然随之而确定。同样地，若指定 y_B，则 p 和 x_B 必然随之而确定。

在相图上，代表体系总组成的点叫物系点，代表某一相组成的点称为相点。图 8-13 中的横坐标，既是溶液组成，也是气相组成和物系组成。物系点只能够说明体系在相图中的位置，相点才能够表明此时体系各相的具体情况。在单相区，物系点与相点重合。在两相区，物系点与液相点和气相点不重合，通过物系点作水平线与液相线和气相线的交点分别为液相点和气相点。

(2) 恒压下 T-x 图　一般的化学反应和分离过程，大多数在常压条件下进行。因而，通常最容易满足的条件是压力等于常数，比如说 $p=101.325\text{kPa}$ 等。所以 T-x 相图最具有实际意义。

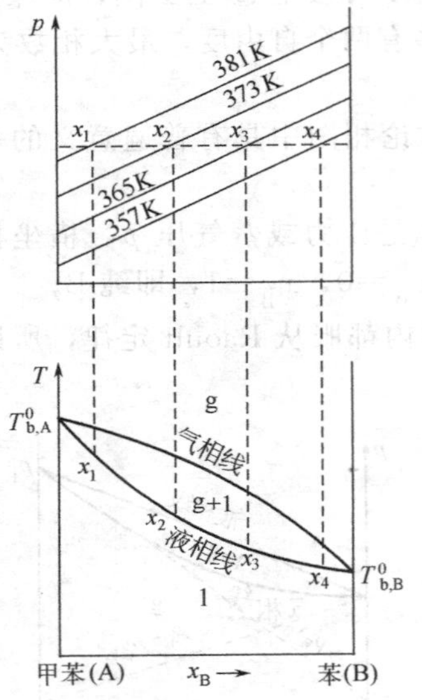

图 8-14　由 p-x 图绘制 T-x 图

T-x 图可通过以下两种方法测得。

① 如果实验测定了 p-x 图，可以将其转化成 T-x 图。以苯和甲苯组成的双液体系为例，它们形成的溶液可近似地看作是理想溶液。已知在不同温度下（如 357K、365K、373K、381K），该体系的 p-x 图，如图 8-14（上图）为四条液相线。从该图纵坐标为 101.325kPa 处画一水平线与各线分别交于 x_1、x_2、x_3 和 x_4 各点。即组成为 x_1 的溶液在 381K 时开始沸腾，组成为 x_2 的溶液在 373K 时开始沸腾（其余类推）。把沸点与组成的关系相应地标在下图中，就得到了 T-x 图的液相线。再根据式（8-53）分别求出相应的气相组成，即可得到气相线。

② 在恒定压力下，直接利用沸点仪测定各种不同浓度溶液的沸点和该沸点时的气相组成。根据测量数据，直接画出 T-x 图。

在恒定压力下，任意组成的混合液加热到液相线时，液体开始气泡沸腾，所对应的温度为沸点或泡点，因而液相线既可称为沸点线，也可称为泡点线；任意组成的混合蒸气降温到气相线时，气体开始凝结出露珠似的液滴，对应的温度为露点，因而气相线也可称为露点线；任意组成混合物的温度处于泡点线和露点线之间时，体系处于气液两相平衡的状态，因而泡点线和露点线所包围的区域成为汽液平衡区。泡点线以下和露点线以上分别为液相和气相单一相区。若物系点落在两相区，通过物系点作一水平线，则体系中两相的组成分别可从气相线和液相线上读出。

总组成为 x_B 的物系点落在两相区时，气、液两相的组成分别从气相线和液相线上读出。如图 8-15 所示，若物系点为 O，则 a、b 分别为液相点和气相点，其组成分别为 x_B 和 y_B。根据质量守恒原理，体系中所含 B 的物质的量等于液相与气相中所含 B 的物质的量之和：

$$nX_B=n(\text{l})x_B+n(\text{g})y_B$$

式中，$n(\text{l})$ 和 $n(\text{g})$ 分别为液相的物质的量和气相的物质的量；n 为体系的物质的量 $n=n(\text{l})+n(\text{g})$，则

$$[n(\text{l})+n(\text{g})]x_B=n(\text{l})x_B+n(\text{g})y_B$$

即

$$n(\text{l})(X_B-x_B)=n(\text{g})(y_B-X_B)$$

此式是根据质量守恒导出的，它是质量守恒的必然结果，所以它具有普遍的意义。

由相图可知，$(X_B - x_B)$ 和 $(y_B - X_B)$ 在数值上分别等于线段 Oa 和 Ob 的长度，所以上式可写成：

$$n(\mathrm{l}) \times \overline{Oa} = n(\mathrm{g}) \times \overline{Ob} \tag{8-54}$$

若把物系点 O 视为支点，$\overline{Oa}$ 和 $\overline{Ob}$ 视为力臂，则上式相当于力学中的杠杆原理。所以把它称为杠杆规则。

杠杆规则描述体系中液相量和气相量之间的关系，表明二者的相对大小。若以 $\overline{Ob}$ 代表液相的量，则 $\overline{Oa}$ 就相当于气相的量。所以只要知道了体系中物质的总量，就可由杠杆规则求出气、液两相的量各为多少。

由于物质守恒是普遍规则，所以杠杆规则适用于相图中的任意两相区。严格地讲，只要体系分为两相，不管其是否平衡共存，上式总能成立。如果浓度标度用质量分数表示，则杠杆规则应写作：

$$\frac{m(\mathrm{l})}{m(\mathrm{g})} = \frac{\overline{Ob}}{\overline{Oa}} \tag{8-55}$$

式中，$m(\mathrm{l})$ 和 $m(\mathrm{g})$ 分别代表液相和气相的质量。

下面，讨论如何用 T-x 图确定体系的相态和分析过程的相变。

如图 8-15 所示，设有组成为 X_B 的体系沿竖直方向到达 h 点，此变化为等压加热（升温）过程。当处于 x_B 时，为溶液一相。随加热温度逐渐升高，当到达 c 时（溶液的沸点），开始出现第一个气泡，其组成由 e 点读出。生成气相后，进入两相区。随温度 T 的不断升高，液相组成沿 cd 变化，气相组成沿 ef 变化，且液相量逐渐减少，气相量逐渐增多。当物系点到达 f 点时，最后一滴液体消失，全部汽化完毕。进入气相区后，气相组成为 x_B。然后气体混合物升温至 h。此相变过程中与单组分的区别在于，在两相区，由于 $f=2-2+1=1$，所以在溶液汽化过程中温度不断变化。汽化过程由 c 点的温度（溶液沸点）开始，至 f 点的温度结束。

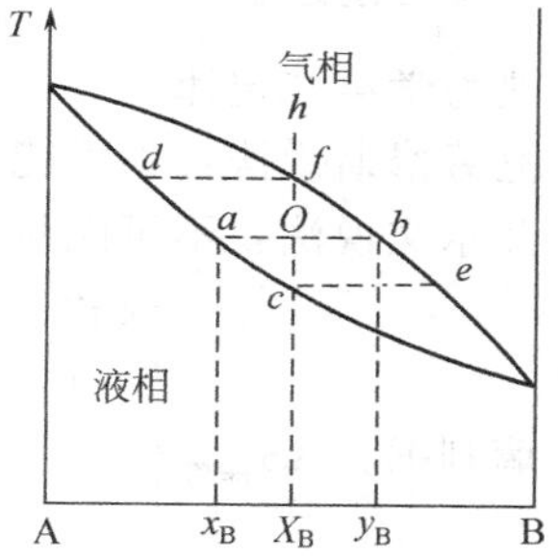

图 8-15　杠杆规则示意

本章小结

本章包括两个方面的内容：表面现象以及分散体系。

一、热力学的基本概念

热力学：是自然科学中的一个重要分支学科，其研究对象是物质的热现象、热运动的规律、热运动和其他运动形式的相互转化关系，以及在一定条件下各种物理过程和化学过程进行的方向和所能达到的限度。

系统和环境：热力学中把研究对象称为体系（也可称为系统），体系以外并与体系之间有相互关系的部分称为环境。体系可分为封闭体系（体系和环境之间只有能量交换，而无物质交换）、敞开体系（体系和环境之间既有物质交换，也有能量交换）、隔离体系（体系和环境之间既无物质交换，也无能量交换）三类。

体系的性质：规定了体系的状态。

强度性质：大小与物质的量无关，如温度 T、压力 p、密度 ρ。

广度性质：大小与体系中物质的量成正比，如质量 m、电阻 R、体积 V。

状态：即热力学的平衡态。

过程与途径：体系状态发生变化的经过历程为过程，如恒温过程、恒压过程、恒容过程、绝热过程、循环过程、可逆过程等。

热力学标准态：压力为 $p^{\ominus}=100\text{kPa}$ 和温度为 T 的状态。

热力学能：体系内部质点所具有的各种形式的能量的总和。

焓：$H=U+pV$

二、热力学第一定律

$\Delta U=Q-W$

盖斯定律：恒容或恒压化学反应的热效应与途径无关。

标准摩尔燃烧焓 $\Delta_c H_m^{\ominus}$：在 100kPa 和指定温度下，1mol 某种物质被完全燃烧或完全氧化时的恒压反应热。

标准摩尔生成焓 $\Delta_f H_m^{\ominus}$：是定义为在反应进行的温度下由各处于标准态的单质生成处于标准态的 1mol 该化合物的反应焓变。

三、热力学第二定律

自发过程：无需外力帮助，任其自然就能自然发生的过程。

熵：体系混乱度的度量，$S=k\ln\Omega$ 。

等温可逆过程熵变：$\Delta S=\dfrac{Q_R}{T}$。

热力学第二定律：

克劳修斯说法：不可能把热从低温物体传到高温物体而不引起其他变化。

开尔文说法：不可能从单一热源取热，使之完全变为功而不产生其他影响。

或者：第二类永动机是不可能造成的。

$$\text{熵判据：}\Delta S_{\text{隔离}}\begin{cases}>0 & \text{自发过程}\\ =0 & \text{平衡}\\ <0 & \text{逆过程自发}\end{cases}$$

热力学第三定律：$S_0^{\ominus}=0$

四、吉布斯函数

吉布斯函数 $G=U+pV-TS$

吉布斯函数判据：

$$\Delta G_{T,p}\begin{cases}<0 & \text{自发过程}\\ =0 & \text{平衡}\\ >0 & \text{逆过程自发}\end{cases}$$

标准摩尔生成吉布斯函数 $\Delta_f G_m^{\ominus}$：在一定温度下，由单独存在且处于标准压力下的热力学稳定单质生成标准态下某物质的吉布斯函变与反应进度之比。

五、化学平衡和化学反应速率

道尔顿定律：低压混合气体的总压力等于各组分的分压力的总和。$p_i=x_i p$ 。

化学平衡等温方程式：$\Delta_r G_m=-RT\ln K_a+RT\ln Q_a$

$$\Delta_r G_m\begin{cases}<0 & \text{自发过程}\\ =0 & \text{平衡}\\ >0 & \text{逆过程自发}\end{cases}$$

平衡常数：$K_a=\left(\dfrac{a_G^g a_H^h}{a_A^a a_B^b}\right)_{\text{平衡}}$

平衡常数判据：$\begin{cases} 若\ Q_a < K_a，则反应正向自动进行 \\ 若\ Q_a > K_a，则反应逆向自动进行 \\ 若\ Q_a = K_a，则反应达到平衡 \end{cases}$

化学平衡移动的勒夏特列原理：当化学反应体系达到平衡后，如果改变平衡的外界条件（浓度、温度、压力）之一，平衡就向着能减弱这种改变的方向移动。

化学反应速率的表示：反应体系中某物质（反应物或生成物）的摩尔浓度随时间的变化速率。

质量作用定律：$v = kc_A^a c_B^b$

基元反应：一步完成的反应。

温度对化学反应速率的影响：$k = A\exp\left(-\dfrac{E_a}{RT}\right)$

碰撞理论的解释：只有反应物分子之间发生有效碰撞才能发生化学反应。

催化剂对化学反应速率的影响：一般降低反应活化能，加快反应速率。

六、溶液与相平衡

Raoult 定律：$p_A = p_A^* x_A$

Henry 定律：$p_B = k_{x,B} x_B$

相律：$f = K - \Phi + 2$

水的相图：气液固三个相区、三条两相共存线、一个三相点。

二组分双液体系的相图：恒温下的 p-x 图以及恒压下 T-x 图。

杠杆规则：$\dfrac{m(l)}{m(g)} = \dfrac{\overline{Ob}}{\overline{Oa}}$

习　题　八

1. 如何理解体系和环境？敞开、封闭和隔离体系之间能否人为地进行转化？如何进行？
2. 如下图所示，在一绝热容器中装有水，闭合开关，可由蓄电池供给电流。当选择的体系和环境不同时，请在下表中填入 Q、W、ΔU 的值是小于零，大于零，还是等于零？

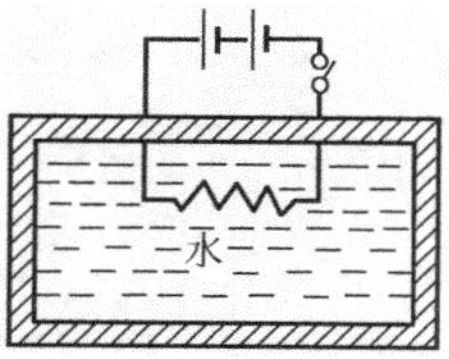

体系	电池	电池＋电阻丝	电阻丝	水	水＋电阻丝
环境	水＋电阻丝	水	水＋电池	电池＋电阻丝	电池
Q					
W					
ΔU					

3. 状态函数有何特性？举例说明为什么功和热不是状态函数。
4. “物质的温度越高，则热量越多”和“开水比冷水含热量多”这两种说法正确吗？为什么？
5. 化学反应中的可逆反应是否就是热力学可逆过程？它们之间有什么区别？
6. 在一个礼堂中有 980 人开会，平均每个人每小时向周围散发 420kJ 的热量。如果以礼堂中的空气和椅子等为体系，则在 20min 内，体系的热力学能增加多少？如果以礼堂中空气、人和其他所有的东西为体系，则其热力学能又增加了多少？
7. 5mol 单原子理想气体的始态为 27℃，5atm。

   (1) 恒温下反抗 1atm 的外压而膨胀至平衡，求 W_1、Q_1、ΔU_1；

   (2) 用 100℃的热源加热破坏上述平衡态，使之在 1atm 下继续膨胀到新的平衡态，求 W_2、Q_2、ΔU_2。
8. 下列反应在 298K 时的反应热效应为

   (1) $CO(g) + 1/2O_2(g) \longrightarrow CO_2(g)$　　$\Delta H_{298}^{\ominus} = -283kJ \cdot mol^{-1}$

   (2) $H_2(g) + 1/2O_2(g) \longrightarrow H_2O(l)$　　$\Delta H_{298}^{\ominus} = -285.8kJ \cdot mol^{-1}$

(3) $C_2H_5OH(l)+3O_2 \longrightarrow 2CO_2(g)+3H_2O(l)$　　$\Delta H^{\ominus}_{298}=-1370kJ\cdot mol^{-1}$

计算反应 $2CO(g)+4H_2(g) \longrightarrow H_2O(l)+C_2H_5OH(l)$ 的 $\Delta H^{\ominus}_{298}$。

9. 利用附录一，计算在 298K 时反应

$$H_2(g)+Cl_2(g) \longrightarrow 2HCl(g)$$

的 ΔH、ΔG、ΔU、ΔS。

10. 为什么物质在正常熔点下凝固和熔化时的 $\Delta G=0$?

11. 理想气体的恒温膨胀可以使热全部变成功，这与热力学第二定律是否矛盾？

12. 在始态和终态相同的情况下分别进行可逆过程和不可逆过程，请问它们的熵变是否相同？

13. “凡是吉布斯函数减小的过程都是自发进行的”，这种说法对吗？

14. 根据附录一计算反应

$$CO(g)+H_2O(g) \xrightarrow{\text{恒温恒压}} CO_2(g)+H_2(g)$$

在标准状态下的 $\Delta H^{\ominus}_{298}$、$\Delta S^{\ominus}_{298}$ 和 $\Delta G^{\ominus}_{298}$，并指出反应自发进行的方向。

15. 根据附录一计算反应

$$N_2(g)+3H_2(g) \xrightarrow{\text{恒温恒压}} 2NH_3(g)$$

在标准状态下的 $\Delta H^{\ominus}_{298}$、$\Delta S^{\ominus}_{298}$ 和 $\Delta G^{\ominus}_{298}$，并指出在 298K 和标准压力下能否自动进行。

16. 把 1mol 氦气在 400K 和 5atm 下恒温压缩至 10atm，试求其 ΔH、ΔG、ΔU、ΔS、Q 和 W。假设氦气为理想气体。

(1) 设这一过程为可逆过程；

(2) 设压缩时的外压始终为 10^3 atm。

17. 判断下列反应在温度升高时，其 ΔG 是增大还是减小。

(1) $CaCO_3(s) \longrightarrow CaO(s)+CO_2(g)$

(2) $SO_2(g)+\frac{1}{2}O_2(g) \longrightarrow SO_3(g)$

(3) $C_6H_5C_2H_5(g) \longrightarrow C_6H_5CH=CH_2(g)+H_2(g)$

18. 化学平衡为什么说是动态平衡？

19. 在化学平衡中，平衡组成发生了改变，K_p 是否也会改变？

20. 对于理想气体参与的化学反应，K_p、K_c、K_x、K_a 是否都只是温度的函数，而与总压力无关？

21. 某化学反应在一定的温度和压力下的 $\Delta G>0$，是否可以得出结论，该化学反应在任何条件下都不能进行？

22. 哪些因素能够影响化学平衡的移动？

23. 惰性气体对化学平衡是否有影响？如何影响？

24. 写出下列各反应式的 K_p、K_c 和 K_x，并求出 27℃时 K_p/K_c 以及 K_p/K_x。

(1) $C_2H_4(g)+H_2O(l) \rightleftharpoons C_2H_5OH(l)$

(2) $2SO_2(g)+O_2(g) \rightleftharpoons 2SO_3(g)$

(3) $N_2O_4(g) \rightleftharpoons 2NO_2(g)$

(4) $N_2(g)+3H_2(g) \rightleftharpoons 2NH_3(g)$

(5) $4MnO_2(s) \rightleftharpoons 2Mn_2O_3(s)+O_2(g)$

25. 对于反应

$$2NO_2(g) \rightleftharpoons 2NO(g)+O_2(g)$$

如果在 1000K 时，其 $K_p=6.76\times10^{-5}$，求 $p=2\times101.3$kPa 时的 K_p、K_c 和 K_x。

26. 对于反应

$$H_2(g)+CO_2(g) \rightleftharpoons H_2O(g)+CO(g)$$

如果反应达到平衡，其浓度分别为：$c_{H_2}=0.600mol\cdot L^{-1}$，$c_{CO_2}=0.459mol\cdot L^{-1}$，$c_{H_2O}=0.500mol\cdot L^{-1}$，$c_{CO}=0.425mol\cdot L^{-1}$。求：

(1) K_p 和 K_a；

(2) 现有参与反应的四种物质组成的混合气体，其中 H_2O 所占的体积分数为 10%，其余三种气体所占

的体积分数均为30%。计算该混合气体在1000K、100kPa时的$\Delta_r G_m$，并判断反应能否自动进行？方向如何？

27. 对于反应

$$CO(g)+H_2O(g)\rightleftharpoons CO_2(g)+H_2(g)$$

在500K下的平衡常数$K_p=126$。如用等摩尔比的一氧化碳与水蒸气反应，求500K、101.325kPa时，该反应达到平衡时体系的组成、转化率和生成氢气的产率。

28. 反应速率主要与哪些因素有关？
29. 什么是基元反应？基元反应的速率方程如何表达？
30. 反应级数和反应分子数有什么区别？
31. 什么是半衰期？一级反应、二级反应以及它们的半衰期各有什么特征？
32. 什么是活化能？活化能对反应速率有什么影响？活化能与反应热有何异同？
33. 什么是催化剂？催化剂具有什么作用和特性？
34. N_2O_5在CCl_4中发生的分解反应是一个一级反应，已知在45℃时的初始浓度为$2.33mol\cdot L^{-1}$，经过319s之后，N_2O_5的浓度为$1.91mol\cdot L^{-1}$。求：
  (1) 反应的速率常数；
  (2) 反应开始时的速率；
  (3) 反应的半衰期；
  (4) 反应经过30min后N_2O_5的浓度。
35. 乙醛分解为甲烷和一氧化碳的反应

$$CH_3CHO(g)\longrightarrow CH_4(g)+CO(g)$$

活化能为$190.381\ kJ\cdot mol^{-1}$。如果用适量的碘蒸气作为催化剂，反应的活化能则可降为$139.986\ kJ\cdot mol^{-1}$。如果反应在500℃下进行，请问加入催化剂后，反应的速率能够提高多少倍？

36. Raoult定律和Henry定律在应用时应注意什么条件？
37. 什么叫做相？组分数和独立组分数之间有什么区别？什么叫做自由度数？
38. 水的三相点和冰点有什么不同？
39. 怎么依据溶液的p-x图绘出其T-x图？
40. 指出下列平衡体系的组分数、独立组分数、相数和自由度数是多少。
  (1) 由79%的N_2和21%的O_2组成的混合气体；
  (2) NaCl和KCl的混合水溶液及蒸气；
  (3) KCl(s)，KCl饱和水溶液及蒸气；
  (4) 1atm下，$(NH_4)_2SO_4(s)$、$H_2O(s)$及二者形成的溶液；
  (5) $MgCO_3(s)$部分分解为$MgO(s)$和CO_2后达到化学平衡；
  (6) C(s)、CO、CO_2和O_2在1000℃达到化学平衡。
41. 已知不同温度下，$(NH_4)_2SO_4(s)$在水中溶解度的数据如下

温度/℃	$(NH_4)_2SO_4(s)$ /(g/100g溶液)	固相	温度/℃	$(NH_4)_2SO_4(s)$ /(g/100g溶液)	固相
−5.50	16.7	冰	40	44.8	$(NH_4)_2SO_4(s)$
−11	28.6	冰	50	45.8	$(NH_4)_2SO_4(s)$
−18	37.5	冰	60	46.8	$(NH_4)_2SO_4(s)$
−19.1	38.4	冰+$(NH_4)_2SO_4(s)$	70	47.8	$(NH_4)_2SO_4(s)$
0	41.4	$(NH_4)_2SO_4(s)$	80	48.8	$(NH_4)_2SO_4(s)$
10	42.2	$(NH_4)_2SO_4(s)$	90	49.8	$(NH_4)_2SO_4(s)$
20	43.0	$(NH_4)_2SO_4(s)$	100	50.8	$(NH_4)_2SO_4(s)$
30	43.8	$(NH_4)_2SO_4(s)$	108.9	51.8	$(NH_4)_2SO_4(s)$

  (1) 根据表中数据绘出$(NH_4)_2SO_4$-H_2O体系的相图；
  (2) 说明图中点、线、区的相态和自由度；
  (3) $(NH_4)_2SO_4$水溶液冷却至−10℃时会析出什么物质？溶液在此时的浓度是多少？
  (4) 如果配制2000kg、−19℃的冷冻溶液，需要$(NH_4)_2SO_4$多少千克？

第九章

表面现象及其在材料科学中的应用

知识与技能目标

1. 掌握表面吉布斯函数变、表面张力等基本概念，能够解释一些表面现象。
2. 了解气-固吸附的原理，能够分析吸附等温线，掌握物理吸附和化学吸附的区别。
3. 了解分散体系的分类和基本特性，熟悉影响溶胶稳定性的主要因素。
4. 了解溶胶的电学性质和电解质的聚沉作用。

第一节 表面现象

人们常常说的表面实际上是界面的习惯用语。严格地说，密切接触的两相之间的过渡区称为界面，如气-液界面、气-固界面、液-液界面、液-固界面及固-固界面都是两相之间的界面。只是其中一相为气体时，其界面习惯上称为表面。另外，本章所研究的表面（界面）并非一个没有厚度的纯几何面，而是一个在两相间具有一定厚度的界面层，此界面层也可称为相际。

表面现象是指表面上所发生的物理化学行为。表面现象在任何两种之间的界面上都能够表现出来，只是其明显程度会有所不同。

一、物质的表面特性

表面现象在某个确定的体系中表现出来的明显程度，主要取决于表面层分子（或原子、离子）所占的比例。对一定量的某种物质来说，当其表面积较小时，则表面性质对物质的一般性质的影响可以忽略。而当物质的分散程度（即粉碎程度或分散度）很大时，表面层分子所占的比例较大，表面现象也就表现得突出了。

1. 比表面积与分散度

单位体积的物质所具有的表面积称为比表面积，以 A_s 表示。即

$$A_s=\frac{A}{V} \tag{9-1}$$

式中，A 表示某物质的表面积；V 表示该物质的体积。比表面积的单位是 m^{-1}。

对于边长为 l 的立方体颗粒，其比表面积可用下式计算：

$$A_s=\frac{A}{V}=\frac{6l^2}{l^3}=\frac{6}{l}$$

对于一定量的物料来说，可以用比表面积来表示其分散度。分散度越高，比表面积越

大。例如，将一个体积为 $10^{-6}m^3$（即 $1cm^3$）的立方体，分割成边长为 $10^{-9}m$ 的小立方体时，其比表面积增加 1 千万倍。表 9-1 列出了随分割程度提高，其比表面积的变化情况。

对于松散的聚集体或多孔性物质，其分散程度常用单位质量所具有的表面积 A_w 来表示，即

$$A_w=\frac{A}{m} \tag{9-2}$$

对于边长为 l 的立方体，则：

$$A_w=\frac{6l^2}{\rho l^3}=\frac{6}{\rho l}$$

式中，ρ 为视密度，$kg\cdot m^{-3}$；l 为立方体的边长，m；A_w 的单位是 $m^2\cdot kg^{-1}$。

表 9-1　边长为 1cm 的立方体分散为小立方体时比表面积的变化

立方体边长/m	微粒数	微粒的总表面积 A/m^2	比表面积(分散度)A_s/m^{-1}
10^{-2}	10^0	6×10^{-4}	6×10^2
10^{-3}	10^3	6×10^{-3}	6×10^3
10^{-4}	10^6	6×10^{-2}	6×10^4
10^{-5}	10^9	6×10^{-1}	6×10^5
10^{-6}	10^{12}	6×10^0	6×10^6
10^{-7}	10^{15}	6×10^1	6×10^7
10^{-8}	10^{18}	6×10^2	6×10^8
10^{-9}	10^{21}	6×10^3	6×10^9

2. 表面张力与表面功

如图 9-1 所示，用金属丝做成一个宽为 l 的框，并在其上装有可以左右移动的金属丝。在金属框上蘸上肥皂液后，就能够在金属框上形成了一个肥皂膜。如果不在金属丝上施加外力，肥皂膜就要缩小，从而将金属丝拉向左端。但如果在可以移动的金属丝上施加一个向右的适当大小的外力 F，则可以使金属丝维持在某一个固定的位置上。

用于平衡的外力 F 与金属丝左侧使肥皂膜缩小的力大小相等。令单位长度上肥皂膜表面的紧缩力为 σ，由于肥皂膜有两个表面，所以

$$F=2\sigma l$$

式中，σ 称为表面张力，$N\cdot m^{-1}$。

表面张力实际上是界面张力中的一种，即气-液或气-固界面的界面张力，它是表面的一种属性，不同表面的表面张力是不同的。此外，表面张力也与其所处的温度有关。

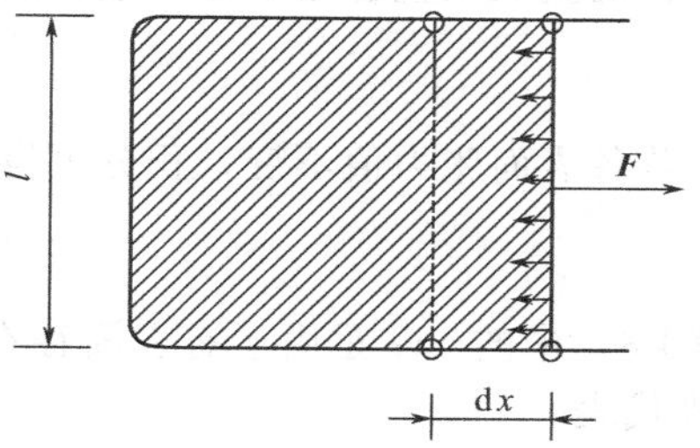

图 9-1　表面功示意

对于表面张力，研究得最多的是液体的表面张力，它实际上是气-液界面的界面张力。液体的表面张力与表面所接触的气相有关，这些气相一般是空气、液体本身的蒸汽，或被液体蒸汽饱和了的空气。但一般情况下，不同的气相对液体的表面张力影响不大。表 9-2 列出了一些液体在 20℃的温度下的表面张力，括号中的气体是与液体相接触的气相种类。

对于图 9-1 所示的装置，如果所施加的外力比 F 大一个无限小，则可使活动金属丝向右方移动。假设移动的距离是 dx，且忽略金属丝和金属框之间的摩擦力，则系统得到了可逆的非体积功。

$$\delta W'_r=F\,dx=2\sigma l\,dx=\sigma dA \tag{9-3}$$

式中，$dA=2l\,dx$ 为肥皂膜在得到 $\delta W'_r$后增加的表面积；$\delta W'_r$称为表面功。

表 9-2 20℃时某些液体的表面张力（括号中为与液体相接触的气相种类）

物　质	$\sigma\times10^3/N\cdot m^{-1}$	物　质	$\sigma\times10^3/N\cdot m^{-1}$
氯仿(空气)	27.14	乙醇(蒸气)	22.75
四氯化碳(蒸气)	26.95	正丁醇(空气或蒸气)	24.60
甲醇(空气)	22.61	乙醚(蒸气)	17.01

3. 表面吉布斯函数变与比表面吉布斯函数变

对纯组分或组成不变的体系，吉布斯函数可表示成 T、p 的函数

$$G=G(T,p)$$

由热力学知识可知，对于只做体积功，而不做其他功的过程有

$$dG=-SdT+Vdp$$

若体系中相的组成发生变化，吉布斯函数 G 就将成为 T、p、各组分物质的量的函数，即：

$$G=G(T,p,n_B,n_C\cdots)$$

所以上式变为

$$dG=-SdT+Vdp+\sum_{\alpha}\sum_{B}\mu_B^{\alpha}dn_B^{\alpha} \tag{9-4}$$

如果体系中各相的相面积 A_1、A_2、…也发生变化，吉布斯函数 G 的变量就又增加了各相表面的面积，即：

$$G=G\ (T,p,n_B,n_C\cdots,A_1,A_2\cdots)$$

则式（9-4）进一步变为：

$$dG=-SdT+Vdp+\sum_{\alpha}\sum_{B}\mu_B^{\alpha}dn_B^{\alpha}+\sum_{i}\sigma_i dA_i \tag{9-5}$$

其中

$$\sigma_i=\left(\partial G/\partial A_i\right)_{T,p,x,A_j} \tag{9-6}$$

式（9-6）中的下标 A_j 表示除了表面 i 以外，其他表面积均不变。

在恒温恒压且各相中任一组分的物质的量均不发生变化的情况下有：

$$dG=\sum_{i}\sigma_i dA_i \tag{9-7}$$

若各表面张力值不变，积分可得

$$G^S=\Delta G=\sum_{i}\sigma_i A_i \tag{9-8}$$

式（9-8）中的 ΔG 是由于有表面存在而增加的吉布斯函数值，称为表面吉布斯函数变，用 G^S 来代表。

从式（9-8）来看，恒温恒压下界面上发生的自发过程是体系中各表面张力与其表面积的积之和降低的过程。当体系内只有一个表面时，若表面张力不变，则表面积要自动缩小；若表面积不变，则表面张力要自动减小。荷叶上的小水滴变成球形，两个小液滴变成一个较大液滴的过程属于前者；而多孔的固体表面吸附气相中某种组分，则属于后者。

另外，由于恒温恒压下的可逆过程有：可逆非体积功 $\delta W'_r=-dG_{T,p}$，所以将其带入式（9-3）可得

$$\sigma=\frac{\delta W'_r}{dA}=\left(\frac{\partial G}{\partial A}\right)_{T,p,x} \tag{9-9}$$

式中，下标 T、p、x 表示体系的温度、压力和相组成不变，而 σ 称为体系的比表面吉布斯函数变，它是指在温度、压力和组成一定的条件下，增加单位表面积时所引起的体系吉布斯函数的变化，其单位为 $J\cdot m^{-2}$。

由此可见，液体的表面张力是垂直作用于单位长度上平行于液体表面的力，它又等于增加单位液体表面积所需要的可逆非体积功。

二、吸附

在一定条件下，一种物质的分子、原子或离子能自动地附着在固体或液体表面上的现象，或者某物质的浓度在相界面上自动发生变化的现象都叫做吸附。吸附可以发生在固-气、固-液、液-气、液-液等相界面上。

1. 固体表面的吸附

固体表面不能自动缩小，所以固-气界面、固-液界面吉布斯函数的降低不能靠缩小固体的表面积，而只能靠降低表面张力来实现。由于固体表面分子力场不饱和，在吸附了气相中某些气体分子或溶液中的某种溶质分子后，其界面张力就会降低，因此吸附是自发的。

将具有吸附能力的固体物质称为吸附剂，将被吸附剂吸附的物质称为吸附质。例如用活性炭吸附氯气，那么活性炭就是吸附剂，而氯气则是吸附质。吸附剂一般是多孔性物质，不仅具有大的外表面，而且还具有很大的内表面。良好的吸附剂应当具有较大的比表面积。

按照吸附作用的本质不同，将吸附分为物理吸附和化学吸附，两者的区别可参见表9-3。

表 9-3　物理吸附和化学吸附的差别

吸附种类	物理吸附	化学吸附
吸附力	范德华力	化学键力
吸附层	单分子层或多分子层	单分子层
吸附热	小，与气体凝聚热相近，为$(2\sim4)\times10^4$J·mol^{-1}	大，近于化学反应热，为$(4\sim40)\times10^4$J·mol^{-1}
选择性	无或很差，几乎任何固体都能吸附任何气体	较强，指定的吸附剂只对某些气体具有吸附性
吸附速度	易达到，吸附速率快，且受温度影响小，但易于脱附	不易达到，吸附速率慢，升温可使其加快，较难脱附

物理吸附和化学吸附不是绝对不相容的，在指定条件下二者可以同时发生。例如 O_2 在金属钨上的吸附同时存在着三种状态：一是有的氧是以原子状态被吸附，是纯粹的化学吸附；二是有的氧是以分子状态被吸附，是纯粹的物理吸附；三是还有一些氧分子被吸附在氧原子的上面，是物理吸附和化学吸附的综合。

一定量的吸附剂能够吸附的吸附质的多少一般用平衡吸附量表示。平衡吸附量（简称为吸附量）是指达到吸附平衡时，吸附剂单位表面积上吸附气体的物质的量或体积。另外，平衡吸附量也可以用单位质量的吸附剂所吸附气体的物质的量或体积来表示。例如，某吸附剂的质量为 m kg，在一定条件下达到平衡时，吸附了 n mol 某气体，则平衡吸附量 Γ 可表示为：

$$\Gamma=\frac{n}{m} \tag{9-10}$$

或

$$\Gamma=\frac{V}{m} \tag{9-11}$$

式中，V 为 $n$mol 气体在标准状态下的体积。

实验表明，对于一个给定的体系达到吸附平衡时，某气体的吸附量与温度及该气体的平衡压力有关。为此，常常固定温度或压力，以研究吸附量、温度和气体平衡压力之间的关系。在恒温下，反映吸附量与平衡压力之间关系的曲线称为吸附等温线。在生产和科研中，吸附等温线经常用到。

$$\Gamma=\Gamma_{\mathrm{m}}\times\frac{bp}{1+bp} \tag{9-12}$$

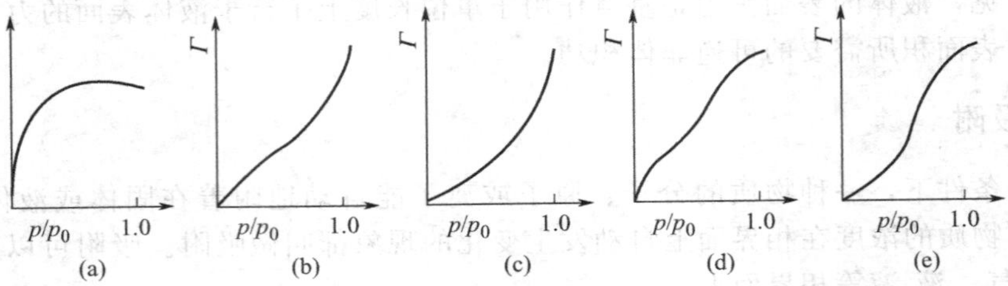

图 9-2 五种类型的吸附等温线

如图 9-2 所示，Brunaur 将吸附等温线分为五种类型：类型（a）中体现的是单分子层吸附，其吸附量随压力的升高很快达到一个极限值 V_m，可称为朗格缪尔（Langmuir）型，可由朗格缪尔吸附等温式来描述：

式中，b 称为吸附系数，它的数值与吸附剂和吸附质的类型以及温度有关；Γ_m 称为饱和吸附量，是指 1kg 吸附剂表面盖满一层吸附质分子时的最大吸附量，与吸附剂的比表面积 A_s 有关：

$$A_s = \rho \Gamma_m N_A A_m \tag{9-13}$$

式中，ρ 是吸附剂的密度；N_A 是阿伏伽德罗常数；A_m 是吸附物分子的截面积。类型（b）中体现的是固体表面上的多分子层物理吸附，在低压时是单分子层吸附，高压时是多分子层吸附。类型（b）较为常见，也可称为 S 形等温线。类型（c）和类型（e）在比压较低部分都是向上凹的，说明是单分子层吸附，且吸附力较弱。类型（d）的低压部分与类型（b）相似，表明单分子层吸附较快，在高压部分又与类型（e）相似，表明有毛细凝结现象发生。

2. 溶液表面的吸附

如前所述，一定温度与压力下表面张力具有一定值的纯液体一般用缩小表面积的方法来降低体系的表面吉布斯函数变；而表面不能缩小的固体则以吸附气体分子的方法来降低其表面吉布斯函数变。而对于溶液呢？由于吸附现象可以发生在各种不同的相界面上，溶液表面当然也有吸附现象存在。溶液能对其中的溶质产生吸附作用，使其表面张力发生变化，从而降低体系的表面吉布斯函数变。以水溶液为例，在一定的温度下，在纯水中分别加入不同种类的溶质时，溶液的浓度对表面张力的影响可分为三种类型，如图 9-3 所示。第一种曲线表明，在水中逐渐加入某溶质时，溶液的表面张力随溶液浓度的增加稍有升高。就水溶液而言，属于此类型的溶质有无机盐类（如 NaCl）、不挥发性的酸（如 H_2SO_4）、碱（如 KOH）以及含有多个羟基的有机化合物（如蔗糖）等物质。第二种曲线表明，在水中逐渐加入某溶质时，溶液的表面张力随溶液浓度的增加而降低。大部分低级脂肪酸、醇、醛等有机化合物的水溶液有此性质。第三种曲线表明，在水中加入少量的某溶质时，能使溶液的表面张力急剧下降。到某一浓度之后，溶液的表面张力又几乎不随溶液的浓度增加而变化。属于此类的溶质有长碳链的脂肪酸盐（如肥皂——硬脂酸钠）、烷基苯磺酸盐（如洗衣粉——十二烷基苯磺酸钠）、烷基硫酸酯盐（$ROSO_3Na$）等。

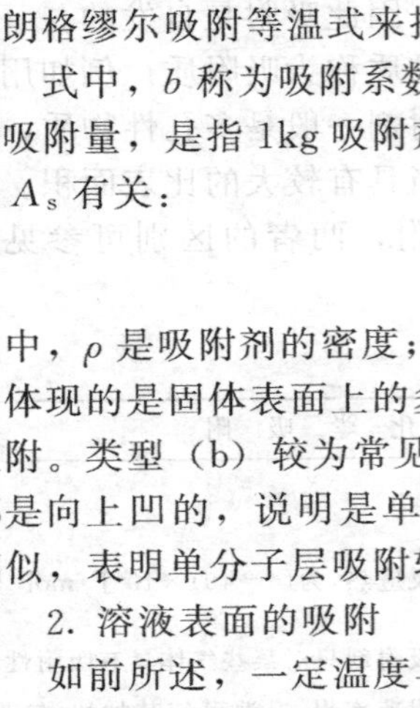

图 9-3 三种类型的 σ-c 曲线

大量的实验事实表明，溶质在溶液表面层的浓度和溶液内部的浓度是不同的。这就是说，在溶液的表面发生了吸附作用。若溶质在表面层中的浓度大于它在溶液本体（内部）中的浓度为正吸附；反之，则为负吸附。

对于上述溶液表面的吸附现象，可用恒温恒压下溶液的表面吉布斯函数自动减少的趋势来说明。在一定的温度和压力下，对于由一定量的溶质和溶剂形成的溶液，当其表面积一定时，降低体系吉布斯函数值的唯一途径就是尽可能地减小溶液的表面张力（即比表面吉布斯函数变）。如果溶剂中溶入溶质后表面张力下降，则溶质会从溶液本体中自动地富集到表面，增大表面浓度，使溶液的表面张力降低得更多一些，这就是正吸附。但表面与本体的浓度差又必然引起溶质分子由表面向本体中的扩散，以使溶液中的浓度均匀一致。两种趋势达到平衡，在表面上就形成了正吸附的平衡浓度。另一方面，若加入溶质会使溶液的表面张力增加，则表面上的溶质会自动地离开表面进入本体。与均匀分布相比，这样也会降低表面吉布斯函数。显然，由于浓度差而导致的扩散又使表面上的溶质分子不能进入本体。达到平衡时，在表面上就形成了负吸附的平衡浓度。凡是能使溶液的表面张力升高的物质，皆称为表面惰性物质（如水中加入的 NaCl）。凡是能使溶液表面张力降低的物质，皆称为表面活性物质或表面活性剂。但在习惯上，只把那些溶入少量就能显著降低溶液表面张力的物质，才称为表面活性剂，或称为表面活性物质。

吉布斯用热力学的方法导出了$\frac{d\sigma}{dc}$（溶液表面张力随浓度而变化的变化率）与表面吸附量之间关系的吉布斯公式：

$$\Gamma=-\frac{c}{RT}=\frac{d\sigma}{dc} \tag{9-14}$$

式中，Γ 为溶质在表面层的吸附量，是指单位面积的表面层所含溶质的物质的量比同量溶剂在本体中所含溶质物质的量的超出值；c 为溶液的本体浓度；σ 为溶液的表面张力；T 为热力学温度；R 为通用气体常数。

3. 表面活性剂

表面活性剂是一类使用非常广泛的物质，从人们的日常生活到许多工业部门都离不开它。少量表面活性剂就能够显著降低溶液的表面张力，或者液-液界面的界面张力，因而可以影响界面性质。在界面和胶体中起到很大的作用。另外，表面活性剂在工业上常根据它们的用途而有着其他的名称，如除垢剂、润湿剂、乳化剂和分散剂等。

将不溶于水的有机溶剂统称为“油”。表面活性剂就是一端亲水、一端亲油的长链有机化合物。在表面活性剂中，亲水一端的基团称为亲水基，是具有较大极性的基团；而亲油一端的基团称为亲油基，或称为憎水基，是非极性的基团。按类型来分，表面活性剂可分为如下几种。

（1）离子型表面活性剂　凡是溶于水时能电离成离子的表面活性剂叫做离子型表面活性剂，它又可分为以下三种。

① 阴离子型表面活性剂　如高级脂肪酸的钠盐 $RCOO^-Na^+$，即肥皂，其中的 R 主要是 15 个或 17 个碳原子的烷基；对十二烷基苯磺酸钠 $CH_3(CH_2)_{11}C_6H_4OSO_3^-Na^+$ 等。

② 阳离子型表面活性剂　如氯化三甲基十二烷基铵 $[CH_3(CH_2)_{11}N(CH_3)_3]^+Cl^-$ 等；

③ 两性离子型表面活性剂　如二甲基十二烷基甜菜碱 $CH_3(CH_2)_{11}N^+(CH_3)_2CH_2COO^-$。

（2）非离子型表面活性剂　凡是不能电离、不生成离子的表面活性剂就叫做非离子型表面活性剂，如聚氧乙烯烷基醚 $CH_3(CH_2)_{11}O(CH_2CH_2O)_{16}H$ 等。

表面活性剂加入水中后，随着浓度的增加，表面张力急剧下降，很快降到最小。以后再加入表面活性剂，溶液的表面张力基本上不再变化。这是因为表面活性剂加入水中以后，除水中溶解了很少的一部分形成溶液并部分电离成离子之外，绝大部分的表面活性剂集中在溶液的表面层，从而使它在表面层的浓度远远大于溶液中的浓度。也就是说，表面活性剂主要集中在溶液表面。由于表面活性剂一端亲水、一端亲油，所以它在溶液的表面上有一定程度的定向。当溶液的浓度达到某一定值时，表面上定向排满一层表面活性剂分子，亲水基伸向水溶液中，而亲油基则伸向溶液之外的气相或油相。之后，再向水中加入表面活性剂，表面层的浓度不能再增加，表面活性剂在溶液内部形成具有一定形状的胶束。胶束由几十个或几百个表面活性剂分子构成，每个表面活性剂分子的亲油基伸向基团内部，而极性的亲水基伸向水中，稳定地存在于水溶液中。胶束可具有不同的形状，如球形和板形等。随着表面活性剂浓度的变化，其分子在溶液中和表面上的分布和排列情况可参见图 9-4。

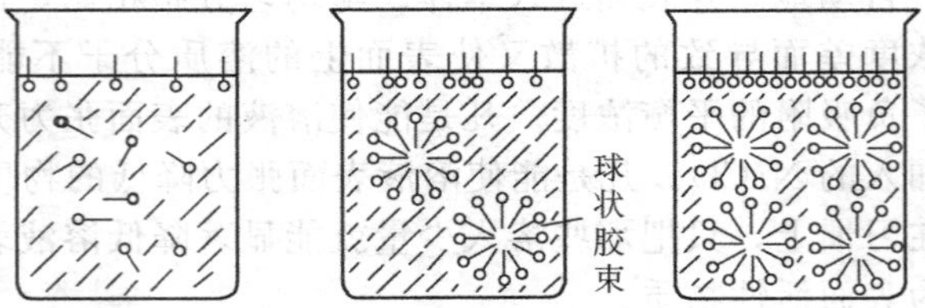

图 9-4 表面活性剂浓度增加时其分子在表面和溶液中的分布和排列示意

形成胶束所需要的表面活性剂的最低浓度称为临界胶束浓度，以 *cmc* 表示。显然，当表面活性剂的浓度在临界胶束浓度以下时，不能形成胶束；达到临界胶束浓度时，溶液中开始出现胶束；而超过临界胶束浓度以后，随着浓度的提高，只是胶束的数量逐渐增多而已，不能够再改变溶液的性质。

表面活性剂具有增溶作用。一些非极性的碳氢化合物，如苯、己烷、异辛烷等在水中的溶解度本来很小，但浓度达到或超过临界胶束浓度的表面活性剂水溶液却能“溶解”相当多的碳氢化合物，形成完全透明、外观与真溶液相似的溶液体系。这就是所谓的“增溶”作用。这主要是由于体系所形成的胶束内部完全是非极性的亲油基，相当于液态的碳氢化合物，与非极性的苯、己烷、异辛烷等碳氢化合物相似相溶，从而使它们被溶解到了胶束之中，最后形成了增溶作用。所以，只有表面活性物质的浓度达到或超过了临界胶束浓度，体系中有胶束存在时，才具有增溶作用。

第二节 分散体系

一种或几种物质分散在另一种物质之中所形成的体系称为分散体系。被分散的物质称为分散相，分散相存在的介质称为分散介质。

一、分散体系的分类

分散体系的分类有许多方法，最基本的就是按照分散程度的高低，即分散粒子的大小来分类。按照这种分类方法，大致可以把分散体系分为下列三种类型。

(1) 分子分散体系　被分散的粒子半径小于 10^{-9} m，相当于单个分子或离子的大小。此时分散相与分散介质形成均匀的一相，所以分子分散体系是一个单相体系。例如，与水亲和力较强的化合物（如氯化钠或蔗糖）溶于水后可形成这种真溶液。根据溶液存在的物理状态，溶液又可分为固态溶液、液态溶液和气态溶液（即混合气体）三种。另外，高分子化合物溶解于溶剂之中，也能形成真溶液，但其分子尺寸很大，已达到了 $10^{-9}\sim10^{-7}$ m 的范围，在历史上曾被称为所谓的“憎液溶胶”，但其实上是高分子溶液。

(2) 胶体分散体系　分散相粒子半径在 $10^{-9}\sim10^{-7}$ m 的范围内，比单个分子要大得多，分散相中的每一个粒子均是由许多分子或离子组成的集合体。虽然用肉眼或普通显微镜观察时，这种体系是透明的，与真溶液没有区别，但实际上，分散相与分散介质已不是一个相，存在着相界面。换言之，胶体分散体系是一个高分散度的多相体系，有很大的比表面和很高的表面吉布斯函数变，致使胶体粒子有自动凝结的趋势。因此，胶体分散体系是一种热力学不稳定体系。与水亲和力差的难溶性固体物质高度分散地存在于水中所形成的胶体分散体系称为溶胶。例如 AgI 溶胶、SiO_2 溶胶、金溶胶、硫溶胶等都是溶胶的例子。按照分散相与分散介质的聚集状态，胶体分散体系还可以分为三类：一类是液溶胶，其分散介质是液体；一类是固溶胶，其分散介质是固体；还有一类是气溶胶，其分散介质是气体。其中，液溶胶也简称为溶胶，是最常见的溶胶类型，以后所提到的溶胶都是指液溶胶。

(3) 粗分散体系　分散相的粒子半径大于 10^{-7} m，用普通显微镜甚至肉眼也能分辨出是一个多相体系。粗分散体系也可按照分散介质的聚集状态来分类：以液体为分散介质的有泡沫（分散相为气体）、悬浮液（分散相为固体，如泥浆）和乳浊液（分散相为液体，如牛奶），以气体为分散介质的有空气及其中悬浮着的粉尘、烟、雾等。

二、溶胶的光学性质

溶胶（液溶胶）的光学性质是胶体高分散性和多相性特征的反映，通过对溶胶光学性质的研究，有助于理解胶体的性质，观察胶体粒子的运动和测定胶体粒子的大小及形状等，具有十分重要的意义。

1. 丁达尔效应

如图 9-5 所示，如果在一暗室内，用一束会聚光通过一个胶体分散体系，则从入射光的垂直方向可以观察到一发光的圆锥体。这种现象是英国物理学家丁达尔(Tyndall) 于 1869 年发现的，所以称为丁达尔效应。

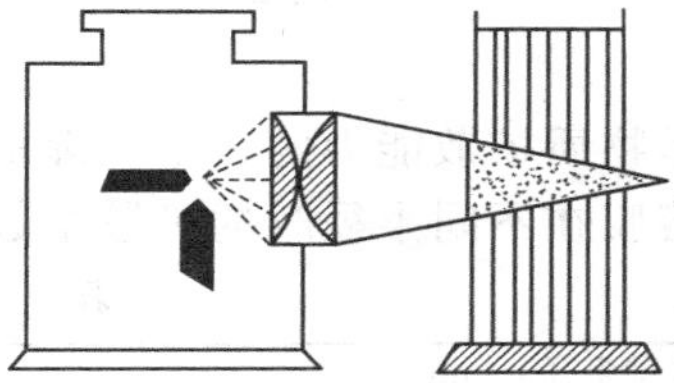

图 9-5　丁达尔效应

丁达尔效应与分散粒子的大小及投射光线的波长有关。当分散粒子的直径大于入射光波的波长时，光投射在粒子上起反射作用。例如粗分散体系的粒子直径一般在 10^{-7}～10^{-5} m 之间，比可见光的波长 $(4\sim8)\times10^{-7}$ m 要大，因此只能看到反射光。如果粒子的直径小于可见光的波长，光波可以绕过粒子而向各个方向传播，这就是光的散射作用，散射出来的光称为乳光。胶体粒子的直径在 10^{-9}～10^{-7} m 之间，比可见光的波长要小。因此，对于胶体分散体系来说，光散射作用（丁达尔现象）最明显。

2. 雷利公式

1871 年，雷利（Rayleigh）研究了光散射作用，得出胶体体系中散射光强度 I 的计算公式为：

$$I=k\frac{\nu V^2}{\lambda^4}\left(\frac{n_1^2-n_2^2}{n_1^2+2n_2^2}\right)^2 I_0 \tag{9-15}$$

该式称为雷利公式，式中，λ 是入射光波长；ν 是单位体积内的粒子数，即粒子浓度；V 是单个粒子的体积；n_1 和 n_2 分别为分散相和分散介质的折射率；I_0 为入射光强度；k 是与胶粒形状、观测者视线与入射光线的夹角及其距体系的距离有关的常数。

三、溶胶的动力学性质

1. 布朗运动

用超显微镜观察溶胶，可以发现胶体粒子在介质中做永不停息的无规则运动。对于一个粒子，每隔一段时间记录下它的位置，得到类似图 9-6 所示的完全不规则的运动轨迹。这种运动称为粒子的布朗（Brown）运动。粒子做布朗运动并不需要消耗能量，布朗运动是体系中分子固有热运动的表现。如果浮于液体介质中的某固体粒子远较胶体粒子为大，则该固体每一时刻都会受到上百万、千万次周围液体分子从不同方向而来的撞击。但是，一则因为不同方向的撞击力基本上互相抵消，二则因为粒子质量较大，所以它的运动既不显著，甚至根本不动。但对于胶体分散程度的粒子来说，每一时刻受到周围液体分子撞击的次数要少得多，不能相互抵消，所以粒子不断地从不同的方向得到不同的撞击力，这一撞击力足以推动质量不大的胶体粒子，因而形成了不停的无规则运动。由此可知，布朗运动是指与分子的热运动没有什么区别，也可以说布朗运动就是远较分子为大的粒子所具有的热运动。布朗运动的速度取决于粒子的尺寸、温度以及介质的黏度，粒子越小、温度越高、介质的黏度越小，则布朗运动的速度越快。

布朗运动是胶体分散体系动力稳定性的一个原因，由于布朗运动的存在，胶体粒子从周围分子不断地获得动能，从而抗衡了重力作用，因而不发生沉聚。但是，事物是一分为二的，布朗运动同时也有可能使胶体粒子因相互碰撞而聚集，颗粒由小变大而沉淀。

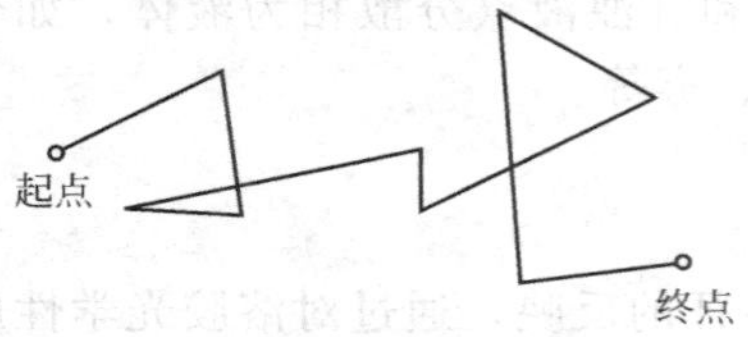

图 9-6 布朗运动示意

2. 扩散

扩散现象是微粒的热运动（即布朗运动）在有浓度差时发生的物质迁移现象。胶体粒子的半径和质量要比真溶液的分子半径和质量大许多倍，故而胶体粒子的扩散速度比真溶液中溶质分子的扩散速度要慢得多。这也就是说，粒子越大，热运动速度越小，扩散速度也越小。一般地，可以用扩散系数 D 来量度扩散速度，它是表示物质扩散能力的一个物理量。扩散系数越大，扩散能力越高，扩散速度越快。表 9-4 是金溶胶在不同半径时的扩散系数比较。

表 9-4 金溶胶在不同半径时的扩散系数比较

粒子半径 r/nm	1	10	100
扩散系数 $D/\times10^{-9}\mathrm{m^2\cdot s^{-1}}$	0.213	0.0213	0.00213

3. 沉降与沉降平衡

对于质量较大的胶体粒子来说，重力作用是不可忽视的，它们在重力作用下会发生沉降。所谓沉降，是指悬浮在流体（包括气体和液体）中的固体颗粒下降而与流体分离的过程。沉降的结果是使底部粒子的浓度大于上部，即出现浓度差。但是，由于布朗运动所引起的扩散作用与沉降的方向相反，所以扩散成了阻碍沉降的因素，将促使浓度趋于均一。分散相的颗粒越小，扩散产生的这种影响就越显著。可见，重力作用之下的沉降与浓度差作用之下的扩散是两种效果相反的效应。当沉降速度与扩散速度相等时，体系就达到了平衡状态，这种现象称为沉降平衡。这时，粒子的浓度随高度的分布能够形成一个浓度梯度。对于粒子体积大小均一的溶胶，其浓度随高度分布的规律符合下列关系式：

$$\ln\frac{N_1}{N_2}=\frac{N_0V}{RT}(\rho-\rho_0)(h_2-h_1) \tag{9-16}$$

这就是粒子的高度分布公式，其中 N_1 和 N_2 分别是高度为 h_1 和 h_2 处粒子的浓度；ρ 和 ρ_0 分别是分散相和分散介质的密度；V 是单个粒子的体积。由式（9-16）可以看出，粒子的体积 V 越大，分散相与分散介质的密度差别越大，达到沉降平衡时粒子的浓度梯度也就越大。

四、溶胶的电性质

前已述及，因溶胶具有较高的表面吉布斯函数值，是热力学不稳定体系，粒子有自动凝结变大的趋势。但事实上，很多溶胶都可以在相当长的时间内稳定存在而并不凝结。经过研究发现，这是与胶体粒子带有电荷有很大关系的，粒子带电是溶胶稳定的重要因素。

1. 电动现象

在外电场的作用下，分散相与分散介质发生相对移动的现象，就是电动现象。电动现象是溶胶粒子带电的最好证明。电动现象主要有电泳和电渗两种。

(1) 电泳　所谓电泳，是指在外加电场的作用下，胶体粒子朝着某一电极迁移的现象。溶胶置于外加电场，胶粒会向正极或负极做定向移动，这种现象称为电泳。电泳在本质上与粒子的迁移并无区别。最简单的电泳实验装置如图 9-7 所示。在 U 形管电泳装置内装入棕红色的 $Fe(OH)_3$ 溶胶，在溶胶上放一层很稀的无色的 NaCl 溶液，可形成清晰的界面。插入电极通电一段时间后，便能看到溶胶界面向阴极方向移动，即阳极端下降而阴极端上升，说明 $Fe(OH)_3$ 胶体粒子带正电。因此，利用电泳现象可以判断胶体粒子带正电还是带负电。电泳还应用于生命科学中对蛋白质进行分离。如用聚丙烯酰胺凝胶电泳分离血清样本，可以得到 25 种不同的组分。20 世纪 80 年代发展起来的高效毛细管电泳具有效率高、速度快、进样体积小和溶剂消耗少的优点，在化学、生命科学和药学领域得到了广泛的应用。

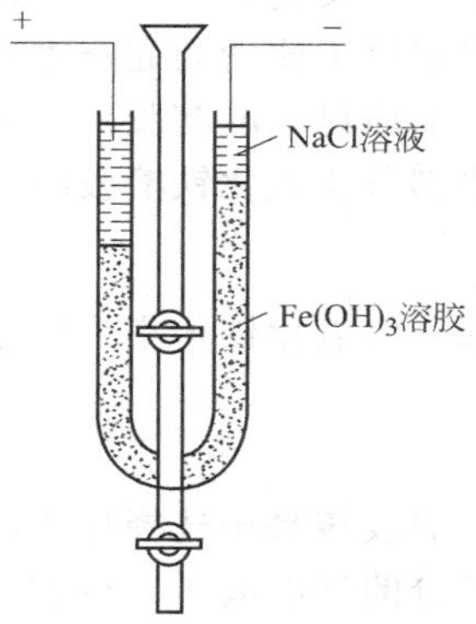

图 9-7　电泳装置

(2) 电渗　所谓电渗，是指在有胶体粒子形成的多孔性物质或带电表面两端加上电场，毛细管中的液体朝着某一电极移动的现象。当作为固相的胶体粒子固定不动时，如图 9-8 所示的 U 形盛液管中间填满固体多孔膜。若多孔膜带负电，则毛细管通道内的液体带正电。在外加电场的作用下，可以看到分散介质会通过多孔膜而向某电极移动。这种现象称为电渗。同电泳一样，电渗也可用于判断胶体粒子所带电荷的正负性。

电泳和电渗都说明了胶体粒子是带有电荷的，但是它们为什么带电呢？原因之一是吸附作用，胶体粒子具有很高的比表面，容易发生吸附现象。如果吸附了溶液中的正离子，则带正电；反之则带负电。原因之二是电离，即胶体粒子的表面发生电离作用，电离之后的某种离子（如正离子）离开胶体粒子的表面，从而使胶体粒子带上相反的电荷。

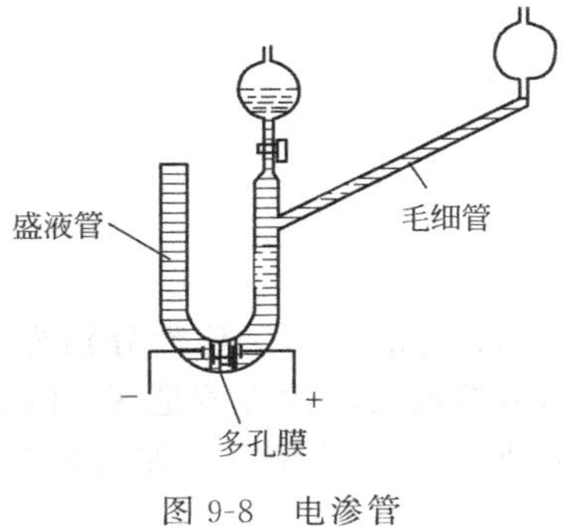

图 9-8　电渗管

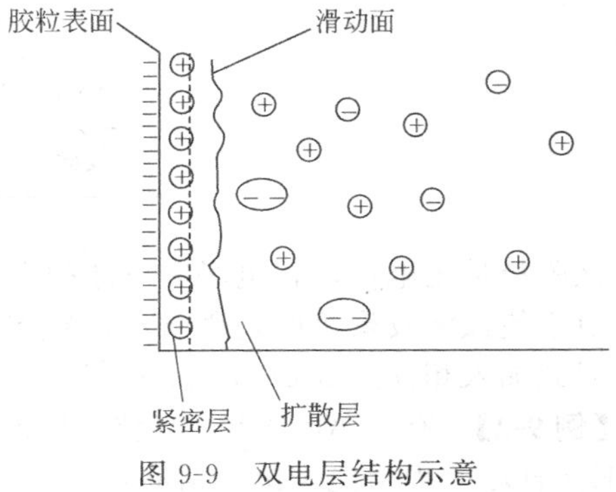

图 9-9　双电层结构示意

2. 胶体粒子的双电层

对于整个溶胶来说，它必然是中性的。既然胶体粒子由于吸附或电离而带有电荷，那么，分散介质必然带有相反的电荷。在胶体粒子周围与在电极-溶液界面处相似，固液两相分别带相反的电荷，从而在界面上形成所谓的双电层结构。

在如图 9-9 所示的双电层结构中，胶体粒子的反电荷层是由紧密层和扩散层两部分构成的。紧密层也称为 Stern 层，约有一两个分子层厚，其中的反电荷离子被束缚在粒子周围，若处于电场之中，将会随着胶体粒子一起向某电极移动；而扩散层中的反电荷粒子虽然也受到了胶体粒子的静电吸引力的影响，但却可以脱离胶体粒子而运动，若处于电场中，则会与胶体粒子反向而朝另一电极移动。二者之间相当于存在着一个滑切面。显然，溶胶的稳定性主要取决于此滑切面与本体溶液的电位差 ζ 电位或动电位。

上面讨论的溶胶粒子带电的原因和双电层结构有助于理解胶体粒子的结构。例如，以水解法制备氢氧化铁溶胶时：

$$FeCl_3 + 3H_2O \xrightarrow{\triangle} Fe(OH)_3 + 3HCl$$

一部分氢氧化铁聚集形成胶核 $[Fe(OH)_3]_m$，另一部分可以和 HCl 发生下列反应：

$$Fe(OH)_3 + HCl \longrightarrow FeOCl + 2H_2O$$

$$FeOCl \rightleftharpoons FeO^+ + Cl^-$$

而胶核易于选择性吸附组成与之类似的离子 FeO^+ 于其表面。同时，在紧密层中也吸引了部分的异电离子（或称为“反离子”）Cl^- 于其内，而另一部分异电离子则扩散地分布到本体溶液中，所以胶团的结构可以表示为：

$$\underbrace{\{\underbrace{\underbrace{[Fe(OH)_3]_m}_{\text{胶核}} \cdot nFeO^+, (n-x)Cl^-\}^{x+}}_{\text{胶粒}} \cdot xCl^-}_{\text{胶团}}$$

综上所述，可以知道：①整个胶团是中性的；②胶粒电荷的正负性取决于被吸附离子的正负性，但胶粒带电荷的多少需由被吸附离子与紧密层中反离子电荷之差来决定。

【例 9-1】 将等体积的 0.008 mol·L^{-1} KI 溶液和 0.1 mol·L^{-1} $AgNO_3$ 溶液混合得 AgI 溶胶，写出化学反应式，并指出胶粒电泳的方向。如果加入相同量的 $MgSO_4$ 和 $K_3[Fe(CN)_6]$，哪一种电解质更容易使此溶胶聚沉？

解：制备该溶胶的化学反应式为：

$$AgNO_3 + KI \longrightarrow AgI\text{（溶胶）} + KNO_3$$

由所给条件知道，制备 AgI 溶胶时，$AgNO_3$ 大大过量，所以胶粒必然是吸附了 Ag^+ 而带正电，胶团的结构应为：

$$\underbrace{\overbrace{\{\underbrace{(AgI)_m}_{\text{胶核}} \cdot nAg^+, (n-x)NO_3^-\}^{x+}}^{\text{胶粒}} \cdot xNO_3^-}_{\text{胶团}}$$

该胶粒带正电荷，在电场中电泳的方向应向着负极。

由于使该溶胶聚沉的是阴离子，$MgSO_4$ 和 $K_3[Fe(CN)_6]$ 的阴离子价数分别为 2 价和 3 价，因此加入相同的 $MgSO_4$ 和 $K_3[Fe(CN)_6]$，更容易使溶胶聚沉的应该是 $K_3[Fe(CN)_6]$。

【例 9-2】 有一 $Al(OH)_3$ 溶胶，加入 0.08mol·L^{-1} KCl 时恰能聚沉，加入 0.0004mol·L^{-1} K_2CrO_4 时也恰能聚沉。请问：

(1) $Al(OH)_3$ 溶胶的胶粒所带电荷是正还是负？

(2) 为使该溶胶聚沉，$CaCl_2$ 的浓度应该是多少？

解：(1) KCl 和 K_2CrO_4 两种电解质，阳离子相同而阴离子不同，恰能聚沉时各种离子的浓度分别为：

KCl：	K^+ 0.08 mol·L^{-1}	Cl^- 0.08mol·L^{-1}
K_2CrO_4：	K^+ 0.0008mol·L^{-1}	CrO_4^- 0.0008mol·L^{-1}

在两种情况下，K^+ 恰能聚沉时的浓度相差太大，显然不可能是聚沉溶胶的离子，所以使溶胶聚沉的离子只能是阴离子。而胶体离子所带电荷与聚沉它的离子所带电荷相反，因此

$Al(OH)_3$ 溶胶的胶粒带正电荷。

（2）由（1）可知，使溶胶聚沉所需 Cl^- 的最低浓度是 0.08mol·L^{-1}，所以需要 $CaCl_2$ 的浓度为 0.08/2=0.04（mol·L^{-1}）。

五、溶胶的热力学不稳定性质

溶胶是热力学不稳定体系，它的不稳定性是绝对的。虽然由于胶粒带电，能使溶胶暂时稳定地存在几天、几个月、几年甚至几十年，但这种稳定性终究是暂时的、相对的和有条件的，它们最终都要聚结成大颗粒。当颗粒变大到一定程度，使溶胶失去了表观上的均匀性，溶胶就会沉降下来。溶胶粒子自动合并变大而下沉的过程称为聚沉。溶胶的聚沉受到下列一些因素的影响。

1. 外加电解质

外加电解质对溶胶稳定性的影响具有两重性。当电解质浓度小时，有助于胶粒带电形成 ζ 电位，使粒子之间因同性电的相互排斥力而不易凝结，因而电解质对溶胶起到了稳定作用；但当电解质浓度足够大时，能够使扩散层变薄而 ζ 电位下降，因此能引起溶胶聚沉。主要起作用的是与胶粒带相反电荷的反离子，反离子的价数越高，其聚沉能力越大。这一规律称为哈迪-叔采（Hardy-Schulze）规则。通常，2 价反离子的聚沉能力是 1 价离子的 20～80 倍；3 价的反离子比 1 价的大 500～1500 倍。但是应当指出，当离子表面上有强烈吸附或发生表面化学反应时，哈迪-叔采规则不能适用。

2. 溶胶之间的相互聚沉

把两种电性相反的溶胶混合，能发生相互聚沉的作用。它与电解质聚沉溶胶的不同之处在于它要求的浓度条件比较严格。只有当其中一种溶胶的总电荷量恰好能中和另一种溶胶的总电荷量时才能发生完全聚沉，否则只能发生部分聚沉，甚至不发生聚沉作用。用不同数量的 $Fe(OH)_3$ 正溶胶与 0.56mg Sb_2S_3 负溶胶相互混合为例，其结果如表 9-5 所示。

表 9-5 溶胶的相互聚沉作用

所加 $Fe(OH)_3$ 的质量/mg	结　果	凝胶混合物电荷
0.8	不聚沉	—
3.2	微呈浑浊	—
4.8	高度浑浊	—
6.1	完全聚沉	0
8.0	局部聚沉	+
12.8	微呈浑浊	+
20.8	不聚沉	+

3. 高分子溶液的保护作用和敏化作用

明胶、蛋白质、淀粉等高分子化合物具有亲水性质，在溶液中加入一定量的高分子溶液，可以显著地提高溶胶的稳定性，使在加入少量电解质时不致发生聚沉作用。这种作用称为高分子溶液对溶胶的保护作用。然而，并非所有高分子化合物都具有这种保护作用。只有当所用的高分子化合物易于被胶粒吸附并将胶粒表面全部覆盖时，才能体现出有效的保护作用。此时，高分子化合物能够把憎水性的胶粒表面变成亲水性表面，对水的亲和力增加，从而增加了溶胶的稳定性。

但如果加入量较少，有时会降低溶胶的稳定性，甚至发生聚沉，这种现象称为敏化作用。如图 9-10 所示。

产生这种现象的原因可能是由于高分子化合物数量少时，无法将胶体颗粒表面完全覆

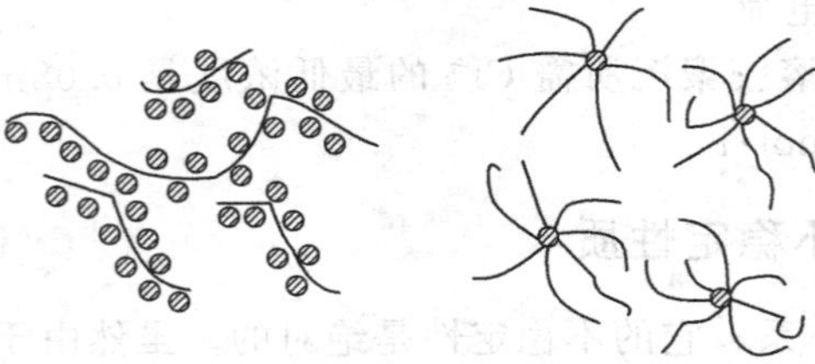
(a) 敏化作用　(b) 保护作用

图 9-10　高分子化合物的敏化和保护作用示意

盖，胶粒附着在高分子化合物上，附着的高分子化合物多了，使得其质量变大而引起聚沉。

4. 溶胶浓度的影响

溶胶的浓度增大时，由于布朗运动的作用，使胶团互相碰撞的次数增加，聚集成大颗粒的机会增多，溶胶的稳定性降低，因而加速了溶胶的聚沉。

此外，还有一些因素对溶胶的稳定性也有影响，如加入凝聚剂、长时间的渗析等，但其中的一些问题还有待解决，这里不再介绍。

本章小结

本章包括两个方面的内容：表面现象以及分散体系。

一、表面现象

1. 基本概念

界面：密切接触的两相之间的过渡区。

比表面积 A_S：单位体积的物质所具有的表面积。

分散度 A_w：单位质量所具有的表面积。

表面张力：作用于液体表面，使液体表面积缩小的力。

吸附：在一定条件下，一种物质的分子、原子或离子能自动地附着在固体或液体表面上的现象，或者某物质的浓度在相界面上自动发生变化的现象，可分为物理吸附和化学吸附两类。

表面活性剂：存在于界面之间，添加少量就能够显著降低溶液的表面张力，或者液-液界面的界面张力。表面活性剂可分为离子型和非离子型两类，其中的离子型表面活性剂又可分为阴离子型、阳离子型和两性离子型三类。表面活性剂具有增溶作用。

临界胶束浓度，以 *cmc* 表示，是形成胶束所需要的表面活性剂的最低浓度。

2. 重要公式

表面吉布斯函数变：$G^S = \Delta G = \sum_i \sigma_i A_i$

朗格缪尔吸附等温式：$\Gamma = \Gamma_m \times \dfrac{bp}{1+bp}$

吉布斯公式：$\Gamma = -\dfrac{c}{RT} \times \dfrac{d\sigma}{dc}$

二、分散体系

1. 基本概念

分散体系：一种或几种物质分散在另一种物质之中所形成的体系称为分散体系。被分散的物质称为分散相，分散相存在的介质称为分散介质。分散体系可分为分子分散体系、胶体分散体系和粗分散体系三类。

溶胶：与水亲和力差的难溶性固体物质高度分散地存在于水中所形成的胶体分散体系。

2. 溶胶的性质

(1) 光学性质：丁达尔效应（用一束会聚光通过一个胶体分散体系，则从入射光的垂直方向可以观察到一发光的圆锥体）、雷利公式 $I=k\dfrac{\upsilon V^2}{\lambda^4}\left(\dfrac{n_1^2-n_2^2}{n_1^2+2n_2^2}\right)^2 I_0$。

(2) 动力学性质：布朗运动（胶体粒子在介质中做永不停息的无规则运动）、扩散（微粒的热运动在有浓度差时发生的物质迁移现象）、沉降（悬浮在流体中的固体颗粒下降而与流体分离的过程）。

(3) 电学性质：电动现象（电泳、电渗）、双电层结构。

(4) 热力学不稳定性质：聚沉作用，受外加电解质、电性相反的其他溶胶、高分子溶液以及溶胶浓度的影响。

习 题 九

1. 判断正误

(1)（ ）σ 是单位表面积上分子所具有的吉布斯函数值。

(2)（ ）气体在固体表面上的吸附过程都是放热过程。

(3)（ ）溶液表面的吸附量一定为正值。

(4)（ ）溶胶中胶粒沉降的动力是重力作用。

(5)（ ）胶体分散体系引起比表面很大，所以是热力学不稳定体系，真溶液的溶质比胶体粒子更小，因而具有更大的比表面积，更不稳定。

2. 选择与填空

(1) 在管子两端有 A、B 两个肥皂泡，A 肥皂泡的直径大于 B。将管子连通后，二者直径的变化趋势是________________，变化的原因是________________。

(2) 胶体物质能保持稳定存在的最主要原因是________________。

A. 胶粒的布朗运动　　B. 胶粒的溶解度大

C. 胶粒的带电　　D. 胶粒的粒度小

(3) $AgNO_3$（过量）$+KI$ 制备胶体溶液，其胶团结构为________________；在电泳现象中，该溶胶的胶粒向________________方向移动。

(4) 某分散系统在重力场中达到沉降平衡时，应该有________________。

A. 各不同高度处的浓度相等　　B. 各不同高度处的化学位相等

C. 各不同高度处的粒径相等　　D. 沉降速率和扩散速率相等

(5) 现有两种溶胶，它们相互之间发生了完全的相互聚沉，它们必然满足下列条件________________________。

3. 比较下列各组概念的异同

(1) 表面张力与比表面吉布斯函数变　　(2) 物理吸附与化学吸附

(3) 表面活性物质与表面惰性物质　　(4) 电泳与电渗

4. 写出下列公式，指出其中各符号的意义和单位，并说明某一个公式的用途

(1) 雷利公式　　(2) 吉布斯公式

(3) 粒子的高度分布公式　　(4) 朗格缪尔吸附等温式

5. 什么叫胶体分散体系？它具有哪些基本特性？

6. 1g 汞分散为直径等于 7×10^{-8}m 的汞珠，试求其比表面积和表面吉布斯函数变。已知汞的密度为 $1.36\times10^4\,kg\cdot m^{-3}$，汞的表面张力为 $0.483\,N\cdot m^{-1}$。

7. 某有机物水溶液的浓度 $c=0.05\,mol\cdot L^{-1}$，在 300K 时 $d\sigma/dc$ 的值为 $-0.49884\,N\cdot m^{-1}\cdot mol^{-1}\cdot L^{-1}$，请问

(1) 此溶液在水中发生什么吸附？

(2) 吸附量为多少？

(3) 该物质称为什么物质？

8. 在 273K 时，每千克活性炭吸附氨气的体积与压力的关系如下

p_{NH_3}/Pa	8687	13375	26648	53297	79945
Γ/L·kg^{-1}	74	111	147	177	189

(1) 画出吸附等温线，并说明其类型；

(2) 使用朗格缪尔吸附等温式图解求得饱和吸附量 Γ_m 和吸附系数 b。

9. 已知氮气在某硅酸的表面形成单分子吸附层，通过测定求得饱和吸附量 Γ_m 为 1291mL·kg^{-1}。若每个氮分子的截面积为 $16.2\times10^{-20}\,m^2$，试计算 1kg 硅酸的表面积。

10. 如何解释溶胶是一个不稳定的体系，而实际上又能相当稳定地存在？

第十章

高聚物的聚合反应

知识与技能目标

1. 掌握缩聚反应的概念、机理，了解缩聚反应中的副反应。
2. 了解体型缩聚、预聚物的交联。
3. 掌握连锁聚合反应的分类、自由基聚合反应。
4. 掌握阳离子型、阴离子型聚合反应。
5. 了解定向聚合反应。
6. 掌握自由基共聚反应。
7. 掌握聚合反应的实施方法。

第一节　概述

采用低分子化合物合成高聚物的反应称为聚合反应。其中的低分子化合物称为单体。

聚合反应有许多种类型，可以从不同角度进行分类。

一、按单体和聚合物在组成和结构上发生的变化分类

在高分子化学发展的早期，曾根据单体和聚合物的组成和结构上发生的变化，将为数不多的聚合反应分为两大类，即加成聚合反应（简称加聚反应，addition polymerization）与缩合聚合反应（简称缩聚反应，condensation polymerization）

单体通过加成而聚合成聚合物的反应称为加聚反应。加聚反应的产物称为加聚物。加聚物的元素组成与其单体相同，仅仅是电子结构有所改变。加聚物的分子量是单体分子量的整数倍，如聚氯乙烯、聚苯乙烯等。

烯类聚合物或碳链聚合物大多是烯类单体通过加聚反应合成的。

$$n\mathrm{CH_2{=}\underset{\displaystyle X}{\underset{|}{CH}}} \longrightarrow \mathrm{{+}CH_2{-}\underset{\displaystyle X}{\underset{|}{CH}}{+}_n}$$

另一类聚合反应是缩聚反应，其主产物称做缩聚物。缩聚反应往往是官能团间的反应，除形成缩聚物外，根据官能团种类的不同，还有水、醇、氨或氯化氢等低分子副产物产生。由于低分子副产物的析出，缩聚物结构单元要比单体少若干原子，其相对分子质量不再是单体分子量的整数倍。己二酸与己二胺反应生成尼龙-66 就是缩聚反应的典型例子。

$$n\mathrm{HOOC(CH_2)_4COOH}+n\mathrm{H_2N(CH_2)_6NH_2} \longrightarrow \mathrm{HO{[}OC(CH_2)_4COHN(CH_2)_6NH{]}_nH}+(2n-1)\mathrm{H_2O}$$

缩聚反应兼有缩合出低分子和聚合成高分子的双重意义，是缩合反应的发展。

缩聚物中往往留有官能团的结构特征，如酰氨基、酯基、醚基等。因此，大部分缩聚物是杂链聚合物，容易被水、醇、酸等化学试剂所水解、醇解和酸解。

但杂链聚合物并不完全由缩聚反应制成，如聚甲醛、聚环氧乙烷等由开环聚合得到。

二、按聚合机理或动力学分类

20 世纪 50 年代，根据聚合反应机理和反应动力学，将聚合反应分成连锁聚合（chain reaction polymerization）与逐步聚合（step reaction polymerization）两大类。

烯类单体的加聚反应大部分属于连锁聚合反应。连锁聚合需要活性中心（active center），活性中心可以是自由基、阳离子或阴离子，因此有自由基聚合、阳离子聚合和阴离子聚合。连锁聚合的特征是整个聚合过程由链引发、链增长、链终止等几步基元反应组成。各步的反应速率和活化能差别很大。链引发是活性中心的形成。单体只能与活性中心反应而使链增长，但单体彼此间不能反应。活性中心的破坏就是链终止。

绝大多数缩聚反应都属于逐步聚合反应。其特征是在低分子转变成高分子的过程中，反应是逐步进行的，即每一步的反应速率和活比能大致相同。反应早期，大部分单体很快聚合成二聚体、三聚体、四聚体等低聚物，短期内单体转化率很高。随后，低聚物间继续反应，分子量缓慢增加，直至转化率很高时（＞98％），分子量才达到较高的数值。

本书将按照聚合机理的分类方式，依次介绍各种聚合反应。

第二节 逐步聚合反应

一、概述

根据聚合反应机理可将聚合反应分为逐步聚合反应与连锁聚合反应两大类。

所谓逐步聚合反应，是指具有两个或两个以上官能团（度）的单体，通过官能团之间的反复作用而逐步形成高分子化合物的反应过程。

逐步聚合反应在高分子化合物的合成中占有重要的地位，很多杂链聚合物都是通过此类反应制得，如聚酰胺、聚酯等。历史上第一种人工合成的高聚物酚醛树脂就是通过缩聚反应得到的。

1. 逐步聚合反应的特点

逐步聚合反应具有以下特点。

（1）逐步性 这是逐步聚合反应最基本的特点。它表现在高聚物并非瞬间形成，而是通过由单体到低聚体，最后到高聚物的过程，整个反应过程逐步进行。

（2）时间依赖性（分子量） 在反应过程中，产物的相对分子质量会随时间延长而不断增加，形成高聚物的时间很长，通常只在极高反应程度时才有高聚物生成，即高聚物是到最后才能生成。

（3）可逆性 大多数逐步聚合反应具有可逆性，尤其是缩聚反应更加明显。

2. 逐步聚合反应分类

逐步聚合反应的类型很多，其中最典型的也是最重要的当属缩聚反应，另外还有开环聚合、亲电加成聚合以及氧化偶合聚合等，它们从反应机理上都属于逐步聚合反应。

（1）缩合聚合反应 简称缩聚反应，是指由相同或不同的低分子单体，经逐步的缩合而生成高聚物，同时析出低分子副产物的反应。例如对苯二甲酸与乙二醇合成聚对苯二甲酸乙二（醇）酯（即涤纶树脂，PET）。

$$n\text{HOOC}\!-\!\!\bigcirc\!\!-\!\text{COOH} + n\text{HOCH}_2\text{CH}_2\text{OH} \rightleftharpoons \text{HO}\!\!-\!\!\!\big[\text{OC}\!-\!\!\bigcirc\!\!-\!\text{COOCH}_2\text{CH}_2\text{O}\big]_{\!n}\!\!-\!\text{H} + (2n-1)\text{H}_2\text{O}$$

己二胺与己二酸合成聚己二酰己二胺（尼龙-66）的反应均属于此类。

$$nHOOC(CH_2)_4COOH+nH_2N(CH_2)_6NH_2 \rightleftharpoons HO\!+\!OC(CH_2)_4COHN(CH_2)_6NH\!+\!_nH+(2n-1)H_2O$$

有关缩聚反应的内容为本节重点。

（2）开环聚合反应　开环聚合反应是指由环状低分子化合物（环状单体），在催化剂存在下，经分子开环并彼此反应而形成高分子化合物的反应。如己内酰胺经开环聚合生成聚己内酰胺（尼龙-6）即属于此类。

$$n\,\underbrace{HN\!-\!(CH_2)_5\!-\!C}=O \xrightleftharpoons{\text{微量水}} H\!-\![HN\!-\!(CH_2)_5\!-\!CO]_n\!-\!OH$$

需要注意的是，其中的反应既有开环加成又有缩合反应。

（3）亲电加成聚合反应　聚氨酯的合成反应属于此类。由端基为醇羟基的低分子量聚酯或聚醚（通常称为聚酯二元醇或聚醚二元醇）与二异氰酸酯反应。其中，醇羟基的活泼氢对二异氰酸酯的异氰基进行亲电加成，经逐步反应生成高分子化合物——聚氨酯（PUR）。

$$nO\!=\!C\!=\!N\!-\!R\!-\!N\!=\!C\!=\!O+(n+1)HO\!-\!R'\!-\!OH \longrightarrow$$
$$HO\!-\!R'\!-\!O\!-\![\underset{\underset{O}{\|}}{C}\!-\!NH\!-\!R\!-\!NH\!-\!\underset{\underset{O}{\|}}{C}\!-\!O\!-\!R'\!-\!O]_n\!-\!H$$

（4）双基偶合聚合反应　聚苯醚、聚二苯甲烷的合成反应属于此类。其反应过程是单体经氧化形成双自由基，再经双基偶合成键，逐步重复以上反应而形成高分子化合物。

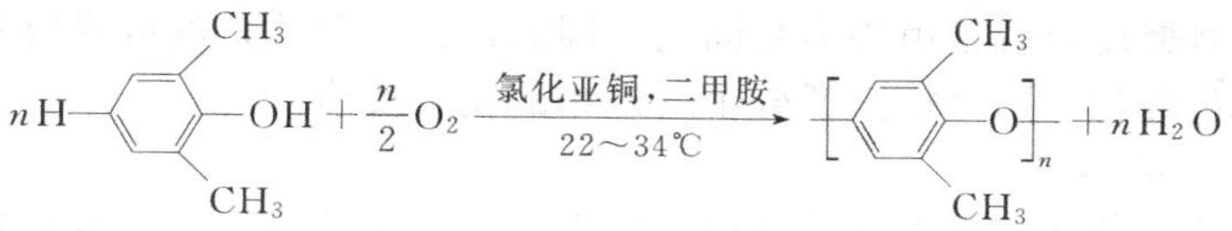

二、缩聚反应

缩合聚合反应简称缩聚反应，是缩合反应多次重复，结果形成聚合物的过程。在机理上属于逐步聚合反应。

1. 缩合反应

有机化学中许多官能团间的反应属于缩合反应，除主产物外，还有低分子副产物产生。醋酸和乙醇间的酯化反应就是典型的缩合反应，主产物是醋酸乙酯，副产物是水。

$$CH_3CO\boxed{OH+H}OC_2H_5 \rightleftharpoons CH_3COOC_2H_5+H_2O$$

另外如酰胺化反应

$$R\!-\!CO\boxed{OH+H}_2N\!-\!R' \rightleftharpoons R\!-\!CONH\!-\!R'+H_2O$$

醚化反应

$$R\!-\!\boxed{OH+H}O\!-\!R' \rightleftharpoons R\!-\!O\!-\!R'+H_2O$$

也都属于常见的缩合反应。它们共同的特点是原料均为单官能团物质，缩合反应也只能进行一步。

2. 缩聚反应

如果采用二元酸（如己二酸）和一元醇（如乙醇）或一元酸（如醋酸）和二元醇（如乙二醇）进行酯化反应，可以想象，因为最后所得产物（二酯）不再含有可以继续进行反应的官能团，反应也只能进行两步即停止。

$$HOOC(CH_2)_4COOH + C_2H_5OH \rightleftharpoons HOOC(CH_2)_4COOC_2H_5 + H_2O$$

$$HOOC(CH_2)_4COOC_2H_5 + C_2H_5OH \rightleftharpoons H_5C_2OOC(CH_2)_4COOC_2H_5 + H_2O$$

如果采用二元酸（如己二酸）和二元醇（如乙二醇）进行反应，情况又会如何呢？

$$HOOC—R—COOH + HO—R'—OH \rightleftharpoons HOOC—R—COO—R'—OH + H_2O$$

所得酯的分子两端，仍带有羧基和羟基，可继续进行反应。

$$HOOC—R—COO—R'—OH + HOOC—R—COOH \rightleftharpoons HOOC—R—COO—R'—COO—R—COOH + H_2O$$

$$HOOC—R—COO—R'—OH + HO—R'—OH \rightleftharpoons HO—R'—OOC—R—COO—R'—OH + H_2O$$

$$2HOOC—R—COO—R'—OH \rightleftharpoons HOOC—R—COO—R'—OOC—R—COO—R'—OH + H_2O$$

生成物仍含有可继续进行反应的官能团，如此逐步脱水缩合，最后形成聚酯分子链。上述反应同时也说明了缩聚反应是逐步进行的。这一系列反应过程，可简写如下：

$$n HOOC—R—COO—R'—OH + n HOOC—R—COOH \rightleftharpoons HO\!\left[OC—R—COO—R'—O\right]_n\!H + (2n-1)H_2O$$

对于一般缩聚反应，可以用以下通式表示：

$$n a—A—a + n b—B—b \rightleftharpoons a\!\left[AB\right]_n\!b + (2n-1)ab$$

式中，a—A—a、b—B—b 为缩聚反应的单体；a、b 为能进行缩合反应的官能团；AB 为聚合物链中的重复单元结构；ab 为缩合反应的小分子副产物。

由此可见，缩聚反应就是由许多相同或不同的低分子单体，经可反应基团之间的逐步缩合而形成高分子化合物，同时析出低分子副产物的化学反应。

3．缩聚反应的单体

（1）需要满足的条件　由上面的介绍可以看出，对于缩聚反应而言，参与反应的单体必须具备一定的条件，具体表现在两个方面。

① 具有能进行缩合反应的官能团　常见的能发生缩合反应的官能团有：—COOH（羧基）、—OH（醇羟基）、—OH（酚羟基）、$—NH_2$（氨基）、$—(CO)_2O$（酸酐基团）、—COOR（酯基）、$—SO_3H$（磺酸基）、$—SO_2Cl$（磺酰氯基）、—COCl（酰氯基）、—H（活泼）。

② 官能团数≥2（准确地说是“官能度≥2”）　所谓官能度，是指对给定的反应体系，化合物中所含有的能进行化学反应而导致生成新共价键的“活性点”的数目，用 f 表示。

需要注意的是，通常情况下，官能度与有机化学中官能团的数目一致，但有些情况并不一致。

如单烯类单体：官能团为 C═C，数目为 1，但在加聚时 $f=2$，缩聚时因不参与反应 $f=0$。

甲醛（HCHO）：官能团为羰基（C═O），参与反应时双键打开，$f=2$。

环状物质开环：$f=2$，如邻苯二甲酸酐。

苯酚：通常其官能团为—OH，但与甲醛反应时，官能团为酚羟基的两个邻位与对位的活泼氢，所以 $f=3$。

尿素（$H_2N—CO—NH_2$）：与甲醛反应时，是 4 个活泼氢参与，故其官能度 $f=4$。

（2）常见的单体类型

① 双官能度（$f=2$）　a—A—a 型与 b—B—b 型，或 a—R—b 型。

其中，a，b 为参加反应的官能团，特别是在缩合反应中析出的部分；—A—、—B—、—R—指参加反应后留在高分子链上形成结构单元的部分。

属于此类的单体有二元酸、二元醇、二元胺及 ω-氨基酸等。

② 多官能度（$f>2$） $f=3$：如丙三醇、苯酚等。$f=4$：如季戊四醇、尿素、均苯四酸（酐）等。

4. 缩聚反应的类型

缩聚反应可按不同的情况分成不同的类型，下面介绍两种常用的分类方法。

（1）按产物的分子结构分类 按产物的分子结构，可将缩聚分为线型缩聚反应和体型缩聚反应两大类。

① 线型缩聚反应 参与缩聚反应的单体均为二官能度，缩聚过程中，每一步缩合，都使分子向两个方向增长成线型大分子，此类缩聚反应称为线型缩聚反应。如前面介绍过的聚酯与聚酰胺的合成反应即属于此类。

另外，同一种单体，如其含有的两个官能团能发生分子间反应时，也能进行线型缩聚反应。例如 ω-氨基酸等

$$n\mathrm{HOOC}\!\left(\mathrm{CH_2}\right)_5\mathrm{NH_2} \rightleftharpoons \mathrm{HO}\!\left[\mathrm{OC(CH_2)_5NH}\right]_n\mathrm{H} + (n-1)\mathrm{H_2O}$$

② 体型缩聚反应 参与缩聚反应的单体中，至少有一种单体分子的官能度为 2 以上（其他单体的官能度为 2），缩聚过程中产物的大分子会形成三度空间交联的体型结构，此类缩聚反应称为体型缩聚反应。

例如邻苯二甲酸（酐）与甘油（丙三醇）的缩聚反应既属于此类。反应除向线型方向发展外，侧向的官能团也能反应，先形成支链，最后形成体型结构。

（2）按原料单体的不同分类

① 均缩聚反应 含有可反应基团的同种分子间的缩聚反应称为均缩聚反应。如前面介绍的 ω-氨基酸及 ω-羟基酸的缩聚反应均属于此类。

② 混缩聚反应 又称为异缩聚反应，是指含有可反应基团的不同种分子间的缩聚反应。如前面介绍的聚酯、聚酰胺的合成反应均属于此类。

③ 共缩聚反应 在均缩聚或混缩聚反应体系中，再加入其他能参与反应的单体，此时进行的缩聚反应称为共缩聚反应。也就是说，以几种不同单体共同缩聚，使所得的缩聚物含有几种不同的基本结构。

如前所述，共缩聚有两种情况。一是相对于均缩聚而言，即在均缩聚体系中再加入单体的另一种同系物进行缩聚（此时体系中有两种单体）；二是相对于混缩聚而言，即在混缩聚体系中加入另一种单体的同系物进行缩聚（此时体系中有三种单体）。

三、线型缩聚反应

1. 线型缩聚反应的单体

用于合成线型缩聚物的单体必然具有两个可反应基团，即单体的官能度 $f=2$。按反应基团间相互作用的情况，可把缩聚单体分为下列几种类型。

（1）具有同类反应基团并可相互作用的单体（a—R—a 型） 这类单体进行缩聚时，反应是在同类分子的同种官能团间进行的，因此不存在原料配比对产物相对分子质量的影响问题，如对苯二甲酸双 β-羟乙酯的缩聚即属于此类。

不过此类单体较少，不常见。

（2）具有同类反应基团，但自发不能反应的单体（a—A—a 和 b—B—b 型） 缩聚反应发生在不同的分子之间，属于此类的单体有二元酸、二元醇、二元胺等，是线型缩聚反应中最常见的单体类型。

利用此类单体进行反应时，欲制得高分子量的产物，必要严格控制两种单体的等摩尔比，其中任何一种单体过量都会明显地降低缩聚产物的相对分子质量。

（3）具有不同的反应基团，但可以相互作用的单体（a—R—b 型） 属于此类的单体如ω-氨基酸、ω-羟基酸等。

此类单体同第 1 类相似，在缩聚过程中不存在原料配比问题。

（4）具有不同的反应基团，但它们之间不能相互作用的单体（a—R′—b 型） 此类单体不能单独参与缩聚反应，只能与其他单体（如前述第 2、3 类）进行共缩聚反应，一般用来调节缩聚反应的速率与产物分子量。属于此类的单体如氨基醇等。

2. 线型缩聚反应历程

线型缩聚反应是可逆的平衡反应，其反应历程大致可分为三个阶段。

（1）缩聚反应初期 反应初期即缩聚反应的开始阶段。单体的浓度很高，官能团的反应活性相同，故单体之间的缩合以生成低聚物为主。首先是单体分子间相互反应生成二聚体；然后，二聚体同单体作用生成三聚体或二聚体之间相互作用生成四聚体；继而，反应更为复杂，生成的三聚体或四聚体可以同单体反应生成四聚体或五聚体，它们之间也可以相互作用或同二聚体反应生成不同链长的低聚物。

单体＋单体⟶二聚体

二聚体＋单体⟶三聚体

二聚体＋二聚体⟶四聚体

三聚体＋单体⟶四聚体

三聚体＋三聚体⟶六聚体

三聚体＋四聚体⟶七聚体

四聚体＋四聚体⟶八聚体

……

在此阶段，单体的转化率几乎与时间无关，其正反应速度远大于逆反应速率，此时可逆的平衡不是反应的主要问题。

（2）缩聚反应中期 反应中期是低聚物向高聚物转化的阶段。低聚物与低聚物之间反应生成高聚物，或低聚物与高聚物、高聚物与高聚物之间反应生成相对分子质量更高的高聚物。产物的相对分子质量不断增大，正、逆反应均明显，反应达到平衡。

低聚体＋低聚体⟶高聚物

低聚体＋高聚物⟶高聚物

高聚物＋高聚物⟶高聚物

为了提高产物相对分子质量，就要不断地破坏平衡，使反应不断向生成物（聚合物）方向移动。此时，提高反应温度可使反应体系的黏度降低，有利于低分子副产物的排除；降低体系的压力（如抽真空），也是为了排除低分子副产物。

（3）缩聚反应后期 反应后期随反应程度的提高，产物相对分子质量增大，反应体系的黏度也会进一步增大，副产物难以排除，平衡也就难以破坏，伴随的副反应增多。此阶段是调节产物相对分子质量的阶段，当产物达到预订的指标时，反应即可终止。

3. 线型缩聚反应中的副反应

缩聚反应是一种复杂的反应过程。在缩聚过程中，除了生成长链大分子外，还有链降解、链交换反应及其他副反应（如成环反应、官能团分解等）。

（1）链降解反应 链降解反应是指聚合物的主链断裂，聚合度显著减小的反应。对于缩聚物而言，主链以杂链居多，而杂键易受水、酸、醇、胺等化学试剂的作用而断裂，从而发生降解反应。常见的有水解、酸解、氨解、醇解等。

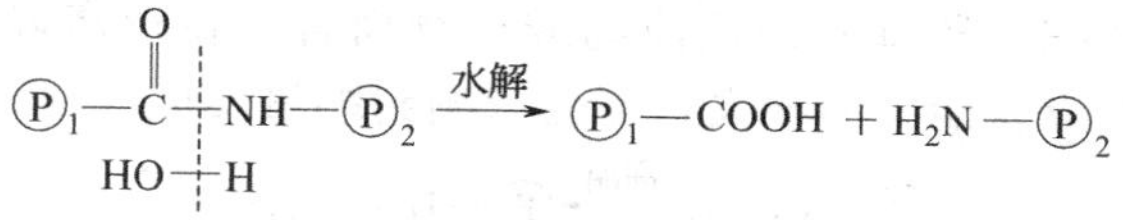

聚酰胺的水解反应

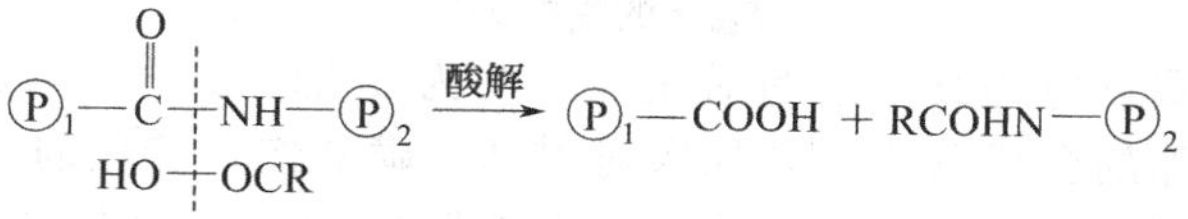

聚酰胺的酸解反应

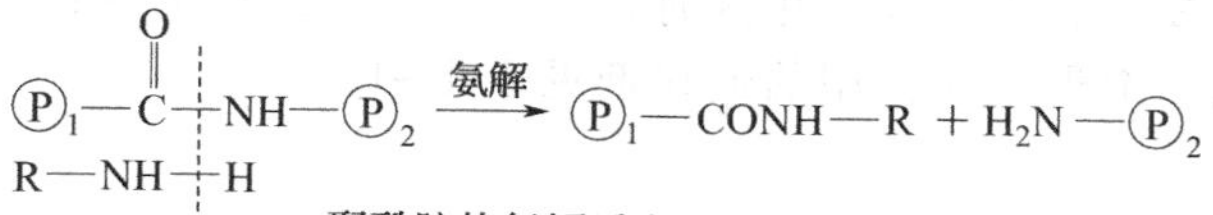

聚酰胺的氨解反应

链降解反应的结果是使高聚物的相对分子质量降低。

(2) 链交换反应　链交换反应是指两个大分子链之间的反应，包括侧基作用和中间链段作用两种情况。

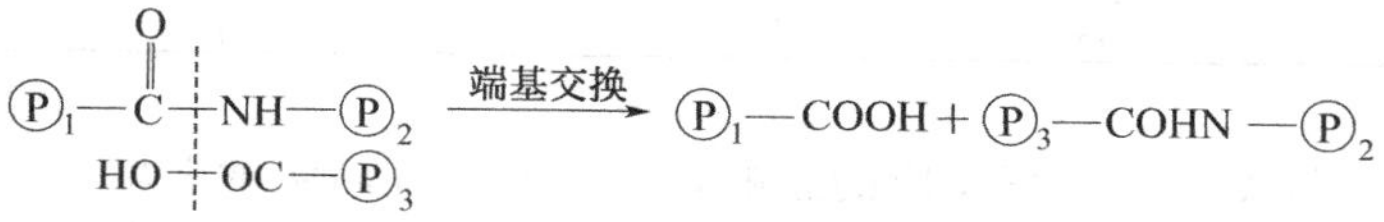

聚酰胺的链端交换反应

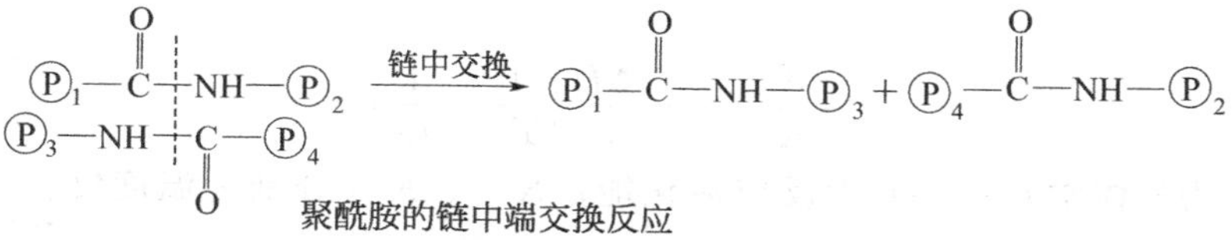

聚酰胺的链中端交换反应

链交换的结果使得缩聚物的相对分子质量分布更加均匀。

在缩聚反应体系中，所得缩聚物为具有不同聚合度的各种聚合物的混合物。线型长链分子链越长，链上的键就越多，也就越容易发生链降解反应和链交换反应；反之，链较短小的分子参加链降解和链交换的可能性就小。另外，聚合度较大的分子经过链交换反应后，分子量下降得较显著，而聚合度较小的分子则分子量下降得较少。所以，通过链降解和链交换反应将导致各个分子的相对分子质量趋于一致，也就是使聚合物的相对分子质量的分散性变小。因此，缩聚物的相对分子质量较低，分散性小。

4. 影响缩聚反应的因素

缩聚反应是一个复杂的反应过程，影响因素也是多方面的，有副反应、催化剂、反应温度和压力、原料用量比及单官能团物质等。

(1) 副反应　缩聚反应过程中副反应较多，前面已讨论过链降解、链交换反应，另外，还有单体的成环与官能团的分解等。

对于具有两个官能团的低分子单体（即 a—R—b 型），在发生分子间缩合反应的同时，也有可能发生分子内的缩合反应，从而形成环状结构，如 ω-氨基酸、ω-羟基酸等，经环化分别得到内酰胺和内酯。

单体的环化会影响到参与缩聚的官能团数目，从而影响到最终缩聚物的平均聚合度。单体分子反应的主要方向——环化或缩聚，则取决于它本身的结构，而反应条件，如反应物浓度、反应温度和压力则是次要因素。

分子间的缩聚反应和分子内的环化反应是一对竞争反应，而线型缩聚物与环状产物二者产量之比，取决于两个反应速率的比值。

对于端部含有—COOH（羧基）的反应物或产物而言，在较高温度下亦可能发生官能团的分解反应，结果会造成官能团的缺失，亦会影响到缩聚反应。

$$Ⓟ\text{—COOH} \xrightarrow{\text{高温}} Ⓟ\text{—H} + CO_2\uparrow$$

高温下的脱羧反应

(2) 催化剂　缩聚反应均有一定的活化能，约为 $50\text{kJ}\cdot\text{mol}^{-1}$，故常需加入催化剂来加速反应的进行。如聚酯的合成反应，若加入对甲基苯磺酸作为催化剂，不仅可以加快醇酸的缩合反应速率，而且还对醇与醇之间的缩合具有抑制作用。又如在酚醛树脂的合成反应中，催化剂的性质更为重要。若以酸为催化剂时，产物以线型结构为主；若以碱为催化剂，则产物将以体型结构为主。缩聚反应常用的催化剂见表 10-1。

表 10-1　缩聚反应常用的催化剂

缩聚反应体系	常用催化剂	缩聚反应体系	常用催化剂
二元酸与二元醇	无机酸、酸性盐	酚类与醛类	酸、碱
二元羧酸酯与二元醇	碱金属、金属氧化物	尿素(脲)与甲醛	酸
苯与二卤素衍生物	氯化铝		

(3) 温度与压力　温度对于缩聚反应的影响，一方面是升高温度能增加反应速率，缩短达到平衡的时间，另一方面温度的变化能影响平衡常数的数值。平衡常数与温度的关系，可用下式表示：

$$\ln\frac{K_{T_1}}{K_{T_2}}=-\frac{\Delta H}{R}\left(\frac{1}{T_1}-\frac{1}{T_2}\right)$$

式中，R 为气体常数；ΔH 为反应活化能；K_{T1}、K_{T2} 分别为温度 T_1、T_2 时的平衡常数。

若 ΔH 为正值（吸热反应），则平衡常数随反应温度升高而增大，有利于缩聚产物聚合度的提高；若 ΔH 为负值（放热反应），则平衡常数随反应温度的升高而降低。

例如，聚酯的缩聚，其活化能为 $50\text{kJ}\cdot\text{mol}^{-1}$，聚酰胺为 $100\text{kJ}\cdot\text{mol}^{-1}$。因此，升高温度均可使聚酯和聚酰胺的缩聚反应速率增大，并能使产物的平均聚合度增大。

在实际生产中，常用提高温度的方法来加快反应速率，并且用减压（抽真空）来除掉低分子副产物。这样可使聚酯、聚酰胺的相对分子质量由 4000 提高到 30000。

但是也应注意，反应温度并不是越高越好。只有在一定的限度内，提高温度才对反应有利。例如，升高温度会加速酯化反应速率，但温度过高也会引起羧基分解，从而丧失继续反应的能力。另外，温度太高，还能造成聚酰胺裂解，而且升高温度还会促使易挥发单体的挥发而改变原料的配比，使产物平均聚合度降低。

降低压力，有利于排除低分子副产物，故常用减压（抽真空）或通入惰性气体的办法来加速低分子物的排除，以利于高相对分子质量缩聚物的生成。

(4) 原料的配比　原料的比例是影响缩聚物平均聚合度的重要因素。如苯酚与甲醛进行缩聚时，酚醛树脂的平均聚合度随原料用量的改变而改变，如表 10-2 所示。

表 10-2　苯酚-甲醛树脂的平均相对分子质量与原料比例的关系

苯酚：甲醛(摩尔比)	10：1	10：2	10：3	10：4	10：5	10：6	10：7
平均相对分子质量	228	256	291	334	371	437	638

又如，在聚酰胺的合成中，为使二元胺与二元胺反应达到最高的相对分子质量，两组分应严格以等摩尔比参与反应。所以，原料比例为在某一条件下，缩聚物可能达到最高聚合度

的重要因素。

（5）单官能团物质 当在缩聚反应中加入能参加反应的单官能团物质时，每一个分子的单官能团都能参加反应，成为一个高分子链的末端，如聚酯反应：

$$\mathrm{RCOOH}+n\,\mathrm{HOOCACOOH}+n\,\mathrm{HOBOH}\longrightarrow \mathrm{RCO}\!\left[\mathrm{OBOCOACO}\right]_n\mathrm{OH}+2n\,\mathrm{H_2O}$$

产物一端被封堵

$$2\mathrm{RCOOH}+n\,\mathrm{HOOCACOOH}+(n+1)\,\mathrm{HOBOH}\longrightarrow \mathrm{RCO}\!\left[\mathrm{OBOCOACO}\right]_n\mathrm{OBOCOR}+2n\,\mathrm{H_2O}$$

产物两端被封堵

当体系中所有缩聚物的末端都被单官能团所堵塞起来时，缩聚反应即停止。因此，可以利用这个原理来控制缩聚产物的相对分子质量。

四、体型缩聚反应

1. 凝胶化现象与凝胶点预测

（1）凝胶化现象与凝胶点 在缩聚反应中，若有官能度大于 2 的单体参加，则分子链的增长可朝多方向进行，从而形成支链甚至交联结构的非线型产物。这种产物称为体型缩聚物，此类缩聚反应相应地称为体型缩聚反应。

一般情况下，线型缩聚物都能熔融和溶解于相应的溶剂中，属于热塑性聚合物（thermoplastic polymer），而体型缩聚物则完全不同。

体型缩聚反应也遵循缩聚反应的一般规律，即具有逐步性。在反应初期，缩聚产物既能溶解也能熔融。但当反应进行到一定程度后，产物的黏度随相对分子质量的增大而显著升高，并很快失去可溶性，最后变为不溶不熔的状态，这样的产物属于热固性聚合物（thermoset polymer）。

当体型缩聚反应进行到一定程度时，体系的黏度突然增大，并出现不能流动而具有弹性的凝胶状物质。这一现象称为凝胶化现象或简称为“凝胶化”。出现凝胶化现象时的反应程度称为体型缩聚的临界反应程度，也称为凝胶点，用 p_c 表示。

凝胶点是控制体型缩聚的重要参数，研究和预测凝胶点，在理论上和实际生产中都有非常重要的意义。为了寻找适当的生产工艺和满足使用性能要求，往往都需要使聚合反应在凝胶点之前停下来，因此必须对凝胶点进行预测。凝胶点可以通过实验进行测定，也可以进行理论预测。

（2）凝胶点（p_c）的预测 设起始时（$t=0$）体系中单体分子总数为 N_0，平均官能度为$\overline{f}$；在 t 时刻，体系中各种聚合体的分子总数为 N，则 t 时刻的反应程度为：

$$p=\frac{\text{已反应的官能团数目}}{\text{能参与反应的官能团总数}}$$

显然

$$p=\frac{2(N_0-N)}{N_0\overline{f}}=\frac{2}{\overline{f}}\left(1-\frac{N}{N_0}\right)$$

根据平均聚合度的定义可知：

$$\overline{X}_n=\frac{N_0}{N}$$

故上式可写成：

$$p=\frac{2}{\overline{f}}\left(1-\frac{1}{\overline{X}_n}\right)$$

这就是著名的卡罗瑟斯方程（Carothers equation）。

当 $p\to p_c$时，根据凝胶化的本质，有$\overline{X}_n\to\infty$

故可得：

$$p_c=\frac{2}{\bar{f}}$$

那么，何谓平均官能度呢？平均官能度又如何计算？

所谓平均官能度，是指体系中能参与反应的官能团总数为分子总数所平均而得到的数值。

对于平均官能度的计算，可分为两种情况。

① 单体等当量（即官能团等摩尔） 设含a官能团的单体官能度为f_a，分子数为N_a，含b官能团的单体官能度为f_b，分子数为N_b，且$f_aN_a=f_bN_b$（即官能团等摩尔），体系的平均官能度为：

$$\bar{f}=\frac{f_aN_a+f_bN_b}{N_a+N_b}=\frac{2f_aN_a}{N_a+N_b}$$

【例 10-1】 两种单体的官能度均为2，并以等摩尔比反应，即$\bar{f}=2$，则

$$p_c=\frac{2}{\bar{f}}=1$$

即说明反应至100%才达到凝胶点，事实上这是不可能的。这也说明线型缩聚反应没有凝胶化现象。

【例 10-2】 以邻苯二甲酸酐（$f_a=2$）与丙三醇（$f_b=3$）以3∶2的摩尔比进行反应。体系的平均官能度为：

$$\bar{f}=\frac{3\times2+2\times3}{2+3}=2.4$$

则：

$$p_c=\frac{2}{\bar{f}}=\frac{2}{2.4}=0.83$$

也就是说单体的官能团消耗了83%时，将出现凝胶化现象。然而，实验测得的凝胶点为75%～80%。这是因为出现凝胶化时，$\overline{X}_n$并非无穷大，上述反应接近凝胶点时$\overline{X}_n=24$，这时

$$p_c=\frac{2}{\bar{f}}\left(1-\frac{1}{\overline{X}_n}\right)=\frac{2}{2.4}\times\left(1-\frac{1}{24}\right)=0.80$$

此值与实验值非常相近。因此在实际生产中，尽管预测值与实测值有一定的误差，但仍十分接近，预测值还是具有很高的指导价值。

② 单体非等当量（即官能团非等摩尔） 不妨假设$N_af_a>N_bf_b$。可以想象，a官能团过量，即在反应过程中当b官能团耗尽时，a官能团仍有剩余，故此时有一部分a官能团没有参与反应，也就是说反应掉的a官能团数目为N_bf_b，没有参与反应的a官能团数目为$(N_af_a-N_bf_b)$。此时体系的平均官能度应为

$$\bar{f}=\frac{2N_bf_b}{N_a+N_b}$$

【例 10-3】 仍以【例 10-2】的单体为例。不过此时丙三醇∶邻苯二甲酸酐为3∶4（摩尔比）。此时

$$N_af_a=3\times3=9,\ N_bf_b=4\times2=8\ (\text{a官能团过量})$$

$$\bar{f}=\frac{2N_bf_b}{N_a+N_b}=\frac{2\times8}{3+4}=2.3$$

$$p_c=\frac{2}{\bar{f}}=\frac{2}{2.3}=0.88$$

根据反应程度，体型缩聚反应可分为甲阶（A阶）、乙阶（B阶）和丙阶（C阶）三个阶段，生成物分别称为甲（A）阶、乙（B）阶和丙（C）阶树脂。甲阶树脂是在凝胶点之前将反应停止而得到的产物，乙阶树脂是在反应程度接近凝胶点时的产物，而丙阶树脂则是出现凝胶化现象之后的产物（即反应程度大于凝胶点）。甲阶和乙阶树脂可溶可熔，而丙阶树脂因高度交联而呈不溶不熔的体型结构。通常所说的体型缩聚的预聚物是指前两种，特别是第一种（甲阶树脂）。

2. 体型缩聚的预聚

为了便于成型加工，体型缩聚往往分两步进行，即聚合物的预聚得到预聚物和交联固化。所谓预聚物（也称为预聚体）是指为了加工过程需要而控制在较低相对分子质量的、经初步聚合得到的聚合物。

（1）预聚物的类型

① 无规预聚物　合成体系的平均官能度>2，反应在凝胶点之前停止。产物分子中仍无规排布着能相互反应的官能团，只要加热便可使其进一步反应，而无规交联成体型结构，因此无需加入交联剂，必要时加入催化剂加快反应速率。

其成型工艺为：

无规预聚物（催化剂）$\xrightarrow{\text{配料}}$ 成型 $\xrightarrow[\text{加热一定时间}]{\text{升温}}$ 交联固化 ⟶ 制品

② 结构预聚物　合成体系的平均官能度≤2。按线型缩聚控制方法得到的仅有一种特定活性基团的预聚物。此类预聚物本身的热行为是热塑性，为实现交联必须加入交联剂，该交联剂的官能度大于2，必要时也可加入催化剂加快反应速率。

其成型工艺为：

结构预聚物、交联剂、（催化剂）$\xrightarrow{\text{配料}}$ 成型 $\xrightarrow[\text{加热一定时间}]{\text{升温}}$ 交联固化 ⟶ 制品

（2）常用的预聚物

① 碱法酚醛树脂（无规预聚物）　以苯酚与甲醛为单体，二者的摩尔比为6∶7，此时酚过量，体系的平均官能度为：

$$\bar{f}=\frac{2\times7\times2}{6+7}=2.15$$

在碱催化下，羟甲基化反应快，而羟甲基苯酚间的缩合慢。因此，首先生成一羟甲基苯酚，继而生成二羟甲基苯酚和三羟甲基苯酚。

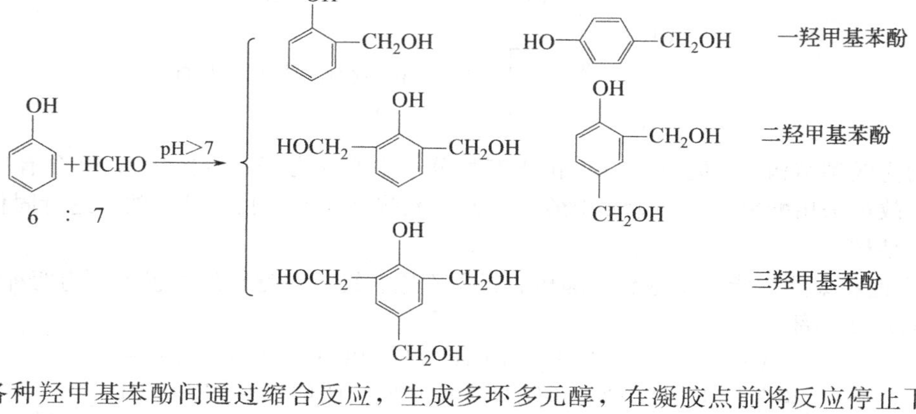

然后，各种羟甲基苯酚间通过缩合反应，生成多环多元醇，在凝胶点前将反应停止下来，所得产物为支链型，并含有两种能继续反应的官能团（羟甲基与苯环上的活泼氢），在加热时

借助于它们的反应，最后可得到体型结构的产物。

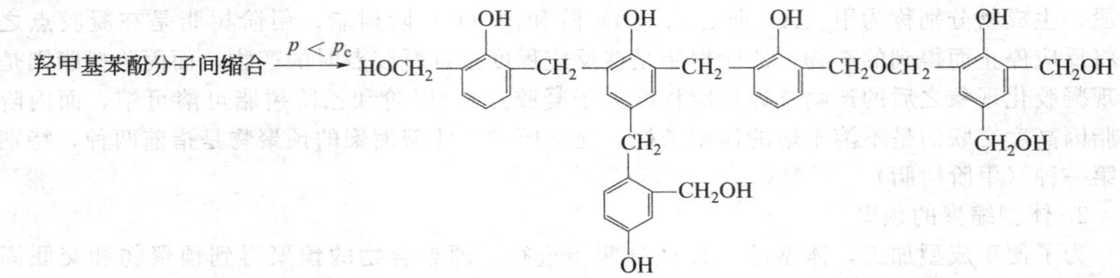

② 酸法酚醛树脂（结构预聚物） 以苯酚与甲醛为单体，二者的摩尔比为 6∶5，此时体系的平均官能度为：

$$\overline{f}=\frac{2\times5\times2}{6+5}=1.82$$

故此时不会出现凝胶化现象。

在酸催化下，羟甲基化反应慢，而羟甲基苯酚间的缩合快。因此，只能生成一羟甲基苯酚，继而发生一羟基苯酚间的缩合反应，生成线型结构的产物。该产物只含有酚环上的活泼氢一种官能团，只能在固化剂（交联剂）作用下形成体型结构。

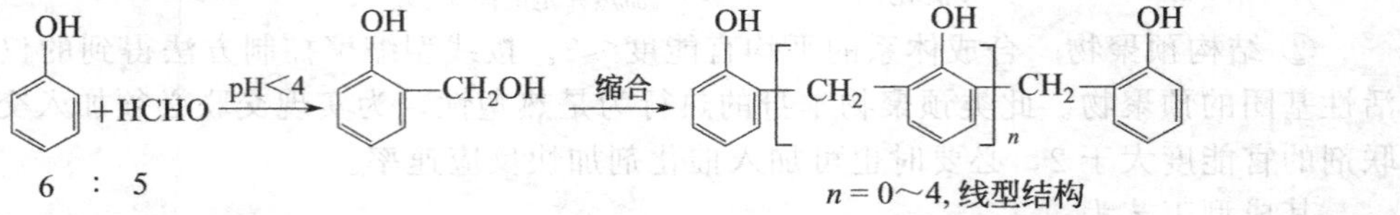

固化剂采用六亚甲基四胺（商品名为乌洛托品），利用其提供的亚甲基桥，可把线型酚醛树脂分子互相连接起来形成体型结构。

③ 环氧树脂 环氧树脂的合成通常采用双酚 A 和环氧氯丙烷作为单体，通过酚羟基与氯甲基的缩合以及环氧氯丙烷的开环加成生成线型结构的环氧树脂。

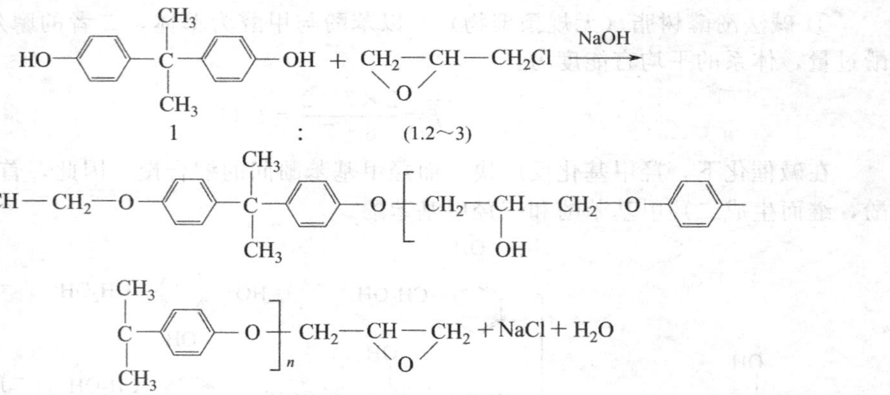

产物为线型结构，n 值为 0～6。由于产物分子中既含有羟基（链中），又含有环氧基团（链端），故可采用酸酐（如均苯四甲酸酐）或二元胺（如乙二胺、己二胺）进行固化反应而形成体型结构。

④ 不饱和聚酯树脂 不饱和聚酯树脂根据不饱和键（双键）的位置可分为两种类型。

a. 双键在端部

$$nA(CO)_2O+(n+1)HOCH_2CH_2OH+2RCH{=}CR'COOH\longrightarrow$$

$$RCH{=}CR'CO{-}[OCH_2CH_2OCOACO]_n{-}OCH_2CH_2OCOR'{=}CHR$$

酸酐通常采用邻苯二甲酸酐。

b. 双键在链中

$$(n+1)\mathrm{HOCH_2CH_2OH}+n\mathrm{HOOCCH{=}CHCOOH}\longrightarrow$$
$$\mathrm{H{\left[OCH_2CH_2OCOCH{=}CHCO\right]}_{\mathit{n}}OCH_2CH_2OH}+2n\mathrm{H_2O}$$

交联剂通常采用苯乙烯、甲基丙烯酸甲酯等烯类单体，采用与不饱和聚酯树脂分子中双键共聚的方式进行交联固化，常采用过氧化物作为引发剂或“过氧化物＋还原剂”的引发体系。

⑤ 二元醇预聚物（合成聚氨酯用）　合成聚氨酯用的二元醇预聚物有聚醚二元醇和聚酯二元醇两类。

利用环氧乙烷（或还氧丙烷、四氢呋喃）聚合，采用乙二醇作起始剂可得到线型聚醚二元醇。也可采用丙三醇或季戊四醇作起始剂，得到支链型聚醚二元醇。

$$n\underset{\diagdown\ \mathrm{O}\ \diagup}{\mathrm{CH_2{-}CH_2}}+\mathrm{HOCH_2CH_2OH}\longrightarrow\mathrm{H{\left[OCH_2CH_2\right]}_{\mathit{n}}CH_2CH_2OH}$$

利用二元醇（如乙二醇、丙二醇或丁二醇）和二元酸（如己二酸）进行缩聚反应，在醇过量的情况下可得到线型聚酯二元醇。

$$(n+1)\mathrm{HOROH}+n\mathrm{HOOCR'COOH}\longrightarrow\mathrm{H{\left[OROCOR'CO\right]}_{\mathit{n}}OROH}$$

⑥ 聚氨酯预聚物

$$\underset{\substack{\text{聚醚二元醇}\\\text{聚酯二元醇}}}{n\mathrm{HO{\sim}OH}}+(n+1)\underset{\text{二异氰酸酯}}{\mathrm{O{=}C{=}N{-}R{-}N{=}C{=}O}}\longrightarrow\mathrm{O{=}C{=}N{\left[RNHCOO\sim OCONH\right]}_{\mathit{n}}R{-}N{=}C{=}O}$$

五、缩聚反应的实施方法

缩聚反应的实施方法有以下几种。

1. 熔融缩聚

在反应中不加溶剂，使原料单体和缩聚产物在反应体系熔融温度以上（一般高于熔点10～25℃）进行缩聚的方法称为熔融缩聚。需要时也可以加入催化剂，采取适当的方法除去低分子副产物。

熔融缩聚要求单体和缩聚物在反应温度下必须稳定，且聚合物易熔，在缩聚过程中整个体系为均相。缩聚反应在惰性气体中进行，可减少副反应。

2. 溶液缩聚

在溶剂中进行的缩聚反应称为溶液缩聚。此法一定要选择适当的惰性溶剂作为反应介质，溶剂既能溶解单体，也能使聚合物溶解或溶胀。多数可在低于40℃下进行。由于溶剂回收及产品提纯较麻烦，此法受到一定的限制，只有在高温下有不稳定产物或单体的情况下才采用。如聚砜及某些耐高温聚合物可采用此法。

3. 界面缩聚

常温下，将两种可反应的单体分别溶于互不相溶的两种溶剂中，在两溶液界面处进行的缩聚反应称为界面缩聚。例如将己二胺水溶液和癸二酰氯的四氯化碳溶液混合于同一容器中，则在界面处能立即生成聚酰胺薄膜，若用玻璃棒将膜拉出，新的膜又继续生成，见图 10-1。

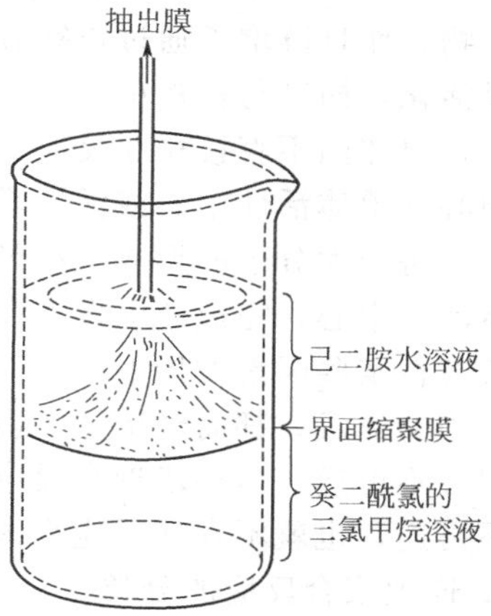

图 10-1　二元胺和二元酰氯的界面缩聚

界面缩聚具有设备简单、对单体纯度要求不高、原料用量配比要求不严、反应条件缓和、反应速率快及产物的相对分子质量高等优点。利用界面缩聚可以制取聚酰胺、聚氨酯和聚脲等。

4. 固相缩聚

在低于缩聚物熔点，接近单体熔点的温度下进行的本体缩聚方法称为固相缩聚。例如尼龙-66 盐熔点为 190～191℃，如将其加热到 175～178℃，亦即在尼龙-66 盐熔化之前，在固相内进行缩聚反应（尼龙-66 的熔点为 256℃）。

固相缩聚反应温度比熔融温度低，条件较缓和，反应速率较慢。对于制备那些不熔或在高温下熔融同时有分解现象的聚合物，固相缩聚是有效的方法。例如制备某些含芳香杂环的耐高温聚合物。

第三节　连锁聚合反应

一、概述

1. 连锁聚合反应的概念

根据反应机理的不同，可将聚合反应分为逐步聚合与连锁聚合两大类。连锁聚合反应是合成高分子化合物的另一大类型的反应。烯类单体的加成聚合反应，绝大多数属于连锁聚合机理。很多常用的高聚物，如聚乙烯、聚丙烯、聚氯乙烯、聚苯乙烯等，均采用连锁聚合反应进行合成。

所谓连锁聚合，是指在引发剂或催化剂的作用下形成的活性中心与单体作用，并进行快速的增长反应而形成高聚物的过程。

连锁聚合反应机理一般由链引发、链增长和链终止等基元反应组成，其反应的一般历程可简示如下（M 表示单体分子，* 表示活性中心）：

链引发　$M \longrightarrow M^*$（单体活化为活性单体或活性中心）

链增长　$M^* + nM \longrightarrow M_n—M^*$（活性中心与很多单体发生反应，生成增长链）

链终止　$M_n—M^* \longrightarrow M_{(n+1)}$（增长链失去活性成为稳定的大分子）

2. 连锁聚合反应的特点

(1) 反应速率快　在连锁聚合反应体系中，反应活性中心一旦形成，在很短的时间内（10^{-3}～10^{-2}s）就有很多单体聚合在一起，形成大分子。在反应过程中不能分离出稳定的中间产物，而且链增长通过连锁方式进行，其反应速率比链引发和链终止要高得多。所以单体一经活化，即刻与很多单体分子反应形成高分子化合物。

(2) 单体间不直接相互反应　也就是说，连锁聚合反应并不是官能团的相互反应，而是活性中心（单体活性中心或活性增长链）与单体反应。因此，活性中心是必需的。

(3) 每个大分子的形成，都经历“三部曲”过程　单体在引发剂或催化剂作用下活化形成单体活性中心，完成链引发，此后单体活性中心很快与很多单体分子反应进行链增长，最后增长链在某些因素作用下失去活性中心而形成稳定的大分子，完成链终止。也就是说，每个大分子的形成，都需经历“链引发→链增长→链终止”这样的“三部曲”过程。

(4) 不可逆　与逐步聚合反应不同，连锁聚合反应都是通过电子的转移来进行的，因此反应不可逆，也就不存在反应平衡的问题，反应的中间产物不稳定而无法分离出来。

3. 连锁聚合反应的分类

(1) 按参与反应的组分分类　按照参与反应的组分情况，可将连锁聚合反应分为均聚合和共聚合两类。

所谓均聚合（homopolymerization），是指参与反应的单体为同一种，即只有一种单体参与聚合反应。产物有确定的结构单元和重复单元。如氯乙烯（单体）的聚合反应可表示为：

$$n\mathrm{CH_2{=}\underset{\displaystyle Cl}{\underset{|}{CH}}} \longrightarrow \mathrm{\left[CH_2{-}\underset{\displaystyle Cl}{\underset{|}{CH}}\right]_{\mathit{n}}}$$

而共聚合（copolymerization）则是指有两种或两种以上的单体参与的连锁聚合反应。产物有确定的结构单元，但不一定有确定的重复单元。如乙烯和丙烯的共聚合反应可表示如下：

$$n\mathrm{CH_2{=}CH_2} + m\mathrm{CH_2{=}\underset{\displaystyle CH_3}{\underset{|}{CH}}} \longrightarrow \mathrm{\left[CH_2{-}CH_2\right]_{\mathit{n}}\left[CH_2{-}\underset{\displaystyle CH_3}{\underset{|}{CH}}\right]_{\mathit{m}}}$$

（2）按反应的活性中心来分类　根据链增长反应的活性中心不同，连锁聚合反应可分为自由基（也称为游离基）型聚合和离子型聚合，而离子型聚合又可分为阳离子型、阴离子（包括配位阴离子）型聚合。自由基型聚合反应的活性中心是自由基，而离子型聚合反应的活性中心则为离子（包括阳离子、阴离子和配位阴离子）。

4. 连锁聚合反应的单体

连锁聚合反应的单体，一类是具有不饱和键（碳-碳双键、叁键和碳-氧双键等）的不饱和化合物，如乙烯、氯乙烯等单烯类化合物，丁二烯、异戊二烯等双烯类化合物，甲醛等杂原子化合物；另一类为环状结构化合物，如环丙烷、环丁烷等碳环化合物，环氧乙烷、己内酰胺等杂环化合物等。以上几类单体，由于结构不同，对不同类型的聚合反应具有不同的聚合反应能力，聚合反应结果生成相应的碳链聚合物和杂链聚合物。

能够进行连锁聚合反应的单体多数具有不饱和键，但并不是一切具有不饱和键的单体都能进行聚合，即使能聚合的单体也有很大的聚合能力的差别。目前研究最多、工业上应用最广的首推碳-碳不饱和结构的化合物，尤以单烯类和双烯类单体的聚合为最常见。

下面主要就烯类单体对各类单体聚合反应能力进行讨论。

（1）空间位阻效应　空间位阻效应是指不饱和化合物在聚合时，其取代基所表现出来的空间阻碍作用。

对于单取代的烯类单体（$\mathrm{CH_2{=}CHX}$，X 为取代基），均能按照某种机理进行聚合，即使取代基体积较大，也不妨碍聚合。例如 *N*-乙烯基咔唑可以进行自由基型或离子型聚合。

对于双取代的烯类单体，取代情况有两种。一是 1,1-双取代（$\mathrm{CH_2{=}CXY}$，X、Y 为取代基），如 $\mathrm{CH_2{=}C(CH_3)_2}$、$\mathrm{CH_2{=}CCl_2}$、$\mathrm{CH_2{=}C(CH_3)COOCH_3}$ 等，一般都能按相应的机理聚合，且结构越不对称，越易聚合。但应注意的是，若 X、Y 的体积太大，则不能聚合，如 1,1-二苯基乙烯。二是 1,2-双取代（$\mathrm{CHX{=}CHY}$，X、Y 为取代基），由于双键碳原子上都带有位阻基团，空间位阻效应太大，难以进攻，故不易聚合，但 F 除外。如 $\mathrm{CH_3CH{=}CHCH_3}$、$\mathrm{ClCH{=}CHCl}$、$\mathrm{CH_3CH{=}CHCOOCH_3}$ 等均不能聚合。

对于三取代及四取代的单体，同样由于空间位阻太大，一般都不能聚合，但 F 除外。

（2）电子效应（包括诱导效应和共轭效应）　综合起来，对于烯类单体 $\mathrm{CH_2{=}CHX}$，取代基 X 的电子效应表现如下：

- 电子效应
  - —X的诱导效应
    - 吸电性
    - 供(推)电性
  - —X的共轭效应
    - p-π 共轭
    - π-π 共轭

① 取代基为吸电子基团　有利于自由基聚合与阴离子聚合。

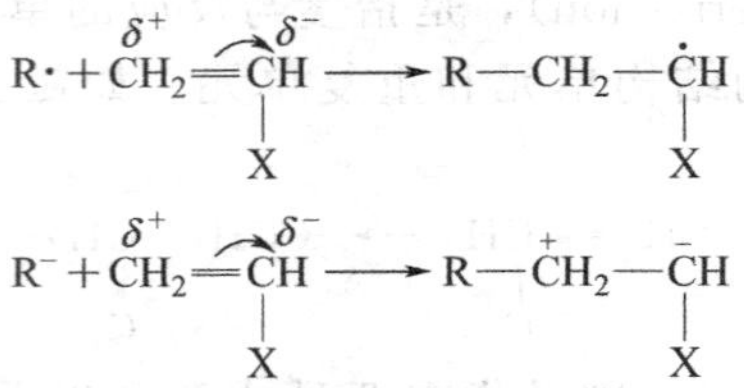

当取代基 X 具有吸电性时，会使双键电子云密度降低，从而有利于带孤电子的自由基或带负电荷的阴离子的进攻，打开 π 键，加成到单体活性中心或活性链上，形成新的自由基或碳阴离子。并且新形成的自由基或碳阴离子与吸电子取代基处于同一碳原子上，较为稳定，从这一点考虑，也易生成。

常见的吸电子基有：—Cl、—F、$—NO_2$、—CN、—COOR、—COOH。取代基的吸电性越强，越有利于负电荷的分散，故越有利于阴离子型聚合。如果取代基的吸电性很强，则只能进行阴离子型聚合而不能进行自由基型聚合，如 $CH_2═C(CN)_2$。

② 取代基为供（推）电子基团　有利于阳离子型聚合。

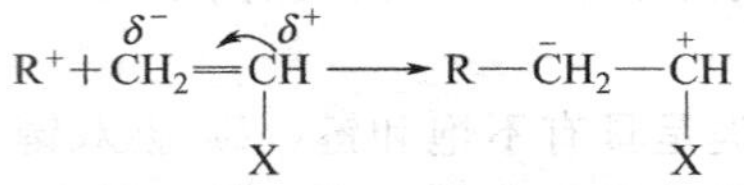

由于取代基的供电性，使双键的电子云密度增大，有利于亲电性的阳离子的进攻，打开 π 键，加成到单体活性中心或活性链上，形成新的碳阳离子。同样，由于新形成的碳阳离子与供电子取代基处于同一碳原子上，较为稳定，从这一点考虑，也易生成。

常见的供电子基团有：—R、—OR。

③ 取代基与双键形成 p-π 共轭　取代基与双键形成 p-π 共轭结构，则显示供电性，如 $CH_2═CHCl$、$CH_2═CHOR$。但应注意的是，前者共轭效应的供电性与诱导效应的吸电性相当，故只能进行自由基型聚合，而后者由于 R 具有供电性，故其诱导效应只表现出弱的吸电性，从而总体上表现出较强的供电性。

能与双键形成 p-π 共轭的基团有：—Cl、—F、—OR 等。

④ 取代基与双键形成 π-π 共轭　由于取代基与双键形成 π-π 共轭结构，而 π 电子的流动性大，可以在大 π 键范围内做离域运动，无论在自由基、阳离子还是阴离子的进攻下都容易被诱导极化，生成的活性中心由于共轭作用，其电子云密度趋于均化，使体系能量降低，从而使活性中心有一定的稳定性，能继续与单体反应。故此类单体既可进行自由基型聚合，亦可进行离子型聚合。

属于此类的单体包括苯乙烯、丁二烯类二烯烃化合物。

二、自由基聚合

1. 自由基的产生与活性

所谓自由基，是指由共价键均裂而形成的、带有孤电子（未配对电子）的原子、离子或电中性的化合物残基。通常用黑点（·）表示孤电子。

如原子自由基　Cl·，H·

离子自由基　SO_4^-·

化合物残基自由基　CH_3CH_2·，$C_6H_5C(CH_3)_2O$·

对于共价化合物而言，在适当的条件下可发生共价键的异裂或均裂。异裂是构成共价键的共用电子对全归某一原子（或基团）所有，成为阴离子，另一原子（或基团）缺电子，成为阳离子。均裂是共价键断裂时，共用电子对分为两个“独立电子”均分给两个原子（或基团），而形成自由基。异裂和均裂可用下图表示：

$$\text{异裂}\quad A\,\vdots\!:\,B \longrightarrow A^{+} + B^{-}$$
$$\text{均裂}\quad A\,\vdots\!\cdot\!\cdot\,B \longrightarrow A\cdot + B\cdot$$

另外，通过氧化还原反应，也可生成自由基。例：

$$HO\!\mid\!OH + Fe^{2+} \longrightarrow HO\cdot + Fe^{3+} + OH^{-}$$

由于自由基含有未成对的游离价键，故具有很高的反应活性，具体表现在自由基能够进行以下的反应。

（1）加成反应

$$R\cdot + CH_2{=}\underset{X}{\underset{|}{CH}} \longrightarrow R{-}CH_2{-}\underset{X}{\underset{|}{\dot{C}H}}$$

在上述反应中，从电性上考虑，自由基应进攻 β-碳原子；从自由基的稳定性考虑，自由基独电子应在 α-碳原子上。

（2）夺取氢原子

$$R\cdot + R'SH \longrightarrow RH + R'S\cdot$$

自由基在夺取其它分子上的氢原子后失去活性，成为稳定的分子，同时产生新的自由基，实际上就是自由基的转移反应。

$$RCH_2{-}\underset{X}{\underset{|}{\dot{C}H}} + \underset{X}{\underset{|}{\dot{C}H}}{-}CH_2R' \longrightarrow RCH_2{-}\underset{X}{\underset{|}{CH_2}} + \underset{X}{\underset{|}{CH}}{=}CHR'$$

自由基之间相互夺取氢原子，均失去活性，产物中一个端部饱和，另一个端部不饱和，此即为自由基的歧化反应。

（3）结合反应（双基偶合反应）

$$RCH_2{-}\underset{X}{\underset{|}{\dot{C}H}} + \underset{X}{\underset{|}{\dot{C}H}}{-}CH_2R' \longrightarrow RCH_2{-}\underset{X}{\underset{|}{CH}}{-}\underset{X}{\underset{|}{CH}}{-}CH_2R'$$

两个自由基所带孤电子相互结合形成一共用电子对，从而在原来带孤电子的两个原子间生成一新共价键，两个自由基均失去活性，形成一个稳定的分子。

应当注意的是，各种不同的自由基的活性差别很大，这与其结构有关。如烷基和苯基自由基均很活泼，可以成为自由基型聚合的活性中心，而像三苯基甲基自由基因体积较大且带有共轭结构，比较稳定，它不但不能作为自由基聚合的活性中心，相反却能使活泼自由基失活，使聚合终止。

2. 引发方式与引发剂

烯类单体在光、热、辐射的作用下，其分子中 π 键均裂而生成自由基，从而引发单体聚合。此类引发方式因控制困难，故工业规模实施较少，目前只有热引发苯乙烯聚合获得工业化。但也提醒应注意，烯类单体在贮存时应避光、远离热源和辐射源，甚至还要加入阻聚剂，以防其聚合。

目前，工业生产上自由基聚合多采用引发剂（initiator）进行引发。

所谓引发剂，是指分子中具有弱键，在热能、光能、辐射能等作用下易于均裂而成自由基的一类物质。工业生产上常用的引发剂（体系）有以下几类。

（1）热引发剂　这是目前最常用的引发剂，在加热时可以直接分解成自由基，其中以偶氮类和过氧化物类应用最为广泛。

偶氮类中以偶氮二异丁腈（AIBN）为典型代表。

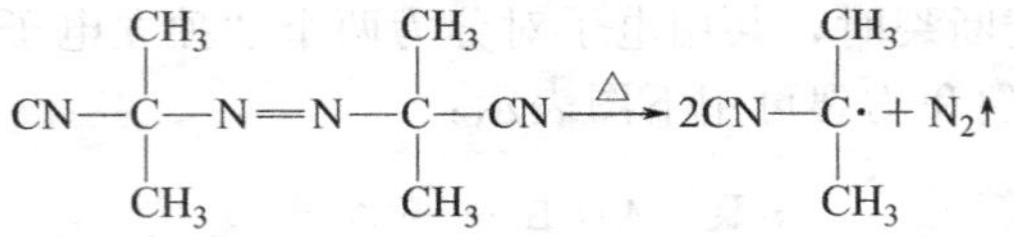

分子中 C—N 键为弱键，加热时断裂（均裂）生成自由基。

过氧化物类（ROOR′）的品种较多，常用的有过氧化二异丙苯（DCP）、过氧化二苯甲酰（BPO）、氢过氧化异丙苯（CHP）、过氧化二碳酸二环已酯（DCPD）及有无机过氧化物 $(NH_4)_2S_2O_8$、$K_2S_2O_8$ 等。

过氧化物受热分解时，过氧键（O—O）发生断裂，生成两个含氧自由基。若过氧化物结构对称，则两个自由基相同，若非对称则自由基不同，如下所示。

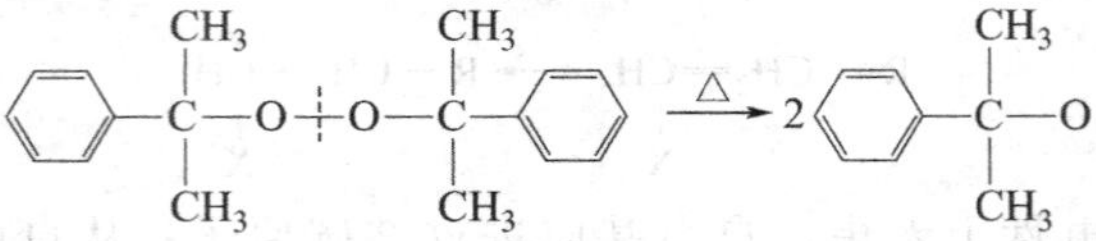

过氧化二异丙苯(DCP)的分解反应

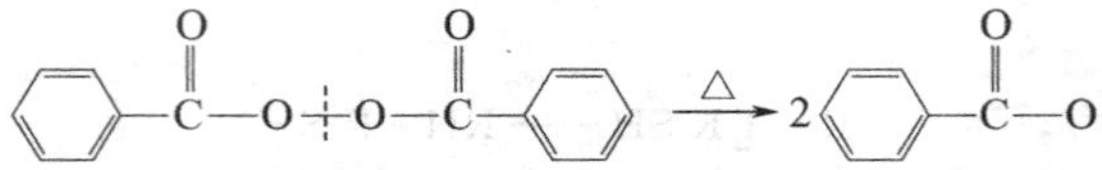

过氧化二苯甲酰(BPO)的分解反应

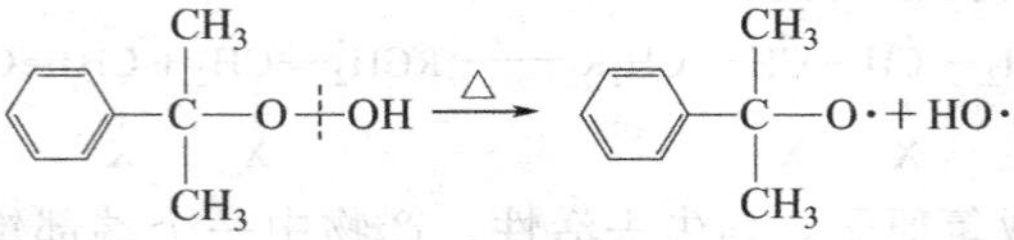

氢过氧化异丙苯(CHP)的分解反应

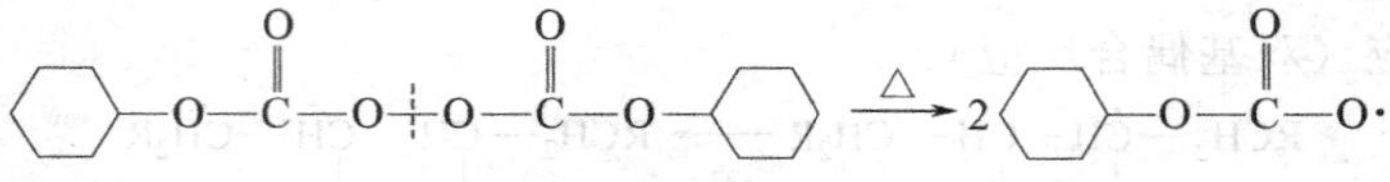

过氧化二碳酸二环已酯(DCPD)的分解反应

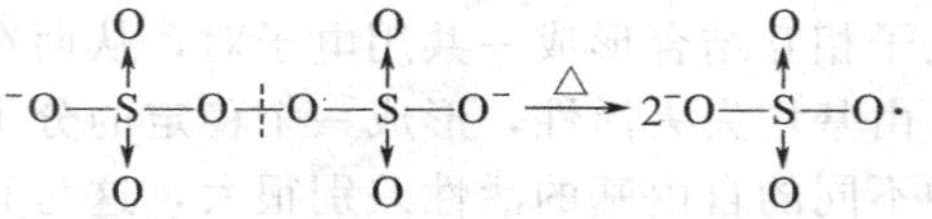

无机过氧化物 $(NH_4)_2S_2O_8$、$K_2S_2O_8$ 的分解反应

需要注意的是，无机过氧化物由于能溶于水，故在采取乳液聚合时具有独特的优势。

(2) 氧化还原引发体系　氧化还原引发体系主要由极性过氧化物（如 CHP、BPO、$K_2S_2O_8$ 等）和还原剂（如 Fe^{2+}、Co^{2+}、$NaHSO_3$ 等）组成。它们之间能通过氧化还原反应生成自由基，如：

$$S_2O_8^{2-} + Fe^{2+} \longrightarrow SO_4^{2-} + SO_4^{-}\cdot + Fe^{3+}$$

$$S_2O_8^{2-} + SO_3^{2-} \longrightarrow SO_4^{2-} + SO_4^{-}\cdot + SO_3^{-}\cdot$$

氧化还原引发体系通过电子转移，降低了分解活化能，分解温度低，速率快，但与此同时也降低了过氧化物的引发效率。

(3) 光引发剂（光敏剂）　光引发剂在紫外线的作用下，即可分解产生自由基，可在低温下进行。如二苯甲酮、安息香及甲醚、乙醚、丁醚等。

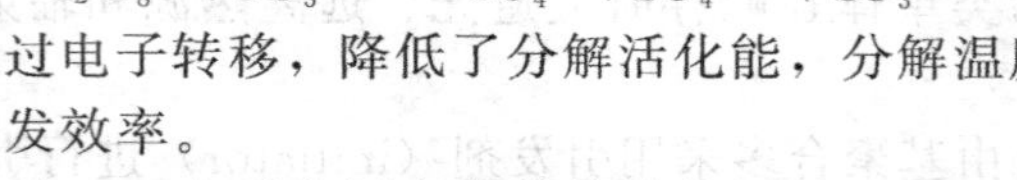

3. 自由基聚合的基元反应

　　自由基聚合属于典型的连锁聚合反应，其历程由链引发、链增长和链终止等基元反应组成。

　　（1）链引发（initiation）　　链引发反应是形成自由基活性中心的反应，用引发剂引发时，将由下列两步组成。

　　引发剂 I 分解形成初级自由基

$$I \longrightarrow 2R\cdot$$

　　初级自由基与单体加成，形成单体自由基

$$R\cdot + CH_2 = \underset{X}{\overset{|}{C}H} \longrightarrow R-CH_2-\underset{X}{\overset{|}{\dot{C}}H}$$

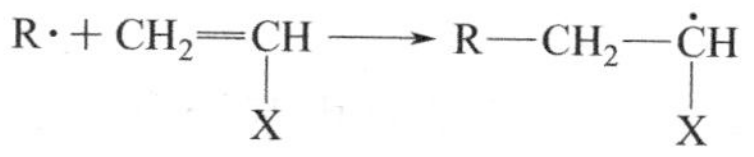

　　单体自由基形成以后，继续与其他单体加成，进入链增长阶段。

　　上述两步反应中，引发剂分解是吸热反应，活化能高，约为 $125kJ\cdot mol^{-1}$，反应速率低。而初级自由基与单体加成形成单体自由基是放热反应，活化能低，$21\sim35kJ\cdot mol^{-1}$，反应速率高，与后继的链增长反应相似。由于引发剂分解速率低，所以是控制链引发的主要矛盾，也是控制整个聚合反应的关键所在。

　　（2）链增长（propagation）　　在链引发阶段形成的单体自由基，具有很高的活性，能打开第二个单体分子的 π 键进行加成，形成新的自由基。新自由基的活性并不衰减，继续和其他单体分子结合成单元更多的链自由基。该过程称为链增长反应。其中的一系列链自由基又称为活性链或增长链。

$$R-CH_2-\underset{X}{\overset{|}{\dot{C}}H} + CH_2=\underset{X}{\overset{|}{C}H} \longrightarrow R-CH_2-\underset{X}{\overset{|}{C}H}-CH_2-\underset{X}{\overset{|}{\dot{C}}H}$$

$$\xrightarrow{CH_2=CHX} \cdots \xrightarrow{CH_2=CHX} R\big(CH_2-\underset{X}{\overset{|}{C}H}\big)_{\overline{n}}CH_2-\underset{X}{\overset{|}{\dot{C}}H}(\sim\sim CH_2-\underset{X}{\overset{|}{\dot{C}}H})$$

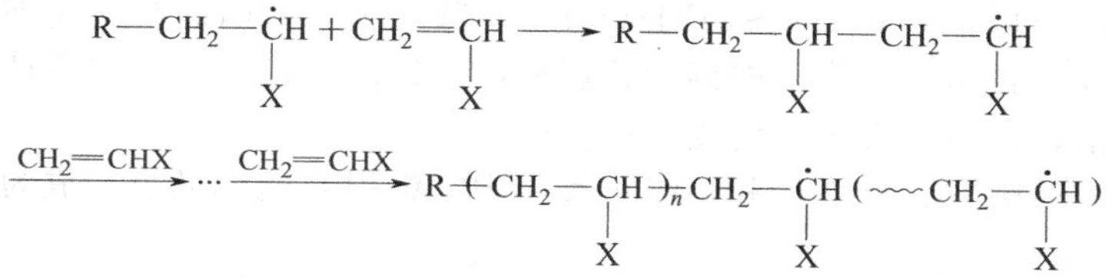

　　在链增长过程中，自由基与单体的加成可能存在两种方式，即"头-尾"和"头-头"（或"尾-尾"）连接方式。

$$\sim\sim CH_2-\underset{X}{\overset{|}{\dot{C}}H} + CH_2=\underset{X}{\overset{|}{C}H} \longrightarrow \begin{cases} \sim\sim CH_2-\underset{X}{\overset{|}{C}H}-CH_2-\underset{X}{\overset{|}{\dot{C}}H} & \text{"头-尾" 连接} \\[2ex] \sim\sim CH_2-\underset{X}{\overset{|}{C}H}-\underset{X}{\overset{|}{C}H}-\dot{C}H_2 & \begin{array}{l}\text{"头-头" 连接}\\ \text{（"尾-尾" 连接）}\end{array} \end{cases}$$

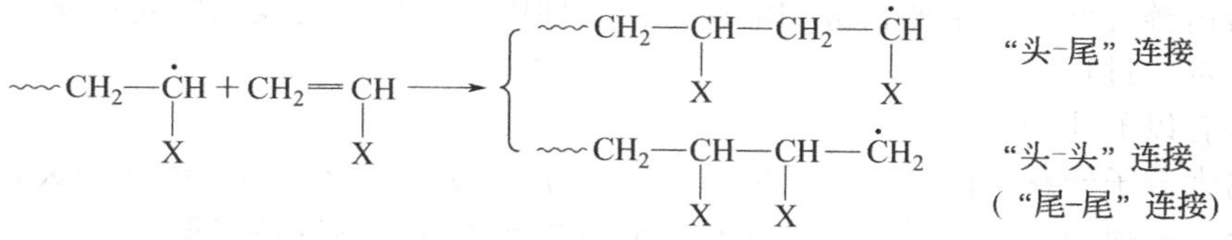

　　在一般情况下，以"头-尾"连接为主，其原因有三。

　　从诱导效应看，单体的 β-碳显正电性，有利于自由基的进攻；从空间位阻效应看，"头-尾"连接时，取代基相距较远，空间位阻小；从共轭效应看，"头-尾"连接时，孤电子与取代基处于同一个碳原子上，从而增加了新生成的自由基的稳定性。对共轭稳定性较差的一些取代基，"头-头"连接方式较多。另外，当聚合温度升高时，"头-头"连接也将增多。

　　由此看来，自由基聚合还不能做到序列结构的绝对规整性，因此制得的大分子一般均为无规结构或无定形结构。

　　链增长反应具有如下特点：

　　① 链增长为放热反应，活化能低，反应速率极快。单体自由基一旦形成，瞬间即可形成长链分子。

　　② 增长方式多样性。"头-尾"、"头-头"（或"尾-尾"）连接方式并存，造成产物的序列结构不规整；另外，由于含自由基碳原子为平面结构，进攻时从上或从下概率一致，致使取代基在空间的排布（或朝向）规律性差，亦造成产物的立体规整性差。

(3) 链终止 (termination) 自由基具有强烈的相互作用的倾向，两基相遇时，在一定条件下会造成孤电子的消失而失去活性，从而使反应终止。所谓链终止，就是指增长链的活性消失，而形成稳定大分子的反应。

链终止反应有双基偶合和双基歧化两种方式。

① 双基偶合终止 两条增长链的孤电子相互结合，形成共价键，二者均失去活性完成链终止反应。

$$\sim\sim CH_2-\underset{X}{\underset{|}{\dot{C}H}}+\underset{X}{\underset{|}{\dot{C}H}}-CH_2\sim\sim \longrightarrow \sim\sim CH_2-\underset{X}{\underset{|}{CH}}-\underset{X}{\underset{|}{CH}}-CH_2\sim\sim$$

偶合终止的结果，产物的聚合度为两链自由基聚合度之和，大分子两端均为引发剂残基，并且产物分子中至少含有一个“头-头”连接结构。

② 双基歧化终止 两链自由基相遇时，一条增长链夺取另一条增长链上的氢原子，彼此皆失去活性，完成链终止。

$$\sim\sim CH_2-\underset{X}{\underset{|}{\dot{C}H}}+\underset{X}{\underset{|}{\dot{C}H}}-CH_2\sim\sim \longrightarrow \sim\sim CH_2-\underset{X}{\underset{|}{CH_2}}+\underset{X}{\underset{|}{CH}}=CH_2\sim\sim$$

歧化终止的结果，产物的聚合度与原链自由基相同，每一个大分子只有一端带有引发剂残基。产物中夺取氢原子的链端饱和，失去氢原子的链端不饱和，形成双键结构。

在自由基聚合中，具体以何种终止方式为主，则与单体种类和聚合条件有关。

此外，链自由基还可能因链转移、与反应器壁碰撞、与杂质反应等方式终止。

链终止活化能很低，只有 8.4～21kJ·mol^{-1}，甚至为零，因此终止速率极高。但由于体系中单体浓度远大于自由基浓度，故链增长速率高于链终止速率，直到活性链增长到相当长度（即单体大量消耗）后才发生链终止反应。

自由基聚合的链引发、链增长和链终止反应中，链引发速率最小，成为控制整个聚合反应速率的关键。

4. 链转移

在自由基聚合反应中，除了链引发、链增长和链终止三步基元反应外，往往还伴有链转移反应。所谓链转移，是指增长链和活性链把活性中心转移到其他位置或其他分子，本身失去活性而稳定的过程。

链转移有以下几种方式。

(1) 向大分子转移 随着聚合反应的进行，生成的大分子增多（浓度增大），这时链自由基与大分子碰撞的机会也增多，从而有可能发生向大分子的链转移反应。

① 链自由基向自身的链转移（“反咬”反应） 如乙烯的高压聚合时即有这种反应，转移后的链自由基再与单体分子进行链增长，最后会生成带短支链的聚乙烯（高压聚乙烯或低密度聚乙烯 HPPE 或 LDPE）。

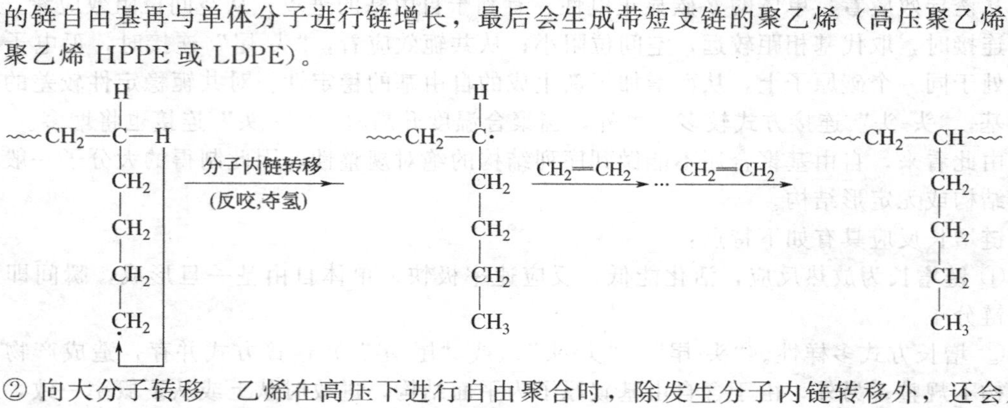

② 向大分子转移 乙烯在高压下进行自由聚合时，除发生分子内链转移外，还会发生链自由基向稳定大分子的链转移，结果生成带长支链的聚乙烯。

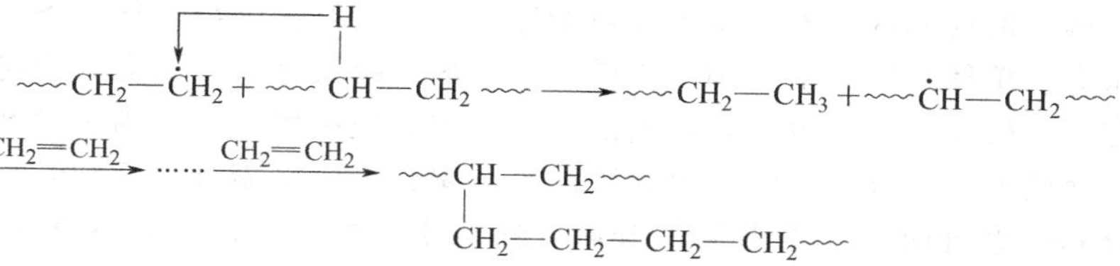

$$\sim\!\!CH_2\!-\!CH_2 + \sim\!\!CH\!-\!CH_2\!\sim \longrightarrow \sim\!\!CH_2\!-\!CH_3 + \sim\!\!\dot{C}H\!-\!CH_2\!\sim$$

$$\xrightarrow{CH_2=CH_2} \cdots\cdots \xrightarrow{CH_2=CH_2} \sim\!\!CH\!-\!CH_2\!\sim$$
$$\underset{\displaystyle CH_2\!-\!CH_2\!-\!CH_2\!-\!CH_2\!\sim}{|}$$

　　一般而言，单烯类单体（$CH_2\!=\!CHX$）进行自由基聚合时，链自由基向大分子转移是由大分子上带取代基原子上的氢原子发生转移来完成的。

　　（2）向低分子转移　链自由基除了能向大分子进行链转移外，还有可能向体系中的引发剂、单体或溶剂分子等低分子化合物进行转移。

　　① 向引发剂转移

$$\sim\!\!CH_2\!-\!\underset{\underset{X}{|}}{\dot{C}H} + R\!-\!R \longrightarrow \sim\!\!CH_2\!-\!\underset{\underset{X}{|}}{\overset{\overset{R}{|}}{C}H} + R\cdot$$

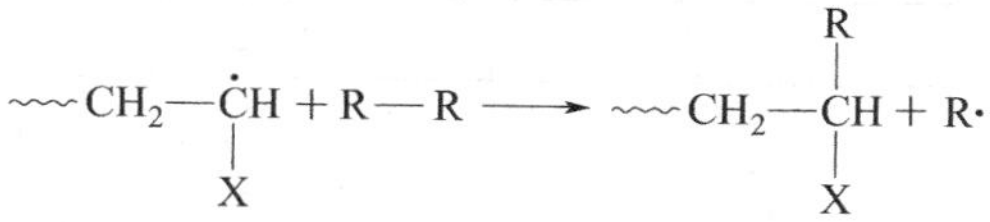

　　由于反应体系中引发剂的浓度很小，故活性中心向引发剂转移的机会也少。若增加引发剂浓度，则这种转移的概率将会增大。结果不仅使产物的平均聚合度降低，也会使引发剂的引发效率降低。

　　② 向单体转移

$$\sim\!\!CH_2\!-\!\underset{\underset{X}{|}}{\dot{C}H} + CH_2\!=\!\underset{\underset{X}{|}}{CH} \longrightarrow \sim\!\!CH\!=\!\underset{\underset{X}{|}}{CH} + CH_3\!-\!\underset{\underset{X}{|}}{\dot{C}H}$$

　　链自由基向单体转移的结果，使其本身失活，而使单体变成自由基。接受转移的单体自由基有同样的反应活性，可继续链的增长。链自由基因转移而提前终止，故产物的平均聚合度降低，然而转移后体系中自由基的数量没有减少，活性没有减弱，因此聚合反应速率并没有降低。

　　向单体转移的反应，因单体结构不同而异。在苯乙烯聚合体系中，向苯乙烯的转移很少发生，而氯乙烯的聚合则很容易发生向单体的转移反应。因为这种转移为链端脱氢转移，而这种脱氢转移的反应活化能较高，故而随反应温度的升高，此类转移的概率增大。

　　③ 向溶剂转移

$$\sim\!\!CH_2\!-\!\underset{\underset{X}{|}}{\dot{C}H} + HY \longrightarrow \sim\!\!CH_2\!-\!\underset{\underset{X}{|}}{CH_2} + Y\cdot$$

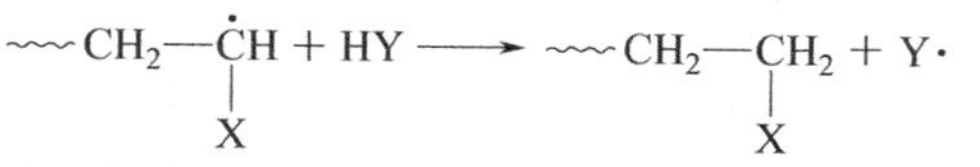

式中，HY 为溶剂分子（或分子量调节剂分子），其中的氢原子为活泼氢。

　　这种链转移是溶剂分子上脱去一个氢原子给链自由基。向溶剂分子的链转移也使产物的平均聚合度降低，所以在溶液中进行聚合时，聚合物的相对分子质量相对较低。

　　由上可知，链转移反应只是活性中心由链自由基转移到其他的分子（或其他位置），体系中自由基的数量不变，故链转移反应基本上不影响聚合反应的速率。但是，向低分子转移使聚合物的平均聚合度降低，而向大分子转移则会引起支化甚至交联，这些对生成高相对分子质量的线型聚合物均不利。但有时，相对分子质量太高并不符合要求，这时就需要对聚合物的相对分子质量进行调节，可通过加入少量容易发生链转移的低分子物来达到目的，同时还可以抑制链自由基向大分子的转移，以减少支化甚至交联。这种低分子物质称为相对分子质量调节剂。工业上常用的调节剂有卤代烃（如四氯化碳、四氯乙烷、六氯丙烷）和硫醇（如十二硫醇、戊烷基硫醇、叔丁基硫醇）等。

　　5. 自由基聚合反应的影响因素

　　影响自由基聚合反应的因素很多，一般可从内在因素和外部条件来分析。属于内在因素的包括单体结构，取代基的性质、位置和数量等，在前面已做介绍。外部条件主要包括聚合反应温度、压力、单体浓度、引发剂、杂质、阻聚剂和缓聚剂等，下面分别讨论。

(1) 温度　一般而言，随着聚合温度的升高，聚合速率增大，因为引发剂的分解速率和链转移速率均随温度的升高而增大；聚合物的平均聚合度则随聚合温度的升高而降低，这是由于引发聚合和热聚合时，随着温度的升高，体系中活性中心增多，众多活性中心竞争增长，从而使最终产物的平均聚合度降低，如表10-3所示。

此外，温度升高有利于链转移反应，易于生成支链，并且也有利于"头-头"连接的生成，影响产物的结构。

对大多数单体来说，在一定范围内，聚合温度每升高10℃，聚合速率增大2～3倍。

表10-3　氯乙烯悬浮聚合时，不同温度下的转化率和产物的平均聚合度

聚合温度/℃	聚合时间/h	转化率/%	聚合度
30	38	73.7	5970
40	12	86.7	2390
50	6	89.8	990

(2) 压力　一般来说，压力对液相或固相自由基聚合的影响较小，但对于常温下为气态的单体而言，其聚合速率和产物平均聚合度受压力的影响很大。甚至有些单体如乙烯、四氟乙烯等必须在一定压力下才能进行自由基聚合。

增加压力使气态单体分子间距离显著缩短，提高了单体浓度，增加了活性链与单体间的碰撞概率，并降低反应活化能，因而使聚合反应速率增加。同时压力的增大使链增长速率增加，而对链终止无甚影响，故使聚合物的平均聚合度增大。另外，增大压力可使聚合温度降低，因而可以减少支链的生成。

(3) 单体浓度　单体浓度增加，聚合速率增大，同时聚合物的相对分子质量提高。

一般而言，溶液聚合能使反应速率及聚合物的相对分子质量降低。这是因为溶剂分子的存在使单体浓度降低，减少了单体与活性链碰撞的概率，而且聚合物的平均聚合度也因链转移的加速而减小，见表10-4。

表10-4　醋酸乙烯酯的相对分子质量（聚合度）与单体浓度的关系①

醋酸乙烯酯/%	时间/h	转化率/%	聚合度
60	4.25	54.8	1500
70	3.24	50.3	1750
80	3.62	49.5	2250
85	2.27	54.4	2500

① 引发剂为偶氮二异丁腈（0.1%），聚合温度60℃，聚合介质为甲醇。

(4) 引发剂　一般来说，聚合速率与引发剂浓度的平方根成正比，而聚合物的平均聚合度与引发剂浓度的平方根成反比。因此，随着引发剂浓度的增大，聚合速率增大，而产物的平均聚合度则降低，见表10-5。

不同引发剂的分解温度与分解速率不同，因此它们对聚合反应的具体影响也有差别。

表10-5　不同引发剂浓度与聚合度的关系

引发剂浓度/%		0.02	0.05	0.1	0.5	1
		产物相对分子质量				
引发剂	BPO	2.4×10^4	1.71×10^6	1.45×10^6		7.4×10^5
	AIBN	1.46×10^6	—	1.26×10^6	7.05×10^5	5.65×10^5

(5) 杂质　杂质的影响是多方面的。它可以影响聚合反应的进行，还影响聚合反应速率、聚合物平均聚合度的大小，甚至影响到产物的使用性能。杂质对聚合反应的影响，主要

取决于它对外力或能（光、热、电能等）的敏感程度。

例如由电石路线制得的氯乙烯单体，其中微量乙炔的存在，不但使反应速率降低，而且使产品聚合度降低，见表 10-6。

又如氯丁橡胶的单体氯丁二烯中含有杂质二乙烯基乙炔的量较多时，就会使聚合速率增大，甚至引起爆聚，同时发生支化和交联，生成凝胶。

因此，要使聚合反应得到预期的结果，必须严格控制单体和体系中杂质的含量。而要获得优质产品，单体的纯度是一个重要的因素。

表 10-6 氯乙烯中乙炔含量对聚合的影响

乙炔含量/%	达到 85%转化率所需时间/h	平均聚合度
0.0009	11	2300
0.03	19.5	1000
0.07	21	500
0.13	24	300

（6）阻聚剂和缓聚剂 某些单体在精制、贮存和运输的过程中，会自行聚合，常需加入一些化合物，以防止发生意外的聚合反应。有时在聚合反应过程中，为了对聚合反应速率进行调节，也常需加入一些化合物。它们就是阻聚剂和缓聚剂。

所谓阻聚剂，是指加入聚合体系中，易与自由基发生反应，形成活性很低的自由基，从而不再与单体反应，最后只能双基终止的一类物质。

所谓缓聚剂，是指加入聚合体系中，易与自由基发生反应，形成活性较低的自由基，它与单体的反应能力较弱，从而减缓聚合反应速率的一类物质。

如对苯醌：

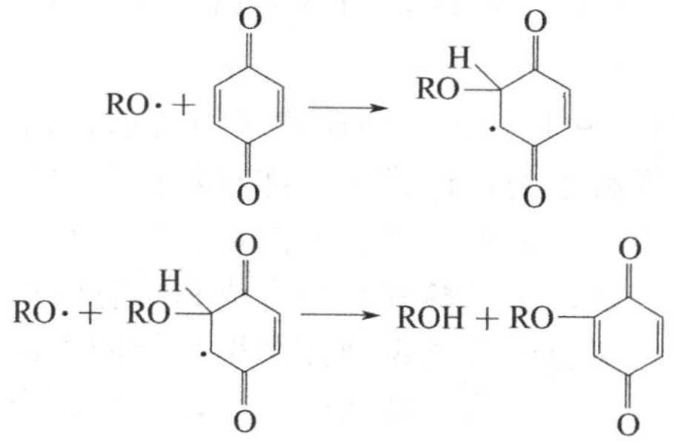

阻聚剂和缓聚剂对聚合过程的影响如图 10-2 所示。

图 10-2 中，对于曲线 2 来说，一开始并没有进行聚合，说明对苯醌具有阻聚作用。当对苯醌完全耗尽之后，聚合反应仍以正常速率进行。聚合过程抑制时间的长短，取决于阻聚剂的用量，这一段时间称为诱导期。

对于曲线 3 而言，没有出现诱导期，只是聚合反应速率低于正常水平，说明硝基苯此时为缓聚剂。

在有些情况下，阻聚剂又是缓聚剂，如曲线 4 所示。开始起阻聚剂作用，诱导期过后起缓聚剂作用。这也说明阻聚与缓聚只是程度上的不同，并无质的区别。

常用的阻聚剂和缓聚剂有：对苯二酚、对苯醌、硝基苯、亚硝基苯、变价金属盐（如氯化铁、氯化铜、醋酸铬）等。

三、阳离子型聚合

离子型聚合是连锁聚合反应的另一大类型。根据活性中心离子的特征，离子型聚合又可

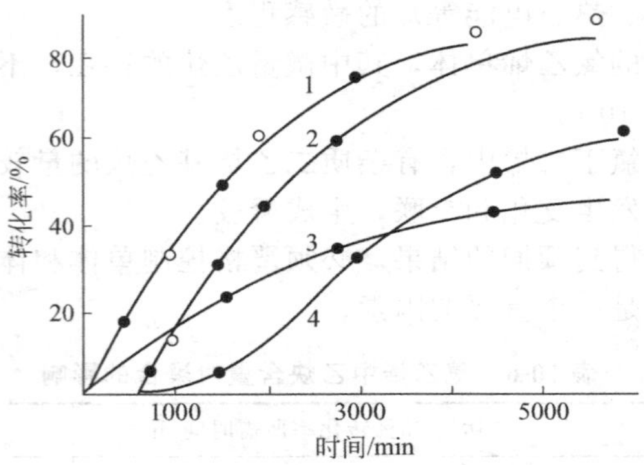

图 10-2 苯乙烯 100℃热聚合的阻聚作用

1—无阻聚剂；2—0.1%对苯醌；3—0.5%硝基苯；4—0.2%亚硝基苯

分为如下三种。

阳离子型聚合反应

$$A^+B^- + CH_2{=}\underset{\displaystyle X}{\underset{|}{CH}} \longrightarrow A{-}CH_2{-}\underset{\displaystyle X}{\underset{|}{\overset{+}{C}HB^-}} \longrightarrow \sim\sim CH_2{-}\underset{\displaystyle X}{\underset{|}{CH}}\sim\sim$$

阴离子型聚合反应

$$A^+B^- + CH_2{=}\underset{\displaystyle X}{\underset{|}{CH}} \longrightarrow B{-}CH_2{-}\underset{\displaystyle X}{\underset{|}{\overset{-}{C}HA^+}} \longrightarrow \sim\sim CH_2{-}\underset{\displaystyle X}{\underset{|}{CH}}\sim\sim$$

配位阴离子型聚合反应

$$[\,Cat\,]^+R^- + CH_2{=}\underset{\displaystyle X}{\underset{|}{CH}} \longrightarrow [\,Cat\,]^+\bar{C}H_2{-}\underset{\displaystyle X}{\underset{|}{CH}}{-}R \longrightarrow \sim\sim CH_2{-}\underset{\displaystyle X}{\underset{|}{CH}}\sim\sim$$

式中，[Cat]R 表示聚合中使用的配位阴离子络合催化剂。

离子型聚合无论对高分子科学的理论或实践都有着重大贡献，它不仅开发了许多性能优异的材料，并实现了工业化生产，如聚甲醛、聚丙烯、聚醚及高密度聚乙烯等，而且还将人们所熟知的一些单体（如苯乙烯、丁二烯等）聚合成和早有的聚合物结构与性能截然不同的新材料。近年来，通过离子型聚合已有意识地控制聚合物的主链构型、聚合物相对分子质量及其分布。因此，它对研究聚合物结构与性能的关系，研究聚合物的“分子设计”等问题有着非常重要的意义。

本节将逐一对阳离子型聚合、阴离子型聚合和配位阴离子型聚合（定向聚合）进行介绍。

1. 阳离子型聚合的单体

阳离子型聚合反应的单体包括以下几类：

① 带有强供（推）电子基团的烯类化合物，如异丁烯、烷基乙烯基醚等；

② 具有 π-π 共轭体系的苯乙烯类和双烯烃类，如苯乙烯、α-甲基苯乙烯、丁二烯等；

③ 氧杂环化合物，即环醚，如环氧乙烷、环氧丙烷、四氢呋喃等。

2. 阳离子型聚合的催化剂

阳离子型聚合的催化剂为亲电试剂，即为电子接受体。它包括如下两种。

(1) 含氢酸　含氢酸分类两类：一类是卤化氢 HX，如 HCl、HBr 和 HI。由于 X^- 的亲核性较强，容易形成 C—X 键，结果不利于 C^+（碳正离子）与单体加成而进行链增长，因此 HX 不能使烯烃聚合。另一类是含氧无机酸，如硫酸、磷酸等。它们相应的负离子的亲核性弱，不易形成共价键，或者即使形成 C—O 键也比较容易极化。所以它们可以使烯烃或其他烯类单体在一定条件下聚合，但只能得到低聚物。例如丙烯、异丁烯及苯乙烯在磷酸、硫酸催化作用下，可得到聚合度为 2～5 的低聚物。

（2）路易斯（Lewis）酸　所谓路易斯酸泛指能接受电子的物质。它是阳离子聚合最常用的催化剂。通常使用的路易斯酸有 BF_3、$AlCl_3$、$SnCl_4$、$ZnCl_4$、$TiCl_4$ 等。

使用路易斯酸作催化剂时，常需加入微量其他物质（如水、醚、醇或卤代烷等）才呈现催化活性，这些微量物质称为助催化剂。例如：

$$BF_3 + HOR \longrightarrow BF_3 \cdot HOR \Longleftrightarrow BF_3 \cdot \bar{O}R + H^+$$
$$SnCl_4 + RCl \longrightarrow R^+ + SnCl_5^-$$

表 10-7 中列出一些催化剂与助催化剂的作用。

表 10-7　某些催化剂与助催化剂

催化剂	助催化剂	阳离子活性中心
BF_3	ROH	H^+
BF_3	ROR	R^+
$TiCl_4$	HX	H^+
$SnCl_4$	H_2O	H^+
$SnCl_4$	RCl	R^+

3. 阳离子型聚合机理（基元反应）

下面以 BF_3 为催化剂、H_2O 为助催化剂时异丁烯的聚合为例来说明阳离子型聚合反应机理。

（1）链引发　催化剂与助催化剂首先形成离子型配合物（即"有效催化剂"）

$$BF_3 + HOH \longrightarrow HBF_3OH \Longleftrightarrow [F_3BOH]^- H^+$$

然后有效催化剂与异丁烯作用生成碳阳离子，并与其阴离子形成离子对，$[F_3BOH]^- H^+$ 在不解离的情况下即可引发单体。

$$[F_3BOH]^- H^+ + CH_2 = \underset{\underset{CH_3}{|}}{\overset{\overset{CH_3}{|}}{C}} \longrightarrow CH_3 - \underset{\underset{CH_3}{|}}{\overset{\overset{CH_3}{|}}{C}}H^+ [F_3BOH]^-$$

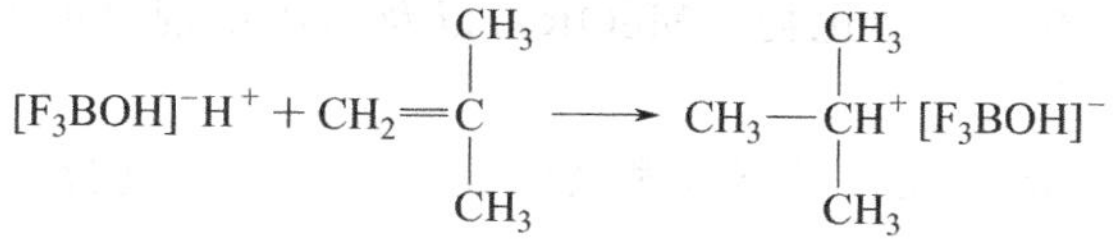

（2）链增长　在链增长过程中，离子对不断与单体发生反应，形成活性链。每次链增长，单体都以"头-尾"连接方式进入链端离子对之间。

$$CH_3 - \underset{\underset{CH_3}{|}}{\overset{\overset{CH_3}{|}}{C}}{}^+[F_3BOH]^- \xrightarrow[\quad]{CH_2=C(CH_3)_2} \cdots\cdots \xrightarrow[\quad]{CH_2=C(CH_3)_2} CH_3 - \underset{\underset{CH_3}{|}}{\overset{\overset{CH_3}{|}}{C}}\underset{\underset{CH_3}{|}}{(\overset{\overset{}{}}{CH_2} - \underset{\underset{CH_3}{|}}{\overset{\overset{CH_3}{|}}{C}})_n}CH_2 - \underset{\underset{CH_3}{|}}{\overset{\overset{CH_3}{|}}{C}}{}^+[F_3BOH]^-$$

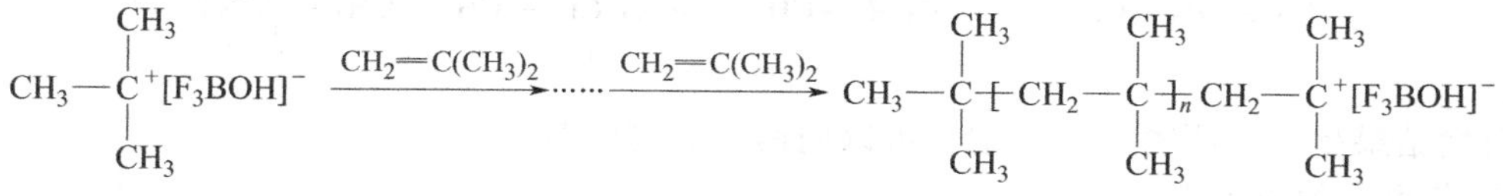

（3）链终止　阳离子型聚合的链终止有两种方式。

① 链端离子对重排

$$\sim\sim CH_2 - \underset{\underset{CH_3}{|}}{\overset{\overset{CH_3}{|}}{C}}{}^+[F_3BOH]^- \longrightarrow \sim\sim CH_2 - \underset{\underset{CH_3}{|}}{\overset{\overset{CH_2}{\|}}{C}} + [F_3BOH]^- H^+$$

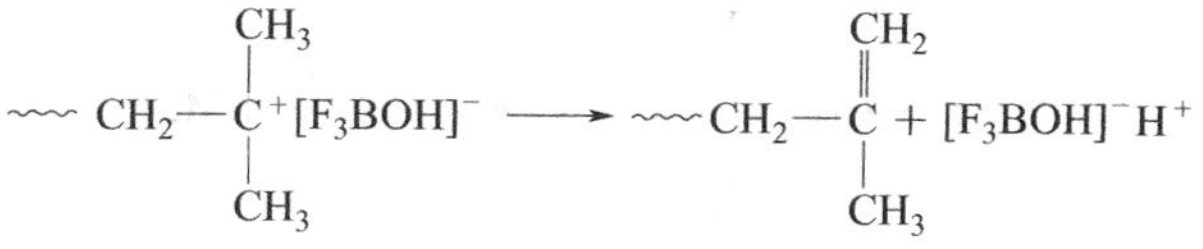

② 向单体转移

$$\sim\sim CH_2 - \underset{\underset{CH_3}{|}}{\overset{\overset{CH_3}{|}}{C}}{}^+[F_3BOH]^- + CH_2 = \underset{\underset{CH_3}{|}}{\overset{\overset{CH_3}{|}}{C}} \longrightarrow \sim\sim CH_2 - \underset{\underset{CH_3}{|}}{\overset{\overset{CH_2}{\|}}{C}} + CH_3 - \underset{\underset{CH_3}{|}}{\overset{\overset{CH_3}{|}}{C}}{}^+[F_3BOH]^-$$

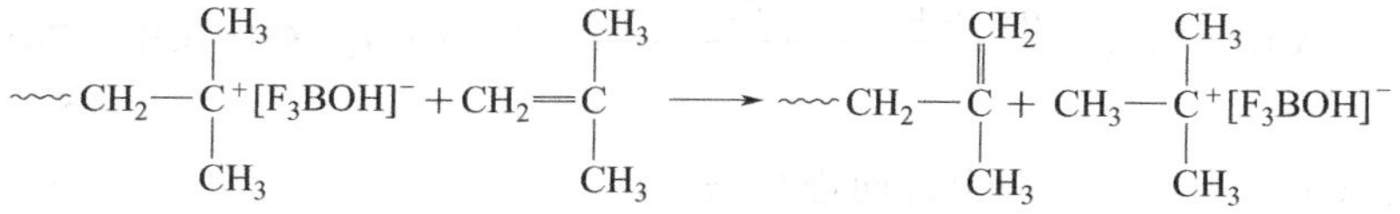

由于链终止大多数是链端离子对的重排脱氢，需要的活化能较高。因此，反应温度升高，链终止（或链转移）加快，使得聚合物的聚合度降低。链终止通过温度控制，故产物的相对分子质量的分散性小。

由以上反应机理可知，催化剂与助催化剂形成的离子型络合物无需分解即可引发单体，所以引发活化能低（$8.4 \sim 21 kJ \cdot mol^{-1}$），在低温下即可快速引发，再则低温聚合可以降低链终止速率，所以离子型聚合通常都是在低温下进行的。

再生出来的催化剂可以继续引发单体，重复连续发挥作用。离子型聚合所用的催化剂不参加到聚合物中作为末端的组成，这一点与自由基聚合的引发剂不同。在反应过程中催化剂引发后始终与增长链保持离子对的形式，因而它对插入的单体构型有一定的控制能力，所以低温离子型聚合所得的聚合物其链节的排列总是"头-尾"连接的形式，故产物具有线型规整结构。

四、阴离子型聚合

1. 阴离子型聚合的单体

阴离子型聚合的单体有以下几类。

① 具有吸电子基的单烯类单体，如丙烯腈、丙烯酸酯等；

② 苯乙烯类和双烯烃类单体，如苯乙烯、α-甲基苯乙烯、丁二烯等；

③ 某些氮杂环和氧杂环化合物，如己内酰胺、环氧乙烷等。

2. 催化剂

阴离子聚合的催化剂为电子给予体，即具有亲核性。归纳起来，有以下两类。

(1) 碱金属　碱金属由于外层只有一个电子，很容易失去，可以用作阴离子聚合的催化剂，如锂（Li）、钠（Na）、钾（K）。当它们与单体接触时，可把它们的最外层电子直接转移给单体，形成阴离子自由基。

(2) 碱金属化合物　包括碱金属氨化物（如 KNH_2、$NaNH_2$），碱金属烷基化物（如丁基锂），碱金属萘化物，碱金属醇化物（MeOR）以及格氏试剂（如 C_6H_5MgBr）。

3. 聚合机理（基元反应）

阴离子型聚合也按照链引发、链增长和链终止"三部曲"进行。

(1) 链引发

① 单电子转移引发（碱金属作催化剂）

$$Na + CH_2{=}\underset{\underset{X}{|}}{CH} \longrightarrow Na^+\underset{\underset{X}{|}}{\bar{C}H}-\dot{C}H_2 \longrightarrow Na^+\underset{\underset{X}{|}}{\bar{C}H}-CH_2-CH_2-\underset{\underset{X}{|}}{\bar{C}H}Na^+$$

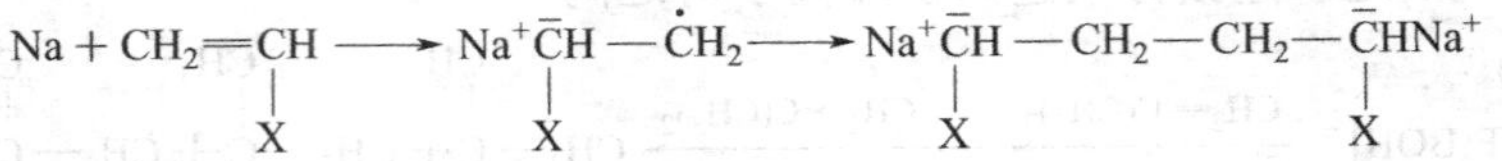

引发结果生成双阴离子，链增长可以向两个方向同时进行。

② 负离子加成引发

$$K^+\bar{N}H_2 + CH_2{=}\underset{\underset{X}{|}}{CH} \longrightarrow H_2N-CH_2-\underset{\underset{X}{|}}{\bar{C}H}K^+$$

$$R^-Me^+ + CH_2{=}\underset{\underset{X}{|}}{CH} \longrightarrow R-CH_2-\underset{\underset{X}{|}}{\bar{C}H}Me^+$$

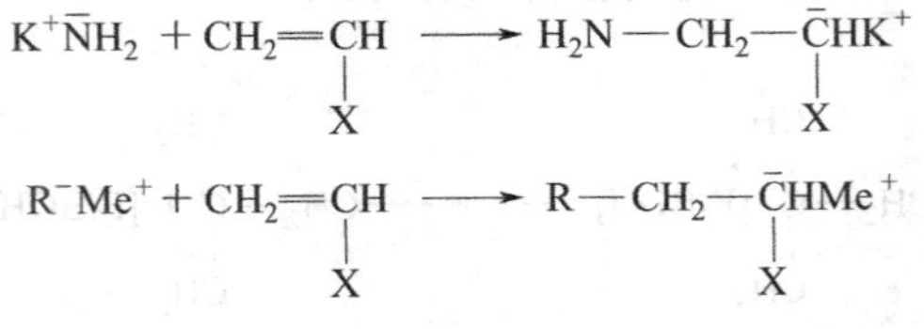

(2) 链增长

$$H_2N-CH_2-\underset{\underset{X}{|}}{\bar{C}H}K^+ \xrightarrow{CH_2{=}CHX} \cdots\cdots \xrightarrow{CH_2{=}CHX} H_2N\underset{\underset{X}{|}}{\overset{}{\underset{}{+}}}CH_2-CH\underset{\underset{X}{|}}{\overset{}{\underset{}{+}_n}}CH_2-\underset{\underset{X}{|}}{\bar{C}H}K^+$$

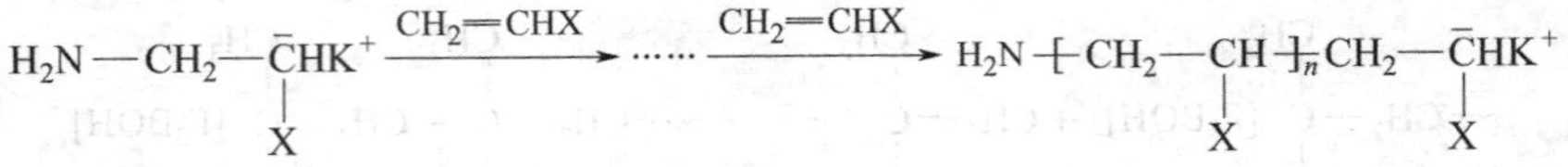

若为双阴离子，则同时向两个方向进行增长。

（3）链终止　阴离子聚合的链终止方式与自由基聚合有很大不同，主要表现在不能双基终止。因此其终止方式只能是向体系中的杂质或活泼氢化合物进行链转移。

$$
\begin{array}{l}
\xrightarrow{NH_3} \sim\!\!\sim CH_2\!-\!CH_2 + K^+\bar{N}H_2 \\
\qquad\qquad\quad\; | \\
\qquad\qquad\quad\; X \\[4pt]
\xrightarrow{O_2} \sim\!\!\sim CH_2\!-\!CHOO^-K^+ \\
\qquad\qquad\quad | \\
\qquad\qquad\quad X \\[4pt]
\xrightarrow{CO_2} \sim\!\!\sim CH_2\!-\!CHCOO^-K^+ \\
\qquad\qquad\quad\; | \\
\qquad\qquad\quad\; X \\[4pt]
\sim\!\!\sim CH_2\!-\!\bar{C}HK^+ \;+\; \xrightarrow{H_2O} \sim\!\!\sim CH_2\!-\!CH_2 + K^+OH^- \\
\qquad\;\; | \qquad\qquad\qquad\qquad\quad\; | \\
\qquad\;\; X \qquad\qquad\qquad\qquad\quad\; X \\[4pt]
\xrightarrow{ROH} \sim\!\!\sim CH_2\!-\!CH_2 + K^+OR^- \\
\qquad\qquad\quad\; | \\
\qquad\qquad\quad\; X \\[4pt]
\xrightarrow{RCOOH} \sim\!\!\sim CH_2\!-\!CH_2 + RCOO^-K^+ \\
\qquad\qquad\qquad | \\
\qquad\qquad\qquad X \\[4pt]
\xrightarrow[\;\;\underset{O}{CH_2-CH_2}\;\;]{} \sim\!\!\sim CH_2\!-\!CH\!-\!CH_2CH_2O^-K^+ \\
\qquad\qquad\qquad\qquad\; | \\
\qquad\qquad\qquad\qquad\; X
\end{array}
$$

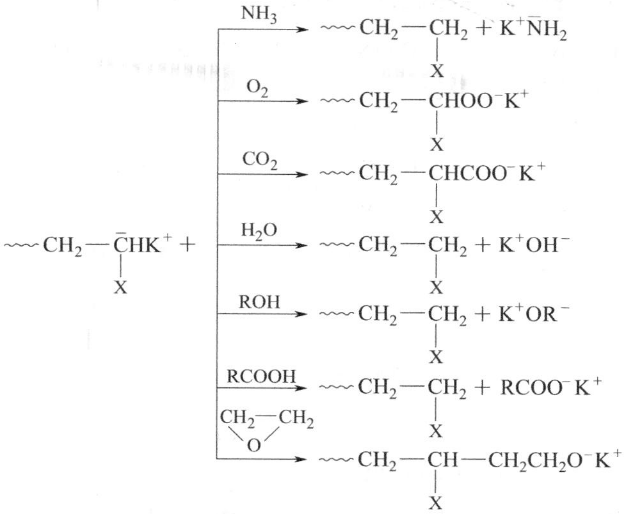

若为双阴离子，则另一端也发生同样的反应。

4. 阴离子型聚合的应用

根据上述机理可知，阴离子型聚合不可能双基终止，也不可能链端脱氢与反离子结合成共价键，即链端不可能发生重排反应，再加上向单体转移需要脱除负氢离子，而这是非常困难的，故阴离子聚合在特殊条件下可以无终止。所需要满足的条件包括：单体要严格精制；惰性气氛保护；溶剂严格选择和精制；器皿十分洁净和干燥。

（1）活性聚合物　阴离子型聚合在无终止情况下生成的仍带有活性中心的聚合物称为活性聚合物。

对于活性聚合物而言，由于链端仍带有活性，故重新加入单体，反应可以继续进行；又由于同时引发、同步增长和条件相近，所得活性聚合物的相对分子质量分布窄，接近单分散。

（2）活性聚合物的应用　活性聚合物在理论研究和实际合成上有着非常重要的意义，具体表现在以下几个方面。

① 合成嵌段共聚物　所谓嵌段共聚物，是指由两种或两种以上单体通过共聚反应，形成两种结构单元在分子链中成段出现的共聚物，如 SBS。这种共聚物可以采用活性聚合物来制备。

$$
S \xrightarrow{RLi} RSSS\cdots\!\cdots SS^-Li^+ \xrightarrow{B} RSSS\cdots\!\cdots SS\,BBB\cdots\!\cdots BB^-Li^+
$$

$$
\xrightarrow{S} RSSS\cdots\!\cdots SS\,BBB\cdots\!\cdots BBSSS\cdots\!\cdots SS^-Li^+ \xrightarrow{链终止剂} 终止
$$

式中 S 表示苯乙烯，B 表示丁二烯

终止后的产物为嵌段共聚物 SBS（苯乙烯-丁二烯-苯乙烯嵌段共聚物）。

S	B	S

② 合成遥爪聚合物　遥爪聚合物是指聚合物分子链两端带有同种反应能力很强的功能团，它们遥遥居于分子链两端，像两个"爪子"，故得名。

利用活性聚合物制备遥爪聚合物，关键是选择适当的终止方式，使聚合物链端带上预定的功能基团。

如羧基遥爪聚丁二烯的制备过程可示意表示如下：

$$Na + CH_2{=}CH{-}CH{=}CH_2 \longrightarrow \overset{+}{Na}\overset{-}{C}H_2{-}CH{=}CH{-}\dot{C}H_2(\overset{+}{Na}\overset{-}{B}\cdot)$$

$$\longrightarrow \overset{+}{Na}\overset{-}{B}\overset{-}{B}\overset{+}{Na} \xrightarrow{nB} \overset{+}{Na}\overset{-}{B}BB\cdots\cdots BB\overset{-}{B}\overset{+}{Na} \xrightarrow{CO_2}$$

$$\overset{+}{Na}\overset{-}{O}OCBBB\cdots\cdots BBBCO\overset{-}{O}\overset{+}{Na} \xrightarrow{H^+} HOOCBBB\cdots\cdots BBBCOOH$$

③ 制备梳形和星形聚合物

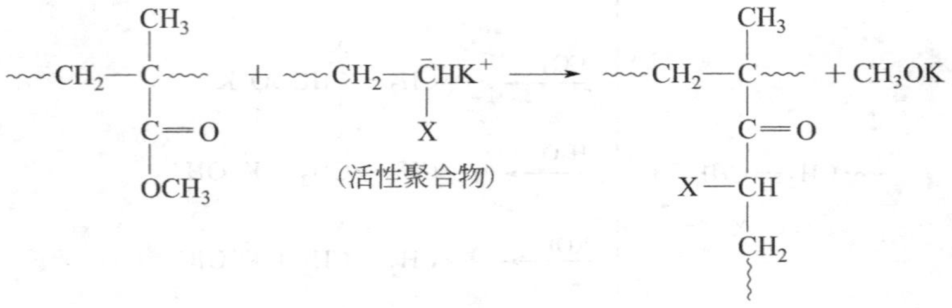

梳形聚合物的制备

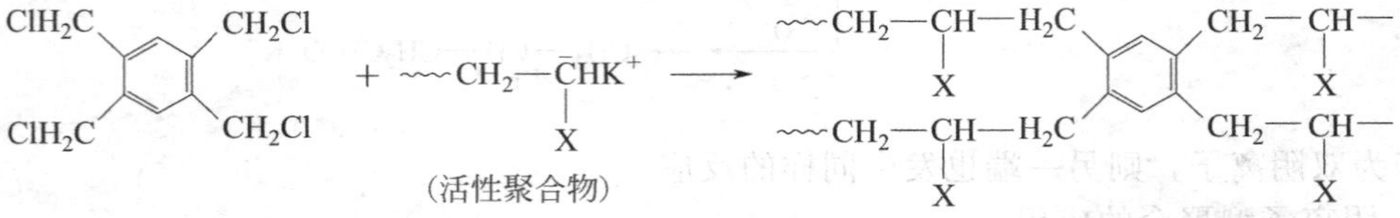

星形聚合物的制备

五、定向聚合

在高温高压及微量氧的存在下，可使乙烯聚合成高聚物，它属于自由基型聚合反应，所得产物就是高压聚乙烯（低密度聚乙烯，LDPE）。LDPE 分子链上带有很多短支链和长支链，属于支链型聚合物，规整性差。

1953 年，德国科学家齐格勒（Ziegler）用三乙基铝和四氯化钛络合物作催化剂，在较低压力（低于 1MPa）和较低温度（50～70℃）下，将乙烯聚合成低压聚乙烯（高密度聚乙烯，HDPE）。HDPE 分子链上只带很少量的短支链，规整性好。

1955 年，意大利科学家纳塔（Natta）发展了齐格勒的方法，用三乙基铝和三氯化钛络合物作催化剂，成功地将以前一直难以聚合的丙烯聚合成立体结构规整的聚丙烯，并创立了定向聚合的理论基础，使高聚物的合成进入了一个新的阶段。此后，采用定向聚合的方法，人们相继合成出了聚（1-丁烯）、聚（3-甲基-1-戊烯）、聚苯乙烯、顺丁橡胶、异戊橡胶和乙丙橡胶等高聚物，有些已进入大规模的工业化生产阶段。

齐格勒与纳塔因在定向聚合方面的突出贡献，于 1963 年一起荣获诺贝尔化学奖。

1. 高聚物的立体异构现象

高聚物和有机化合物一样，由于分子链中原子或原子团在空间排布方式的不同，也存在着几何和光学的立体异构现象。

（1）几何异构　几何异构现象主要针对二烯烃的 1,4-加成聚合物而言，是由于双键上的取代基在空间的排布不同所造成的。如丁二烯单体在催化剂作用下，按 1,4-加成聚合可得到两种几何异构聚丁二烯，顺式和反式。

顺式 1,4-聚丁二烯

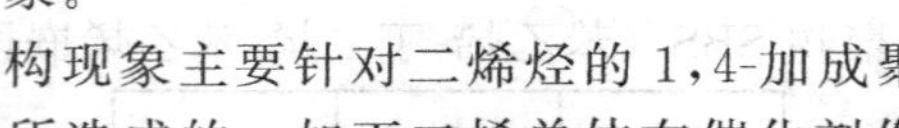

反式 1,4-聚丁二烯

（2）光学异构　也称为旋光异构，主要针对单烯烃聚合物而言，是由于分子链中存在不对称碳原子 C*（手性原子）而造成的。如丙烯在催化剂作用下，通过加成聚合可得到三种光学异构聚丙烯——全同立构、间同立构和无规立构。

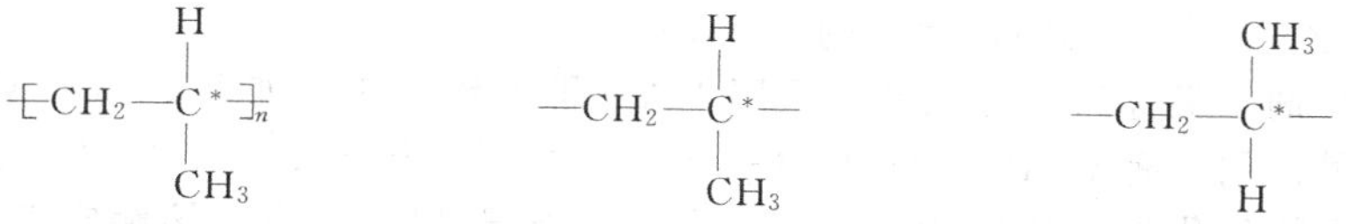

C* 为不对称碳原子　　（D）　　（L）

对每一个链节，有两种构型，即上图中的 D-型和 L-型。

对整条分子链，则有三种排布方式。

① 全同立构（等规立构）　每个重复单元都有相同的构型，即全为 D-型或全为 L-型，取代基位于主链平面的同一侧。

② 间同立构（间规立构）　任意相邻两个重复单元的构型都相反，即 D-型和 L-型交替排布，取代基交替排列在主链平面的两侧。

③ 无规立构　相邻重复单元的构型无规则，即每个重复单元取 D-型或 L-型无规律，取代基无规排列于主链平面的两侧。

三种立体构型如图 10-3 所示。

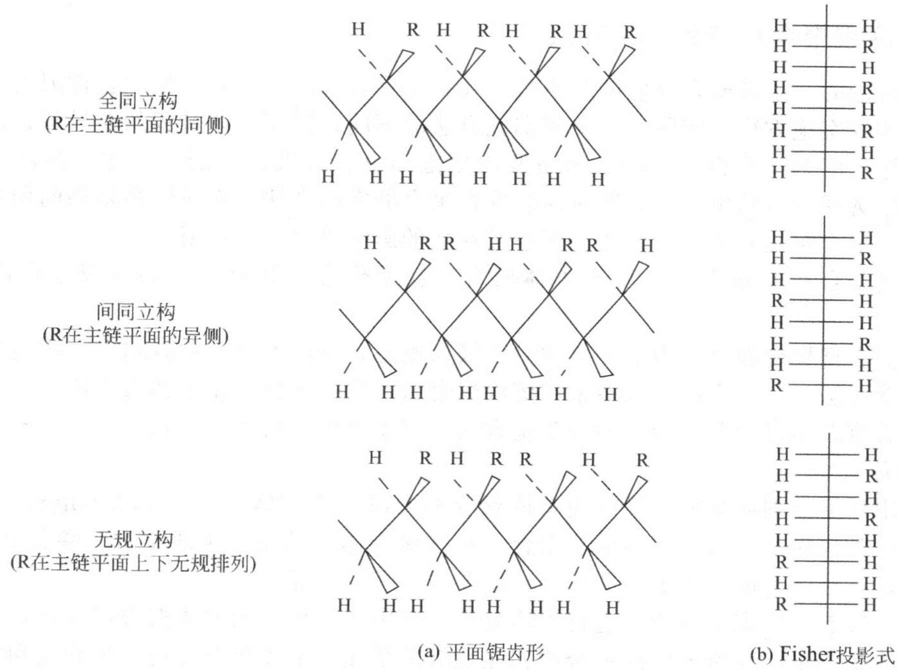

图 10-3　聚丙烯的立构形式（R 为—CH_3）

由上可知，分子链中原子或原子团在空间有规则排布的高聚物称为立构规整性高聚物，也称为有规立构高聚物。它包括上述的顺式和反式聚合物以及全同立构、间同立构聚合物。而定向聚合也就是指以合成立构规整性高聚物为主（聚合物的立构规整度在 75％以上）的聚合反应。

2. 定向聚合催化剂

定向聚合催化剂有多种形式，其中最主要也是非常有效的当属齐格勒-纳塔催化剂。它具有特殊定向效果，是由两种组分——主催化剂和助催化剂构成的络合物，故又称为络合催化剂。

(1) 主催化剂　主催化剂采用元素周期表中Ⅳ～Ⅷ族的过渡金属卤化物。如 $TiCl_3$、$TiCl_4$、VCl_3、$ZrCl_4$ 等，其中最常用的是 $TiCl_3$。

(2) 助催化剂　又称为共催化剂，采用ⅠA～ⅢA 族金属（如 Li、Be、Mg、Al 等）烷基化物，其中最常用的有 $ClAl(C_2H_5)_2$（一氯二乙基铝）和 $Al(C_2H_5)_3$（三乙基铝）。

烷基铝化合物的化学性质极为活泼，与氧、水等起剧烈反应，接触空气中的氧就会燃烧，使用时必须注意。

有时为了提高催化剂的活性或控制聚合物的立体结构，除上述两种组分外，还需加入第三甚至第四组分，在此不作介绍。

3. 定向聚合机理

由络合催化剂引发的定向聚合机理，一般认为属于配位阴离子型聚合。亦即是在聚合反应过程中，烯类单体分子与催化剂的过渡金属（如 Ti）络合，并在过渡金属-碳键间进入聚合物增长链。在聚合过程中，增长链始终作为一个显负电性的配位基而存在。

关于配位阴离子型聚合活性中心的结构及链引发和链增长过程，主要有两种理论，即早期的双金属理论和目前较为普遍接受的单金属理论。具体内容请参考相关资料，在此不作介绍。

六、连锁聚合反应的实施方法

前面讨论的关于各聚合反应的基本机理及影响聚合反应和产物性能的各种因素时，并没有涉及具体的实施方法。实际上，由于实施方法的不同，除了工艺过程的差异外，即使采用相同的单体，所得高聚物的性能、形态及应用范围也有很大的差别。因此，在合成高聚物时，除了应选择合适的单体外，还应注意选择聚合的实施方法。而对于高聚物的加工及应用来说，注意聚合实施方法对高聚物的形态及性能的影响显然十分重要。

自由基聚合的实施方法主要有本体聚合、悬浮聚合、乳液聚合和溶液聚合四种典型方法。

对于离子型聚合而言，由于催化剂对水极为敏感，所以不能采用以水为介质的悬浮聚合法或乳液聚合法。工业生产上大多采用溶液聚合法，只有部分采用本体聚合法。

下面着重介绍自由基聚合的四种实施方法，离子型聚合可参照实行。

1. 本体聚合

不使用任何溶剂或分散介质而使单体聚合的方法称为本体聚合（bulk polymerization）。由于产物通常为块状，故又称为块状聚合。本体聚合体系的主要组成部分为单体和引发剂，除此之外，有时还可能加入少量着色剂、增塑剂、润滑剂等。

气态、液态、固态单体均可进行本体聚合，其中液态单体的本体聚合最为重要。

根据体系中单体与所形成的聚合物相互混溶的情况，本体聚合又可分为均相和非均相两种。如单体与聚合物相互混溶，在反应过程中无分相现象称为均相本体聚合，如苯乙烯、甲基丙烯酸甲酯等；非均相本体聚合体系的单体与聚合物不能相互混溶，在聚合反应过程中高聚物会逐渐沉析出来，如氯乙烯、丙烯腈的聚合即属于此类。

本体聚合最明显的一个特点就是出现“自动加速效应”。所谓自动加速效应，是指自由基聚合中期（一般转化率在 20%以上），聚合速率随着转化率的提高突然反常加速的现象。因为按正常情况，随着单体转化率的提高，引发剂和单体浓度均逐渐降低，聚合速率应该降低。

为什么会出现这种现象呢？这是因为，随着转化率的提高，体系黏度增大，长链自由基的活动受到越来越大的阻碍，并且由于长链的卷曲特性，活性链被包裹，双基终止减慢，但单体扩散、单体与链自由基的反应并不受到影响。就这样，在链终止速率减慢（体系内自由基数量增加），而链增长不受影响的情况下自动加速起来。

自动加速效应会导致体系的温度迅速升高，而由于体系黏度高，散热困难，局部过热，极易造成爆炸性聚合，使反应失败，故应特别注意。

工业上本体聚合可分间歇法和连续法，生产中的关键问题是反应热的排除。如散热不良，轻则造成局部过热，使产物相对分子质量变宽，最后影响聚合物的力学性能，重则温度失调，引起爆聚。由于这一缺点，使本体聚合在工业上的应用受到一定限制，通常采用分段聚合。

不同单体的本体聚合工艺差别很大，如表 10-8 所示。

表 10-8 本体聚合工业生产举例

聚合物	过程要点
聚甲基丙烯酸甲酯(有机玻璃,PMMA)	第一阶段预聚至转化率为 10%左右的黏稠浆液，然后浇模分段升温聚合，最后脱模成板材
聚苯乙烯(PS)	第一段于 80～85℃预聚至转化率为 33%～35%，然后流入聚合塔，温度从 100℃逐步升高到 220℃聚合，最后熔体挤出造粒
聚氯乙烯(PVC)	第一段预聚至转化率为 7%～11%，形成颗粒骨架，第二阶段继续沉淀聚合，最后以粉状出料
聚乙烯(高压)(LDPE)	选用管式或釜式反应器，连续聚合，控制单体转化率为 15%～30%，最后熔体挤出造粒

下面以有机玻璃板的生产加以说明。

甲基丙烯酸甲酯是丙烯酸酯类单体中重要的一员，可以选用悬浮法、乳液法，甚至溶液法聚合，但其间歇本体聚合却是最重要的方法，可用来生产板、棒、管和其他型材。聚甲基丙烯酸甲酯透光率达 92%，为目前透明塑料之最，故素有“有机玻璃”之称，多用作航空玻璃。

甲基丙烯酸甲酯（MMA）在间歇本体聚合制有机玻璃板的过程中，有散热困难、体积收缩、易产生气泡等问题，可以分成预聚合、聚合和高温后处理三个阶段，根据各阶段的特点加以控制。

预聚合系将 MMA、引发剂 BPO 或 AIBN 等，以及适量的增塑剂、脱模剂放在普通搅拌釜内于 90～95℃下聚合至 10%～20%转化率，成为黏稠的液体。然后用冰水冷却，使聚合反应暂时停止，备用。预聚阶段体系黏度不高，凝胶效应并不严重，可于普通搅拌釜中在较高温度下进行，散热并无困难。预聚至 10%～20%以后，体积已部分收缩，聚合热已部分排出，有利于以后的聚合。此外，黏滞的预聚物不易漏模。为了缩短预聚时间，可在单体中溶有少量有机玻璃碎片，增加体系黏度，使自动加速现象提早到来。

聚合阶段系将黏稠的预聚物加入无机玻璃平板模中，移入空气浴或水浴中，慢慢升温至 40～50℃聚合。在该温度下聚合数天，5cm 板甚至长达一周，使转化率达 90%左右。低温缓慢聚合的目的在于与散热速率相适应。如聚合过快，来不及散热，造成热点，影响分子量分布和产品强度。另一方面，聚合温度过高，易产生气泡。因为 MMA 沸点为 100.5℃，为了适应体系收缩，平板玻璃模间嵌以橡胶条夹紧，便于伸缩。

转化率达 90%以后，进一步升温至 PMMA 玻璃化温度以上（如 100～120℃）进行高温热处理，使残余单体充分聚合。

高温聚合后，经冷却、脱模、修边，即成有机玻璃板成品。这样由本体浇铸聚合法制成的有机玻璃，相对分子质量可达 10^6，而注塑用的悬浮法 PMMA 相对分子质量一般为 5 万～10 万。

聚甲基丙烯酸甲酯为无定形聚合物，$T_g=105℃$，机械强度好，尺寸稳定，透明，耐光，耐候，虽然不耐溶剂，却耐化学药品。广泛用作飞机窗玻璃、标牌、指示灯罩、仪表盘、光导纤维、牙托粉等。有机玻璃经双轴拉伸或与甲基丙烯酸乙二醇酯共聚，可以提高航空玻璃的强度。

本体聚合的优点是产品纯净，尤其可以直接制得透明制品，适于板材和型材的生产，所用设备也较简单。

2. 悬浮聚合

在既不溶解单体，也不溶解聚合物的悬浮介质（一般是水）中，将溶有引发剂的单体以小液滴的形式悬浮于介质中进行的聚合称为悬浮聚合（suspension polymerization）。聚合体系的主要组成包括单体、引发剂（溶于单体）、悬浮介质和悬浮分散剂。借助于搅拌作用和分散剂，使液滴均匀分散于介质中，所得产物呈珠状，故又称为珠状聚合。在一个小液滴内就如一个小本体聚合。此法因散热和分离聚合物均较容易，在工业生产中得到广泛应用。

在聚合过程中，搅拌作用非常重要，搅拌速度的快慢，影响着液滴的大小。当单体中溶有聚合物时易发黏，故要加入分散剂，以防液滴黏结变大。

分散剂有两类，一类是不溶于水的无机粉末，如碳酸钙（镁、钡）、磷酸钙、硫酸钡、滑石粉、高岭土等，它们起机械隔离作用。另一类是水溶性有机高聚物，如聚乙烯醇、明胶、甲基纤维素等，它们起着保护胶体的作用。如图 10-4 和图 10-5 所示。

除上述主分散剂外，有时还另加入少量表面活性剂作为助分散剂，如十二烷基硫酸钠、十二烷基磺酸钠、聚醚、磺化油等。但表面活性剂不宜多加，否则容易转变为乳液聚合。

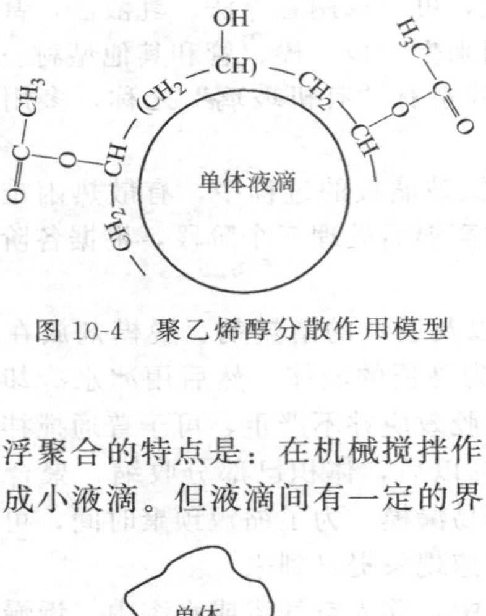

图 10-4　聚乙烯醇分散作用模型

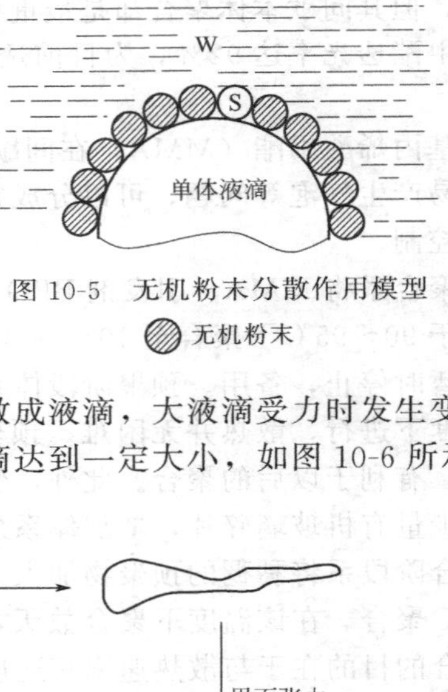

图 10-5　无机粉末分散作用模型

悬浮聚合的特点是：在机械搅拌作用下，单体分散成液滴，大液滴受力时发生变形，继续分散成小液滴。但液滴间有一定的界面张力，使液滴达到一定大小，如图 10-6 所示。

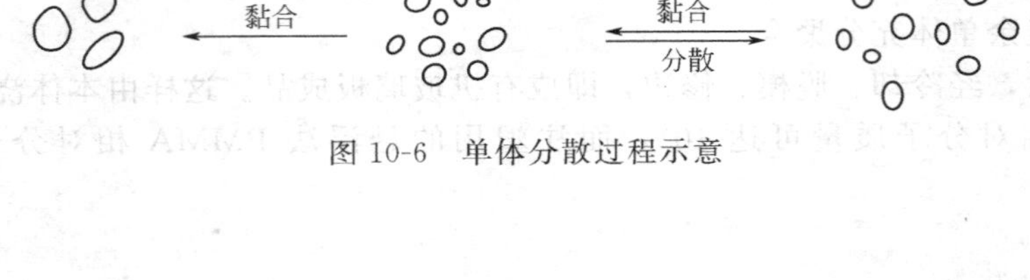

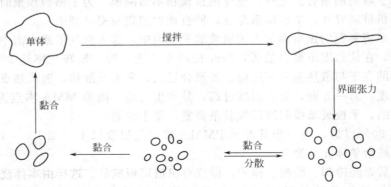

图 10-6　单体分散过程示意

在未聚合阶段，由于同分子间的吸引力较大，当两单体液滴碰撞时，有可能凝聚成大液滴。单体大液滴也可被机械搅拌重新打散成小液滴的可能。聚合到一定程度时，液滴中溶有一定量的聚合物，使液滴发黏，这时当两液滴相互碰撞时，很容易黏结在一起，很难打散，严重时会结成大块。当聚合程度更大时，液滴转变成固体粒子以后，就没有结块的危险。因此，在发黏阶段，特别需要分散剂使液滴分散开来，并要加强机械搅拌以防止结块。

悬浮聚合由于采用水作介质，故和大多数溶液聚合用有机溶剂相比，比较经济，并且散热容易。聚合物产品成珠状，与乳液聚合和溶液聚合相比，最后产品的分离也较容易，纯度也较高。

表 10-9 中列出一些悬浮聚合工业生产实例。

表 10-9 悬浮聚合工业生产实例

单 体	引发剂	悬浮分散剂	分散介质	产品用途
氯乙烯	过氧化二碳酸酯过氧化二月桂酰	羟丙基纤维素，部分水解 PVA	去离子水	各种型材、电绝缘材料、薄膜
苯乙烯	BPO	PVA	去离子水	珠状产品
甲基丙烯酸甲酯	BPO	碱式硫酸镁	去离子水	珠状产品
丙烯酰胺	过硫酸钾	Span-60	庚烷	水处理剂

3. 乳液聚合

乳液聚合（emulsion polymerization）是单体在乳化剂存在下，经强力振荡或搅拌使单体分散于水中成为乳液状，然后用水溶性引发剂引发聚合的方法称为乳液聚合。所得聚合物分散极细，粒子直径为 1μm～0.1mm，比悬浮聚合的最小粒子还要小几十倍。

乳液聚合体系主要由单体、引发剂（水溶性）、水和乳化剂四个基本成分组成。

乳化剂是一类能使水-油混合体系形成较为稳定的乳液的物质。其结构由两部分组成，一部分亲油，另一部分亲水，如皂类化合物 RCOONa，其中—R 为烷基（C_{11}～C_{17}），具有亲油性，—COONa 具有亲水性。

乳化剂的作用具体表现如下：

① 降低界面张力，使单体易于分散成微小液滴；

② 形成保护膜，使乳液稳定；

③ 形成胶束，起增溶作用，并进一步形成增溶胶束。

在乳液聚合体系中，在乳化剂作用下，单体的存在形式有三种：一是存在于液滴内，占 95%以上，直径约为 1000nm，好比聚合“仓库”；二是存在于增溶胶束（直径为 0.6～10nm）内，好比聚合“车间”；三是溶解于水中，微量，好比聚合的“中转站或搬运工”。

由此可知，乳液聚合场所是增溶胶束。原因在于，在乳液体系中，尽管胶束总体积比单体液滴小，但胶束粒子很小，比单体液滴具有大得多的比表面积。因此，当水溶性引发剂在水相中分解出初级自由基后，最有可能扩散进入增溶胶束内，引发其中的单体聚合。如图 10-7 所示。

聚合时，水溶性引发剂在水中分解成初级自由基，迅速扩散入增溶胶束内，引发其中的单体并进行链增长。增溶在胶束中的单体数量有限，在链增长过程中，单体消耗的同时，先是溶于水中的单体，继而是单体液滴中的单体不断通过溶于水后向胶束内扩散，进行补充。随着反应的不断进行，胶束体积增大，成为含有聚合物的增溶胶束，称为单体-聚合物乳胶粒。原来胶束直径只有 4～8nm，当转化率达到 2%～3%时，单体-聚合物乳胶粒就可增大到 20～40nm。粒子体积增大后，原来胶束上的乳化剂分子不足以保持其胶乳状态，即由其他胶束和体积逐渐缩小的单体液滴表面上的乳化剂来补充。链引发、链增长和链终止过程继续在单体-聚合物乳

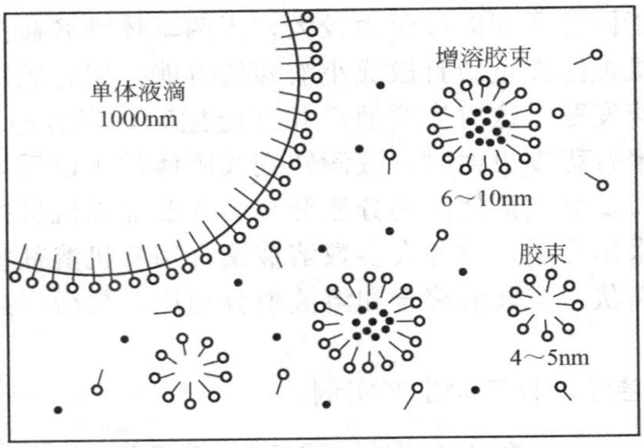

图 10-7 单体和乳化剂在水中分布示意

○乳化剂分子；•单体分子

胶粒中进行。转化率达到约 60%时，单体液滴消失。此后由于单体来源断绝，单体-聚合物乳胶粒中单体浓度逐渐下降，链增长受到限制，从而进行链终止。反应结束后所得高聚物粒子平均直径可达 50～150nm，其外层为乳化剂所包围，称为聚合物乳胶粒。

乳液聚合中，链增长反应是在相互隔离的胶粒中进行的。通常每毫升乳液每秒钟产生 10^{13} 个自由基，每毫升乳液中有 10^{14}～10^{15} 个胶粒，所以平均在 10～100s 才有一个自由基扩散到一个胶粒中去，也就是说，每条活性链增长 10～100s 后才又遇到一个新进入的自由基，而使其终止（双基终止）。因此，产物相对分子质量较高（其他方法每条活性链平均增长不足 1s 便终止）。

乳液聚合可以在反应温度较低的情况下，以较高的反应速率获得高聚合度的聚合物。以水作为反应介质，而且又在低温下进行反应，所以散热容易，乳液的黏度也不高，且经济。但因颗粒很细，掺杂的乳化剂和其他助剂，虽经后处理也不易除净，故产物的纯度不高，只能应用于对电性能要求不高的场合下，树脂的色泽也较差。如果最终产物为粉状树脂，则在聚合之后必须经过凝聚、洗浴、干燥等处理工序，比较复杂。但在聚合物乳液直接应用的场合，如涂料、黏合剂等，采用此法比较有利。

丁苯橡胶、丁腈橡胶类高聚物要求较高的相对分子质量，其工业生产又力求连续化，因此几乎全部采用此法。生产人造革的糊状聚氯乙烯也常用乳液法。此外，聚醋酸乙烯酯、聚四氟乙烯等也可采用乳液聚合制备。

4. 溶液聚合

把单体和引发剂溶解在溶剂中进行聚合的方法称为溶液聚合（solution polymerization）。此法在合成树脂中的应用较少，但有些品种却主要用溶液聚合法生产。例如维尼纶纤维的基本原料——聚醋酸乙烯酯便是由溶液聚合法生产的，另外还有聚丙烯腈。

根据所采用的溶剂性质不同，溶液聚合有两种方式。一种是使用既能溶解单体，又能溶解聚合物的溶剂，反应结果得到聚合物溶液，产物可直接应用或经溶剂稀释后用作涂料、表面处理剂或生产其他高聚物的原料。如欲制得固体聚合物，可将溶剂蒸发回收，或加入非溶剂使聚合物沉淀析出，再经过滤、洗涤、干燥后得到。此法所得产物的相对分子质量分布较本体法均匀，但相对分子质量较低。另一种是使用仅能溶解单体而不能溶解聚合物的溶剂，在这种情况下，所生成的聚合物不断沉淀析出。此时所得产物的相对分子质量较高且分散性小。

溶液聚合存在以下几个问题。

① 向溶剂的链转移反应会使聚合物的相对分子质量降低，因此要选用链转移常数小的溶剂，同时单体浓度低，故而聚合反应速率也较低。

② 聚合物难以彻底与溶剂分离，从而影响固体聚合物的纯度和质量。产物最好直接应用，如用作清漆、黏合剂、浸渍剂或作纺丝液生产合成纤维，或继续在溶剂中通过化学反应

制备其他聚合物。

③ 溶剂的使用量，过多则浪费，且影响单体的浓度，过少则溶液黏度大难以搅拌。因此，所选用的浓度必须使得在达到一定转化率时仍能搅拌，聚合结束后，单体和溶剂一起蒸发掉，溶剂回收循环使用。

第四节　共聚合反应

对于连锁聚合反应而言，除了上述的由一种单体参与的均聚反应以外，还可以采用两种或两种以上的单体共同参与反应，这就是共聚合反应，其产物即为共聚物。很多合成橡胶，如丁苯橡胶（SBR）、丁腈橡胶（NBR）以及塑料树脂。如 ABS、EVA 等均为常用的共聚物，在高分子应用中占有非常重要的地位。

一、共聚合反应与共聚物

1. 定义

所谓共聚合反应，是指由两种或两种以上单体参与的聚合反应，生成含两种或两种以上单体单元的聚合物。这类聚合反应称为共聚合反应，简称共聚合（copolymerization）。

而由两种或两种以上单体单元组成的聚合物，相应地称为共聚物（copolymer）。

单体单元是指除了电子结构改变外，原子种类和数目与单体组成完全相同的结构单元，也称为单体链节。

2. 共聚物的类型

共聚物根据参与反应的单体的种类，可分为二元共聚物和多元共聚物。前者如 SBR、NBR、EVA、AS 等，后者如 ABS 等。其中最常见的为二元共聚物。

对于二元共聚物而言，根据大分子链中两种单体单元的排列方式，又可分为四种类型：

（1）无规共聚物（random copolymer）　两种单体单元在分子链中无规排列，大多数为自由基聚合物，如 VC-VA、EVA、AS、372、SBR、NBR 等。此类共聚物最为常见。

（2）交替共聚物（alternating copolymer）　两种单体单元在分子链中交替排列，为自由基聚合的特例，如 SMA（苯乙烯-马来酸酐交替共聚物）。此类共聚物品种极少。

（3）嵌段共聚物（block copolymer）　两种单体单元在分子链中成段出现，如 SBS，SIS 等，多属于热塑性弹性体（thermoplastic elastomer，TPE）。

（4）接枝共聚物（graft copolymer）　以一种单体单元构成的长链为主链，另一种单体单元构成的链为支链而接在主链上所形成，类似于高分子共混物，如 HIPS、ABS 等。接枝共聚目前已成为高聚物改性的一种重要方法。

四种共聚物单体单元在分子链中的排列形式如下：

```
无规共聚物 ~~~AAABBABBAABBBAABAB~~~
交替共聚物 ~~~ABABABABABABABABAB~~~
嵌段共聚物 ~~~AAAAAABBBBBBBAAAAA~~~
接枝共聚物 ~~~AAAAAAAAAAAAAAAAAA~~~
                 |           |
                 B           B
                 B           B
                 B           B
                 B           B
                 B           B
```

3. 共聚合的意义

研究共聚合反应，无论在理论上还是在实际应用中都有着重要的意义。

(1) 改进高聚物的性能　聚合物的性能取决于其本身的组成与结构。共聚物既然是由两种(或多种)单体链节组成的，因而它不同于由一种单体所形成的均聚物，它能把两种(或多种)均聚物的固有特性综合到一种聚合物中，因此它是改进高聚物性能和用途的一条重要途径。

例如丁二烯与丙烯腈共聚（丁腈橡胶，NBR），可以改进聚丁二烯（PB，常用的属于顺式结构，称为顺丁橡胶，BR）的耐油性；反丁烯二腈与苯乙烯共聚，产物的软化点达到125～140℃（而聚苯乙烯仅为85℃）；聚氯乙烯（PVC）不耐光和热，易脱出氯化氢（HCl）而变色，若用甲基丙烯酸甲酯或醋酸乙烯酯与之共聚，可以改进其耐光和耐油性；乙烯和丙烯共聚得到与天然橡胶拉伸强度和弹性同样好的合成橡胶（乙丙橡胶，EPR），其性能与两种单体的均聚物（聚乙烯PE和聚丙烯PP）有很大的不同。

(2) 扩大单体的使用范围　在上节开始已经介绍过，有些单体无法均聚（自聚），却可以参与共聚合反应，因而扩大了单体的使用范围，也就是说，扩大了合成聚合物的原料来源。

例如顺丁烯二酸酐（马来酸酐）、丁烯二酸乙酯都不能均聚，但却均可以和苯乙烯一起共聚。也有两种化合物本身都不能均聚，却可以进行共聚，如顺丁烯二酸酐与1,2-二苯乙烯。

但也需注意的是，并非所有可均聚合的单体都能互相共聚。如苯乙烯、醋酸乙烯酯，它们本身都能均聚合，但却不能共聚。

有些不能共聚的化合物，在加入第三组分后却能三者共聚。例如在顺丁烯二酸酐和醋酸乙烯酯中加入丙烯酸酯就能生成三元共聚物。同样，苯乙烯和氯乙烯中加入顺丁烯二酸酯后才能共聚。

二、共聚反应机理

共聚反应有自由基共聚、离子型共聚等，但以自由基型共聚研究得最为透彻，下面就以此为例加以介绍。

共聚合反应的机理与均聚合反应基本一致，其过程也是由链引发、链增长和链终止“三部曲”组成。在均聚合反应过程中，仅由一种单体生成一种聚合物，共聚合反应过程中，则由两种（或多种）单体生成共聚物。现以二元为例说明如下。

链引发：

$$\mathrm{I} \longrightarrow 2\mathrm{R}\cdot$$

$$\mathrm{R}\cdot + \mathrm{M_1} \longrightarrow \mathrm{RM_1}\cdot$$

$$\mathrm{R}\cdot + \mathrm{M_2} \longrightarrow \mathrm{RM_2}\cdot$$

式中，R· 为由引发剂 I 分解产生的初级自由基，$\mathrm{RM_1}\cdot$ 和 $\mathrm{RM_2}\cdot$ 分别为单体 M_1 和 M_2 的自由基。

链增长：

$$\sim\sim \mathrm{M_1}\cdot + \mathrm{M_1} \xrightarrow[\text{均聚}]{k_{11}} \sim\sim \mathrm{M_1M_1}\cdot$$

$$\sim\sim \mathrm{M_2}\cdot + \mathrm{M_2} \xrightarrow[\text{均聚}]{k_{22}} \sim\sim \mathrm{M_2M_2}\cdot$$

$$\sim\sim \mathrm{M_1}\cdot + \mathrm{M_2} \xrightarrow[\text{共聚}]{k_{12}} \sim\sim \mathrm{M_1M_2}\cdot$$

$$\sim\sim \mathrm{M_2}\cdot + \mathrm{M_1} \xrightarrow[\text{共聚}]{k_{21}} \sim\sim \mathrm{M_2M_1}\cdot$$

式中，k_{11}、k_{22}、k_{12}和k_{21}分别表示各反应的反应速率常数。

链终止：

$$\sim\sim M_1\cdot + \cdot M_1\sim\sim \longrightarrow \sim\sim M_1M_1\sim\sim$$
$$\sim\sim M_2\cdot + \cdot M_2\sim\sim \longrightarrow \sim\sim M_2M_2\sim\sim$$
$$\sim\sim M_1\cdot + \cdot M_2\sim\sim \longrightarrow \sim\sim M_1M_2\sim\sim$$

在整个反应过程中，还有链转移反应，但非主要，在此不作讨论。

由此可以看出，链引发和链终止对共聚物组成的影响很小，共聚物的组成主要取决于链增长反应。

三、其他共聚合反应

除了上述自由基型共聚合以外，还有离子型共聚合、接枝共聚和嵌段共聚等。

1. 离子型共聚合

离子型共聚合与自由基型共聚合相比，有很大的不同。首先是单体的活性随催化体系的不同会有很大的改变；其次，催化剂的种类对竞聚率也有很大的影响，因此，共聚物的组成也不同。

进行离子型共聚反应时，不论是阳离子还是阴离子型共聚合反应，其共聚物组成中两种单体链节的排列次序是很杂乱的，也就是说，两种单体链节有规则地交替排列的可能性很小。

2. 接枝共聚反应

接枝共聚物是在一种单体链节组成的聚合物主链上，接上另一种单体链节所组成的侧链聚合物。

制备接枝共聚物的方法大致有以下三种。

(1) 以聚合物为引发剂的方法　在聚合物主链上先生成过氧化物，加热使其分解生成自由基，再加入单体与之反应，即形成接枝共聚物。例如在聚丙烯酸甲酯上接上聚苯乙烯等支链常采用此法。

(2) 向聚合物进行链转移的方法　关于这一点，在前面自由基聚合的链转移中已做过介绍。通过这种方法既可生成短支链，也可形成长支链。

(3) 辐射接枝法　如用 γ 射线引发，将单体和聚合物一同置于钴 60 照射下，γ 射线对聚合物有两种主要作用：一是使聚合物主链断裂，产生自由基；二是使聚合物主链无规脱除侧基（或氢原子）形成聚合物自由基，与单体接枝共聚即形成接枝共聚物。

辐射接枝效率高，产品纯，耐辐射。用辐射接枝法可以改进高分子材料的表面性质。

3. 嵌段共聚反应

嵌段共聚物的制备方法有以下几类。

(1) 物理法　又称为断链法。用机械力、紫外线、X 射线、γ 射线等使高聚物分子链降解（主链断裂），产生自由基，再与另一单体聚合即可得到嵌段共聚物。

(2) 活性聚合物法　参见前面阴离子型聚合的“活性聚合物”内容。

(3) 化学法　又称为端基反应法。利用两种高聚物的端基反应，可将两条聚合物分子链线性地连接起来而生成嵌段共聚物。实施这种方法之前，需采用一定的措施将聚合物链端进行处理，转变成反应活性较高的官能团。如聚苯乙烯与聚甲基丙烯酸甲酯（端部采用过氧化氢与硫酸铁进行处理而得到羟基）通过二异氰酸酯或二环氧化物进行共聚得到嵌段共聚物即属于此类。

本章小结

本章主要介绍了高聚物的各种聚合反应，包括逐步聚合反应（以缩聚反应为主）与连锁聚合反应（包括自由基聚合反应、离子型聚合反应与共聚合反应等），内容涉及各聚合反应的单体与聚合反应机理，讨论了各聚合反应的影响因素与聚合实施方法，并对相关应用进行了分析。

习 题 十

1. 简述聚合反应的分类方法。
2. 写出下列单体反应所得高聚物的结构及名称，并说明各反应属何种类型。

(1) $CH_2—CH_2—CH_2$（两端CH_2经O相连成环）　　(2) $HO\!\left(CH_2\right)_5COOH$

(3) $HOCH_2CH_2OH + HOOC—$$—COOH$　　(4) $H_2N(CH_2)_8NH_2 + HOOC(CH_2)_{10}COOH$

(5) $HOOC—R—COOH + HO—R'—OH$

3. 写出下列聚合物的名称和单体，并指出其聚合反应属于加聚还是缩聚反应，连锁聚合还是逐步聚合反应。

(1) $\left[CH_2—\overset{\displaystyle CH_3}{\underset{\displaystyle COOCH_3}{C}}\right]_n$　　(2) $\left[CH_2—\underset{\displaystyle OCOCH_3}{CH}\right]_n$

(3) $\left[NH(CH_2)_5CO\right]_n$　　(4) $\left[OC(CH_2)_4COHN(CH_2)_6NH\right]_n$

4. 说明线型缩聚反应中获得高相对分子质量聚合物的条件。
5. 分析线型缩聚物相对分子质量较低且分散性较小的原因。
6. 已二胺与已二酸生成聚酰胺的反应平衡常数 $K=432$（235℃），原料以摩尔比 1∶1 加入。若得到平均聚合度为 200 的聚合物，体系中水的含量必须控制在多少？
7. 要制得体型结构的酚醛树脂，下列几种酚，应选用哪种作原料？为什么？

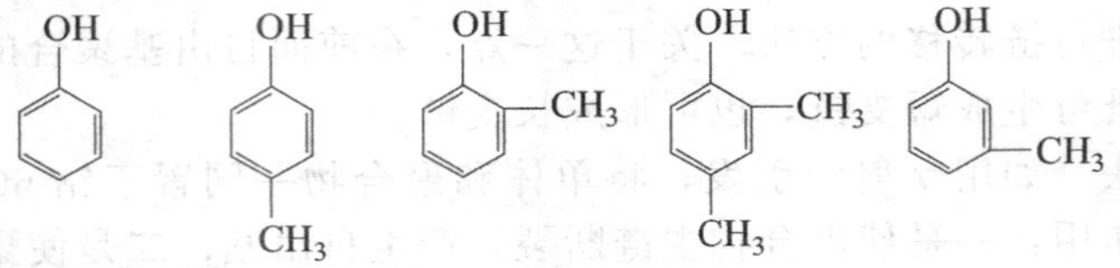

8. 对于下列缩聚反应，计算体系的平均官能度和凝胶点（如果有的话）。
   (1) 邻苯二甲酸＋甘油，等摩尔
   (2) 邻苯二甲酸＋甘油，摩尔比：1.50∶0.98
   (3) 邻苯二甲酸＋甘油＋乙二醇，摩尔比：1.50∶0.99∶0.02
9. 判断下列单体能否聚合？若能聚合，请进一步判断能进行的聚合反应类型，并说明理由。

(1) $CH_2═C(C_6H_5)_2$　　(2) $ClCH═CHCl$　　(3) $CF_2═CFCl$

(4) $CH_2═C(CN)_2$　　(5) $CH_2═C(CH_3)C_2H_5$　　(6) $CH_2═C(CH_3)COOCH_3$

(7) $CH_3CH═CHCOOCH_3$　　(8) $CH_2═CCl_2$　　(9) $CF_2═CF_2$

(10) $CH_3CH═CHCH_3$

10. 以偶氮二异丁腈为引发剂，写出氯乙烯聚合过程中各基元反应式。
11. 自由基聚合的链转移对聚合物的结构及相对分子质量有何影响？
12. 以 $CH_2═CHX$ 为单体，采用引发剂 R∶R 进行自由基聚合，试列出产物分子端基的各种可能情况。
13. 试分析自由基聚合的链增长反应，以“头-尾”连接方式为主的原因。
14. 解释阻聚和缓聚的概念，并说明阻聚剂和缓聚剂的作用（或意义）。
15. 用 $TiCl_4$ 作催化剂，水为助催化剂，使异丁烯在一定条件下进行聚合。如果链终止是通过催化剂向单体转移，试写出该聚合反应的各基元反应式和聚合物的名称。
16. 用丁基锂（C_4H_9Li）作催化剂，使苯乙烯进行聚合，并以甲醇作终止剂，试写出该聚合反应的机理式。如果不加终止剂，得到的是何种聚合物？
17. 令 A、B、C 分别代表三种乙烯类单体，均含有吸电子取代基。试推荐一法制备下列共聚物：

AAAAAAAABBBBBBBBAAAAAAAAACCCCCCCCC

18. 何谓立构规整性高聚物？它有哪些类型？
19. 列表比较连锁聚合的四种聚合实施方法中的引发剂种类、体系主要组成、聚合场所、温度控制、聚合速率及产品特点。
20. 常用的共聚物有哪几种类型？示意画出各共聚物分子链中单体单元的连接方式。
21. 共聚合有何意义？试加以分析。
22. 解释下列术语

(1) 官能度　(2) 凝胶化现象　(3) 预聚物　(4) 预聚物
(5) 界面缩聚　(6) 引发剂　(7) 链转移　(8) 本体聚合
(9) 溶液聚合　(10) 活性聚合物　(11) 定向聚合　(12) 共聚合

第十一章

高聚物的化学反应

知识与技能目标

1. 了解高聚物化学反应的意义、影响因素及分类。
2. 掌握高聚物的官能团反应及其应用。
3. 了解功能高分子的主要类型及其应用。
4. 掌握高聚物聚合度变大的反应，如交联、扩链等。
5. 掌握高聚物聚合度变小的反应，如降解、解聚等。
6. 了解高聚物的老化及防老化措施。

第一节　概述

一、研究高聚物化学反应的意义

高聚物的化学反应是指以高聚物为反应物而参与的各种化学反应，反应结果使高聚物的结构与性能发生变化。

高聚物的化学反应很早就被人们发现并加以应用，如天然橡胶经过硫化可以制得各种橡胶制品；天然纤维素经过硝化后制得火药，经乙酰化可制得人造纤维、涂料、胶片等。

随着高分子科学的发展，高聚物的化学反应更有着极其重要的意义，具体表现如下。

1. 高聚物的化学改性

高聚物通过化学反应会改变其自身的结构，而结构决定着性能。如聚氯乙烯用三氯化铝（$AlCl_3$）作催化剂用苯处理，可以得到氯乙烯和苯乙烯的共聚物，而这种共聚物兼有两种均聚物的综合性能。其化学反应式可表示为：

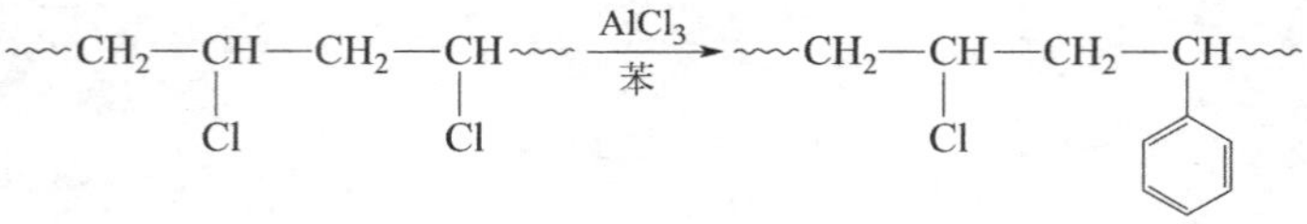

2. 制备新型高聚物

有的高聚物不能用单体直接合成，但可以通过高聚物的化学反应制得，如聚乙烯醇（PVA）。按分子结构来说，其单体应该是乙烯醇（CH_2═CHOH），但是，乙烯醇极不稳定，极易发生异构化反应变成乙醛（CH_3CHO）或环氧乙烷。工业生产上，聚乙烯醇采用聚醋酸乙烯酯通过水解反应制得，其反应式可表示为：

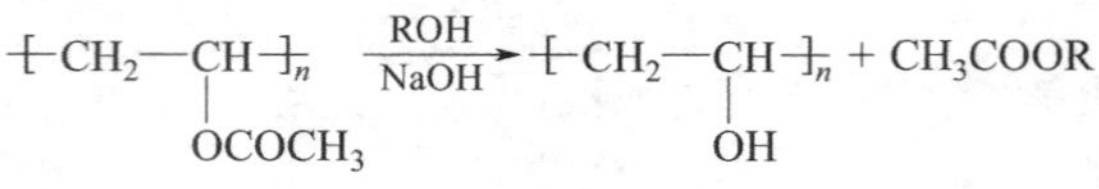

3. 研究高分子链的结构

对 α-烯烃的自由基聚合物，其主链中链节的连接多是"头-尾"方式，这种结构可以通过聚乙烯醇的深度氧化反应得以证实，其反应如下：

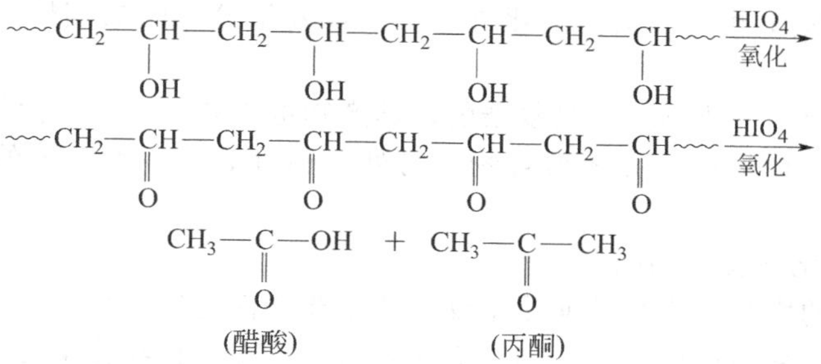

深度氧化的结果，得到的只是低分子副产物醋酸和丙酮，证明聚乙烯醇的主链中链节是"头-尾"连接。因为若不是"头-尾"连接，将不会得到以上的产物。

又如在研究聚氯乙烯结构时，在二氧六环中采用锌粉处理脱氯，同样也说明了这一点。

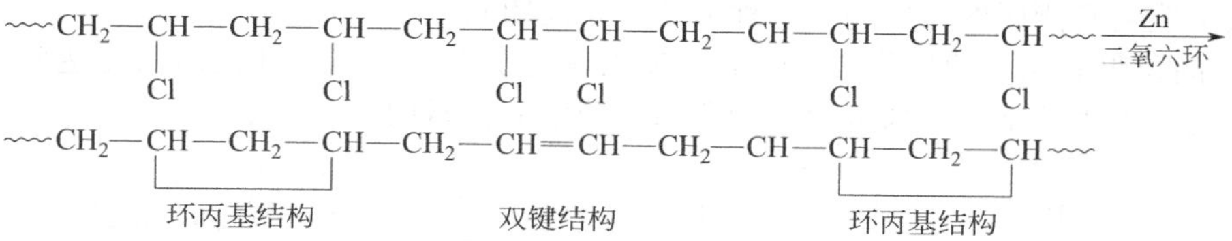

经过对产物进行分析可知，环丙基结构占大多数，而双键结构很少，说明聚氯乙烯分子链中"头-尾"连接方式是主要的，而"头-头"连接方式是次要的，只占有较小的比例。

4. 探索高聚物的老化机理

高聚物在外界各种因素（如光、热、氧等）作用下，会逐渐发生老化变质。利用高聚物的化学反应可以探索高聚物材料的老化机理，从而找出相应的防老化措施，这对于延长高分子材料及制品的使用寿命有着非常重要的作用。

二、高聚物化学反应的特点

由于高聚物的相对分子质量高，分子链长，其结构和相对分子质量具有多分散性，在进行化学反应时，与小分子相比自有其特殊之处。具体表现在以下几个方面。

1. 反应的复杂性和产物的不均匀性

大分子反应与低分子反应不同，参加反应的最小单位不是整个大分子而是链节，主反应和副反应可能发生在同一条分子链上。因此，不能用简单的方法把主、副反应分开。反应程度只是代表官能团的平均转化率，而不表示产率。

例如，聚乙烯醇缩醛化反应是大分子链上官能团的反应：

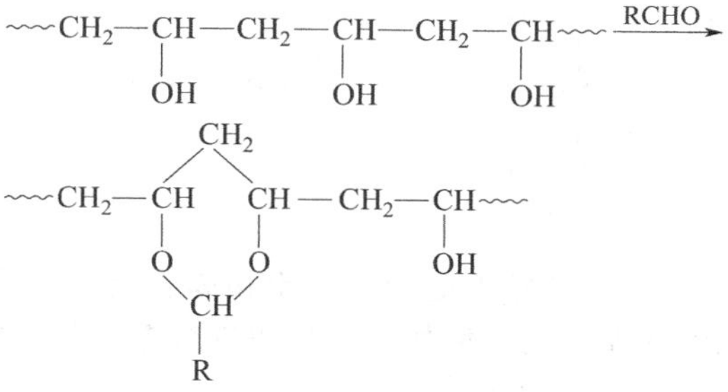

上述反应反映了以下几种情况：

① 同一条分子链上有已缩醛化的链节，也含有未起反应的聚乙烯醇链节；

② 不同聚乙烯醇分子上，其羟基反应的程度和反应的位置不相同；

③ 除同一分子链上相邻羟基缩醛化外，还可以发生分子间的缩醛化反应，生成具有交联结构的产物。

由此可见，大分子的化学反应是复杂的，其产物也不均匀。这种使得分子链上含有多种不重复结构单元的聚合物称为异链聚合物。另外，还可能发生大分子的降解和异构化等副反应。

2. 影响聚合物化学反应的因素

(1) 扩散因素的影响　进行任何化学反应的必要条件是反应物分子相互接触，产生有效碰撞。这种碰撞的概率与反应物分子的扩散速度有关。在聚合物化学反应中，由于聚合物的相对分子质量、分子形态及聚集态结构的复杂性等，使得反应物的扩散速度受到影响，从而影响聚合物化学反应的速率。

(2) 分子链上邻近基团的影响　大分子链上彼此相邻的官能团，由于空间位阻、静电作用等因素可改变官能团的反应能力，称为邻近官能团效应。

① 空间位阻效应　例如聚乙烯醇的三苯乙酰化反应，反应程度最高只能达到50%。这是由于已酯化上去的基团使邻近两侧的羟基受到空间位阻的影响，不能继续反应的结果。

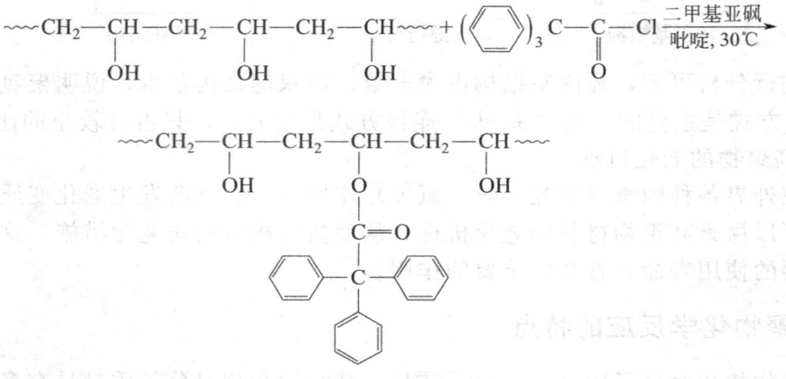

② 静电效应　例如聚丙烯酰胺的水解反应中，初期水解速率几乎与低分子丙烯酰胺相同。随着反应的进行，水解速率迅速增大至几千倍，显示出自催化作用。这是由于已生成的羧基能与邻近酰氨基中的羰基起静电吸引作用，形成过渡性的六元环亲核反应，从而有助于酰氨基中—NH_2 的脱离而迅速水解。

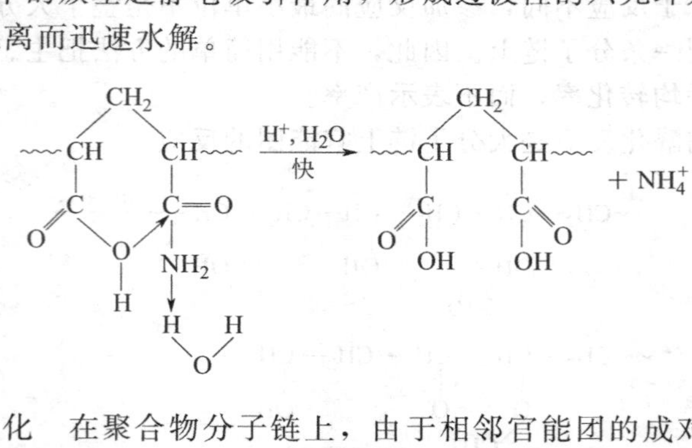

③ 官能团的孤立化　在聚合物分子链上，由于相邻官能团的成对反应，总有一些官能团残留下来，这就是官能团的孤立化。例如聚乙烯醇进行缩醛化反应时，留下孤立的羟基未能反应而使缩醛化程度只能达到86%左右。

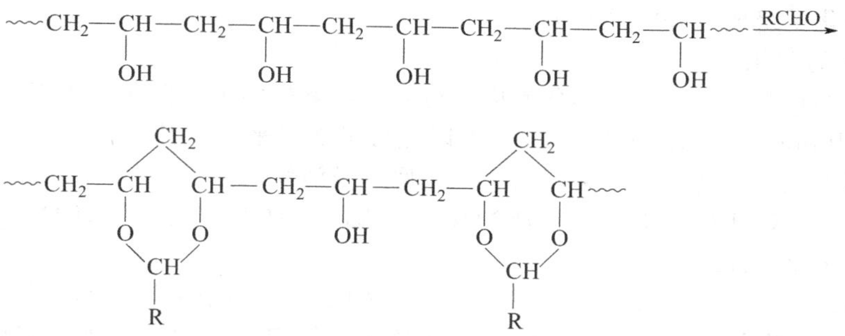

三、高聚物化学反应的分类

高聚物化学反应的类型很多，一般并不按反应机理进行分类，而是根据聚合度和基团的变化（侧基和端基）作如下分类。

1．聚合度相似的反应

也称为聚合物的官能团反应。反应发生在聚合物分子内的原子或官能团与低分子化合物之间，原来的大分子中的一些基团被其他原子或基团所取代，出现了新的原子或基团。此类反应可表示如下：

这类反应只引起高聚物化学组成的改变而不引起聚合度的根本变化。

2．聚合度变大的反应

通过此类反应，聚合物的聚合度会显著增大，包括交联反应、扩链反应、接枝共聚反应和嵌段共聚反应等。

3．聚合度变小的反应

通过此类反应，聚合物的聚合度会显著降低，包括降解反应与解聚反应等。

第二节　高聚物的官能团反应

高分子化合物与低分子化合一样，所带的官能团也能参与相应的反应。高聚物的官能团反应在高聚物的化学反应中占有十分重要的地位，在工业上有很多应用，如纤维素的酯化、聚醋酸乙烯酯的水解、聚烯烃的卤化、含芳环高分子的取代反应等。

一、纤维素的化学处理

纤维素（cellulose）是自然界中大量存在的天然高分子化合物。其结构如下：

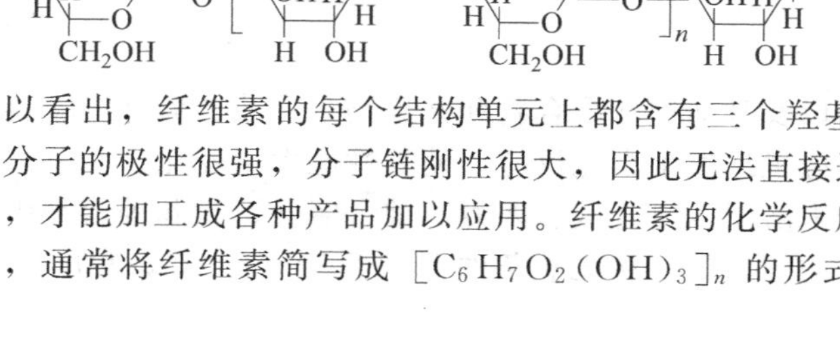

由上述结构式可以看出，纤维素的每个结构单元上都含有三个羟基，而羟基为极性基团，从而使得纤维素分子的极性很强，分子链刚性很大，因此无法直接进行成型加工，需要对其进行化学处理后，才能加工成各种产品加以应用。纤维素的化学反应也就发生在这些羟基上。为了书写方便，通常将纤维素简写成 $[C_6H_7O_2(OH)_3]_n$ 的形式，括号内即为其一个结构单元的化学组成，并将羟基突出。

1. 纤维素的硝化

将纤维素的羟基与硝酸进行酯化反应后得到纤维素硝酸酯（硝化纤维素，通常可简称为硝化纤维，cellulose nitrate，CN）。工业上以氮含量N%来表示其硝化度。根据产物含氮量的不同，可用作无烟火药、赛璐珞塑料、照相底片及清漆等。

$$[C_6H_7O_2(OH)_3]_n + 3nHNO_3 \longrightarrow [C_6H_7O_2(ONO_2)_3]_n + 3nH_2O$$

2. 纤维素的乙酰化

纤维素与醋酸酐和醋酸在硫酸存在下作用，生成纤维素醋酸酯（醋酸纤维素，通常可简称为醋酸纤维，cellulose acetate，CA）。由于其性质稳定，特别是对光稳定性好，且不燃，可用作制造电影胶片的片基材料、制漆和各种塑料制品，最大用途是用来制造“人造丝”。

$$[C_6H_7O_2(OH)_3]_n + 3n(CH_3CO)_2O \longrightarrow [C_6H_7O_2(OCOCH_3)_3]_n + 3nCH_3COOH$$

3. 纤维素醚

将纤维素在浓NaOH溶液中与NaOH反应生成碱纤维素。

$$[C_6H_7O_2(OH)_3]_n + nNaOH \longrightarrow [C_6H_7O_2(OH)_2ONa]_n + nH_2O$$

将碱纤维素与烷基化试剂反应可生成纤维素醚。

$$[C_6H_7O_2(OH)_2ONa]_n + \frac{3n}{2}(CH_3)_2SO_4 \longrightarrow [C_6H_7O_2(OCH_3)_3]_n$$

$$[C_6H_7O_2(OH)_2ONa]_n + 3nH_2\overset{\frown O \frown}{C\text{——}CH_2} \longrightarrow [C_6H_7O_2(OC_2H_4OH)_3]_n$$

纤维素醚用途广泛，可作织物上胶剂、乳化剂、墨水增稠剂等。工业上常用的是甲基纤维素和羟乙基纤维素等。

二、聚醋酸乙烯酯的水解

聚乙烯醇（PVA）是合成纤维“维尼纶”的原料，也是优良的乳化剂和黏合剂，还是合成高分子药物重要的载体，有着非常广泛的应用，但是它不能像很多聚合物那样直接用单体乙烯醇合成。这是由于乙烯醇是一种非常不稳定的化合物，但它的醋酸酯很稳定。制备聚乙烯醇，目前工业生产上都是采用先将醋酸乙烯酯聚合成聚醋酸乙烯酯，然后进行水解而得。

聚醋酸乙烯酯的水解反应通常是在它的醇溶液中进行，其催化剂可以是碱（KOH、NaOH、$NH_3 \cdot H_2O$）、酸（H_2SO_4、HCl、HNO_3或有机酸）或金属氧化物（如PbO）等。

实际上，在甲醇溶液中进行的反应并非直接的水解反应，而是通过甲醇的酯交换反应。其反应如下：

$$\left[CH_2-\underset{\substack{|\\OCOCH_3}}{CH}\right]_n + nCH_3OH \xrightarrow[\text{(或 }H^+\text{)}]{NaOH} \left[CH_2-\underset{\substack{|\\OH}}{CH}\right]_n + nCH_3COOCH_3$$

反应除生成聚乙烯醇外，还生成副产物醋酸甲酯，经皂化反应可回收醋酸和甲醇。

$$CH_3COOCH_3 + NaOH \longrightarrow CH_3COONa + CH_3OH$$

三、烯类聚合物的氯化及脱氯反应

1. 氯化反应

聚乙烯、聚丙烯以及其他饱和聚合物和共聚物，在热、紫外线、自由基引发剂等的作用下，按自由基连锁反应机理发生卤化反应，使其性能发生变化。

例如将聚乙烯粉末溶于四氯化碳、四氯乙烷、氯仿、氯苯等溶剂中，加热溶解，在过氧化物引发剂或紫外线的照射下，在无氧条件下，于60～110℃，常压至$7kgf \cdot cm^{-2}$的压力下通氯气进行氯化。控制氯化时间，可制得所需含氯量的产品，称为氯化聚乙烯（CPE）。

氯化聚乙烯为分子结构中含有乙烯-氯乙烯-1,2-二氯乙烯的聚合物，一般含氯量为25％～45％。随着聚合物的相对分子质量、含氯量及分子结构的不同，可呈现出硬质到弹性体的不同特性。如氯化聚乙烯具有优良的耐候性、耐寒性、耐冲击性、耐化学药品性、耐油性和电气性能。含氯量大于25％时即具有不燃性。可与金属氧化物、金属盐、有机过氧化物进行交联，制得交联结构的产物。

聚氯乙烯在60～80℃下与氯气作用进行氯化，聚合物的含氯量可由55％增加到73％，获得氯化聚氯乙烯（CPVC）。

2. 聚氯乙烯的脱氯反应

将溶解在四氢呋喃溶剂中的聚氯乙烯，在醇钠或氧化银的作用下将氯化氢脱除，将形成多烯结构的聚合物。

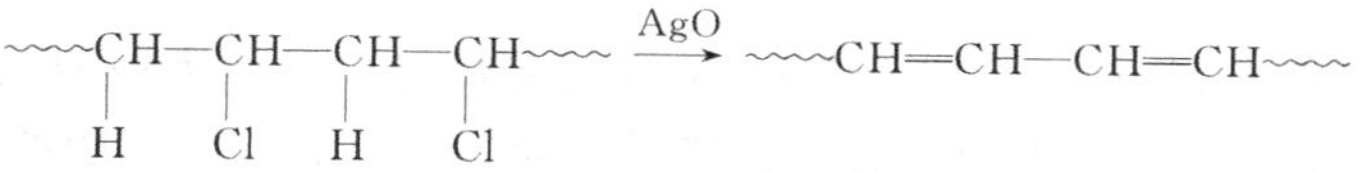

聚氯乙烯在成型过程中受热时，亦会发生类似的反应，从而对加工不利。因此需要加入相应的稳定剂来抑制氯化氢的脱除。

四、环化反应

在长链聚合物中，若具有大量能直接或间接形成环状结构的官能团存在时，在一定条件下可进行分子内的环化反应，但聚合度不会发生变化。例如聚乙烯醇的缩醛化反应即属此类。

由于聚乙烯醇大分子上有许多羟基，属于亲水性高分子，能溶于热水中，因此不能直接用作纤维。利用大分子中大量的1,3-二醇结构，可以与醛类（甲醛、乙醛、芳香醛等）进行特征反应——缩醛化反应，可生成六元环的缩醛结构：

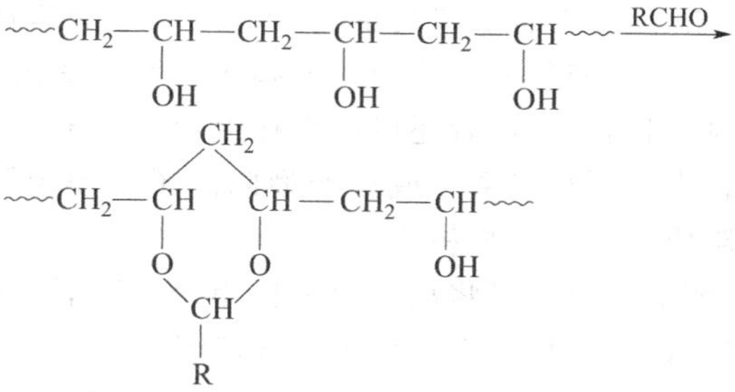

经缩甲醛反应之后，产物能耐沸水，这就是重要的合成纤维之一——维尼纶。

聚乙烯醇除与甲醛进行缩醛化反应制备维尼纶之外，还可以与乙醛、丁醛、芳香醛等进行缩醛化，制得不同用途的产物。

又如聚丙烯腈经热解环化成梯形结构，可形成碳纤维（carbon fiber，CF）。

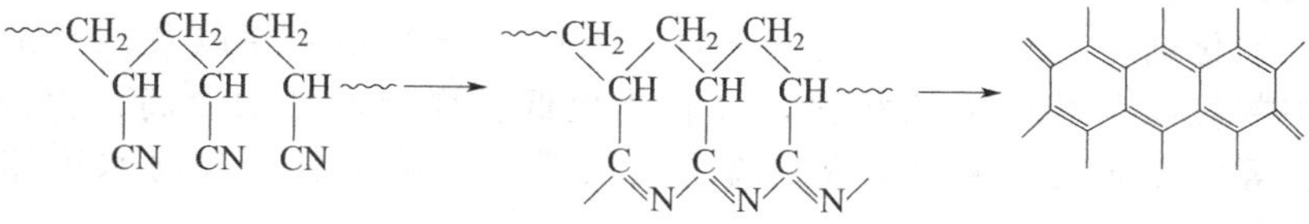

聚丙烯腈纤维先在200～300℃下预氧化，然后在惰性气体保护下于1000℃热解环化，可得含碳量90%左右的碳纤维，最后在1500～3000℃下析出碳以外所有的元素，即可得含碳量达99%以上的碳纤维。碳纤维具有质轻、强度高、模量高、耐高温（最高可耐3000℃）等特点，是一种性能优异的特种纤维，与树脂、橡胶、金属、玻璃、陶瓷等材料复合而得的复合材料，广泛应用于航天、飞机制造、舰艇装备、原子能设备和化工设备制造行业。

第三节　功能高分子

20世纪80年代以来，随着“新材料革命”的蓬勃兴起，功能高分子及功能高分子材料有了很大的发展，它涉及的学科多，不少属于边缘交叉科学而成为高分子化学中的重要分支。

所谓功能高分子（functional polymer）是指具有特定作用能力或对某种功能（如感光、导电、催化活性、生物活性、生物相容性、能量转换等）具有特殊作用的高分子化合物。它包括的范围很广，如离子交换树脂、高分子药物、高分子试剂及高分子催化剂、仿生高分子及具有光、电、磁性能的高分子等。

制备功能高分子的方法有两种，一种是合成带有功能基的单体，然后使之聚合而成；另一种是由大分子直接和带有功能基的化合物反应而引入功能基，通过化学反应在聚合物分子链上引入功能基。

现就几种主要的功能高分子介绍如下。

一、离子交换树脂

离子交换树脂（ion-exchange resin）是在具有微细三度空间网状结构的高分子基体上引入离子交换基团（侧基反应性基团）的树脂。

作为离子交换树脂的高分子基体材料，目前广泛使用的主要有苯乙烯-二乙烯基苯的共聚物和酚醛树脂两种。苯乙烯-二乙烯基苯共聚物大分子链上的苯环如同低分子的苯环及其衍生物一样，可以进行一系列的苯环取代反应，如磺化、氯甲基化、氨化等，从而引入各种基团，制得阴、阳离子交换树脂。而后者还可以直接由含有离子交换基团的原料（如用间甲酚磺酸或羧酸代替苯酚），直接制得磺酸型或羧酸型阳离子交换树脂；苯酚甲醛缩聚时加入多胺（如四亚乙基胺），制成阴离子交换树脂。

按照离子交换树脂基团的种类，可将离子交换树脂分为以下几种类型。

强酸性离子交换树脂：以$—SO_3H$作为离子交换基团。

弱酸性离子交换树脂：以$—COOH$、$—PO_3H_2$等作为离子交换基团。

强碱性离子交换树脂：以$\equiv N^+X^-$、$\equiv P^+X^-$、$\equiv S^+X^-$等作为离子交换基团。

弱碱性离子交换树脂：以第三胺以下的氨基作为离子交换基团。

另外，还有两性离子交换树脂、耐热性离子交换树脂等特殊类型。

离子交换树脂的用途极其广泛。用得最多的是水的软化，水的去离子化，铀的提取，贵重金属和废弃酸碱的回收，抗生素、氨基酸、稀有金属和稀土金属的提取与分离，有机合成中用作催化剂等。离子交换膜（全氟磺酸膜、全氟羧酸膜以及二者的复合膜）用在氯碱工业中制烧碱与传统方法相比，具有能耗低、烧碱产品浓度高、含盐量低、无公害、运转容易等优点而受到极大重视。离子交换膜法在咸水脱盐和海水浓缩制盐方面的应用发展也很快。

二、高分子药物

高分子药物是将小分子药物引入高分子，并在适当条件下再慢慢分解释放出来发挥其药效。下面举几例加以说明。

1. 高分子青霉素

青霉素的分子结构式如下所示：

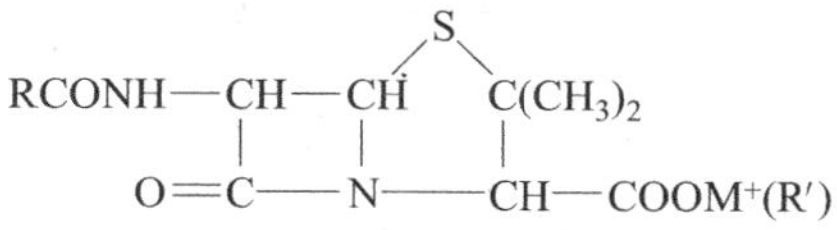

根据 M^+（R'）的不同，可得到不同类型的青霉素。利用青霉素分子中含有的—COOH、—$CONR_2$ 等反应基团，可以把它引入含有乙烯醇和乙烯胺链节的共聚物分子链上，制成高分子化的青霉素，即高分子青霉素。它在人体内的作用时间可延长 30～40 倍。

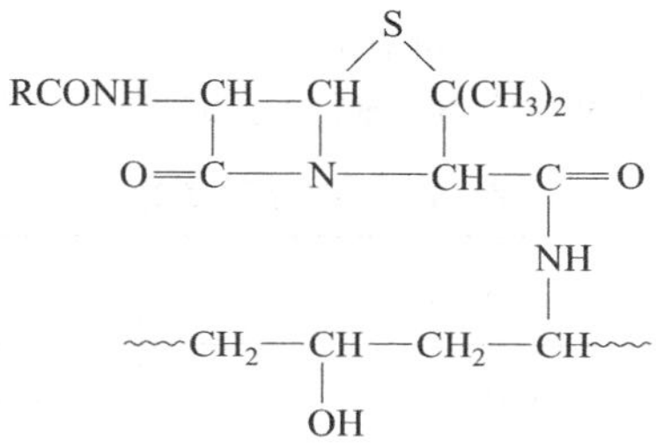

2. 对氨基水杨酸的高分子化

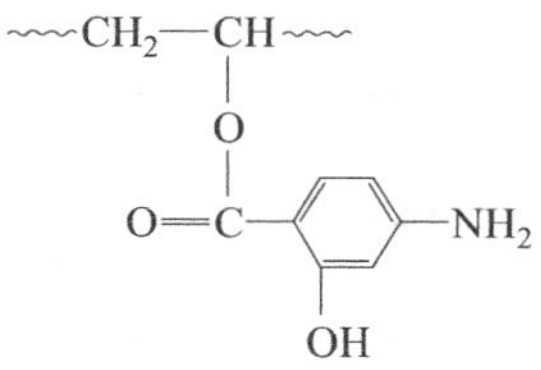

对氨基水杨酸（抗生素），接在聚乙烯醇（载体）分子链上，医治结核病。

3. 草酚酮的高分子化

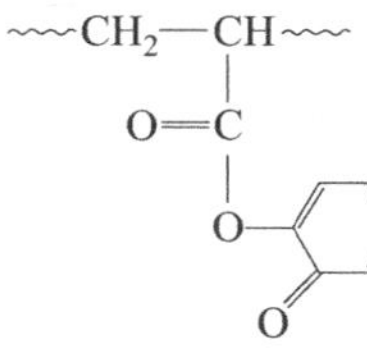

草酚酮接在聚丙烯酸分子链上可用作抗癌剂。

三、高分子试剂

可用聚烯烃过氧酸环化产物来说明高分子试剂的应用情况。氯甲基化的聚苯乙烯在二亚甲基砜中用碳酸氢钾处理，形成醛的衍生物，进一步氧化成高分子过氧酸。

$$\text{Ⓟ}-CH_2Cl \xrightarrow{KHCO_3} \text{Ⓟ}-CHO \xrightarrow{H_2O_2, H^+} \text{Ⓟ}-CO_3H$$

Ⓟ代表聚合物母体。

高分子过氧酸使烯烃环氧化的流程及再生如图 11-1 所示。

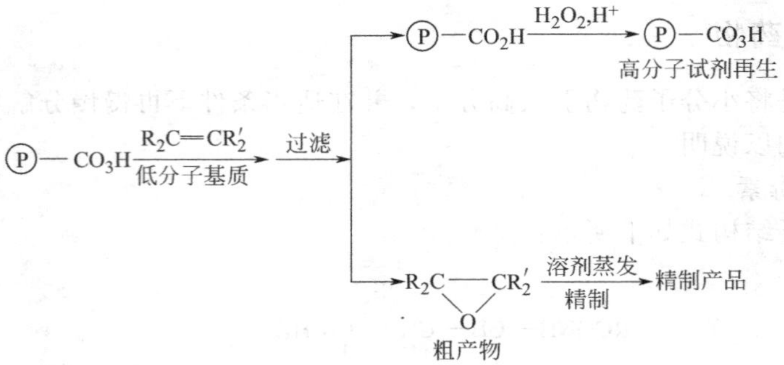

图 11-1　高分子主试剂用于烯烃环氧化示意

高分子试剂（过氧酸）与低分子基质（烯烃）进行反应（通常还加有低分子溶剂），然后过滤。滤液蒸出溶剂，得低分子产物，必要时进行精制（如精馏）。从经济的角度看，希望高分子试剂能再生回收，但在许多条件下，再生并不一定经济。

高分子试剂可用于许多合成反应，如氧化、还原、卤化、酰化、亲核取代、Wittig 反应、酰胺化一类的偶合反应，肽的合成等。高分子试剂的母体和功能基团示例见表 11-1。

表 11-1　高分子试剂

聚合物母体	功能基团	用途
聚苯乙烯	$-\overset{+}{S}(Cl)-CH_3(Cl^-)$	醇氧化成醛或酮
聚酰胺	$-CO-N(Cl)-$	在水介质中作为 HOCl 的来源，供有机和无机基质氧化
聚苯乙烯	$-SnH_2(n\text{-}C_4H_9)$	羰基还原成醇
聚 4-乙烯基吡啶	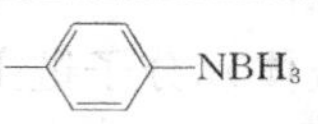	羰基还原成醇
聚苯乙烯	$-CH_2PCl_2-$	酸转化成酰氯
乙烯-*N*-溴马来酰亚胺共聚物	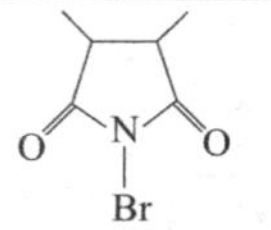	烯丙基和苄基的溴化
聚酰胺	$-CO-N(COCF_3)-$	胺类和醇类的三氟乙酰化
聚 4-羟基-3-硝基苯乙烯	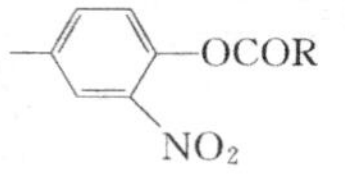	由胺类形成酰胺，R 为氨基酸衍生物时，则用于肽的合成

四、高分子催化剂

高分子催化剂是含有催化活性基团的大分子。它是将具有催化活性基团的化合物或金属连接在高分子链上制成的。

例如磺化的阳离子交换树脂，也可作酸性催化剂用于酯化、烯烃的水合、酚的烷基化、醇的脱水以及酯、酰胺、肽、糖类的水解等。带季铵羟基的阴离子交换树脂可用于碱催化反应。

苯乙烯-二乙烯基苯连接 $AlCl_3$ 可用于路易斯酸的催化反应（如醚、酯、醛的生成反应）。

苯乙烯-二乙烯基苯的二茂钛化合物可用于催化加氢反应。

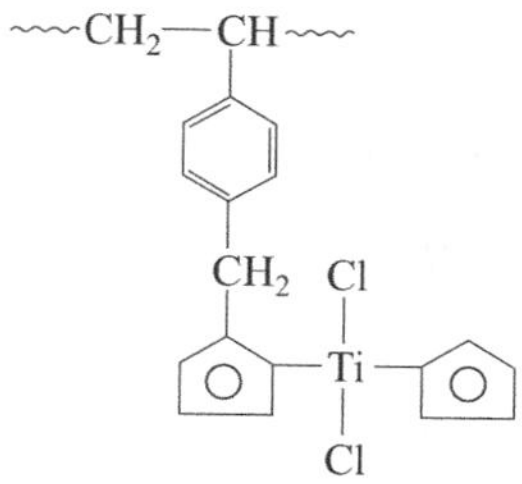

另外，酶也是一种高分子催化剂。

高分子催化剂与低分子催化剂相比，具有以下特点。

① 反应体系是非均相的，易分离回收，不污染产物。

② 高分子链对催化活性基团有保护作用，催化剂稳定性不易失活。如 $AlCl_3$ 对水敏感，易失活。但高分子化以后，在空气中放置一年后仍然具有催化活性。

③ 由于高分子催化剂中的有效组分互相隔开，不易发生相互作用与缔合而影响催化活性，因此活性中心多，催化效率高。有的比相应的有机金属催化剂高几倍到几千倍。

④ 高分子催化剂的活性中心常被包围在高聚物里面，参加反应的物质必须通过一定形状大小的高分子骨架孔隙，才能进入高分子里面去接触反应活性基团，故高分子催化剂的选择性好。

目前，国外高分子催化剂的研究相当活跃。研究的方向主要有两个方面，一是考察它的高分子效应，二是探索模拟生物酶的催化作用。研究的品种有电解质高分子、金属络合物高分子、模拟酶的高分子试剂、高分子模板聚合、光敏高分子催化剂等。

五、具有光、电、磁性能的功能高分子

1. 感光高分子

某些带有感光性官能团的聚合物，吸收了光后，借助于光能的作用使得分子内或分子间发生结构和物理、化学变化。这类高聚物统称为感光高分子，也可称为感光树脂、光敏树脂。

光敏树脂是一种特殊的功能高分子材料，利用它对光的反应，目前在印刷、精细加工、电子工业上都得到广泛应用。

例如光刻胶（光致抗蚀剂）是微电子技术中，微细图像加工的关键材料之一。它虽然用量不大，却在半导体及印刷线路板的生产中占有相当重要的地位。20 世纪 80 年代已经由大规模集成电路进入超大规模集成电路的时代，要求光刻工艺达到 1μm 以下（亚微米级）的精细图形。这就对光刻胶及微细加工中的曝光系统等提出了更高的要求。若没有光刻胶，电子工业完全不可能发展到今天的水平。

（1）光交联型　由聚乙烯醇与肉桂酰氯反应，可制得聚乙烯醇肉桂酰氯，它是典型的光交联型感光树脂，可作为一种非常出色的抗蚀剂。它在光照下打开双键，发生光二聚反应生成不溶性的交联产物。其反应如下：

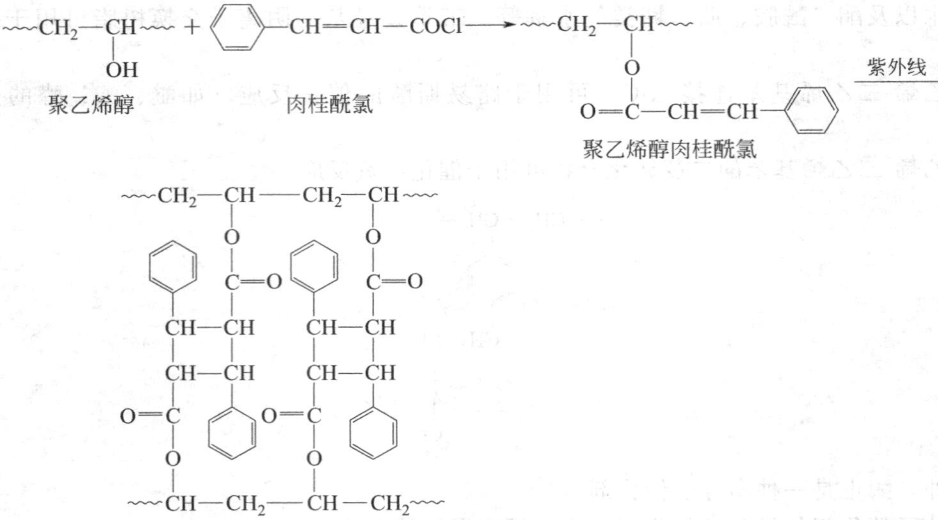

这个反应在300nm附近的紫外区可有效进行，但实际应用中用波长更长的光。

(2) 光致变色性高分子　在高分子侧基上引入可逆变色基团，得到光敏变色性高分子。它在一种波长的光照下可以由一种颜色变成另一种颜色；而在另一种波长的光照射下又可引起可逆变化现象。这种遇到不同波长的光而产生的可逆变化是由于吸收光谱的变化而引起的，实质是分子结构发生变化的结果。可示意如下：

$$\text{无色(A 色)A} \underset{h\nu'}{\overset{h\nu}{\rightleftharpoons}} \text{B 有色(A 色)}$$

如螺苯并吡喃衍生物是一种光致变色化合物。它在紫外线照射下，由于C—O键断裂而发生结构的变化。若将此类化合物引入高分子链中，便可得到光致变色性高分子。

(3) 光导电性高分子　一般的高分子化合物具有电绝缘性而用作绝缘材料。但在侧链上带有大的共轭体系结构的高分子化合物同样具有光导电性。例如聚乙烯基咔唑就是典型的光导电性高分子。在这类高分子干燥膜中，由于相邻的苯环相互靠近而生成电荷转移络合物，通过光激发，电子能自由迁移而被称为光导电性高分子。

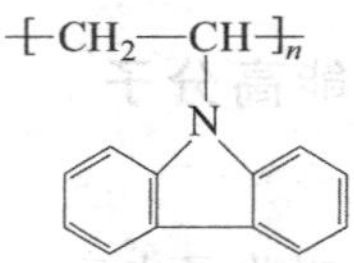

以上是感光性高分子的几个典型例子，它的种类远不止这些，详细内容请参考有关资料或专著。

2. 导电高分子

随着电子工业、信息技术的发展，对具有导电功能的高分子材料的需要也越来越大。此类材料大致可分为两大类，一类是正广泛应用的高分子导电材料，它是由高分子化合物与导电的有机或无机物等构成的复合型导电材料，如导电塑料、导电橡胶、导电胶黏剂、导电涂料等。其材料的构成及用途简介如下。

(1) 透明导电塑料薄膜　它是以聚酯薄膜之类的高分子透明薄膜为基底，被覆上金属膜(金、铂)或蒸镀上氧化锡、氧化铟等很薄的镀层而构成。主要用来代替透明导电玻璃，用于液晶显示器、电致发光、离子显示器等透明电极、静电或电磁波屏蔽体、电子照相法记录材料等。

(2) 导电橡胶　主要有感压型和各向异性型两类，主要使用有机硅橡胶为基材，炭黑为填料复合而成。感压型常用作电子计算器等的按键开关，各向异性型可用于电子手表液晶显示板和印刷线路板之间的电气连接等。

(3) 导电胶黏剂和导电涂料　主要采用环氧树脂、聚氨酯、聚酰胺-酰亚胺、有机硅等高分子化合物与金、银、铜等金属粉末以及炭黑、石墨等导电填料复合而成。常用于印刷线路基板、电位器电极、电路修补、屏蔽、引线粘接等多种用途。

另一类导电性高分子，主要包括高分子半导体材料和具有类似金属导电率的导电高分子材料，如聚乙炔、聚亚苯基、聚苯硫醚、聚吡咯等。2000 年，美国科学家艾伦·黑格、艾伦·马克迪米尔德和日本科学家白川英树就是因在导电高分子方面的突出贡献而获得诺贝尔化学奖。他们的研究对象正是聚乙炔。

对于高分子半导体研究得最广泛的是共轭高分子和复合型络合物。

共轭高分子：是指分子链中具有大共轭体系结构的高分子化合物。它之所以具有半导体特性，一般认为是由于共轭体系中的 π 电子公有化的结果。如结晶聚乙炔是主链共轭高分子，还有下列高分子化合物属于侧基共轭型，也有半导体特性，属于分子间电子跃迁型半导体材料。

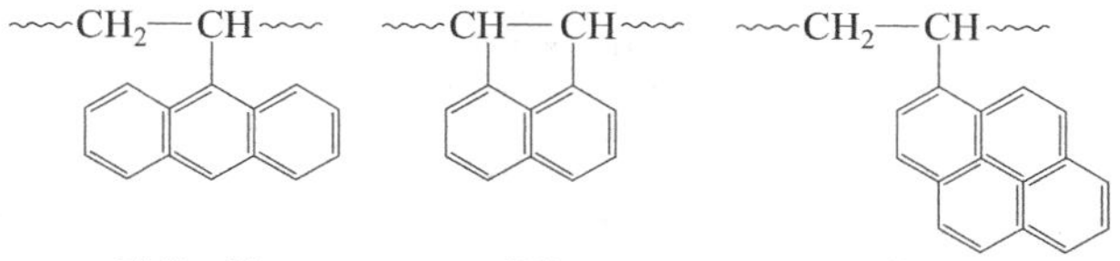

聚蒽乙烯　　聚苊　　聚芘乙烯

3. 磁性高分子

又称为高分子磁铁。高分子永久型磁铁同样有结构型和复合型之分。前者是指本身具有强磁性的高分子材料，如聚苯硫醚-SO_3 体系，磁场强度达到 3.5G；聚乙炔-AsF_5 体系，磁场强度也达到 1.0G。这些目前还处于探索阶段。后者已进入实用化阶段，主要是以橡胶或塑料为黏合剂，将磁粉混合其中，加工制成复合型磁铁。高分子磁铁因此而分为橡胶型和塑料型两类。

橡胶型常用氯磺化聚乙烯橡胶、丁腈橡胶为黏合剂。

塑料型有热固性压制成型和热塑性注射成型两种。前者通常采用双组分环氧树脂为黏合剂，磁粉填充密度高（质量分数最高达 98%）。后者以稀土类合金磁粉与尼龙等树脂先经混炼，后在磁场中注射成型。此法磁粉填充密度最高可达 95%（质量分数）。

塑料和橡胶型磁铁主要用于微电机、步进电机、同步电机等的转子，计时器，音响设备，家用电器，冰箱、冷库门的密封条，计测仪表，开关等。

第四节　高聚物的交联与扩链反应

高聚物的交联、扩链、接枝与嵌段共聚等都属于聚合度变大的反应。

一、高聚物的交联反应

线型或支链型聚合物在光、热、高能辐射以及交联剂等的作用下，分子间形成共价键，生成网状或体型结构的产物，该反应过程称为交联（cross-linking）。

交联反应可为高聚物提供许多优异的性能，如提高高聚物的强度、弹性、耐热性、硬度、形变稳定性等。其性质与原聚合物类型、交联点的多少等有关。如酚醛树脂、环氧树脂的固化属于高度交联，而橡胶的硫化则属于低度交联。下面介绍一些常用的交联实例。

1. 橡胶的硫化

未经硫化的橡胶（包括天然橡胶与合成橡胶）的硬度、强度和弹性都很差，塑性很大。因此必须经过硫化，使橡胶分子间进行交联以提高弹性和强度才能使用。

硫化，是橡胶交联的总称。这种交联反应，除用硫作交联剂进行硫化以外（狭义的硫化），还可以用过氧化物（如 BPO、DCP）、三硝基苯、二硝基苯等类试剂作交联剂使橡胶“硫化”（广义的硫化）。

不饱和橡胶，如天然橡胶、丁苯橡胶、丁腈橡胶、顺丁橡胶、丁基橡胶等，以2%～4%的硫黄为硫化剂，并加入促进剂（硫醇类）和活化剂（金属氧化物，如 PbO、CaO、MgO）与生胶捏合后进行成型，然后在 120～150℃的温度下加热，经一定时间后得到硫化产品。

关于橡胶硫化的机理相当复杂，现就硫黄经活化后产生的单硫双基（·S·）和双硫双基（·SS·）为硫化交联的主要交联基进行硫化的机理表示如图 11-2 所示。

交联后的橡胶，弹性与强度等都有很大的提高。

在硫化过程中，除了发生分子间的交联反应以外，还可能在分子内发生环化反应。

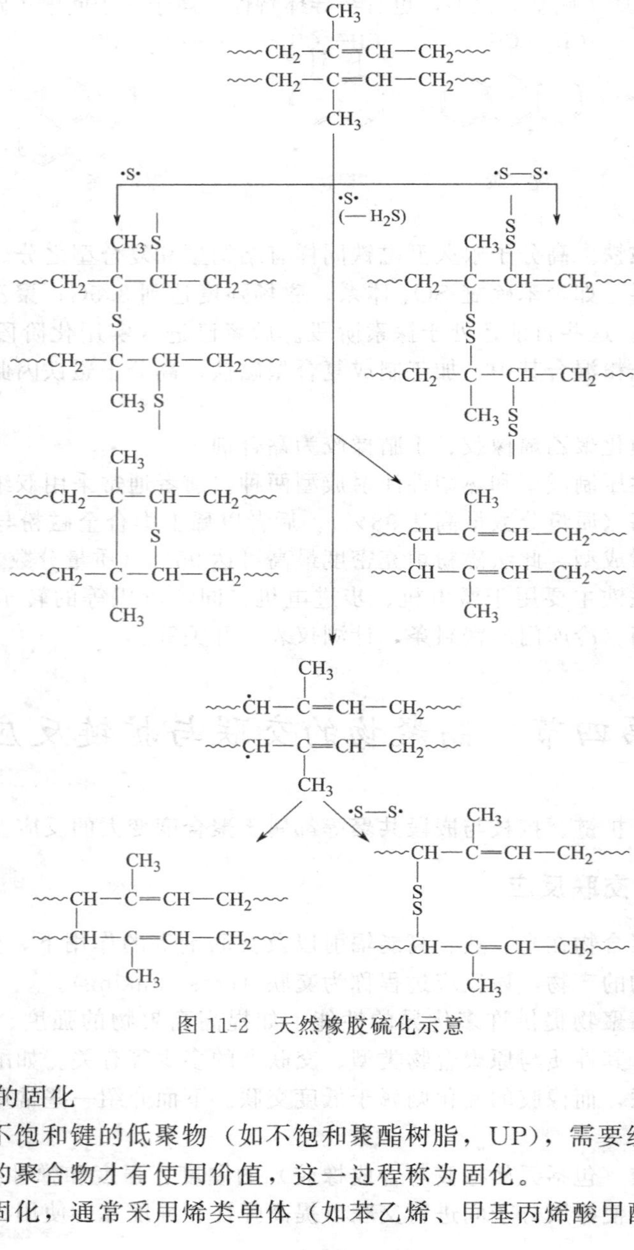

图 11-2 天然橡胶硫化示意

2. 不饱和聚酯的固化

在分子链上有不饱和键的低聚物（如不饱和聚酯树脂，UP），需要经过交联从线型低聚物转化成体型结构的聚合物才有使用价值，这一过程称为固化。

不饱和聚酯的固化，通常采用烯类单体（如苯乙烯、甲基丙烯酸甲酯）进行共聚反应而成，可用以下通式表示：

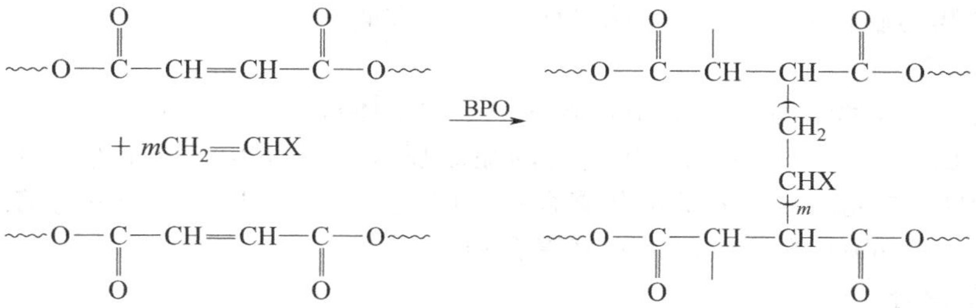

不饱和聚酯经固化后的性能与交联链的长度和数目有关，而交联链的长度和数目又与单体的性质有关。

3．聚烯烃的交联

聚乙烯、聚丙烯、乙丙共聚物等主链上没有不饱和键的聚合物，工业上一般采用过氧化物进行交联。如聚乙烯的交联过程如下：

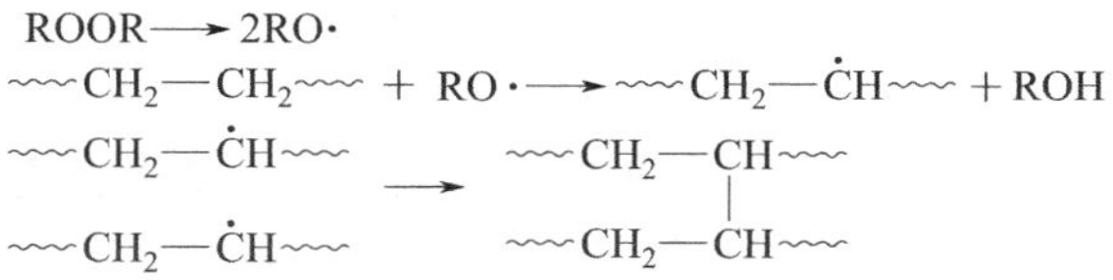

反应继续进行下去，即可交联成网状结构得到交联聚乙烯。

交联成网状结构的聚乙烯与有支链的低密度聚乙烯（LDPE）和线型高密度聚乙烯（HDPE）相比，有更高的抗冲击强度和抗张强度，突出的耐磨性，优良的抗应力开裂性和耐候性，很好的抗蠕变性，优良的耐热性（耐热温度可达 140℃）。还具有卓越的电绝缘性、耐低温和耐化学性，耐辐射性能也比较好。

4．辐射交联

上面提到的聚烯烃除了采用过氧化物进行交联以外，还可利用 α 射线、β 射线或 γ 射线等高能射线辐射进行交联。其交联机理与过氧化物交联类似，同属自由基反应，所不同的是自由基产生的方式。

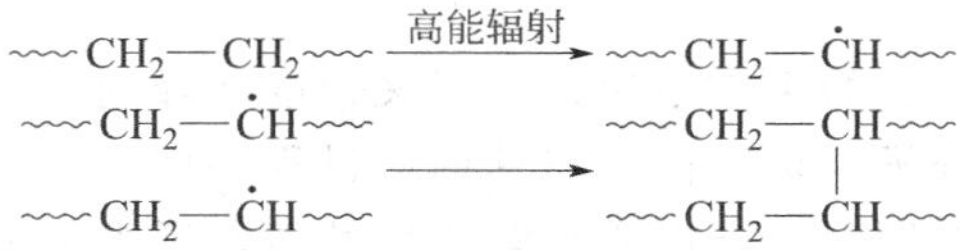

需要注意的是，当聚合物受到高能辐射时，可能发生侧基原子或基团的脱除，生成链中自由基，也可能发生断链反应生成链端自由基。通过研究发现，对于烯类聚合物，双取代的碳链聚合物受到辐射作用时往往是断链，而其他绝大多数聚合物则是交联。

由紫外线或高能辐射所引起的聚合物交联反应在集成电路工艺中有着广泛的应用。

5．感光树脂的交联

可参考上节“感光高分子”中的相关内容，在此不再赘述。

二、高聚物的扩链反应

由相对分子质量不高的聚合物所带的活性基团间的进一步反应，生成比原聚合物分子链更长的线型高分子化合物的过程称为高聚物的扩链反应。

进行扩链反应的前提条件是聚合物分子链端部（一端或两端）带有可参与反应的活性基团，这样的聚合物称为“端基聚合物”（若两端都带有活性基团，则称为“遥爪聚合物”）。

由于聚合物分子链长，端基所占比例很小，故聚合物的端基总是以低浓度存在，因此端基间的反应必须采用活性较高的基团，如异氰酸基、环氧基、羧基、羟基、氨基等。

端基聚合物的制备方法大致可归纳为以下五个方面。

1. 缩聚反应

由两组分参加的线型缩聚反应中，若其中一种单体过量，则生成物端部均带有与过量单体相同的官能团。如二元酸和二元醇进行的缩聚反应，可以得到端部为—COOH（二元酸过量）或—OH（二元醇过量）的端基聚合物。同理，二元酸与二元胺进行缩聚反应时，可以得到端部为—COOH 或—NH$_2$ 的端基聚合物。

2. 自由基聚合

从自由基聚合机理可知，当采用双基偶合终止后可以得到两端都带有相同引发剂残基的聚合物，端基性质由引发剂而定。然后再对端基进行进一步的处理，使之转化为活性较高的基团，这样的端基聚合物即可参与扩链反应。

3. 阴离子聚合

利用阴离子聚合所得到的活性聚合物与特殊终止剂作用可制备端基聚合物。可参见第十章第三节相关内容。

4. 端基化反应

通过各种端基聚合物之间的反应，可获得所需端基的端基聚合物。这一点与缩聚反应制备端基聚合物非常类似。

5. 聚合物的降解

聚合物分子链在外界因素作用下，主链发生断裂，生成相应的端基聚合物。例如：

$$\sim CH_2-CH=CH-CH_2 \sim \xrightarrow{O_3} \sim CH_2-\underset{O-O}{\overset{O}{CH}}-CH-CH_2 \sim \longrightarrow \sim CH_2CHO \xrightarrow[\text{还原}]{LiAlH_4} \sim CH_2CH_2OH$$

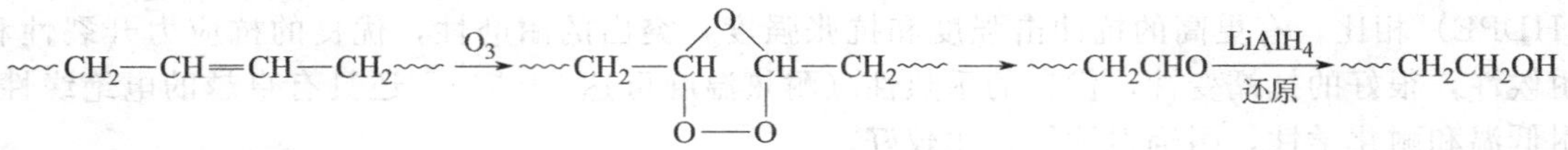

关于接枝与嵌段共聚，前一章已有介绍，在此不再赘述。

第五节 高聚物的降解反应

降解反应是聚合物分子链的主链断裂，引起聚合度下降的一类反应。

在自然界中，天然高分子的降解往往与其形成过程一样，在整个生态循环过程中起着重要的作用。如在生物酶的作用下，蛋白质水解成氨基酸，纤维素或淀粉水解成葡萄糖，这是人类和其他生物体赖以生存的基本生化过程。

一、研究高聚物降解的意义

研究合成高分子的降解，其意义表现在以下几个方面。

1. 研究高聚物的分子结构

天然橡胶的性能优良且全面。人们早就设想合成这样的高聚物。把天然橡胶干馏得到以异戊二烯为主的分解产物。经过详尽的研究证明天然橡胶是异戊二烯的聚合物。由此得到启发，把异戊二烯采取一定的方法合成顺式 1,4-聚异戊二烯，并控制其多分散性，这样得到的聚合物性能与天然橡胶相似，而且具有优良的黏结性，只是耐磨性稍差。所以这种合成橡胶称为"合成天然橡胶"。基于同样的道理，现使用各种二烯烃类化合物作为主要原料可以合成具有各种特异性能的合成橡胶。

又如将聚苯乙烯裂解，从裂解产物的分析结果，可以证明自由基型聚合的产物，其大分子链内链节主要以"头-尾"方式连接。

2. 满足加工工艺要求

如天然橡胶和某些合成橡胶由于相对分子质量非常高（一般为 10^6 量级），可塑性不好，无法直接成型加工，需经素炼使得生胶的弹性降低、塑性增大，以便混炼和加工成型。橡胶的素炼就是把生胶在炼胶机上借机械力的剪切和热、氧的作用使橡胶分子链发生降解的过程。

3. 从天然高分子化合物制备低分子化合物

如淀粉及蛋白质水解制葡萄糖及氨基酸。

$$(C_6H_{10}O_5)_n + nH_2O \longrightarrow nC_6H_{12}O_6$$

$$蛋白质 + 水 \longrightarrow 各种氨基酸$$

4. 处理和回收高分子材料

如将废弃有机玻璃碎片通过解聚可得到单体原料。

$$\begin{array}{c} CH_3 \\ | \\ \fbox{CH_2-C}_n \\ | \\ COOCH_3 \end{array} \xrightarrow{300℃} n \begin{array}{c} CH_3 \\ | \\ CH_2=C \\ | \\ COOCH_3 \end{array}$$

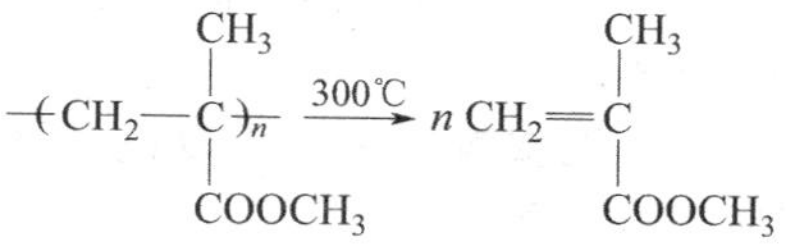

将解聚得到的单体精制后，可再用于聚合成有机玻璃。

又如工业上广泛使用的聚酯薄膜，其加工剩余的边角料可以投入反应釜中，和乙二醇、对苯二甲酸二甲酯一起反应（即先降解，再缩聚），以制备聚酯树脂或聚酯漆。

二、高聚物的降解机理

按照降解机理的不同，高聚物的降解反应可分为无规降解和连锁降解两大类。

1. 无规降解

所谓无规降解，是指大分子主链上各个链节之间的键都具有相同的键能，亦即具有相同的断裂能力和断裂概率。

大分子链的无规降解主要发生在杂链高分子化合物中，即主链上含有 C—N、C—O、C—S、Si—O 等键的聚合物。因为杂链连接的两种原子极性不同，所以对化学试剂不稳定，降解反应就发生在这里。如聚酯、聚酰胺、聚醚等，分别能由水、酸或胺等化学试剂引起降解反应。

无规降解是缩聚反应的逆反应，具有逐步反应的特点。其降解的特点如下：

① 断键部位是无规的、任意的，服从统计规律；

② 反应逐步进行，中间产物稳定，即每一步反应都具有独立性，可利用中间产物来研究大分子结构；

③ 聚合度越高，断键的机会越多；

④ 产物的平均聚合度逐渐下降。

2. 连锁降解

在氧或各种物理因素（光、热、辐射、机械力等）作用下，大分子链的中间或末端的某一处断裂后，引起自由基型连锁反应。若产生的自由基未及时消灭，则活性中心瞬时传递，使大分子链降解为低聚体甚至单体，可视为自由基型聚合的逆反应。连锁降解的特点如下：

① 降解速度与相对分子质量无关，分子链上降解一旦开始，反应迅速进行；

② 中间产物不稳定，不能分离；

③ 产物一般为小分子。

三、降解反应的类型

根据影响聚合物降解反应的因素可将降解反应分为以下类型。

1. 聚合物的热降解

热降解主要有解聚、无规断链和侧基脱除三类。

(1) 解聚　解聚反应即先在大分子链的末端断裂，生成活性较低的自由基，然后按连锁机理迅速逐一脱除单体。解聚可看作是链增长的逆反应，在聚合上限温度以上尤其容易进行。

对聚甲基丙烯酸甲酯的解聚反应研究得比较详细，其自由基脱除单体的反应式如下：

$$\sim\sim CH_2-\underset{\underset{COOCH_3}{|}}{\overset{\overset{CH_3}{|}}{C}}-CH_2-\underset{\underset{COOCH_3}{|}}{\overset{\overset{CH_3}{|}}{C}}\cdot \rightarrow \sim\sim CH_2-\underset{\underset{COOCH_3}{|}}{\overset{\overset{CH_3}{|}}{C}}\cdot + CH_2=\underset{\underset{COOCH_3}{|}}{\overset{\overset{CH_3}{|}}{C}}$$

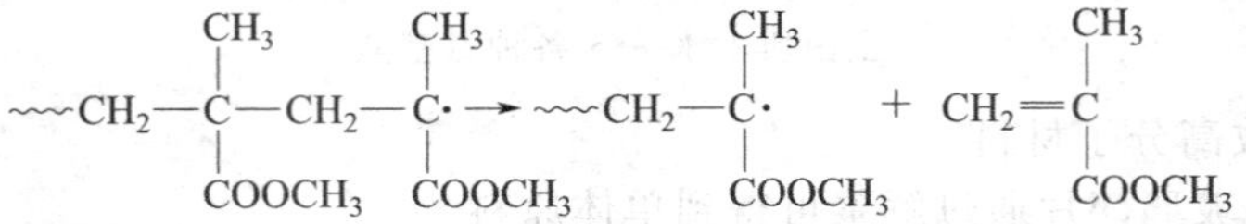

在 300℃ 以下，有机玻璃可以全部解聚为单体。温度较高时，则伴有无规断链。利用热解聚机理，可由废有机玻璃回收单体。

主链上带有季碳原子的聚合物，无叔氢原子，难以链转移，受热时易发生解聚反应，如聚 α-甲基苯乙烯和聚异丁烯都属于这一类。

聚四氟乙烯分子中的 C—F 键键能高，聚合时，无链转移反应，形成高度线型聚合物。聚四氟乙烯受热时，也因为无链转移反应，可以全部解聚为单体。

聚甲醛是另一类容易热解聚的聚合物，但非自由基机理，解聚往往从羟端基开始。因此，只要使羟端基酯化或醚化，将端基封锁，就可起到稳定作用。

(2) 无规断链　另一类聚合物（如聚乙烯）受热时，主链中任何位置都可能断裂，相对分子质量迅速下降，但单体收率很少。这类反应就属于无规断链，也可称为降解。

聚乙烯断链后形成的自由基活性很高，四周又有较多的二级氢，易发生链转移反应，几乎无单体产生。关于这一点，可用分子内的"反咬"机理来说明（参见第十章第三节相关内容）。

不少聚合物热解时同时伴有降解和解聚反应，如聚苯乙烯。表 11-2 列举了几种聚合物热解时的单体收率值。

表 11-2　300℃下聚合物热解时的单体收率

聚合物	挥发产物中单体的分率	
	%（质量分数）	%（摩尔分数）
聚甲基丙烯酸甲酯	100	100
聚 α-甲基苯乙烯	100	100
聚异丁烯	32	78
聚苯乙烯	42	65
聚乙烯	3	21

(3) 取代基的脱除　聚氯乙烯、聚醋酸乙烯酯、聚丙烯腈、聚氟乙烯等受热时，取代基将会脱除。其中以聚氯乙烯为典型代表。

聚氯乙烯通常在 180～200℃ 下成型加工，但在较低温度下（如 100～120℃），即开始脱除氯化氢，200℃ 下脱除速度更快。伴随着氯化氢的脱除，聚合物的颜色逐渐变深，强度变低。其反应式如下所示：

$$\sim\sim CH-\underset{\underset{Cl}{|}}{\overset{\overset{H}{|}}{CH}}-\underset{\underset{H}{|}}{CH}-\underset{\underset{Cl}{|}}{CH}\sim\sim \rightarrow \sim\sim CH=CH-CH=CH\sim\sim$$

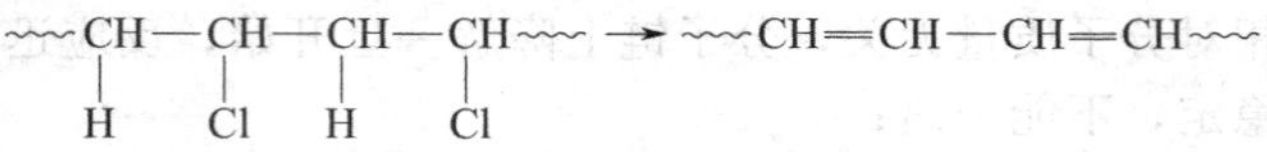

游离 HCl 对进一步脱除 HCl 有催化作用。所以聚氯乙烯加工时必须添加一定量的热稳定剂，如硬脂酸盐、有机锡等，以提高其热稳定性。

聚氯乙烯受热易脱除 HCl 的主要原因是大分子链中存在着"不稳定结构"。经模型化合物研究表明，分子链中部的烯丙基氯最不稳定，端部烯丙基氯次之。曾经测得聚氯乙烯大分子上平均每 1000 个碳原子含有 0.2～1.2 个双键，多的甚至可达 15 个，双键旁的氯就是烯丙基氯。双键越多，越不稳定。

2. 氧化降解

聚合物在加工和作用过程中常常接触空气而受到氧的作用，发生氧化降解反应。根据研究表明，氧化降解属于自由基连锁反应机理，即自动氧化反应，也分为链引发、链增长和链终止三步。

链引发：

$$聚合物 + O_2 \nearrow \begin{array}{l} ROO \cdot \\ ROOH \end{array}$$

链增长：

$$ROO \cdot + RH \longrightarrow ROOH + R \cdot$$
$$R \cdot + O_2 \longrightarrow ROO \cdot$$

链终止：

$$2R \cdot \longrightarrow 分子间发生交联反应或歧化反应生成不饱和键$$
$$R \cdot + ROO \cdot \longrightarrow ROOR$$
$$2ROO \cdot \longrightarrow 生成醇、醛、酮、羧酸等化合物$$

氧化降解反应与聚合物的分子结构有关，反应多发生在分子链上的双键、羟基、叔碳原子等基团或原子上，生成氧化物或过氧化物，进一步促使主链断裂，即发生氧化降解反应。现举例如下。

（1）二烯烃聚合物的氧化降解反应 此类聚合物由于分子链上有双键，很容易在双键处发生氧化降解反应。

$$\sim\sim CH_2-CH=CH-CH_2\sim\sim \xrightarrow{O_2} \sim\sim CH_2-\underset{\underset{O-}{|}}{CH}-\underset{\underset{-O}{|}}{CH}-CH_2\sim\sim \longrightarrow$$

$$\sim\sim CH_2-\underset{\underset{O\cdot}{|}}{CH}-\underset{\underset{O\cdot}{|}}{CH}-CH_2\sim\sim \longrightarrow 2\sim\sim CH_2-CHO$$

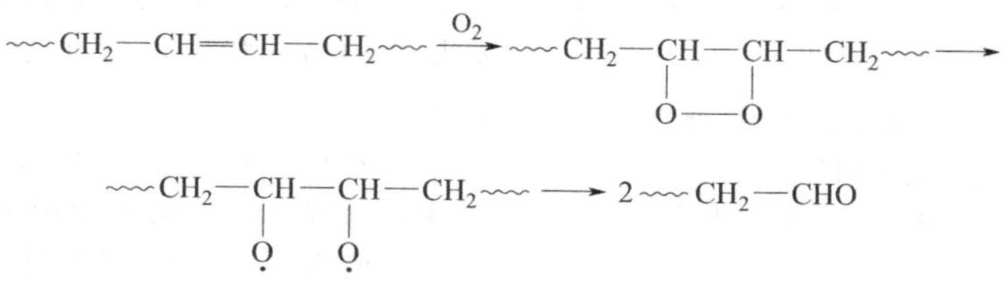

同时还有以下反应发生：

$$\sim\sim CH_2-CH=CH-CH_2\sim\sim \xrightarrow{O_2} \sim\sim CH_2-CH=CH-\underset{\underset{OOH}{|}}{CH}\sim\sim \longrightarrow$$

交联

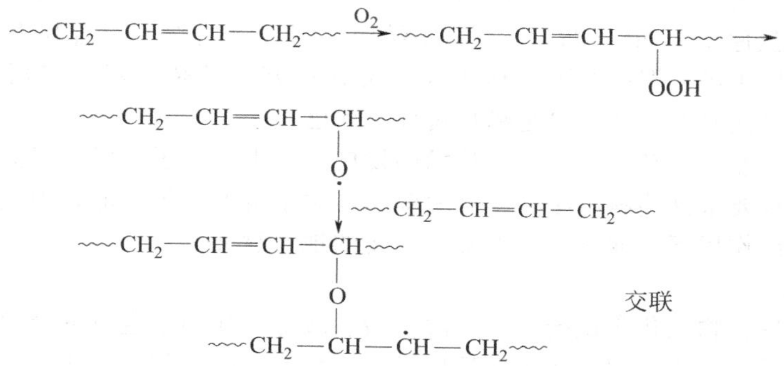

（2）饱和碳链高聚物的氧化降解反应 这类聚合物的氧化降解反应多发生在叔碳原子上。如聚丙烯在光催化下的氧化降解反应：

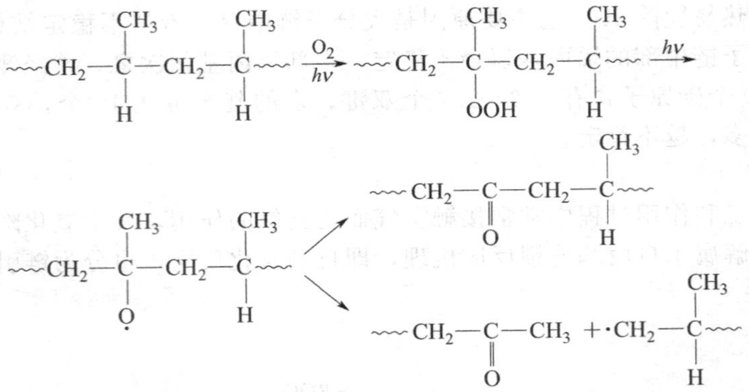

聚丙烯的光氧（或热氧）降解是很明显的，若不加抗氧剂则无法进行加工。

3. 机械降解

聚合物在塑炼和加工成型过程中，以及高分子溶液受强力搅拌时，因受到机械力的作用，有可能使大分子链断裂而降解。

聚合物机械降解时，相对分子质量随时间的延长而降低，但到一定程度后便不再降低。如图 11-3 所示，聚苯乙烯在 20～60℃温度范围内机械降解时，[η]随时间的变化落在同一条线上，表明降解速率几乎不受温度影响，也就是说，机械降解的活化能为零。

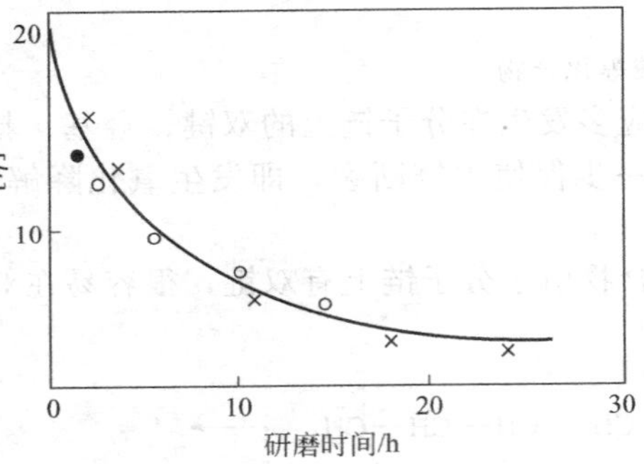

图 11-3 聚苯乙烯的特性黏度与研磨时间的关系

×—20℃；○—40℃；●—60℃

天然橡胶及合成橡胶的相对分子质量很高，达 10^6 量级，经素炼后，可使相对分子质量降低，便于成型加工。

4. 辐射降解

在高能辐射（α、β、γ、X 射线等）作用下，高聚物的结构会发生巨大变化，导致离子化和产生自由基，因此使高聚物的主链断裂或侧基脱落，或相互交联成网状，从而对高聚物的物理状态和物理力学性能均有很大影响。

聚合物在辐射作用下发生交联还是降解反应，与分子链的化学结构有关。

一般来说，对碳链高分子若 α-碳原子上至少有一个氢原子，如 $(CH_2—CHX)_n$ 结构，则此聚合物辐射交联占优势，它可借 $C_\alpha—H$ 键的断裂使主链交联，如聚乙烯、聚丙烯、聚苯乙烯、聚氯乙烯、聚丙烯腈等就属于此类。若 α-碳原子上无氢原子，如 $(CH_2—CXY)_n$ 结构，则主链断裂使聚合物发生辐射降解，如聚四氟乙烯、聚异丁烯、聚甲基丙烯酸甲酯、聚 α-甲基苯乙烯、聚偏二氯乙烯等。实际上交联和降解反应是同时发生的，只是哪种占优势而已。

随着原子能工业和宇航事业等近代技术的发展，要求高分子材料不仅能耐高温、高比强度和模量，同时也要求这些材料必须具有耐辐射、耐宇宙射线等性能，因此研究高分子材料在高能辐射等射线作用下的变化，有着极其重要的现实意义。

5. 化学降解

化学降解是聚合物在化学试剂（水、醇、酸、胺等）作用下进行的降解反应。其中研究得最充分、最广泛的化学降解当属水解反应，即在酸（或碱）催化作用下，化学键的断裂伴随着水分子的加成反应。这类降解反应一般服从无规降解规律。

聚乙烯、聚丙烯及其他乙烯基类聚合物，除了在热、氧、机械力、光及辐射作用下的降解以外，一般对化学试剂比较稳定。而聚酯、聚酰胺、聚缩醛、多糖等碳杂链聚合物，由于分子链中有酯基、酰氨基、醚基等弱键，对于化学试剂就不太稳定，容易发生化学降解。

有些新型的杂链聚合物，由于经受不了自然的水解作用，即使力学性能再好也不能作为材料使用，因而被淘汰。有些材料又由于容易水解而有着特殊的使用价值。例如聚乳酸（聚2-羟基丙酸）、聚羟基乙酸等羟基脂肪酸类聚合物，由于水解稳定性差，不能作材料使用。正因如此，聚乳酸纤维可以用作外科手术缝合线，伤口愈合后不必拆线，就在生物体内被水解成乳酸而排出体外。

又如纤维素及淀粉等聚缩醛类多糖化合物在酸催化作用下水解成葡萄糖、蛋白质水解成氨基酸以供生物体的需要，也是生物体赖以生存的基础。

第六节　高聚物的老化与稳定

一、高聚物的老化现象

高分子材料及制品在加工、贮存和作用过程中，由于受到各种物理、化学因素的作用而发生性能下降的现象称为高聚物的老化（aging）。老化现象的表现形式很多，归纳起来主要有以下四个方面。

1. 外观变化

如变色、变暗、发黏、变硬、变脆、龟裂变形；出现斑点、皱纹、气泡、粉化、喷霜、翘曲；分层脱落（如起鳞、起毛）等。

2. 物理化学性能变化

如相对密度、热导率、玻璃化温度、熔点、熔体流动速率、折射率、溶解度等的变化；耐热、耐寒、耐燃、耐腐蚀、透水、透气、透光等性能的变化。

3. 力学性能的变化

如拉伸强度、伸长率、压缩强度、弯曲强度、冲击强度、剪切强度、耐久性、耐磨性等性能的变化。

4. 电性能的变化

如表面电阻率、体积电阻率、介电常数、击穿电压等的变化。

高分子材料由于品种多，加工条件各异，贮存和使用环境各不相同，因此它们的老化现象也是多种多样的。例如农用聚氯乙烯薄膜在户外经日晒雨淋之后出现斑点，逐渐变色、变硬、变脆甚至最后破裂不能使用；户外架设的电线电缆由于受大气作用而变硬破裂；一些橡胶制品经一段时间使用后，发黏或变硬而失去弹性等。

二、引起高聚物老化的因素

引起高聚物老化的因素概括起来有内因和外因两个方面。高分子材料的化学组成、化学结构及聚集态结构等属于内因，而各种物理、化学、生物霉菌及成型加工条件等因素则属于外因。

前一节所讨论的各种降解与交联反应，都可能引起高聚物发生老化，但最常见的则是以下两种：光氧老化和热氧老化。

1. 光氧老化

高聚物在光照下使用，它的稳定性取决于光的波长和高聚物分子链的结构。

红外线的波长在1000nm以上，能量约为$120kJ\cdot mol^{-1}$。紫外线的波长在200～400nm，能量为 240～560kJ·mol^{-1}，而各种键的离解能为 160～560kJ·mol^{-1}。由此可见，紫外线对聚合物的危害非常严重。不过照射到地面上的光波长约在 300nm 以上，所以多数高聚物分子不直接离解，而是呈激发状态。但若有氧存在时，像聚烯烃 RH，被激发了的 C—H 键就容易与氧作用，进行自动氧化反应。

特别是分子链上含有活泼氢的聚烯烃，这种氧化反应就更易发生。例如聚丙烯的耐光氧老化和热氧老化的性能都比较差，就是因为其分子结构中含有大量的叔碳原子，叔碳原子上的氢比较活泼，容易被氧化。

2. 热氧老化

聚合物的热氧老化，是热和氧综合作用的结果。一般认为加热会加速高聚物的氧化，而氧化物的分解导致了主链断裂的自动氧化过程。例如聚氯乙烯与其他聚合物相比，在光、热、辐射能作用下很不稳定而容易老化。如果不加稳定剂，这种材料根本不能进行成型加工。这是由于聚氯乙烯受热（或光、辐射）分解脱 HCl 在分子链上形成双键，在有氧存在下，又会加快脱除 HCl 的速度。这是因为位于叔碳原子或共轭双键上的 α-碳原子上的氢容易被氧化，而聚合物链上生成了含氧官能团后又增加了氯原子的不稳定性，于是脱 HCl 的反应开始连锁式地进行下去，在分子链上形成共轭大 π 键结构或不稳定的氯，在热、光、氧作用下还可能发生热氧化降解、交联反应，使聚氯乙烯变硬、变脆，发生严重的“老化”。

以上仅举两例加以说明，实际上各种聚合物的老化机理不尽相同，要具体分析或参考有关专著进行深入的学习。

三、高聚物的防老化

如何防止高聚物发生老化，是高分子化学中一个重要课题。在高分子材料合成工业日益发展、高分子材料广泛应用到国民经济各领域的今天，更是一个亟待解决的实际问题。根据高分子材料发生老化的原因，可以采取一系列有效的措施来延缓高分子材料老化现象的出现，延长其使用寿命，这就是所谓的防老化。

防老化具有极其重要的意义。假如采取适当的防老化措施能使聚合物的使用寿命延长一倍，则相当于使其生产量提高了一倍。又如某些高分子材料采取防老化措施后，可以扩大其使用范围，解决其在应用上的一些难题。如提高了某种有机玻璃的热氧稳定性后，可用作超音速飞机上的挡风板等。

从以上讨论中可以知道，高聚物的老化，是内因和外因共同作用的结果，因此高聚物的防老化也可从这两方面着手。一方面可以通过改进聚合和成型工艺或改性的方法，减少分子结构中的薄弱环节，提高聚合物对外界因素的抵抗能力；另一方面可添加防老剂（稳定剂）来抑制光、热、氧等因素对高聚物的作用，或用物理防护的方法使高聚物免受外界因素的作用。相对而言，采用添加防老剂的方法在工业生产中应用最为广泛。

高聚物的防老化措施，概括起来有以下几个方面。

1. 改进聚合工艺

聚合物中的老化薄弱环节，如不稳定结构、杂质、残留物、低分子量聚合物、聚合副产物等，会严重影响到高聚物的老化性能。而聚合物中的这些薄弱环节都是在聚合工艺过程中引入的。改进聚合工艺，尽量减少聚合物中的老化薄弱环节，从而提高其对外因作用的稳定性，起到延缓高聚物老化的作用。例如，通常悬浮法生产的聚氯乙烯（聚合温度约为 50℃）在 130℃左右就会大量分解。这是由于分子链中含有支链和烯丙基氯等异常结构所引起的，而这正是在聚合过程中生成的。如果采用低温聚合，则异常结构将大为减少，从而提高了它的热稳定性和耐热性。

2. 对高聚物进行改性

高聚物本身的老化薄弱环节也可以通过改性的方法而得到弥补。例如，将缩聚产物的活性端基变为非活性端基，可以提高高聚物的化学稳定性和热稳定性；用二氧戊环与三聚甲醛共聚得到共聚甲醛，其热稳定性远胜于均聚甲醛；此外，还可以利用共混的方法来制备综合性能优良的复合材料。

3. 改进成型工艺

任何高聚物都必须经过成型加工这一过程，而在此过程中高聚物将受到高温、空气中的氧、机械力和水分等外因的作用。因此，选择适当的成型加工工艺，确定合理的工艺参数，对提高高聚物制品的耐老化性和耐久性都是十分有效的措施。

4. 加强物理防护

外因对高聚物的作用首先是从高聚物的表面开始而逐渐向内部深入发展的。如采用涂漆、镀金属、防老化溶液的浸涂和涂覆等物理方法，可保护高聚物使之与外因隔绝，不易受外因作用而发生老化。

5. 添加防老剂

在橡胶工业中通常将防老化助剂简称为防老剂，而在塑料工业中则通常称之为稳定剂。

防老剂是一类能抑制光、热、氧等外因对高聚物作用的物质。在高聚物中加入这类物质，可改善高聚物的成型加工性，延长高聚物的贮存和使用寿命。添加防老剂的方法简便、效果显著，因而它是高聚物防老化的主要方法。防老剂一般包括抗氧剂（antioxidant）、热稳定剂（heat resistant agent）、紫外线吸收剂（ultra-violet absorber）和防霉剂（anti-fungus agent）等。

防老剂通常是在树脂捏合、造粒、混炼或热加工前混入，也可以在聚合过程中或聚合后处理时加入。还可先将防老剂配成溶液，然后进行浸涂或喷涂于高聚物制品的表面。

关于防老剂的更详细内容，将在另外的专业课程中加以介绍。

本章小结

本章主要从聚合度的变化角度介绍了高聚物的各种化学反应，内容涉及高聚物的官能团反应、高聚物的交联与扩链反应与高聚物的降解反应，通过大量的实例应用加深对各种化学反应的理解。

习题十一

1. 研究高聚物化学反应的意义何在？
2. 简述高聚物化学反应的特点。
3. 高聚物化学反应有哪些类型？试各举一例加以说明。
4. 写出硝化纤维素、醋酸纤维素和甲基纤维素的制备反应式。
5. 写出聚醋酸乙烯酯的水解反应式和聚乙烯醇的缩醛化反应式。
6. 试说明离子交换树脂的种类和用途。
7. 高分子催化剂有何特点？
8. 导电高分子和磁性高分子有哪些类型？它们各有何用途？
9. 何谓交联？交联对高聚物性能有何影响？
10. 橡胶硫化体系由哪些部分组成？各组成部分的作用是什么？
11. 写出用过氧化二异丙苯对聚乙烯进行交联的示意反应式。
12. 端基聚合物的制备方法有哪些？试举例说明。
13. 研究高聚物降解的意义何在？

14. 聚合物分子结构和降解机理有何关系?
15. 根据影响因素分类，高聚物降解有哪些类型?
16. 何谓高聚物的老化? 如何防止高聚物的老化?
17. 解释下列术语

(1) 高聚物的化学反应	(2) 功能高分子	(3) 感光高分子
(4) 端基聚合物	(5) 无规降解	(6) 连锁降解
(7) 解聚反应	(8) 水解反应	

附录一

在 100kPa、298K 时一些单质和化合物的热力学函数

物　质	$\Delta_f H_m^{\ominus}$(298K)/kJ·mol^{-1}	$S_m^{\ominus}$(298K)/J·K^{-1}·mol^{-1}	$\Delta_f G_m^{\ominus}$(298K)/kJ·mol^{-1}
Ag(s)	0	42.55	0
AgCl(s)	−127.068	96.2	−109.789
Ag_2O(s)	−31.05	121.3	−11.20
Al_2O_3(s)（α，刚玉）	0	28.33	0
Al_2O_3(s)	−1675.7	50.92	−1582.3
Br_2(l)	0	152.231	0
Br_2(g)	30.907	245.463	3.110
C(s,石墨)	0	5.740	0
C(s,金刚石)	1.895	2.377	2.900
CO(g)	−110.525	197.674	−137.168
CO_2(g)	−393.509	213.74	−394.359
CS_2(g)	117.36	237.84	67.12
CaC_2(s)	−59.8	69.96	−64.9
$CaCO_3$(s,方解石)	−1206.92	92.9	−1128.79
CaO(s)	−635.09	39.75	−604.03
$Ca(OH)_2$(s)	−986.59	76.1	−896.69
Cl_2(g)	0	223.066	0
Cu(s)	0	33.150	0
CuO(s)	−157.3	42.63	−129.7
$CuSO_4$(s)	−771.6	109.0	−661.8
Cu_2O(s)	−168.6	93.14	−146.0
F_2(g)	0	202.78	0
Fe(s)	0	27.28	0
$Fe_{0.974}O$(s,方铁矿)	−226.27	57.94	245.12
FeO(s)	−272.0		
$FeSO_4$(s)	−928.4	107.5	−820.8
Fe_2O_3(s)	−824.2	87.40	−742.4
Fe_3O_4(s)	−1118.4	146.4	−1015.4
H_2(g)	0	130.684	0
HBr(g)	−36.40	198.645	−53.45
HCl(g)	−92.307	186.908	−95.299
HF(g)	−271.1	173.799	−273.2
HI(g)	26.48	206.594	1.70
HCN(l)	108.9	112.8	124.9
HCN(g)	135.1	201.78	124.7
HNO_3(l)	−174.10	155.60	−80.71
HNO_3(g)	−135.06	266.38	−74.72
H_2O(l)	−285.830	69.91	−237.129
H_2O(g)	−241.82	188.825	−228.572
H_2O_2(l)	−187.78	109.6	−120.35
H_2O_2(g)	−136.31	232.7	−105.57
H_3PO_4(s)	−1279.0	110.50	−1119.1
H_2S(g)	−20.63	205.79	−33.56
H_2SO_4(l)	−813.989	156.904	−690.003
$HgCl_2$(s)	−224.3	146.0	−178.6
Hg_2Cl_2(s)	−265.22	192.5	−210.745
HgO(s,正交)	−90.83	70.29	−58.539
$HgSO_4$(s)	−743.12	200.66	−625.815

续表

物质	$\Delta_f H_m^{\ominus}(298K)/kJ \cdot mol^{-1}$	$S_m^{\ominus}(298K)/J \cdot K^{-1} \cdot mol^{-1}$	$\Delta_f G_m^{\ominus}(298K)/kJ \cdot mol^{-1}$
$I_2(s)$	0	116.135	0
$I_2(g)$	62.438	260.69	19.327
$KCl(s)$	−436.747	82.59	−409.14
$KI(s)$	−327.900	106.32	−324.892
$KNO_3(s)$	−494.63	133.05	−394.86
$K_2SO_4(s)$	−1437.79	175.56	−1321.37
$KHSO_4(s)$	−1160.6	138.1	−1031.3
$N_2(g)$	0	191.61	0
$NH_3(g)$	−46.11	192.45	−16.45
$NH_4Cl(s)$	−314.43	94.6	−202.87
$NH_4NO_3(s)$	−365.56	151.08	−183.87
$NO(g)$	90.25	210.761	86.55
$NO_2(g)$	33.18	240.06	51.31
$N_2O(g)$	82.05	219.85	104.20
$N_2O_3(g)$	83.72	312.28	139.46
$N_2O_4(g)$	9.16	304.29	97.89
$N_2O_5(g)$	11.3	355.7	115.1
$Na(s)$	0	51.21	0
$NaCl(s)$	−411.153	72.13	−384.138
$NaNO_3(s)$	−467.85	116.52	−367.00
$NaOH(s)$	−425.609	54.455	−379.494
$Na_2CO_3(s)$	−1130.68	134.98	−1044.44
$NaHCO_3(s)$	−950.81	101.7	−851.0
Na_2SO_4(s,正交)	−1387.08	149.58	−1270.16
$O_2(g)$	0	205.138	0
$O_3(g)$	142.7	238.93	163.2
P(α，白磷)	0	41.09	0
P(红磷，三斜晶系)	−17.6	22.80	−12.7
$PCl_3(g)$	−287.0	311.78	−267.8
$PCl_5(g)$	−374.9	364.58	−305.0
S(s,正交)	0	31.80	0
$SO_2(g)$	−296.830	248.22	−300.194
$SO_3(g)$	−395.72	256.76	−371.06
Si (s)	0	18.83	0
$SiH_4(g)$	34.3	204.62	56.9
SiO_2(s,α-石英)	−910.94	41.84	−856.84
Zn(s)	0	41.63	0
$ZnCl_2(s)$	−415.05	111.46	−369.398
ZnO(s)	−348.28	43.64	−318.30
CH_4(g)甲烷	−74.81	186.264	−50.72
C_2H_6(g)乙烷	−84.68	229.60	−32.82
C_3H_8(g)丙烷	−103.8	270.0	−23.4
C_4H_{10}(g)正丁烷	−124.7	310.1	−15.6
C_2H_4(g)乙烯	52.26	219.56	68.15
C_3H_6(g)丙烯	20.4	267.0	62.79
C_4H_8(g)1-丁烯	1.17	307.5	72.15
C_4H_6(g)1,3-丁二烯	110.16	278.85	150.74
C_2H_2(g)乙炔	226.73	200.94	209.20
C_3H_6(g)环丙烷	53.30	237.55	104.46
C_6H_{12}(g)环己烷	−123.14	298.35	31.92
C_6H_{10}(g)环己烯	−5.36	310.86	106.99
C_6H_6(l)苯	49.04	173.26	124.45
C_6H_6(g)苯	82.93	269.31	129.73
C_7H_8(l)甲苯	12.01	220.96	113.89
C_7H_8(g)甲苯	50.00	320.77	122.11
C_8H_{10}(l)乙苯	−12.47	255.18	119.86
C_8H_{10}(g)乙苯	29.79	360.56	130.71
C_8H_8(l)苯乙烯	103.89	237.57	202.51
C_8H_8(g)苯乙烯	147.36	345.21	213.90
$C_{10}H_8$(s)萘	78.07	166.90	201.17
$C_{10}H_8$(g)萘	150.96	335.75	223.69

续表

物　质	$\Delta_f H_m^\ominus(298K)/kJ\cdot mol^{-1}$	$S_m^\ominus(298K)/J\cdot K^{-1}\cdot mol^{-1}$	$\Delta_f G_m^\ominus(298K)/kJ\cdot mol^{-1}$
$C_2H_6O(g)$二甲醚	−184.05	266.38	−112.59
$C_3H_8O(g)$甲乙醚	−216.44	310.73	−117.54
$C_4H_{10}O(l)$乙醚	−279.5	253.1	−122.75
$C_4H_{10}O(g)$乙醚	−252.21	342.78	−112.19
$C_2H_4O(g)$环氧乙烷	−52.63	242.53	−13.01
$C_3H_6O(g)$环氧丙烷	−92.76	286.84	−25.69
$CH_4O(l)$甲醇	−238.66	126.8	−166.27
$CH_4O(g)$甲醇	−200.66	239.81	−161.96
$C_2H_6O(l)$乙醇	−277.69	160.7	−174.18
$C_2H_6O(g)$乙醇	−235.10	282.70	−168.49
$C_3H_8O(l)$丙醇	−304.55	192.9	−170.52
$C_3H_8O(g)$丙醇	−257.53	324.91	−162.86
$C_4H_{10}O(l)$正丁醇	−327.1	228	−163.0
$C_4H_{10}O(g)$正丁醇	−274.7	363.7	−151.0
$C_2H_5O_2(l)$乙二醇	−454.80	166.9	−323.08
$CH_2O(g)$甲醛	−108.57	218.77	−102.53
$C_2H_4O(l)$乙醛	−192.3	160	−128.1
$C_2H_4O(g)$乙醛	−166.19	250.3	−128.86
$C_3H_6O(l)$丙酮	−248.1	200.4	−133.28
$C_3H_6O(g)$丙酮	−217.57	295.04	−152.97
$CH_2O_2(l)$甲酸	−424.72	128.95	−361.35
$C_2H_4O_2(l)$乙酸	−484.5	159.8	−389.9
$C_2H_4O_2(g)$乙酸	−432.25	282.5	−374.0
$C_4H_6O_3(l)$乙酐	−624.00	268.61	−488.67
$C_4H_6O_3(g)$乙酐	−575.72	390.06	−476.57
$C_3H_4O_2(g)$丙烯酸	−336.23	315.12	−285.99
$C_7H_6O_2(s)$苯甲酸	−385.14	167.57	−245.14
$C_7H_6O_2(g)$苯甲酸	−290.20	369.10	−210.31
$C_4H_8O_2(l)$乙酸乙酯	−479.03	259.4	−332.55
$C_4H_8O_2(g)$乙酸乙酯	−442.92	362.86	−327.27
$C_6H_6O(s)$苯酚	−165.02	144.01	−50.31
$C_6H_6O(g)$苯酚	−96.36	315.71	−32.81
$CH_5N(l)$甲胺	−47.3	150.21	35.7
$CH_5N(g)$甲胺	−22.97	243.41	32.16
$(NH_2)_2CO$尿素	−333.51	104.60	−197.33
$C_4H_{11}N(g)$二乙胺	−72.38	352.32	72.25
$C_5H_5N(l)$吡啶	100.0	177.90	181.43
$C_5H_5N(g)$吡啶	140.16	282.91	190.27
$C_6H_7N(l)$苯胺	31.09	191.29	149.21
$C_6H_7N(g)$苯胺	86.86	319.27	166.79
$C_3H_3N(g)$丙烯腈	184.93	274.04	195.34
$CH_3NO_2(l)$硝基甲烷	−113.09	171.75	−14.42
$CH_3NO_2(g)$硝基甲烷	−74.73	274.96	−6.84
$CH_2F_2(g)$二氟甲烷	−446.9	246.71	−419.2
$CHF_3(g)$三氟甲烷	−688.3	259.68	−653.9
$CF_4(g)$四氟化碳	−925	261.61	−879
$C_2F_6(g)$六氟乙烷	−1297	332.3	−1213
$CH_3Cl(g)$一氯甲烷	−80.83	234.58	−57.37
$CH_2Cl_2(l)$二氯甲烷	−121.46	177.8	−67.26
$CH_2Cl_2(g)$二氯甲烷	−92.47	270.23	−65.87
$CHCl_3(l)$三氯甲烷	−134.47	201.7	−73.66
$CHCl_3(g)$三氯甲烷	−103.14	295.71	−70.34
$CCl_4(l)$四氯化碳	−135.44	216.40	−65.21
$CCl_4(g)$四氯化碳	−102.9	309.85	−60.59
$C_2H_5Cl(l)$氯乙烷	−136.52	190.79	−59.31
$C_2H_5Cl(g)$氯乙烷	−112.17	276.00	−60.39
$C_2H_4Cl_2(l)$1,2-二氯乙烷	−165.23	208.53	−79.52
$C_2H_4Cl_2(g)$1,2-二氯乙烷	−129.79	308.39	−73.78
$C_2H_3Cl(g)$氯乙烯	35.6	263.99	51.9
$C_6H_5Cl(l)$氯苯	10.79	209.2	89.30
$C_6H_5Cl(g)$氯苯	51.84	313.58	99.23
$C_2H_5Br(l)$溴乙烷	−92.01	198.7	−27.70
$C_2H_5Br(g)$溴乙烷	−64.52	286.71	−26.48

附录二

常见物理和化学常数（1986 年国际推荐值）

量　纲	符　号	数　值	单　位
光速	c	299792458	$m \cdot s^{-1}$
牛顿引力常数	G	6.67259×10^{-11}	$N \cdot m^2 \cdot kg^{-2}$
普朗克常数	h	$6.6260755 \times 10^{-34}$	$J \cdot s$
电子质量	m_e	$0.91093897 \times 10^{-30}$	kg
质子质量	m_p	$1.6726231 \times 10^{-27}$	kg
质子-电子质量比	m_p/m_e	1836.152701	
阿伏伽德罗常数	N_A	6.0221367×10^{23}	mol^{-1}
摩尔气体常数	R	8.314510	$J \cdot mol^{-1} \cdot K^{-1}$
玻耳兹曼常数	k	1.380658×10^{-23}	$J \cdot K^{-1}$
基本电荷	e	$1.60217733 \times 10^{-27}$	C
法拉第常数	F	96485.309	$C \cdot mol^{-1}$
电子伏特	eV	$1.60217733 \times 10^{-19}$	J
真空电容率	ε_0	$8.854187187 \times 10^{-12}$	$F \cdot m^{-1}$

摩尔气体常数 R 的量纲换算

$$
\begin{aligned}
R &= 8.314\ J \cdot mol^{-1} \cdot K^{-1} \\
&= 8.314 \times 10^{7}\ erg \cdot mol^{-1} \cdot K^{-1} \\
&= 1.9872\ cal \cdot mol^{-1} \cdot K^{-1} \\
&= 0.08206\ L \cdot atm \cdot mol^{-1} \cdot K^{-1} \\
&= 62.364\ L \cdot mmHg \cdot mol^{-1} \cdot K^{-1}
\end{aligned}
$$

参考文献

[1] 大连理工大学无机化学教研室. 无机化学. 第4版. 北京：高等教育出版社，2002.
[2] 竹裕贞，顾达，黑恩成. 现代基础化学. 北京：化学工业出版社，2001.
[3] 华彤文，杨骏英，陈景祖等. 普通化学原理. 北京：北京大学出版社，1993.
[4] 唐小真，杨宏秀，丁马太. 材料化学导论. 北京：高等教育出版社，1997.
[5] 高职高专化学教材编写组. 有机化学. 第2版. 北京：高等教育出版社，2000.
[6] 刘文基. 有机化学. 北京：化学工业出版社，1986.
[7] 汪巩. 有机化学. 北京：高等教育出版社，1985.
[8] 恽魁宏. 有机化学. 北京：人民教育出版社，1982.
[9] 邓苏鲁. 有机化学. 北京：化学工业出版社，1981.
[10] 中国化学会. 有机化学命名原则. 北京：科学出版社，1983.
[11] 朱凤岗. 有机化学. 北京：高等教育出版社，1999.
[12] 邢其毅，徐瑞秋等. 基础有机化学：上、下. 北京：高等教育出版社，1994.
[13] 张季爽，申成. 基础物理化学. 北京：科学出版社，2001.
[14] 天津大学物理化学教研室编. 物理化学. 北京：高等教育出版社，1989.
[15] 印永嘉，李大珍. 物理化学简明教程. 北京：人民教育出版社，1980.
[16] 江琳才. 物理化学. 北京：高等教育出版社，1987.
[17] [英]阿特金斯著. 物理化学. 天津大学物理化学教研室译. 北京：高等教育出版社，1990.
[18] [美]莱文著. 物理化学. 李芝芬等译. 北京：北京大学出版社，1987.
[19] 王正烈. 物理化学. 北京：化学工业出版社，2001.
[20] [美]莫里森，博伊德著. 有机化学. 复旦大学化学系有机化学教研组译. 北京：科学出版社，1983.
[21] 徐寿昌. 有机化学. 北京：人民教育出版社，1982.
[22] 潘祖仁. 高分子化学. 北京：化学工业出版社，2001.
[23] 高鸿宾，王庆文. 有机化学. 北京：化学工业出版社，1997.
[24] 洪军. 高分子化学及工艺学. 北京：化学工业出版社，2000.
[25] 胡学贵. 高分子化学及工艺学. 北京：化学工业出版社，1991.
[26] 焦书科等. 高分子化学. 北京：纺织工业出版社，1983.
[27] [日]片山甲道著. 高分子概论. 朱树新等译. 上海：上海科学技术文献出版社，1982.